“十二五”普通高等教育本科国家级规划教材

建筑制图

Jianzhu Zhitu

第七版

华南理工大学、湖南大学等院校《建筑制图》编写组　编

何斌　陈锦昌　王枫红　主编

高等教育出版社·北京

内容提要

本书是在2010年第六版的基础上，根据教育部高等学校工程图学教学指导委员会2010年制订的“普通高等学校工程图学课程教学基本要求”及近年来发布的与房屋建筑制图有关的国家标准修订而成的。本书第六版为普通高等教育“十一五”国家级规划教材。本书自1978年9月第1版以来，受到广大教师、学生的好评。

中华人民共和国住房和城乡建设部、中华人民共和国国家质量监督检验检疫总局于2010年联合发布了一系列与房屋建筑制图相关的标准，本次修订主要针对标准中变化的内容进行了修改。修订中还对第六版中发现的问题及使用反馈意见进行了调整和修改。

全书共19章，包括绪论，制图基本知识，投影的基本知识，点、直线、平面的投影，直线与平面及两平面的相对关系，曲线和曲面，截交线和相贯线，建筑形体的表达方法，轴测投影，建筑施工图，结构施工图，建筑装饰装修施工图，给水排水工程图，阴影，透视投影，标高投影，展开图，机械图，计算机绘图。为配合双语教学，书后附有“英文目录”和“英汉词汇对照”。本书还配有学习辅导光盘，以满足多媒体教学的需要。

与本书配套的陈美华、袁果、王英姿主编《建筑制图习题集》(第七版)同时出版，可供选用。

本书可作为普通高等学校土木类、建筑类各专业图学课程教材，也可供电视大学、网络学院、成人高校等相关专业选用。

图书在版编目（CIP）数据

建筑制图／何斌，陈锦昌，王枫红主编；华南理工大学，湖南大学等院校《建筑制图》编写组编. --7版. --北京：高等教育出版社，2014.3(2020.8重印)
ISBN 978-7-04-039087-2

Ⅰ. ①建… Ⅱ. ①何… ②陈… ③王… ④华…⑤湖… Ⅲ. ①建筑制图-高等学校-教材 Ⅳ. ①TU204

中国版本图书馆CIP数据核字(2013)第301986号

策划编辑 庚　欣　责任编辑 庚　欣　封面设计 张　志　版式设计 童　丹
责任校对 胡美萍　责任印制 田　甜

出版发行	高等教育出版社	网　址	http://www.hep.edu.cn
社　址	北京市西城区德外大街4号		http://www.hep.com.cn
邮政编码	100120	网上订购	http://www.landraco.com
印　刷	北京宏伟双华印刷有限公司		http://www.landraco.com.cn
开　本	787 mm×1092 mm　1/16		
印　张	30.75	版　次	1978年9月第1版
字　数	760千字		2014年3月第7版
购书热线	010-58581118	印　次	2020年8月第14次印刷
咨询电话	400-810-0598	定　价	52.00元

物 料 号　39087-A0

第七版序

本书第六版自2010年7月出版至今已有三年多，一直承蒙广大读者厚爱，被全国众多高校选作土建类专业学生的必修课教材。

第六版出版后不久，中华人民共和国住房和城乡建设部、中华人民共和国国家质量监督检验检疫总局于2010年8月联合修订和发布了六项与房屋建筑制图有关的国家标准：《房屋建筑制图统一标准》(GB/T 50001—2010)、《总图制图标准》(GB/T 50103—2010)、《建筑制图标准》(GB/T 50104—2010)、《建筑结构制图标准》(GB/T 50105—2010)、《建筑给水排水制图标准》(GB/T 50106—2010)和《暖通空调制图标准》(GB/T 50114—2010)，定于2011年3月1日起实施。住房和城乡建设部于2011年7月发布了新的行业标准《房屋建筑室内装饰装修制图标准》(JGJ/T 244—2011)，定于2012年3月1日起实施。在此期间，本书涉及的一些国家标准，如《混凝土结构设计规范》(GB 50010—2010)、部分《技术制图》新国家标准，以及国家建筑标准设计图集《混凝土结构施工图平面整体表示方法制图规则和构造详图》(11G101—1)等也相继发布。我们的教材一贯十分重视国家新标准的发布和实施，尽管第六版只出版发行不久，编写组还是决定对其进行修订。

本次修订除了继续保持本书以前版本的特色外，主要做到如下几点：

1. 采用新修订的房屋建筑制图国家标准及相关行业标准、技术制图标准、设计规范、标准图集等，更新相关内容和图例。

2. 计算机绘图软件由采用 AutoCAD 2010 英文版升级为采用 AutoCAD 2012 英文版，对相关内容作了适当调整。

3. 进一步强化学生的工程意识和标准化意识，提高空间思维能力和自学能力，培养认真负责的工作态度和严谨细致的工作作风，掌握科学的思维方法，激励创新意识，从而全面提高学生的素质。

4. 为方便教学互动，在画法几何理论的主要章节(第三、四、五章)中加入一些思考题，鼓励学生思考，拓宽视野，培养学生的自学兴趣。

5. 参照使用反馈意见，调整了透视投影一章的部分内容。在介绍形体的透视图之前，增加了“点、水平线和竖直线的透视图画法”等内容，让学生更好地掌握透视的原理和画法。同时强调画透视图和画轴测图(同是单面投影)的对比，使学生“温故而知新”。

6. 本着精益求精的态度，对全书的文字和插图作了全面的修订，对部分建筑图例进行了更新，力求文字更精练，插图更精美。

为满足多媒体教学需要，本书继续配有学习辅导光盘，内容包括助学 CAI 课件和习题解答。

与本书配套的陈美华、袁果、王英姿主编《建筑制图习题集》(第七版)与本书同期出版，可供选用。

参加本书修订工作的有：广东工程职业技术学院何斌（第一、九、十一、十四、十五章及附录1、2），华南理工大学龚兆卿（第二、三章）、陈锦昌（第四、五、十九章）、王枫红（第六、十八章）、邓学雄（第十、十二章）、陈炽坤（第十六、十九章），湖南大学陈美华（第七、八章）、袁果（第十三、十七章）。本书由何斌、陈锦昌、王枫红任主编。

同济大学何铭新教授对本书进行了认真细致的审阅和指正，对此编写组表示万分感激。

由于水平和时间所限，书中难免存在错误和缺点，敬请广大读者一如既往地给予我们指正和帮助。

《建筑制图》编写组
2013年10月

第六版序

本书第五版于2005年6月出版至今，已历时四年有余。本书一直深受广大读者厚爱，被全国众多高等院校选作土建类专业学生的必修课教材，广获读者和专家的好评。为了更好地适应教学需要，我们综合研究了广大读者反馈的意见和近年来教学改革的经验，对教材进行了修订。

此次修订主要考虑了以下几个方面：

1. 采用近年新修订的相关技术标准，更新相关内容和图例。

2. 计算机绘图软件由采用AutoCAD 2004英文版升级为采用AutoCAD 2010英文版，并对相关内容做了适当的调整和压缩，使读者能够更集中精力学习计算机绘图的基本知识，打好学习计算机辅助设计的基础。考虑到读者可能采用不同的AutoCAD版本以及各版本的兼容性，计算机绘图部分的内容尽可能采用命令格式(直接输入命令)进行操作，同时也给出功能面板、下拉菜单、工具栏等。读者在采用不同的AutoCAD版本时，应注意功能面板、下拉菜单、工具栏等的呈现方式和呈现位置的异同。

3. 考虑到计算机辅助设计和绘图已为建筑行业广泛应用，且已大大提高了绘制建筑图样的速度和效率，“简化画法”可以说已无“优势”，本版不再介绍。

4. 为使教材与配套的习题集结合得更紧密，增加和调整了部分内容：相贯线部分增加了实心柱体与空心柱体、空心柱体与空心柱体相贯的图例；建筑施工图一章中，依次介绍了建筑平、立、剖面图和详图后，再统一介绍它们的画法，使叙述更紧凑，利于完成绘图作业。

5. 每章章末增加了“本章学习指引”和“复习思考题”，引导读者更好地学习和掌握各章的内容。

6. 全书的立体图改为渲染图形式，使图面更美观清晰。

7. 全书文字叙述作了进一步的修订，力求更为精练。

8. 全书插图作了全面的审阅和修正，力求更精确完美。

此次修订时还注意尽可能保留和延续本书一贯的特色：在阐述上力求由浅入深，循序渐进，分散难点，便于自学；在内容上力求画图与读图结合，理论与实践结合；在插图上较多使用分步图，说明作图过程和步骤；从体出发，让读者获得一定感性认识后，再学习点、线、面的投影理论知识；较早引入辅助投影的概念，简化空间几何问题的解题方法和步骤；为逐步适应和向双语教学过渡，对章名、节名，每节中的大标题，及课文中有关概念、专业术语等加注英文；努力介绍近代绘图新技术、新标准等。

本书由何斌、陈锦昌、王枫红任主编。参加本版修订工作的有：广东工程职业技术学院何斌(第一、九、十一、十四、十五章及附录1,2)，华南理工大学陈锦昌(第四、五、十九章)、王枫红(第六、十八章)、龚兆卿(第二、三章)、邓学雄(第十、十二章)、陈炽坤(第十六、十九章)，湖南大学陈美华(第七、八章)、袁果(第十三、十七章)。

本书编写大纲于2009年5月经教育部高等学校工程图学教学指导委员会审查通过，委员们提出了很多有益建议；武汉大学丁宇明教授继第四、第五版后，再次对本书进行了审阅和指导；西南交通大学卢传贤教授对本书进行了认真细致的审阅和订正；本书封面中国2010年上海世博会中国馆——东方之冠图片由中国工程院院士何镜堂提供，在此，向他们表示万分感谢。

由于修订时间较紧迫，更限于我们的水平和其他原因，书中错误和缺点在所难免，恳请广大读者、教师和同行批评指正。

与本书配套的陈美华主编《建筑制图习题集》(第六版)也修订完毕，与本书同时出版，供选用。

为满足多媒体教学需要，本版书内继续附有学习辅导光盘，内容包括助学CAI课件和习题集解答等。与本书配套的电子教案由高等教育出版社同时出版。

《建筑制图》编写组

2010年3月

第一版序

本书是在一九七四年广东人民出版社出版的《建筑制图》的基础上，根据一九七七年高等学校工科基础课教材座谈会的精神，和一九七七年十一月在武汉召开的高等学校制图教材会议上制订的《建筑制图》编写大纲进行修订的。

本书在修订过程中，一方面注意到初版中投影理论的不足，加强了点、线、平面、曲面、投影变换等理论的内容；另一方面则努力使投影理论(即画法几何)与制图实践密切结合。开始时，先让读者对基本形体的画法获得一定的感性认识，在初步具有空间想像力后，再学习点、线、面的投影理论。在掌握一定的投影理论后，随即应用它来指导建筑形体的制图实践。然后在这个基础上，学习比较抽象的投影变换。对阴影、透视理论，也是先让读者通过学习建筑图，对建筑物有一定认识后，才进行学习。此外，书中所用图例，也尽可能选自有关的生产图纸和通用设计图集。

为了有利于教学，本书在阐述上，力求由浅入深，讲清道理，分散难点，便于自学；在内容上，力求画图与读图结合，在插图上，较多使用分步图，以说明作图步骤。

为了介绍近代制图技术中有关计算机制图的初步知识，本书编入了制图自动化一章，让读者了解制图技术的发展情况。此外，本书还增加了机械图一章，以适应建筑施工机械化日益发展的需要。为了扩大适用面，本书还增加了阴影、展开图、给水排水工程图等章节。

为了适应不同的教学要求，对展开图、阴影、透视、投影变换、给水排水工程图、机械图等章节的内容，各校可以根据自己的具体情况，予以取舍。各章节的顺序，也可以根据自己的教学经验，另作安排。

本书可作为高等学校工业与民用建筑专业建筑制图课程的试用教材，同时可供建筑学、地下建筑、给水排水等专业参考，也可供有关的工程技术人员参考。

与本书配套使用的由湖南大学、郑州工学院编写的《建筑制图习题集》，也由人民教育出版社出版。

今年四月，在广西南宁召开的审稿会议上，参加会议的西南交通大学、重庆建筑工程学院、天津大学、同济大学、太原工学院、清华大学、浙江大学及其他兄弟院校的制图教师代表，对本书提出了许多宝贵意见。此外，本书在编写过程中，有关设计单位还提供了许多宝贵的参考资料，在此一并表示衷心的感谢。

本书由于修订时间比较紧迫，特别是限于我们的政治水平、业务水平和教学经验，缺点和错误在所难免，恳请各兄弟学校和广大读者给以批评指正。

参加本版修订工作的有华南工学院朱福熙(主编)、曾大民、何斌、陈庆麟，湖南大学乐荷卿、黄江夏，广西大学李蔚秀，郑州工学院于文彬，湖北建筑工业学院吴年等同志。本书定稿之前，还经西南交通大学朱育万(主审)、李睿谟两同志再次审阅。

华南工学院、湖南大学等五院校《建筑制图》编写组

一九七八年八月

目　　录

第一章 绪论

CHAPTER 1 INTRODUCTION

§1－1 建筑制图课程的学习目的

Purpose of Learning Architectural Drawing

在建筑工程中,无论是建造巍峨壮丽的高楼大厦,或简单房屋(例如图1－1所示的小学教学楼),都需根据设计完善的图纸进行施工。这是因为,建筑物的形状、大小、结构、设备、装修等,只用语言或文字无法描述清楚,而图纸可以借助一系列图样和必要的文字说明,将建筑物的艺术造型、外表形状、内部布置、结构构造、各种设备、施工要求以及周围地理环境等,准确而详尽地表达出来,作为施工的根据。图纸是建筑工程不可缺少的重要技术资料,所有从事工程技术的人员,都必须掌握绘(制)图和读图技能。不会绘图,就无法表达自己的设计思想,绘制出符合施工要求的生产图纸;不会读图,就无法理解别人的设计意图,并根据图纸进行房屋的施工建造。因此,工程图一直被称为工程界的共同语言。工程图还是一种工程界国际性技术交流的语言,各国的工程图纸都是根据相同的投影理论绘制出来的。掌握了一国的制图技术,就不难看懂他国的图纸。各国工程界经常以工程图为媒介,进行各种交流活动。总之,凡是从事建筑工程设计、施工、管理及相关行业的工程技术人员都离不开图纸。

图1－1 ××小学教学楼

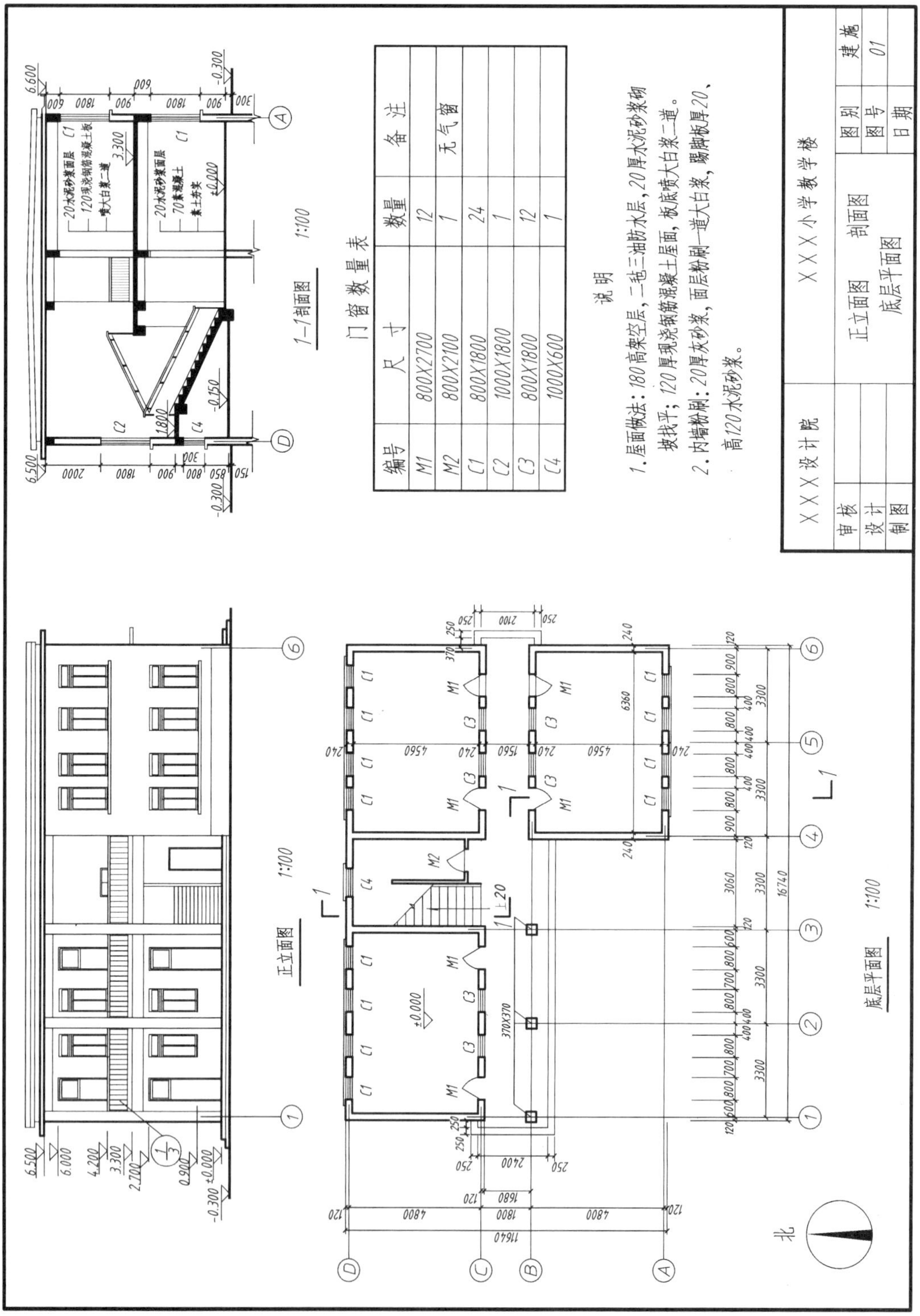
1-1剖面图 1:100
门窗数量表
编号 | 尺寸 | 数量 | 备注
M1 | 800X2700 | 12 |
M2 | 800X2100 | 1 | 无气窗
C1 | 800X1800 | 24 |
C2 | 1000X1800 | 1 |
C3 | 800X1800 | 12 |
C4 | 1000X600 | 1 |
说明
1. 屋面做法：180高架空层，二毡三油防水层，20厚水泥砂浆砌拔找平；120厚现浇钢筋混凝土屋面，板底喷大白浆二道。
2. 内墙粉刷：20厚灰砂浆，面层粉刷一道大白浆，踢脚板厚20，高120水泥砂浆。
XXX设计院
XXX小学教学楼
审核
设计
制图
正立面图 剖面图
底层平面图
图别 建施
图号 01
日期
正立面图 1:100
底层平面图 1:100
北

图 1-2 建筑施工图

图1－2是图1－1所示小学教学楼的一张建筑施工图。从图中的立面图、平面图和剖面图可以看到：教学楼的长、宽、高尺寸，正（南）立面形状，内部分隔，教室大小，楼层高度，门窗、楼梯的位置等主要施工资料。建筑施工图中，还有总平面图用以表示教学楼坐落的位置、朝向、四周的地形地貌和道路等，还有建筑详图用以表示门、窗、栏板等构件的具体做法。除了建筑施工图之外，还要有一套结构施工图用以表示屋面、楼面、梁、柱、楼梯、基础等承重构件的构造。此外还有设备施工图用以表示室内给水、排水、电气等设备的布置情况。只有这样的一套施工图纸，才能满足施工的要求。上述这些表示建筑物及其构配件的位置、大小、构造和功能的图，称为图样（draft）。在绘图纸上绘出图样，并加上图标和必要的技术说明，用以指导施工，称为图纸（drawing）。一般图样都是根据投影原理作出的正投影图。

建筑制图课程的主要目的是培养学生绘图和读图的基本能力，并通过实践，培养他们的空间思维能力。即：

1. 学习各种投影法（主要是正投影法）的基本理论及其应用，培养以二维平面图形表达三维空间形体的能力。

2. 培养绘制和阅读建筑工程图的能力。

3. 培养一定的空间思维能力、空间分析能力和空间几何问题的图解能力。

4. 培养计算机绘图的初步能力。

5. 培养认真负责的工作态度和严谨细致的工作作风，培养贯彻执行国家标准的意识。

学生学完本课程后应达到如下的要求：

1. 掌握各种投影法的基本理论和作图方法。

2. 能用作图方法解决一般的空间度量问题和定位问题。

3. 能正确使用绘图工具和仪器，绘制出符合国家制图标准的图纸，掌握徒手作图技能，并能正确地阅读一般建筑图纸。

4. 对计算机绘图有初步认识，并能运用计算机软件绘制出一般的工程图样。

§1－2 建筑制图课程的学习方法
Methods of Learning Architectural Drawing

建筑制图课程的主要内容分为三部分：画法几何、制图和计算机绘图。画法几何是制图的理论基础，比较抽象，系统性和理论性较强。制图是投影理论的运用，实践性较强，学习时要努力完成一系列的绘图作业。计算机绘图是工程技术人员必须掌握的一门现代技术，需努力学习，打下较好的基础。

学习时需讲究学习方法，提高学习效果。

1. 要树立服务祖国、奉献社会的志向，培养自己工作能力和提升自己知识水平，这样才能在学习中振奋精神，端正态度，自觉地刻苦钻研，克服困难，锲而不舍，不断前进。

2. 要下功夫培养空间思维能力。无论是学习或做作业，都要画图和读图相结合。根据实物或立体图画出二维的平面图形后，要移开实物或立体图，从所画的图形想象出该形体的形状，不断地通过由物画图，由图想物，逐步做到根据二维的平面图形，即可想象出三维形体的形状。

3. 要培养解题能力。解决有关空间几何问题，要坚持先对问题进行空间分析，找出解题方案，再利用所掌握的各种基本作图原理和方法，逐步作图表达、求解。

4. 要提高自学能力。课前应预习，带着看不懂或弄不清的问题去听课，课后进行复习、做作业，巩固所学的概念和方法。画法几何的内容一环扣一环，前面的学习不透彻、不牢固，后面必然越学越困难。知识是无穷无尽的，更新非常迅速，高等学校的学生必须培养自学的能力，培养自己发现问题和寻找解决问题的方法（包括翻课本、找资料和请教老师、同学），毕业后才能适应社会的工作。

5. 建筑图纸是施工的依据，往往由于图纸上一根线条的疏忽或一个数字的差错，造成返工浪费，甚至出工程事故。因此，从初学制图开始，就要严格要求自己，养成认真负责、一丝不苟和力求严格遵守国家标准的工作态度。

6. 建筑制图课程只能为学生制图和读图能力的培养打下一定基础，学生还应在以后的各门技术基础课程和专业课程、生产实习、课程设计和毕业设计中，无论绘图或读图，都自始至终严格要求自己，认真从事，逐步直至全面采用计算机绘图技术。只有这样，才能完成国家培养合格工程技术人员在制图能力方面的训练，毕业后出色地为我国全面建设小康社会服务。

§1－3 中国古代建筑制图的成就 Achievements of Ancient Architectural Drawing in China

中国是世界上文明发达最早的国家之一。在数千年的悠久历史中，勤劳智慧的中国劳动人民创造了辉煌灿烂的文化。在科学技术方面（例如天文、地理、建筑、水利、机械、医药等），我国都曾为世界文明的发展作出过卓越的贡献，留下了丰富的遗产。与科学技术密切相关的制图技术，也相应地取得了光辉的成就。

历代封建王朝，无不大兴土木，修筑宫殿、苑囿、陵寝。《史记》称："秦每破诸侯，写放其宫室，作之咸阳北阪上。"这说明，秦灭六国后曾派人摹绘各国宫室图样，仿照其式样建造于咸阳。设计制图在我国史籍中有许多记载，例如"齐王起九重之台，募国中能画者……画台"（见《说苑》）。人们熟知的阿房宫是秦始皇于渭南上林苑所建朝宫的前殿。《史记》称："前殿阿房，东西五百步，南北五十丈，上可以坐万人，下可以建五丈旗，周驰为阁道，自殿下直抵南山。表南山之颠以为阙。为复道，自阿房渡渭，属之咸阳，以象天极……"唐代杜牧《阿房宫赋》中有所谓"覆压三百余里，隔离天日"的描述。这样巨大的建筑工程，没有图样是不可能建成的。

古代的图样，绝大多数已不存在了。1977 年冬，在河北省平山县发掘战国中山国王墓时，出土了大批青铜器，其中有一块长 94 cm、宽 48 cm、厚约 1 cm 的铜板，板上用镶嵌的金银线表示出国王、两位王后、两位夫人的坟墓和相应享堂的位置和尺寸（图 1－3a）。经修整可以看出，这是一幅酷似现代用正投影法绘制出的建筑规划平面图（图 1－3b）。该图上南下北，图中两粗线长方形表示围墙，靠内围墙筑有四间储存礼器的"宫"，两围墙的南墙各开一门；用细线围成的扁凸字形，表示堆土而成的高台的坡脚线；五座正方形享堂（三大两小）对称地排列

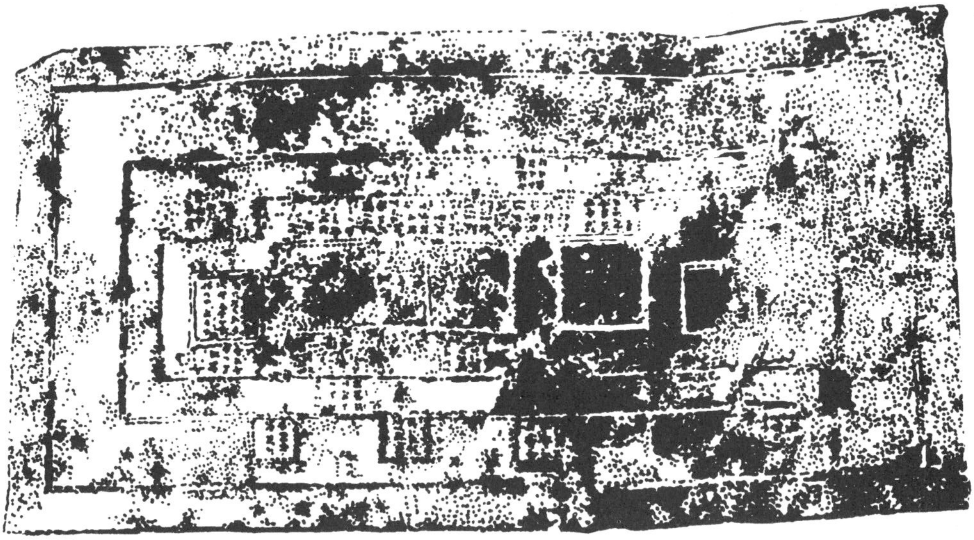

(a) 铜板原形

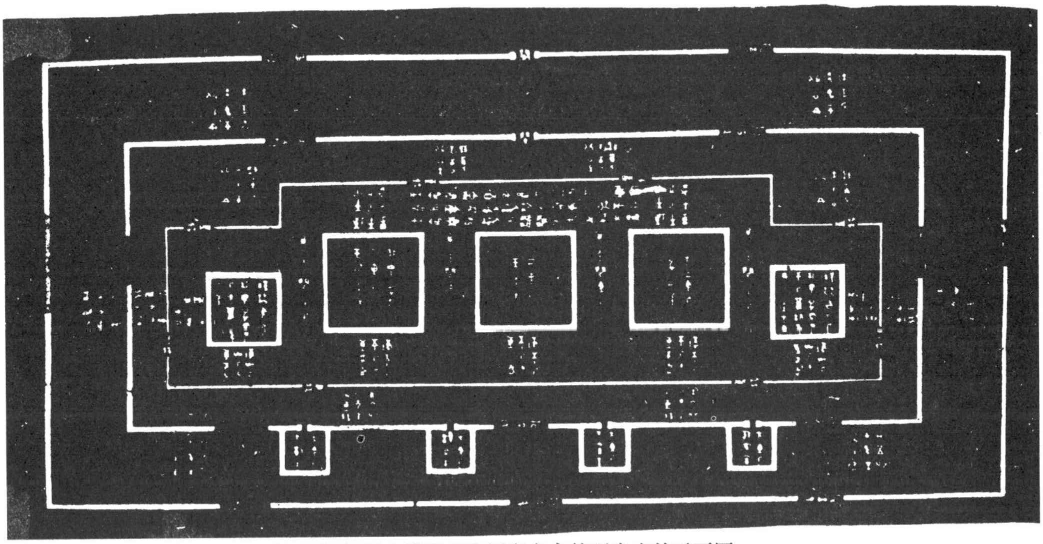

(b) 根据铜板上镶嵌的线框和文字整理出来的平面图

图 1－3　战国时代中山国王墓的建筑规划平面图

于高台上。从镶嵌的 439 个文字可知建筑物的名称、大小，并知该图是按 1∶500 绘制成图后，经国王核准，复制在铜板上的。专家考证，这块铜板制成于公元前 4 世纪，并曾据以施工，是世界范围内实属罕见的古代图样遗物。它有力地证明，早在两千多年前我国就已经能在施工之前进行设计和绘制图样。

对于中国古代在建筑方面的丰富经验，北宋的李诫（字明仲）作了总结，于公元 1100 年写成 34 卷的《营造法式》。这是世界上最早的一部建筑规范巨著，对建筑技术、用工用料估算以及装修等都有详细的论述。书中有图样 6 卷，计图一千余幅。图样这一名称，从此肯定下来并沿用至今。该书中的图样包括宫殿房屋的平面图、立面图、剖面图、详图及构件图，使用了相

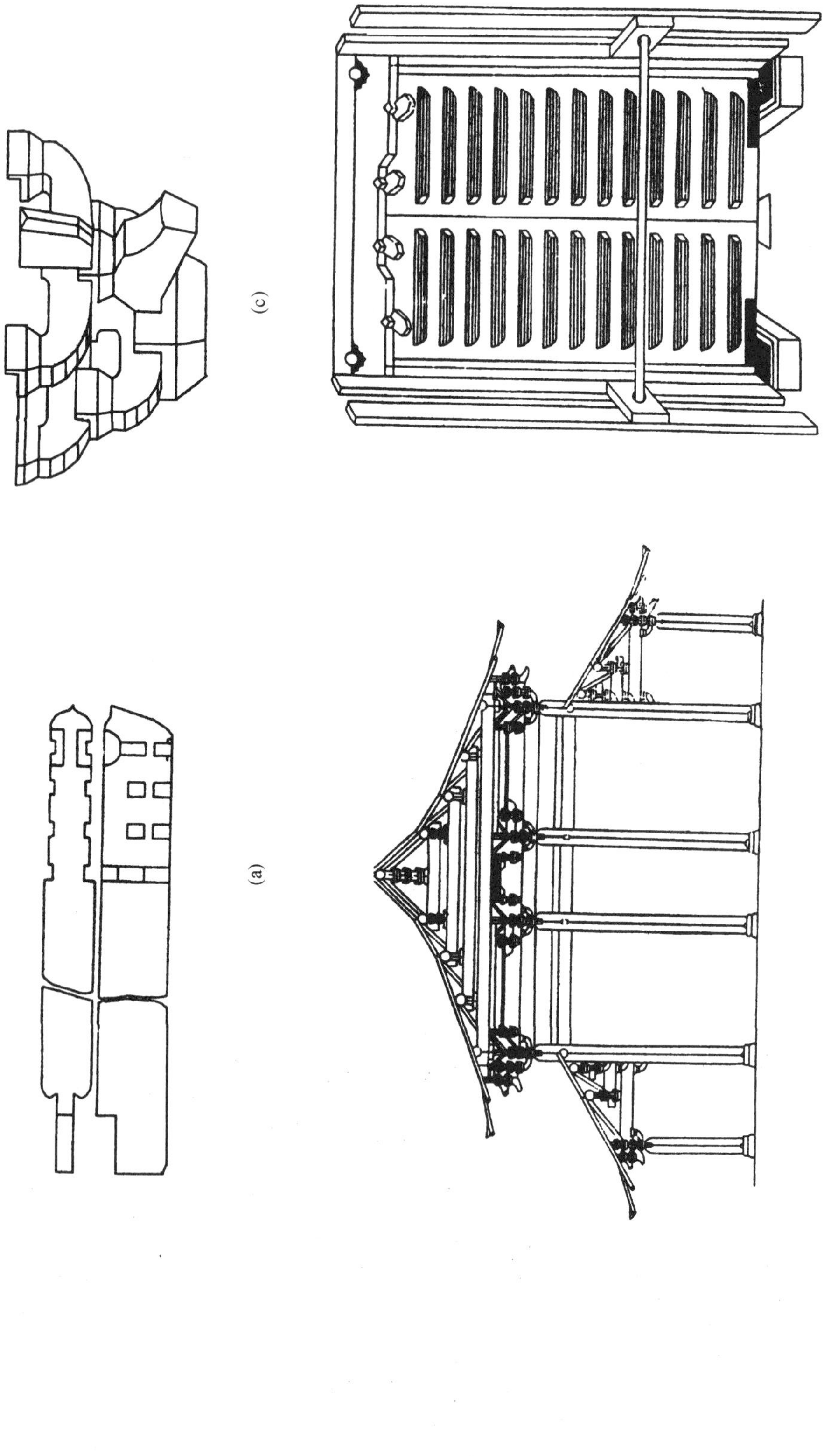

图 1－4 《营造法式》的插图

当于现今的各种投影法绘成。例如：图 1 -4a 所示的悬挑梁是用水平投影和正面投影表示的，投影图的配置相当于第三角法；图 1 -4b 所示的大殿构造是用剖面图表示的；图 1 -4c 所示的斗拱是用斜轴测图表示的；图 1 -4d 所示的门为一点透视图。所有这些，充分反映了九百多年前中国工程制图技术的先进和高超。

中国古代的工程制图技术虽然有过光辉的历史，但由于长期处于封建统治之下，19 世纪中叶后又沦为半封建、半殖民地社会，生产力发展受到极大的阻碍，工业落后，制图技术更不被重视，发展缓慢。中华人民共和国成立以后，尤其是改革开放以来，我国工农业生产和科学技术获得空前发展，很多领域已达到世界先进水平。国家制定了相应的制图标准，制图理论、制图技术都随之向前迈进。特别是计算机技术的飞速发展，计算机的高速运算能力、强大而高效的图形文字处理功能和巨大的存储能力，与人类的知识、经验、逻辑思维能力紧密结合，形成了高速、高效、高质的人机交互式计算机辅助设计系统。这一系统使制图技术产生了根本性的革命，目前各设计、科研和生产单位已全面使用计算机绘图技术。在肯定我国古代制图技术方面的卓越成就的同时，必须览古励今，鞭策自己，为早日实现祖国建设的全面现代化，为中华民族的复兴伟业贡献自己的一份力量。

本章学习指引
Reading Guide

1. 建筑制图课程是土木类、建筑类专业学生必修的一门专业基础课，是往后学习专业课、生产实习、课程设计和毕业设计必须具备的基础知识。读图和画图是学生毕业后从事工程技术工作必须掌握的一种技能。因此，我们必须明确学习的目的和要求。

2. 根据课程的特点，讲究学习方法，提高学习的效果。

3. 概括了解我国古代建筑制图的成就，激励我们学好本门课程的积极性。

复习思考题
Review Questions

1. 为什么要学习建筑制图课程？有些什么要求？

2. 建筑制图课程主要包括哪几部分内容？学习时要注意什么？

3. 我国古代在制图学方面有卓越贡献的大建筑学家是谁？他的著作是什么？

第二章 制图基本知识

CHAPTER 2 BASIC KNOWLEDGE OF DRAFTING

§2－1 图纸幅面、线型、字体、尺寸标注 Size, Line, Font and Dimensioning of Drawing

为了使房屋建筑制图规格基本统一，图面清晰、简明，有利于提高制图效率，保证图面质量，符合设计、施工、存档的要求，以适应我国工程建设的需要，由我国住房和城乡建设部组织有关部门，共同修订和发布了有关建筑制图的六项国家标准：《房屋建筑制图统一标准》GB/T 50001—2010、《总图制图标准》GB/T 50103—2010、《建筑制图标准》GB/T 50104—2010、《建筑结构制图标准》GB/T 50105—2010、《建筑给水排水制图标准》GB/T 50106—2010 和《暖通空调制图标准》GB/T 50114—2010，自 2011 年 3 月 1 日起施行。

六项建筑制图国家标准(本书统一简称为“国标”)是所有土建工程人员在设计、施工、管理中必须严格执行的国家条例。我们从学习制图的第一天起，就应该严格地遵守国标中每一项规定，养成一切遵守国家条例的优良品质。

一、图幅(Size)

图纸的幅面是指图纸本身的大小规格。图框是图纸上所供绘图的范围的边线。图纸的幅面和图框尺寸应符合表 2－1 的规定和图 2－1a、b 的格式。从表中可以看出，A1 幅面是 A0 幅面的对裁，A2 幅面是 A1 幅面的对裁，其余类推。表中代号的意义如图 2－1 所示。同一项工程所使用的图纸，不宜多于两种幅面。以短边作为竖直边的图纸称为横式幅面(图 2－1a)，以短

表 2－1　幅面及图框尺寸

mm

幅面代号 / 尺寸代号	A0	A1	A2	A3	A4
$b \times l$	841 × 1189	594 × 841	420 × 594	297 × 420	210 × 297
c	10			5	
a	25				

边作为水平边的图纸称为立式幅面(图2-1b)。A0～A3图纸宜用横式，必要时也可立式使用。图纸短边一般不应加长，长边可以加长，但加长的尺寸应符合国标的规定。

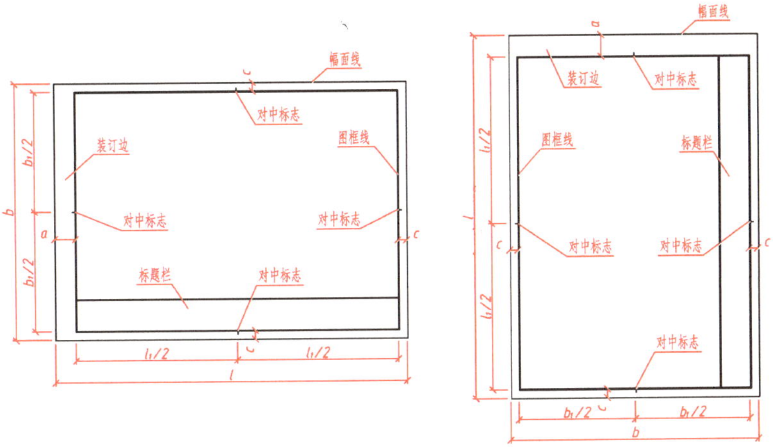

(a) 横式幅面　　(b) 立式幅面

图2-1　尺寸代号的意义

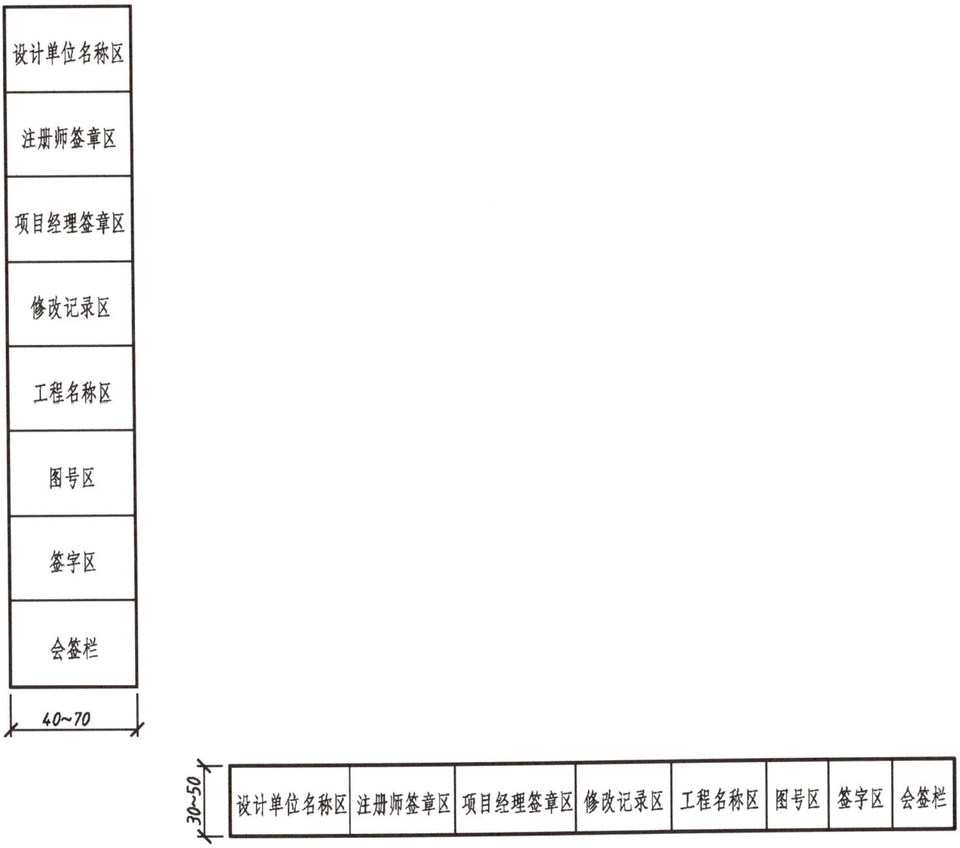

(a) 立式　　(b) 横式

图2-2　标题栏

图纸的装订边和标题栏(简称图标)、对中标志的位置、尺寸和内容见表 2-1 及图 2-1、图 2-2。横式幅面的标题栏也可靠右边框竖式绘制，立式幅面的标题栏也可靠下边框横式绘制，涉外工程的标题栏应在内容下方附加译文，设计单位名称应加“中华人民共和国”字样。

二、图线(Line)

画在图纸上的线条统称图线(line)。图线有粗、中粗、中、细之分。各类图线的名称、线型、线宽、主要用途如表 2-2 所示。

表 2-2　图　线

名称		线型	线宽	主要用途
实线	粗		b	1. 一般作主要可见轮廓线； 2. 平、剖面图中主要构配件断面的轮廓线； 3. 建筑立面图中的外轮廓线； 4. 详图中主要部分的断面轮廓线和外轮廓线； 5. 总平面图中新建建筑物 ±0.00 高度的可见轮廓线。
	中粗		$0.7b$	1. 给、排水工程图中新设计的给水管线，原有的排水管线； 2. 尺寸起止符号。
	中		$0.5b$	1. 建筑平、立、剖面图中一般构配件的轮廓线； 2. 平、剖面图中没有剖切到但可看到部分的轮廓线； 3. 总平面图中新建构筑物、道路、桥涵、边坡、围墙等及其他设施的可见轮廓线。
	细		$0.25b$	1. 总平面图中新建建筑物 ±0.00 高度以上的可见建筑物、构筑物轮廓线；新建人行道、排水沟、草地、花坛等可见轮廓线，原有建筑物、铁路、道路、桥涵、围墙的可见轮廓线； 2. 图例线、索引符号、尺寸线、尺寸界线、引出线、标高符号、较小图形的中心线。
虚线	粗		b	1. 总平面图中新建建筑物、构筑物的地下轮廓线； 2. 结构图上不可见钢筋及螺栓线。
	中粗		$0.7b$	1. 给、排水工程图中新设计的给水管线和原有的排水管线的不可见轮廓线； 2. 平面图中吊车轮廓线。
	中		$0.5b$	1. 一般不可见轮廓线； 2. 建筑构造详图及建筑构配件不可见轮廓线； 3. 总平面图中计划预留扩建的建筑物、构筑物、铁路、道路、运输设施、管线、建筑红线及预留用地各线。
	细		$0.25b$	1. 总平面图中原有建筑物构筑物、管线的地下轮廓线； 2. 结构详图中不可见钢筋混凝土构件轮廓线基础平面图中的管沟轮廓线； 3. 图例填充线、家具线。

续表

名称		线型	线宽	主要用途
单点长画线	粗		b	1. 吊车轨道线； 2. 结构图中的支撑线。
	中		0.5b	土方填挖区的零点线。
	细		0.25b	分水线、中心线、对称线、定位轴线。
双点长画线	粗		b	用地红线、预应力钢筋线。
	中		0.5b	建筑红线。
	细		0.25b	假想轮廓线、成型前原始轮廓线。
折断线			0.25b	断开界线。
波浪线			0.25b	断开界线。

注：图线在各专业图中的具体应用详见第十至十三章。

每个图样应根据形体的复杂程度和比例大小确定基本线宽 b。b 值可从以下的线宽系列中选取：0.13 mm、0.18 mm、0.25 mm、0.35 mm、0.5 mm、0.7 mm、1.0 mm、1.4 mm。常用的 b 值为 0.5 ~ 1.4 mm。决定 b 值之后，例如 1.0 mm，则粗实线的宽度按表 2 - 2 的规定应为 1.0 mm；中粗实线的宽度为 0.7b，即 0.7 mm（注：中粗实线多用在给水排水工程图中）；中实线的宽度为 0.5b，即 0.5 mm；细实线的宽度为 0.25b，即 0.25 mm。每一组粗、中粗、中、细实线的宽度，如 1.0 mm、0.7 mm、0.5 mm、0.25 mm，称为一个“线宽组”。

画线时还应注意下列几点：

1. 在同一张图纸内，相同比例的各图样应采用相同的线宽组。

2. 虚线、单点长画线或双点长画线的画长和间隔宜各自相等。虚线的短画长为 3 ~ 6 mm，间隔为 0.5 ~ 1 mm。单点长画线或双点长画线的长画长为 15 ~ 20 mm。

3. 虚线与虚线、单（双）点长画线与单（双）点长画线、虚线或单（双）点长画线与其他线相交时，应交于画线处。虚线为实线的延长线时，则应留一间隔。上述各线型交接处的正确画法和错误画法对比，如图 2 - 3 所示。

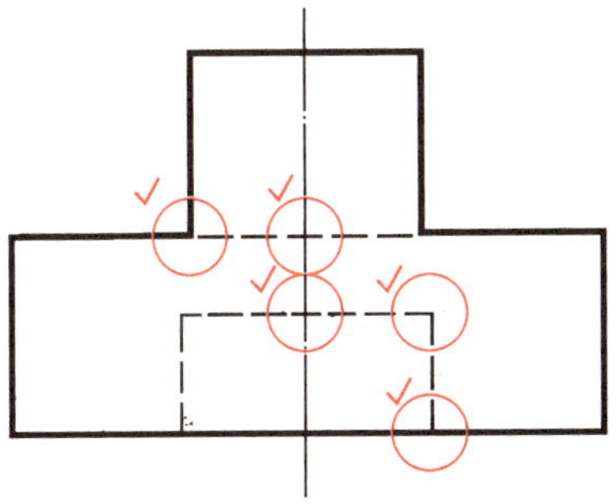

(a) 正确

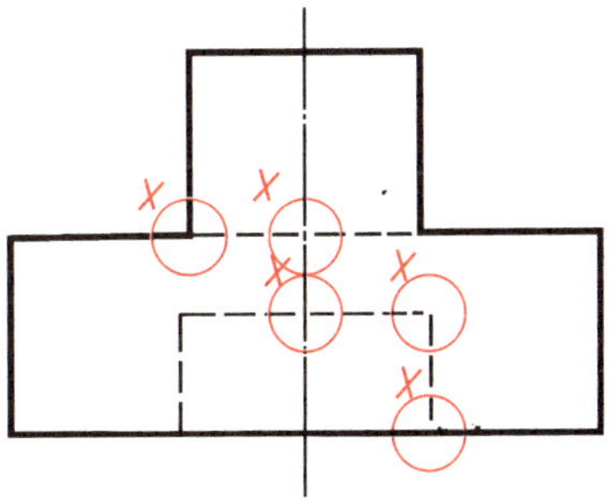

(b) 错误

图 2 - 3　虚线、单点长画线交接的画法

4. 单点长画线或双点长画线的两端不应是点。

5. 图线不得与文字、数字或符号重叠、相交。不可避免时，应首先保证文字等的清晰。

图纸的图框线、标题栏线可采用表 2 – 3 所示的线宽。

表 2 – 3 图框线、标题栏线的宽度 mm

幅面代号	图框线	标题栏外框线	标题栏分格线
A0、A1	b	0.7b	0.35b
A2、A3、A4	b	0.5b	0.25b

各种线型在房屋平面图上的用法如图 2 – 4 所示。

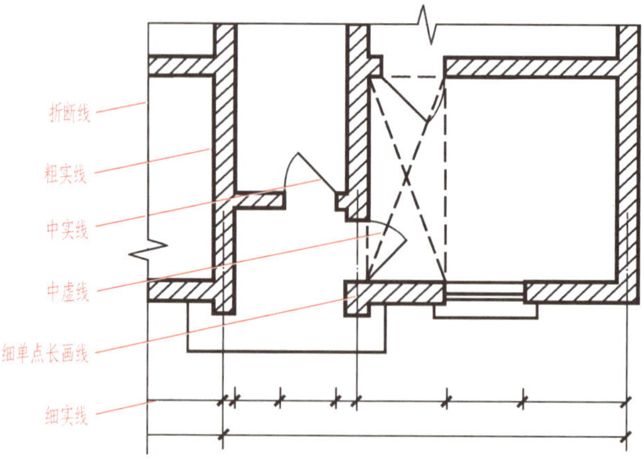

图 2 – 4 各种线型示例

三、字体（Font）

图纸上有各种符号、字母代号、尺寸数字及文字说明。各种字体必须书写端正、排列整齐、笔画清晰。标点符号要清楚正确。

（一）汉字

汉字宜采用长仿宋体或黑体，同一图纸字体种类不应超过两种。长仿宋字体的字高与字宽比例大约为 1∶0.7，如图 2 – 5 所示。字体高度分为 20 mm、14 mm、10 mm、7 mm、5 mm、3.5 mm 等六级，字体宽度相应为 14 mm、10 mm、7 mm、5 mm、3.5 mm、2.5 mm 等。黑体字

图 2 – 5 长仿宋字示例

的宽度与高度相同。

长仿宋字体的示例如图 2-5 所示。

从字例可以看出，长仿宋字有如下特点：

1. 横平竖直　横笔基本要平，可稍微向右上倾斜一点。竖笔要直。笔画要刚劲有力。

2. 起落分明　横、竖的起笔和收笔，撇的起笔，钩的转角等，都要顿一下笔，形成小三角。几种基本笔画的写法如表 2-4 所示。

表 2-4　长仿宋字基本笔画

名称	横	竖	撇	捺	挑	点	钩
形状							
笔法							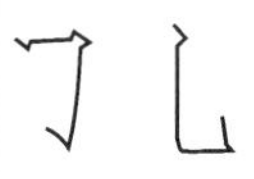

3. 笔锋满格　上、下、左、右笔锋要尽可能靠近字格。但也有例外，如日、口等字，都要比字格略小。

4. 布局均匀　笔画布局要均匀紧凑，并注意下列各点：

（1）字形基本对称的应保持其对称，如图 2-5 中的土、木、平、面、金等。

（2）有一竖笔居中的应保持该笔画竖直而居中，如图中的上、正、水、车、审等。

（3）有三四横竖笔画的要大致平行等距，如图中的三、曲、垂、直、量等。

（4）要注意偏旁所占的比例，有约占一半的，如图中的比、料、机、部、轴等；有约占 1/3 的，如混、梯、钢、墙等；有约占 1/4 的，如凝。

（5）左右要组合紧凑，尽量少留空白，如图中的以、砌、设、动、泥等。

初学写长仿宋字时，可先按字的大小打好格子，然后书写。平时应多看、多摹、多写、多对比，持之以恒，自然熟能生巧。

目前的计算机辅助设计绘图系统，除了提供各种线型、拉丁字母和数字外，还能够生成并输出各种字体和各种大小的汉字，快捷正确，整齐美观，可以节省大量手工写字的时间。

（二）拉丁字母和数字

拉丁字母和数字可分为直体字（竖笔竖直）和斜体字（竖笔与水平线成 75°）两种。拉丁字母、数字和少数希腊字母如图 2-6 所示。它们的字高 h 不宜小于 2.5 mm。小写的拉丁字母的高度应为大写字高 h 的 7/10，字母间隔为 $(2/10)h$，上、下行基准线的净间距最小为 $(15/10)h$。

四、尺寸标注（Dimensioning）

图样上除了画出建筑物及其各部分的形状外，还必须准确、详尽和清晰地标注尺寸，以确定其大小，作为施工时的依据。

图样上的尺寸由尺寸界线、尺寸线、尺寸起止符号和尺寸数字组成（图 2-7）。尺寸界线用细实线绘画，一般应与被注长度垂直，其一端离开图样的轮廓线不应小于 2 mm，另一端宜超出尺寸线 2～3 mm。必要时可利用图样轮廓线作为尺寸界线（图 2-7 中的尺寸 3 060、240）。

图 2-6 拉丁字母、数字和少数希腊字母示例

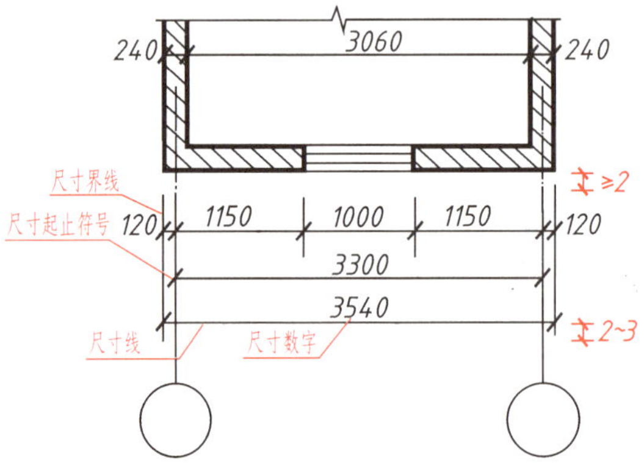

图 2-7 尺寸的组成

尺寸线用细实线绘画，与被注长度平行。图样本身的任何图线都不得用作尺寸线。尺寸起止符号用中粗斜短线绘画，其倾斜方向应与尺寸界线成顺时针 45°角，长度宜为 2～3 mm。在轴测图中标注尺寸时，其起止符号宜用小圆点(参阅第九章)。

国标规定，图样上标注的尺寸，除标高及总平面图以 m(米)为单位外，其余一律以 mm(毫米)为单位，图上尺寸数字都不再注写单位。本书文字和插图中的数字，如没有特别注明单位的，也一律以 mm 为单位。图样上的尺寸应以所注尺寸数字为准，不得从图上直接量取。

标注半径、直径和角度，尺寸起止符号宜用箭头表示，如图2－8所示，图中R表示半径，ϕ表示直径。角度数字一律水平书写。

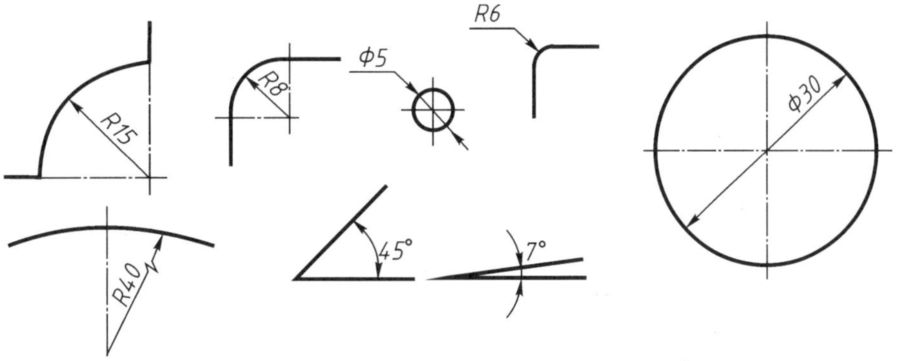

图2－8　半径、直径、角度的尺寸注法

标注尺寸时应注意的一些问题如表2－5所示。

表2－5　尺寸标注

说　明	对	不　对
尺寸数字应写在尺寸线的中间，在水平尺寸线上的应从左到右写在尺寸线上方，字头向上；在竖直尺寸线上的，应从下到上写在尺寸线左方，字头向左。	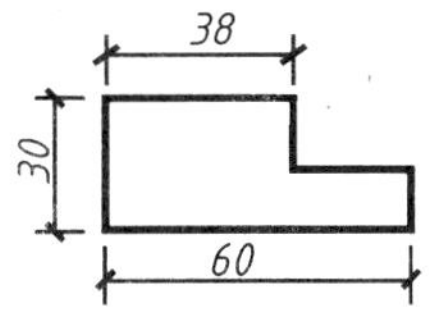	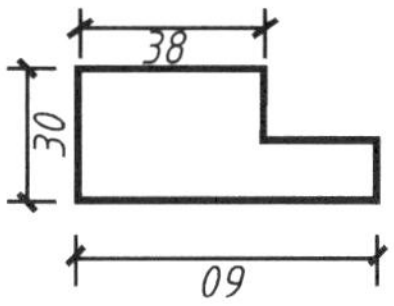
大尺寸在外，小尺寸在内。	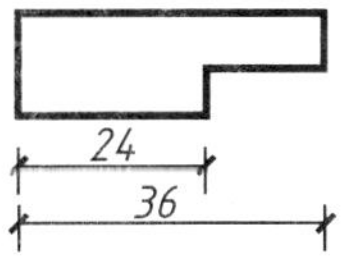	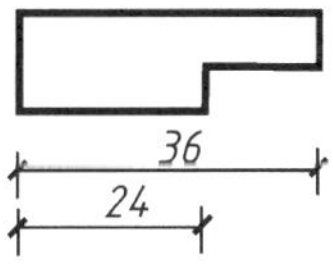
不能用尺寸界线作为尺寸线。	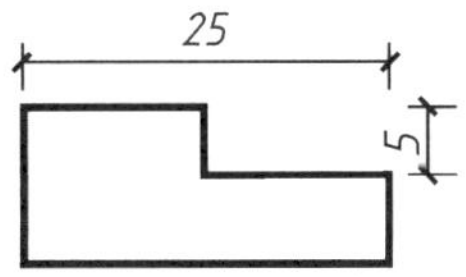	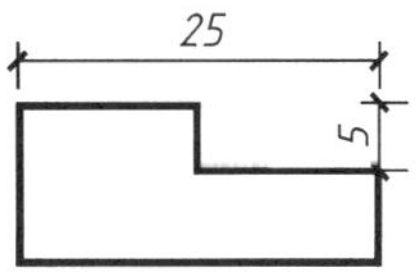
轮廓线、中心线可以作为尺寸界线使用，但不能用作尺寸线。	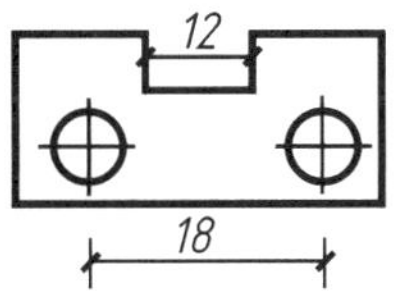	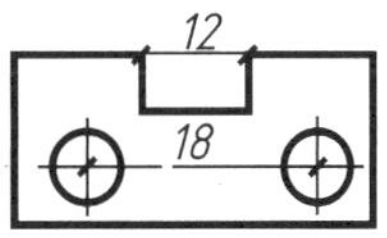
尺寸线倾斜时，数字写在尺寸线的向上一侧，字头向上，便于阅读，尽量避免在图示的30°斜线范围内注写尺寸。	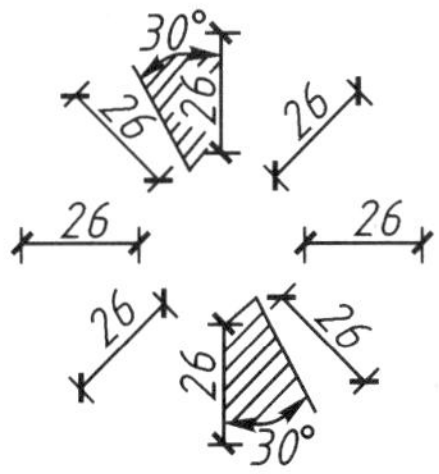	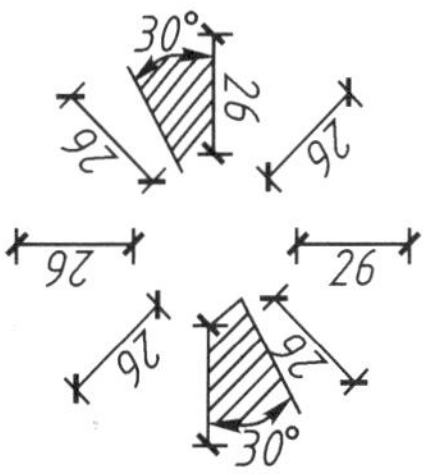

续表

说　　明	对	不　　对
同一张图纸内尺寸数字的字高应大小一致。	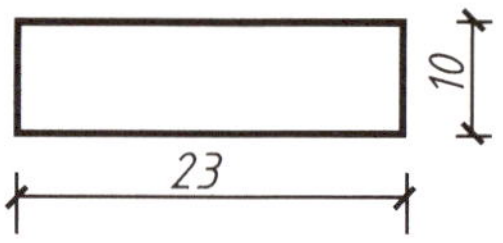	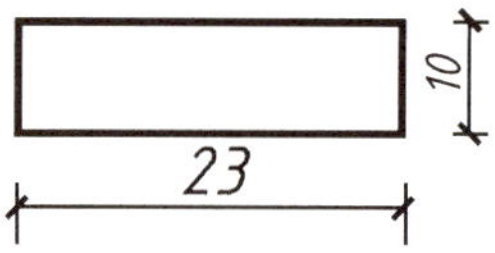
在断面图中写数字处，应留空不画剖面线。		
两尺寸界线之间比较窄时，尺寸数字可注在尺寸界线外侧，或上下错开，或用引出线(端部加圆点)引出再标注。	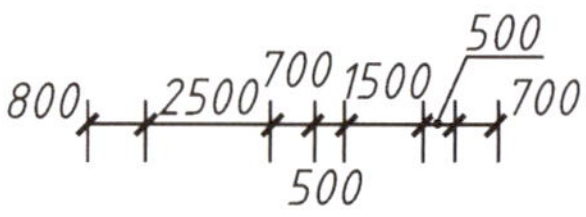	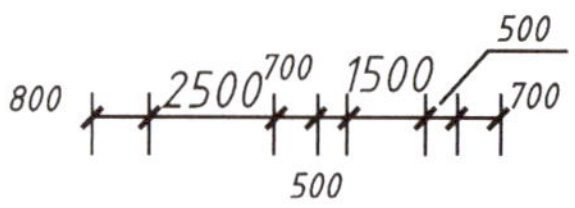
桁架式结构的单线图，宜将尺寸直接注在杆件的一侧。	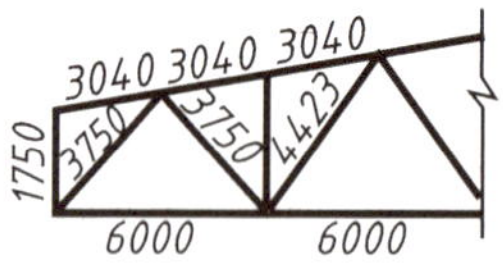	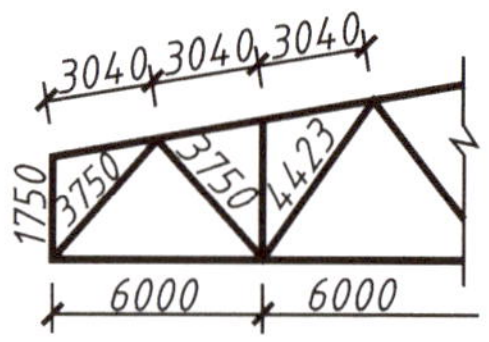

§2－2 几何作图
Geometric Constructions

几何作图在建筑制图中应用甚广，下面介绍几种常用的几何作图方法。

1. 分直线段为任意等份——以五等份为例(图2－9)。

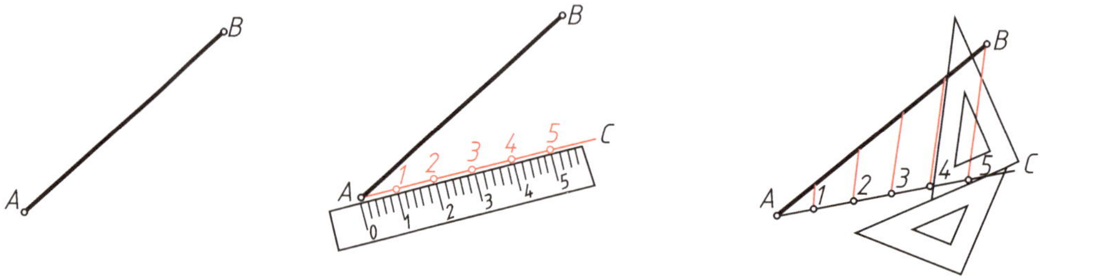

(a) 已知直线段 *AB*

(b) 过点 *A* 作任意直线 *AC*，用直尺在 *AC* 上从点 *A* 起截取任意长度的五等份，得 *1*、*2*、*3*、*4*、*5* 点

(c) 连 *B5*，然后过其他点分别作直线平行于 *B5*，交 *AB* 于四个等分点，即为所求

图2－9　五等分线段 *AB*

2. 分两平行线之间的距离为任意等份——以五等份为例(图 2-10)。

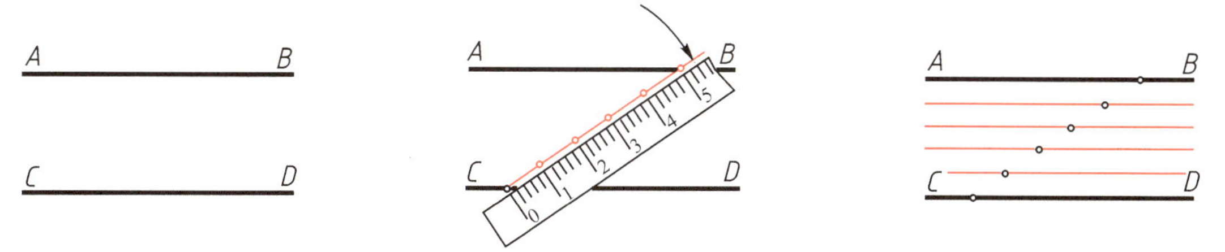

(a) 已知平行线 *AB* 和 *CD*　　(b) 置直尺 0 点于 *CD* 上,摆动尺身,使刻度 5 落在 *AB* 上,得 *1*、*2*、*3*、*4* 各等分点　　(c) 过各等分点作 *AB*(或 *CD*)的平行线,即为所求

图 2-10　分两平行线 *AB* 和 *CD* 之间的距离为五等份

3. 作已知圆的内接正五边形(图 2-11)。

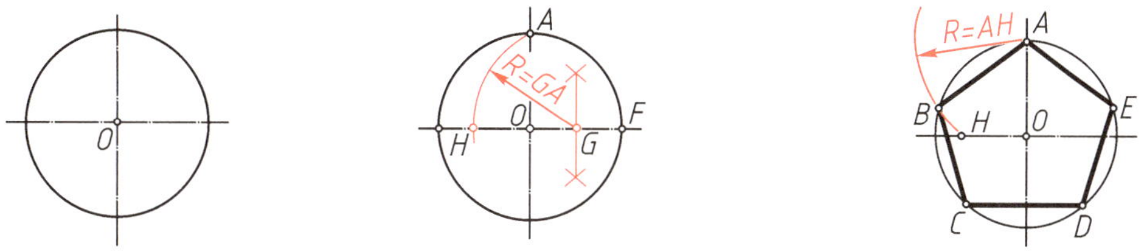

(a) 已知圆 *O*　　(b) 作出半径 *OF* 的等分点 *G*,以 *G* 为圆心,*GA* 为半径作圆弧,交直径于点 *H*　　(c) 以 *AH* 为半径,划分圆周为五等份。顺序连各等分点 *A*、*B*、*C*、*D*、*E*,即为所求

图 2-11　作圆 *O* 的内接正五边形

4. 作已知圆的内接正六边形(图 2-12)。

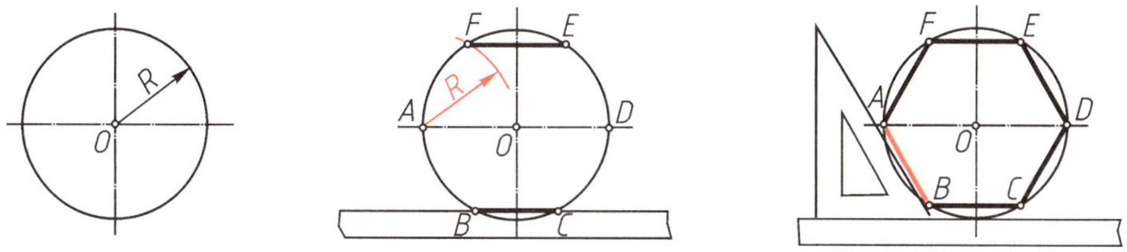

(a) 已知半径为 *R* 的圆 *O*　　(b) 用 *R* 划分圆周为六等份　　(c) 顺序将各等分点连起来,即为所求

图 2-12　作圆 *O* 的内接正六边形

5. 作圆弧与相交二直线连接(图 2-13)。

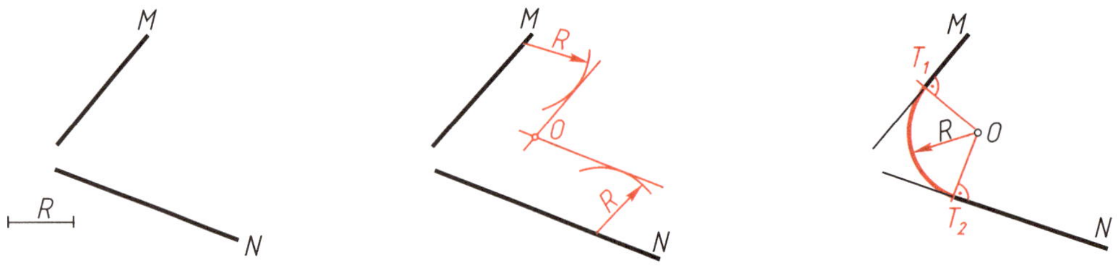

(a) 已知半径 R 和相交二直线 M、N

(b) 分别作出与 M、N 平行且相距为 R 的二直线，交点 O 即为连接圆弧的圆心

(c) 过点 O 分别作 M 和 N 的垂线，垂足 T_1 和 T_2 即连接的切点。以 O 为圆心，R 为半径作圆弧 $\widehat{T_1T_2}$，即为所求

图 2－13 作半径为 R 的圆弧，连接相交二直线 M 和 N

6. 作圆弧与一直线和一圆弧连接(图 2－14)。

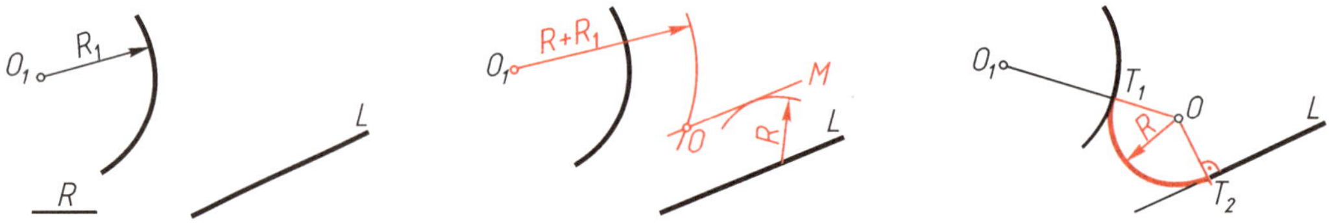

(a) 已知直线 L、半径为 R_1 的圆弧和连接圆弧的半径 R

(b) 作直线 M 平行于 L 且相距为 R；又以 O_1 为圆心，$R+R_1$ 为半径作圆弧，交直线 M 于点 O

(c) 连 OO_1 交已知圆弧于切点 T_1，又作 OT_2 垂直于 L，得另一切点 T_2；以 O 为圆心，R 为半径，作 $\widehat{T_1T_2}$，即为所求

图 2－14 作半径为 R 的圆弧连接直线 L 和圆弧 O_1

7. 作圆弧与两已知圆弧内切连接(图 2－15)。所谓内切，即各圆心在所作圆弧的同一侧。

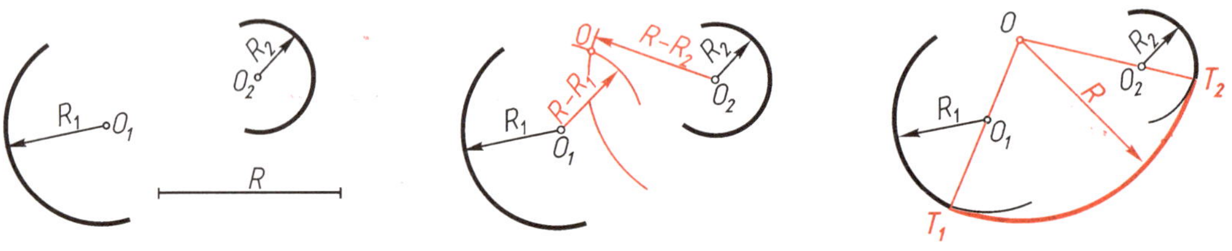

(a) 已知内切圆弧的半径 R 和半径为 R_1、R_2 的两已知圆弧

(b) 以 O_1 为圆心，$|R-R_1|$ 为半径作圆弧；又以 O_2 为圆心，$|R-R_2|$ 为半径作圆弧，两弧相交于点 O

(c) 延长 OO_1，交圆弧 O_1 于切点 T_1；延长 OO_2，交圆弧 O_2 于切点 T_2。以 O 为圆心，R 为半径，作 $\widehat{T_1T_2}$，即为所求

图 2－15 作半径为 R 的圆弧与圆弧 O_1、O_2 内切连接

8. 作圆弧与两已知圆弧外切连接(图 2－16)。所谓外切，即所求圆心与已知圆心分居于所作圆弧两侧。

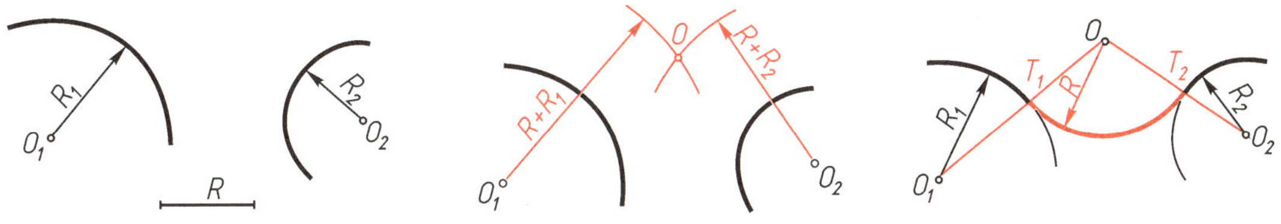

(a) 已知外切圆弧的半径 R 和半径为 R_1、R_2 的两已知圆弧

(b) 以 O_1 为圆心，$R+R_1$ 为半径作圆弧；又以 O_2 为圆心，$R+R_2$ 为半径作圆弧，两弧相交于点 O

(c) 连 OO_1，交圆弧 O_1 于切点 T_1；连 OO_2，交圆弧 O_2 于切点 T_2。以 O 为圆心，R 为半径，作 $\widehat{T_1T_2}$，即为所求

图 2 – 16　作半径为 R 的圆弧与圆弧 O_1、O_2 外切连接

9. 根据长、短轴作近似椭圆——四心法(图 2 – 17)。

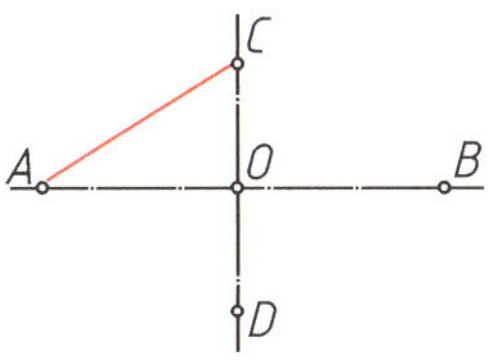

(a) 已知长、短轴 AB 和 CD。连 AC

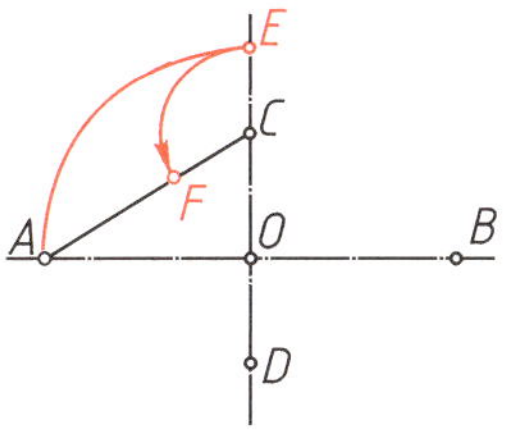

(b) 以 O 为圆心，OA 为半径作圆弧，交 CD 延长线于点 E。以 C 为圆心，CE 为半径作圆弧，交 AC 于点 F

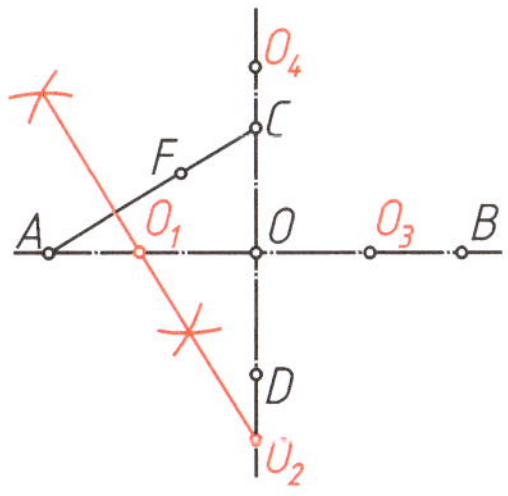

(c) 作 AF 的垂直平分线，交长轴于 O_1，交短轴(或其延长线)于 O_2。在 AB 上截 $OO_3=OO_1$。又在 CD 延长线上截 $OO_4=OO_2$

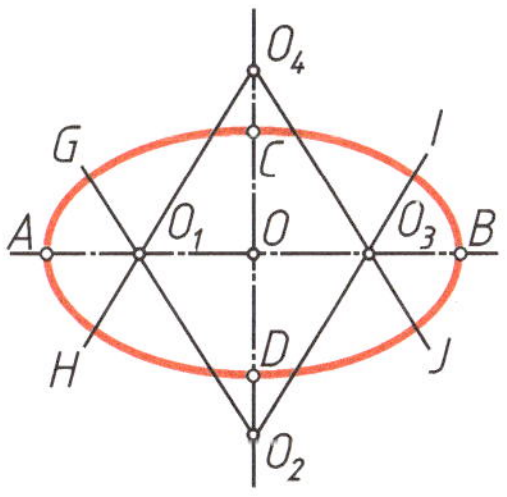

(d) 分别以 O_1、O_2、O_3、O_4 为圆心，O_1A、O_2C、O_3B、O_4D 为半径作圆弧，使各弧在 O_2O_1、O_4O_1、O_2O_3、O_4O_3 的延长线上的 G、H、I、J 四点处连接

图 2 – 17　根据长、短轴 AB、CD，用四心法作近似椭圆

§ 2 – 3　平面图形画法
Drafting of Plane Figures

平面图形由直线线段，或曲线线段，或直线线段和曲线线段共同构成。曲线线段大多是圆

弧。画图之前，要对图形各线段进行分析，明确每一段的形状、大小(长短)和相对位置，然后分段画出，连接成一图形。各线段的大小和位置可根据图中所注尺寸确定。用来确定几何元素大小的尺寸，称为**定形尺寸**(size dimension)。用来确定几何元素与基准之间或各元素之间相对位置的尺寸，称为**定位尺寸**(location dimension)。有些定形尺寸可同时起定位作用。图2-18a是一座溢流坝断面图，图中8000、1400是定形尺寸，三个500是定位尺寸，1500、3300、*R*5000、*R*1500、*R*800和两个900都既是定形尺寸，又是定位尺寸。一般连接圆弧都用作图方法确定其圆心，可以不标出或不标全圆心的定位尺寸。

作平面图形的步骤一般如下：

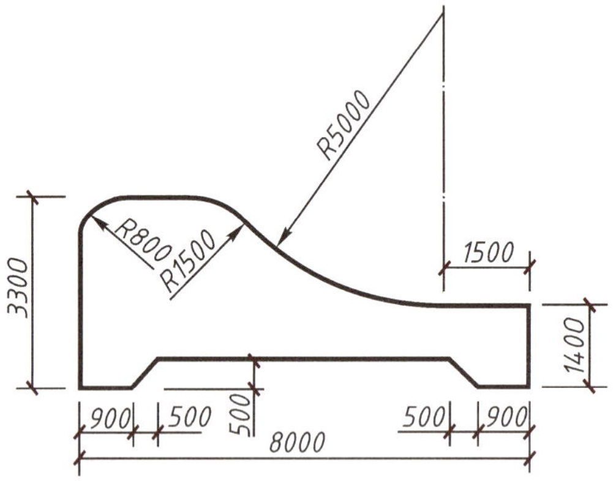

(a) 已知溢流坝断面

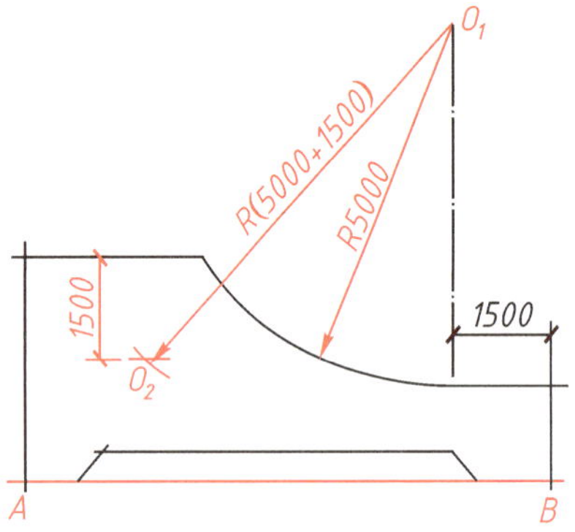

(b) 先画出坝底线 *AB* 作为基准，然后作出所有已知大小和位置的直线和圆弧 O_1，并作图求出圆心 O_2

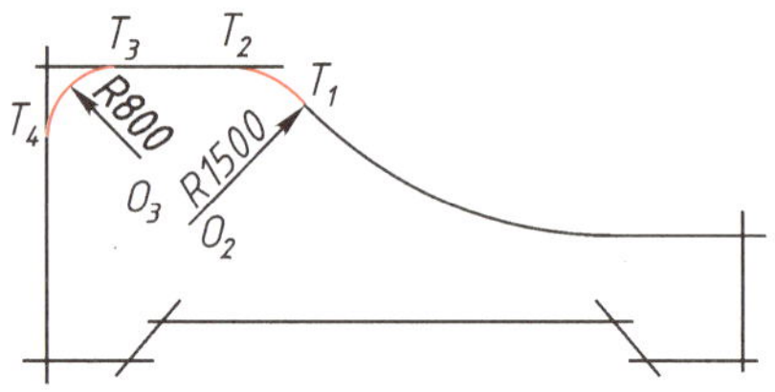

(c) 用圆弧连接方法，作$\widehat{T_1T_2}$和$\widehat{T_3T_4}$，即为所求

图 2-18 溢流坝断面画法

1. 选定比例，布置图面，使图形在图纸上位置适中。
2. 选定基准线，如溢流坝断面图以坝底线作为基准。对称图形一般以对称轴线作为基准。
3. 画出所有大小和位置都已确定的直线和圆弧。
4. 用几何作图方法画连接圆弧。
5. 分别标注定形尺寸和定位尺寸。

溢流坝断面图的作图步骤如图 2－18b、c 所示。

图 2－19 表示一个楼梯栏杆图案的画法。该栏杆由扁铁弯制而成，有不少圆弧连接。作图步骤见图中说明。图案是对称的，图中只表示其中一部分的画法。

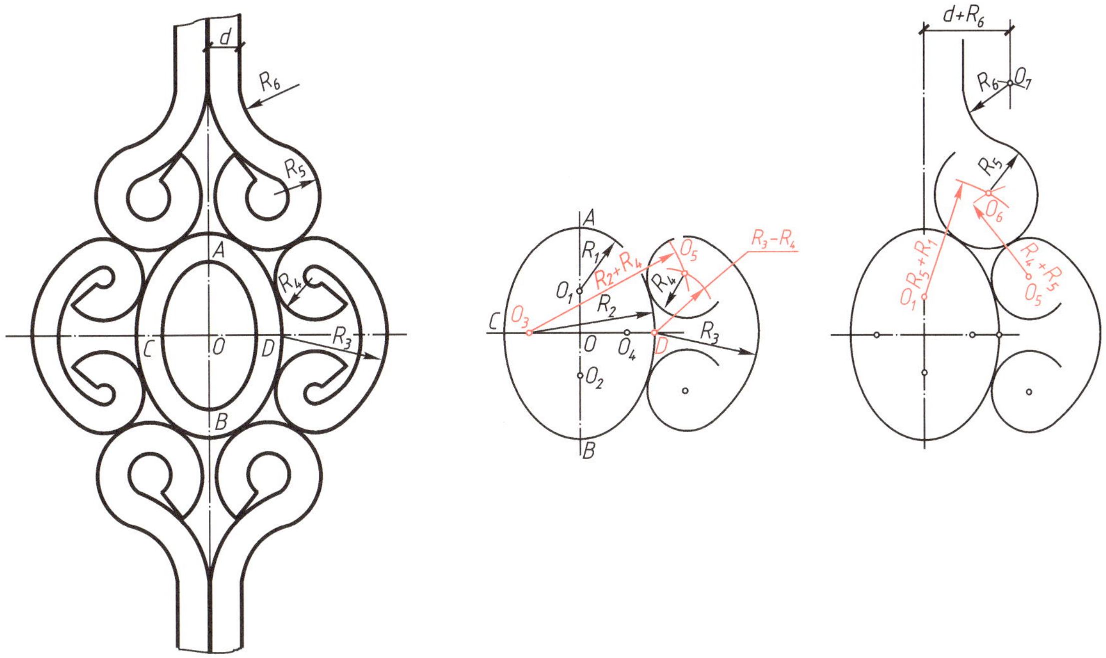

(a) 已知图案中间椭圆的长、短轴 *AB* 和 *CD*，各圆弧的半径 R_3（指定以 *D* 为圆心）、R_4、R_5、R_6，以及扁铁厚度 *d*

(b) 先作两对称轴，然后用四心法求得圆心 O_1、O_2、O_3、O_4 和 R_1、R_2，作出近似椭圆 *ACBD*。再以 *D* 为圆心，R_3 为半径作弧。然后作圆弧 O_5 连接圆弧 *D* 和近似椭圆。为此，以 *D* 为圆心，R_3-R_4 为半径，又以 O_3 为圆心，R_2+R_4 为半径，分别作弧相交于圆心 O_5，以 O_5 为圆心，R_4 为半径作圆弧 O_5 连接椭圆和圆弧 *D*

(c) 同样应用圆弧连接方法，以 O_6 为圆心，R_5 为半径作弧连接圆弧 O_5 和椭圆。又以 O_7 为圆心，R_6 为半径作弧连接圆弧 O_6 和直线。然后加上扁铁厚度，再完成所有的对称部分

图 2－19　楼梯栏杆图案画法

§2－4 徒手作图 Freehand Drafting

用绘图仪器画出的图，称为**仪器图**（drawing）；以目测估计大小，徒手画出的图称为**草图**

(sketch)。技术人员须熟练掌握徒手作图的技巧，这是他们交流、记录、构思、创作的有力工具。草图的“草”字只是指徒手作图而言，并没有允许潦草的含义。草图上的线条也要粗细分明，基本平直，方向正确，长短基本符合比例，线型符合国标规定。画草图的铅笔要用软些的，例如 B 或 2B。画水平线、竖直线和斜线的方法，如图 2－20 所示。

画草图时要手眼并用，作垂直线、等分一线段或一圆弧、截取相等的线段等，都是靠眼睛估计决定。画角度、圆和椭圆的方法，分别如图 2－21、图 2－22 和图 2－23 所示。

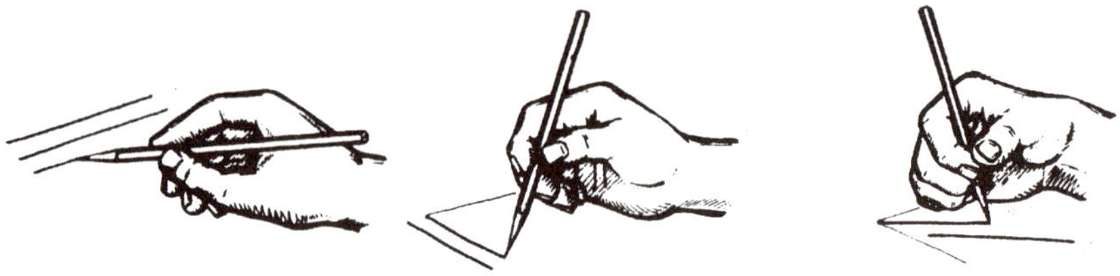

(a) 画水平线 (b) 画竖直线 (c) 画斜线

图 2－20 徒手作直线

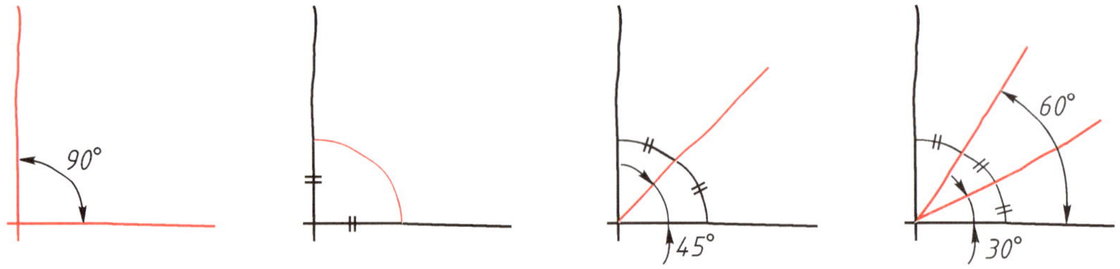

(a) 先徒手画一直角 (b) 在直角处作一圆弧 (c) 分圆弧为二等份，作 45°角 (d) 分圆弧为三等份，作 30°和 60°角

图 2－21 徒手画角度

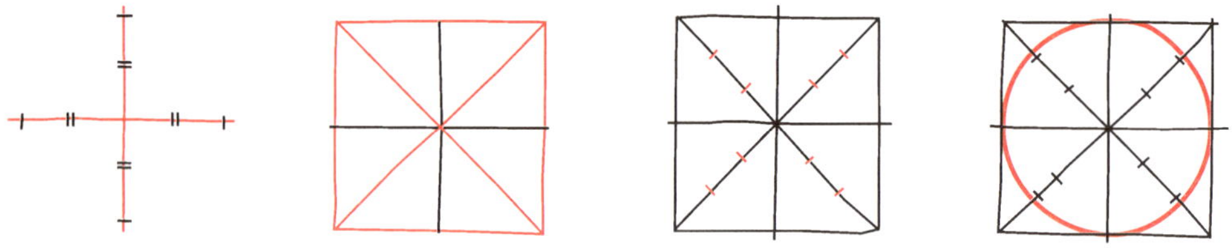

(a) 徒手过圆心作垂直等分的二直径 (b) 画外切正方形及对角线 (c) 大约等分对角线的每一侧为三等份 (d) 以圆弧连接对角线上最外的等分点(稍偏外一点)和两直径的端点

图 2－22 徒手画圆

徒手画平面图形时，先要注意图形的长与高的比例，画出整体的形状，再画细部，并要注意图形的整体与细部的比例是否正确。草图最好画在方格纸上。图形各部分的比例可借助方格数来解决。

例如，徒手画一座折板屋面房屋(图 2－24)的立面图，可分下列几个步骤：

1. 先作一矩形，使其长度与高度之比，等于房屋全长与檐高之比。画中线后，再在矩形之上加画一矩形，表示折板屋面长度和高度(图 2－24a)。

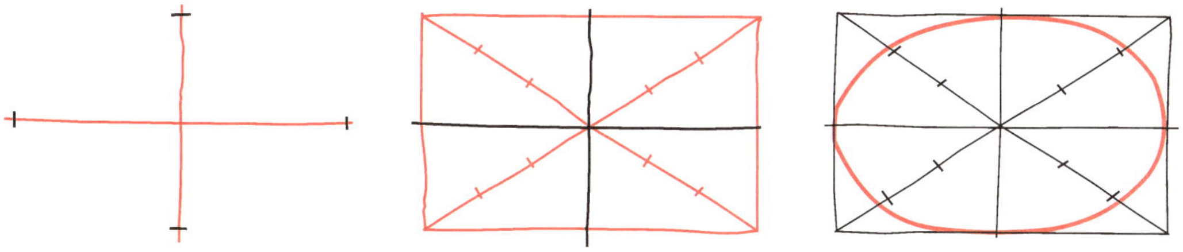

(a) 先徒手画出椭圆的长、短轴　(b) 画外切矩形及对角线，等分对角线的每一侧为三等份　(c) 以圆滑曲线连对角线上的最外等分点(稍偏外一点)和长、短轴的端点

图 2-23　徒手画椭圆

2. 按折板的数目划分屋面为若干格。画窗顶线后，划分外墙为五格，最左最右两格较窄(图 2-24b)。

3. 画出屋面折板、窗框、门框和窗台线(图 2-24c)。

4. 加上门窗、步级及其他细部。最后加深图线(图 2-24d)。

(a)　(b)　(c)　(d)

图 2-24　画房屋立面草图

画形体的立体草图时，可将形体摆在一个可以同时看到它的长、宽、高的位置，如图 2-25所示，然后观察及分析形体的形状。有的形体可以看成由若干个几何体叠砌而成，例如图 2-25a 的模型，可以看做由两个长方体叠加而成。画草图时，先徒手画出底下一个长方体，使其高度方向竖直，长度和宽度方向各与水平线成 30°角，并估计其大小，定出其长、宽、高。然后在顶面上另加一长方体，如图 2-25a 所示。

有的形体，如图 2-25b 所示的棱台，则可以看成从一个大长方体削去一部分而形成。这时可先徒手画出一个以棱台的下底为底，棱台的高为高的长方体，然后在其顶面画出棱台的顶面，并将上下面对应的四个角连接起来。

画圆锥和圆柱的草图(图 2-25c)，可先画一椭圆表示锥或柱的下底面，然后通过椭圆中心画一竖直轴线，定出锥或柱的高度。对于圆锥则从锥顶作两直线与椭圆相切，对于圆柱则画一个与下底面同样大小的上底面椭圆，再作两直线与上、下椭圆相切。

画立体草图应注意三点：

1. 先定形体的长、宽、高方向，使高度方向竖直，长度方向和宽度方向各与水平线倾斜 30°。

2. 形体上相互平行的直线，在立体图上也应相互平行。

3. 画不平行于长、宽、高的斜线，要先定出它的两个端点，然后连线，如图 2－25b 所示。

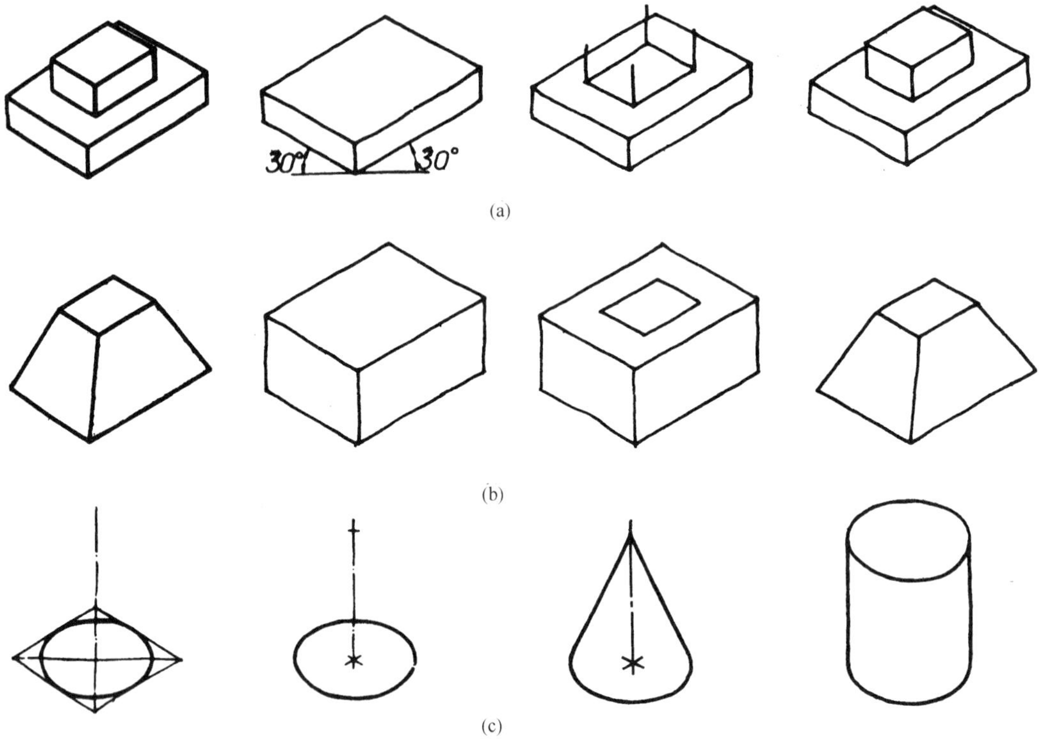

图 2－25　画形体的立体草图

本章学习指引
Reading Guide

1. 建筑制图的六项制图国家标准是建筑工程技术人员必须严格执行的国家条例。我们要养成一切遵守国家条例的优良品质。本章重点介绍了国标中有关图幅、图线、字体和尺寸标注等的内容。

2. 复习几种常用的几何作图方法，学习绘画平面图形。

3. 掌握徒手作图的技巧，便于学习时思考，工作时交流、记录、构思和创作。

复习思考题
Review Questions

1. 为什么工程技术人员必须严格执行相关的国标？

2. 国标规定图纸的幅面有几种规格？它们之间有什么关系？

3. 建筑图中的图线有几种类型？线宽分为几种？画线时要注意什么问题？
4. 国标对各种字体有什么规定？字体的高度分几级？字高与字宽的比例如何？
5. 图样上的尺寸由哪几部分组成？它们各有什么规定？图样上的尺寸以什么为单位？
6. 半径、直径和角度尺寸的标注有些什么特点？
7. 作平面图形的一般步骤如何？
8. 徒手作图时要注意些什么问题？

第三章　投影的基本知识

CHAPTER 3　BASIC KNOWLEDGE OF PROJECTIONS

§3－1　投影及其特性 Projections and their Characteristics

我们生活在三维空间里，一切形体①都有长度、宽度和高度。如何在一张只有长度和宽度的二维图纸上，准确而全面地表达出三维形体的形状和大小？可用投影的方法。

假设要画出一个房屋形体的图形（图 3－1a），可在形体前面设置一个光源 S（例如电灯），在光线的照射下，形体将在它背后的平面 P 上投落一个灰黑的多边形的影（shadow）。这个影能反映出形体的轮廓，但表达不出形体各部分的形状。假设光源发出的光线，能够透过形体而将各个顶点和各根侧棱都在平面 P 上投落它们的影，这些点和线的影将组成一个能够反映形体各

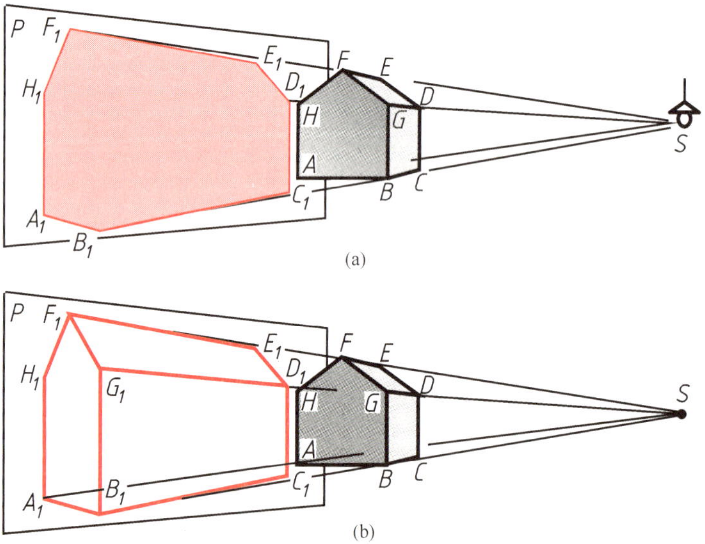

图 3－1　影与投影

① 在本课程中，我们只研究物体所占空间的形状和大小，并不涉及物体的材质、质量及其他物理性质。我们把物体所占空间的立体图形，称为形体。

部分形状的图形（图3-1b），这个图形称为形体的投影（projection）。光源 S 称为投射中心（projection centre）。投影所在的平面 P 称为投影面（projection plane）。连接投射中心与形体上各点的直线称为投射线（projector）。通过一点的投射线与投影面 P 相交，所得交点就是该点在平面 P 上的投影。作出形体投影的方法，称为投影法（projection method）。

投影可分为中心投影和平行投影两类。

一、中心投影（Central projection）

当投射中心 S 在有限的距离内，发出放射状的投射线，所作出的投影（例如图3-2a所示的铅丝 $ABCDE$ 在 H 面上的投影 $abcde$），称为中心投影。作出中心投影的方法称为中心投影法（central projection method）。

二、平行投影（Parallel projection）

当投射中心 S 移至无限远处 S_∞ 时，投射线将依一定的投射方向（projecting direction）S 平行地投射下来，所作出的投影（例如图3-2b、c的投影 $abcde$），称为平行投影。作出平行投影的方法称为平行投影法（parallel projection method）。

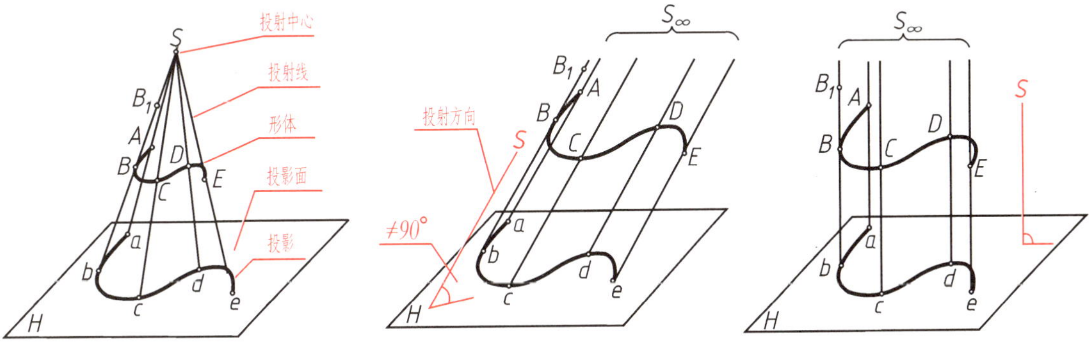

图3-2 中心投影与平行投影

平行投影又分为两种：

（一）斜投影（oblique projection）（图3-2b）

投射方向倾斜于投影面时所作出的平行投影，称为斜投影。作出斜投影的方法称为斜投影法（oblique projection method）。

（二）正投影（orthographic projection）（图3-2c）

投射方向垂直于投影面时所作出的平行投影，称为正投影。作出正投影的方法称为正投影法（orthographic projection method）。

无论是中心投影法还是平行投影法，都具有如下的特性：

1. 任何一种投影方法，必须具备三个要素：形体、投射中心（或投射方向）和投影面，如图3-2所示。

2. 在投影面和投射中心（或投射方向）确定之后，形体上每一点必有其唯一的一个投影，建立起一一对应的关系，例如图3-2中的 A 和 a，B 和 b，C 和 c 等。

3. 空间一点的一个投影不能确定该点的空间位置。因同一根投射线上任何一点的投影，都落在该投射线与投影面的交点上。例如图 3-2 的点 B 和 B_1，它们的投影都是同一点 b。

4. 一点在一投射线上移动，无论该点到投影面的距离如何，在该投影面上的投影位置不变，如图 3-2 的点 B 移动到点 B_1，它的投影仍是 b。

三、各种投影法在建筑工程中的应用(Applications of projection methods in architectural engineering)

中心投影和平行投影(包括斜投影和正投影)在建筑工程中应用甚广。对于同一幢四坡顶平房，用不同的投影法可以画出建筑工程中最常用的四种投影图(图 3-3)。

1. 用中心投影法，可在投影面 P(画面)上画出房屋的透视图(perspective drawing)(图 3-3a)。透视图的图形跟人的眼睛处在投射中心位置时所看到该房屋的形象，或者将摄影机放在投射中心所拍得的照片很相近，显得十分逼真。但房屋各部分的真实形状和大小都不能直接在图中反映和度量。

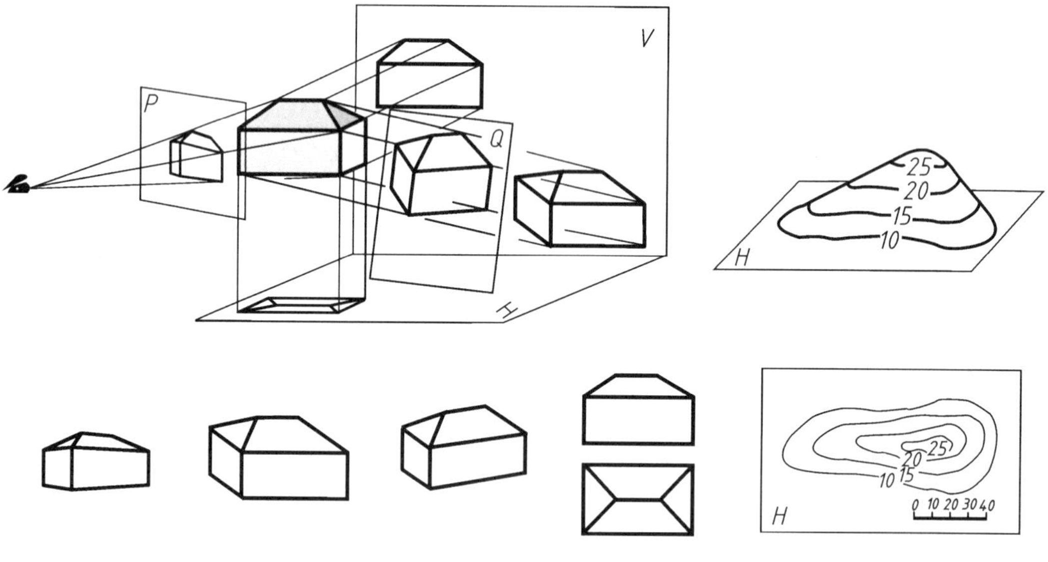

(a) 透视图　(b) 斜轴测图　(c) 正轴测图　(d) 正投影图　(e) 标高投影图

图 3-3 各种投影法在建筑工程中的应用

2. 用斜投影法，可在平行于房屋一个侧面的投影面 V 上作出斜轴测图(oblique axonometric drawing)(图 3-3b)。斜轴测图能反映出房屋的长、宽、高，有一定立体感；还反映出房屋一个侧面的真实形状和大小，但其他侧面形状往往变形，例如：矩形投射成平行四边形，圆形投射成椭圆形等。

3. 用正投影法，可在一个不平行于房屋任一向度①(dimension)的投影面 Q 上作出正轴测图(orthographic axonometric drawing)(图 3-3c)，所得图形看起来比斜轴测图自然一些，但不反

① 向度是指形体的长、宽、高方向，也称"维"。

映任何一个侧面的实形。和斜轴测图一样，在一定条件下，可以在图上度量出各线段的长度。

4. 用正投影法，在两个或两个以上相互垂直，分别平行于房屋主要侧面的投影面(例如 V 和 H)上，作出形体的正投影，并把所得正投影按一定规则画在同一个平面上(图 3-3d)。这种由两个或两个以上正投影组合而成，用以确定空间形体的一组投影，称为多面正投影图(multi-plane orthographic projection)，简称正投影图(orthographic projection)。这种图能真实地反映出房屋各主要侧面的形状和大小，便于度量，作图简便，但它缺乏立体感，需经过一定的训练才能看懂。

5. 用正投影法，还可以将一段地面的等高线(contour line)投射在水平投影面上，并标注出各等高线的标高(elevation)，表达该地段的地面形状。这种带有标高的正投影图，称为标高投影图(topographical projection)(图 3-3e)。

四、平行投影的特性(Characteristics of parallel projections)

建筑制图中，最常使用的投影法是平行投影法。作出的平行投影有如下特性：

1. 度量性(measurability)　当线段或平面图形平行于投影面时，其平行投影反映实长或实形，即线段的长短与平面图形的形状和大小，都可直接从其平行投影确定和度量(图 3-4a、e)。反映线段或平面图形的实长或实形的投影，分别称为它们的实长投影(true length projection)或实形投影(true size projection)。

2. 仿形性(imitability)　当直线或平面图形不平行于投影面时，其正投影小于其实长、实形(图 3-4b、f)，但其斜投影则可能大于、或等于、或小于其实长，实形。不管平面图形的投影是大于、小于或等于实形，它的形状必然是原平面图形的相仿图形，即三角形仍投射成三角形，凸的六角形仍投射成凸的六角形，圆投射成椭圆等。

3. 积聚性(accumulation)　当直线或平面平行于投射线时(在正投影时,则垂直于投影面)，

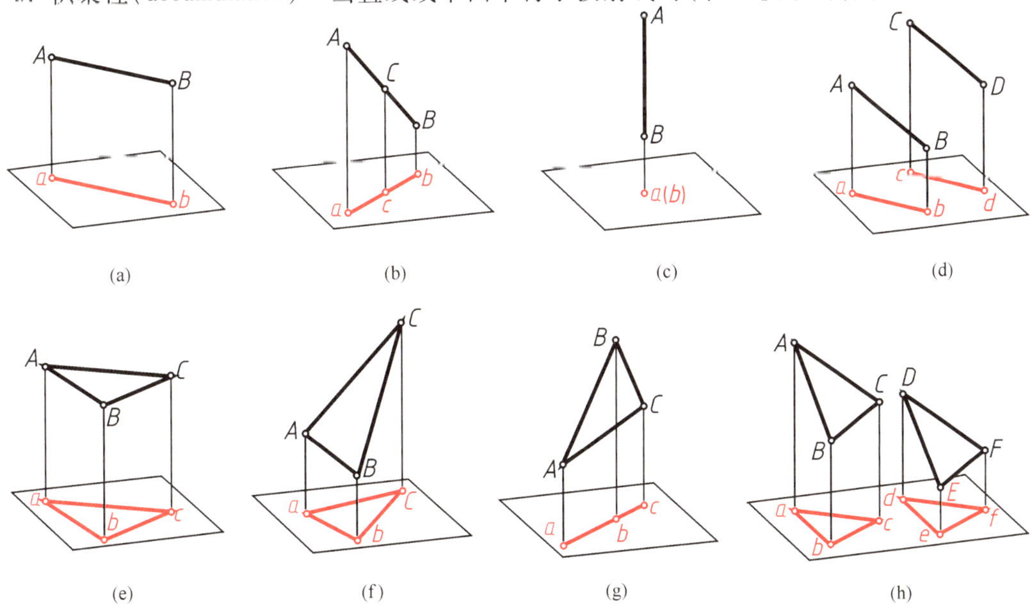

图 3-4　平行投影的特性

其平行投影积聚为一点或一直线(图 3－4c、g)，称为该直线或平面的积聚投影(accumulated projection)。

4. 平行性(parallelism) 相互平行的两直线在同一投影面上的平行投影保持平行(图 3－4d)。一直线或一平面图形，经过平行移动之后，它们在同一投影面上的投影，虽然位置变动了，但其形状和大小保持不变(图 3－4d、h)。

5. 从属性(subordination) 一点在一直线(或曲线)上，它的投影必落在该直线(或曲线)的同面投影①(coplanar projection)上(图 3－4b)。

6. 定比性(proportionality) 当直线与投射方向不平行时，直线上两线段长度之比等于该两线段投影的长度之比。如图 3－4b 中 $AC:CB=ac:cb$；同时，两平行线段的长度之比，等于它们的同面投影的长度之比，如图 3－4d 中 $AB:CD=ab:cd$。由此还可求得 $ab:AB=cd:CD$，即两平行线段的同面投影的长度与线段本身长度之比相等。

正投影不仅具有上述投影特性，而且规定了投射方向垂直于投影面，便于作图。因此，大多数的工程图样，都用正投影法绘制。以后本书提及投影二字，除特别说明者外，均为正投影。

§3－2 正投影图及其特性 Orthographic Projections and their Characteristics

一、正投影图的形成(Construction of orthographic projection)

假设有一个基础形体模型 A(图 3－5a)，为了作出它的投影，可在模型的下面设置一个平行于底面的水平投影面(horizontal plane)H，简称 H 面(H-plane)。在 H 面上的投影称为水平投影(horizontal projection)，或 H 投影(H-projection)。基础形体由一大一小两个长方体相叠组成，它们的底面都是矩形。根据平行投影的特性，上、下两个长方体在 H 面上的正投影是内、外两个矩形线框(图 3－5b)。线框的本身是长方体上、下底面的实形投影；线框的每一边是长方体上水平侧棱的实长投影，同时又是长方体上一个对应侧面的积聚投影。根据投影法的特性，点的一个投影不能确定该点的空间位置。同理，形体的 H 投影，反映不出形体上各部分的相对高度，不能唯一确定形体的形状。如图 3－5a 所示，形体 A 和形体 B、C 的 H 投影完全一样。如果只根据图 3－5b 的水平投影施工，可能造出 A、B、C 或其他不同的形体。

思考：如果形体在 H 面上的正投影为一个矩形线框，框内还有一圆形线框，你能构造出三个不同的形体吗？如果形体在 H 面上的正投影为内、外两个圆形线框，你能构造出三个不同的形体吗？

一般形体需要两个或两个以上的投影，才能确切而全面地表达出该形体的形状和大小。例如图 3－6a 的四棱台 A，它的水平投影是内、外两个矩形，对应角点相连。两个矩形是四棱台

① 几何元素在同一投影面上的投影，称为同面投影。

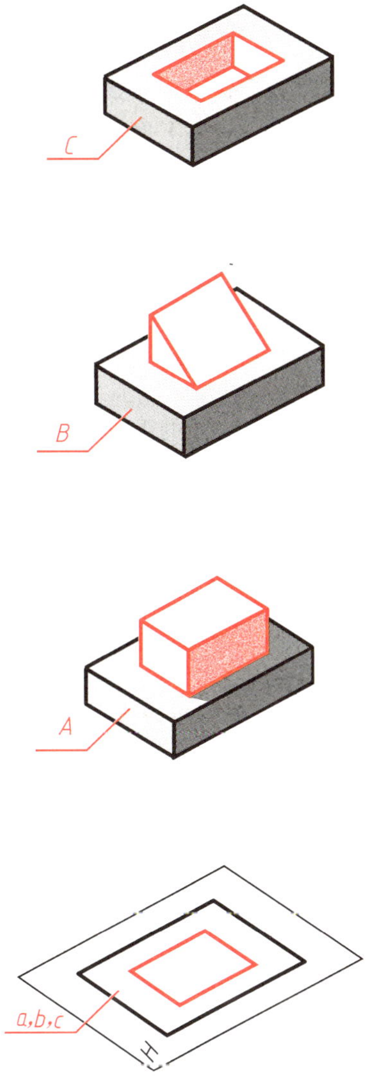

(a) 立体图

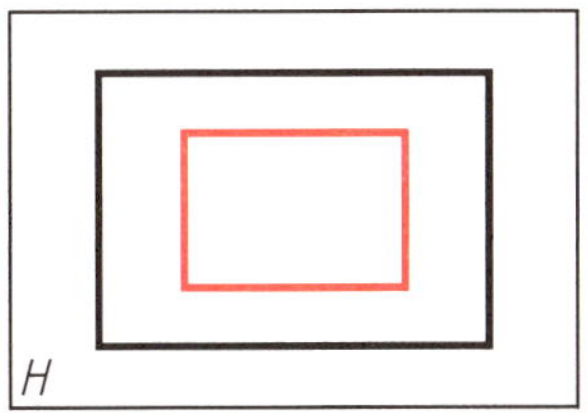

(b) 水平投影

图 3－5 形体的正投影

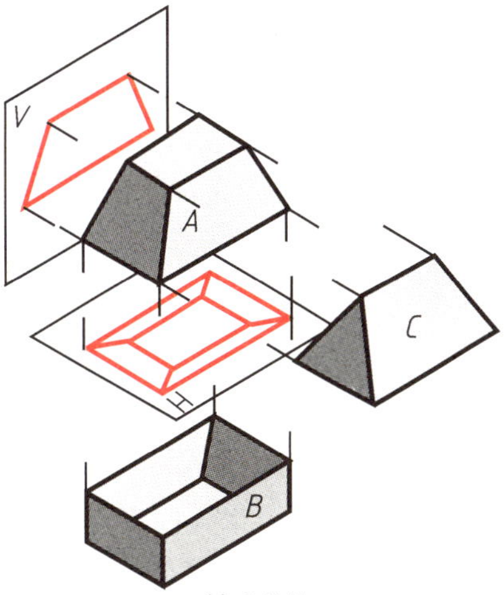

(a) 立体图

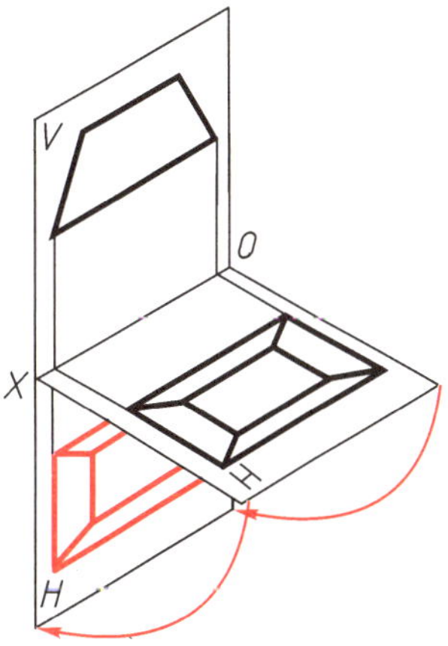

(b) 展开投影面

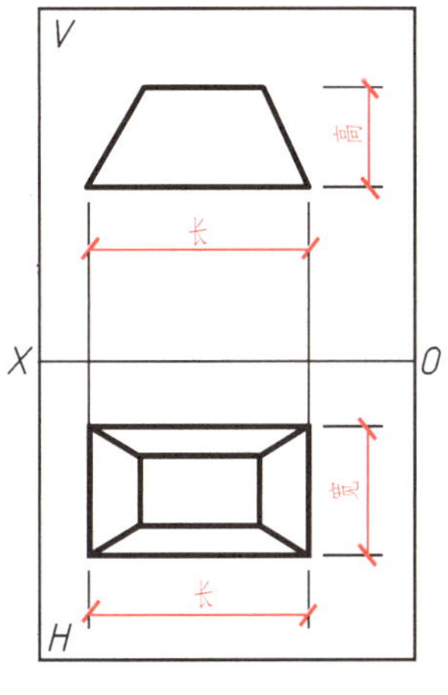

(c)“长对正”

图 3－6 四棱台的两面投影图

上、下底面的实形投影，四根连接的斜线是棱台四根侧棱的投影。但根据这样的水平投影，也可能造出一个上部挖去了倒四棱台的长方体 *B*，如图 3 -6a 所示。

我们需要多设置一个平行于四棱台底面长边，并垂直于水平投影面的铅垂投影面 *V*(图 3 -6a)。投影面 *V* 称为正立投影面(frontal plane)，简称 *V* 面(V-plane)。在 *V* 面上的投影，称为正面投影(frontal projection)或 *V* 投影(V-projection)。四棱台的 *V* 投影是一个梯形线框。梯形的上、下底是棱台上、下底面的积聚投影，两腰是左、右侧面的积聚投影。梯形本身又是棱台前、后侧面的仿形投影，不反映该侧面的实形。如果只根据这个梯形的 *V* 投影，也不能唯一确定四棱台的形状，如图 3 -6a 中的三角木形体 *C*，它的 *V* 投影也是这样。

如果我们用图 3 -6 的 *H* 投影和 *V* 投影共同来表示一个形体，那么，能同时兼有这样的 *H* 投影和 *V* 投影的形体，就只能是图 3 -6a 所示的四棱台 *A* 了。

思考：如果给定了形体的 *H* 投影和 *V* 投影，是否就能唯一确定空间的形体？如不能，试举例说明。

把相互垂直的两个投影面组合起来，可建立一个两投影面体系(two-plane system)。两投影面的交线称为投影轴(projection axis)。*H* 面与 *V* 面之间的投影轴用 *OX* 标记。作出棱台的 *H* 和 *V* 投影之后，移开形体，并将两投影面展开摊平(图 3 -6b)。展开时规定 *V* 面不动，使 *H* 面连同水平投影绕 *OX* 轴向下旋转，直至与 *V* 面同在一个铅垂平面上。显然，*H* 投影反映形体的长度和宽度，*V* 投影反映形体的长度和高度。展开之后，*H* 投影与 *V* 投影左右对齐。这种投影关系通常称为“长对正”(图 3 -6c)。以形体两个投影组成的投影图称为两面投影图(two-plane projection)。

有些形体，例如图 3 -7 中的形体 *A*，两个投影还未能唯一确定它的形状。形体 *A* 由两个大小不同的长方体组成，它的 *H*、*V* 投影均与形体 *B* 和 *C* 的 *H*、*V* 投影相同。在这种情况下，还要增加一个同时垂直于 *H* 面和 *V* 面的侧立投影面(profile plane) *W*，简称 *W* 面(W-plane)(图 3 -7)。形体在 *W* 面上的投影，称为侧面投影(profile projection)或 *W* 投影(W-projection)。形体 *A* 的 *H*、*V*、*W* 投影所确定的形体是唯一的，不可能是 *B* 或 *C* 或其他。

思考：如果给定了形体的 *H* 投影、*V* 投影和 *W* 投影，是否就能唯一确定空间的形体？如不能，试举例说明。

H 面、*V* 面和 *W* 面共同组成一个三投影面体系(three-plane system)，如图 3 -8a 所示。这三个投影面分别两两相交于三根投影轴。*H* 面和 *V* 面的交线称为 *OX* 轴，*H* 面和 *W* 面的交线称为 *OY* 轴，*V* 面和 *W* 面的交线称为 *OZ* 轴。三轴线的交点 *O* 称为原点(origin)。展开三个投影面时，仍规定 *V* 面固定不动，使 *H* 面绕 *OX* 轴向下旋转，*W* 面绕 *OZ* 轴向右旋转，直到都与 *V* 面同在一个铅垂平面上(图 3 -8b)。这时 *OY* 轴出现

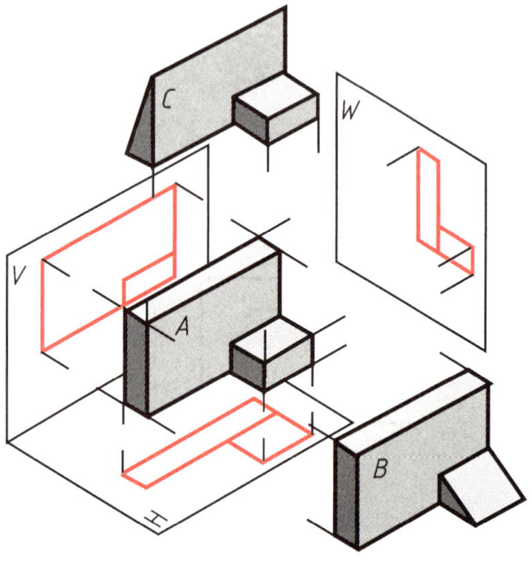

图 3 -7 三面投影的必要性

两次，随 H 面转到与 OZ 轴在同一竖直线上的，标记为 OY_H，随 W 面转到与 OX 轴在同一水平线上的，标记为 OY_W（图 3-8c）。水平投影（H 投影）、正面投影（V 投影）和侧面投影（W 投影）组成的投影图，称为三面投影图（three-plane projection），如图 3-8d 所示。投影面的边框对作图没有作用，不必画出。

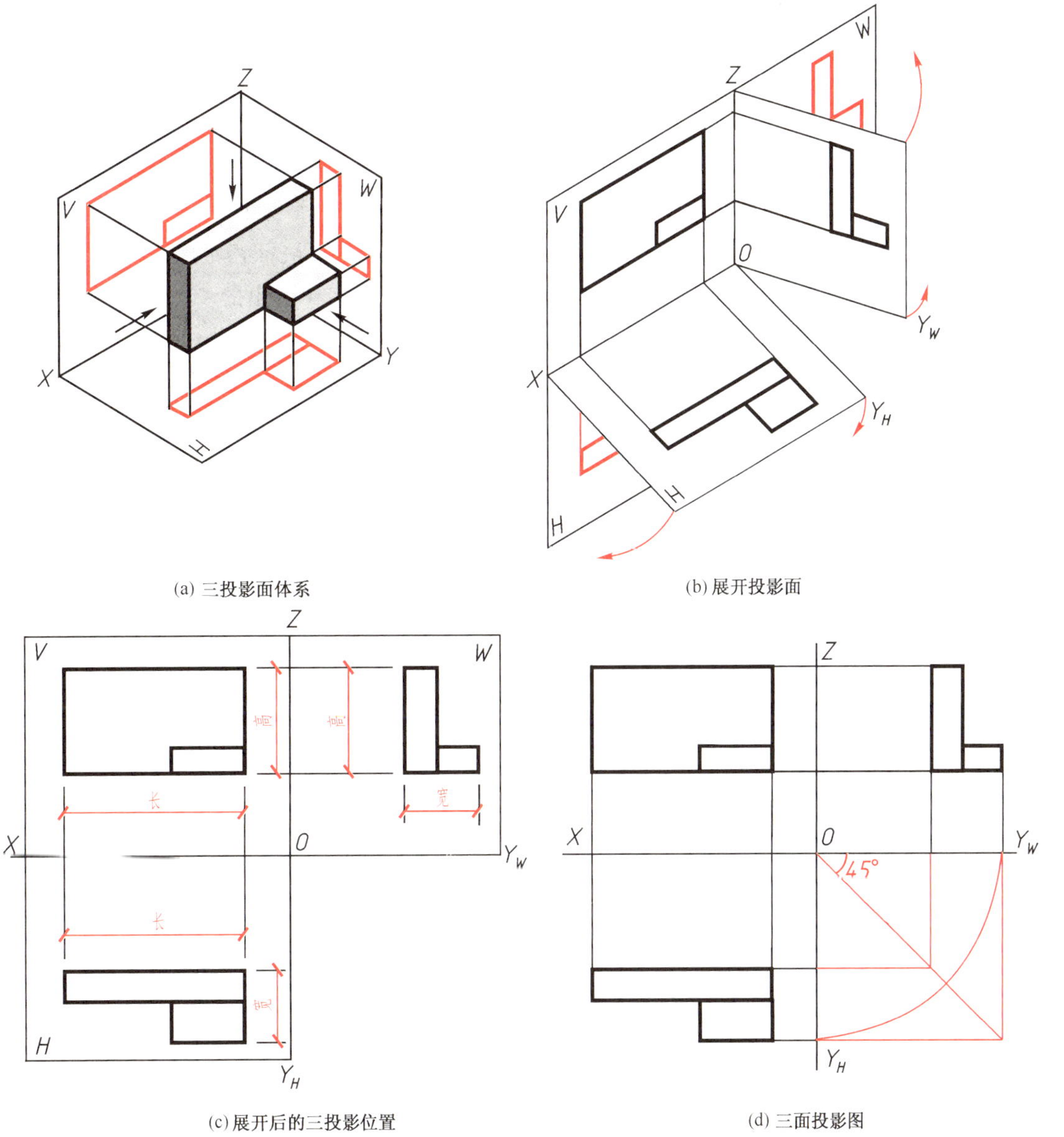

(a) 三投影面体系　(b) 展开投影面

(c) 展开后的三投影位置　(d) 三面投影图

图 3-8　三投影面体系和三面投影图

二、正投影图的投影特性（Characteristics of orthographic projection）

综上所述，可知形体的正投影图有如下投影特性：

1. 形体的投影图一般有 H、V、W 三个投影。H 投影反映形体的长度和宽度，以及形体上

平行于 H 面的各个平面的实形；V 投影反映形体的长度和高度，以及形体上平行于 V 面的各个平面的实形；W 投影反映形体的高度和宽度，以及形体上平行于 W 面的各个平面的实形。

2. 投影面展开时，规定 V 面不动，H 面绕 OX 轴向下旋转，W 面绕 OZ 轴向右旋转，摊平在同一个铅垂平面上。

3. 在三投影面体系中，通常使 OX、OY、OZ 轴分别平行于形体的(长、宽、高)三个向度。此时，形体的长度是指形体上最左和最右两点之间平行于 OX 轴方向的尺寸，形体的宽度是指形体上最前和最后两点之间平行于 OY 轴方向的尺寸，形体的高度是指形体上最高和最低两点之间平行于 OZ 轴方向的尺寸。

4. 投影面展开后，H、V 两个投影左右对正，称为“长对正”。V、W 投影都反映形体的高度，展开后这两个投影上下平齐，称为“高平齐”。H、W 投影都反映形体的宽度，称为“宽相等”（图 3－8c）。这三个重要的关系称为正投影的投影关系(projection relation)。作图时，“宽相等”可以利用以原点 O 为圆心所作的圆弧，或利用从原点 O 引出的 45°线将宽度在 H 投影与 W 投影之间相互转移(图 3－8d)，也可用直尺或分规直接度量来截取。

5. 形体有左、右、前、后、上、下等六个方向(图 3－9a)，它们在投影图上同样得到反映。进行投射时，若将形体周围这六个方向(字)随同形体一齐投射到三个投影面上，所得投影图如图 3－9b 所示。在投影图上识别形体的方向，对读图很有帮助。

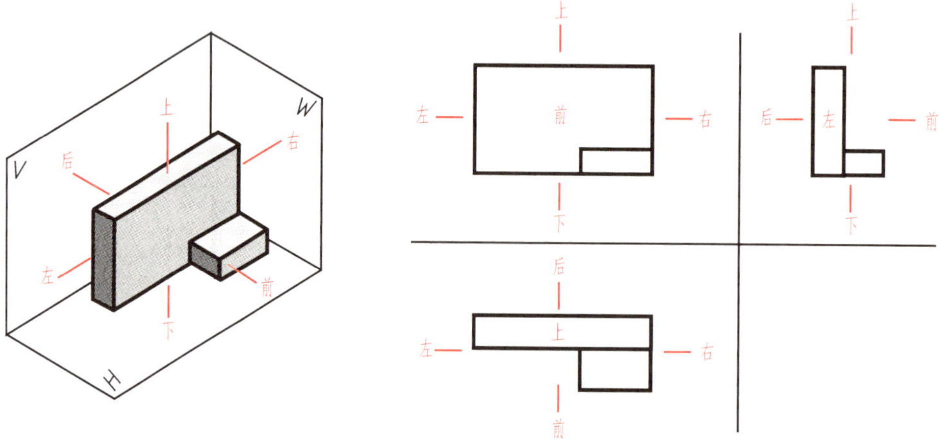

(a) (b)

图 3－9 在投影图上形体方向的反映

6. 对一般形体来说，三个投影已足够确定它的形状和大小。H、V、W 三个投影称为基本投影(principal projections)，H 面、V 面和 W 面称为基本投影面(principal planes)。

一个形体需要多少个投影才能表达清楚，完全决定于形体本身的形状。如果用三个投影仍未能表达清楚时，则可增加几个。例如一幢房屋的东、南、西、北等立面的形状和大小往往都不一样，那时除了 H、V、W 三个基本投影面之外，还可以在形体之前增加 V_1 面，在形体之左增加 W_1 面，分别与 V 面和 W 面相对应，如图 3－10 立体图所示。展开之后，V、V_1、W、W_1 等投影要保持“高平齐”关系。所得的多面投影图如图 3－10 所示。

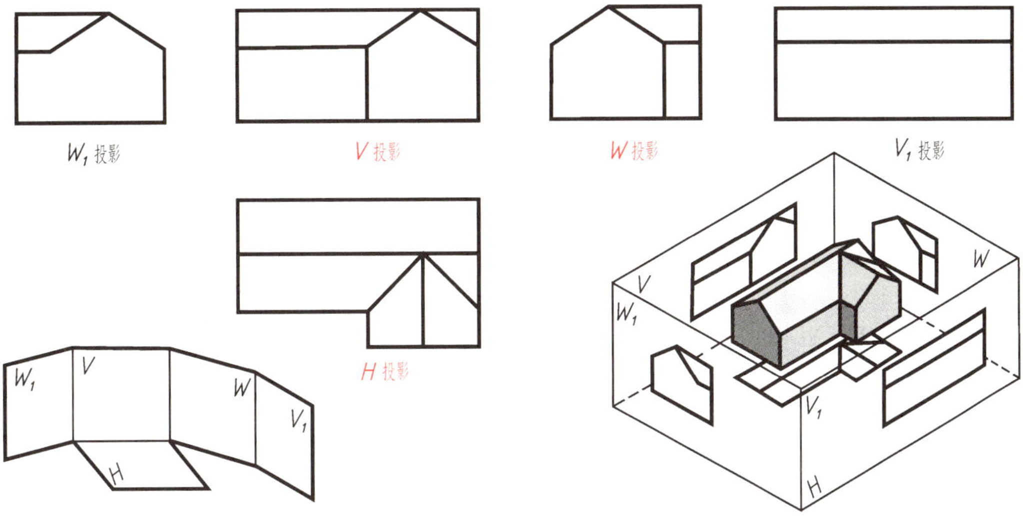

图 3－10　多面投影图

§3－3 基本形体的投影 Projections of Basic Solids

一般建筑物（例如房屋、纪念碑、水塔等）及其构配件（包括基础、台阶、梁、柱、门、窗等），如果对它们的形体进行分析，不难看出，它们总可以看成是由一些简单几何体叠砌或切割而组成。例如：图 3－11a 所示的纪念碑，它的形体可以看成由棱锥、棱台、斜棱柱和若干正棱柱等组成。图3－11b所示的水塔，它的形体可以看成由圆锥、球、圆台、圆柱等组成。在建筑制图中，这些简单几何体称为基本形体（basic solid），建筑物及其构配件的形体称为建筑形体（architectural solid）。

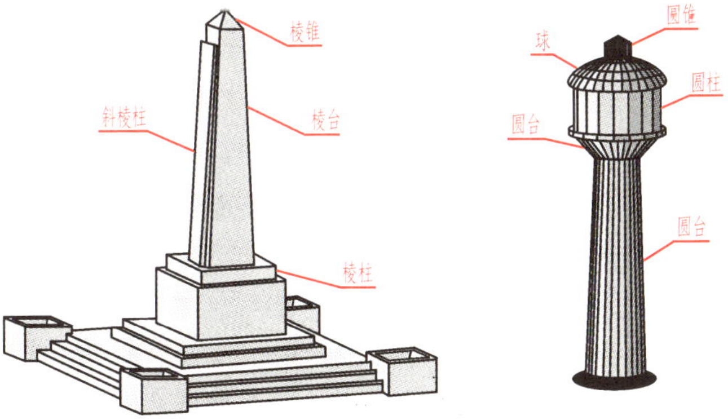

(a) 纪念碑　　(b) 水塔

图 3－11　建筑形体的组成

常见的基本形体分为两类：一是平面体，例如棱柱和棱锥等；二是曲面体，例如圆柱、圆锥和球等。

一、平面体的投影图(Polyhedron projections)

（一）平面体的形状特征

平面体由若干侧面和底面围成。图 3－12a 是一个底面为等腰三角形的直三棱柱，从立体几何知道，这个三棱柱有如下特征：

1. 上、下底面是两个平行且相等的等腰三角形；
2. 三个侧面都是矩形，一个较宽，两个较窄且相等；
3. 所有侧棱相互平行且相等又垂直于底面，其长度等于棱柱的高。

（二）安放位置

安放形体时，一要使形体处于稳定状态，二要考虑形体的工作状况。进行投射时，要使投影面尽量平行于形体的主要侧面和侧棱，以便作出更多的实形投影。

三棱柱形体在建筑中常见于两坡顶屋面。为此，可将三棱柱平放，并使 H 面平行于大侧面，V 面平行于侧棱，W 面平行于两底面(图 3－12b)。

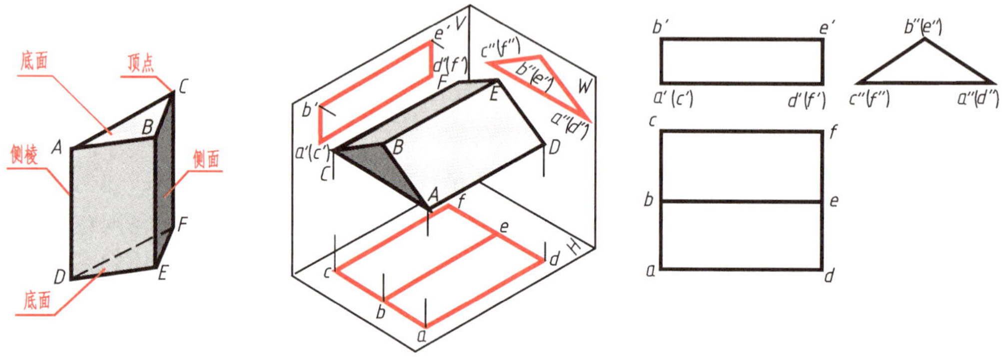

(a) (b) (c)

图 3－12 三棱柱的投影图

（三）作投影图

平面体的侧面和底面都是平面图形，只要按照平行投影特性作出各侧面的投影，就可以作出平面体的投影。为表达清楚起见，规定空间点一般用大写拉丁字母(A、B、C、D…)标记，点的 H 投影用小写字母(a、b、c、d…)，V 投影在小写字母上加一撇(a'、b'、c'、d'…)，W 投影加两撇(a''、b''、c''、d''…)标记。看不见的投影需要表明看不见时，在投影标记外加一括号如(a)、(b')、(c'')…，以示区别。

1. H 投影　矩形线框 $adfc$ 是水平侧面的实形投影，其中两个相等的小线框 $adeb$ 和 $befc$ 是两个斜侧面的 H 仿形投影。线段 abc 和 def 分别是左、右两底面的 H 积聚投影。

2. V 投影　矩形 $a'd'e'b'$ 和(c')(f')$e'b'$ 是前、后斜侧面重合的 V 仿形投影。水平侧面的 V 投影积聚为矩形底边的水平线，左、右底面的 V 投影积聚为矩形的左、右竖直边。

3. W 投影　反映左、右底面的实形——等腰三角形，其底边及两腰分别是水平侧面和前、后斜侧面的积聚投影。

其他平面体（如六棱柱和三棱锥）的投影图及其特征见表3－1。

如果投影图只要求表示出形体的形状和大小，而不要求反映形体与各投影面的距离时，通常不画投影轴（图3－12c）。在这种无轴投影图中，各个投影之间仍保持正投影的投影关系。在表3－1中各基本形体的投影图都属于无轴投影图。

表3－1　平面体投影图

名称	形体在三投影面体系中的投影	投影图	投影特点
六棱柱	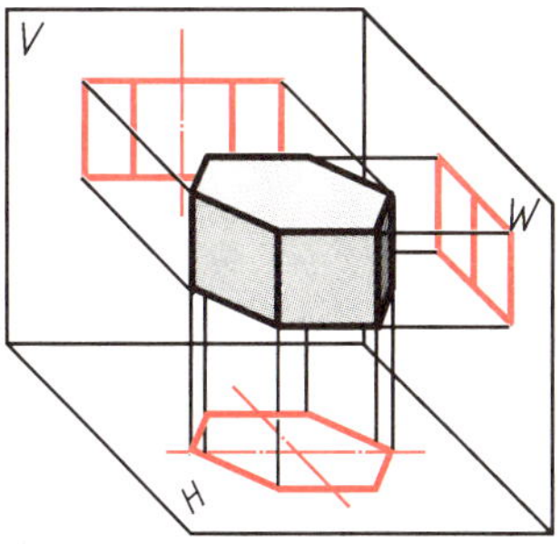	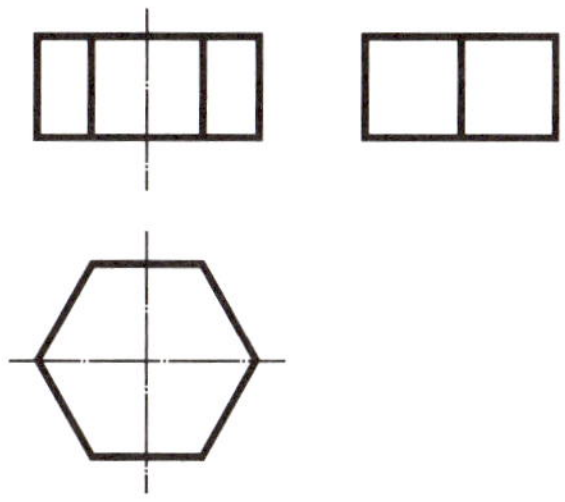	一个投影的外形是正六边形，反映上、下底面的实形，另两个投影的外形是同一高度的若干矩形。
三棱锥	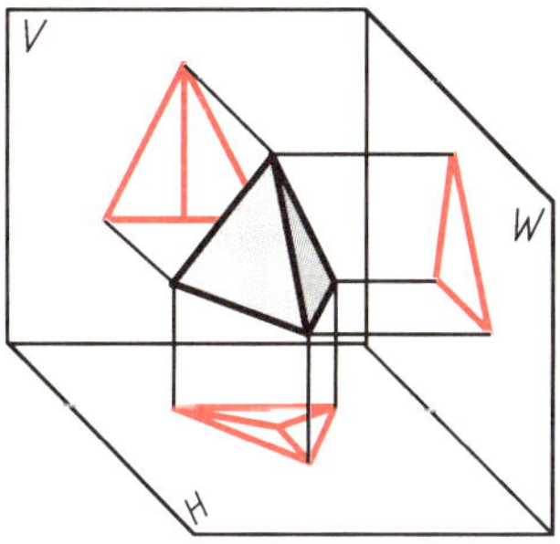	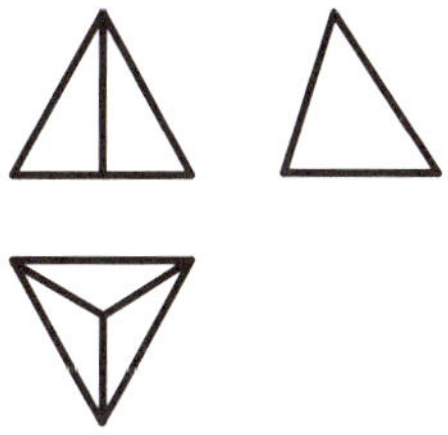	一个投影的外形是三角形，反映下底面的实形，另两个投影的外形是同一高度的三角形。

二、曲面体的投影图（Curved solid projections）

（一）曲面体的形状特征

设给出一个直圆柱，如图3－13a所示。直圆柱面可以看成由无数根与柱的轴线平行、等距且长度相等的素线所围成，上、下底面是两个相等且平行的圆平面。

（二）安放位置

在建筑物上，圆柱一般用作支柱，即轴线处于竖直位置，因此H面平行于上、下底面。V、W面平行于圆柱轴线。

（三）作投影图

1. H投影是一个与底面相等的圆，其圆周又是圆柱表面的积聚投影。

2. V投影是一个矩形，上、下边是圆柱上、下底面的积聚投影。左、右边是向V面投射时圆柱面上最左素线AB和最右素线CD的V投影（图3－13b），为圆柱面的V投影轮廓线。

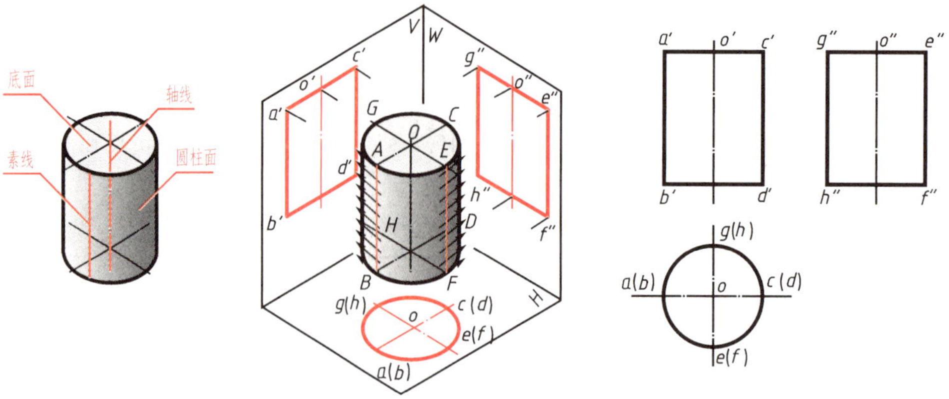

(a) (b) (c)

图 3－13 直圆柱的投影图

3. *W* 投影也是一个矩形，形状与 *V* 投影一样，但其左、右边是向 *W* 面投射时圆柱面上最后素线 *GH* 和最前素线 *EF* 的 *W* 投影，为圆柱面的 *W* 投影轮廓线。

思考： 如果圆柱的轴线垂直于 *W* 投影面，它的投影图如何绘画？

圆锥和球的投影图及其特征见表 3－2。圆柱、圆锥和球的投影都要画上它们的轴线和中心线(图 3－13 和表 3－2)。

三、读投影图(Interpretation of projection drawings)

每画完一个投影图都应仔细阅读，看看根据这个投影图想象出来的空间形体是否和原来的形体完全一样。这不但可以检查作图是否正确，而且经过多次的从物到图又从图到物的反复训练，对读图能力的提高会大有裨益。要培养读图能力，应熟练掌握各种基本形体的投影特征(见表 3－1 和表 3－2)，做到一看见基本形体的投影图，便立即知道所表示的是哪一种形体。

表 3－2 曲面体投影图

名称	形体在三投影面体系中的投影	投 影 图	投 影 特 点
圆锥	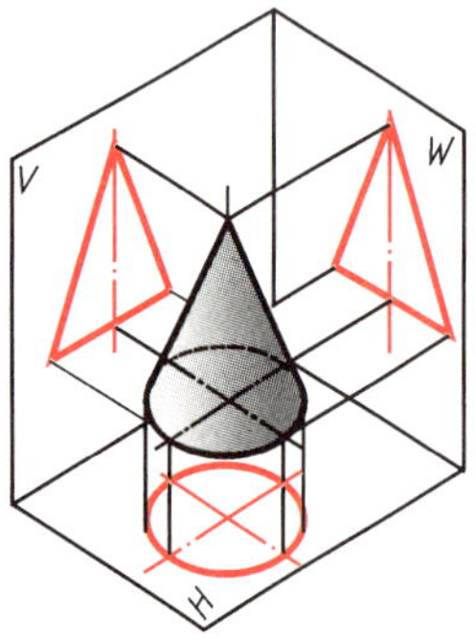	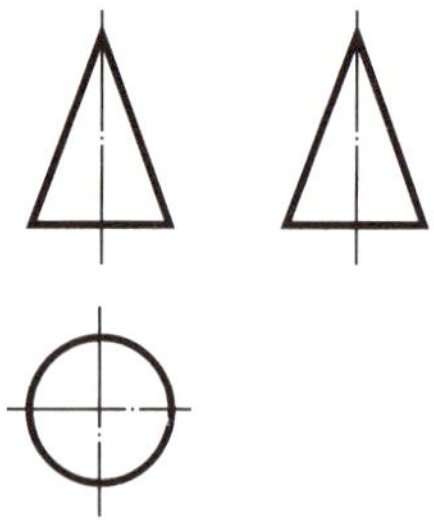	一投影是圆，反映正圆锥底面的实形。另两个投影是大小相等的等腰三角形，其底边等于圆锥底面的直径，是圆锥底面的积聚投影。

续表

名称	形体在三投影面体系中的投影	投　影　图	投 影 特 点
球	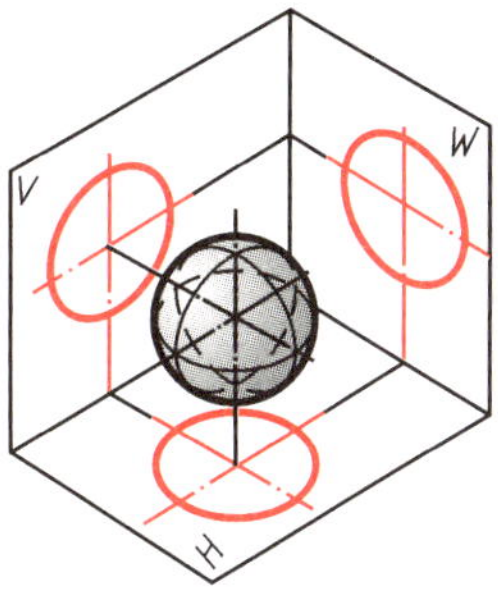	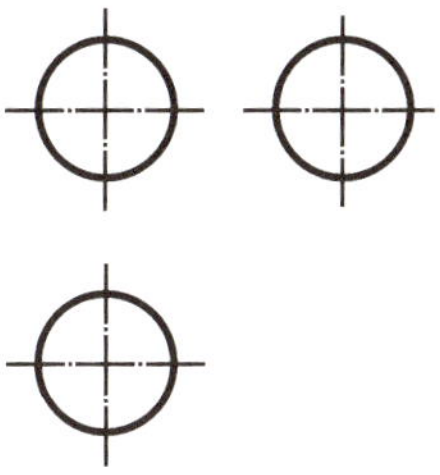	三个投影都是圆，它们的直径相等。

§3－4 组合形体的投影 Projections of Combined Solids

由若干个基本形体叠砌而成(图3－14a)，或由一个大基本形体被切割掉一个或若干个小基本形体而成(图3－14b)，或既有叠砌又有切割(图3－14c)的形体，统称为**组合形体**(combined solid)。在绘制组合形体的投影图时，可以先分析该组合形体是由哪几个基本形体叠砌或切割而成，然后根据各基本形体的相对位置，逐个画出它们的投影，从而组成组合形体的投影。

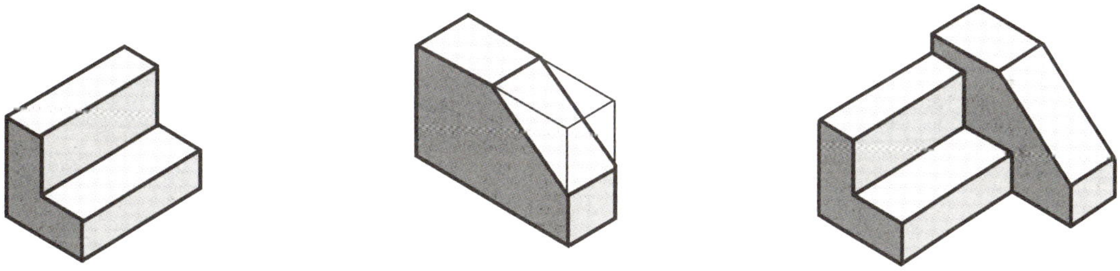

(a)　(b)　(c)

图3－14　组合形体

设给出组合形体如图3－15a所示。经过分析，可知它是由一个大长方体(图3－15b)、一个半圆柱(图3－15c)和一个小三棱柱(图3－15d)叠砌组成。要画出该组合形体的投影图，作图步骤如下(图3－16)：

1. 在图纸的适当地方，画出组合形体的 H、V、W 投影的对称线和投影的底边，布置好三个投影的位置(图3－16a)。

2. 画出竖立的大长方体的三投影(图3－16b)。

(a) (b) (c) (d)

图 3－15 叠砌型组合形体的分析

3. 加上半圆柱的三投影(图 3－16c)。

4. 再加上小三棱柱的三投影(图 3－16d)。

5. 进行复核，检查画出的组合形体投影图是否与给出的模型或立体图相符。

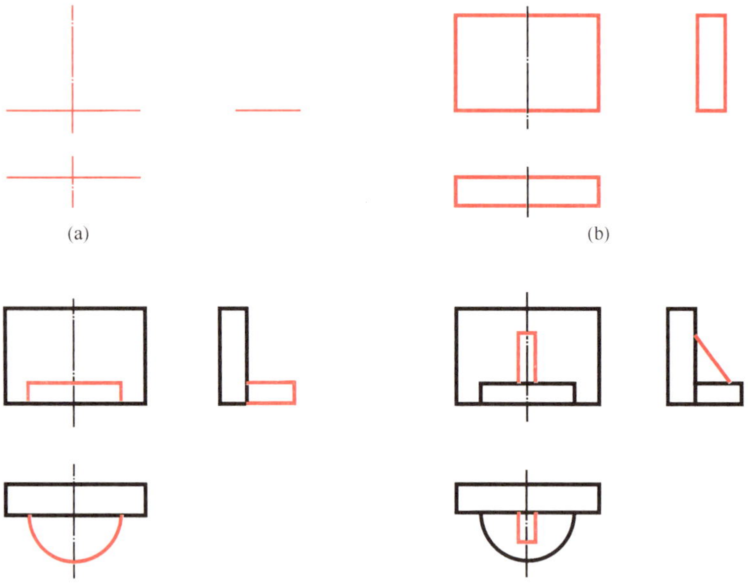

(a) (b)

(c) (d)

图 3－16 组合形体投影图的作图步骤

思考：还是图 3－15b、c、d 的三个基本形体，你能构造出有别于图 3－15a 的其他组合形体吗？试画出它的投影图。

阅读组合形体投影图时，要先分析该形体是由哪些基本形体所组成，并根据投影图的特性，将几个投影联系起来分析。例如阅读图 3－17 给出的组合形体的投影图，结合三个投影看，可知组合形体是由上、下两个基本形体组成。上面形体是一个圆柱，它的 *H* 投影是一个圆，*V*、*W* 投影是相等的矩形。下面形体是一个正六棱柱，它的 *H* 投影是一个正六边形，是正六棱柱的上、下底面的实形投影。*V*、*W* 投影的大、小矩形线框，是六棱柱各侧面的 *V*、*W* 投影。综合起来，这个组合形体的形状如图 3－17 的立体图所示。这种将组合形体分析为由若干个基本形体组成，以便于画图和读图的方法，称为形体（分析）法（solid method）。

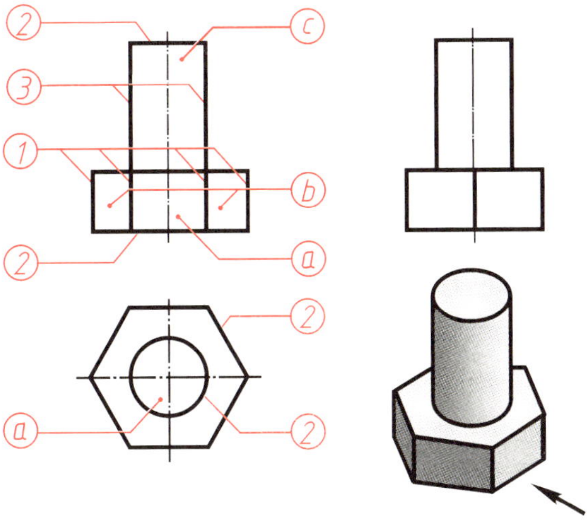

图 3－17　阅读组合形体投影图（一）

现在分析一下组合形体投影图中的线段和线框的意义。从图 3－17 所示组合形体的投影可知，投影图中的线段可有三种不同的意义：

1. 它可能是形体表面上相邻两面的交线，亦即是形体上棱边的投影。例如图 3－17 中 *V* 投影上标记为①的四根竖直线，就是六棱柱上的侧面交线的 *V* 投影。

2. 它可能是形体上某一个表面的积聚投影。例如图 3－17 中标记为②的线段和圆，就是圆柱的顶面、六棱柱的底面、侧面和圆柱面的积聚投影。

3. 它可能是曲面的投影轮廓线。例如图 3－17 中 *V* 投影上标记为③的左、右两竖直线段，就是圆柱面的 *V* 投影轮廓线。

投影图中的线框，可有四种不同的意义：

1. 它可能是某一表面的实形投影，例如图 3－17 中标记为ⓐ的线框，是圆柱上、下底面的 *H* 面实形投影和六棱柱上平行于 *V* 面的侧面的实形投影。

2. 它可能是某一表面的仿形投影，例如图 3－17 中 *V* 投影上标记为ⓑ的线框，是六棱柱上垂直于 *H* 面但对 *V* 面倾斜的侧面的仿形投影。

3. 它可能是某一个曲面的投影，例如图 3－17 中 *V* 投影上标注为ⓒ的线框，是圆柱面的 *V* 投影。

4. 它也可能是形体上一个空洞，即“虚”的形体表面的投影。

分析三面投影图中相互对应的线段和线框的意义，可以进一步认识各个基本形体的形状和组合形体的整体形状。这种方法称为线面（分析）法（line and surface method）。

【例 3－1】　试阅读图 3－18a 所示的组合形体的投影图，想象该形体的形状。

解：（1）先进行整体形状的分析。从三个投影来看，给出的组合形体可以想象成由三个基本形体组成，左边是两个叠放的大小不同的长方体，右边是一个棱柱体。

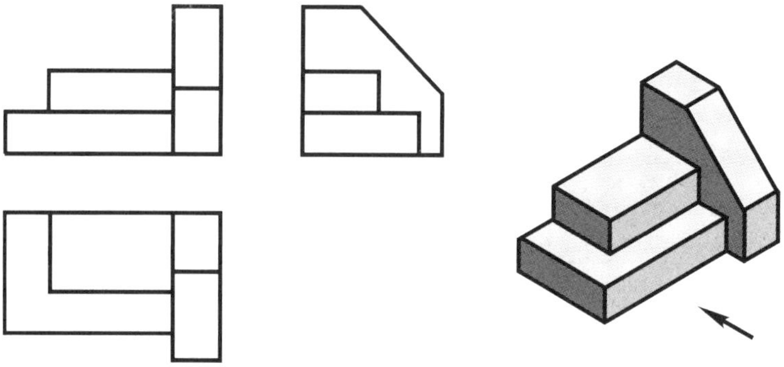

(a) (b)

图 3-18 阅读组合形体投影图(二)

(2) 进行细部分析。从 *W* 投影看并对照 *H* 和 *V* 投影，可知右边的棱柱是一个长方体被切去一个三棱柱而形成。

(3) 将分析结果用立体草图画出，可得组合形体的整体形象，如图 3-18b 所示。

通常说，画图容易读图难。为了提高读图能力，必须加强形体分析与线面分析能力。

图 3-19 给出两个组合形体的投影图和立体图，读者可相互对照，运用形体分析法和线面分析法进行画投影图和读投影图的训练。

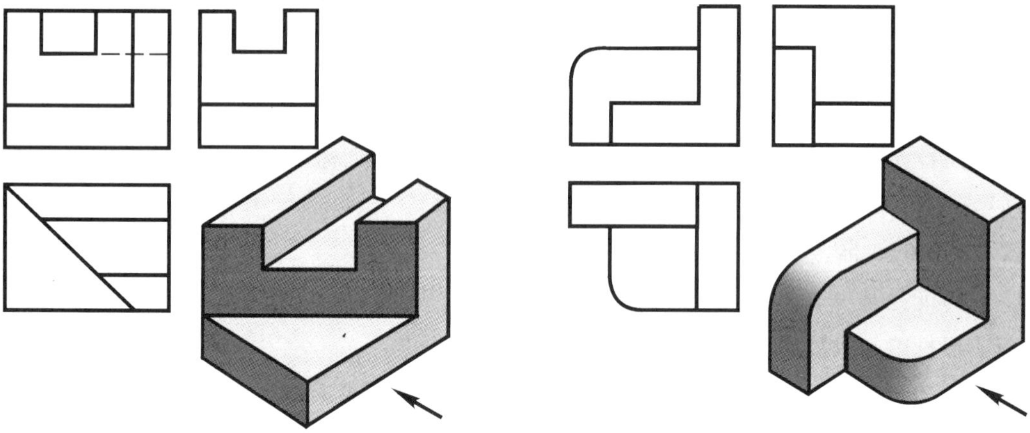

(a) (b)

图 3-19 组合形体的投影图和立体图

本章学习指引

Reading Guide

1. 投影图和各种专业图都是通过投影的方法而产生的，对它的原理和特性必须掌握和熟悉。要了解建筑工程中常用的五种投影图是如何投影产生的。

2. 平行投影(特别是正投影)，具有度量性、仿形性、积聚性、平行性、从属性和定比性等特性，简单易画且直观，已成为大多数建筑工程图的投影方法。

3. 必须熟练掌握两面和三面投影图的形成和它们的特性。
4. 要熟识几种常见的平面体和曲面体的投影特点。
5. 熟练掌握形体分析法，学会线面分析法，加强组合形体的画图和读图训练。

复习思考题
Review Questions

1. 中心投影和平行投影有什么区别？有什么共同的特性？
2. 平行投影的六个特性是什么内容？为什么大多数的工程图纸都采用正投影法画出？
3. 为什么一个投影不能确切和全面地表达形体的形状和大小？
4. 两面和三面正投影面体系是怎样建立的？正投影图有哪些特性？
5. 棱柱、棱锥、圆柱、圆锥和球等基本形体的投影有哪些特点？
6. 什么是形体分析法？什么是线面分析法？
7. 为什么要强调画图与读图相结合？

第四章 点、直线、平面的投影

CHAPTER 4 PROJECTIONS OF POINTS, LINES AND PLANES

§4－1 点的投影 Projections of Points

房屋形体(图 4－1)由多个平面表面所围成，各相邻表面相交于多根侧棱或边线，各侧棱或边线相交于多个顶点 A、B、C…J。从分析的观点看，只要把这些顶点的投影逐个画出，按形体上各顶点的关系，用直线将它们一一相连，就可以作出形体的投影。点是形体的最基本元素，点的投影规律是求作线、面、体投影的基础。

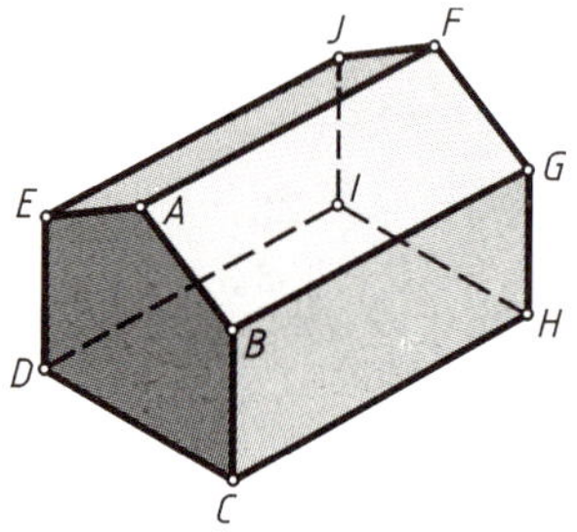

图 4－1 房屋形体

一、点的正投影规律(Rules of orthogonal projection on points)

点的空间位置需要由它的两个投影确定。在 H、V 两投影面体系中，过空间点 A 分别作投射线垂直于 H、V 平面，得点 A 的 H 投影 a 和 V 投影 a'(图 4－2a)。投射线 Aa 和 Aa'所决定的平面，与 H 面和 V 面垂直相交，交线分别是 aa_X 和 $a'a_X$。H 面和 V 面的交线(即投影轴)OX 必垂直于平面 Aa_Xa'，同时也垂直于该平面上的 aa_X 和 $a'a_X$，因此 $\angle aa_XX = \angle a'a_XX = 90°$。将 H、V 两投影面展开后，这两个直角合起来等于 180°，即 aa_X 和 $a'a_X$ 成为一根垂直于 OX 的直线(两投影的

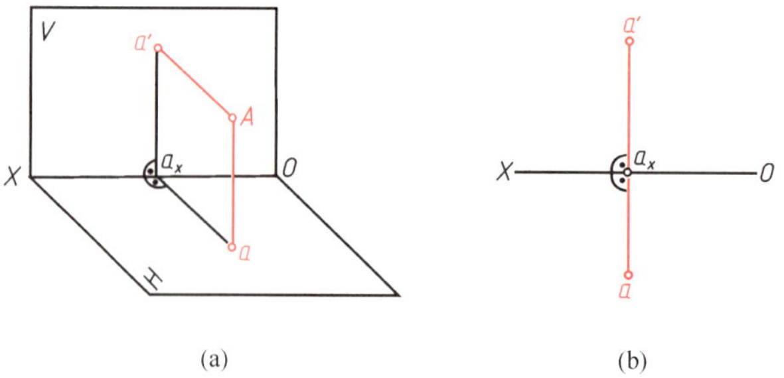

(a) (b)

图 4－2 点的投影(一)

连线 aa_Xa')(图 4－2b)。因此，可得点的第一条正投影规律：

两投影面体系中，一点的两投影在投影图上的连线，必垂直于投影轴，即垂直于该两投影面的交线。

从图 4－2a 可知，Aaa_Xa'是一个矩形，aa_X 与 Aa'平行且相等，反映出点 A 到 V 面的距离；$a'a_X$ 与 Aa 平行且相等，反映出点 A 到 H 面的距离。假设在任意位置另有一个垂直于 H 面的投影面 V_1(图4－3)，点 A 在 V_1 面上的投影是 a_1'。同样，$a_1'a_{X_1}$ 等于 Aa，因而也等于 $a'a_X$，即 $Aa=a'a_X=a_1'a_{X_1}$。因此，可得点的第二条正投影规律：

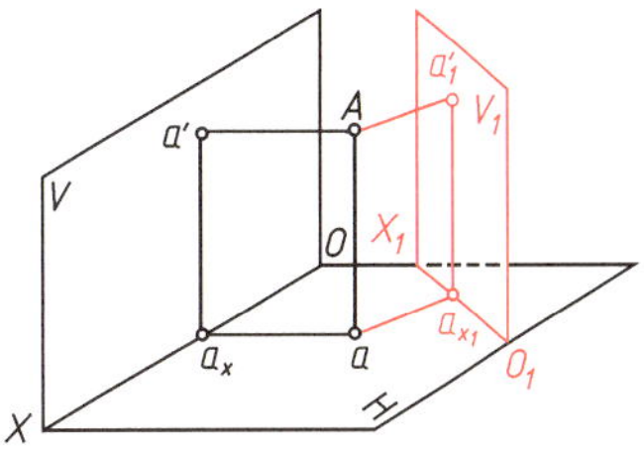

图 4－3 点的投影(二)

空间一点到某一投影面的距离，等于该点在任意一个与该投影面垂直的投影面上的投影到其投影轴的距离。

思考：图 4－3 中，投影面 V_1 的设置位置不同，是否会影响点的第二条正投影规律？试设计一个垂直于 V 面的投影面 H_1，说明点的第二条正投影规律。

二、点在三投影面体系中的投影(Projections of points on the three-plane system)

作出一点 A 的三面投影 a、a'、a''(图 4－4)。各投影之间有如下的三项投影关系。

前面已讲过，$aa'\perp OX$。由于 OX 规定画成水平线，因此：

1. 一点的水平投影和正面投影必在同一根竖直投影连线上。

根据第一条正投影规律，a'和 a''的连线一定垂直于 V 面和 W 面的交线(投影轴)OZ。

由于 OZ 画成竖直线，因此：

2. 一点的正面投影和侧面投影必在同一根水平投影连线上。

H 面和 W 面都垂直于 V 面，根据第二条正投影规律，$aa_X=a''a_Z=Aa'$，因此：

3. 一点的水平投影到 OX 轴的距离等于该点的侧面投影到 OZ 轴的距离，它们都反映该点到 V 面的距离。

类似地，根据投影规律有

$$a'a_X=a''a_Y=Aa,\qquad aa_Y=a'a_Z=Aa''$$

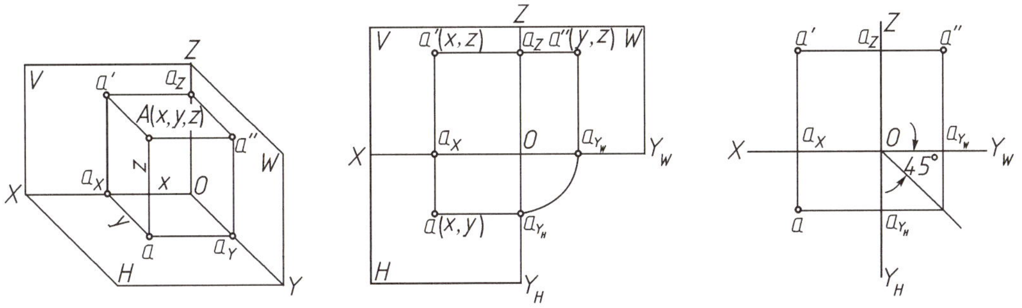

(a) (b) (c)

图 4－4 点的三面投影

点的这三项投影关系就是形体三投影之所以成为“长对正、高平齐、宽相等”的理论依据。如图 4-5 所示，形体最左一点 A 和最右一点 F 的 H 投影与 V 投影，分别在同一竖直投影连线上，因此必然会出现“长对正”的关系。形体最高一点 A 和最低一点 C 的 V 投影和 W 投影，分别在同一水平连线上，所以必然出现“高平齐”的关系。形体最前一点 B 和最后一点 E 到 V 面的距离，以及这两个距离之差 BE，即形体的宽度，都可以在 H 投影和 W 投影得到相等的反映，所以又必然出现“宽相等”的关系。

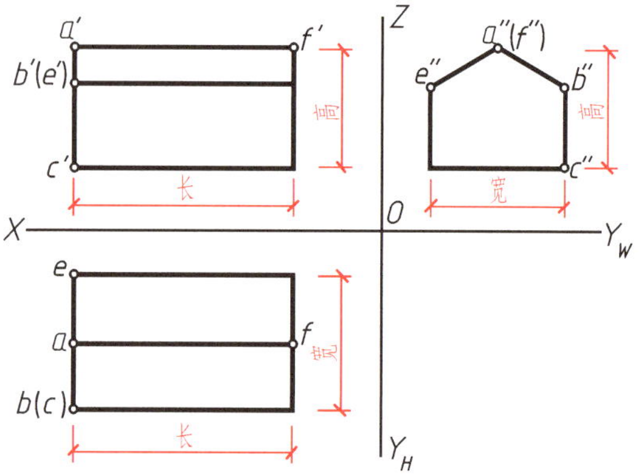

图 4-5 形体三面投影的投影关系

在三投影面体系中，一点(如点 A)的位置还可由它到三个投影面的距离，即它的三个坐标来确定。三根投影轴两两相互垂直，且汇交于一点 O，组成一个空间坐标系 $OXYZ$，三个投影面就是三个坐标面(图 4-4a)。点的投影和点的坐标有如下的关系：

点 A 到 W 面的距离 $= Aa'' = a_X O =$ 点 A 的 x 坐标；

点 A 到 V 面的距离 $= Aa' = a_Y O =$ 点 A 的 y 坐标；

点 A 到 H 面的距离 $= Aa = a_Z O =$ 点 A 的 z 坐标。

空间一点 A 的位置由它的三个坐标 x、y 和 z 确定，并表示为 $A(x,y,z)$。点 A 三个投影的坐标分别为 $a(x,y)$、$a'(x,z)$ 和 $a''(y,z)$(图 4-4b)。

一点的任意两个投影的坐标已包含了确定该点空间位置的三个坐标值，所以，根据一点的任意两个投影，一定可以作出它的第三个投影。

【例 4-1】 已知点 A 的 V 投影 a'和 W 投影 a''，试求它的 H 投影(图 4-6a)。

解：(1) 过已知投影 a'作 OX 的垂直线，a 必在这根竖直投影连线上(图 4-6b)。

(2) a 到 OX 轴的距离，应等于 a''到 OZ 轴的距离。截取 $a_X a$ 等于已知的 $a_Z a''$，定出 a，即为所求(图 4-6c)。

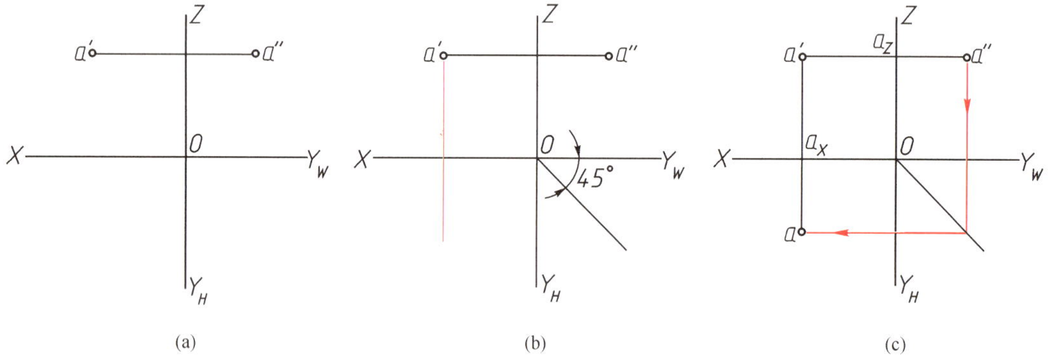

图 4-6 求一点的第三投影

思考：试设计一个已知点 A 的正面投影和水平投影，求其侧面投影的例子。再设计一个已知点 A 的水平投影和侧面投影，求其正面投影的例子。

【例 4-2】 已知点 A 的坐标为 $x=15$、$y=11$、$z=10$，试作点 A 的三面投影(图 4-7)。

解：(1) 先作投影轴(即坐标轴)。在 OX 轴上从点 O 起向左截取 x 坐标 15，过截得点作竖直投影连线，$a(15,11)$ 和 $a'(15,10)$ 必在这根投影连线上(图 4-7a)。

(2) 在 OZ 轴上从点 O 起向上截取 z 坐标 10，作水平投影连线与所作的竖直投影连线相交，得 a'。$a''(11,10)$ 也一定在这根水平投影连线上(图 4-7b)。

(3) 在竖直投影连线上，从 OX 轴向下截取 $y=11$ 得 a；在水平投影连线上从 OZ 轴向右截取 $y=11$ 得 a''(图 4-7c)。

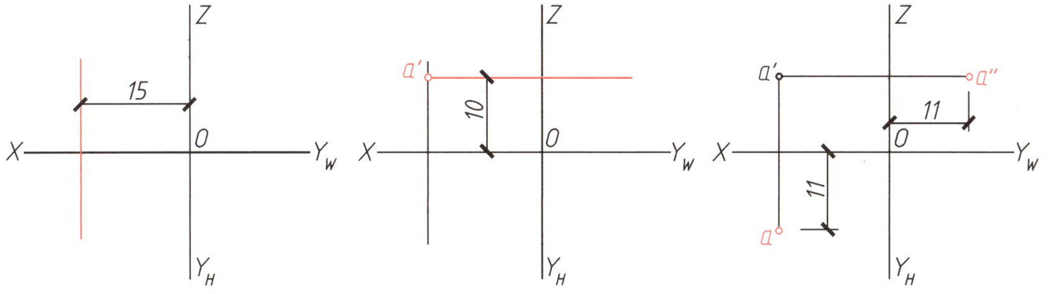

(a)　(b)　(c)

图 4-7　根据坐标作三面投影

【例 4-3】 已知一点 A 的三面投影图(图 4-8a)，试确定该点的空间位置。

解：(1) 用直尺度量 a' 到 OZ 的距离，得点 A 的 x 坐标为 12；度量 a 到 OX 的距离，得 y 坐标为 18；又度量 a' 到 OX 的距离，得 z 坐标为 20(图 4-8a)，可知点 A 的空间坐标是(12，18，20)。

(2) 如用立体图表示其空间位置，可先画三根坐标轴的立体图，在 X 轴上截取 x 坐标 12(图 4-8b)。从截得点作一直线平行于 Y 轴，在其上截取 y 坐标 18(图 4-8c)。再过此截得点作一竖直线，在其上截取 z 坐标 20，得点 A，即为所求(图 4-8d)。

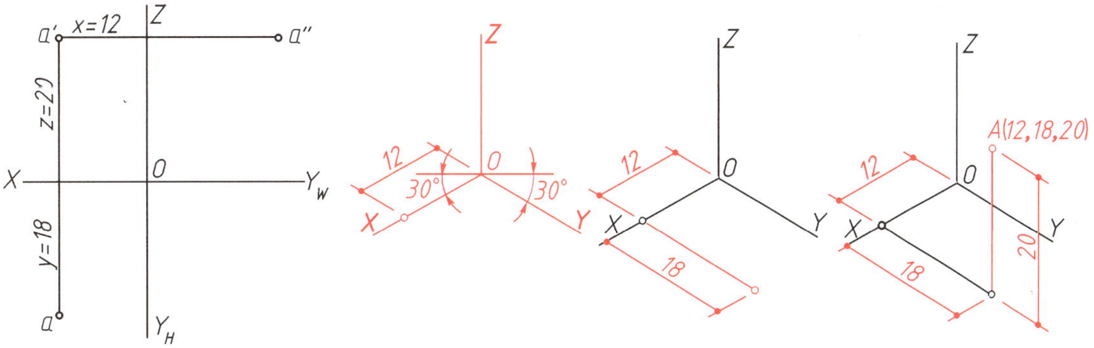

(a)　(b)　(c)　(d)

图 4-8　点的投影图读法

【例 4-4】 已知点 A 在 H 面上，点 B 在 W 面上，点 C 在 V 面上(图 4-9a)，试求各点的三面投影。

解：点 A 在 H 面上，因此 $Aa=0$，即 $a'a_X=a''a_Y=0$，a' 落在 OX 轴上与 a_X 重合，a'' 落在

OY 轴上与 a_Y 重合，a 与点 A 重合(图 4－9b)。

点 B 在 W 面上，因此 $Bb''=0$，即 $bb_Y=b'b_Z=0$，b 落在 OY 轴上与 b_Y 重合，b'落在 OZ 轴上与 b_Z 重合，b''与点 B 重合。

点 C 在 V 面上，因此 $Cc'=0$，即 $cc_X=c''c_Z=0$，c 落在 OX 轴上与 c_X 重合，c''落在 OZ 轴上与 c_Z 重合，c'与点 C 重合。

归结起来，在投影面上的点，必有两个投影落在投影轴上，第三个投影与该点本身重合。

思考： 例 4－4 中，点 A、B、C 的坐标有什么特点和共同之处？

若点在投影轴上，其三面投影如何？请读者自己解答并作出投影图。

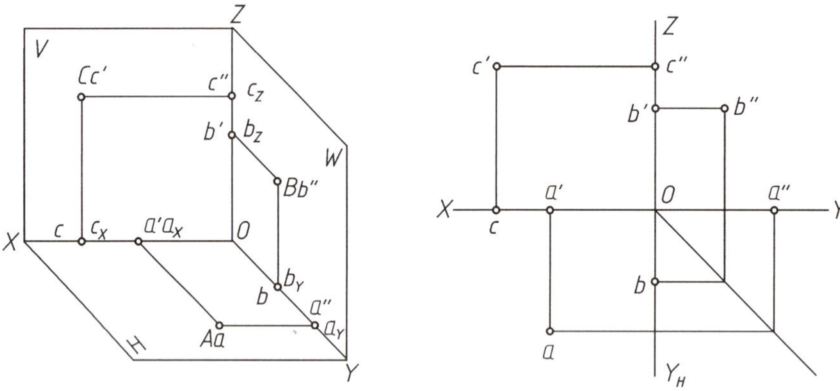

(a) (b)

图 4－9 投影面上各点的投影

三、点的辅助投影(Auxiliary projections of points)

为了解决某一问题，有目的地在原基本投影面上适当位置设立一个与之垂直的新投影面，借以辅助解题，这种投影面称为辅助投影面(auxiliary projection plane)。辅助投影面上的投影，称为辅助投影(auxiliary projection)。

例如设置一个辅助投影面 V_1 垂直于 H 面，它们的交线是辅助投影轴 O_1X_1(图 4－10a)。点 A 在 V_1 面上的辅助投影为 a_1'，根据点的第二条正投影规律，即有 $a_1'a_{X_1}=Aa=a'a_X$(= 点 A 的 z

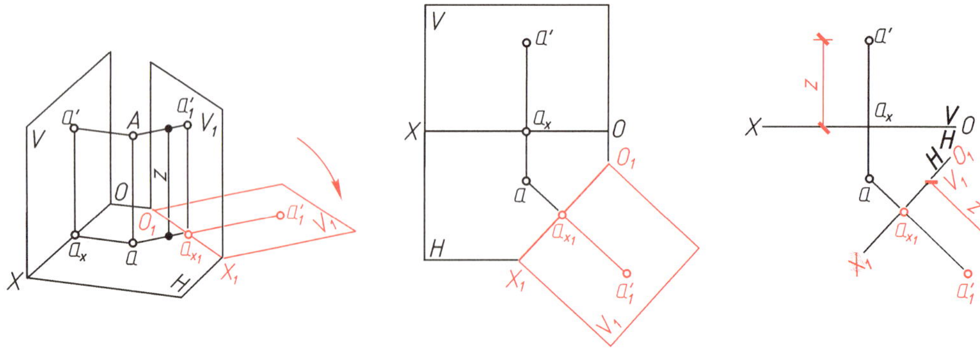

(a) (b) (c)

图 4－10 点的辅助投影(一)

坐标)。

辅助投影面展开时，V 面仍然不动。V_1 先绕 O_1X_1 摊平到与 H 面重合(图 4－10a)，然后将 H 面连同 V_1 面绕 OX 一同摊平到与 V 面重合(图 4－10b)。为表示清楚各投影面的位置，可在投影轴 OX 和 O_1X_1 上，分别标记与该轴相关的两投影面的名称，即在 OX 下方标记 H，上方标记 V；在 O_1X_1 的 H 一方标记 H，另一方标记 V_1(图 4－10c)。

作出辅助投影轴 O_1X_1 后，根据点的第一条正投影规律，过 a 作投影连线垂直于 O_1X_1，并根据点的第二条正投影规律，在投影连线上截取 $a'_1a_{X_1}=a'a_X(=z)$，得 a'_1，即为所求的辅助投影(图 4－10c)。

辅助投影面还可以设置成垂直于 V 面(图 4－11)，并以 H_1 标记。展开时 V 面不动，H_1 和 H 分别绕 O_1X_1 和 OX 摊平到与 V 面重合(图 4－11b)。根据点的正投影规律，点 A 在 H_1 上的投影 a_1 与 a'的连线垂直于新投影轴 O_1X_1，a_1 到 O_1X_1 的距离 $a_1a_{X_1}$ 等于 a 到 OX 的距离 aa_X，都等于点 A 的 y 坐标(图 4－11c)。

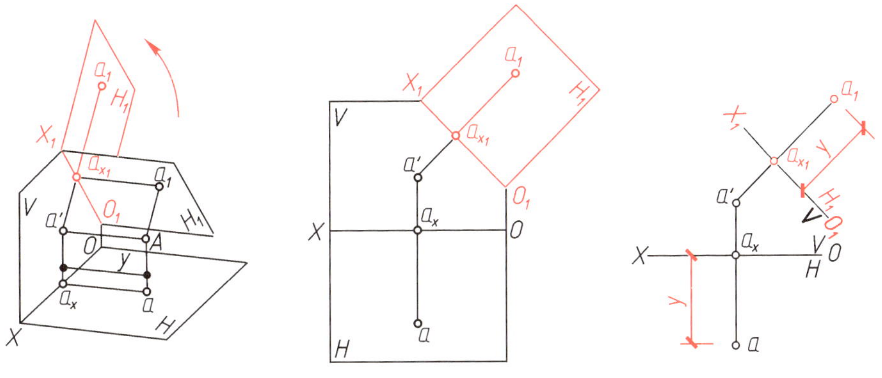

(a)　　(b)　　(c)

图 4－11　点的辅助投影(二)

必须指出：设立的辅助投影面必须垂直于原投影面体系中的一个投影面，才能构成新的两投影面体系，应用点的正投影规律，根据点在原体系中的投影，作出它在新体系中的辅助投影。

四、两点的相对位置(Relation of two points)

空间两点的相对位置，将在它们的三面投影中得到反映。H 投影反映出它们的左右、前后关系，V 投影反映出左右、上下关系，W 投影反映出前后、上下关系。

【例 4－5】　给出三棱柱的投影图，及三棱柱侧棱上点 A 的 V 投影 a'和点 B 的 W 投影 b''，试分析 A、B 两点的相对位置(图 4－12)。

解：(1) 先作出点 A、B 的其他投影。点 A 的水平投影 a 与 a'在同一竖直投影连线上，即点 A 在最左的

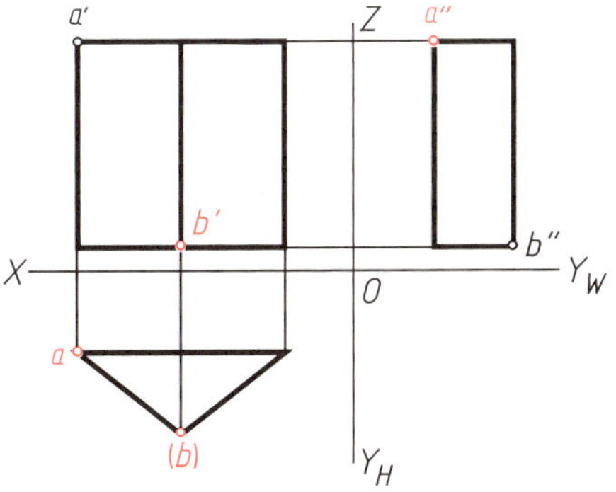

图 4－12　比较两点的相对位置

侧棱上。在这侧棱的 W 投影上，a''与 a'在同一水平投影连线上。点 B 位于三棱柱最前侧棱上，求得点 B 的 H 投影(b)(在最前一个顶点上)和 V 投影 b'(与 b''同高)。

(2) 在 H 投影中，a 在(b)的左和后方，说明点 A 在点 B 之左后方。在 V 投影中，a'比 b'高，说明点 A 在点 B 的上方。综合起来，点 A 在点 B 的左后上方。反过来说，点 B 在点 A 的右前下方。

特殊情况下，空间两点恰好处在某一投影面的同一根投射线上。如图 4－13a 所示，点 A 和点 B 位于同一根 H 面的投射线上，它们的 H 投影重合在一起。由于点 A 在上，点 B 在下，向 H 面投射时，投射线先遇点 A，后遇点 B。点 A 为可见，它的 H 投影仍标记为 a，点 B 为不可见，其 H 投影标记为(b)。点 A 和点 B 的相对高度，可从 V 投影或 W 投影看出。这种在某一投影面上投影重合的两个点，称为该投影面的**重影点**(overlapping points)，A、B 两点是 H 面的重影点。

图 4－13b 所示的 C、D 两点，它们的 V 投影 c'、d'重合，称为 V 面的重影点。从 H 投影或 W 投影可知点 C 在前，点 D 在后，在 V 投影中，点 C 可见，点 D 不可见，重合投影标记为 $c'(d')$。

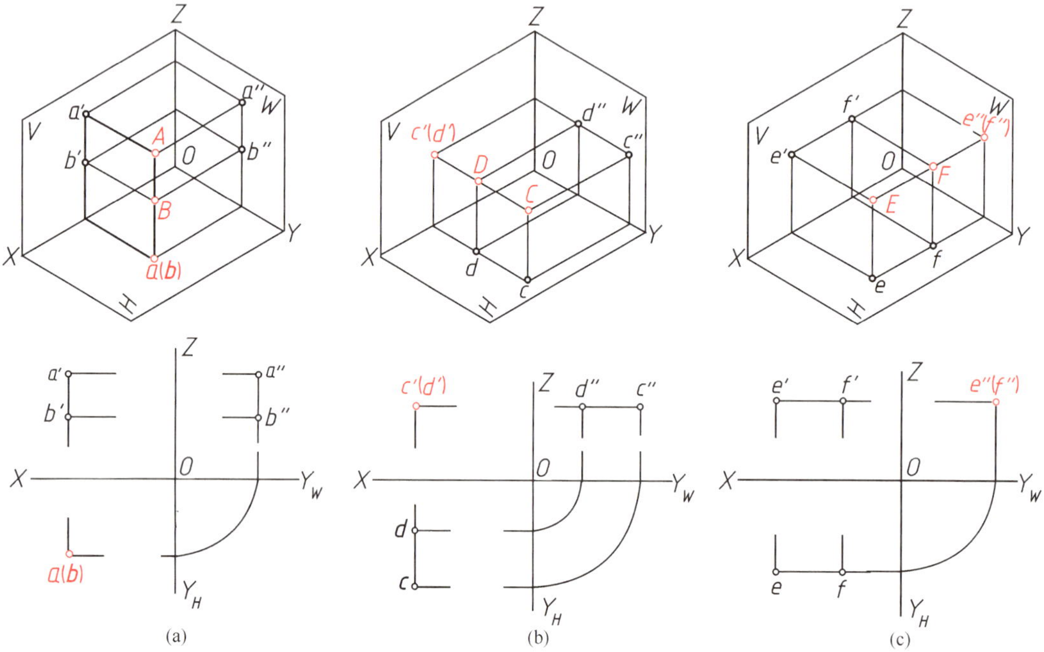

图 4－13　重影点的投影

图 4－13c 所示的 E、F 两点称为 W 面的重影点，对 W 投影来说，点 E 在左为可见，点 F 在右为不可见，重合投影标记为 $e''(f'')$。

思考： 试总结一下，两点是某一投影面的重影点时，它们的三个坐标有什么特点？

【例 4－6】 给出凹形形体的立体图及投影图(图 4－14a、b)，试在投影图上标记形体上重影点的投影。

解： A、B 两点在同一根垂直于 H 面的侧棱上，它们的 H 投影重合。点 A 在上为可见，点

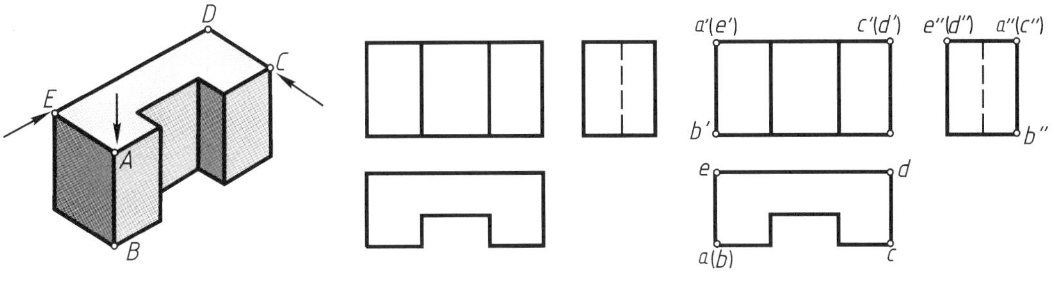

(a)　(b)　(c)

图 4－14　形体上重影点的投影

B 在下为不可见。它们的重合投影标记为 $a(b)$。C、D 两点在同一根垂直于 V 面的侧棱上，点 C 在前为可见，点 D 在后为不可见，重合投影标记为 $c'(d')$。E、D 两点是 W 面的重影点，点 E 在左为可见，点 D 在右为不可见，重合投影标记为 $e''(d'')$（图 4－14c）。

§4－2 直线的投影 Projections of Lines

从几何学可知，直线的长度是无限的，直线的空间位置可由线上任意两点的位置确定，即两点定一直线。直线还可以由线上任意一点的位置和线的指定方向（例如规定要平行于另一已知直线）来确定。直线通常取线上任意两点的字母来标记，例如直线 MN，也可以一个字母来标记，例如直线 L①。直线上两点之间的一段，称为**线段**（line segment）。线段有一定长度，用它的两个端点标记。

对投影面来说，形体上的直线有各种不同的位置，有的垂直于投影面，例如图 4－15 中 DE 垂直于 V 面，AB 垂直于 W 面；有的平行于一个投影面，例如 AC 平行于 W 面；有的不平行于任一投影面，例如 CD。直线在某一投影面上的投影，就是通过该直线的投射平面与该投影面的交线。两平面的交线是一直线，所以直线的投影一般仍是直线（图 4－16a）。作直线 CD 的三面投影，可分别作出它的两个点 C 和 D 的三面投影 c、c'、c''和 d、d'、d''，然后将各对在同一投影面上的投影——**同面投影**连接起来，即得直线的三面投影（图 4－16b、c）。直线对投影面的倾角，就是该直线和它在该投影面上的投影所夹的角（图 4－16a）。对 H 面的倾角以 α 标记，对 V 面的倾角以 β 标记，对 W 面的倾角以 γ 标记（图 4－16b）。

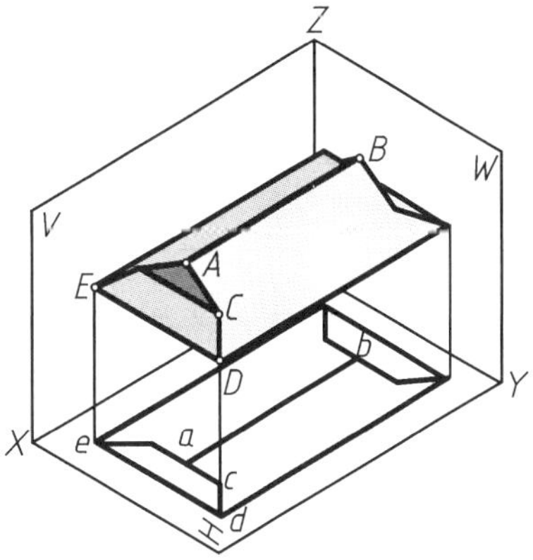

图 4－15　各种位置的直线

① 直线 L 的 H、V、W 投影分别标记为 l、l'、l''。

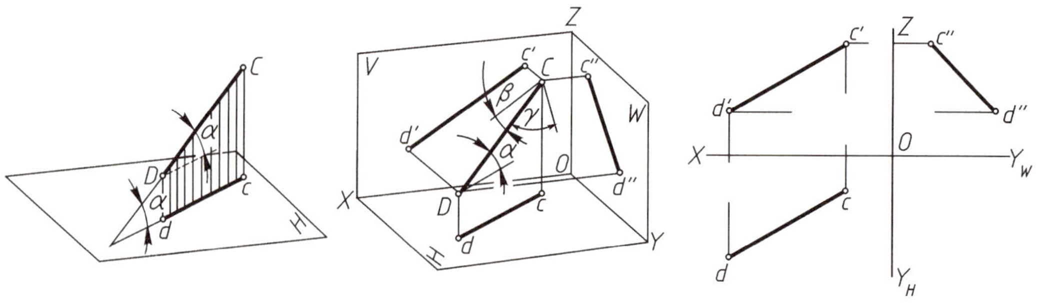

(a)　　　(b)　　　(c)

图 4-16　直线的投影

一、一般位置直线(General position line)

(一) 空间位置

对三个投影面都倾斜的直线，称为一般位置直线(general position line)，简称一般线(general line)，如图 4-16 所示的直线 CD。

(二) 投影特点

1. 一般线对各基本投影面都倾斜。线段 CD 的 H 投影 cd，其长度等于 $CD \cdot \cos\alpha$。同理，$c'd' = CD \cdot \cos\beta$，$c''d'' = CD \cdot \cos\gamma$。由于余弦值小于 1，所以一般线三个投影的长度都小于线段的实长。

2. 一般线上各点到同一投影面的距离都不等，所以一般线在各投影面上的投影都倾斜于投影轴(图 4-16c)。

3. 一般线的任何一个投影都不反映直线对 H、V、W 面的倾角 α、β、γ 的大小。

(三) 读图

一直线只要有两个投影是倾斜的，它一定是一般线。

一般线的投影特点如表 4-1 所示。

表 4-1　一般位置直线

名称	空间位置	在形体投影图中的实例	投影图	投影特点
一般位置直线(一般线)	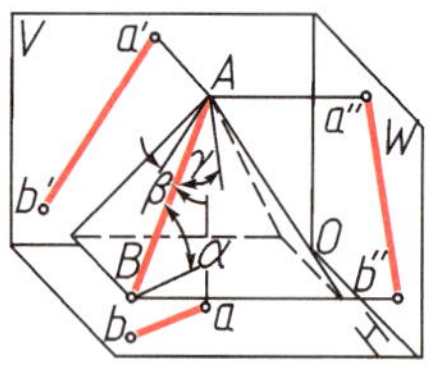	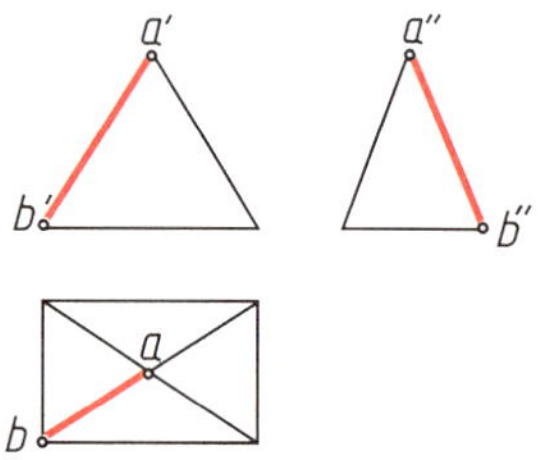	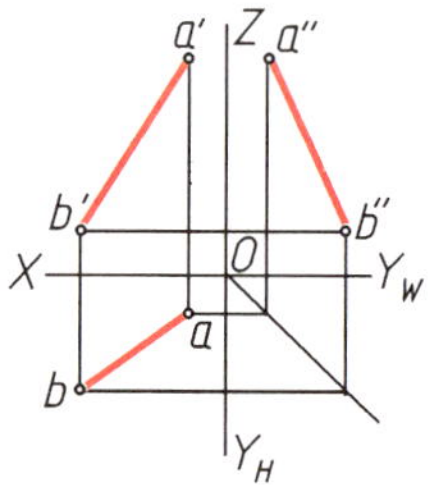	1. ab、$a'b'$ 和 $a''b''$ 都倾斜，都比 AB 短； 2. 倾角 α、β、γ 的投影都不反映其大小。

在绘制建筑形体的投影图时，形体上的直线比较多的不是一般线，而是平行于投影面的直线和垂直于投影面的直线。前者称为投影面平行线(parallel lines of projection planes)，后者称为投影面垂直线(perpendicular lines of projection planes)。

二、投影面平行线(Parallel lines of projection planes)

(一) 空间位置

平行于某一个投影面，但倾斜于其余两个投影面的直线，称为投影面平行线。表4-2中，*AB*平行于*H*，但对*V*面和*W*面都倾斜。平行于*H*面的直线，称为水平面平行线(parallel line of horizontal plane)，简称水平线(horizontal line)。

(二) 投影特点

投影面平行线段在它所平行的投影面上的投影是倾斜的，反映实长，其余两个投影平行于相应的投影轴。实长投影与投影轴的夹角反映该投影面平行线对相应投影面倾角的大小。表4-2中，水平线$AB /\!/ H$，所以$ab = AB$，$a'b' /\!/ OX$，$a''b'' /\!/ OY_W$。

表4-2　水平面平行线

名称	空间位置	在形体投影图中的实例	投影图	投影特点
水平面平行线(水平线)	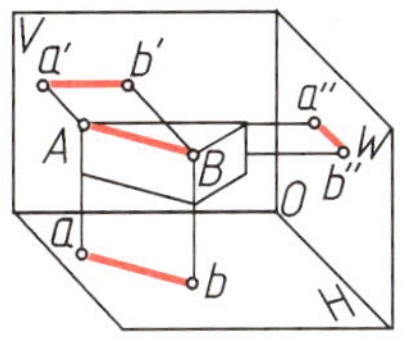	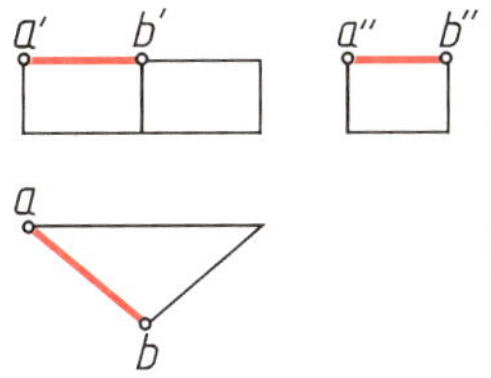	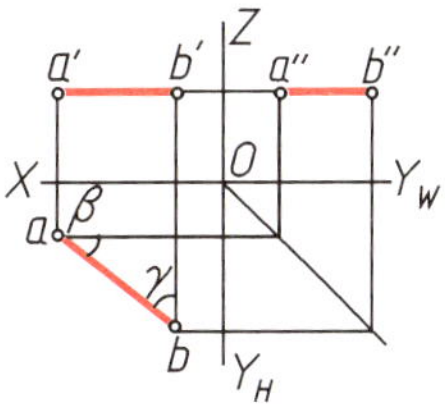	1. *ab*倾斜，反映线段*AB*的实长； 2. $a'b' /\!/ OX$，$a''b'' /\!/ OY_W$，均为水平方向； 3. *ab*与水平线和竖直线的夹角，分别反映*AB*对*V*面和*W*面的倾角*β*和*γ*的大小。

(三) 读图

一直线如果有一个投影平行于投影轴而另一个投影倾斜时，它必然是一根投影面平行线，平行于该倾斜投影所在的投影面。例如表4-2中$a'b' /\!/ OX$，*ab*倾斜，*AB*必然是水平线。

投影面平行线除水平线外，还有平行于*V*面的正面平行线(parallel line of frontal plane)，平行于*W*面的侧面平行线(parallel line of profile plane)。表4-3分别介绍它们的投影特性。

表4-3　正面平行线和侧面平行线

名称	空间位置	在形体投影图中的实例	投影图	投影特点
正面平行线(正平线)	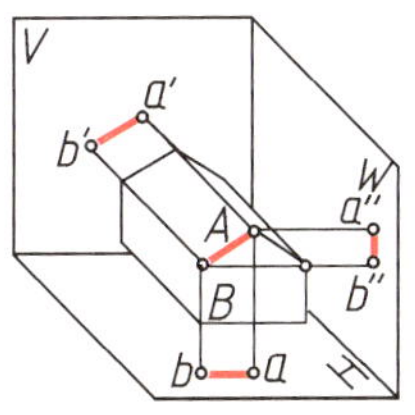	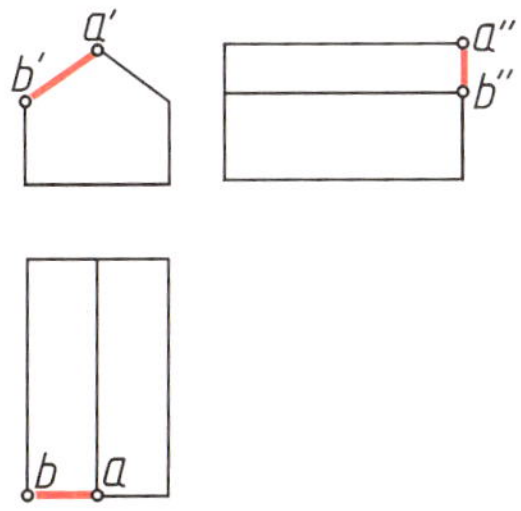	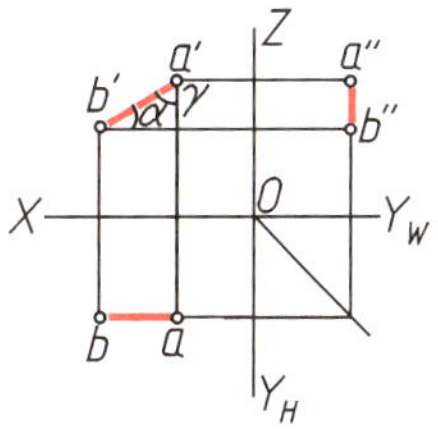	1. $ab /\!/ OX$，为水平方向，$a''b'' /\!/ OZ$，为竖直方向； 2. $a'b'$倾斜，反映线段*AB*的实长； 3. $a'b'$与水平线和竖直线的夹角，分别反映*AB*对*H*面和*W*面的倾角α和γ的大小。

续表

名称	空间位置	在形体投影图中的实例	投影图	投影特点
侧面平行线（侧平线）	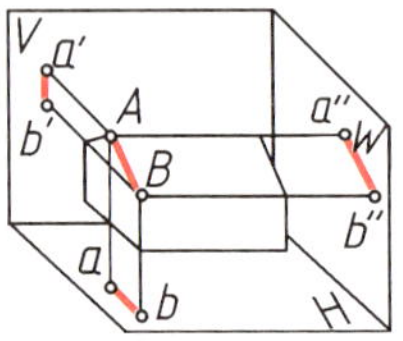	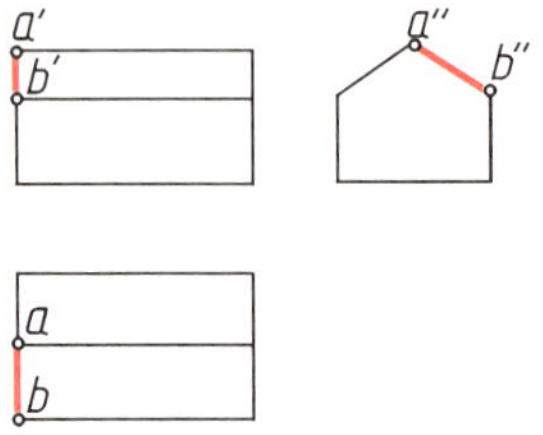	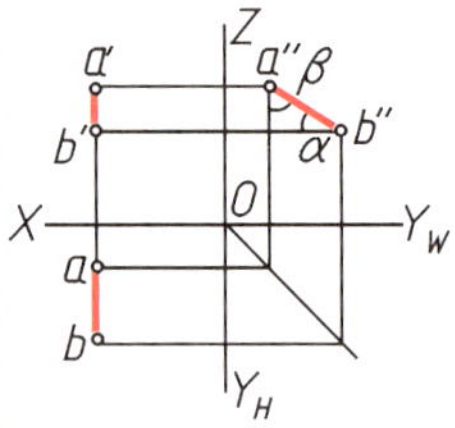	1. $ab \parallel OY_H$，$a'b' \parallel OZ$，均为竖直方向； 2. $a''b''$倾斜，反映线段 AB 的实长； 3. $a''b''$与水平线和竖直线的夹角，分别反映 AB 对 H 面和 V 面的倾角 α 和 β 的大小。

三、投影面垂直线（Perpendicular lines of projection planes）

（一）空间位置

垂直于某一个投影面，因而平行于另外两个投影面的直线，称为投影面垂直线。表 4－4 中，形体的侧棱 AB 垂直于 H，因而平行于 V 和 W。垂直于 H 面的直线，称为水平面垂直线（perpendicular line of horizontal plane），简称铅垂线（vertical line）。

（二）投影特点

投影面垂直线在它所垂直的投影面上的投影积聚为一点。投影面垂直线与其他两投影面平行，其上各点与相应的投影面等距，所以其他两个投影平行于相应的投影轴，并反映该线段的实长。表 4－4 中的铅垂线 AB 垂直于 H 面，因此 ab 积聚为一点 $a(b)$，$a'b' \parallel OZ$，$a''b'' \parallel OZ$，$a'b' = a''b'' = AB$。

（三）读图

一直线只要有一个投影积聚为一点，它必然是一根投影面垂直线，垂直于积聚投影所在的投影面。AB 的 H 投影积聚为一点 $a(b)$，则 AB 是垂直于 H 面的铅垂线（表 4－4）。

表 4－4　水平面垂直线

名称	空间位置	在形体投影图中的实例	投影图	投影特点
水平面垂直线（铅垂线）	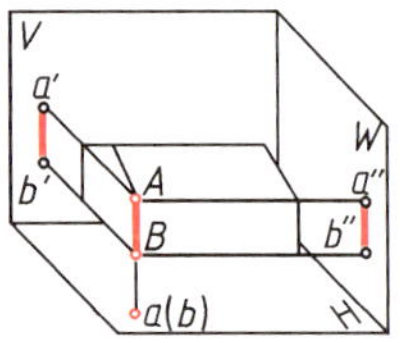	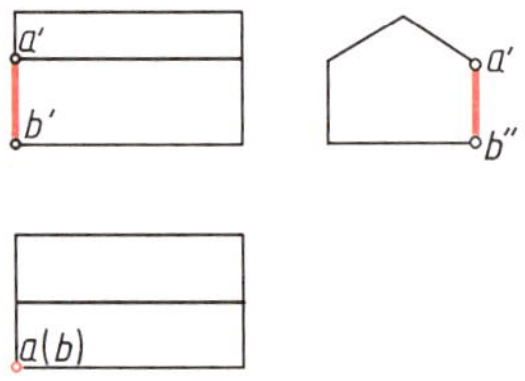	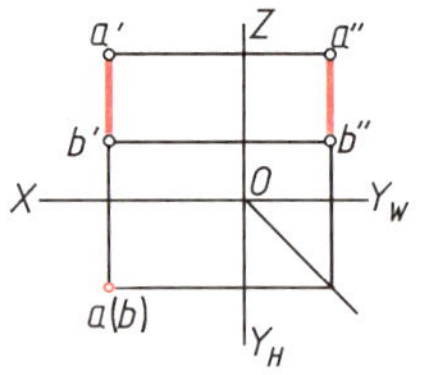	1. ab 积聚为一点 $a(b)$； 2. $a'b' \parallel OZ$，$a''b'' \parallel OZ$，均为竖直方向，都反映线段 AB 的实长。

投影面垂直线除铅垂线外，还有垂直于 V 面的正面垂直线（perpendicular line of frontal plane），垂直于 W 面的侧面垂直线（perpendicular line of profile plane）。表 4－5 分别介绍它们的投影特性。

表 4－5　正面垂直线和侧面垂直线

名称	空间位置	在形体投影图中的实例	投影图	投影特点
正面垂直线（正垂线）	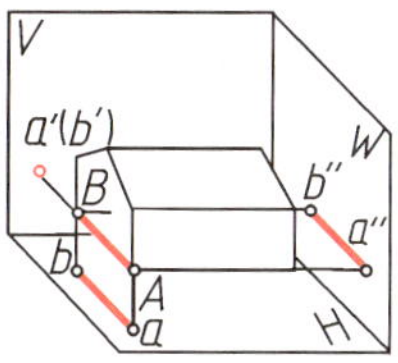	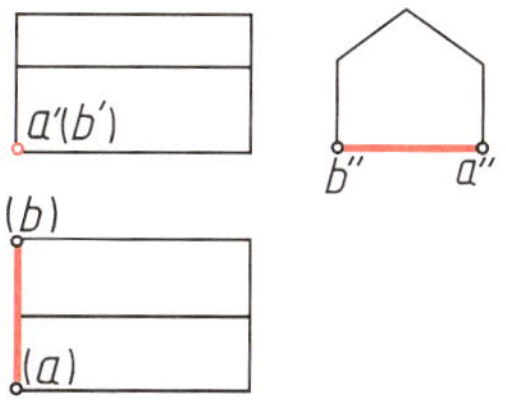	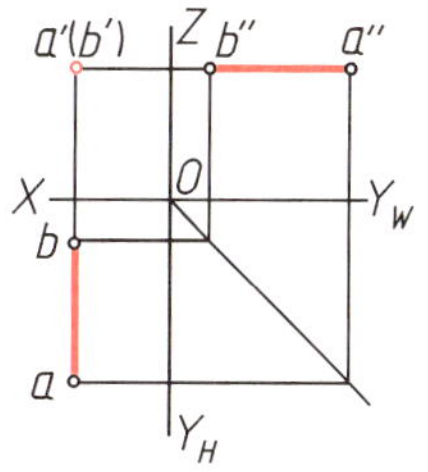	1. $a'b'$ 积聚为一点 $a'(b')$； 2. $ab // OY_H$ 为竖直方向，$a''b'' // OY_W$ 为水平方向，都反映线段 AB 的实长。
侧面垂直线（侧垂线）	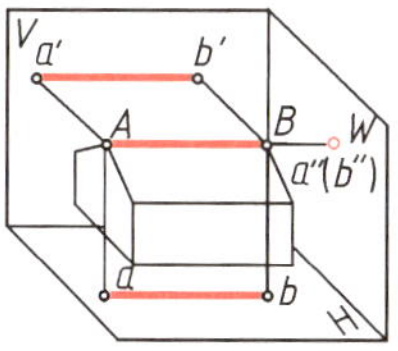	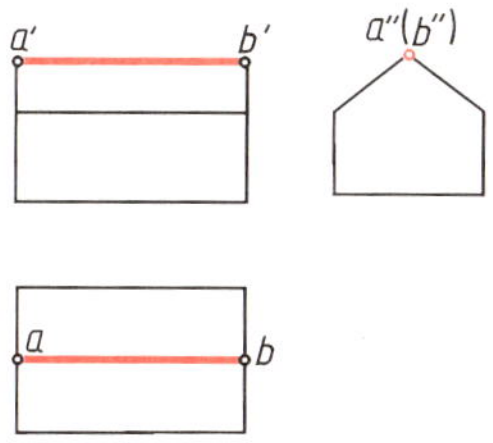	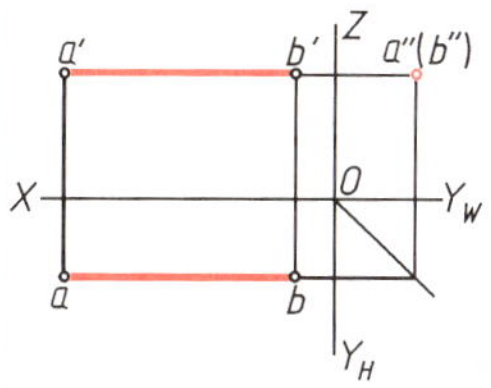	1. $a''b''$ 积聚为一点 $a''(b'')$； 2. $ab // OX$，$a'b' // OX$，均为水平方向，都反映线段 AB 的实长。

思考：你能否设计一个形体，其上包含有一般线、三种投影面平行线和三种投影面垂直线？

§4－3 直线上的点 Points on Lines

根据平行投影的从属性可知，直线上的点的投影必落在该直线的同面投影上。以水平投影为例，过直线 AB 上点 C 所作垂直于 H 面的投射线，必包含在与 H 面垂直的投射平面 $ABba$ 内，投射线 Cc 与 H 面的交点（即点 C 的 H 投影）c，必落在 $ABba$ 与 H 面的交线 ab（即 AB 的 H 投影）上（图 4－17a）。在投影图（图 4－17b）中，c 在 ab 上。同理，c' 在 $a'b'$ 上。同时，c、c' 必在同一竖直投影连线上。如果已知直线 AB 上点 C 的一个投影 c，可从 c 引一投影连线垂直于 OX 与 $a'b'$ 相交，交点 c' 即为线上点 C 的 V 投影。

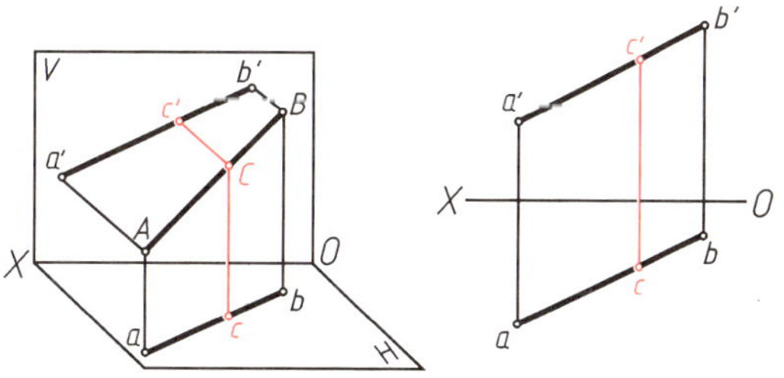

(a)　(b)

图 4－17　直线上的点

点 C 分 AB 为 AC 和 CB 两段，点 C 的投影 c 也分 ab 为 ac 和 cb 两段。根据平行投影的定比性可知，一直线上两线段长度之比，等于它们的投影长度之比，所以 $AC : CB = ac : cb$。同理 $AC : CB = a'c' : c'b'$（图 4－17a、b）。

【例 4－7】　给出侧平线 AB 的 H、V 投影，及线上一点 C 的 V 投影 c'，试求点 C 的 H 投影（图 4－18a）。

解： 侧平线的 H、V 投影 ab 和 $a'b'$ 在同一竖直方向上，过 c' 所引竖直投影连线在 ab 上不能直接确定 c。为此，可先作出 AB 的 W 投影 $a''b''$，利用 c' 作 c''，再根据 c'' 作 c。作图步骤如图 4－18b 所示。

侧平线上点 C 的 H 投影，还可以利用定比关系 $bc:ca=b'c':c'a'$ 求解。为此，过 b 作一任意直线，在线上截取 $b1=b'c'$，$12=c'a'$，连 $2a$，并过 1 作直线 $1c$ 平行于 $2a$，交 ab 于所求的 c（图4－18c）。

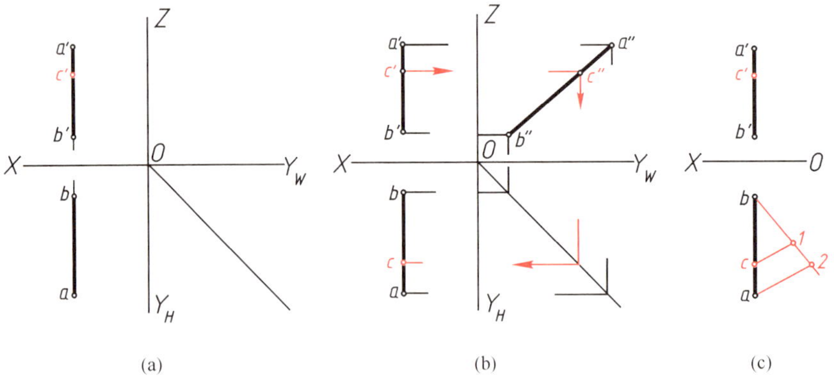

图 4－18 求侧平线上一点的投影

§4－4 线段的实长和倾角
True Length and Slope Angle of a Line Segment

一般线对各投影面倾斜（图 4－19a），它的各投影不反映线段的实长，也不反映直线对投影面倾角的大小。

如图 4－19a 所示，在一般线 AB 对 H 面的投射平面 $ABba$ 上，过点 A 作水平线平行于 ab，与 Bb 相交于 C，得直角三角形 ACB，其中 AB 是一般线段本身，$\angle BAC$ 是 AB 对 H 面的倾角 α，直角边 AC 等于 ab，BC 是 A、B 两点的高度差。在投影图中，这高度差反映在 V 投影上，可过 a' 作一水平线与连线 bb' 相交于 c'，$b'c'$ 即反映高度差 BC（图 4－19b）。求 AB 的实长，可在 H 投影上以 ab 为一直角边，bB_1（$\perp ab$ 并 $=b'c'$）为另一直角边，作出与 $\triangle ACB$ 全等的直角三角形 abB_1，aB_1 为所求线段的实长，$\angle B_1ab$ 为所求的倾角 α（图 4－19b）。这种求线段实长和倾角的方法，称为直角三角形法（right triangle method）。

同理，求 AB 对 V 面的倾角 β，可以 $a'b'$ 为一直角边，$a'A_1=ad$（A、B 两点的宽度差）为另一直角边，在 V 投影上作直角三角形 $b'a'A_1$，A_1b' 为所求线段的实长，$\angle A_1b'a'$ 为所求的倾角 β（图4－19c）。

思考： 如何求一般线 AB 对 W 面的倾角 γ？试作出它的投影图。

求一般位置线段的实长和倾角，还可以用辅助投影法（auxiliary projection method）。

从直线的投影特点可知，投影面平行线在它所平行的投影面上的投影，反映直线段的实长及其对其他两个投影面的倾角。这时，它在所不平行的投影面上的投影平行于相应的投影轴。

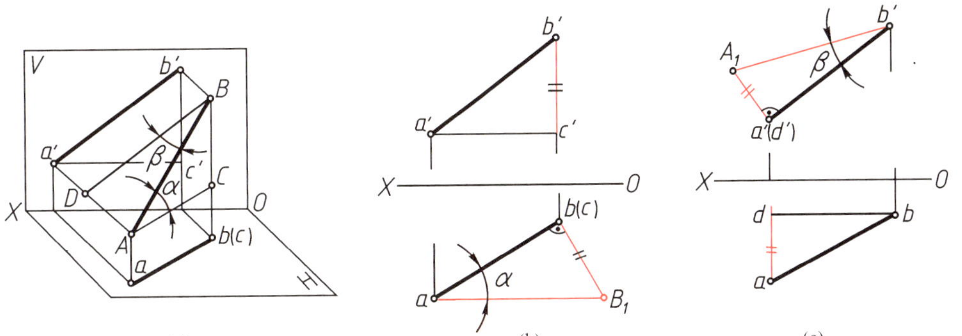

(a)　(b)　(c)

图 4－19　直角三角形法求线段的实长及倾角

因此，可以设置一个垂直于 H 面的辅助投影面 V_1 平行于 AB(图 4－20a)，使一般线 AB 成为 V_1 面的投影面平行线。作出 AB 在 V_1 面上的辅助投影 $a_1'b_1'$，即得所求的 AB 实长。$a_1'b_1'$与投影轴 O_1X_1 的夹角，即为 AB 对 H 面的倾角 α。

应用辅助投影法求线段实长和倾角的步骤如下(图 4－20)：

1. 在投影图中，设立新投影轴 O_1X_1 平行于 ab(图 4－20b)，表示已设置一个辅助投影面 V_1 平行于已知直线 AB，建立起一个 H—V_1 投影面体系。

2. 分别作出点 A 和点 B 在 V_1 上的辅助投影。即过 a、b 各引投影连线垂直于轴 O_1X_1，截取 $a_{X_1}a_1' = a_Xa' = z_2$ 和 $b_{X_1}b_1' = b_Xb' = z_1$，得 a_1'和 b_1'(图 4－20c)。

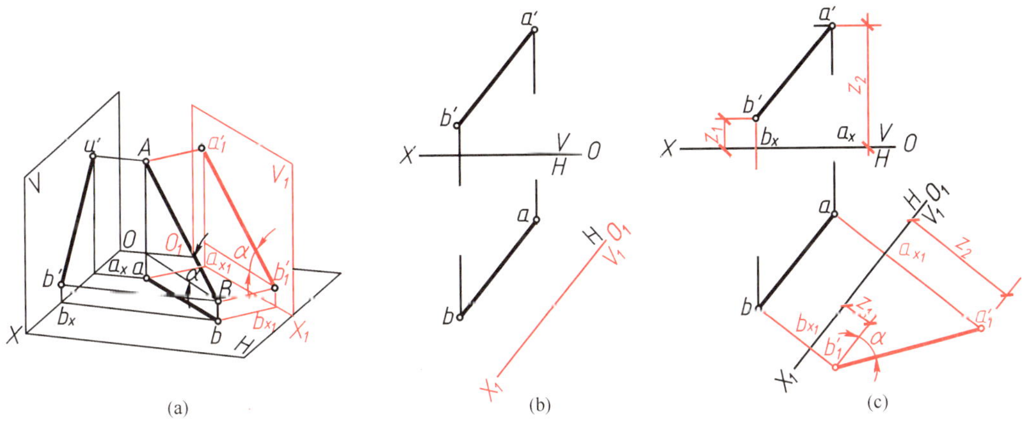

(a)　(b)　(c)

图 4－20　辅助投影法求线段的实长及倾角

3. 连 $a_1'b_1'$，即为所求线段 AB 的实长。$a_1'b_1'$与 O_1X_1 的夹角即为所求直线 AB 对 H 面的倾角 α。

思考：如何应用辅助投影法求线段 AB 对 V 面的倾角？

§4－5 两直线的相对位置 Relation of Two Lines

空间两直线的相对位置可能有三种：相交(intersecting)、平行(parallel)和交叉(skew)。如

图 4-21 的厂房形体上，AB 与 BC 相交；DG 与 EF 平行；DE 与 GH 交叉，即既不相交又不平行。由于两相交直线或两平行直线都在同一平面上，它们都称为共面线（co-planar lines）。两交叉直线不在同一平面上，称为异面线（non-planar lines）。在两相交直线中，有斜交的，例如图 4-21 中的 AB 和 BC；也有正交的，例如 DE 和 EF，它们相互垂直。两交叉直线也有相互垂直的，例如 DE 与 HC。

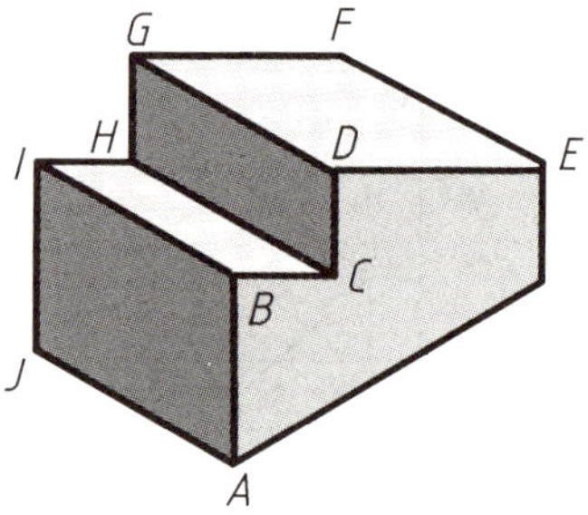

图 4-21 厂房形体

一、两相交直线（Two intersecting lines）

根据平行投影的从属性可知，两相交直线交点的投影，必然是两直线同面投影的交点。例如图 4-22 的两相交直线 AB 和 CD，它们的交点 E 既是 AB 线上的一点，又是 CD 线上的一点。因此 e 应在 ab 上，又在 cd 上，即 e 是 ab 和 cd 的交点。同理，e′是 a′b′和 c′d′的交点，e″是 a″b″和 c″d″的交点。同时，e、e′是空间点 E 的两面投影，必在同一竖直投影连线上。e′、e″也必在同一水平投影连线上（图 4-22b）。如果两直线中有一直线是侧平线，可作出它们的侧面投影来判断是否相交。如果作出来的 W 投影的交点与 V 投影的交点不在同一水平连线上（图 4-22c），说明它们不是两相交直线，而是两交叉直线。从图中可以看出，在不画投影轴的情况下如何利用 45°斜线作三面投影。这 45°斜线可以画在适当的位置。

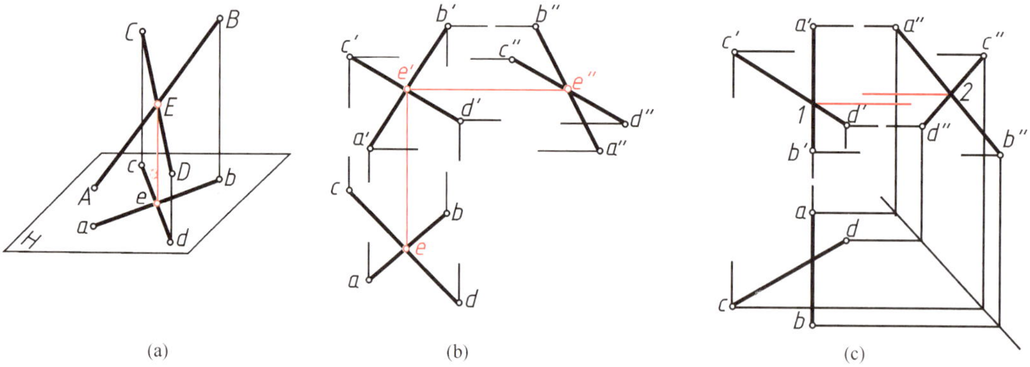

图 4-22 两相交直线的投影

【例 4-8】 给出平面四边形 ABCD 的 V 投影及其两边的 H 投影（图 4-23a），试完成四边形的 H 投影。

解： 平面四边形的四个顶点在同一平面上，它的对角线 AC 和 BD 必相交于一点 K。因此，可在投影图上作出对角线及其交点 K 的 H 投影来确定投影 d 的位置。作图步骤如图 4-23 所示。

二、两平行直线（Two parallel lines）

根据平行投影的平行性可知，两平行直线在同一投影面上的投影相互平行。由于 AB∥CD，则 ab∥cd、a′b′∥c′d′和 a″b″∥c″d″（图 4-24a）。值得注意的是，如果两直线都是侧平线，

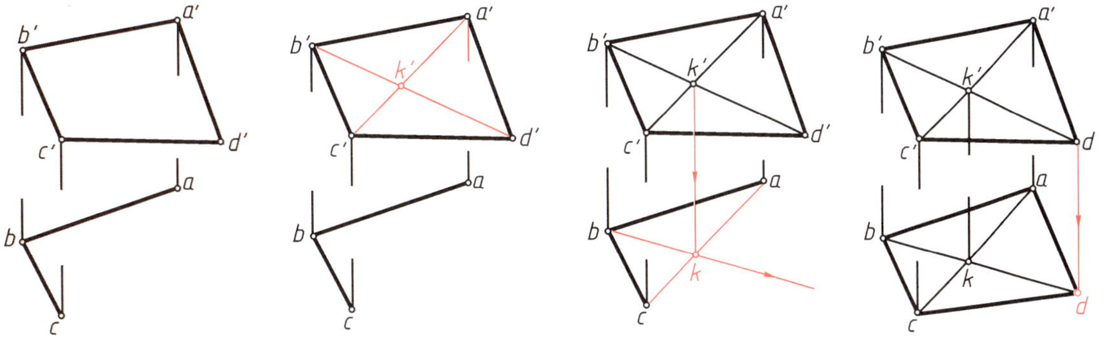

(a) 给出平面四边形的 V 投影 $a'b'c'd'$ 和两边的 H 投影 ab、bc

(b) 连 $a'c'$ 和 $b'd'$，得两对角线交点 K 的 V 投影 k'

(c) 交点 K 的 H 投影 k 必在对角线 AC 的 H 投影 ac 上。点 D 的 H 投影 d 必在对角线 bk 的延长线上

(d) 过 d' 向下作投影连线，交 bk 延长线于 d，连 da、dc，$abcd$ 即为所求

图 4－23　求平面四边形的 H 投影

虽然它们的 V 投影和 H 投影都是竖直方向，但通常还要通过它们的侧面投影来判断两直线是否平行。在图 4－24b 中，$a''b''$不平行于 $c''d''$，所以 AB 不平行于 CD，它们是交叉两直线。

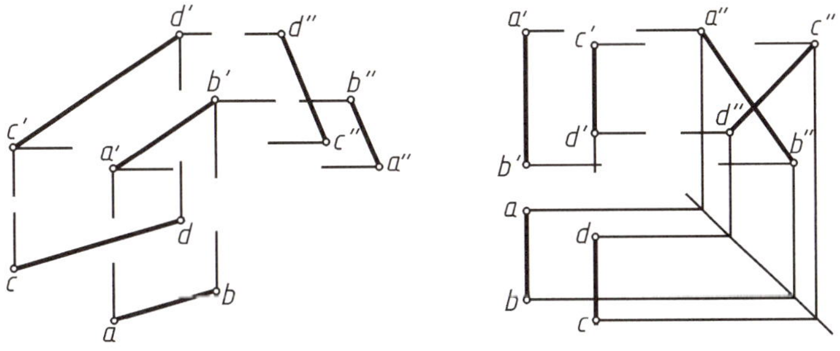

(a)　(b)

图 4－24　两平行直线的投影

【例 4－9】　给出平行四边形 $ABCD$ 两边 AB 和 AC 的两个投影(图 4－25a)，试完成它的投影图。

解： 作图步骤如图 4－25 所示。

三、两交叉直线(Two skew lines)

两交叉直线既不平行，也不相交。虽然两交叉直线的某一个同面投影可能平行，但其他同面投影不可能都相互平行，如图 4－24b 所示。两交叉直线的同面投影也可能相交，如图 4－24b的 W 投影，但这个投影的交点只是两直线的一对重影点的重合投影。图 4－26 有一对交叉直线 AB 和 CD，它们 V 投影的交点 $g'(j')$，只是 CD 线上的点 G 和 AB 线上的点 J 这对重影点在 V 面的重合投影。AB 和 CD 的 H 投影的交点 $e(f)$，也只是 AB 线上的点 E 和 CD 线上的点 F 在 H 面的重合投影。在投影图上，V 投影的交点和 H 投影的交点不在同一竖直投影连线上，说明空间两直线不是相交而是交叉。

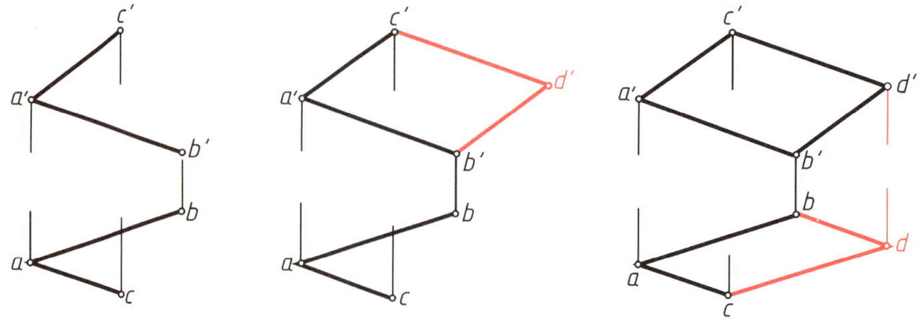

(a) 给出 AB、AC 两边的 H、V 投影

(b) 作 $c'd' \parallel a'b'$、$b'd' \parallel a'c'$，得 d'

(c) 作 $cd \parallel ab$，$bd \parallel ac$，得 d。d 与 d' 应在同一竖直投影连线上

图 4－25　作平行四边形的投影

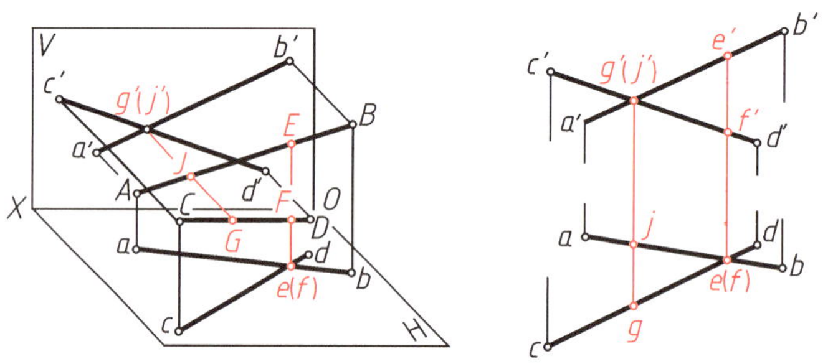

(a)　　(b)

图 4－26　两交叉直线

两交叉直线存在重影点的可见性问题。判别可见性时，可在投影图（图 4－26b）中，从两直线 H 投影的重合投影 $e(f)$ 处向上引一竖直投影连线，先遇 $c'd'$ 于 f'，后遇 $a'b'$ 于 e'，说明向 H 面投射时，AB 上的点 E 在上，CD 上的点 F 在下，点 E 可见，点 F 不可见。同理，向 V 面投射时，CD 在点 G 处挡住 AB 上的点 J，在 V 投影，点 G 可见，点 J 不可见。

思考： 如何判别图 4－24b 的两交叉直线 AB 和 CD 的 W 面重影点的可见性？

【例 4－10】 给出三棱锥 $ABCD$ 各侧棱的 H、V 投影，试判断轮廓线内两交叉侧棱的可见性（图 4－27）。

解： 三棱锥锥底的每一边与所对的侧棱组成一对交叉直线。如图 4－27a 所示，BC 与 AD、CD 与 AB、BD 与 AC 都是两交叉直线。作三棱锥的各投影时，常有一对交叉直线的投影落在轮廓线之内（如图 4－27b 中的 AD 与 BC），需要确定它们的可见性问题。

从 ad 与 bc 两投影的交点 1 向上引投影连线，先遇 $b'c'$，后遇 $a'd'$，说明该重合投影处 AD 在上，BC 在下。向 H 投射时，ad 可见，应画实线；bc 不可见，应画虚线（图 4－27c）。再从 $b'c'$ 与 $a'd'$ 两投影的交点 2 向下引投影连线，先遇 ad，后遇 bc，说明该重合投影处 BC 在前，AD 在后。向 V 面投射时，$b'c'$ 可见，应画实线；$a'd'$ 不可见，应画虚线（图 4－27d）。

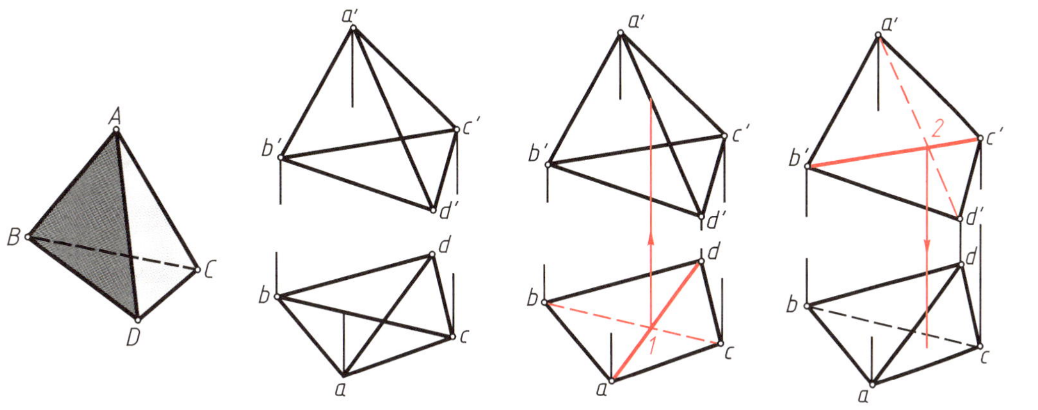

(a)　(b)　(c)　(d)

图 4－27　三棱锥的可见性问题

四、两相互垂直的直线(Two perpendicular lines)

两直线夹角的投影有如下三种情况：

1. 当两直线都平行于同一投影面时，在该投影面上的投影反映其夹角的实际大小。

2. 当两直线都不平行于同一投影面时，在该投影面上的投影一般不反映其夹角的实际大小。

3. 当两直线中有一直线平行于某一投影面时，如果夹角是直角，则它在该投影面上的投影仍然是直角。

如图 4－28a 所示，直线 *AB* 是水平线。*AB* 垂直于 *BC*，同时垂直于投射线 *Bb*，因而垂直于 *BC* 和 *Bb* 所决定的平面 *BCcb*。*H* 投影 *ab* 平行于 *AB*，所以必垂直于平面 *BCcb*，因而垂直于平面内的直线 *bc*(*BC* 的 *H* 投影)，即 $\angle abc = 90°$(图 4－28b)。同理，直角 *DEF* 有一边 *DE* 是正平线，所以直角的 *V* 投影 $\angle d'e'f'$仍是直角(图 4－28c)。

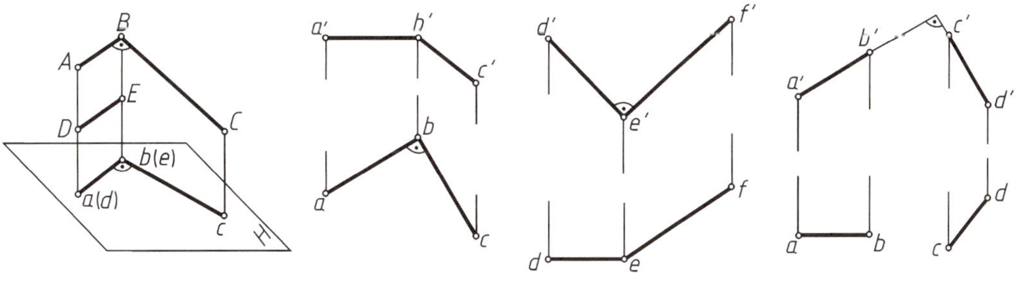

(a)　(b)　(c)　(d)

图 4－28　一边平行于投影面时的两相互垂直直线

和两相交垂直直线一样，两交叉垂直直线中，只要有一直线平行于某投影面，则在该投影面上的投影仍是直角。如图 4－28a 中，*DE* 平行于 *AB*，*DE* 与 *BC* 是相互垂直的两交叉直线，它们在 *H* 面上的投影相互垂直。在图 4－28d 中，正平线 *AB* 与一般线 *CD* 是两交叉直线，延长 $a'b'$和 $c'd'$，如果它们的夹角是直角，则 $AB \perp CD$。

【例 4－11】 求点 A 到水平线 BC 的距离(图 4－29a)。

解： 一点到一直线的距离，就是该点到该直线所引的垂线之长，因此解题应分两步进行，先过已知点 A 向水平线 BC 引一垂线，再求垂线的实长。作图步骤如图 4－29 所示。

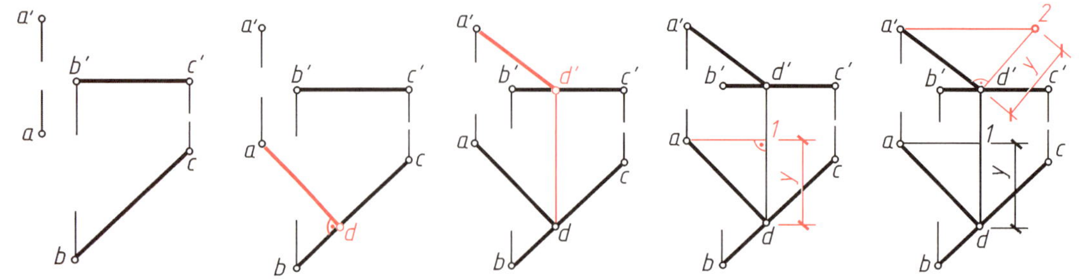

(a) 给出点 A 和水平线 BC 的两投影

(b) 作垂线 AD 的 H 投影 $ad \perp bc$

(c) 作垂线 AD 的 V 投影 $a'd'$

(d) 用直角三角形法求 AD 实长，先求 A、D 两点的 Y 坐标差 y

(e) 以 $a'd'$ 为一直角边，$d'2=y$ 为另一直角边，斜边 $a'2$ 即所求距离的实长

图 4－29 求一点到水平线的距离

§4－6 平面的投影 Projections of Planes

一、平面的表示法(Representations of planes)

平面是广阔无边的，它在空间的位置可用下列的几何元素来确定和表示：

1. 不在同一直线的三个点，例如图 4－30a 的点 A、B、C；
2. 一直线和线外一点，例如图 4－30b 的直线 BC 和点 A；
3. 两相交直线，例如图 4－30c 的直线 AB 和 AC；
4. 两平行直线，例如图 4－30d 的直线 AE 和 BD；
5. 平面图形，例如图 4－30e 的 $\triangle ABC$。

所谓确定位置，就是说通过上列的一组元素，只能作出唯一的一个平面。为了形象起见，通常用一个平面图形(例如平行四边形或三角形)来表示一个平面。如果说“平面 ABC”，应该理解为通过三角形 ABC 的一个广阔无边的平面；如果说“平面图形 ABC”，则只是指在三角形 ABC 范围内的那一部分平面。

空间的平面对基本投影面也有三种不同的位置，即一般位置、垂直位置和平行位置。在绘制建筑形体的投影图时，形体上的平面，以投影面垂直面和投影面平行面占多数。

二、一般位置面(General position planes)

(一) 空间位置

对三个投影面都倾斜的平面，称为**一般位置面**(general position plane)，简称**一般面**(gener-

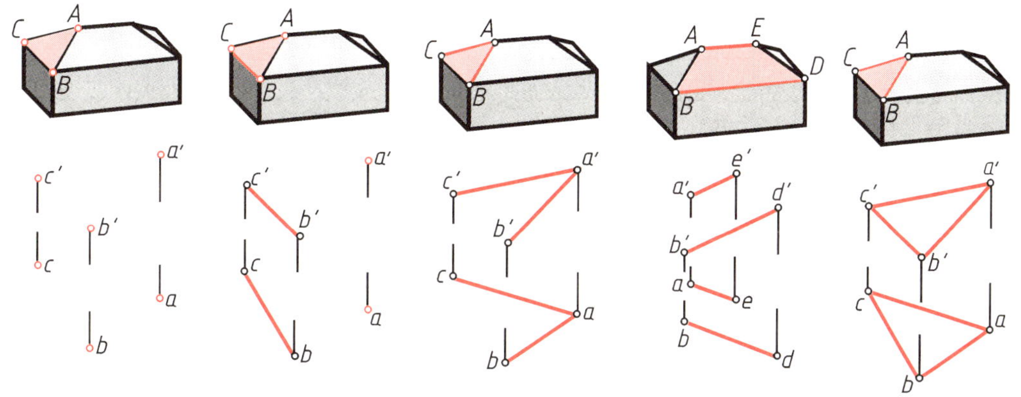

(a) (b) (c) (d) (e)

图 4-30 平面的表示法

al plane)。如表 4-6 中三棱锥上的 *SAB* 面是一般面。

（二）投影特点

一般面的三个投影都没有积聚性，都是原平面图形的相仿图形，但比平面图形本身的实形小，如表 4-6 所示。

（三）读图

一平面的三个投影如果都没有积聚投影，而是平面图形或其他几何元素，它必然是一般面。

表 4-6 一般位置面

名称	空间位置	在形体投影图中的实例	投影图	投影特点
一般位置面（一般面）	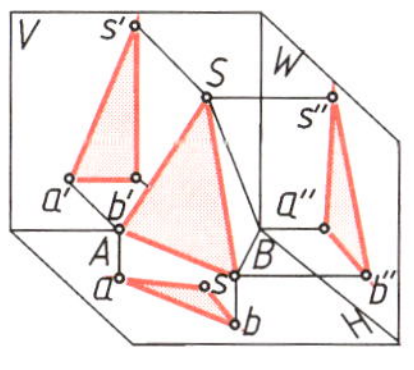	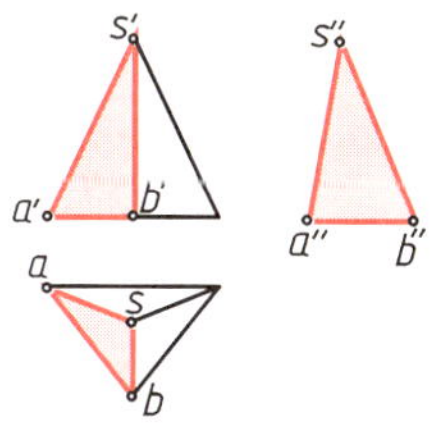	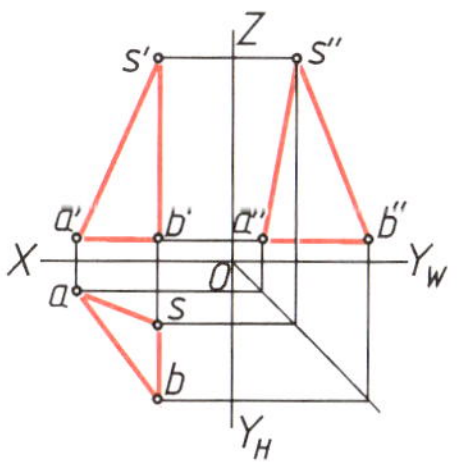	1. 没有一个投影积聚为一直线； 2. 各投影是原平面图形的相仿图形，但都比实形小； 3. 不反映对各投影面的倾角大小。

三、投影面垂直面(Perpendicular planes of projection planes)

（一）空间位置

垂直于一个投影面，对其余两个投影面倾斜的平面，称为投影面垂直面。如表 4-7 第一行的平面 $ABCD \perp H$，但倾斜于 V 和 W 面，这种平面称为水平面垂直面(perpendicular plane of horizontal plane)，简称铅垂面(vertical plane)。

（二）投影特性

投影面垂直面在它所垂直的投影面上的投影，积聚为一倾斜线。它与投影轴的夹角，反映该平面对相应投影面的倾角（倾角是指平面与投影面所夹的二面角）。投影面垂直面的其他投影是原平面图形的相仿图形，都比实形小。如表 4－7 第一行的铅垂面矩形 *ABCD* 的 *H* 投影积聚为一倾斜线 *ab*(*c*)(*d*)，它与 *OX*、OY_H 的夹角，反映铅垂面对 *V* 面和 *W* 面的倾角 β 和 γ 的实际大小。铅垂面的 *V* 投影 *a′b′c′d′* 和 *W* 投影 *a″b″c″d″* 仍然是一个矩形，但都比矩形 *ABCD* 小。

（三）读图

一个平面只要有一个投影积聚为一倾斜线，它必然是一个投影面垂直面，垂直于积聚投影所在的投影面。

投影面垂直面还可能垂直于 *V* 面或 *W* 面，表 4－7 分别介绍它们的投影特点。

表 4－7　投影面垂直面

名称	空间位置	在形体投影图中的实例	投影图	投影特点
水平面垂直面（铅垂面）	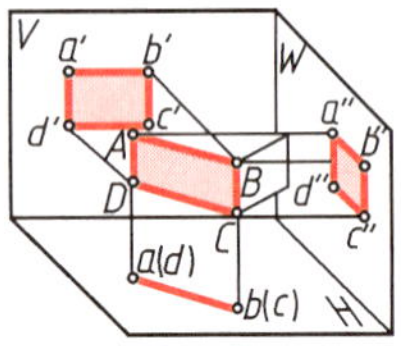	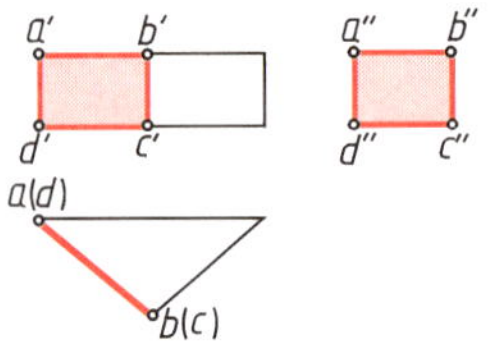	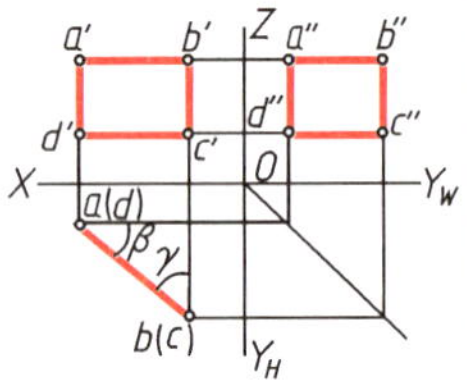	1. *H* 投影积聚为一斜线； 2. *V*、*W* 投影是原平面图形的相仿图形，但比实形小； 3. 积聚投影与 *OX*、OY_H 轴的夹角，分别反映铅垂面对 *V*、*W* 面的倾角 β、γ 的大小。
正面垂直面（正垂面）	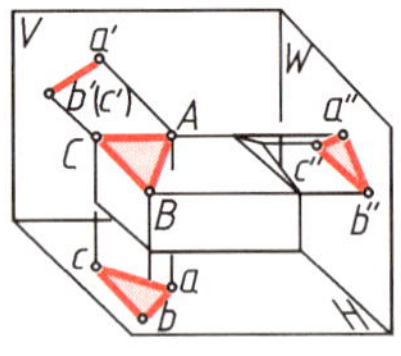	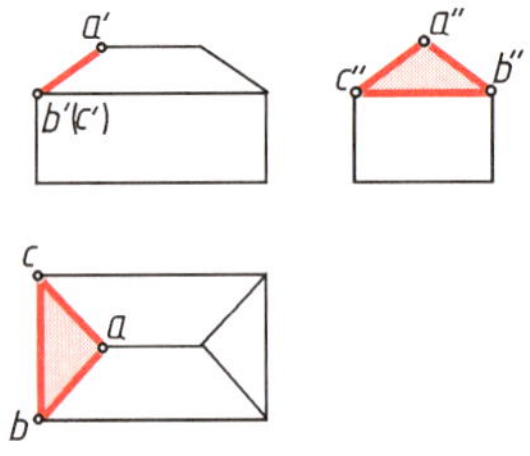	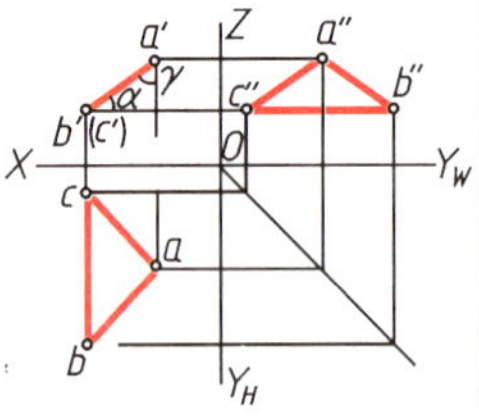	1. *V* 投影积聚为一斜线； 2. *H*、*W* 投影是原平面图形的相仿图形，但比实形小； 3. 积聚投影与 *OX*、*OZ* 轴的夹角，分别反映正垂面对 *H*、*W* 面的倾角 α、γ 的大小。
侧面垂直面（侧垂面）	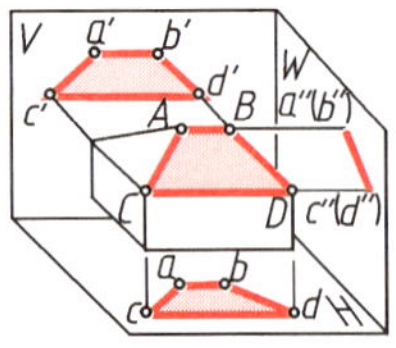	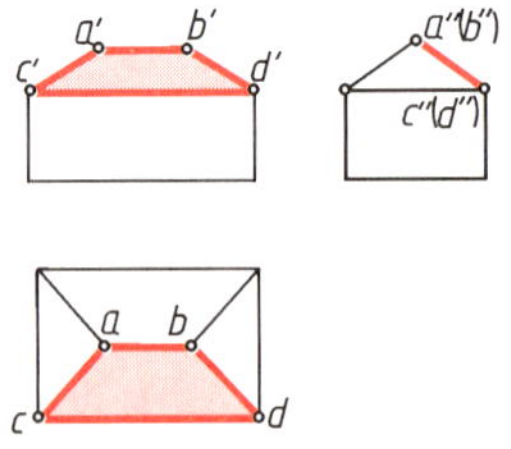	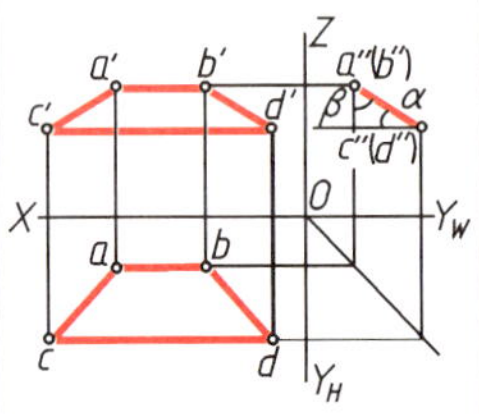	1. *W* 投影积聚为一斜线； 2. *H*、*V* 投影是原平面图形的相仿图形，但比实形小； 3. 积聚投影与 OY_W、*OZ* 轴的夹角，分别反映侧垂面对 *H*、*V* 面的倾角 α、β 的大小。

四、投影面平行面（Parallel planes of projection planes）

（一）空间位置

平行于一个投影面，因而垂直于其余两个投影面的平面，称为投影面平行面。表 4－8 第一行的平面 *ABCD* 平行于 *H* 面，称为水平面平行面（parallel plane of horizontal plane），简称水平面（horizontal plane）。

（二）投影特点

投影面平行面在它所平行的投影面上的投影，反映该平面图形的实形，其他两个投影分别积聚为一直线，平行于投影轴。如表 4－8 第一行的水平面 *ABCD*，它的 *H* 投影 *abcd* 反映实形，它的 *V* 投影（*a*′）（*b*′）*c*′*d*′平行于 *OX*，*W* 投影 *a*″（*b*″）（*c*″）*d*″平行于 OY_W。

（三）读图

一平面只要有一个投影积聚为一根平行于投影轴的直线，该平面必平行于非积聚的投影所在的投影面。那个非积聚的投影反映该平面图形的实形。

投影面平行面还可能平行于 *V* 面或 *W* 面。表 4－8 分别介绍它们的投影特点。

表 4－8　投影面平行面

名称	空间位置	在形体投影图中的实例	投影图	投影特点
水平面平行面（水平面）	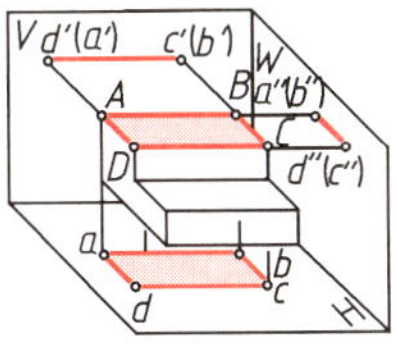	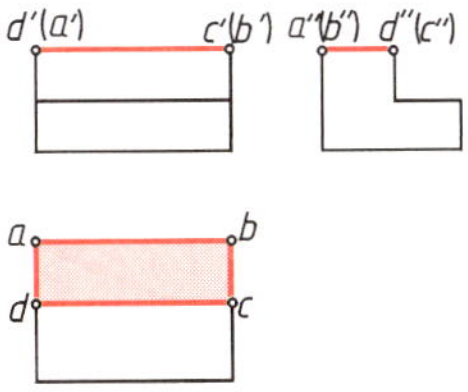	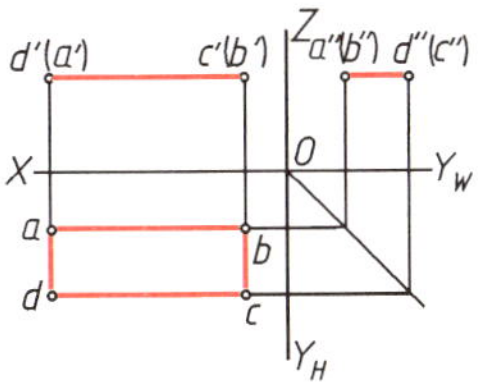	1. *H* 投影反映实形； 2. *V* 投影积聚为一水平线，平行于 *OX* 轴； 3. *W* 投影积聚为一水平线，平行于 OY_W 轴。
正面平行面（正平面）	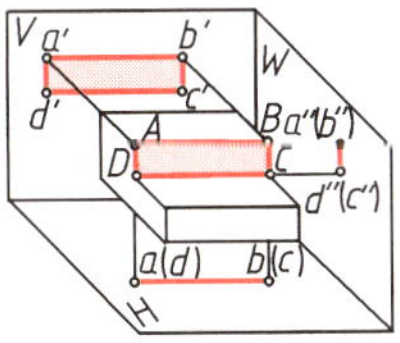	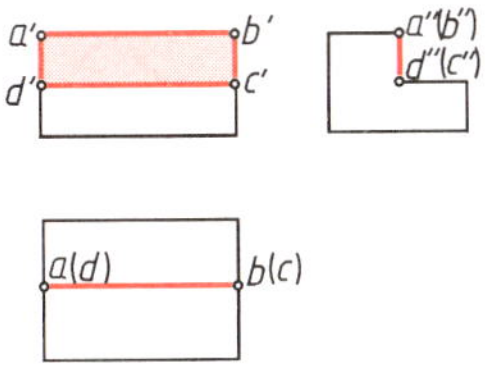	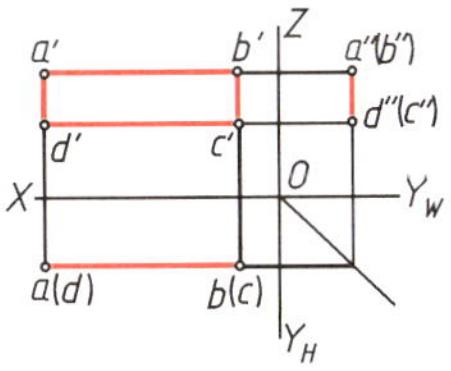	1. *V* 投影反映实形； 2. *H* 投影积聚为一水平线，平行于 *OX* 轴； 3. *W* 投影积聚为一竖直线，平行于 *OZ* 轴。
侧面平行面（侧平面）	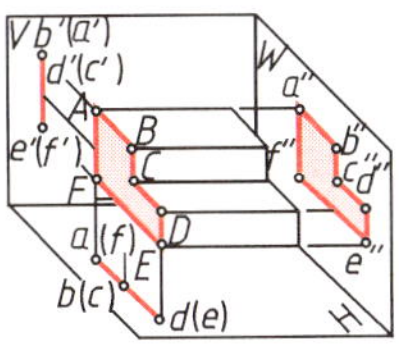	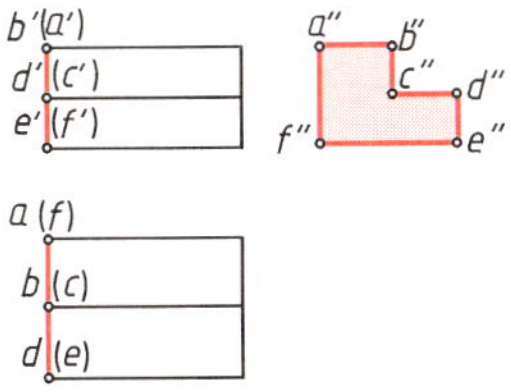	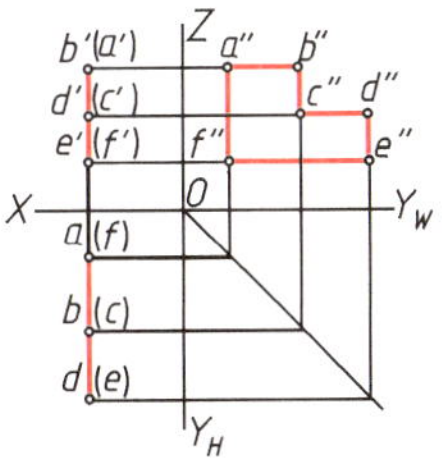	1. *W* 投影反映实形； 2. *H* 投影积聚为一竖直线，平行于 OY_H 轴； 3. *V* 投影积聚为一竖直线，平行于 *OZ* 轴。

思考：你能否设计一个形体，其上包含有一般面、三种投影面垂直面和三种投影面平行面？

§4－7 平面上的直线和点 Lines and Points on Planes

一、平面上的直线(Lines on planes)

一直线如果通过平面上的两个点，或者通过平面上的一个点且平行于面上另一直线时，那么该直线就完全在这个平面上。直线 *BE* 通过平面 *BCED* 上的点 *B* 和点 *E*(图 4－31a)，直线 *FG* 通过面上一点 *F* 且平行于平面 *BCED* 上的棱边 *DE*(图 4－31b)，因此 *BE* 和 *FG* 都在平面 *BCED* 上。

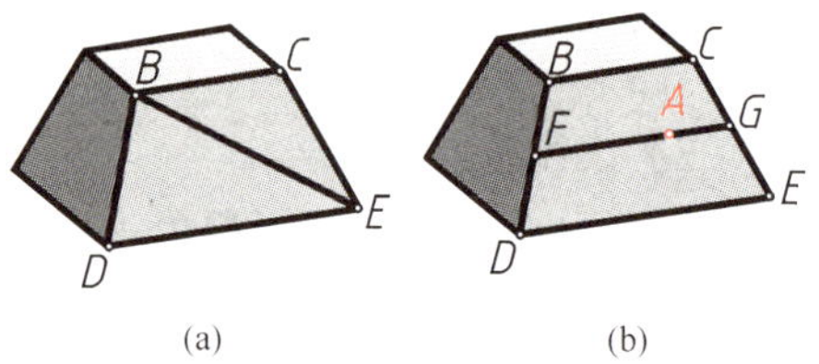

图 4－31 平面上的直线

平面上的正平线和水平线，经常用以辅助解题，需熟悉它们的投影特点和作图方法。如图4－32 所示，要在一般面 *ABC* 上作一根正平线，可根据正平线的投影特点(*H* 投影是水平的)，先在 *ABC* 的水平投影上作一任意水平线 *bd*(为作图简单起见，一般通过一已知点)，作为所求正平线的 *H* 投影(图 4－32a)，然后作出它的 *V* 投影 *b′d′*(图 4－32b)。如在 *ABC* 上作一根水平线，也要根据它的投影特点，先作 *a′e′*(*V* 投影是水平的)，再作 *ae*(图 4－32c、d)。

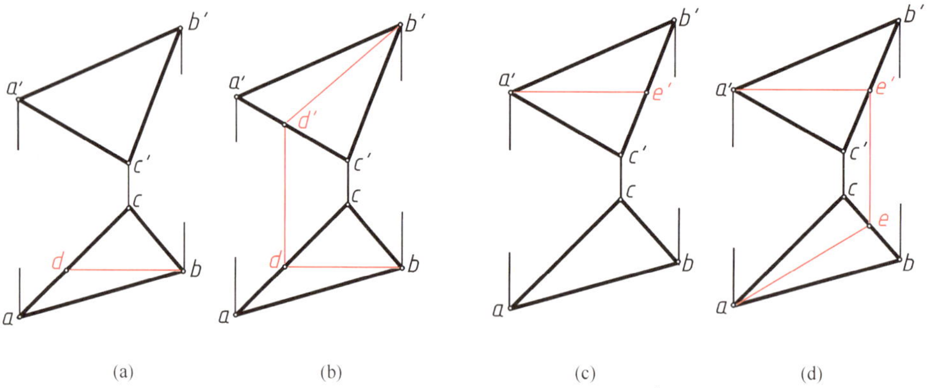

图 4－32 作平面上的正平线和水平线

思考：平面上的水平线和正平线是唯一的吗？一般面上存在有侧平线吗？如存在，试作出它的一根侧平线。

二、平面上的点(Points on planes)

一个点如果在一个平面上，它必在该平面的一根直线上。如图 4－31b 中的点 *A*，由于它在平面 *BCED* 的一直线 *FG* 上，所以它必然在平面 *BCED* 上。

【例 4－12】 设在四棱台前侧面 *BCED* 上有一点 *A*，已知它的水平投影 *a*(图 4－33a)，求它的正面投影 *a′*。

解： 过点 A 在前侧面上引一辅助线 BF，作出 BF 的 V 投影 $b'f'$后，a'必在过 a 所作的竖直投影连线与 $b'f'$的交点上。作图步骤如图 4－33 所示。

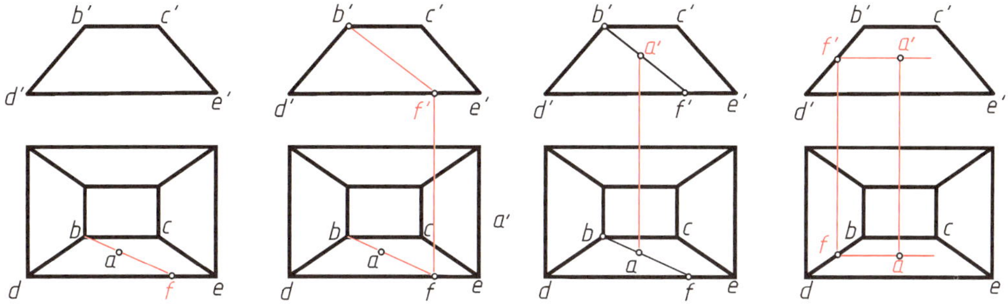

(a) 连 ba 并延长交 de 于 f，bf 就是辅助线 BF 的 H 投影　(b) 作 BF 的 V 投影 $b'f'$　(c) 过 a 作竖直连线交 $b'f'$ 于 a'，即为所求　(d) 另一方法是以侧垂线 FA 为辅助线，即作 $fa//de$，$f'a'//d'e'$，a'与 a 在同一竖直连线上

图 4－33　平面上定点

三、投影面垂直面上的点和直线（Points and lines on perpendicular planes）

房屋的各个表面，例如屋面、墙面、柱面、踏步等，大多是投影面垂直面和投影面平行面。在解题时所用的辅助平面、剖切平面和辅助投影面，一般都是投影面垂直面或投影面平行面。投影面垂直面（包括投影面平行面）的特征是至少有一个积聚为一直线的投影。解题时对这类平面往往只画出它们的积聚投影，而不画其他投影，此时积聚投影用 P^H、P^V、P^W 标记。P 是投影面垂直面的名称，上标 H、V、W 表示平面 P 所垂直的投影面，如 P^H 表示铅垂面 P 的积聚投影。积聚投影的特点就是有积聚性，也就是说，投影面垂直面上的任一点、任一线段或任一平面图形，在投影面垂直面所垂直的投影面上的投影，必落在该投影面垂直面的积聚投影上，如图 4－34 所示。

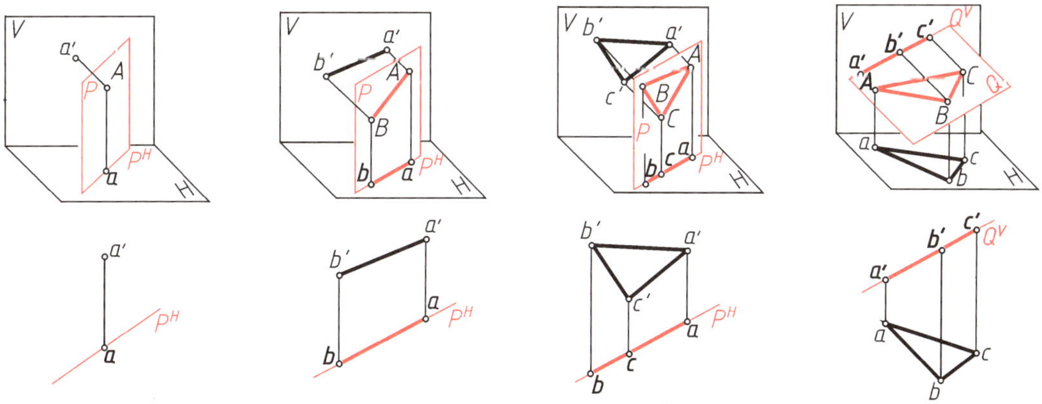

(a)　(b)　(c)　(d)

图 4－34　投影面垂直面的积聚投影

反之，一点、一线段或一平面图形，如果有一个投影位于投影面垂直面的同面积聚投影上，则该点、线或平面图形必然位于那个投影面垂直面上。例如图 4－34c 的△ABC 的 H 投影

abc 与 P^H 重合，则可以确定△*ABC* 位于铅垂面 *P* 上；而图 4-34d 的△*ABC* 的 *V* 投影 $a'b'c'$ 与 Q^V 重合，则△*ABC* 位于正垂面 *Q* 上。

投影面垂直面上的点、线或平面图形，如果给出了它的一个不在平面的积聚投影上的投影，即可利用该积聚投影的积聚性，来确定它在其他投影位置。

【例 4-13】 给出两坡顶屋面上一点 *A* 的 *V* 投影 a'(图 4-35a)，求 *a* 和 a''。

解： 作图步骤如图 4-35 所示。

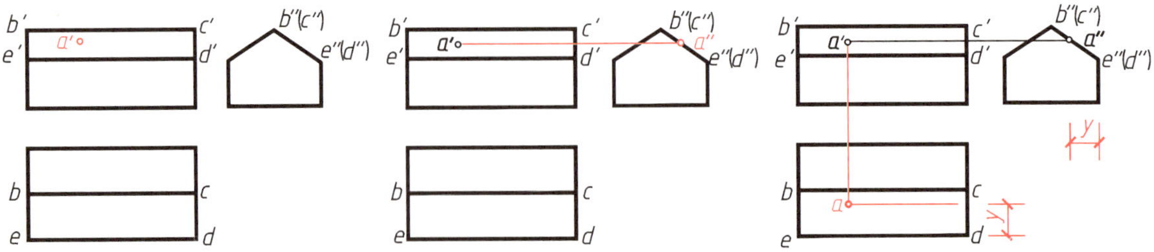

(a) 点 *A* 为可见点，它所在的前屋面 *BCDE* 是一个侧垂面，它的 *W* 投影 $b''(c'')(d'')e''$ 有积聚性

(b) 过 a' 引水平连线与前屋面的 *W* 积聚投影相交于 a''，得点 *A* 的 *W* 投影

(c) 截取 a'' 与屋檐的距离 *y*，移置在 *H* 投影上，作一水平线，与过 a' 向下所引的竖直连线相交，即得所求的 *a*

图 4-35 在斜屋面上定点

§4-8 旋转法 Revolution Method

在 §4-4 中介绍了求线段实长和对投影面倾角的直角三角形法和辅助投影法，这里再介绍另一种方法——旋转法。

一、绕投影面垂直线旋转(Revolution about a perpendicular line of projection plane)

当圆锥轴线 *O* 垂直于 *H* 面时(图 4-36)，圆锥面上的所有素线对 *H* 面的倾角相等，它们的 *H* 投影长度相同，为圆锥底圆的半径。而最左轮廓素线 *SA* 和最右轮廓素线 *SB* 的 *V* 投影 $s'a'$ 和 $s'b'$ 反映素线的实长，其他素线如 *SC*，它们的 *V* 投影都缩短。如果需要求一般线 *SC* 的实长，可设想 *SC* 是圆锥的一根素线，只要使它绕通过点 *S* 而垂直于 *H* 面的轴线 *O* 旋转到平行于 *V* 面的位置(*SA* 或 *SB*)，它的 *V* 投影就反映 *SC* 的实长及对 *H* 面的倾角 α。

在旋转法中(图 4-37)，点 *C* 称为旋转点(revolution point)，*O* 称为旋转轴(revolution axis)，点 *C* 的旋转轨迹是一个圆周，称为轨迹圆(locus circle)。轨迹圆所在的平面称为轨迹平面(locus plane)，它垂直于旋转轴 *O*，并与轴相交于 O_1。点 O_1 称为点 *C* 旋转时的旋转中心(revolution centre)。旋转点 *C* 到旋转轴的距离 O_1C 称为旋转半径(revolution radius)。当点 *C* 旋转到点 C_1 位置时，旋转方向是逆时针(anticlockwise)，旋转角为 $\angle CO_1C_1$。

当旋转轴垂直于 *H* 面时(图 4-37)，点 *C* 旋转时的轨迹平面平行于 *H* 面，轨迹圆的 *H* 投

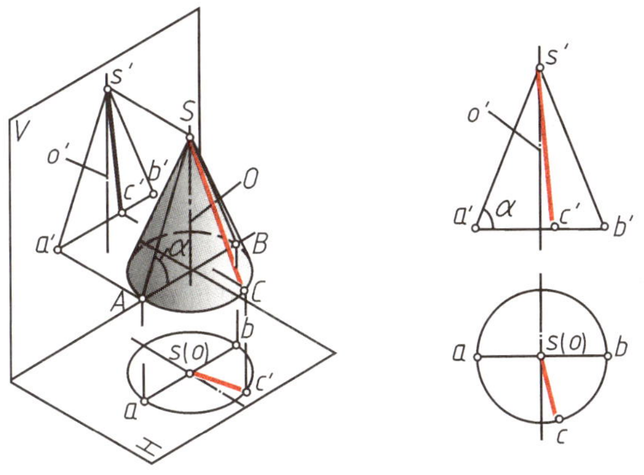

(a) (b)

图 4-36 圆锥素线的投影

影反映实形，是一个以旋转轴 O 的积聚投影 o 为圆心，以 oc(等于旋转半径 O_1C)为半径的圆。轨迹圆的 V 投影是垂直于旋转轴 V 投影 o'的一根水平线段，平行于投影轴 OX。当点 C 旋转到 C_1 位置时，它的 H 投影 c 沿着圆弧$\overset{\frown}{cc_1}$ 逆时针方向旋转到 c_1，它的 V 投影 c'则沿水平线(轨迹圆的同面投影)平移到 c_1'。

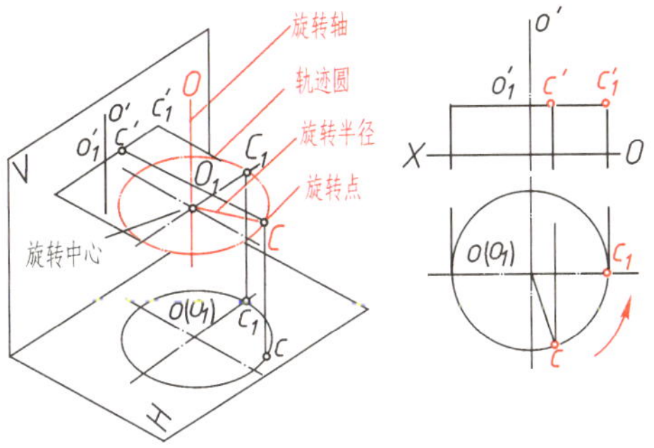

(a) (b)

图 4-37 点 C 绕铅垂线 O 旋转

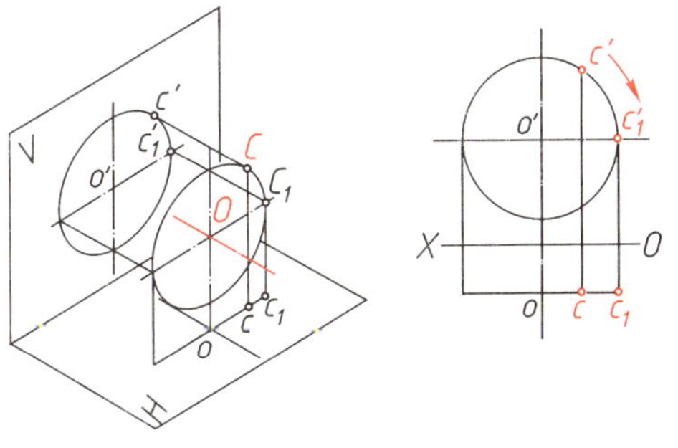

(a) (b)

图 4-38 点 C 绕正垂线 O 旋转

根据需要，旋转轴 O 也可以垂直于 V 面(图 4-38)。旋转时，点 C 的轨迹平面平行于 V 面而垂直于 H 面。轨迹圆的 V 投影反映实形，圆心为旋转轴的积聚投影 o'，半径为 $o'c'$。轨迹圆的 H 投影是一垂直于旋转轴 H 投影 o 的水平线段，平行于投影轴 OX。当点 C 旋转到 C_1 位置时，它的 V 投影 c'沿圆弧$\overset{\frown}{c'c_1'}$顺时针方向(clockwise)转动一个角度$\angle c'o'c_1'$到达 c_1'，而水平投影 c 则沿水平线平移到 c_1。

从上可知，空间一点绕投影面垂直线旋转时，它在轴线所垂直的投影面上的投影，沿着一圆弧转动，而另一投影则沿着一平行于投影轴的直线移动。

旋转轴上的点，如图 4-36 的锥顶 S，它的旋转半径为零，在旋转过程中位置始终不变。

掌握了点的旋转规律，就不难进行线段和平面图形的旋转。它们都可归结为两个或多个点的旋转问题。必须指出的是，进行旋转时，一经确定了旋转轴的方向和位置后，线和面上所有的点，都要绕同一旋转轴，依同一旋转方向，旋转同一角度。只有这样，才能在旋转后，仍保持各几何元素本身的相对位置。

二、求直线段实长和投影面垂直面实形(Determining the true length of a segment and the true shape of a perpendicular plane)

运用旋转法解决空间几何问题时，需要先弄清题意，进行空间分析，确定旋转轴的方向和位置后，才进行具体作图。

【例 4-14】 求一般线段 AB 的实长和对 V 面的倾角 β(图 4-39a)。

解：(一) 空间分析

要保持 AB 对 V 面的倾角 β 旋转时不改变，可让 AB 绕垂直于 V 面的轴线旋转。转到平行于 H 面时，它的新 H 投影必反映线段的实长和对 V 面的倾角 β。

(二) 作图步骤

(1) 过点 A 作旋转轴 O 垂直于 V 面(图 4-39b)。

(2) 以 $a'(o')$ 为圆心，$a'b'$ 为半径，作圆弧。将点 b' 旋转到 b'_1，使 $a'b'_1$ 成为一水平线段(平行于投影轴 OX)。点 B 的 H 投影 b，沿着平行于投影轴 OX 的水平线移到 b_1(图 4-39c)。

(3) 连 $a'b'_1$ 和 ab_1。ab_1 是 AB 旋转后的 H 投影，反映 AB 的实长。它与水平线的夹角反映 AB 对 V 面的倾角 β 的大小(图 4-39d)。

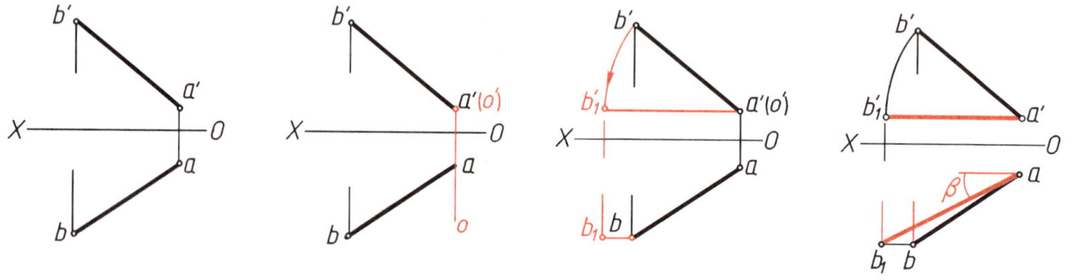

(a) 已知条件　　(b) 作旋转轴 $O\perp V$　　(c) 点 B 的旋转　　(d) 求得 AB 的实长和 β 角的大小

图 4-39　直线的旋转

思考：上例中，如何求一般线 AB 对 H 面的倾角 α？试作出其投影图。

【例 4-15】 求铅垂面 $\triangle ABC$ 的实形(图 4-40a)。

解：(一) 空间分析

$\triangle ABC$ 是一个铅垂面，只要绕垂直于 H 面的轴线旋转到与 V 面平行，它的新 V 投影即可反映实形。

(二) 作图步骤

(1) 设旋转轴通过点 A 并垂直于 H 面(旋转轴可不画出)。

(2) 将 $\triangle ABC$ 旋转到平行于 V 面。

先在 H 投影上作图。以 a 为圆心，ac 为半径，将 c 旋转到 c_1 位置，使 ac_1 平行于投影轴 OX。此时点 b 也绕同一旋转轴，依同一旋转方向，旋转同一角度，到达 b_1 的位置(图 4-40b)。

(3) 再在 V 投影上作图。a' 位置不变(旋转轴通过点 A)，b' 和 c' 各自沿平行于投影轴 OX

的水平线移到 b_1' 和 c_1' 位置(图 4－40c)。

(4) 连 $a'b_1'$、$b_1'c_1'$ 和 $c_1'a'$。$\triangle a'b_1'c_1'$ 反映 $\triangle ABC$ 的实形(图 4－40d)。

从上述两例可以看出，当需要改变几何元素对 H 面的相对位置时，可设立旋转轴垂直于 V 面(如例 4－14)，此时，直线或平面对 V 面的倾角保持不变，它们的 V 投影长度或形状保持不变。反之，当需要改变几何元素对 V 面的相对位置时，可设立旋转轴垂直于 H 面(如例 4－15)。因此，必须根据解题的需要，确定旋转轴应垂直于哪一个投影面。

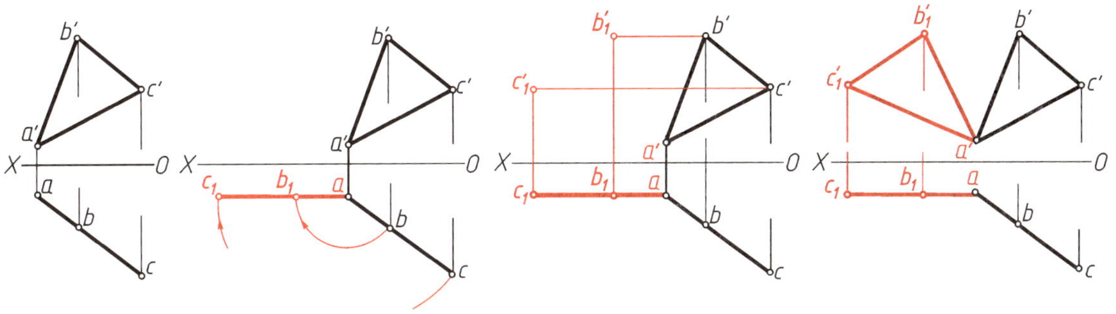

(a) 已知条件　(b) 作出 c_1、b_1　(c) 作出 c_1'、b_1'　(d) 求得 $\triangle ABC$ 的实形

图 4－40　铅垂面的旋转

本章学习指引

Reading Guide

1. 点的两条正投影规律是线、面和体投影的基础，也是作出点的辅助投影的依据，必须牢记和掌握。

2. 点在三面投影中的三项投影关系是形体三投影关系的理论根据。

3. 根据投影图判断两点之间的左右、前后和上下关系，了解重影点的投影特性，对读图很有帮助。

4. 空间直线对投影面有一般位置线、投影面平行线和投影面垂直线三种不同位置，它们的投影各有不同的特点。

5. 直线上的点有从属性和定比性两特点，要注意侧平线上定点的方法。

6. 掌握用直角三角形法、辅助投影法以及旋转法求解线段实长和倾角的方法。

7. 空间两直线有相交、平行和交叉三种相对位置，必须了解它们的投影特性。

8. 熟识两相互垂直直线在一定条件下的投影特点。

9. 空间平面对投影面同样有一般位置面、投影面垂直面和投影面平行面三种不同位置，它们的投影各有不同的特点，要特别注意投影面垂直面和投影面平行面投影的积聚性，以及如何利用它们的积聚性求解面上定点和定线等问题。

10. 了解点和直线在平面上的几何条件，熟练掌握求作一般面上一般线、水平线和正平线的方法。

11. 了解空间一点绕投影面垂直线旋转时的投影特点，记住各几何元素旋转时必须绕同一旋转轴，依同一旋转方向，旋转同一角度的要求。

12. 从求解一般线实长和铅垂面实形的实例，了解旋转轴方向设置的原则。

复习思考题

Review Questions

1. 什么是点的正投影两规律？它们与求作点的辅助投影有什么关系？

2. 点在三面投影中有哪三项投影关系？为什么说这是形体投影“长对正、高平齐、宽相等”的理论依据？

3. 空间直线和平面对投影面的相对位置有哪几种？它们有什么投影特点？

4. 本章学习了哪几种求一般线实长和倾角的方法？如何求解？

5. 两直线有哪三种相对位置？它们的投影各有什么特点？

6. 两垂直直线在投影图中要反映直角，需具备什么条件？

7. 如何判断一点或一直线是否在一平面上？如何作出平面上的水平线和正平线？

8. 要求正垂面的实形，旋转轴应如何设置？

第五章 直线与平面及两平面的相对关系

CHAPTER 5 RELATION OF LINES TO PLANES, PLANES TO PLANES

§5－1 直线与平面、平面与平面平行 Parallelism of Lines to Planes, Planes to Planes

一、直线与平面相互平行(Line parallel to a plane)

1. 直线与一般面相互平行

从几何学知道，一直线只要平行于平面上的任一直线，它必平行于该平面。图 5－1 中，直线 AB 平行于平面 P 的一边 CD，直线 EF 平行于平面 P 上的直线 GH，所以 AB 和 EF 都平行于平面 P。检查一平面是否平行于一已知直线，只要看能否在该平面上作出一直线与已知直线平行。

【例 5－1】 过点 A 作一水平线平行于平面 BCD(图 5－2)。

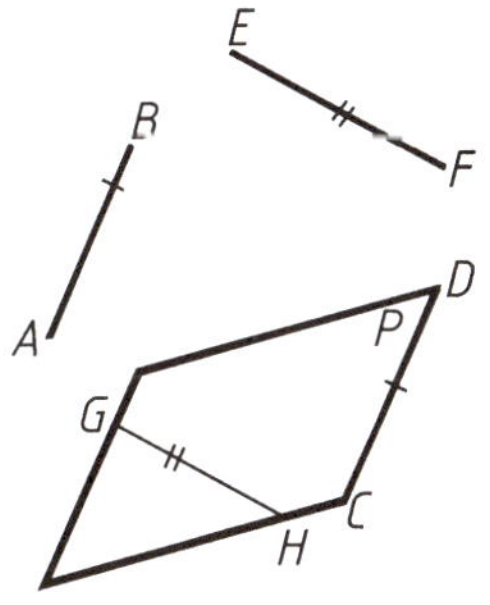

图 5－1 直线与平面平行

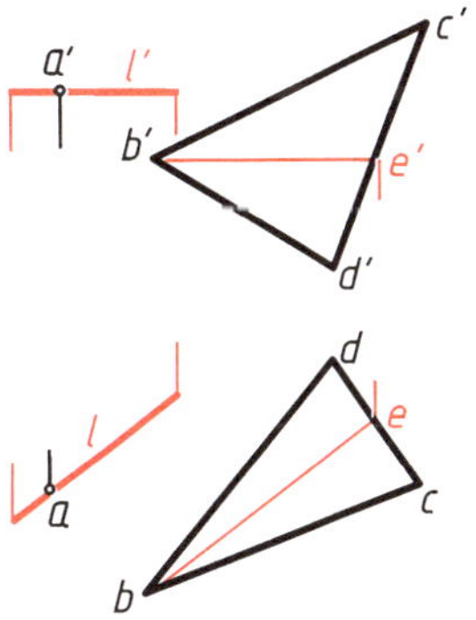

图 5－2 过一点作水平线平行于平面

解： 与平面 BCD 平行的水平线，必平行于该面上的一根水平线。为此，先在平面 BCD 上作水平线 $BE(be,b'e')$，然后过点 A 作直线 L，使 $l /\!/ be$，$l' /\!/ b'e'$，则 L 平行于平面 BCD。

思考： 在例 5－1 中，如何过点 A 作正平线平行于平面 BCD？试作图求解。如果给出一直线和一平面，要判断该直线是否与平面平行，该如何思考？试设计这样的例题。

2. 直线与投影面垂直面相互平行

直线与投影面垂直面相互平行，该投影面垂直面的积聚投影必与该直线的同面投影平行。如图 5－3a 所示，积聚投影 P^H 平行于直线 AB 的同面投影 ab，总可以在平面 P 上作一直线 CD 平行于 AB，此时 cd 因落在 P^H 上必平行于 ab，同时，$c'd' /\!/ a'b'$（图 5－3b）。要作一投影面垂直面平行于一已知直线，只要作一直线作为投影面垂直面的积聚投影与已知直线的同面投影平行，加上标记即可。图 5－3c 中，作 P^H 平行于 ab，就表示在该位置设置了一个平行于 AB 的铅垂面 P。同理，Q^V 平行于 $c'd'$，表示 Q 面平行于 CD 并垂直于 V 面（图 5－3d）。

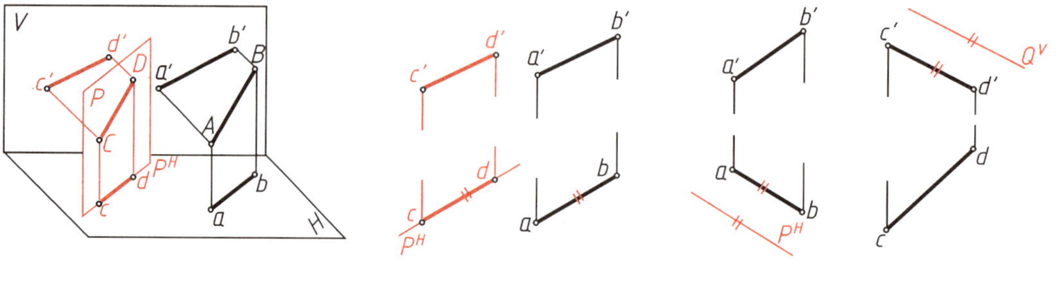

(a)　(b)　(c)　(d)

图 5－3　直线与投影面垂直面平行

二、两平面相互平行（Plane parallel to a plane）

1. 两投影面垂直面相互平行

两个投影面垂直面（如两铅垂面 P 和 Q）相互平行时，它们的同面积聚投影也相互平行（图 5－4a）。在投影图中，要作一个投影面垂直面 Q 平行于另一已知投影面垂直面 P 时，只要作出 Q 的同面积聚投影平行于 P 的积聚投影即可（图 5－4b）。

从平面的投影特性可知，投影面平行面上的平面图形，在它所平行的投影面上的投影反映实形。因此，想求一投影面垂直面上的平面图形的实形时，可以设立一个辅助投影面与该投影面垂直面平行，作出该平面图形的辅助投影，即为所求的实形（图 5－5a）。

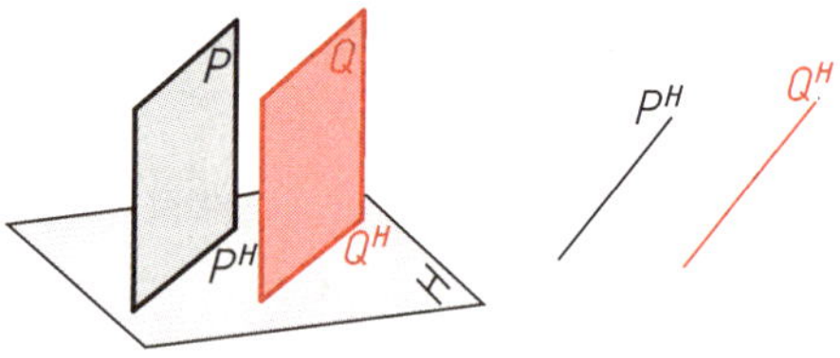

(a)　(b)

图 5－4　两垂直面平行

【例 5－2】　求四坡顶斜屋面 ABC 的实形（图

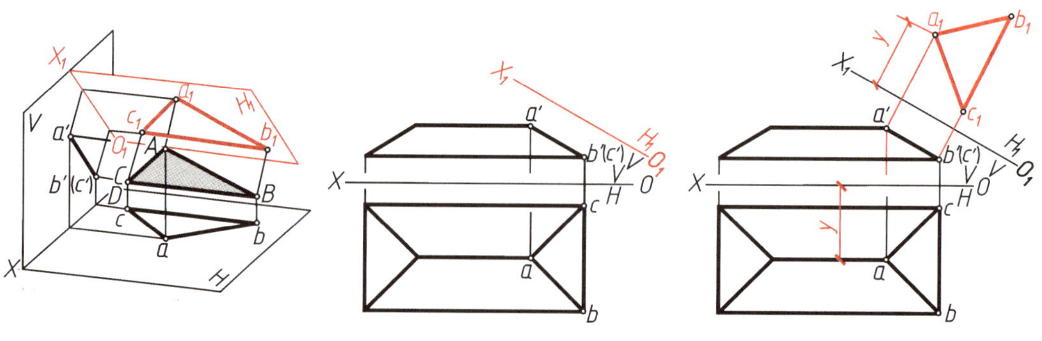

(a)　(b)　(c)

图 5－5　利用辅助投影求投影面垂直面上平面图形的实形

5－5b)。

解: (1)给出的斜屋面是正垂面。在适当位置作 OX_1 轴平行于斜屋面的 V 面积聚投影 $a'b'(c')$(图 5－5b)。OX_1 轴就是辅助投影面 H_1 在 V 面的积聚投影。

(2) 分别作出三顶点 A、B、C 的辅助投影，然后相连，得平面 ABC 在 H_1 面上的辅助投影 $\triangle a_1b_1c_1$，即为所求的实形(图 5－5c)。

如果给出的投影图是无轴投影，可先在 H 投影与 V 投影之间适当位置作一水平线，作为 OX 轴，以便作图。

2. 两一般面相互平行

从几何学知道，一个平面如果有两相交直线分别平行于另一个平面上的两相交直线，则这两个平面相互平行。例如图 5－6a 的 $\triangle ABC$ 与 $\triangle DEF$，它们投影图的外观反映不出它们是否平行。但在 $\triangle DEF$ 上可画出两相交直线 GH 和 GI 分别与 $\triangle ABC$ 的 CA 和 CB 平行，所以 $\triangle ABC /\!/ \triangle DEF$。如图 5－6b 所示，如果过点 D 作 $DE /\!/ BC$，$DF /\!/ AC$，则由两相交直线 DE 和 DF 所决定的平面与 $\triangle ABC$ 相互平行。

思考: 试设计两个检验后为不平行的一般面的图例。

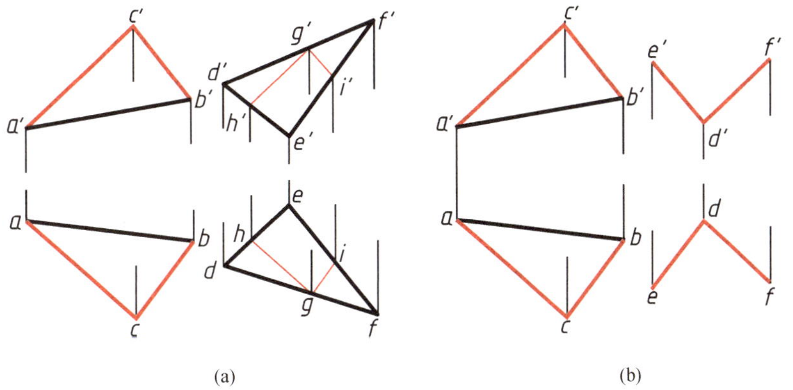

图 5－6　两一般面的平行

§5－2 直线与平面、平面与平面垂直
Perpendicularity of Lines to Planes, Planes to Planes

一、直线与平面相互垂直(Line perpendicular to a plane)

1. 直线垂直于一般面

从几何学知道，一直线垂直于一平面，必垂直于该平面上的所有直线(图 5－7a)。在投影图上作平面的垂线时，只需作出平面上的正平线和水平线，此时，所作垂线的 V 投影垂直于正平线的 V 投影，垂线的 H 投影垂直于水平线的 H 投影，作图比较简便。如图 5－7b 所示，要过点 A 作平面 $BCDE$ 的垂线，可先作出 $BCDE$ 上水平线 BF 和正平线 DG 的两面投影 bf、$b'f'$ 和 dg、$d'g'$，然后过 a 作 $ah \perp bf$，过 a' 作 $a'h' \perp d'g'$，AH 即为所求垂线。而垂足的位置，需作出

AH 与 *BCDE* 的交点才能确定。

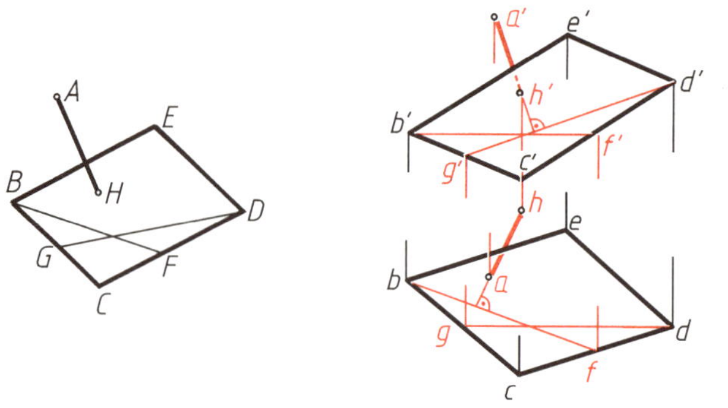

(a)　　　　(b)

图 5－7　直线垂直于一般面

思考：试设计一根直线与一般面不垂直的图例。

2. 直线垂直于投影面垂直面

垂直于投影面垂直面的直线，必然是一根投影面平行线，平行于该平面所垂直的投影面。在投影图中，该面的积聚投影与该垂线的同面投影相互垂直。如图 5－8a 所示，直线 *AB* 垂直于铅垂面 *P*，必平行于 *H* 面，*AB* 的 *H* 投影 *ab* 垂直于平面 *P* 的积聚投影 P^H。只要 P^H 垂直于水平线 *AB* 的水平投影 *ab*，则 $P\perp AB$（图 5－8b）。同理，若正平线 *CD* 的 *V* 投影 $c'd'\perp Q^V$ 时，则 $CD\perp Q$（图5－8c）。

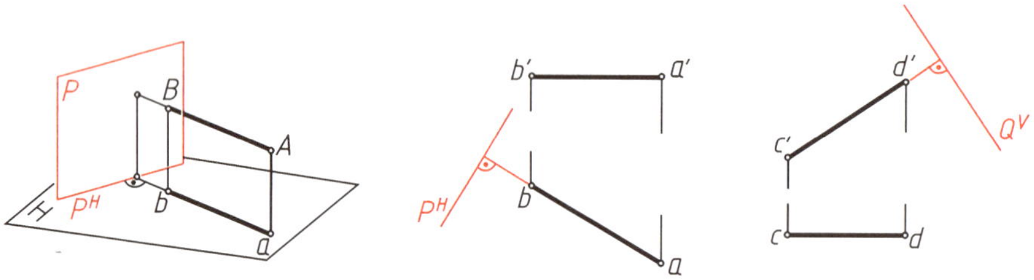

(a)　　　　(b)　　　　(c)

图 5－8　直线垂直于投影面垂直面

二、两平面相互垂直（Plane perpendicular to a plane）

从几何学知道，一平面通过另一平面的一根垂线，或者说，一平面上如有一根直线垂直于另一平面，这两个平面必相互垂直。如图 5－9a 所示，直线 *AD* 垂直于平面 *EFHG*，如果△*ABC* 通过 *AD*，则△$ABC\perp EFHG$。或者说，△*ABC* 上如有一直线 *AD* 垂直于 *EFHG*，则△$ABC\perp EFHG$。在投影图中（图 5－9b），*AD* 的 *H* 投影 *ad* 垂直于平面 *EFHG* 上水平线 *FI* 的 *H* 投影 *fi*，*AD* 的 *V* 投影 $a'd'$ 垂直于平面上正平线 *HJ* 的 *V* 投影 $h'j'$，则 $AD\perp EFHG$。△*ABC* 通过 *AD*，所以△*ABC* ⊥ *EFHG*。

思考：任意给出两个平面，如何判断它们是否垂直？试给出一个判断结果为它们不相互垂直的图例。

【例 5－3】　试求△ABC 对 H 面的倾角及点 F 到△ABC 的距离(图 5－10)。

解：根据投影面垂直面的投影特性可知，正垂面的 V 积聚投影与 OX 轴的夹角反映正垂面对 H 面倾角的大小。如果在 H 面上设置一个辅助投影面 $V_1\perp$△ABC，作出△ABC 在 V_1 面上的积聚投影，它与新投影轴的夹角，即为所求。要使 $V_1\perp$△ABC，可使 V_1 垂直于△ABC 上的一根水平线。作图步骤如下：

(1) 作△ABC 的水平线 AD(图 5－10a)。

(2) 作 O_1X_1(新投影面 V_1 在 H 面上的积聚投影)$\perp ad$，即 $V_1\perp$△ABC(图 5－10b)。

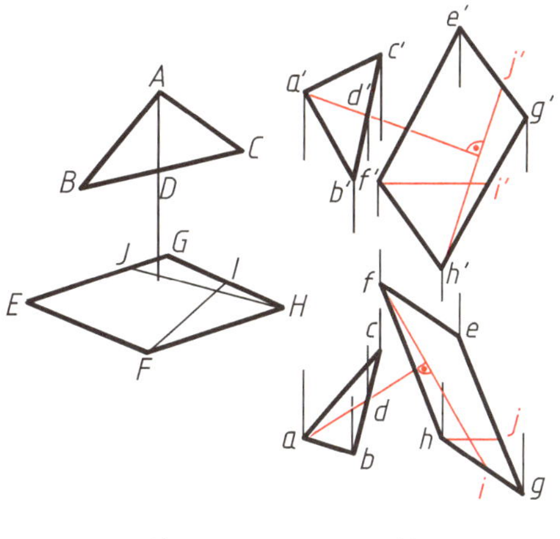

图 5－9　两平面相互垂直

(3) 分别作 A、B、C 三点的辅助投影 a_1'、b_1'、c_1'，这三点必在一直线上，得△ABC 在 V_1 面上的积聚投影(图5－10c)，它与 O_1X_1 的夹角，即为所求的倾角 α。

(4) 从点 F 的辅助投影 f_1'向△ABC 的积聚投影作一垂线 $f_1'g_1'$，即为所求的点 F 到△ABC 的距离。点 G 的辅助投影 g_1'落在积聚投影 $a_1'b_1'c_1'$上，点 G 的 H、V 投影 g、g'的作法，请读者自行分析。

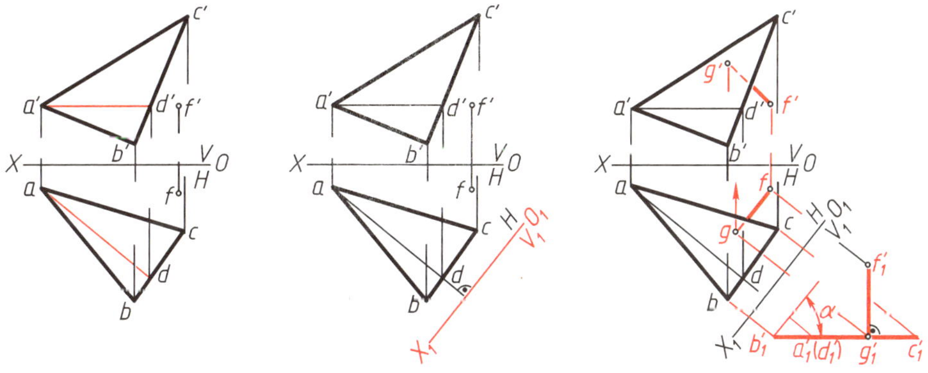

(a) 已知条件　　(b) 作 $V_1\perp$△ABC　　(c) 求倾角 α 和距离

图 5－10　作辅助投影面垂直于一般面

【例 5－4】　求两平行平面△ABC 和△DEF 的距离(图 5－11a)。

解：从几何学知道，两平行平面之间的距离就是该两平行平面公垂线的长度。为此，可在一个平面(例如△ABC)上取一任意点 K，向另一平面引垂线，求出垂足 L。公垂线 KL 的实长即所求的距离(图 5－11b)。

由此可见，两平行平面的距离实质上就是一点(△ABC 上的点 K)到一平面(△DEF)的距离。可以采用例 5－3 的方法，设立辅助投影面垂直于一个三角形(也必垂直于另一个三角形)。两三角形的新积聚投影相互平行，它们之间的垂直距离即为所求两平行平面的距离(图 5－11c)。

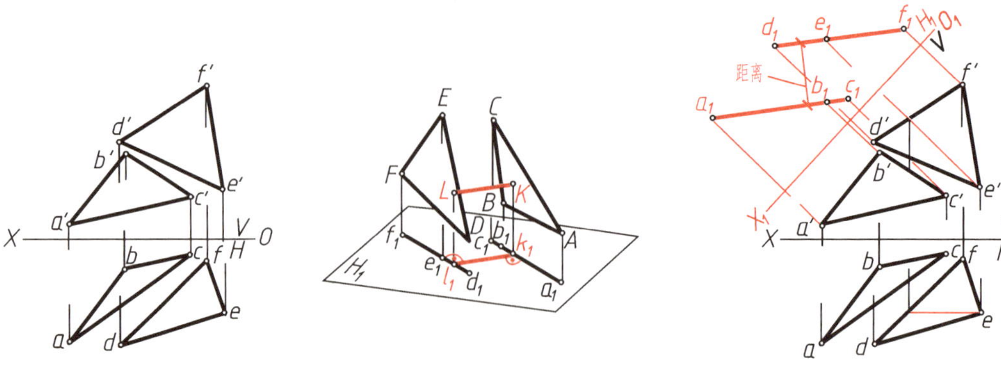

(a) 已知条件　　(b) 空间分析　　(c) 作图方法

图 5－11　两平行平面的距离

§ 5－3 直线与平面、平面与平面相交 Intersection of Lines and Planes, Planes and Planes

一、直线与投影面垂直面相交(Intersection of a line and a perpendicular plane)

在建筑制图中很多作图问题，例如求截交线和相贯线，作透视、阴影等，实质上都是求直线与平面的交点问题，特别是求直线与投影面垂直面(包括投影面平行面)的交点问题。

假设直线 AB 与铅垂面 P 相交于点 C(图5－12a)，交点 C 的 H 投影 c 必落在平面 P 的积聚投影 P^H 上。因此，交点 C 的 H 投影 c，就是直线 AB 的 H 投影 ab 与 P^H 的交点，可直接从投影图中求得(图 5－12b)。也就是说，投影面垂直面的积聚投影与直线的同面投影的交点，就是直线与该平面交点的同面投影。

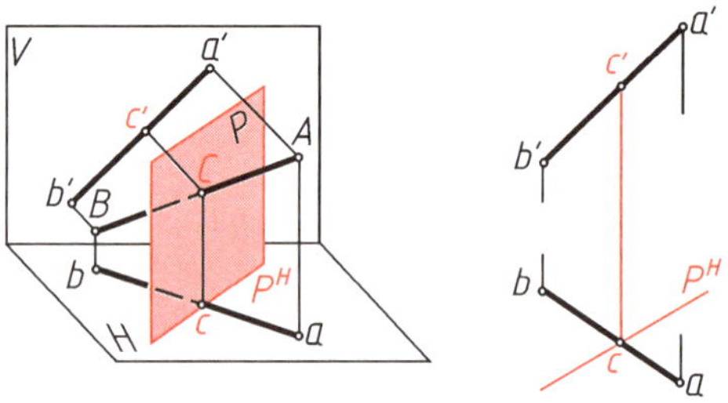

(a)　　(b)

图 5－12　直线与铅垂面相交

【例 5－5】 求正垂面 Q 与四棱锥的交线(图 5－13)。

解：(1) 平面 Q 与四棱锥四根侧棱有四个交点，相应交点的连线就是所求交线(图 5－13a)。

(2) 在投影图中，Q^V 有积聚性，各交点的 V 投影都落在 Q^V 上，即 Q^V 与四根侧棱 V 投影的交点。据此可求得各交点的 H 投影 e、f、g、h(图 5－13b)。

(3) 连接各相应交点的 H 投影，得所求交线的 H 投影。交线的 V 投影与 Q^V 重合(图 5－13c)。

思考：如果直线是投影面垂直线，平面是一般面，它们的交点如何求出？试设计一个这样的图例。

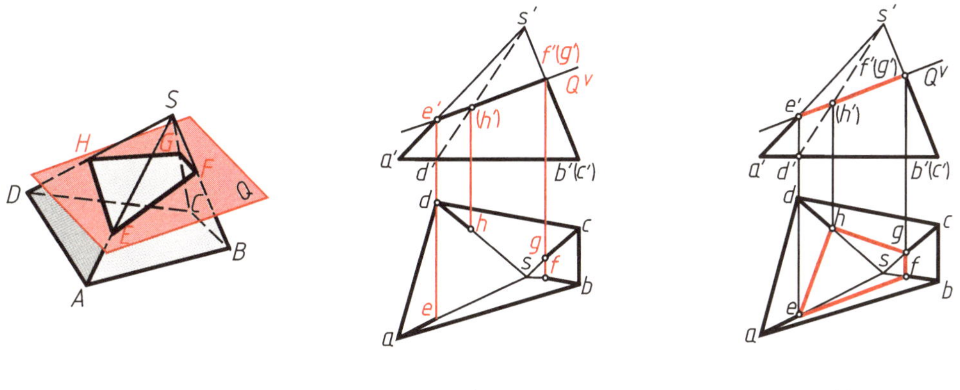

(a)　(b)　(c)

图 5－13　求平面与四棱锥的交线

二、一般面与投影面垂直面相交(Intersection of a general plane and a perpendicular plane)

三角形 *ABC* 与铅垂面 *P* 相交，它们的交线 *DE*，实际上是三角形的两边 *AC* 和 *AB* 与铅垂面 *P* 的交点 *D* 和 *E* 的连线(图 5－14a)。在投影图(图 5－14b)中，交线的水平投影 *de* 与 P^H 重合，求出 *D* 和 *E* 的 *V* 投影 *d*′、*e*′后，连 *d*′*e*′，即为交线的 *V* 投影。

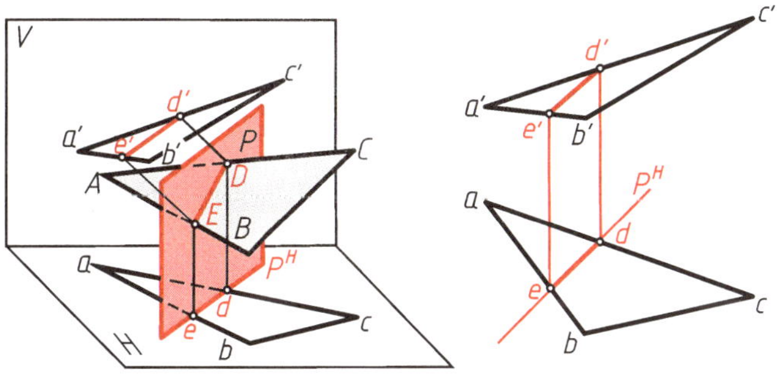

(a)　(b)

图 5－14　一般面与铅垂面相交

三、两投影面垂直面相交(Intersection of two perpendicular planes)

当垂直于同一投影面的两个投影面垂直面相交时，它们的交线是一根垂直于该投影面的垂直线。两投影面垂直面积聚投影的交点就是该交线的积聚投影(图 5－15a)。两铅垂面的交线是一根铅垂线(图 5－15b)，两正垂面的交线是一根正垂线(图 5－15c)，两侧垂面的交线是一根侧垂线(图 5－15d)。

思考：如果一个是铅垂面，一个是正垂面，它们的交线的投影将会怎样？试设计一个这样的图例。

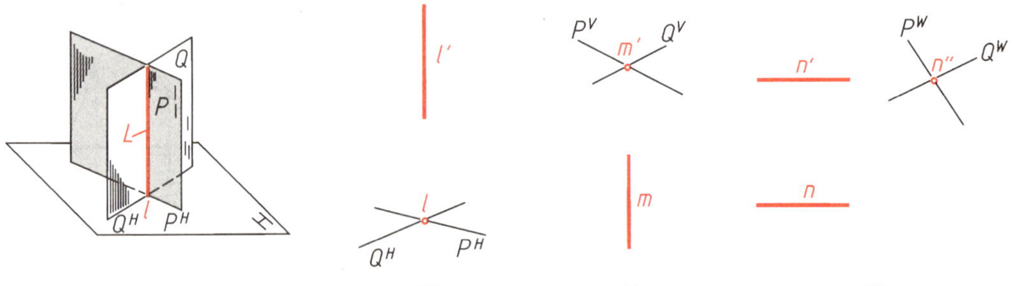

(a)　(b)　(c)　(d)

图 5-15　两投影面垂直面的交线

四、一般线与一般面相交(Intersection of a general line and a general plane)

一般线与一般面相交(图 5-16a)，可采用辅助投影法将一般面变换为投影面垂直面，利用该面的积聚投影求出它们的交点，再将这交点的投影反投射到原投影图中。

作图步骤如下：

(1) 作新投影面 $H_1 \perp \triangle ABC$，求出 $\triangle ABC$ 和 DE 在 H_1 上的投影 $a_1b_1c_1$ 和 d_1e_1(图 5-16b)。

(2) d_1e_1 与平面积聚投影 $a_1b_1c_1$ 的交点 k_1，是 DE 与 $\triangle ABC$ 的交点 K 在 H_1 面上的投影，反投射到 V 和 H 投影中，求得 k' 和 k(图 5-16c)。

(3) 利用重影点的特性，判别可见性。DE 在 $\triangle ABC$ 外的投影部分总是可见的，只需判断在 $\triangle ABC$ 范围内的可见性。从 $a'b'$ 与 $d'e'$ 的交点 *1* 向下引一竖直投影连线，连线先遇 de 后遇 ab，说明向 V 面投射时，AB 在点 *1* 处挡住 DE，因此在 V 投影中 $k'1$ 段不可见，应画成虚线。交点 K 的投影是可见与不可见的分界点，因而另一段 $k'd'$ 可见，应画实线。同理，从 bc 与 de 的交点 *2* 向上引竖直投影连线，连线先遇 $b'c'$ 后遇 $d'e'$，说明向 H 面投射时，DE 在点 *2* 处挡住 BC，因此在 H 投影中，$k2$ 段应画成实线，另一段被三角形挡住，应画成虚线(图 5-16c)。

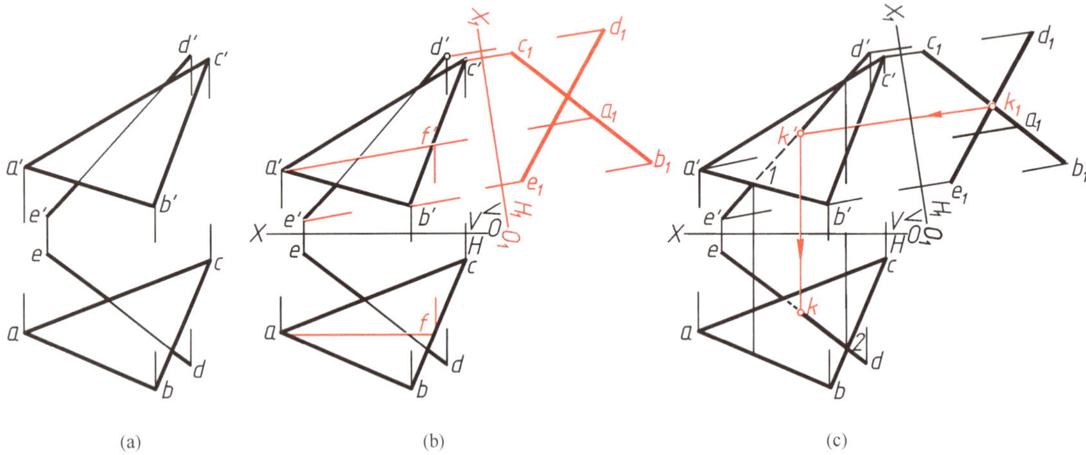

(a)　(b)　(c)

图 5-16　求直线与平面的交点

五、两一般面相交(Intersection of two general planes)

只要作出两一般面的两个公有点，连接起来，就是两平面的交线。如以平面图形来表示一平面，由于两一般面的位置各有不同，它们的交线将有不同的表现形式：有在两平面图形之外的(图 5－17a)，有全在一个平面轮廓之内的(图 5－17b)，也有互相穿插的(图 5－17c)。求交线的方法有辅助平面法和辅助投影法等。

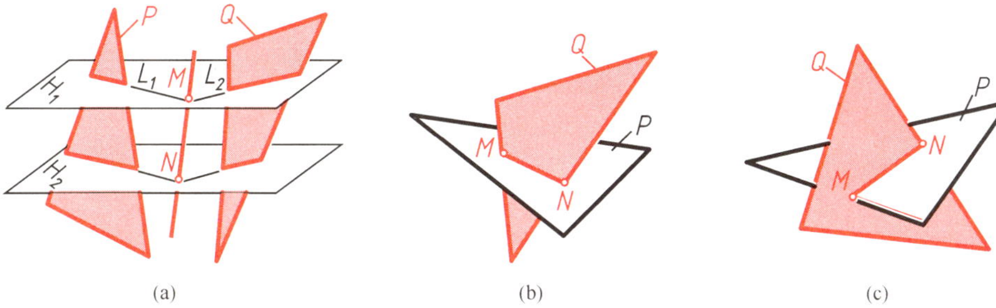

图 5－17　两一般面的交线

(一) 辅助平面法

图 5－17 中，用一辅助平面 H_1 截两已知平面 P 和 Q，分别截得两交线 L_1 和 L_2，它们的交点 M 就是两平面 P 和 Q 的一个公有点。再用另一平面 H_2 截 P 和 Q，可得另一公有点 N，连线 MN 即为所求的交线。

为方便作图，两辅助平面可选用两个平行的投影面平行面或投影面垂直面。

【例 5－6】　给出△ABC 和△DEF(图 5－18)，试作出两平面的交线。

解： 作图步骤如下：

(1) 作一正平面 P_1，截△ABC 和△DEF 于直线 Ⅰ—Ⅱ 和Ⅲ—Ⅳ。它们相交于点 $M(m, m')$。

(2) 再作一正平面 P_2，可得另一交点 $N(n, n')$。

(3) 连线 mn 和 $m'n'$，即为所求交线 MN 的两投影。

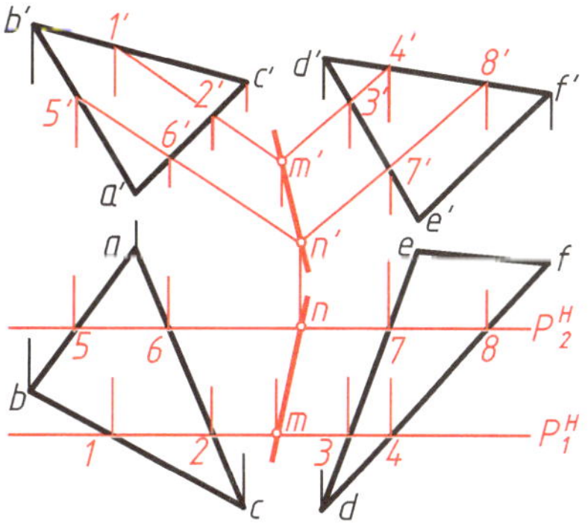

图 5－18　两平面相交(辅助平面法)

(二) 辅助投影法

设立一个辅助投影面，使其中一个一般面变换为该辅助投影面的垂直面，则两一般面的交线，可按上述求一般面与投影面垂直面交线的方法作出。

【例 5－7】　给出△ABC 和△DEF 的两投影(图5－19a)，试用辅助投影法求交线。

解： 作图步骤如下：

(1) 设立辅助投影面 $V_1 \perp$ △ABC，△ABC 在 V_1 面上的投影积聚为直线 $b_1'a_1'c_1'$(图 5－19a)。

(2) 作出△DEF 的辅助投影 $d_1'e_1'f_1'$。求出两平面交线的辅助投影 $m_1'n_1'$(图 5－19b)。

(3) 根据 $m_1'n_1'$，作出它们对应的 H 投影 mn 和 V 投影 $m'n'$。

(4) 判别可见性。两平面图形投影不重叠的部分总是可见的，只需判断投影重叠部分的可见性。先看 V 投影(图 5－19b)，若从 $b'c'$和 $e'f'$的交点 1 向下引竖直投影连线，先遇 ef 后遇 bc，说明向 V 面投射时，BC 挡住 EF，$m'1$ 段应画虚线。交线 MN 是△DEF 可见与不可见的分界线，因而 $e'm'$ 和 $d'n'$ 应画实线，$n'2$ 应画虚线。用同样的方法，可知在 H 投影上，dn 和 em 应画实线，而 $m3$ 和 $n4$ 则应画虚线，结果如图 5－19b 所示。

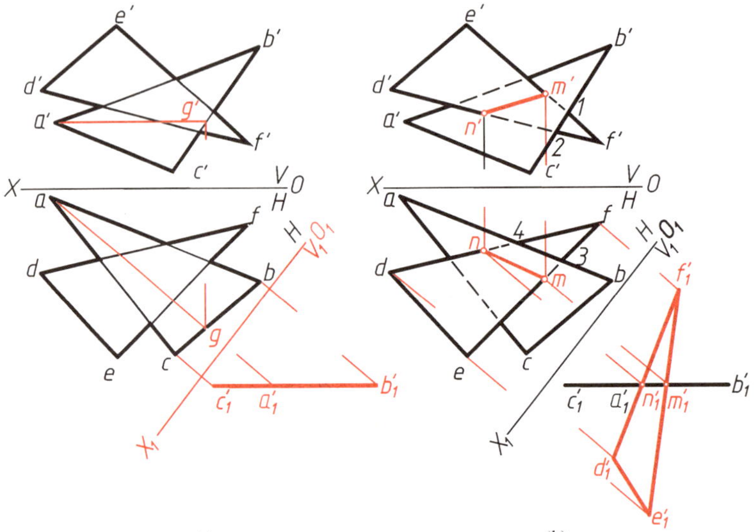

图 5－19　两平面相交（辅助投影法）

§5－4 换面法 Substitution Method

一、概述（Introduction）

在工程实践中，有时需要解决一系列有关点、线、面等几何元素之间的空间几何问题。例如在建造化工厂厂房时，需求两平行管道的距离或净空，即可抽象为求两平行线（管道的轴线）的距离问题（图 5－20a）。从第四章知道，当直线段和平面图形平行于投影面时，它们的投影反映实长和实形；而当它们垂直于投影面时，它们的投影具有积聚性。如果两平行轴线 AB 和 CD 都垂直于同一投影面，两个积聚投影的距离就是两管道轴线间的距离（图 5－20b）；如果两平行线都平行于同一投影面时，在该投影面上反映出公垂线 MN 与直线 AB 和 CD 的垂直关系（图 5－20c）；而如果两平行线都是一般位置线时，需通过一直线上的任意点 M 作另一直线的垂直面，与该直线相交于点 N，求出公垂线 MN 后，才能确定两平行线的距离 l，求解比较复杂（图 5－20d）。由此可知，在解决这类问题时，如果我们能利用某些方法，使原来对投影面处于一般位置的空间几何元素，变换为对投影面处于特殊位置或其他有利于解题的位置，例如使图 5－20d 的一般位置线变换为图 5－20c 的投影面平行线，甚至再变换为图 5－20b的投影面垂直线，解题就可以大大简化。

在第四章和本章前面已介绍过的辅助投影法，就是使空间元素保持不动，通过设置辅助投影面建立新的投影面体系，使空间元素在新投影面体系中处在有利于解题的位置，这种改变空

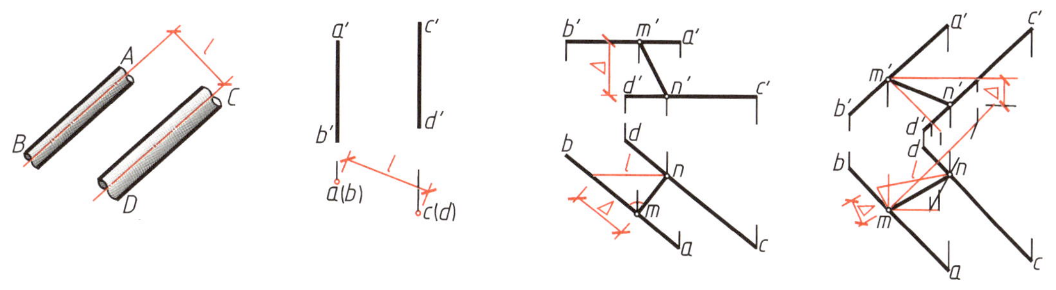

(a) 两平行管道　(b) 投影面垂直线　(c) 投影面平行线　(d) 一般位置线

图 5－20　两平行线的距离

间几何元素与投影面相对位置的方法，在这里我们称之为换面法（substitution method）。

前面已经介绍过如何设立辅助投影面。通过设置一个新投影面（简称一次换面）可以解决如下问题：

1. 把一般线变换为新投影面的平行线（图 5－21a），解决了求线段的实长和对另一投影面的倾角问题；

2. 把投影面平行线变换为新投影面的垂直线（图 5－21b），这时，它的新投影具有积聚性，可以解决一点到一投影面平行线的距离，和两根平行的投影面平行线的距离等问题。

3. 把一般面变换为新投影面的垂直面（图 5－21c），解决了平面对投影面的倾角大小、一点到一平面的距离、两平行平面间的距离、直线与一般面的交点和两平面交线等问题。

4. 把投影面垂直面变换为新投影面的平行面（图 5－21d），解决了求投影面垂直面的实形问题。

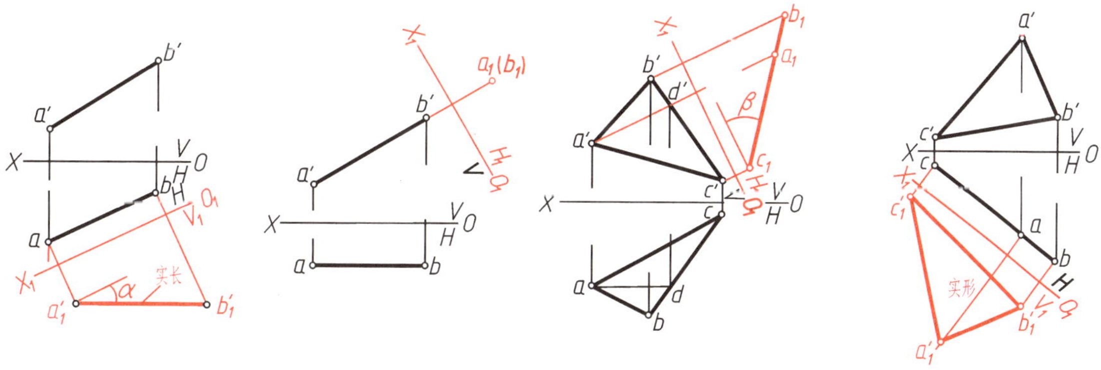

(a) 一般线变为投影面平行线　(b) 投影面平行线变为投影面垂直线　(c) 一般面变为投影面垂直面　(d) 投影面垂直面变为投影面平行面

图 5－21　一次换面法

总结上述一次换面的经验可知，在设立新投影面时，必须注意：

1. 新投影面必须设立在能使空间几何元素处在有利于解题的位置。新投影面设立得正确与否，对于解题是否简捷，甚至解题是否可能，都是个关键问题。

2. 新投影面必须垂直于原有投影面体系中的一个投影面，才能使新投影面和与它垂直的那个原投影面组成一个新投影面体系，应用投影规律作出空间几何元素的新投影。

有一些空间几何问题，只变换一次投影面还未能解决，为此可继续设立第二个、第三个以至更多的辅助投影面。

为求图 5－20d 所示两平行线的距离，如能设置一平面 Q 垂直于平行线 AB 和 CD（图 5－22），解题就比较简单了。此时公垂线 MN 必平行于 Q，AB 和 CD 在平面 Q 上分别积聚为一点 $a_2(b_2)$ 和 $c_2(d_2)$，它们之间的距离即为两平行线的距离 l。

但是，AB 是 $H—V$ 体系的一般线，垂直于 AB 的平面 Q，在 $H—V$ 体系中也必然是一般面，倾斜于原有各基本投影面（图 5－23），不可能在 $H—V$ 体系中直接作为新的辅助投影面，建立新投影面体系。为此，可先设置辅助投影面 V_1，使它既平行于直线 AB，又垂直于原来的一个投影面 H，建立起 $H—V_1$ 投影面体系（图 5－24）。平面 Q 垂直于 AB，必然也垂直于平行 AB 的 V_1，这样一来，平面 Q 便可在 $H—V_1$ 投影面体系中作为新的辅助投影面 H_2，建立起 $V_1—H_2$ 新投影面体系。因此，一般线 AB 要变换为投影面垂直线，须经过二次换面：先从 $H—V$ 体系变换成 $H—V_1$ 体系，使直线 AB 变为新投影面 V_1 的平行线。再从 $H—V_1$ 体系变换成 $V_1—H_2$ 体系，使直线 AB 从 V_1 面的平行线变为新投影面 H_2 的垂直线（图 5－24）。

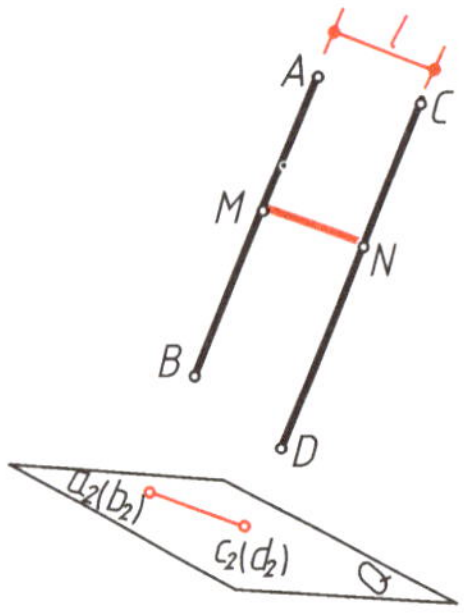

图 5－22 两平行线的距离

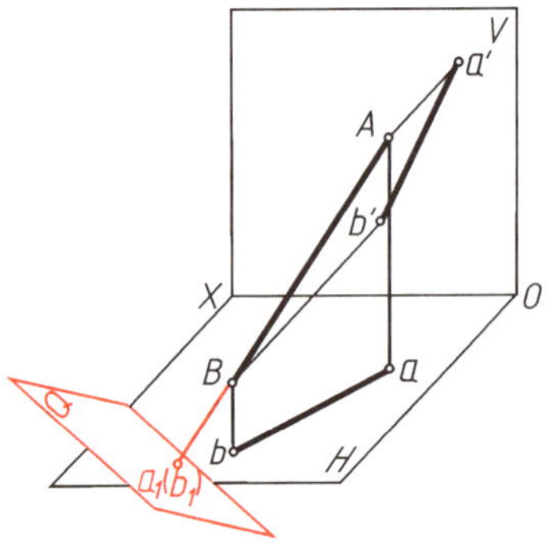

图 5－23 设立 $Q\perp AB$

进行两次换面时，亦可先设立 H_1 面垂直于 V 面，建立 $V—H_1$ 体系，然后再设立 V_2 面垂直于 H_1 面，建立 $H_1—V_2$ 体系。

要把一般面变换为新投影面的平行面，同样要经过二次换面才能完成。如图 5－25 所示，第一次换面先使一般面变换为新投影面 V_1 的垂直面，第二次换面再使投影面垂直面变换为另一新投影面 H_2 的平行面。

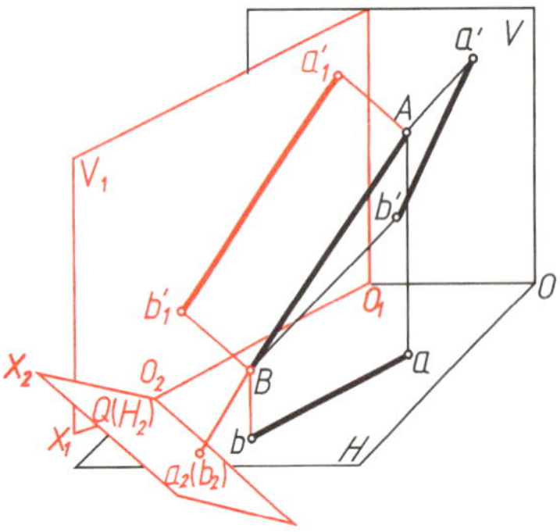

图 5－24 加设辅助投影面 V_1

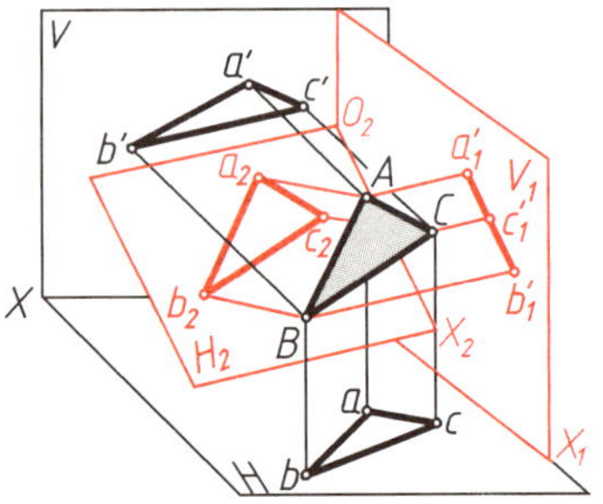

图 5－25 变一般面为平行面

所谓二次换面，实质上就是进行两次“一次换面”。现以处于 H—V 投影面体系中的点 A（图 5-26）为例，说明二次换面的作图方法。根据需要，先设立第一个辅助投影面 V_1，建立 H—V_1 体系，点 A 在 V_1 上的新投影为 a_1'（图 5-26a）。在投影图中，新投影轴 O_1X_1 就是 V_1 在 H 面上的积聚投影。连线 $a_1'a \perp O_1X_1$，而且 $a_1'a_{X_1}=a'a_X$（图 5-26b）。第二次换面时，是在 H—V_1 体系中，设立第二个辅助投影面 $H_2 \perp V_1$，建立 V_1—H_2 新体系，点 A 在 H_2 上的新投影为 a_2（图5-26c）。必须指出，第二次换面只是从 V_1—H 体系变换为 V_1—H_2 体系，并不涉及上一次换面时已被“换”去了的投影面 V。在投影图中，新投影轴 O_2X_2 就是 H_2 在 V_1 面上的积聚投影。连线 $a_2a_1' \perp O_2X_2$，而且 $a_2a_{X_2}=aa_{X_1}$（图 5-26d）。连续进行两次换面时，点 A 新投影的作法如图 5-26e、f 所示。

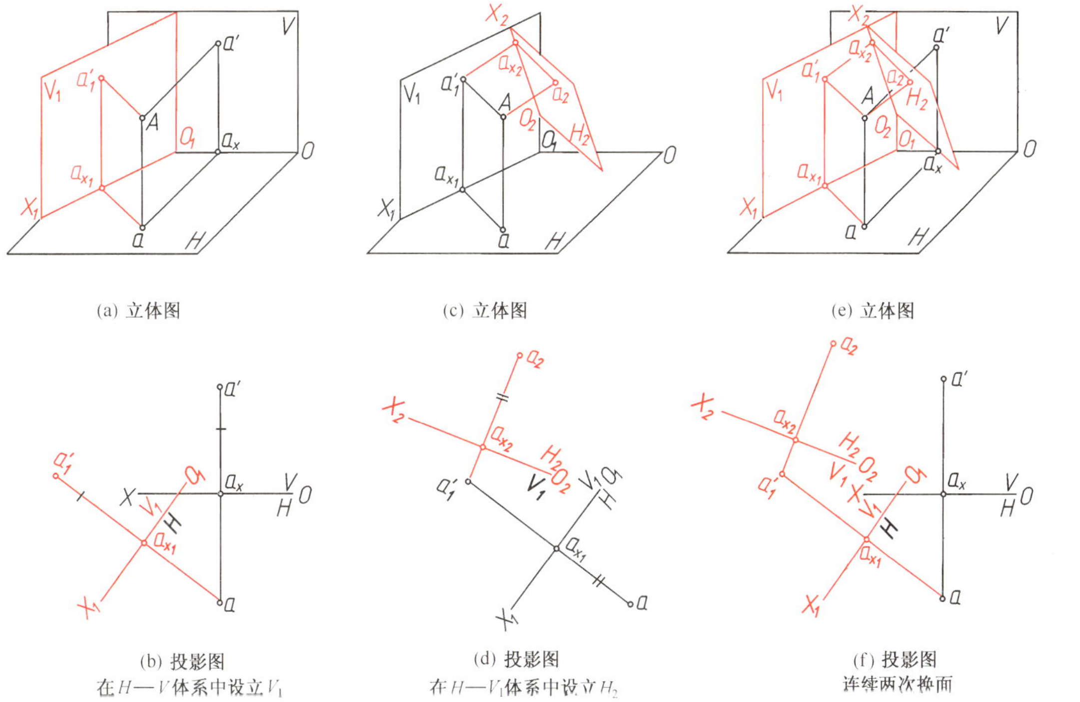

(a) 立体图　(c) 立体图　(e) 立体图

(b) 投影图 在 H—V 体系中设立 V_1　(d) 投影图 在 H—V_1 体系中设立 H_2　(f) 投影图 连续两次换面

图 5-26　二次换面法

从上可见，每次换面时，一点的新投影到新轴的距离，等于该点被“换”去的投影到被“换”去的轴的距离。

掌握了两次换面的方法后，两平行线的距离就不难求出。具体作法如图 5-27 所示。

二、例题(Examples)

【例 5-8】 试求图 5-28a 所示出料漏斗两相邻斗壁的夹角 θ。

解：（一）空间分析

两平面的夹角称为二面角(dihedral angle)，以它的平面角来度量。如图 5-28b 所示，垂直于二面角棱边 AB 的正截面 P，与两平面的交线(CD 和 CE)的夹角 $\angle DCE$，就是该二面角的平面角。施工时可根据这一平面角的大小，作出检验质量用的样卡。当二面角的棱边垂直于一

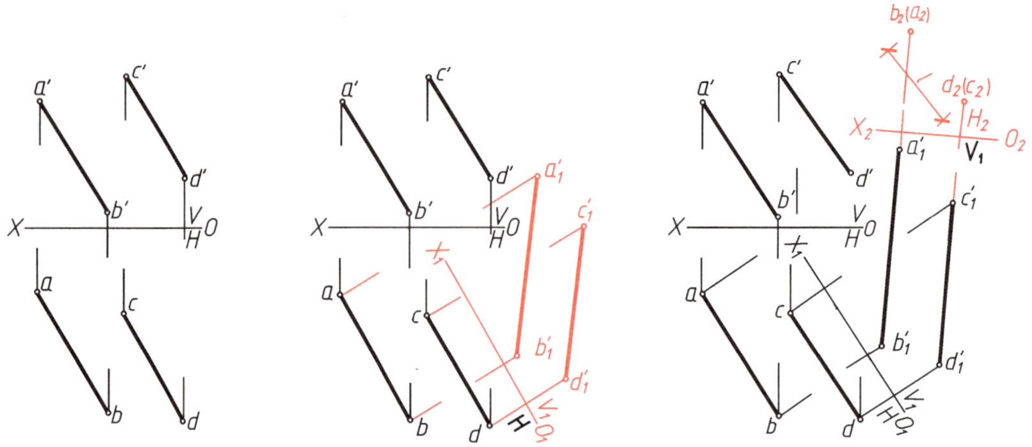

(a) 已知条件　　　(b) 第一次换面　　　(c) 第二次换面

图 5－27　求两平行线的距离

个投影面(例如 V_2)时，正截面 P 平行于 V_2，此时侧棱 AB 在 V_2 上积聚为一点，而组成二面角的两平面，分别积聚为直线。该两积聚投影的夹角 θ 反映二面角的大小(图 5－28b)。

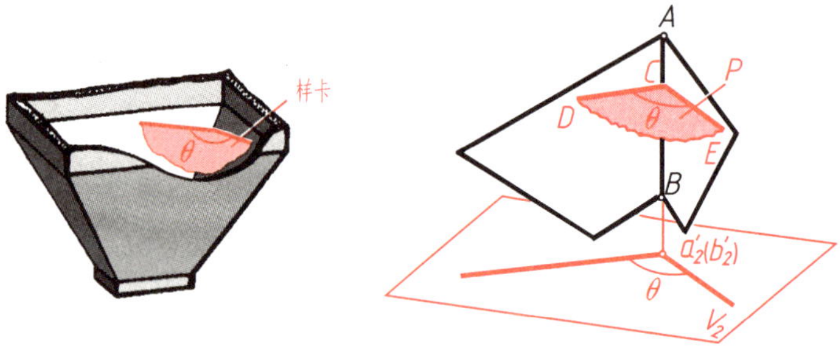

(a) 立体图　　　(b) 二面角的投影

图 5－28　出料漏斗

(二) 作图步骤

(1) 画出出料漏斗的投影图(图 5－29a)。从图中可知，两相邻斗壁的棱边 AB 是一般线，需变换成投影面垂直线。先设立辅助投影面 $H_1 /\!/ AB$，求出棱边 AB 和两相邻斗壁 $ABCD$、$ABEF$ 在 H_1 上的新投影 $a_1b_1c_1d_1$ 和 $a_1b_1e_1f_1$(图 5－29b)。其余斗壁的新投影无须画出。

(2) 设立第二辅助投影面 $V_2 \perp AB$，求出棱边 AB 和两斗壁在 V_2 上的积聚投影。两斗壁积聚投影的夹角 θ，就是所求两斗壁夹角的大小(图 5－29c)。

【例 5－9】　试求某炼油厂的球罐 A 到输油管 BC 的最短净距离(图 5－30)。

解：(一) 空间分析

为简化起见，可先用球心 A 和轴线 BC 的投影代替球罐和输油管的投影进行作图，求出点 A 到直线 BC 的距离 AK，然后减去球罐的半径和输油管的半径即为所求净距离。

从图 5－30 可知，轴线 BC 是一般线。可经过二次换面，使直线 BC 成为辅助投影面 H_2 的垂直线，垂线(距离)AK 则平行于 H_2。点 A 的新投影 a_2 到 BC 的新积聚投影 $(b_2)c_2$ 的距离，反

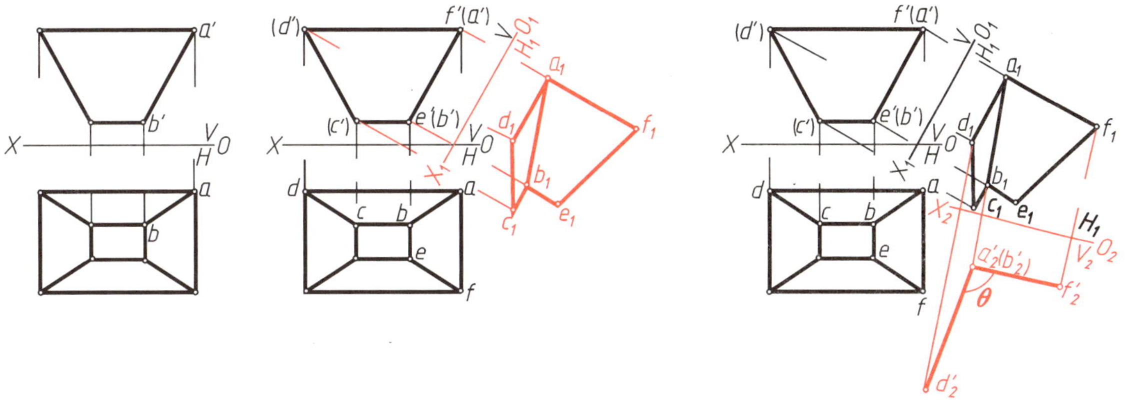

(a) 已知条件　　(b) 第一次换面　　(c) 第二次换面

图 5－29　求两相邻斗壁的夹角

映垂线 AK 的实长(图 5－31)。

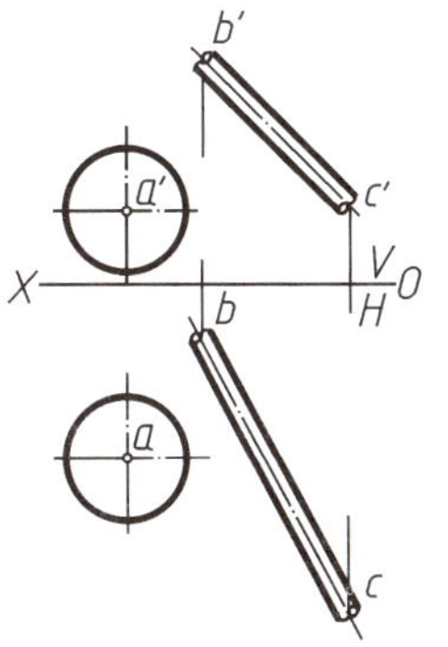

图 5－30　球罐与输油管

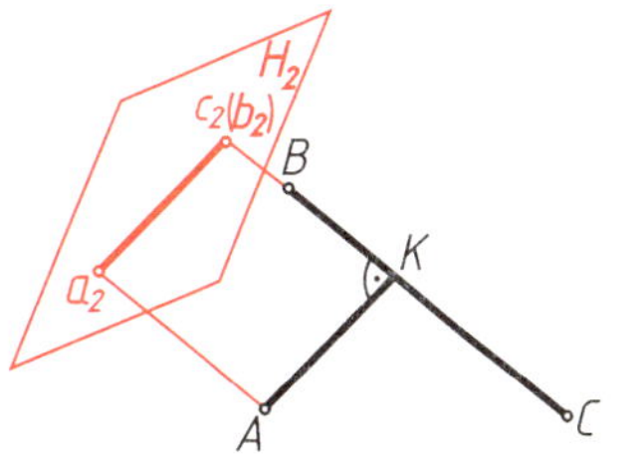

图 5－31　求距离 AK 的方法——作辅助投影面 $H_2 \perp BC$

（二）作图步骤

(1) 作出球心 A 和轴线 BC 的投影图。

(2) 设立辅助投影面 $V_1 /\!/ BC$，作出点 A 和直线 BC 在 V_1 上的新投影 a_1' 和 $b_1'c_1'$(图5－32a)。

(3) 设立第二辅助投影面 $H_2 \perp BC$，作出点 A 和直线 BC 在 H_2 上的新投影 a_2 和$(b_2)c_2$。点 a_2 到积聚投影$(b_2)c_2$ 的直线长度，就是球心到输油管轴线的距离(图 5－32b)。

(4) 以 a_2 为球心，根据球径作出球罐的 H_2 投影。又以$(b_2)c_2$ 为圆心，根据管径画出输油管的 H_2 投影。两圆的净距离 l 就是球罐到输油管的最短净距离(图 5－32c)。

有关点和直线的距离、两平行线的距离等空间几何问题，只要这些几何元素是共面的，还可通过换面法使新的投影面平行于它们所在的平面，然后在反映该平面实形的新投影中，进行直接作图求解。如例 5－9 的点 A 和直线 BC，确定一个平面(A,BC)，作出平面的实形后，即可确定所求净距离 l。具体作图如图 5－33 所示。

【例 5－10】　水利工程中水电站引水管常采用空间双向弯管，管轴的正面投影和水平投影分别为半径 R_1 和 R_2 的圆弧(图 5－34)。工程中为了方便制作和安装，将弧形管轴用若干段空

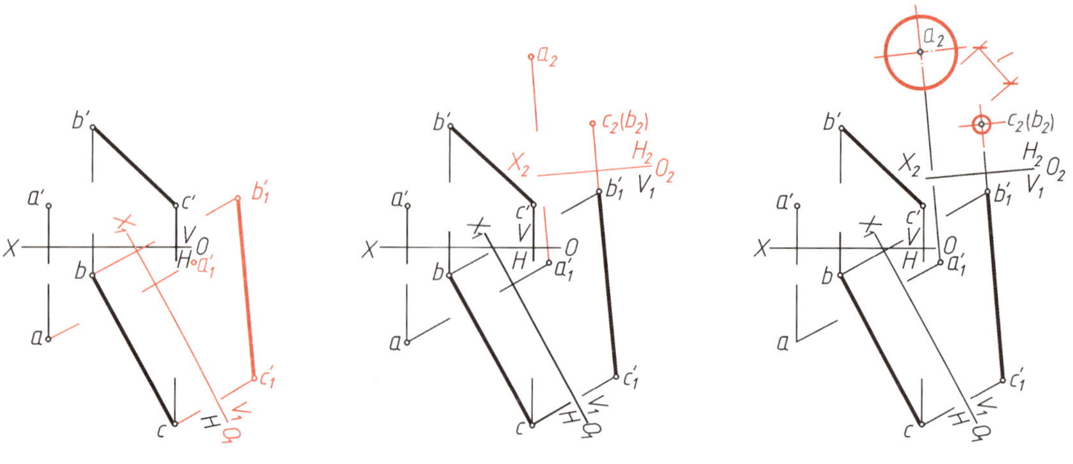

(a) 变BC为V_1平行线　　(b) 变BC为H_2垂直线　　(c) 作净距离l

图 5－32　求油罐到油管的最短净距离

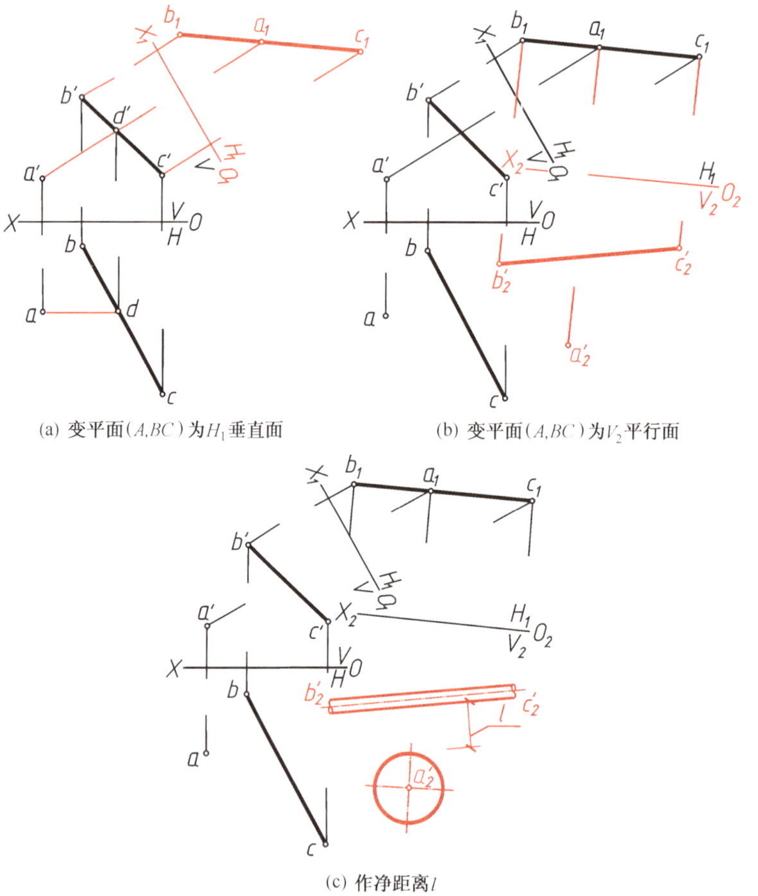

(a) 变平面(A,BC)为H_1垂直面　　(b) 变平面(A,BC)为V_2平行面

(c) 作净距离l

图 5－33　求油罐到油管的最短净距离的另一种方法

间折线代替，例如简化为空间折线 ABC，试求空间转角 $\angle ABC$ 的大小。

解：（一）空间分析

引水管的轴线 AB 和 BC 是共面的两相交直线，只要通过二次换面，使 AB 和 BC 组成的平面 ABC 平行于辅助投影面，即可求得 $\angle ABC$ 的大小。

（二）作图步骤

（1）按比例画出引水管的轴线图。从图中可知 AB 是正平线，可设立辅助投影面 $H_1 \perp AB$，求出平面 ABC 在 H_1 上的积聚投影 $a_1(b_1)c_1$（图 5-35a）。

（2）设立第二辅助投影面 $V_2 /\!/ ABC$，作出 ABC 在 V_2 上的投影 $a_2'b_2'c_2'$，$\angle a_2'b_2'c_2'$ 即反映所求转角 $\angle ABC$ 的大小（图 5-35b）。

【例 5-11】 某炼油厂有交叉两输油管 AB 和 CD，现需在两油管之间接上一根连通管，试求连通管的最短长度和连接点位置（图 5-36a）。

解：（一）空间分析

两输油管可看做是两交叉直线。连接两交叉直线的线段，只有它们的公垂线最短。要作出此公垂线，并求出其实长，可利用变换投影面的方法，使其中一根直线

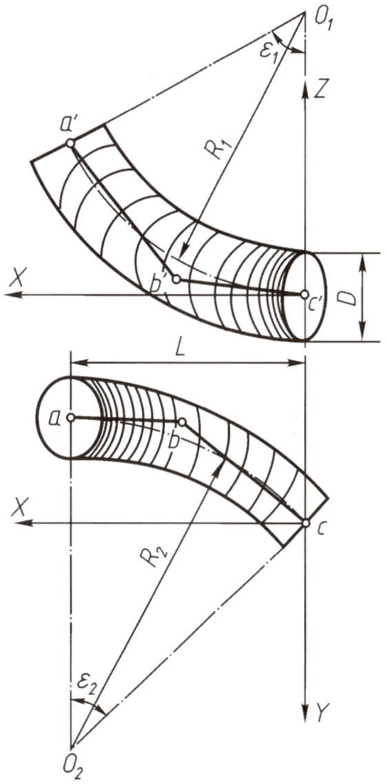

图 5-34 水电站的引水管

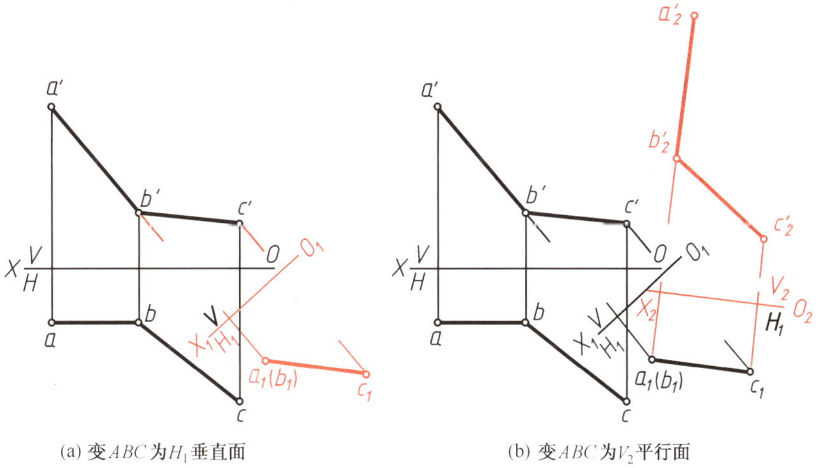

(a) 变 ABC 为 H_1 垂直面 (b) 变 ABC 为 V_2 平行面

图 5-35 求 $\angle ABC$ 的大小

（AB）成为新投影面 H_2 的垂直线。此时，公垂线 KL 必平行于新投影面 H_2，它的新投影 k_2l_2 反映实长（图 5-36b）。KL 是新投影面 H_2 的平行线，KL 与 CD 的垂直关系，在 H_2 投影中得到反映，即 $k_2l_2 \perp c_2d_2$。求出公垂线 KL 的实长后，可根据两输油管的管径，确定连通管的实际长度。

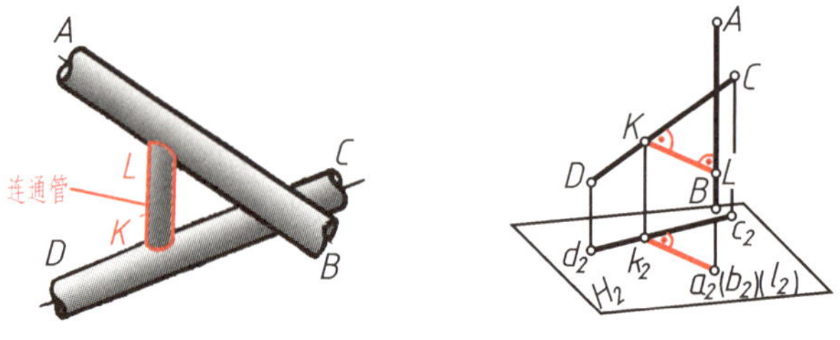

(a) 油管立体图　　(b) 空间分析

图 5－36　交叉输油管及其公垂线

（二）作图步骤

(1) 已知两交叉油管轴线 AB 和 CD 的两面投影。设立 $V_1 /\!/ AB$，作出 AB 和 CD 在 V_1 上的新投影 $a_1'b_1'$ 和 $c_1'd_1'$（图 5－37a）。

(2) 设立 $H_2 \perp AB$，作出 AB 和 CD 在 H_2 上的新投影 $a_2(b_2)$ 和 c_2d_2（图 5－37b）。

(3) 过 $a_2(b_2)$ 作 $k_2l_2 \perp c_2d_2$，其中 l_2 落在 AB 的积聚投影 $a_2(b_2)$ 上。k_2l_2 反映连通管轴线的实长（图 5－37c）。

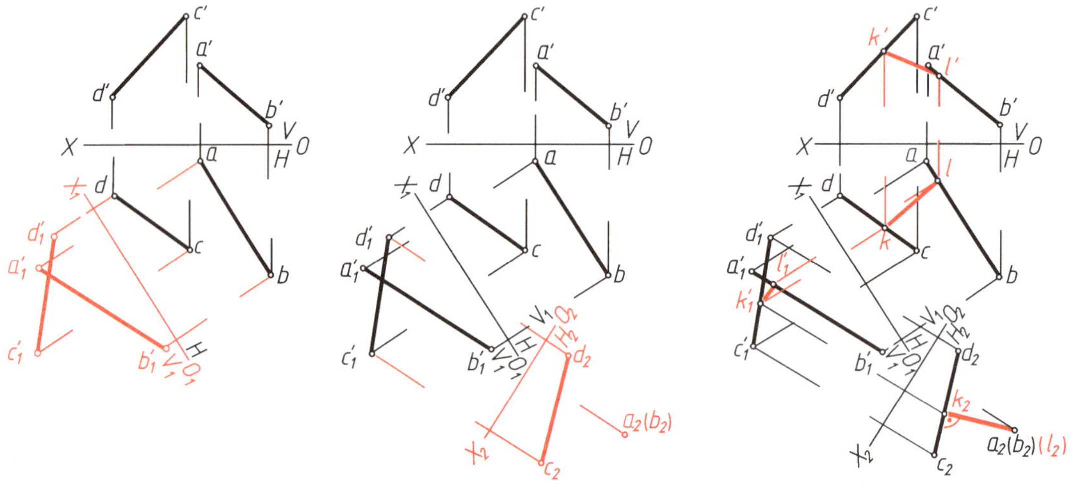

(a) 变 AB 为 V_1 平行线　　(b) 变 AB 为 H_2 垂直线　　(c) 作公垂线和垂足

图 5－37　求交叉二直线的公垂线和垂足

(4) 求连接点 K 和 L 在原投影图中的位置。由于点 K 是 CD 上的一个点，根据 k_2 可反投射求得 k_1'（在 $c_1'd_1'$ 上）、k（在 cd 上）和 k'（在 $c'd'$ 上）。由于 $KL /\!/ H_2$，因此 $k_1'l_1' /\!/ O_2X_2$，得 l_1'（在 $a_1'b_1'$ 上），随后求出 l 和 l'（图 5－37c）。

从上述各例可以看出，空间几何问题有繁有简，每一问题都可能有几种解题方案。只要学习时能多动脑筋，掌握基本投影原理和基本作图方法，坚持先进行空间分析，比较和确定方案，定出解题步骤，然后动手作图，即可迎刃而解。

本章学习指引
Reading Guide

1. 学习本章时，应注意几何学中有关直线与平面、平面与平面相对关系的几何条件是什么？根据这些条件如何运用投影原理画出投影图。

2. 熟练掌握过一点作一直线平行于一已知平面，和过一点或一直线作一平面平行于一已知平面的方法。

3. 掌握通过作平面的垂直线的方法，用来求解一点到一平面的距离以及两平行平面的距离等问题。

4. 以直线与投影面垂直面相交为基础，解决一般面与投影面垂直面、一般线与一般面以及两一般面相交等问题。

5. 换面法是解决空间几何问题的一种十分有效的方法，必须牢记新投影面设立的规定，熟练掌握二次换面的作图方法，多动脑筋，坚持先空间分析，再作图解决，各种问题必将迎刃而解。

复习思考题
Review Questions

1. 直线与平面平行有什么条件？两平面平行又有什么条件？

2. 直线与一般面垂直有什么条件？求解时通常作出一般面的哪两根线？

3. 两平面相互垂直有什么条件？如何把一般面变换为投影面垂直面？

4. 如何求解一般线与一般面的交点？

5. 求解两一般面的交线有哪两种方法？

6. 换面法与第四章介绍的旋转法在概念和作图上有什么异同？

7. 设立新投影面必须注意的两个问题是什么？为什么？

8. 把一般线变换为投影面垂直线和把一般面变换为投影面平行面，为什么需要进行两次换面？在变换过程中，一点的新投影如何求得？

第六章 曲线和曲面

CHAPTER 6 CURVES AND CURVED SURFACES

§6－1 曲线 Curve

在建筑实践中，会遇到各种各样由曲面或曲面与平面围成的曲面体。图 6－1 所示的上海南汇嘴观海公园标志性雕塑“司南”，由不锈钢管构成的各种曲线和曲面组成。作为世界上最早的指南针，“司南”在这里寓意着发现、交流和开放。正立面犹如一座银山，象征着庄严和财富；侧立面则犹如一头巨鲸。

图 6－1 上海南汇嘴观海公园标志性雕塑“司南”

本章主要研究建筑上各种常用曲线和曲面的形成、投影特性以及它们的图示方法。

一、曲线的投影特性(Characteristics of curve projections)

曲线由点运动而形成，分为平面曲线和空间曲线两大类。凡曲线上所有点都在同一平面上的，称为平面曲线(plane curve)。凡曲线上四个连续的点不在同一平面上的，称为空间曲线(space curve)。本章将研究由点按一定规律运动而形成且在建筑形体中最常见的几种曲线，如平面曲线的圆(circle)、椭圆(ellipse)、抛物线(parabola)和双曲线(hyperbola)等圆锥曲线①(conic)和空间曲线中的圆柱螺旋线(cylindrical helix)。通常，只要画出曲线上一系列点的投影，并将各投影依次圆滑地连接起来，即得曲线的投影。如果我们能掌握曲线的投影特性和所画曲线的形成规律、特点，必将更迅速、更准确地画出曲线的投影。

1. 曲线的割线和切线

与曲线相交于两个点的直线，称为曲线的割线(secant)。如图 6－2 所示，割线 *CD* 与曲线 *AB* 相交于 *K*、*G* 两点。进行投射时，割线的投影 *cd* 必与曲线的投影 *ab* 交于 *K*、*G* 两点的投影 *k* 和 *g*。当割线 *CD* 绕其中一交点 *K* 转动并始终与曲线 *AB* 接触时，另一交点 *G* 便沿着曲线经 G_1 逐渐接近点 *K*，最后与点 *K* 重合。此时割线 *CD* 变为切线(tangent)*EF*，与曲线 *AB* 相切于点 *K*。它们的投影也从割线 *cd* 变为切线 *ef*，与 *ab* 相切于点 *k*。

2. 曲线的交点和重影点

曲线本身、或曲线与直线、或两曲线在某一点处相交，其投影也在该交点的投影处相交。但曲线投影上的交点，也可能是空间曲线上两个重影点的重合投影，如图 6－2 中，点 *L* 和点 *M* 的投影 *l* 和 *m* 重合。

曲线的投影一般仍然是曲线。只有当平面曲线所在的平面垂直于投影面时，它在该投影面上的投影才成为一直线，如图 6－3a 所示，平面曲线段 *AB* 的 *H* 投影成一直线段。如果平面曲

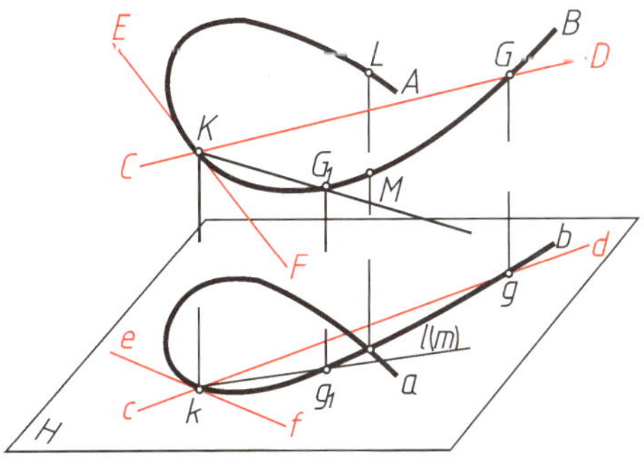

图 6－2　曲线的割线，切线及重影点

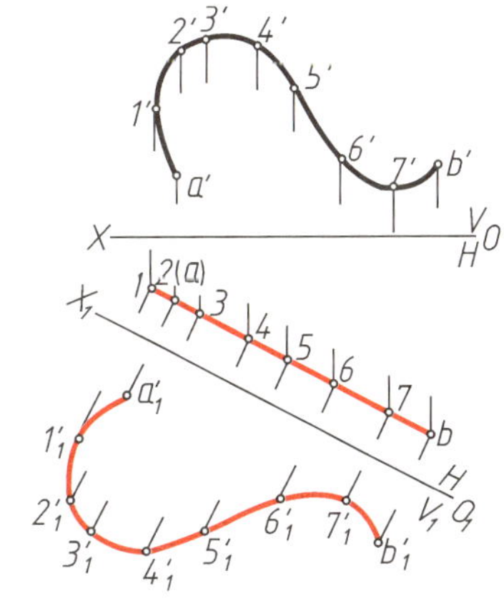

(a) 平面曲线的投影

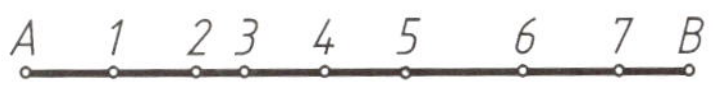

(b) 求实长

图 6－3　平面曲线的投影及实长

① 圆锥曲线的产生及其画法参看本书 §7－2

线所在平面平行于投影面时，它在该投影面上的投影（如图 6－3a 中曲线的 V_1 投影）反映实形。

3. 曲线段的实长

求平面曲线段的实长，可把它“拉直”成一直线段。先求出平面曲线的实形，并把它分成若干小段，然后以每一小段的弦长代替弧长，依次画在一直线上，便得曲线段的近似“实长”，如图6－3b所示。分段时力求每段的弦与其所代替的弧接近，以减少误差。

二、圆的投影（Projection of a circle）

圆的投影分三种情况：当圆所在平面平行于投影面时，在该投影面上的投影反映实形，是一同样大小的圆；当圆所在平面垂直于投影面时，它的投影成一直线段，长度等于圆的直径，如图6－4中的 W 投影；当圆所在平面倾斜于投影面时，它的投影成一椭圆，如图 6－4 中的 H 投影。

设圆所在平面 P 是一侧垂面，对 H 面的倾角为 α（图 6－4）。圆的直径长 $2R$，直径 AB 垂直于 W 面，它的 H 投影 ab 反映直径实长，即 $ab=AB=2R$，是椭圆的最长一根直径——长轴（major axis）。直径 $CD\perp AB$ 且平行于 W 面，它的 H 投影 $cd\perp ab$，是椭圆的最短一根直径——短轴（minor axis），且 $cd=2R\cdot\cos\alpha$。掌握了椭圆投影的长、短轴方向和长度，对画图十分方便。

【例 6－1】 已知正垂面 P 对 H 面的倾角 $\alpha=45°$，其上有一半径为 R 的圆，圆心的两投影为 o 和 o'，求作该圆的两投影（图 6－5）。

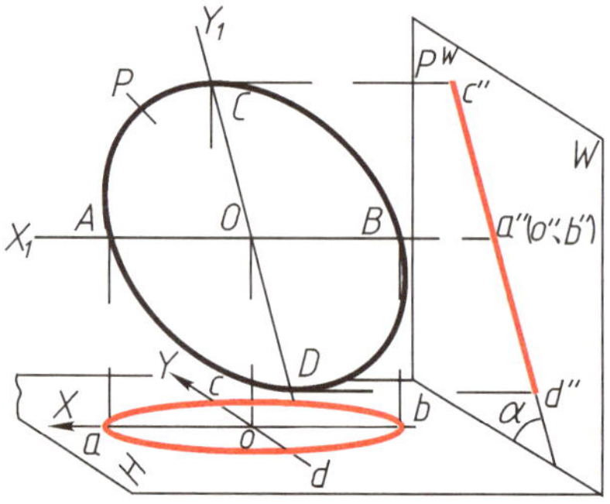

图 6－4 圆的投影

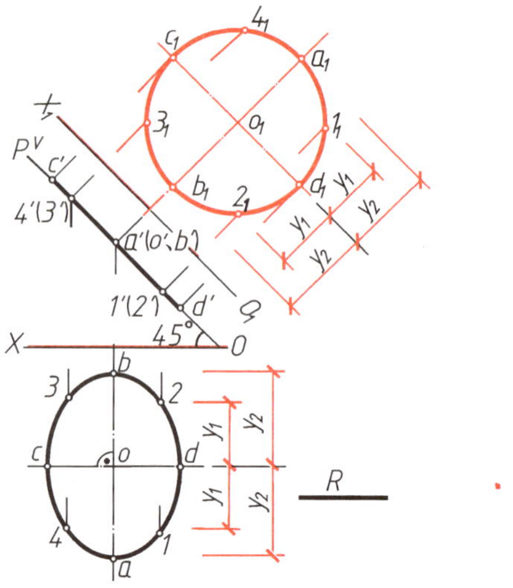

图 6－5 作圆的两投影

解：（1）位于正垂面上的圆，它的 V 投影是一直线段，长度等于 $2R$。可过点 o' 作 P^V，使 $\alpha=45°$，并截取 $c'o'=o'd'=R$。

（2）圆的 H 投影是一椭圆，长轴是正垂线 AB 的 H 投影 ab，长度为 $2R$；短轴是正平线 CD 的 H 投影 cd，其长度作图求出。

（3）作出长、短轴后，利用辅助投影画出圆的实形，求出圆上对称点Ⅰ、Ⅱ、Ⅲ、Ⅳ等的 H 投影 1、2、3、4，然后连成椭圆，如图 6－5 所示。

三、圆柱螺旋线(Cylindrical helix)

当一个动点 M 沿着一直线等速移动，而该直线同时绕与它平行的一轴线 O 等速旋转，动点的轨迹是一根圆柱螺旋线(图 6-6)。直线旋转时形成一个圆柱面，圆柱螺旋线是该圆柱面上的一根空间曲线。当直线旋转一周，回到原来位置时，动点 M 移到位置 M_1，在该直线上移动的距离 MM_1，称为螺旋线的导程(lead)，以 Ph 标记。只要给出圆柱的直径 ϕ、螺旋线的导程 Ph 以及动点移动的方向，就能确定该圆柱螺旋线的形状。

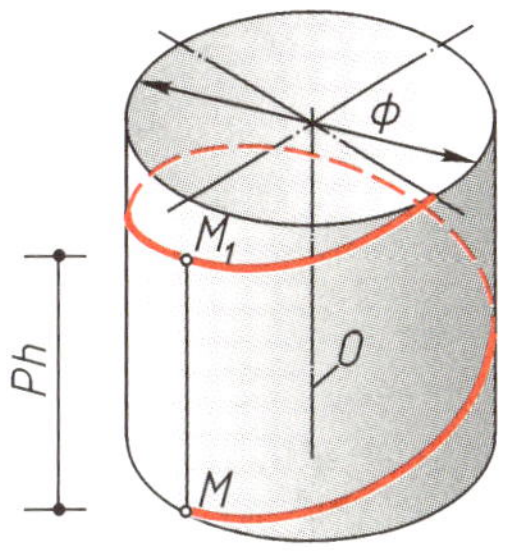

图 6-6　圆柱螺旋线

画圆柱螺旋线投影图的步骤如下：

1. 设圆柱轴线垂直于 H 面，根据圆柱的直径 ϕ 和导程 Ph，作出圆柱的两投影(图 6-7a)。

2. 把圆柱面的 H 投影(圆周)等分为若干等份(例如十二等份)，把导程 Ph 也等分为相同等份，分别顺序标出各等分点的名称 0、1、2…11、12(图 6-7b)。

3. 从圆周 H 投影上各等分点引连线到 V 投影，与导程相应等分点所引的水平线相交，得螺旋线上各点的 V 投影 $0'$、$1'$、$2'$…$11'$、$12'$。将这些点用圆滑曲线连接起来，即是螺旋线的 V 投影。这是一根正弦曲线(sine curve)。圆柱后面部分的一段螺旋线为不可见，用虚线画出。圆柱螺旋线的水平投影落在圆周上(图6-7c)。

4. 如图 6-7c 所示的螺旋线，动点在圆柱面的前面从左向右移动而上升，称为右螺旋线(right-handed helix)；如果动点在圆柱面的前面从右向左移动而上升，则称为左螺旋线(left-handed helix)(图 6-7d)。

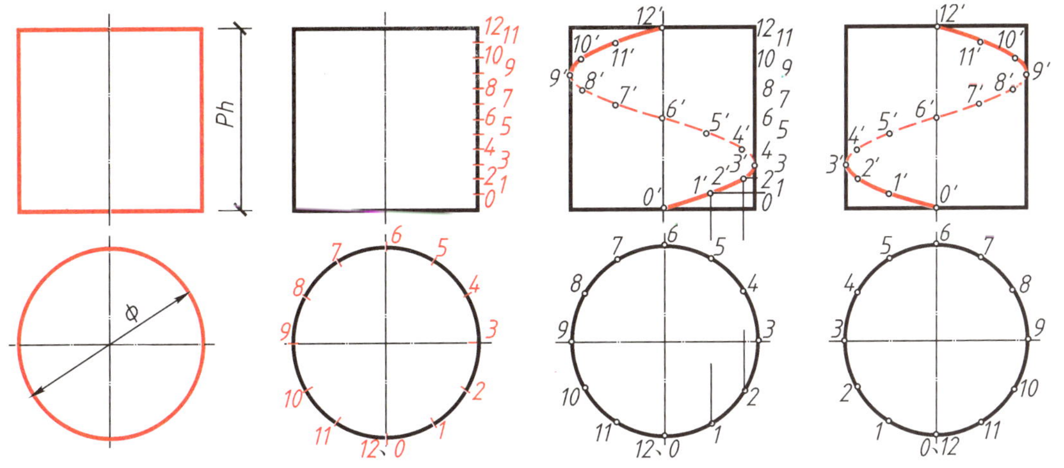

(a) 画出圆柱和导程　(b) 等分圆周和导程为相同等份　(c) 右螺旋线的投影图　(d) 左螺旋线的投影图

图 6-7　圆柱螺旋线的画法

圆柱螺旋线上每一点的切线，对圆柱正截面的倾角 α 都相等。这一角度称为螺旋线的升角(helix angle)。螺旋线展开时成为一直线，它是以圆柱正截面圆周长 $2\pi R$ 为底边，导程 Ph 为高所作的直角三角形的斜边，如图 6-8 所示。由于螺旋线展开后成一直线，因此它是圆柱面上不在同一素线的两点之间的最短路程线。

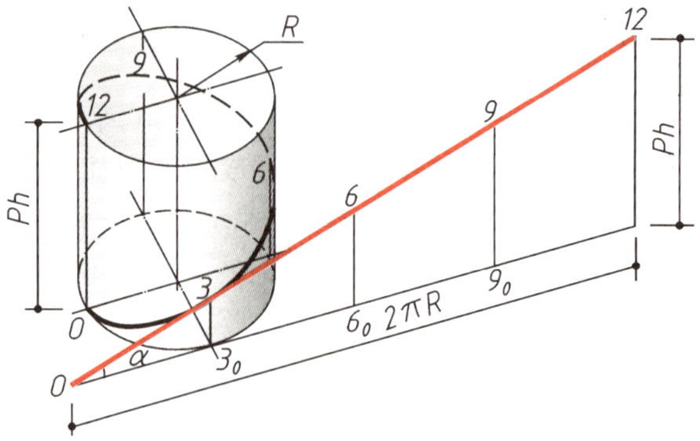

图 6－8 圆柱螺旋线的展开

§6－2 曲面的形成 Formation of Curved Surfaces

曲面是由直线或曲线在一定约束条件下运动而形成。这根运动的直线或曲线，称为曲面的母线(generatrix)。母线运动时所受的约束(constraint)，称为运动的约束条件(constrained condition)。

如图 6－9a 所示，圆柱面的母线是直线 *AB*，运动的约束条件是直母线 *AB* 绕与它平行的轴线 *O* 旋转。也就是说，圆柱面是由直母线 *AB* 绕与它平行的轴线 *O* 旋转而形成。图 6－9b 所示的圆锥面是由直母线 *SA* 绕与它相交于点 *S* 的轴线 *O* 旋转而形成。图 6－9c 所示的球面是由圆母线 *M* 绕通过圆心 O_1 的轴线 *O* 旋转而形成。由此可见，由于母线的不同，或者约束条件的不同，形成不同的曲面。只要给出曲面的母线和母线运动的约束条件，就可以确定该曲面。

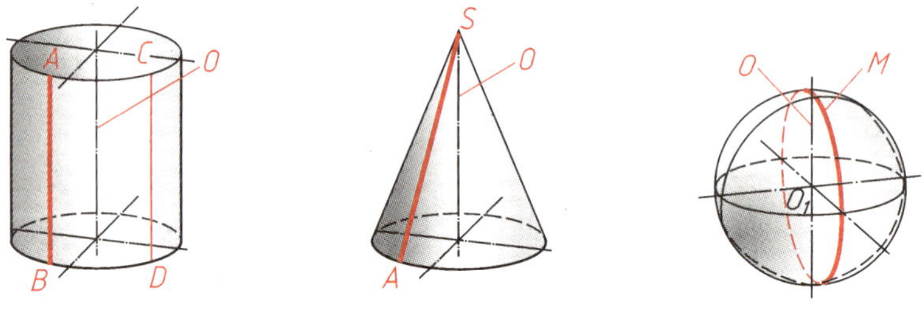

(a) 圆柱 (b) 圆锥 (c) 球面

图 6－9 曲面的形成

同一个曲面，往往可以认为是由不同的母线，根据不同的约束条件运动而形成。例如圆柱面还可以认为是由圆母线 *N*，沿着一根通过圆心 O_1 的轴线 *O* 移动，并始终平行于与轴线垂直的平面 *P* 而形成(图 6－10)。

在约束条件中，把约束母线运动的直线或曲线称为导线(directrix line)，把约束母线运动状态的平面称为导平面(directrix plane)，如图 6－10 中的轴线 *O* 和平面 *P*。

曲面上的任一位置的母线，称为曲面的素线(element)。如图 6－9a 的圆柱面上的直线 *CD*

就是圆柱面的一根素线。这样一来，曲面也可以认为是由许许多多按一定条件紧靠着的(连续的)素线组成。

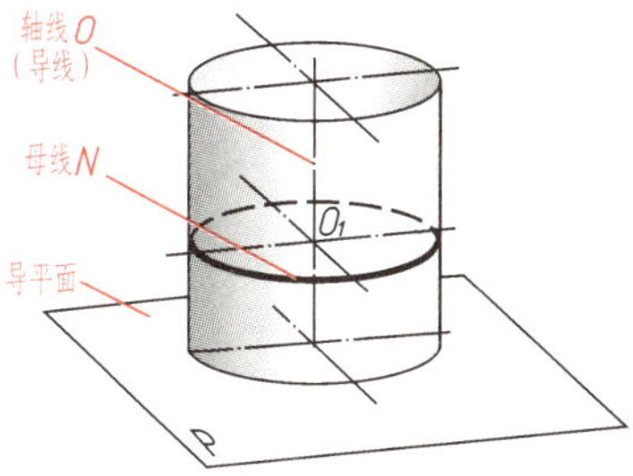

图 6-10 圆柱面的另一形成方法

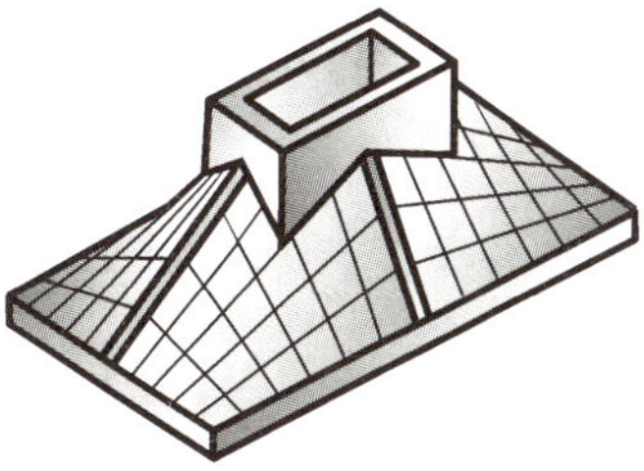
图 6-11 扭壳基础

通常根据母线运动方式的不同，把曲面分为两大类：

1. 回转面(revolution surface)——可以由(直或曲)母线绕轴线旋转而形成的曲面；
2. 非回转面(non-revolution surface)——母线只能根据其他约束条件运动而形成的曲面。

曲面还可以根据母线的形状分为：

1. 直纹曲面(ruled surface)——可以由直母线运动而形成的曲面；
2. 双曲曲面(double-curved surface)——只能由曲母线运动而形成的曲面。

在工程实践中，广泛应用的曲面是回转面(包括直纹回转面和双曲回转面)，以及非回转面中的直纹曲面。下面将分别进行介绍。

研究各种曲面的形成和分类，目的在于掌握各种常用曲面的性质和特点。这不但有利于准确地画出它们的投影图，更重要的是有利于对各种带有曲面的建筑物和构件进行设计和施工。例如工程上有一种扭壳基础，它的表面是一个直纹曲面——双曲抛物面(图 6-11)，它的钢筋配置以及施工时的模板拼接安装，一般可沿着素线的方向进行。

§6-3 回转面 Revolution Surface

由直母线或曲母线绕一轴线旋转而形成的曲面，称为回转面。如图 6-12 所示，曲母线 M 绕轴线 O 旋转时，母线上每一点(如点 A)的运动轨迹(locus)都是一个圆，称为曲面的纬圆(latitude circle)。纬圆所在的平面，垂直于回转面的轴线。当轴线 O 垂直于 H 面时，这些纬圆的 H 投影反映实形，它们是以轴线 O 的 H 积聚投影 o 为圆心的一组同心圆。纬圆的 V 投影，投射成与轴线的 V 投影 o'垂直的水平线段，长度等于该纬圆的直径(图 6-12b)。当曲母线是圆滑连续时，曲面上比它相邻两侧的纬圆都大的纬圆，称为曲面的赤道圆(equator circle)。最大赤道圆 P 的 H 投影 p 是整个回转面 H 投影的外轮廓线。曲面上比它相邻两侧的纬圆都小的纬圆，称为曲面的颈圆(neck circle)。最小颈圆 Q 的 H 投影 q 是回转面 H 投影的内轮廓线。过轴线的平面与回转面的交线称为子午线(meridian)，如图 6-12a 所示的母线 M。图 6-12b 中 V 投影的轮廓线 l'，是平行于 V 面的子午线 L(称为主子午线(principal meridian))的 V 投影，反映实形，它的 H 投影是一水平线段 l。

下面介绍几种建筑上常见的回转面。

一、圆柱面(Circular cylinder)

当圆柱面被两个相互平行且垂直于轴线的平面(作为上底面和下底面)截断，则围成一个直圆柱(图 6-13a)。

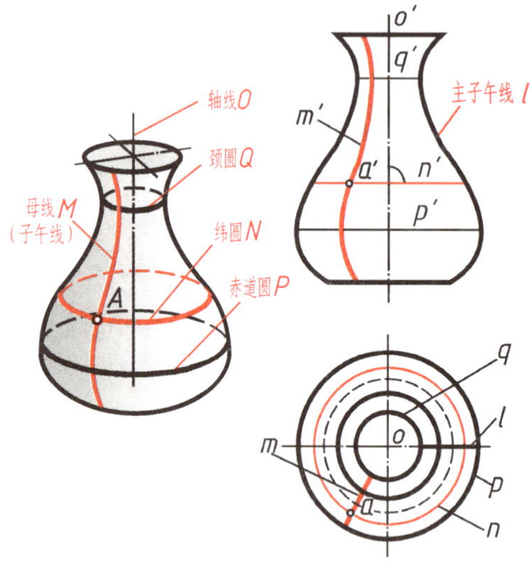

(a) 立体图 (b) 投影图

图 6-12 回转面

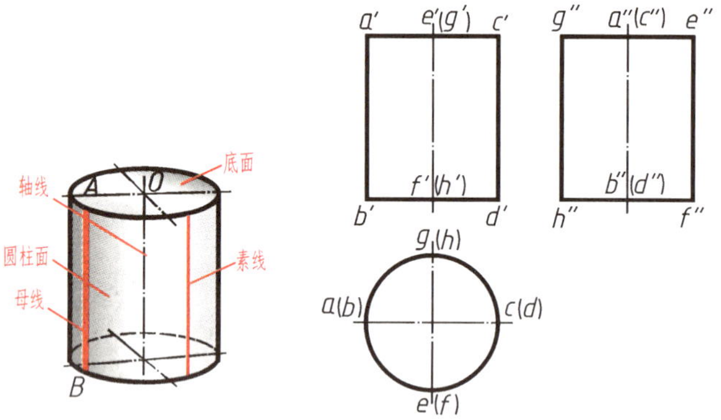

(a) 立体图 (b) 投影图

图 6-13 圆柱面

当圆柱轴线垂直于 H 面时，它的三投影如图 6-13b 所示。圆柱面的 H 投影是一圆周，有积聚性。直圆柱的 V 和 W 投影都是矩形，V 投影的轮廓线是最左素线 AB 和最右素线 CD 的 V 投影，它们把圆柱面分为前半部分和后半部分，向 V 面投射时前半部分可见，后半部分不可见。W 投影的轮廓线是最前素线 EF 和最后素线 GH 的 W 投影，它们把圆柱面分为左半部分和右半部分，向 W 面投射时左半部分可见，右半部分不可见。各素线的 H 投影，分别积聚成一点，落在圆周上。

在曲面表面上定点，同样需要先作出表面上通过该点的一根辅助线。对于回转面来说，最便于作图的辅助线是曲面的素线或纬圆。

【例 6-2】 给出圆柱面上点 A 的 V 投影 a'(图 6-14a)，求作它的其余两投影。

解：(1) 投影 a'为可见点，说明点 A 位于右前圆柱面上。

(2) 作出过点 A 的素线 BC 的三投影 $b(c)$、$b'c'$和$(b'')(c'')$，所求投影(a)和(a'')分别在素线的同面投影上(图 6-14b)。

(3) 由于圆柱面的 H 投影有积聚性，面上定点时也可不作出素线的投影，直接确定投影(a)的位置，再求出(a'')，如图 6-14c 所示。

(4) 如果已知圆柱面上的点的一个投影落在轮廓线或它的其他投影上，如图 6-14d 中的 b''位于最前轮廓素线上，可根据该轮廓素线的其他投影，直接确定该点的相应投影(b)和 b'。

在现代建筑中，大量采用圆柱形结构。图 6-15 所示的上海博物馆，其顶部结构是圆柱体；图 6-16 所示的台南香格里拉大酒店，其主楼由一大一小两个圆柱构成。这都是圆柱面的

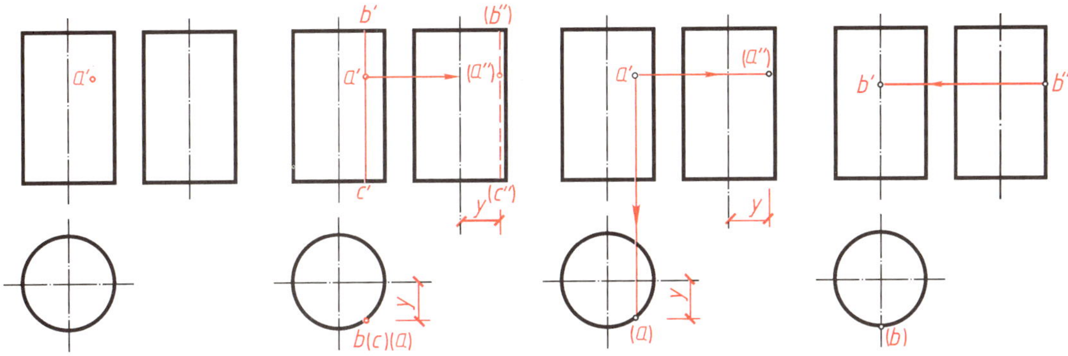

(a) 已知条件　(b) 作素线 BC 和点 A 其余两投影　(c) 利用 H 投影的积聚性作图　(d) 轮廓线上定点

图 6-14　圆柱面上定点

图 6-15　上海博物馆

典型应用。

在建筑上经常采用多个同一类型或不同类型的曲面组合成各种不同形式的大跨度屋面。图 6-17 所示的水平投影轮廓为三角形或六角形的封闭式或开敞式屋面，各自都由三个相同形状的圆柱面组成。

二、圆锥面(Circular cone)

由直母线 AA' 绕与它相交于点 S 的轴线 O 旋转形成圆锥面(图 6-18a)。圆锥面通常有上、下两支，形成倒锥面和正锥面两部分，交点 S 是圆锥的锥顶。正锥面被一个垂直于轴线的平面(作为底面)截断，围成一个正圆锥(图 6-18b)。圆锥相邻的两素线是相交于锥顶 S 的共面两相交直线。

当正圆锥轴线垂直于 H 面时，它的三投影如图 6-19 所示。必须指出的是：正圆锥的 H

图 6-16 台南香格里拉大酒店

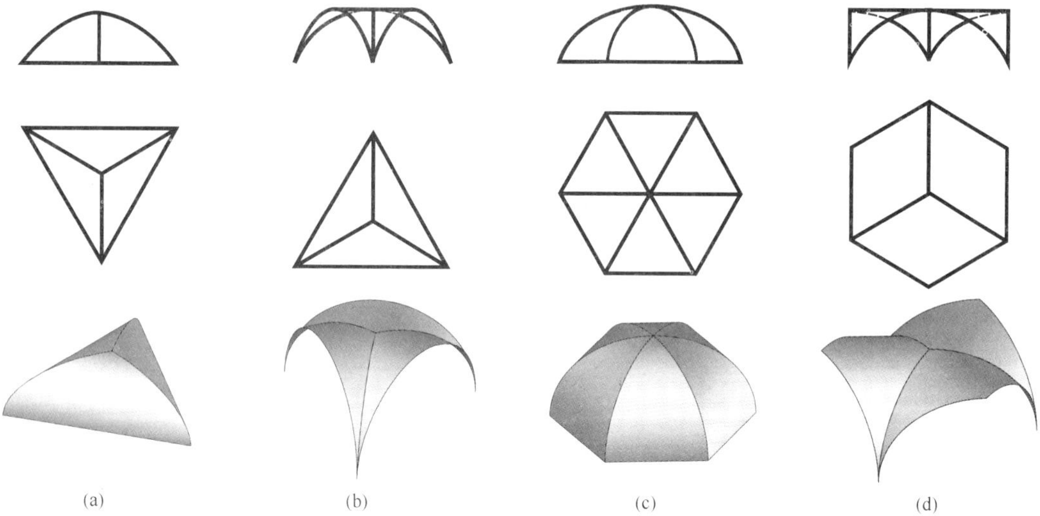

图 6-17 由圆柱面组成的屋面

投影也是一个圆，圆周是底圆的水平投影，没有积聚性。正圆锥的 V 和 W 投影都是等腰三角形，底边是锥底圆面的积聚投影，两腰是圆锥轮廓素线的投影。V 投影是最左素线 SA 和最右素线 SC 的 V 投影，它们把锥面分为前、后两半部分，向 V 面投射时前半部分可见，后半部分不可见。W 投影是最前素线 SB 和最后素线 SD 的 W 投影，它们把锥面分为左、右两半部分，向 W 面投射时左半部分可见，右半部分不可见。向 H 面投射时整个正圆锥面都可见。

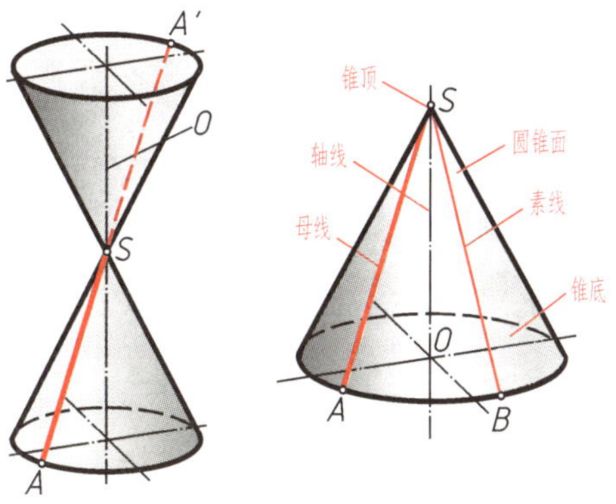

(a) 圆锥面的上、下两支　(b) 圆锥

图 6-18　圆锥面

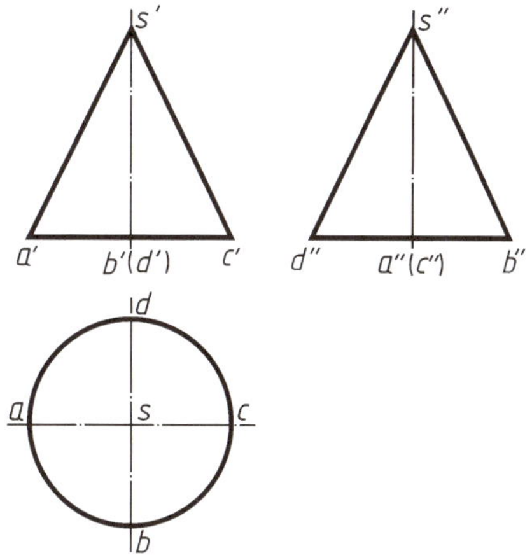

图 6-19　正圆锥的三投影

【例 6-3】　已知圆锥面上点 A 的 V 投影(a')(图 6-20a)，试求点 A 的其余两投影。

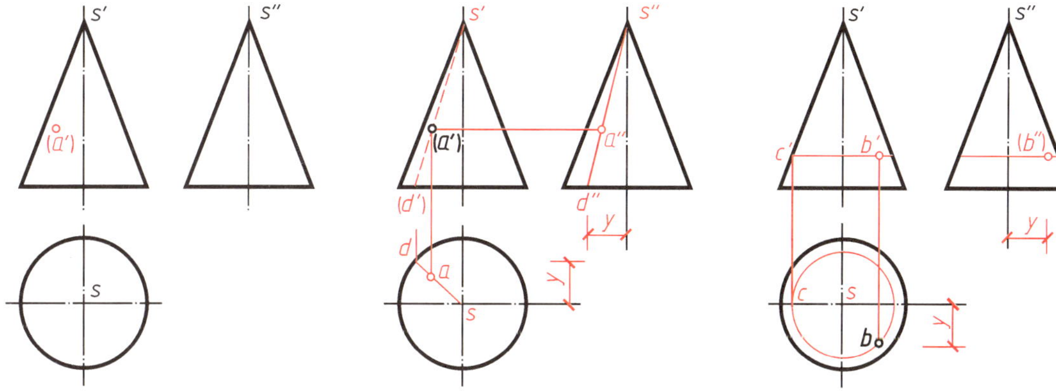

(a) 已知条件　(b) 作辅助素线 SD 求点 A 的其余投影　(c) 纬圆法

图 6-20　圆锥面上定点——素线法和纬圆法

解： 圆锥的 H 投影没有积聚性，不能根据(a')直接确定投影 a 的位置。可先作过点 A 的素线 SD 作为辅助线，以确定点 A 的其余投影。作图步骤如下：

(1) 作过点 A 的辅助素线 SD 的 V 投影和 H、W 投影。给出的(a')是不可见点，可知 SD 应在圆锥的左后部分。V 投影 $s'(d')$画成虚线。其余两投影 sd 和 $s''d''$为可见，画成实线。

(2) 分别在 sd 和 $s''d''$上定出投影 a 和 a''(图 6-20b)。

上述以素线作为辅助线来确定一点的三投影的方法，称为素线法(element method)。回转面上定点的另一种常用方法是纬圆法(latitude method)，它以纬圆作为辅助线以确定点的投影位置。例如图 6-20c 中，已知锥面上一点 B 的 H 投影 b，需求它的 V 和 W 投影，可画出过点 B 的纬圆。它的 H 投影是以 s 为圆心，sb 为半径的圆周。利用纬圆与轮廓素线的交点 c，作出纬圆的 V、W 投影，然后求投影 b'和(b'')。从 H 投影 b 可知，点 B 位于锥面的右前部分，所以 b'可见，(b'')不可见。

圆锥面在建筑工程上应用广泛，图 6-21a 为位于上海市第一人民医院的建筑物，其外观造型为完整的圆锥体。很多酒店顶部的旋转餐厅，也多由圆锥(台)组成。图 6 - 21b 是深圳的香格里拉大酒店，图 6 - 21c 是该酒店顶部旋转餐厅的剖面图。

(a) 上海市第一人民医院大楼

(b) 深圳香格里拉大酒店

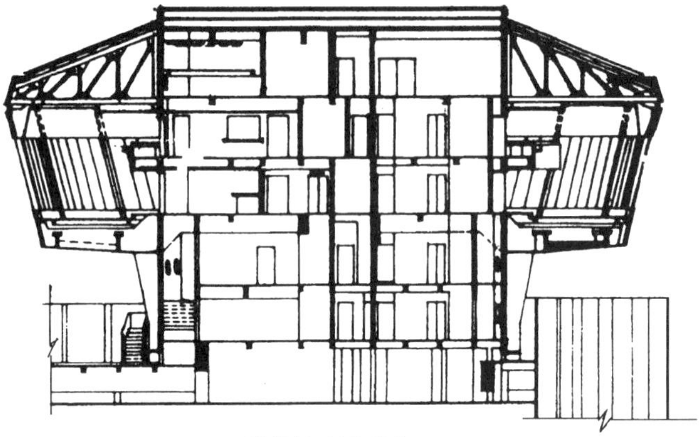

(c) 旋转餐厅剖面图

图 6 - 21　圆锥面的应用实例

图 6 - 22 所示是一个由八个圆锥面组成的屋面的示意图。它们有公共锥顶，每一锥面被一垂直于锥轴的平面所截，截口为一圆弧，用于采光。

三、球面(Sphere)

由圆母线绕它本身的一根直径旋转而形成球面。无论从哪一个方向进行正投影，它的投影轮廓都是一个大小相同的圆，其直径等于球的直径，如图 6 - 23 所示。然而，不同投影的轮廓线是球面上不同的圆的投影。*H* 投影轮廓是球面的赤道圆 *ABCD* 的 *H* 投影，*V* 投影轮廓是平行于正面的子午线圆 *AECF* 的 *V* 投影，*W* 投影轮廓是平行于侧面的子午线圆 *BFDE* 的 *W* 投影。它们的其他投影分别位于相应投影的中心线上。这三个轮廓圆周分别把球面分为上下、前后和左右半球。在向 *H*、*V*、*W* 面投射时，分别是上半球、前半球和左半球可见，下半球、后半球和右半球不可见。

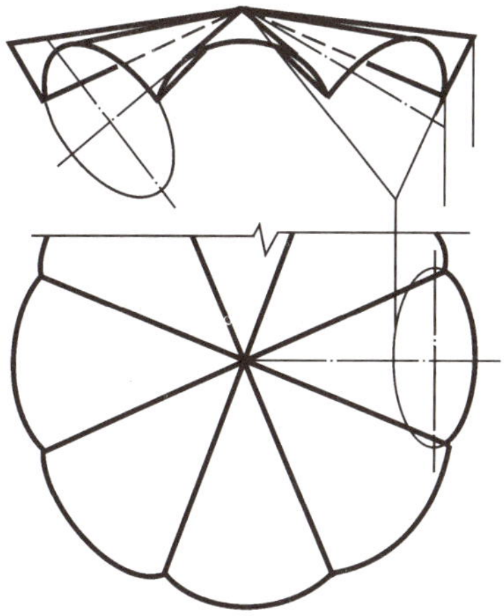

图 6-22　圆锥面组合屋面

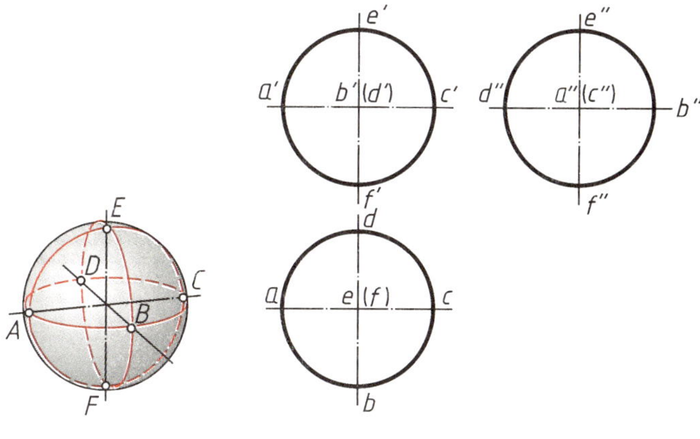

(a) 立体图　　(b) 投影图

图 6-23　球面的三投影

在球面上定点，可用纬圆法。

【例 6-4】　已知球面上点 *A* 的 *W* 投影 *a*″(图 6-24a)，试求点 *A* 的其余两投影。

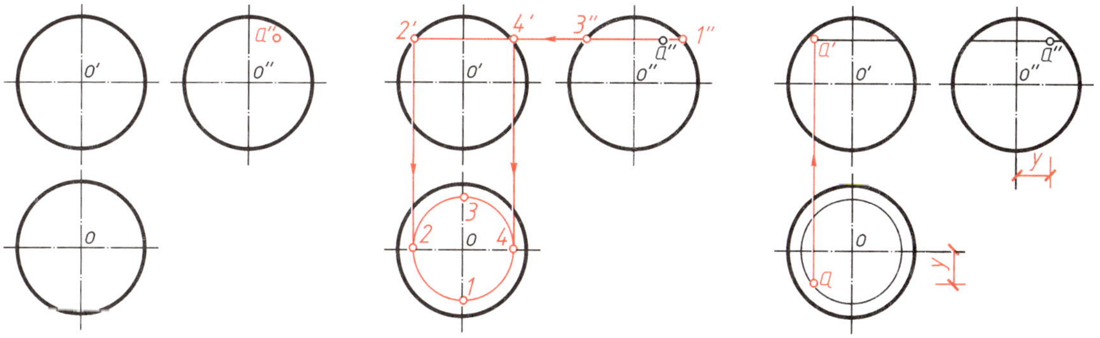

(a) 已知条件　　(b) 作出纬圆　　(c) 作出其余两投影

图 6-24　球面上定点

解：(1) 从图中可见点 *a*″可知，点 *A* 位于上半球面的左前部分。作过点 *A* 的水平纬圆的 *W* 投影。

(2) 根据该纬圆 *W* 投影相对于球心 *O* 的高度及其与轮廓线的交点 *1*″、*3*″，作出纬圆 *V* 投影和 *H* 投影(图 6-24b)。该纬圆 *H* 投影的直径等于 *1*″*3*″。

(3) 根据点的投影规律定出 *a* 和 *a*′。*a* 和 *a*′都是可见点(图 6-24c)。

球形结构在工程上也很常见，图 6-25a 所示为上海东方明珠塔，图 6-25b 所示为国外某建筑，它们的主体结构都是球面。图 6-25c 所示为悉尼歌剧院，其主体造型由不同形状、不同大小的球面片组成，图 6-25d 为悉尼歌剧院的设计说明。

此外，建筑物的屋面也有采用半球或球冠的形式。结构上可先用钢管或其他钢材构成球冠状网架，如图 6-26 所示，然后覆盖屋面。网架的每一梯形小格都须加上单向或双向对角线连

(a) 上海东方明珠塔

(b) 国外某建筑

(c) 悉尼歌剧院

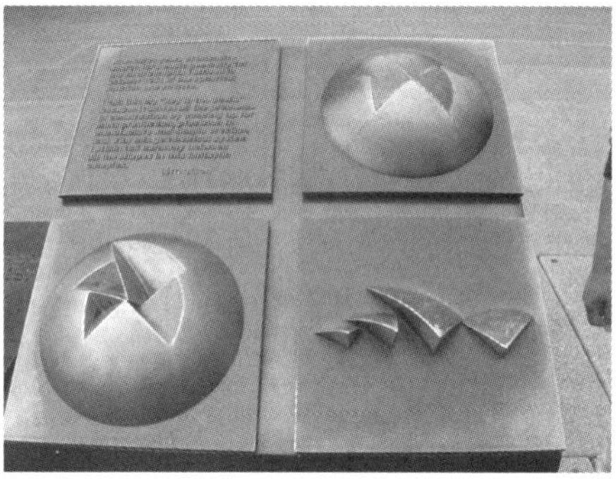

(d) 悉尼歌剧院设计说明

图 6－25　球面的应用实例

杆，使结构稳定(图中只画出一小部分)。

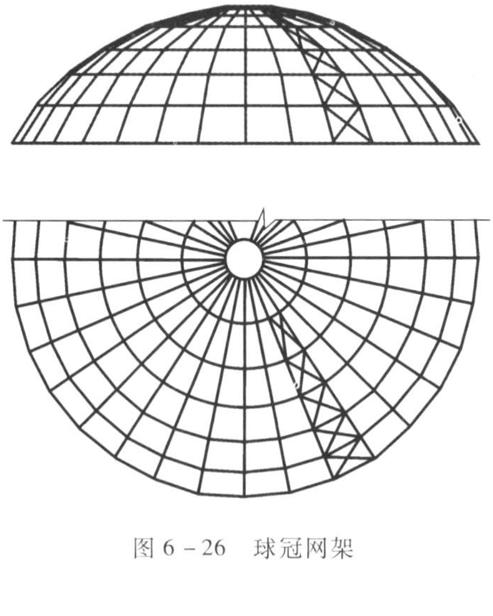

图 6－26　球冠网架

图 6－27a 的屋面是由两个相同的斜放球冠组成，它们覆盖着两个椭圆形面积。图 6－27b 是一个球冠被正四棱柱面所截，沿截口再接上圆柱面，成为四面开敞而覆盖着一个圆形面积的屋面。

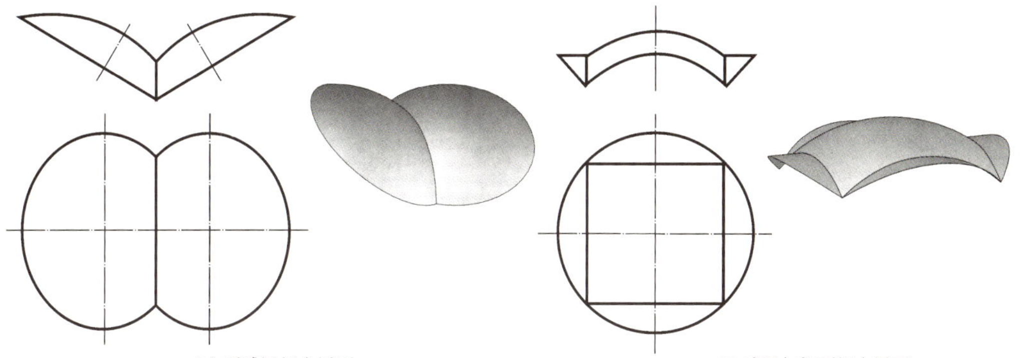

(a) 两球冠组合屋面　　(b) 球冠与柱面组合屋面

图 6－27　球面组合的屋面

四、环面(Torus)

圆母线绕与它共面但不通过圆心的直线旋转形成环面。如图 6－28 所示，当环面的轴线垂直于 H 面时，它的 H 投影是两个同心圆，分别是环面的赤道圆和颈圆的 H 投影。环面的 V 投影和 W 投影，都是由两个圆和与它们上下相切的两段水平轮廓线组成。V 投影的两个圆分别是环面最左素线圆和最右素线圆的 V 投影，W 投影的两个圆分别是最前素线圆和最后素线圆的 W 投影，它们都反映素线圆的实形，都有半个圆因被环面遮挡而画成虚线。

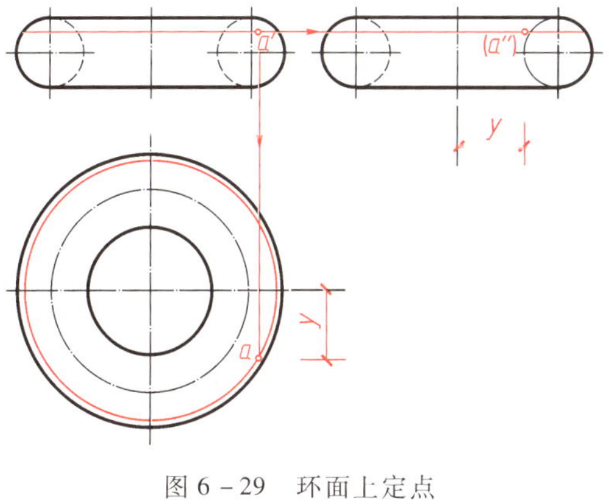

图 6－29　环面上定点

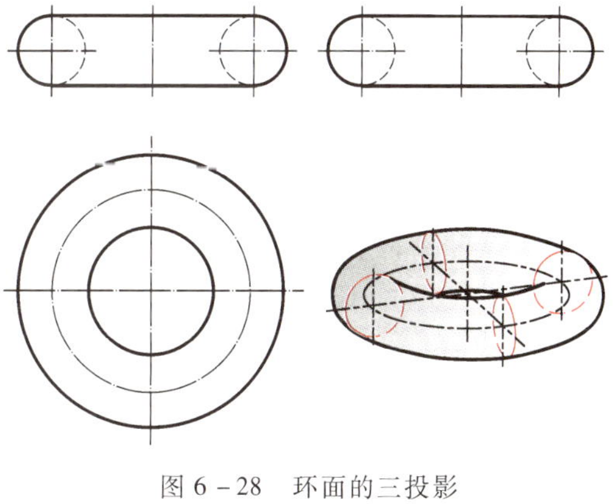

图 6－28　环面的三投影

当轴线垂直于一投影面时，在环面上定点，可采用纬圆法，如图 6－29 所示。

图 6－30a 所示的我国某双曲拱桥和图 6－30b 所示的某公共建筑物都是环面的应用实例。

图 6－31 所示的屋面是由两个相等的环面十字正交，四面被正截面所切，形成敞开的采光口。该屋面覆盖着一个近似于圆形的面积。

(a) 双曲拱桥 (b) 公共建筑物

图 6－30 环面的应用

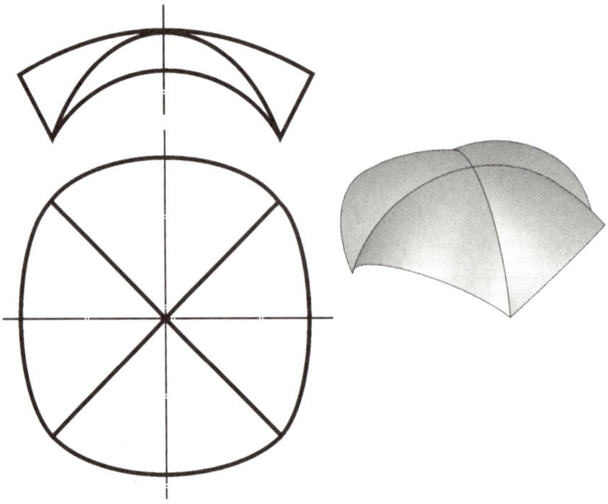

图 6－31 由环面组成的屋面

五、单叶双曲回转面(Uniparted revolution hyperboloid)

直母线绕与它交叉的轴线旋转而形成单叶双曲回转面(图 6－32)。只要给出直母线 MN 和轴线 O，即可作出曲面的投影。

作图步骤如下(图 6－33)：

1. 给出直母线 MN 和轴线 O 的两面投影 mn、$m'n'$和 o、o'。轴线 O 垂直于 H 面(图 6－33a)。

2. 母线旋转时，每一点的运动轨迹都是一个纬圆(平行于 H 面)。先作过母线两端点 M 和 N 的纬圆。以轴线的 H 投影 o 为圆心，分别以 om 和 on 为半径作圆，即为所求两纬圆的 H 投影。它们的 V 投影分别是过 m'和 n'的水平线段，长度等于纬圆的直径(图 6－33b)。

3. 把两纬圆分别从点 M 和 N 开始，各分为相同的等份(如十二等份)。MN 旋转 30°(即圆周的十二分之一)后，得素线 PQ。先作

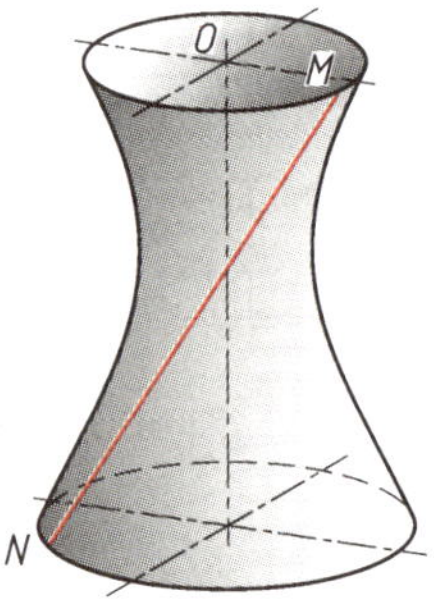

图 6－32 单叶双曲回转面

它的 H 投影 pq，再作 V 投影 $p'q'$（图 6-33c）。

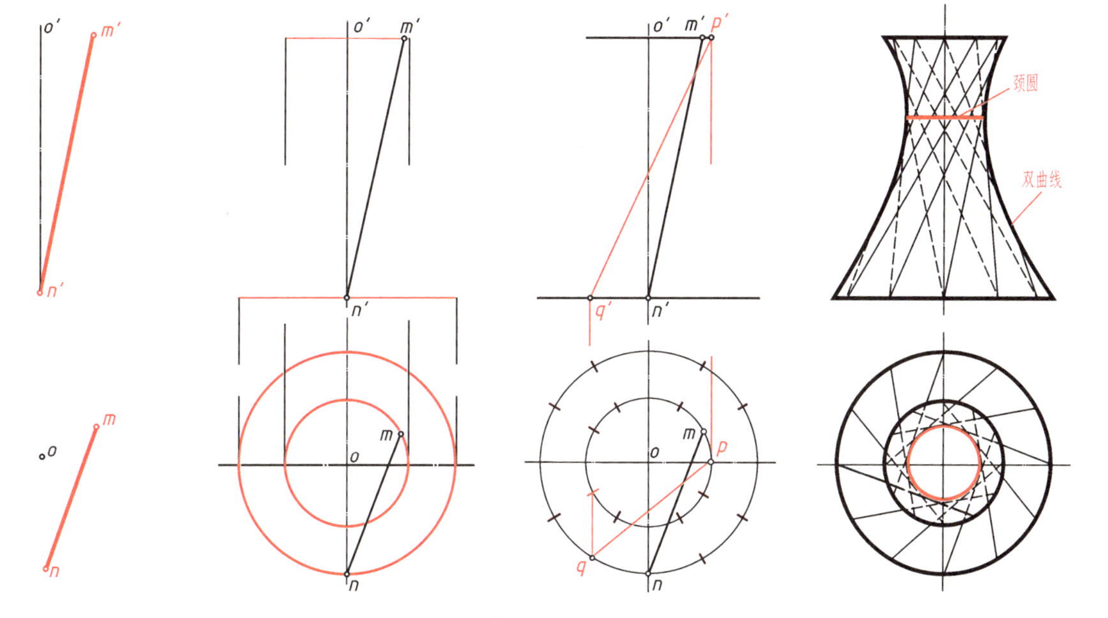

(a) 已知轴线 O 和母线 MN　(b) 作出过母线两端点的纬圆　(c) 作出素线 PQ　(d) 作出整个曲面

图 6-33 单叶双曲回转面的画法

4. 顺次作出每旋转 30°后各素线的 H 投影和 V 投影（图 6-33d）。

5. 引圆滑曲线作为包络线（envelope curve）与各素线的 V 投影相切，作出单叶双曲回转面的 V 投影轮廓线。这是一对双曲线（hyperbola），整个曲面也可以看成是由这对双曲线绕它的虚对称轴（virtual symmetry axis）旋转而形成。这时，该双曲线便成为单叶双曲回转面的母线。曲面各素线的 H 投影也有一根包络线，它是一个圆，即曲面颈圆的 H 投影（图 6-33d），它与每根直母线的 H 投影相切。

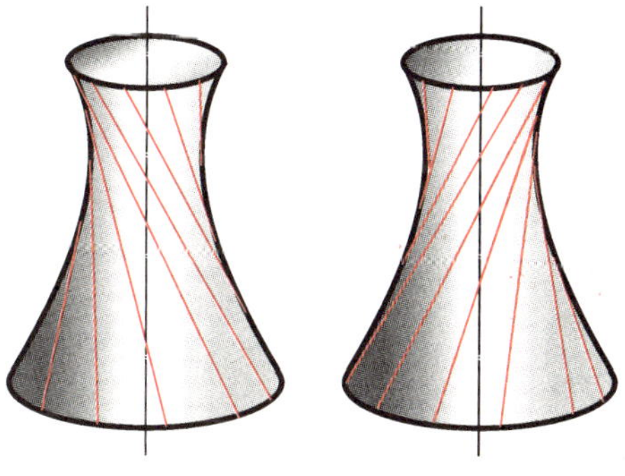

图 6-34 单叶双曲回转面的两族素线

在同一个单叶双曲回转面内，有两族不同方向而对正截面斜度相同的素线（图 6-34），同族素线互不相交，相邻两素线是异面的交叉直线。但当把各素线延长后，每一根素线与另一族所有素线都相交。

在单叶双曲回转面上定点，可采用纬圆法或素线法。

图 6-35a 给出单叶双曲回转面上点 A 的 V 投影 (a') 和点 B 的 H 投影 b。由于 (a') 不可见，作出过点 A 的纬圆后，可在后半圆周上求得 a 的位置（图 6-35b）。在 H 投影上过点 b 作任一直素线 CD 与颈圆相切，并与顶圆及底圆相交于点 c 和 d。作出直素线 CD 的 V 投影 $c'd'$ 后，即可求得点 B 的 V 投影 b'，如图 6-35c 所示。

图 6-36a 所示为某市电视塔，图 6-36b 所示为某发电厂冷凝塔，都是单叶双曲回转面的应用实例。

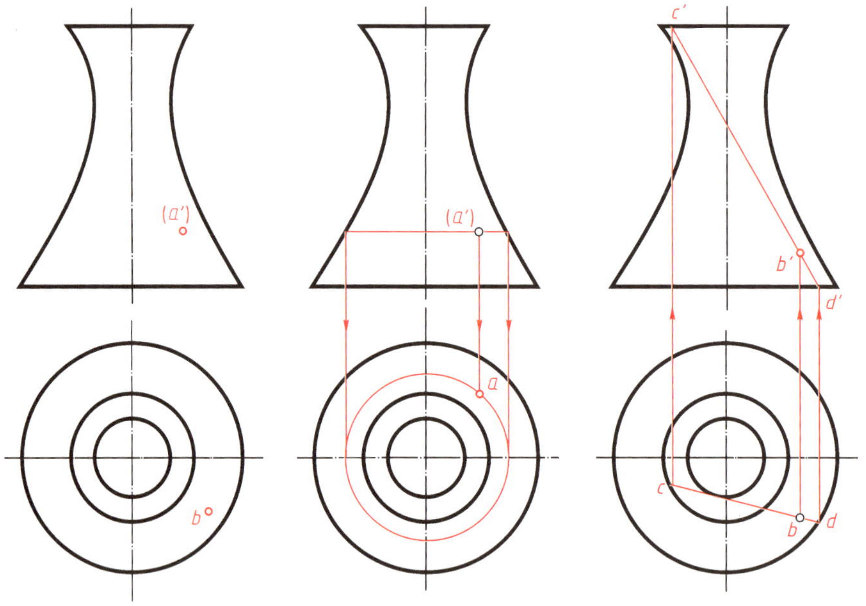

(a) 已知条件 (b) 作出点 A 的 H 投影 (c) 作出点 B 的 V 投影

图 6-35 单叶双曲回转面上定点

(a) 某市电视塔

(b) 冷凝塔

图 6-36 单叶双曲回转面的应用

§6－4 非回转直纹曲面 Non-revolution Ruled Surface

在工程实践中，应用较广的非回转面是由直母线运动而形成的直纹曲面。非回转直纹曲面可分为：

1. 可展直纹曲面(developable ruled surface)——曲面上相邻两素线是相交的或平行的共面直线(co-planar line)。这种曲面可以展开。常见的可展直纹曲面有锥面和柱面，它们分别由直母线沿着一根曲导线移动，并始终通过一定点或平行于一直导线而形成。

2. 不可展直纹曲面(non-developable ruled surface)，又称扭面(warped surface)——曲面上相邻两素线是交叉的异面直线(non-planar line)。这种曲面只能近似地展开。常见的扭面有双曲抛物面、锥状面和柱状面。它们分别由直母线沿着两根直的或曲的导线移动，并始终平行于一个导平面而形成。

一、锥面(Conical suface)

直母线 M 沿着一曲导线 L 移动，并始终通过一定点 S 而形成锥面(图 6－37a)。定点 S 称为锥顶(vertex)。曲导线 L 可以是平面曲线或空间曲线；可以是闭合的，也可以是不闭合的。锥面相邻两素线是相交直线。

画锥面的投影图(6－37b)，必须画出锥顶 S、曲导线 L，以及一定数量素线的投影，其中包括不闭合锥面的起始、终止素线(如 SA、SF)，各投影轮廓的素线(如 V 投影轮廓的素线 SA、SE，H 投影轮廓素线 SB、SD)等。

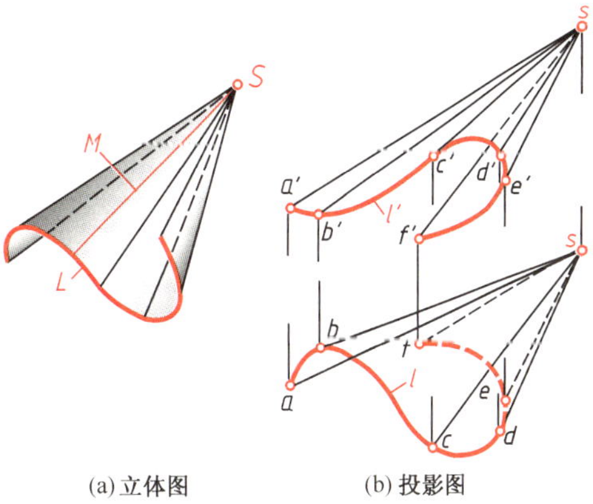

图 6－37　锥面及其投影

对有轴的锥面，通常以其正截口(垂直于轴线的正截面)形状来命名。如图 6－38 所示，图 a 为圆锥面(锥面的一个特例)，图 b 为椭圆锥面，图 c 曲面的曲导线虽是一个圆，但轴线倾斜于圆所在的平面，它的正截口是一个椭圆，仍是一个椭圆锥面，但通常称为斜圆锥面(oblique cone)。若以平行于锥底的平面截斜圆锥面，截口是一个圆。

厂矿所用上方下圆的下料斗变截面部分，就是由平面和斜圆锥面所组成，如图 6－39a 所示。在水利和桥梁工程中，桥台两侧或涵洞洞口，常采用斜锥形护坡与路堤连接，如图6－39b 所示。

二、柱面(Cylindrical surface)

直母线 M 沿着曲导线 L 移动，并始终平行于一直导线 K 而形成柱面(图 6－40a)。柱面相邻两素线是平行直线。画柱面的投影图时，必须画出曲导线 L、直导线 K 和一系列素线的

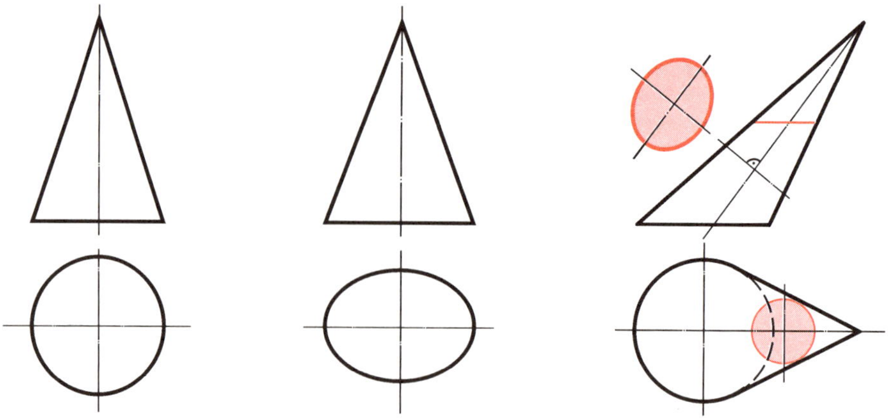

(a) 圆锥面　　(b) 椭圆锥面　　(c) 斜圆锥面

图 6－38　各种锥面

投影(图6－40b)。

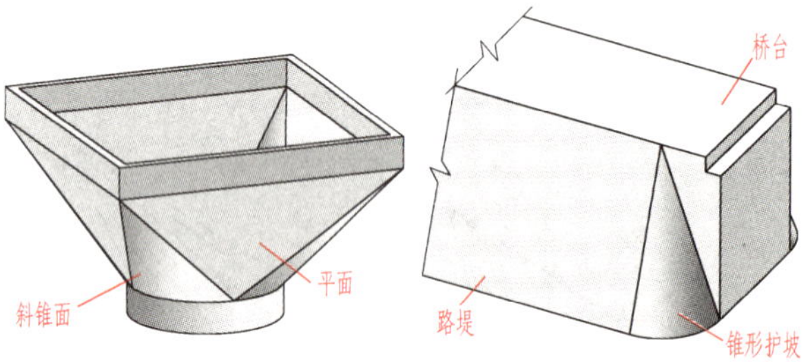

(a) 下料斗　　(b) 桥台护坡

图 6－39　锥面的应用

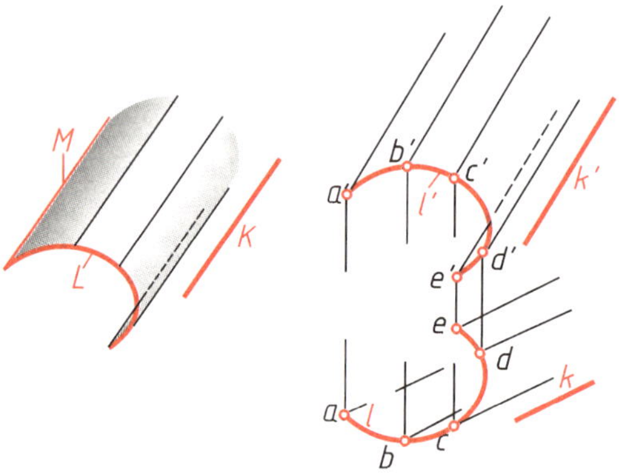

(a) 立体图　　(b) 投影图

图 6－40　柱面及其投影

有轴的柱面也是以它的正截口的形状命名。如图 6－41 所示，图 a 为圆柱面(柱面的一个

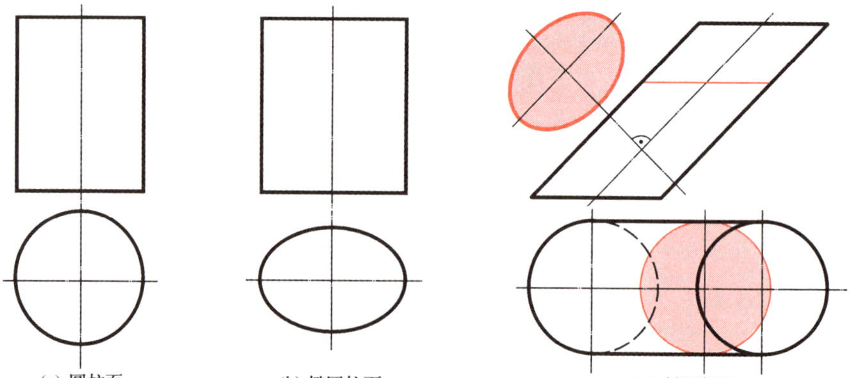

(a) 圆柱面　　(b) 椭圆柱面　　(c) 斜圆柱面

图 6－41　各种柱面

特例)，图 b 为椭圆柱面，图 c 所示曲面也是一个椭圆柱面(正截口是椭圆)，它是以底圆为曲导线，母线与底圆倾斜，通常称为斜圆柱面(oblique cylinder)。以平行于柱底的平面截斜圆柱面时，截口是一个圆。

采用柱面的建筑造型常显得活泼，富于变化。不少建筑主楼部分的墙面设计成不同形式的柱面。如图 6－42 所示，图 a 是广州琶洲国际会展中心的两个展馆，会展中心的整组建筑由形态各异的柱面组成；图 b 是北京国际饭店，主楼由正反柱面组成；图 c 是深圳大梅沙喜来登酒店，其造型宛如一条矫健的东方巨龙，也由柱面构成。

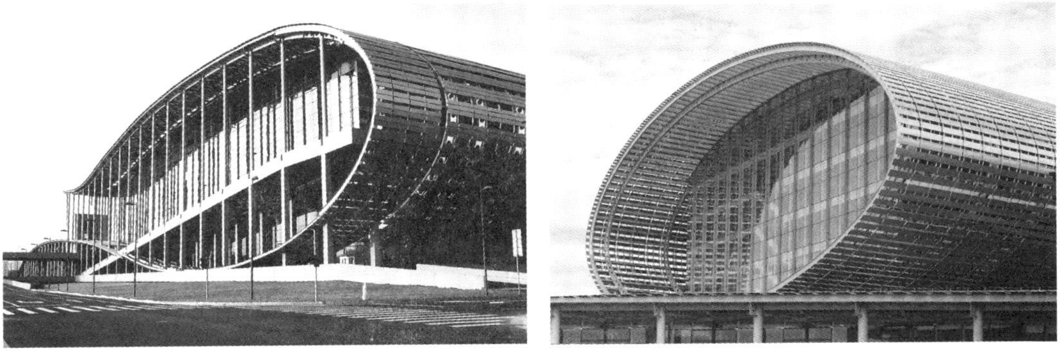

(a) 广州琶洲国际会展中心

(b) 北京国际饭店

(c) 深圳大梅沙喜来登酒店

图 6－42　柱面的应用

三、双曲抛物面(Hyperbolic paraboloid)

由直母线沿着两交叉直导线移动，并始终平行于一个导平面而形成双曲抛物面。图 6－43 所示的双曲抛物面，直母线是 BD，交叉直导线是 AB 和 CD。所有素线都平行于铅垂导平面 P。

双曲抛物面的相邻两素线是交叉直线。

如果给出了两交叉直导线 AB、CD 和导平面 P（图 6－44a），便可画出一系列素线的投影，完成该双曲抛物面的投影图。作图步骤如下：

1. 分直导线 AB 为若干等份（例如六等份），得各等分点的 H 投影 a、1、2、3、4、5、b 和 V 投影 a'、$1'$、$2'$、$3'$、$4'$、$5'$、b'（图 6－44b）。

2. 各素线平行于导平面 P，素线的 H 投影必平行于 P^H。如过分点Ⅱ作素线Ⅱ—$Ⅱ_1$时，先作 $22_1 /\!/ P^H$，求出 $c'd'$ 上的对应点 $2_1'$ 后，即可画出该素线的 V 投影 $2'2_1'$（图 6－44b）。

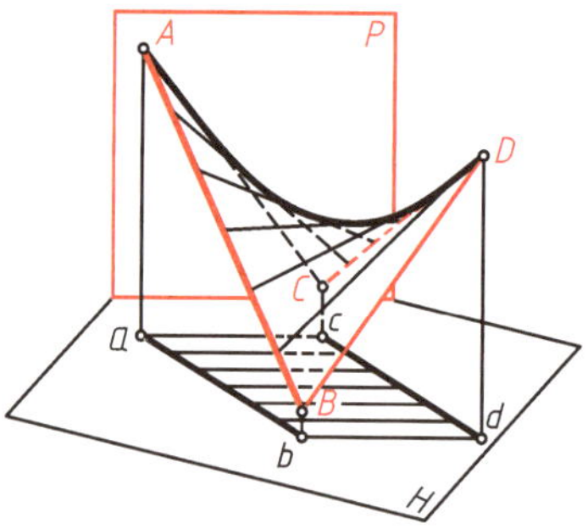

图 6－43 双曲抛物面

3. 同法作出过各等分点的素线的两投影。

4. 作出与各素线 V 投影相切的包络线。这是一根抛物线（parabola）（图 6－44c）。

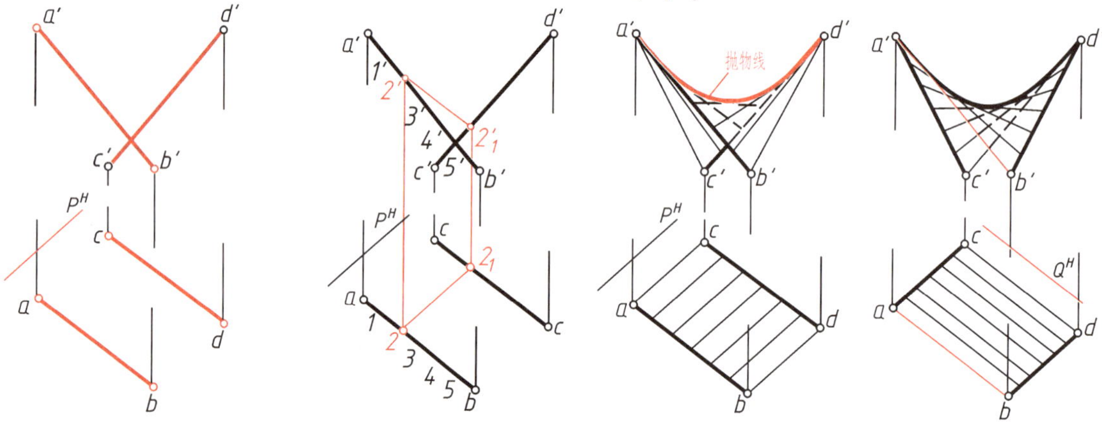

(a) 已知导线 AB、CD 和导平面 P　(b) 作出一根素线 $Ⅱ-Ⅱ_1$　(c) 完成投影图　(d) 另一族素线

图 6－44 双曲抛物面的画法

如果以原素线 AC 和 BD 作为导线，原导线 AB 或 CD 作为母线，以平行于 AB 和 CD 的铅垂面 Q 作为导平面，也可形成同一个双曲抛物面（图 6－44d）。因此，同一个双曲抛物面可有两族素线，各有不同的导线和导平面。同族素线互不相交，但每一素线与另一族的所有素线都相交。

当两方向的导平面都垂直于 H 面时（图 6－45），双曲抛物面被水平面截切，交线是双曲线（hyperbola），水平面 P 和 Q 的交线分别为双曲线 Ⅰ 和双曲线Ⅱ，水平面 R 通过曲面的中心 O，交线蜕变成两相交直线，成为两族水平截交线——双曲线的渐近线（asymptote）。双曲抛物面被正平面和侧平面截

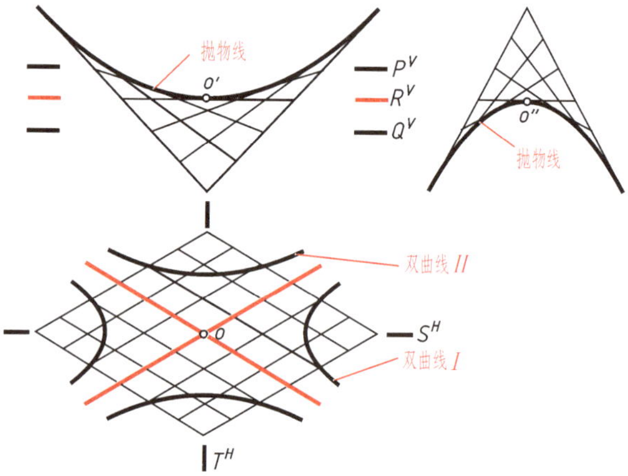

图 6－45 双曲抛物面的截交线

切，交线是抛物线(parabola)，过中心点 O 的正平面 S 和侧平面 T 的交线，分别投射成 V 投影和 W 投影的抛物线轮廓线。

不少建筑物如体育场馆、影剧院、站台等的屋面，采用双曲抛物面的形式，图 6－46 所示的广州大学城华南理工大学体育馆就是其中一例。

有些屋面只采用某种曲面的一部分，使获得的屋面形式与原来的形状大不相同。如图 6－47所示的“鸟巢”国家体育场，建筑顶面呈马鞍形(但中央部分留空)，是一个双曲抛物面被一个椭圆柱面截交而形成。

图 6－46　广州大学城华南理工大学体育馆

图 6－47　“鸟巢”国家体育场

完整的马鞍形曲面的投影图如图 6－48 所示。如果图 6－45 所示的双曲抛物面被水平面及两端的侧平面所截，便获得另一种形式的马鞍面，如图 6－49 所示。它的两端开口处呈抛物线

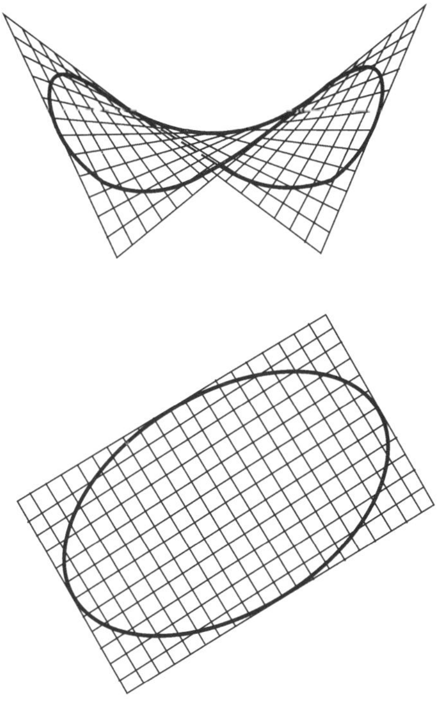

图 6－48　马鞍形屋面投影图

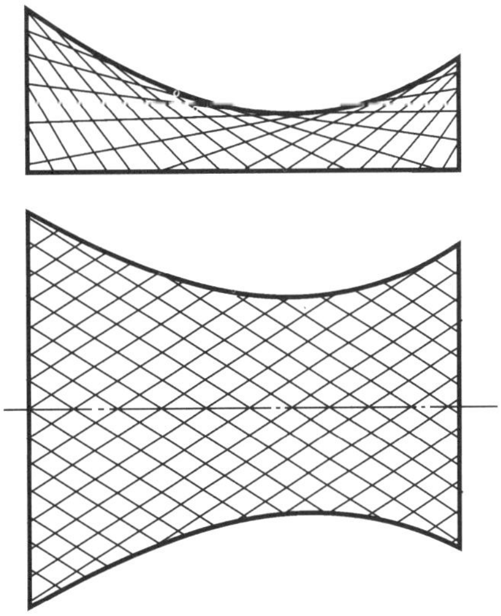

图 6－49　马鞍形面

形，而水平轮廓线是双曲线，造型优美。

一些屋面由四个双曲抛物面组合而成。根据不同的组合，所得屋面可以是四角支承的，也可以是中央支承的；可以是向外排水的，也可以是中间排水的，如图 6－50 所示。

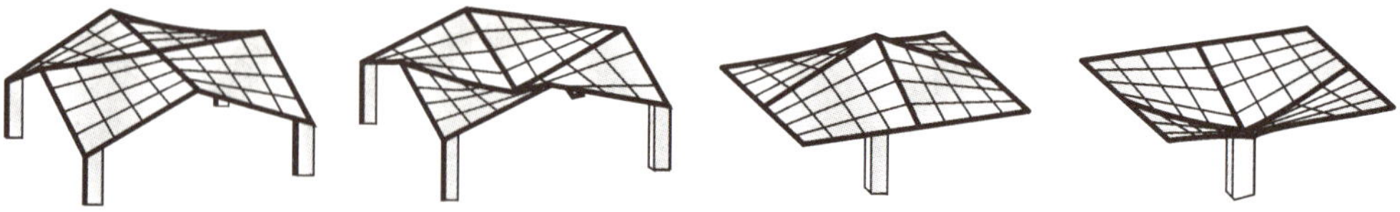

(a)　(b)　(c)　(d)

图 6－50　由四个双曲抛物面组成的屋面

四、锥状面(Conoid)

直母线沿着一根直导线和一根曲导线移动，并始终平行于一个导平面而形成锥状面。如图 6－51a 所示，锥状面的直母线 AC 沿着直导线 CD 和曲导线 AB 移动，并始终平行于铅垂的导平面 P。当导平面 P 平行于 W 面时，该锥状面的投影图如图 6－51b 所示(图中没有画出导平面 P)。图6－51c所示的上海环球金融中心是锥状面在工程上的一个应用实例。

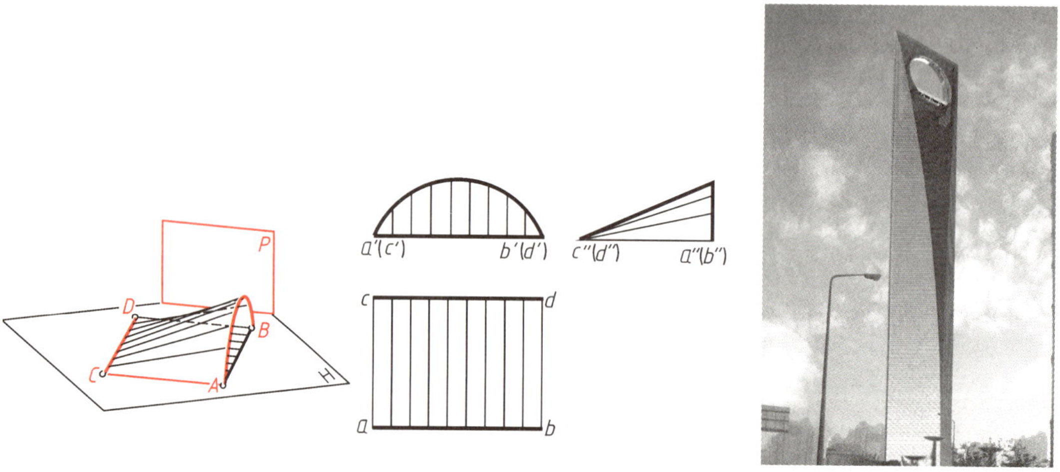

(a) 形成　(b) 投影图　(c) 上海环球金融中心

图 6－51　锥状面及其应用

五、柱状面(Cylindroid)

直母线沿着两根曲导线移动，并始终平行于一个导平面而形成柱状面。如图 6－52a 所示，柱状面的直母线 AC 沿着曲导线 AB 和 CD 移动，并始终平行于铅垂导平面 P。当导平面 P 平行于 W 面时，该柱状面的投影图如图 6－52b 所示(图中没有画出导平面 P)。图 6－52c 所示的屋面是柱状面在工程上的一种应用。

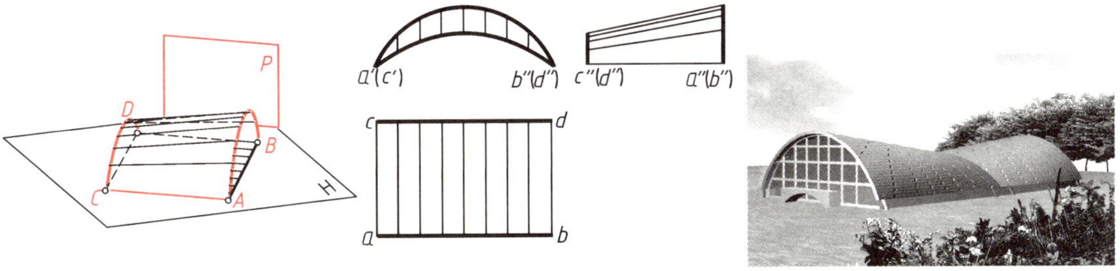

(a) 形成　(b) 投影图　(c) 实例

图 6-52　柱状面及其应用

§6-5 平螺旋面 Right Helicoid

平螺旋面是锥状面的一种。它以圆柱螺旋线为曲导线，以螺旋线的轴线为直导线，当直母线运动时，一端沿着曲导线，另一端沿着直导线移动，且始终平行于与轴线垂直的一个导平面 *P*，如图 6-53 所示。

画平螺旋面的投影图时，先画出曲导线圆柱螺旋线及其轴线（直导线）的两投影，并把圆柱螺旋线分成若干等份。当轴线垂直于 *H* 面时，可从螺旋线 *H* 投影（圆周）上各分点，引直线与轴线的 *H* 面积聚投影相连，就是平螺旋面相应素线的 *H* 投影。素线的 *V* 投影是过螺旋线 *V* 投影上各分点引到轴线 *V* 投影的水平线。所得平螺旋面投影图如图 6-54a 所示。如果螺旋面被一个同轴的小圆柱面所截，它的投影图如图 6-54b 所示。小圆柱面与螺旋面的交线，是一根与螺旋曲导线有相等导程的圆柱螺旋线。

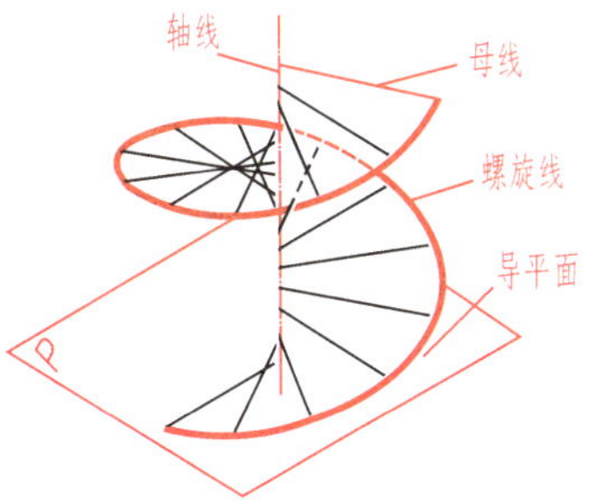

图 6-53　平螺旋面

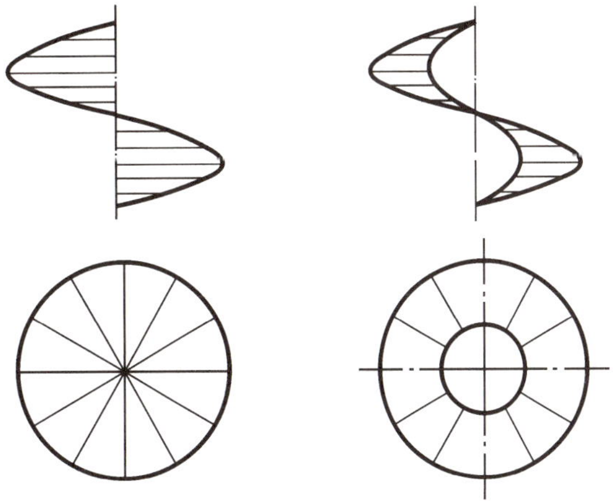

(a)　(b)

图 6-54　平螺旋面投影图

【例 6-5】 完成楼梯扶手弯头的 *V* 投影（图 6-55）。

解：(1) 从给出的投影图（图 6-55a）可以看出，弯头是由一矩形截面 *ABCD* 绕轴线 *O* 作螺旋状运动(右旋)而形成。运动时，矩形截面的竖直边 *AD* 和 *BC* 形成内、外圆柱面的一部分，而水平边 *AB* 和 *CD* 则分别形成平螺旋面。

(2) 根据平螺旋面的画法把半圆和导程各分成六等份，作出水平边 *AB* 形成的平螺旋面(图 6-55b)。

(3) 同法作出水平边 *CD* 形成的平螺旋面。判别可见性，完成 *V* 投影(图 6-55c)。

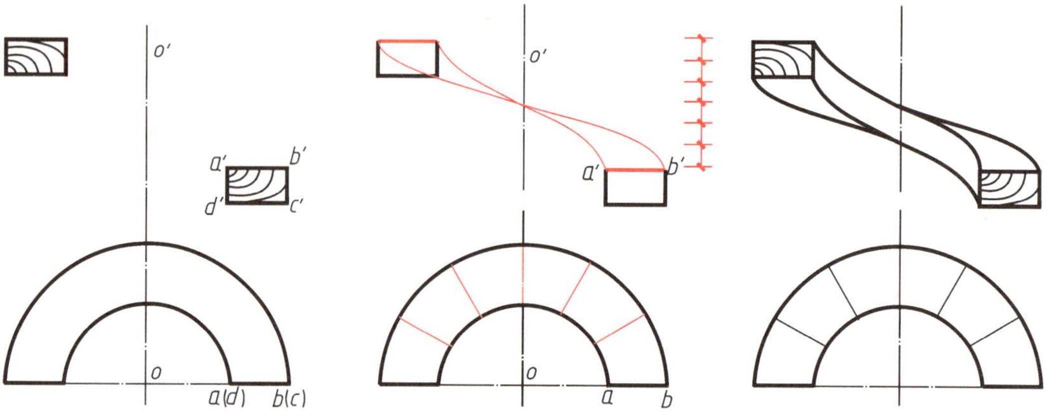

(a) 已知条件　　(b) 作过 *AB* 的平螺旋面　　(c) 完成投影图

图 6-55　螺旋楼梯扶手弯头

平螺旋面在建筑工程上的应用随处可见，如深圳音乐厅的螺旋梯(图 6-56a)和北京中关村雕塑(图 6-56b)就是其中两个应用例子。

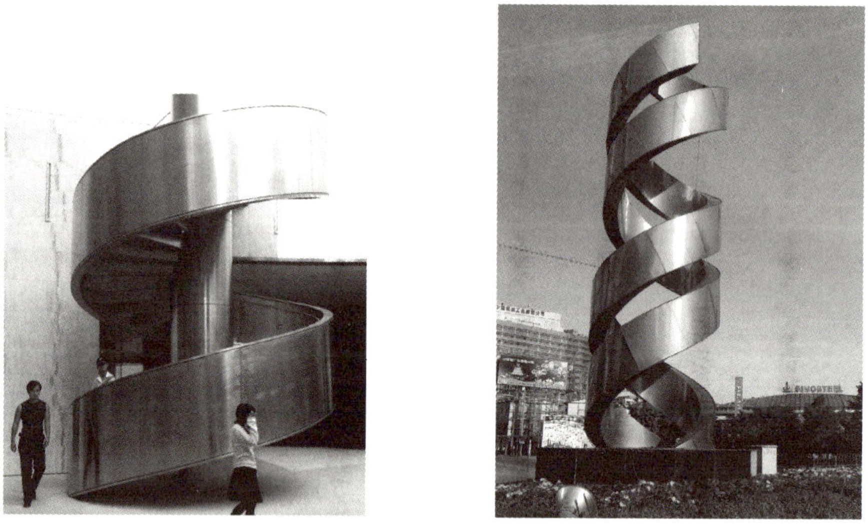

(a) 深圳音乐厅螺旋梯　　(b) 北京中关村雕塑

图 6-56　平螺旋面的应用

在不少建筑物中，特别是一些大型的、纪念性的建筑往往建造螺旋梯(helix stairs)。螺旋梯投影图的画法(图 6-57)如下：

1. 确定平螺旋面的导程及其所在圆柱面半径。为简化作图，假设沿螺旋梯走一圈有十二

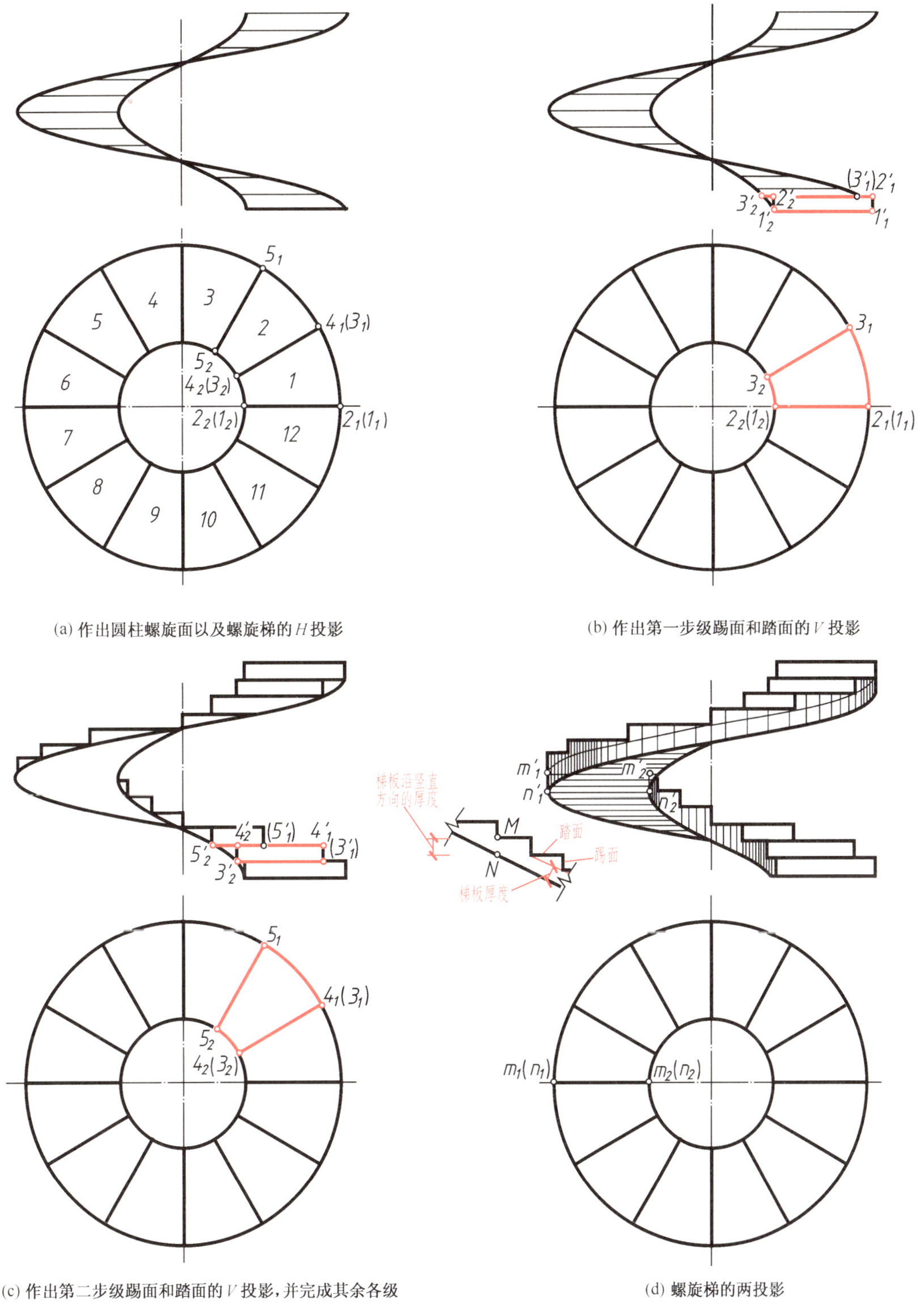

(a) 作出圆柱螺旋面以及螺旋梯的 H 投影

(b) 作出第一步级踢面和踏面的 V 投影

(c) 作出第二步级踢面和踏面的 V 投影，并完成其余各级

(d) 螺旋梯的两投影

图 6-57　螺旋梯的画法

梯级，一圈高度就是该平螺旋面的导程。螺旋梯内、外侧到轴线的距离，分别是内、外圆柱面的半径。

2. 根据内、外圆柱面的半径、导程以及梯级数，画出平螺旋面的两面投影（图 6－57a）。

把平螺旋面的 H 投影分为十二等份，每一等份就是螺旋梯上一个踏面（tread board）的 H 投影。螺旋梯踢面（skirt board）的 H 投影，分别积聚在两踏面的分界线上，如图中 $(1_1)2_12_2(1_2)$ 和 $(3_1)4_14_2(3_2)\cdots$。因此，在画螺旋梯的两投影时，只要按一个导程的步级数目等分平螺旋面的 H 投影，即完成了螺旋梯的 H 投影。

3. 画第一步级的 V 投影（图 6－57b）。第一步级踢面 $\mathrm{I}_1\mathrm{II}_1\mathrm{II}_2\mathrm{I}_2$ 的 H 投影积聚成一水平线段 $(1_1)2_12_2(1_2)$，踢面的底线 $\mathrm{I}_1\mathrm{I}_2$ 是平螺旋面的一根素线，求出它的 V 投影 $1_1'1_2'$ 后，过两端点分别画一竖直线，截取一步级的高度，得点 $2_1'$ 和 $2_2'$。矩形 $1_1'2_1'2_2'1_2'$ 就是第一步级踢面的 V 投影，它反映踢面的实形。

第一步级踏面的 H 投影 $2_12_23_23_1$ 是平螺旋面 H 投影的第一等份。第一步级踏面的 V 投影积聚成一水平线段 $2_1'2_2'3_2'(3_1')$，其中 $(3_1')3_2'$ 是第二步级踢面底线（平螺旋面的另一根素线）的 V 投影（图 6－57b）。

4. 画第二步级的 V 投影（图 6－57c）。过点 $(3_1')$ 和 $3_2'$ 分别画一竖直线，截取一步级的高度，得点 $4_1'$ 和 $4_2'$。矩形 $(3_1')3_2'4_2'4_1'$ 就是第二步级踢面的 V 投影。

第二步级踏面的 V 投影积聚成一水平线段 $4_1'4_2'5_2'(5_1')$，它与该踏面的 H 投影 $4_14_25_25_1$ 相对应，其中线段 $(5_1')5_2'$ 也是第三步级踢面底线的 V 投影。

如此类推，依次画出其余各步级的踢面和踏面的 V 投影。必须注意，第四步级和第十步级踢面平行于 W 面，它们的 V 投影分别积聚成一竖直线段。第五至第九步级的踢面被螺旋梯本身遮挡，它们的 V 投影是不可见的。各步级的投影如图 6－57c 所示。

5. 最后画螺旋梯板底面的投影。梯板底面也是一个平螺旋面，它的形状和大小与梯级的平螺旋面完全一样，只是两者相距一个梯板竖直方向的厚度而已。梯板底面的 H 投影与梯级平螺旋面的 H 投影重合。

画螺旋梯板底面的 V 投影，可对应于梯级平螺旋面上的各点，向下截取相同的高度（图 6－57d 小图上的高度 MN），求出梯板平螺旋面上相应各点的 V 投影。比如第七步级踢面底线的两端点是 M_1 和 M_2，从它们的 V 投影 m_1' 和 m_2' 向下截取高度 MN，得 n_1' 和 n_2'，即为与 M_1、M_2 对应的两点 N_1、N_2 的 V 投影。同法求出其他各点，用圆滑曲线连接，即为梯板底面的 V 投影。完成后的螺旋梯两面投影，如图 6－57d 所示。

本章学习指引
Reading Guide

1. 曲线由点运动而形成。根据其形成规律，掌握圆和圆柱螺旋线投影图的绘制方法。

2. 曲面由直线或曲线在一定约束条件下运动而形成。绘制曲面的投影图时，要根据它的形成规律，画出确定该曲面的相关几何元素：母线、顶点、轴线、导线、导平面等。

3. 回转面部分的学习重点是面上定点，要区分圆柱、圆锥、球等面上定点方法的异同。

4. 非回转直纹面部分的学习重点是它们的形成和画法。

5. 螺旋梯是建筑工程中一种常用构造，须了解它的形成和画法。

复习思考题
Review Questions

1. 曲线分为哪两类？曲线的投影有什么特点？
2. 圆的投影有哪三种情况？它的椭圆投影如何画出？
3. 左、右旋圆柱螺旋线有什么区别？它们的投影图如何画出？
4. 曲面是怎样形成的？它们根据什么进行分类？
5. 回转面面上定点有素线法和纬圆法两种，它们在不同曲面上如何灵活运用？
6. 双曲抛物面的投影图如何画出？本章介绍的曲面中，有哪些曲面具有两族素线？
7. 平螺旋面如何形成？螺旋楼梯扶手的投影图如何画出？

第七章 截交线和相贯线

CHAPTER 7 CUTTING LINES AND INTERSECTION LINES

§7－1 概述 Introduction

在组合形体和建筑形体的表面上，经常出现一些交线。这些交线有些是形体被平面截割而产生，有些则是两形体相交而形成。如图7－1所示的原沈阳夏宫，主体是球顶建筑，其四周有锥壳屋面与其相交。锥壳屋面的檐口曲线 *I* 就是平面与锥面的交线；锥壳屋面与中央主体球顶屋面相交处的空间曲线 *II* 则是锥面与球面的交线。

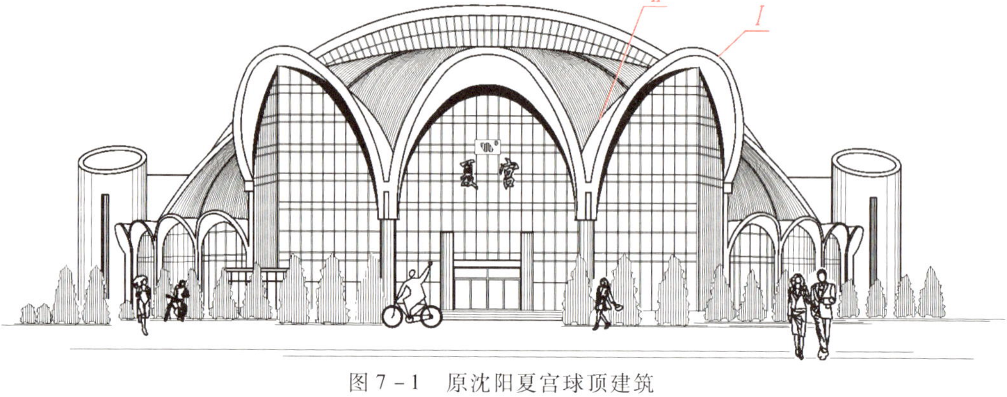

图7－1　原沈阳夏宫球顶建筑

基本形体被一个或多个平面截割(例如图7－2a所示的四棱锥被一个平面截割,图7－2b所示的圆柱被两个平面截割)，必然在形体的表面上产生交线。

假想用来截割形体的平面称为截平面(cutting plane)。截平面与形体表面的交线称为截交线(cutting line)。截交线围成的平面图形称为断面(cut)(图7－2)。

有些建筑形体是由两个相交的基本形体组成的，这种形体称为相贯体(intersecting solid)，相贯体的表面交线称为相贯线(intersection line)。两形体相贯，可以是平面体(polyhedron)与平面体相贯(图7－3a)，平面体与曲面体(curved solid)相贯(图7－3b)，以及曲面体与曲面体相贯(图7－3c)。

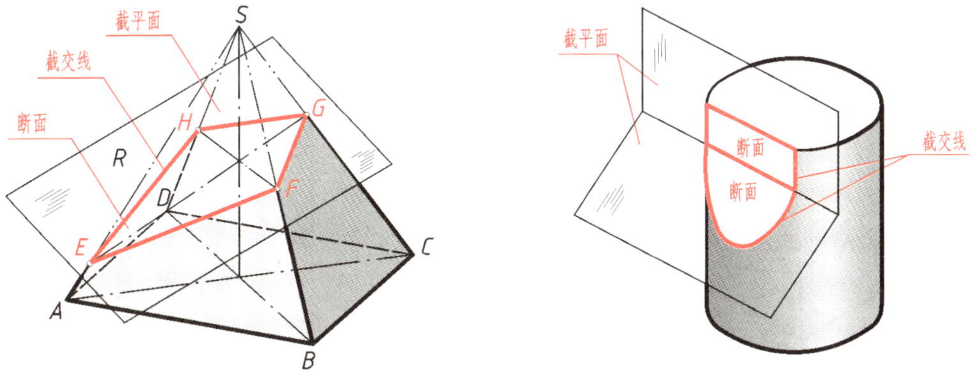

(a) 平面体的截交线　　(b) 曲面体的截交线

图 7-2　截交线

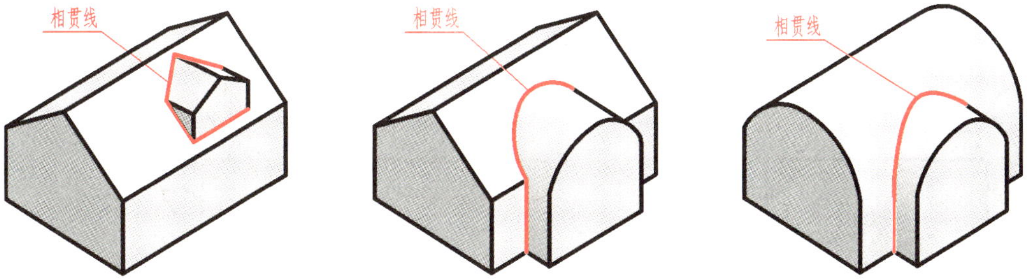

(a) 两平面体相贯　　(b) 平面体与曲面体相贯　　(c) 两曲面体相贯

图 7-3　相贯线

§7-2 截交线 Cutting Lines

一、平面体的截交线(Cutting lines of polyhedra)

平面体被平面截割所得的截交线，是一根闭合的平面折线，为截平面和形体表面所共有。如图 7-4 所示，三棱锥 *S-ABC* 被平面 *R* 截割，截交线为三角形 *DEF*。截交线三角形的顶点是侧棱 *SA*、*SB* 和 *SC* 与截平面的交点。求平面体上截交线的方法，可归结为求参与相交的侧棱及底边与截平面的交点，依次连接各交点，即得截交线。也可求出参与相交的各侧面及底面与截平面的交线(*DF*、*FE* 和 *ED*)，即组成截交线。截交线的形状，将随着截平面的位置、数量以及与形体各表面的相交情况而变化。

求平面体截交线的投影时，要先分析平面体在未截割前的形状是怎样的，它是怎样被截割的，以及截交线有何特点等，然后进行作图。

1. 棱柱(prism)的截交线

【例 7－1】 已知图 7－5 所示木榫头甲的形体，求作它的投影图和斜断面的实形。

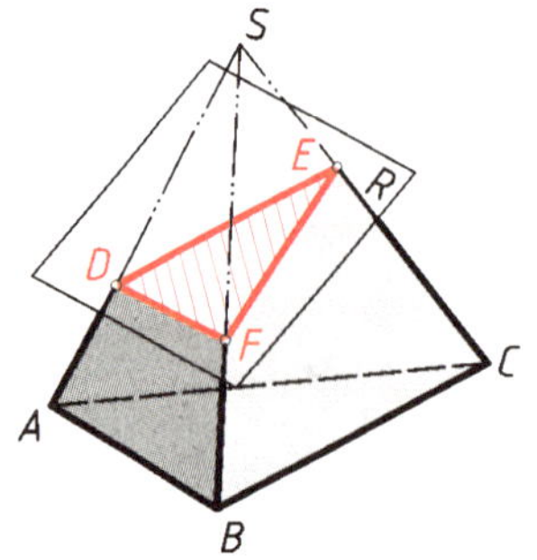

图 7－4 平面截三棱锥的截交线

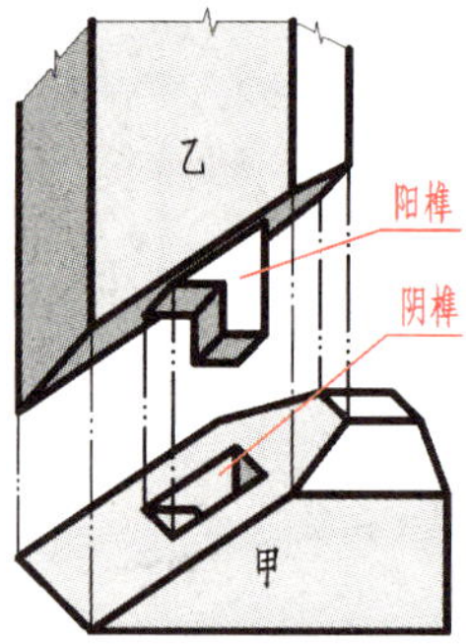

图 7－5 木榫头

解：（一）形体分析

图 7－5 所示榫头甲的形体，可看成由四棱柱经两次截割而形成。第一次用侧垂面 P_1、P_2 和正垂面 P_3 截割四棱柱，所得截交线为闭合的六边形平面折线（图 7－6c）。第二次挖去一个阴榫孔槽（图 7－6d），与图 7－5 所示榫头乙的阳榫对接。

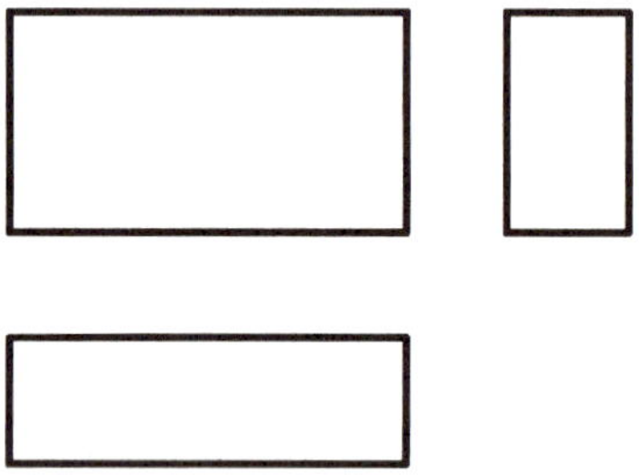
(a) 画四棱柱的三面投影

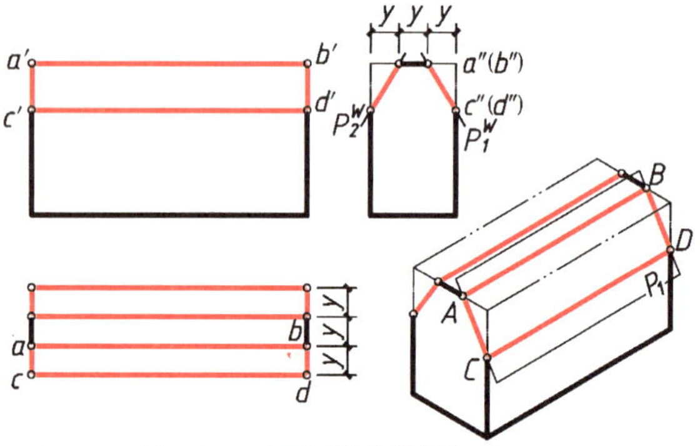

(b) 画 P_1、P_2 与四棱柱的截交线

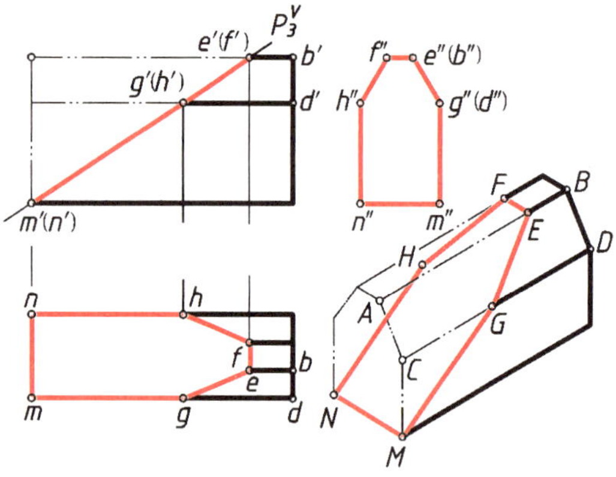

(c) 画 P_3 与棱柱的截交线

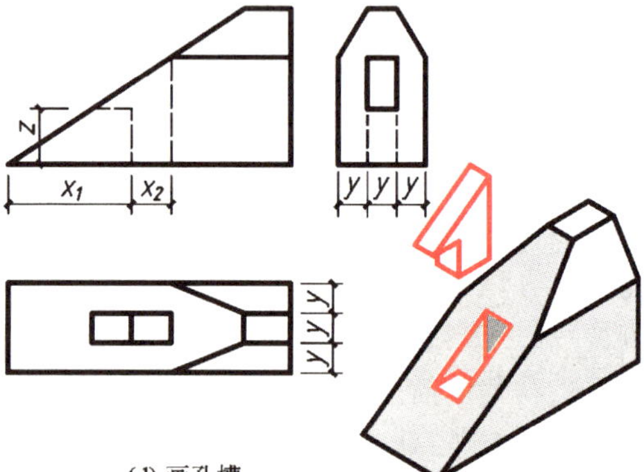

(d) 画孔槽

图 7－6 棱柱体截交线画法

（二）作图步骤

（1）根据榫头长、宽、高外形尺寸，画四棱柱的 H、V、W 投影（图 7－6a）。

(2) 求侧垂面 P_1、P_2 与四棱柱的截交线(图 7-6b)。利用 P_1^W 的积聚性和投影关系，求得截交线 *ABDC* 的 *H*、*V* 投影。同理求得 P_2 面与四棱柱的截交线。

(3) 求正垂面 P_3 与棱柱体的截交线(图 7-6c)。截交线的 *V* 投影与 P_3^V 重合。截交线的 *W* 投影与棱柱的 *W* 投影轮廓线重合，利用 P_3^V 的积聚性，求得截交线的 *H* 投影 *efhnmge*。

(4) 作孔槽的投影。根据尺寸 x_1、x_2 和 *z* 作出 *V* 投影，再根据宽度尺寸 *y* 作出 *W* 投影，最后完成孔槽的 *H* 投影(图 7-6d)。

(5) 作斜断面实形。斜断面是一个正垂面，作出它的辅助投影，即为所求的实形，如图 7-7 所示。

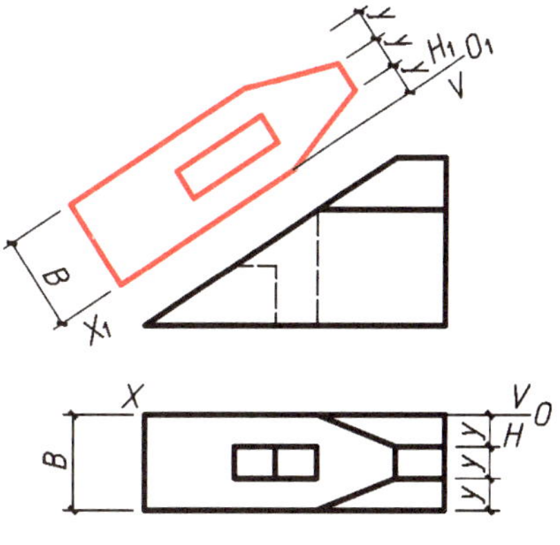

图 7-7 求木榫头斜断面实形

2. 棱锥(pyramid)的截交线

【例 7-2】 已知正三棱锥和正垂面 *P* 的投影(图 7-8a)，求截交线的投影和断面实形。

解：(一) 投影分析

从图 7-8a 可知，*P* 面与三棱锥的三个侧面都相交，截交线为一个三角形。求出三根侧棱与正垂面 *P* 的交点 *D*、*E*、*F* 后，连成截交线。截交线的 *V* 投影落在 P^V 上。

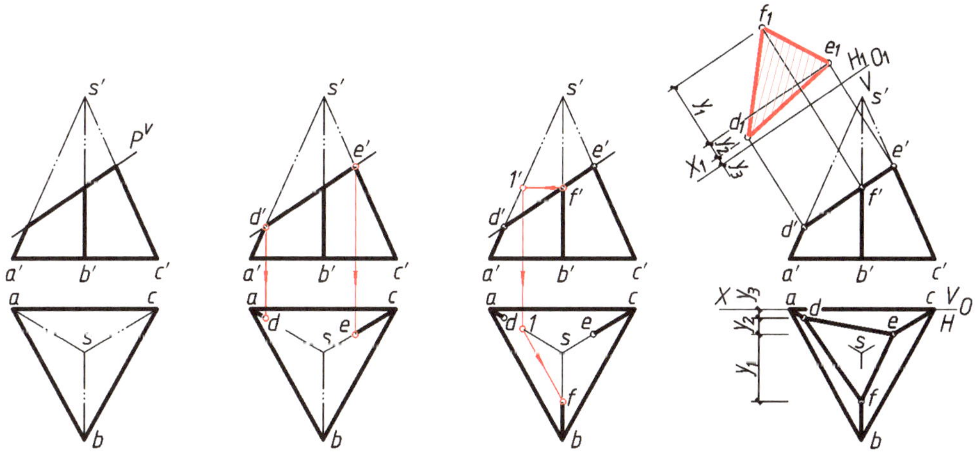

(a) 已知条件 (b) 求截交点*D*、*E* (c) 求截交点*F* (d) 连点并求断面实形

图 7-8 正三棱锥的截交线

(二) 作图步骤

(1) 求交点 *D*、*E*、*F*。利用 P^V 的积聚性求出 *d*、*d'* 和 *e*、*e'*(图 7-8b)。侧平线 *SB* 上的交点 *F* 的 *H* 投影 *f*，可通过侧面 *SAB* 上的辅助线 *FI* (∥*AB*)求出(图 7-8c)。

(2) 把位于同一侧面上的两交点依次连接，得截交线的 *H* 投影 *def*，均为可见(图 7-8d)。

(3) 作出断面的辅助投影 $d_1f_1e_1$，即为断面的实形(图 7-8d)。

【例 7-3】 已知正四棱锥及其上缺口的 *V* 投影，求 *H* 和 *W* 投影(图 7-9a)。

解：从给出的 *V* 投影可知，四棱锥的缺口是由水平面 *P* 和正垂面 *Q* 截割四棱锥而形成的。

作图时先求 P 面与四棱锥的截交线 $ABCDEA$，再求 Q 面与四棱锥的截交线 $CDFGHC$，其中 CD 为 P、Q 两截平面的交线。所得投影图如图 7－9b 所示。

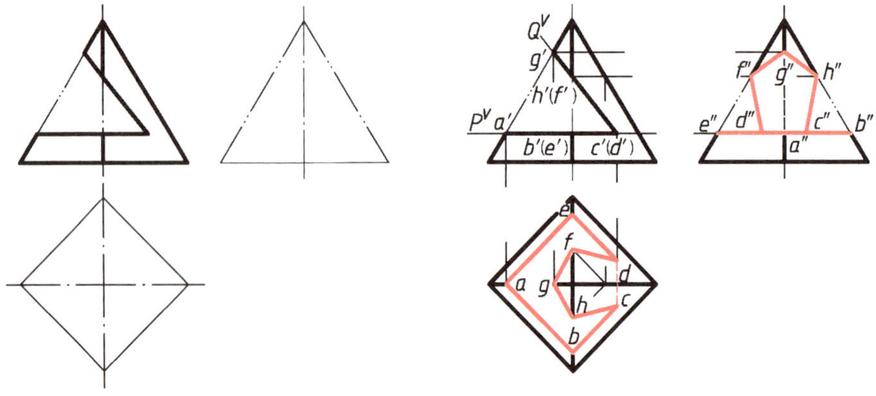

(a) 已知　　(b) 作图

图 7－9　四棱锥的缺口

以不同开槽方式截割同样的四棱台时（图 7－10），由于截平面（槽口）与四棱台各侧面的相对位置不同，槽口截交线的形状就不一样。图 7－10a 所示四棱台的左、右侧面为正垂面，前、后侧面为侧垂面，槽口截平面为侧平面和水平面，截交线的大部分投影落在槽口截平面的积聚投影上。只有槽底与前侧面的交线Ⅰ—Ⅱ的 H 投影 12 以及与ⅠⅡ对称的在后侧面的交线的 H 投影需要求出。根据“宽相等”的关系可从 W 投影量取宽度 y 确定 12 的位置。也可在 V 投影作辅助线（延长 $1'2'$）与侧棱相交，确定 H 投影 12 的位置。

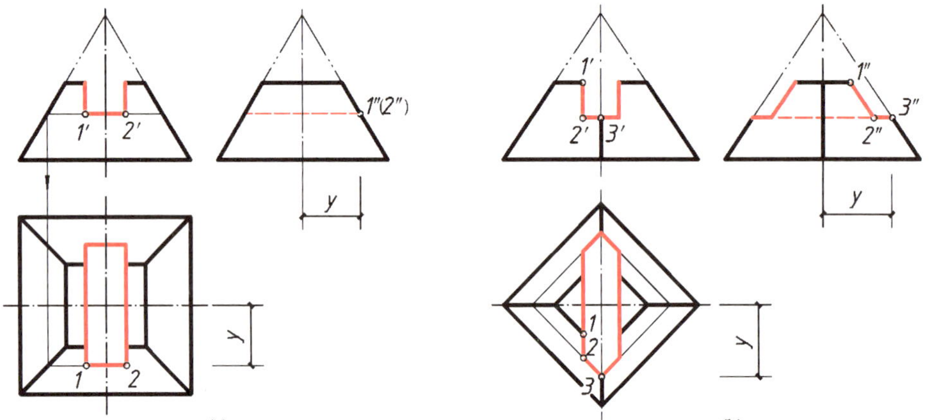

(a)　　(b)

图 7－10　四棱台的截交线

图 7－10b 的四棱台四个侧面都是一般面，需作出截交线的一部分Ⅰ—Ⅱ—Ⅲ的 H 和 W 投影，再利用对称性作出槽口的其余投影，作图步骤如图所示。

二、曲面体的截交线（Cutting lines of curved solids）

曲面体截交线上的每一点，都是截平面与曲面体表面的公有点（common point）。求出足够的公有点，然后依次连接各点，即得截交线。求公有点的基本方法有素线法、纬圆法和辅助平面法(auxiliary-plane method)。求公有点时，通常先求出特殊点(special point)：即各极限位置(最左、最右、最前、最后、最高、最低等)点和形体各投影轮廓线与截平面的交点等；如有必要再求若干个一般点(general point)。

1. 圆柱(cylinder)的截交线

有许多构件形体是由平面截割圆柱而形成，如圆柱被两个铅垂截平面和一个水平截平面截割后形成凸、凹截(槽)口，是平面截割圆柱的常见形式(图7-11a、b)。

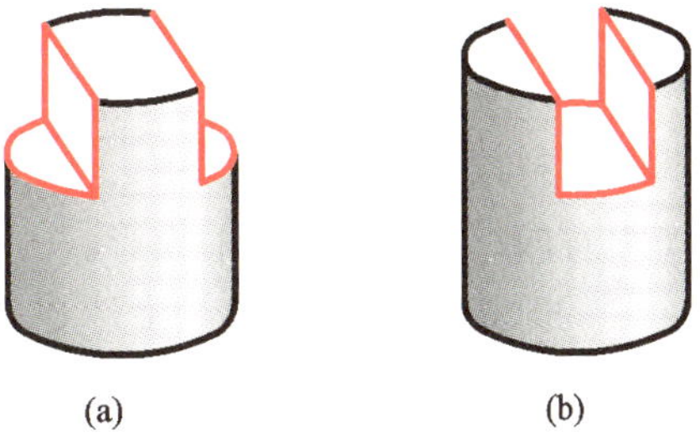

图7-11　常见的圆柱截(槽)口

根据截平面与圆柱轴线的相对位置不同，圆柱上的截交线有圆(circle)、椭圆(ellipse)和矩形(rectangle)三种形状，如表7-1所示。当截平面斜截圆柱时，椭圆形截交线的短轴 CD 平行于圆柱正截面，长度等于圆柱直径。椭圆长轴 AB 与短轴 CD 的交点(椭圆中心)，落在圆柱的轴线上。

表7-1　圆柱的截交线

截平面的位置	P 面倾斜于圆柱轴线	Q 面垂直于圆柱轴线	R 面平行于圆柱轴线
立体图	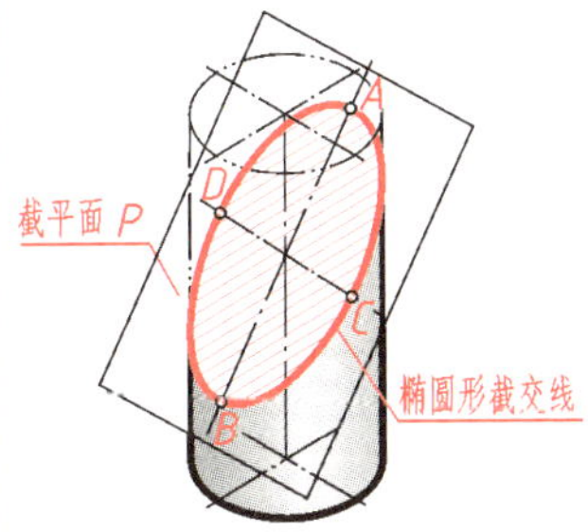	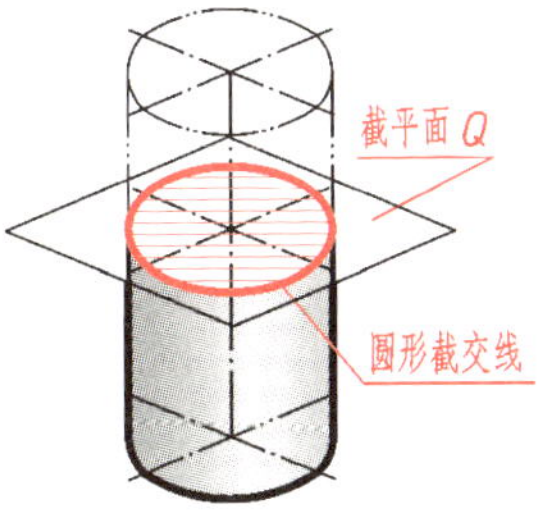	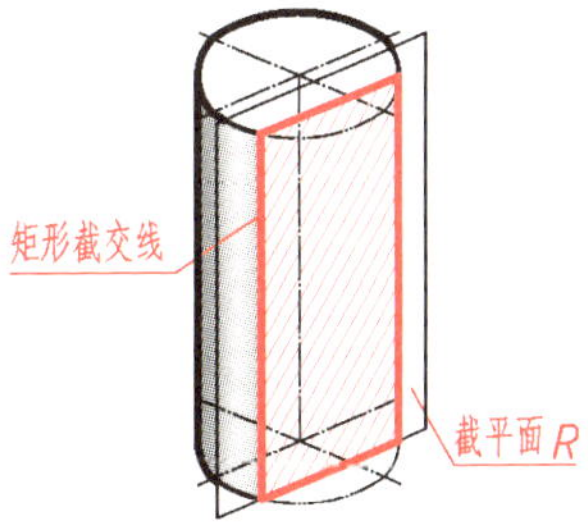
投影图	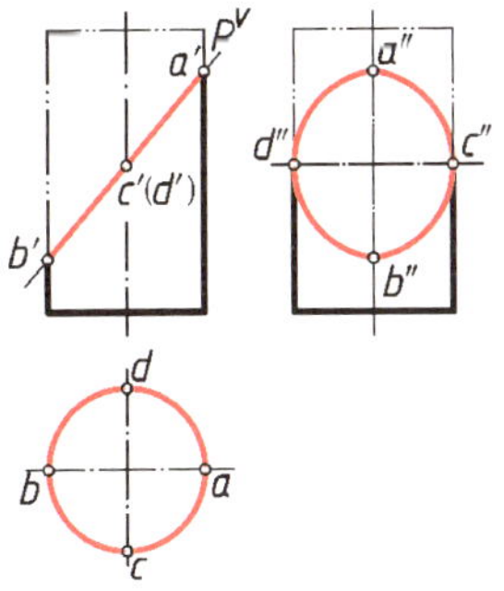	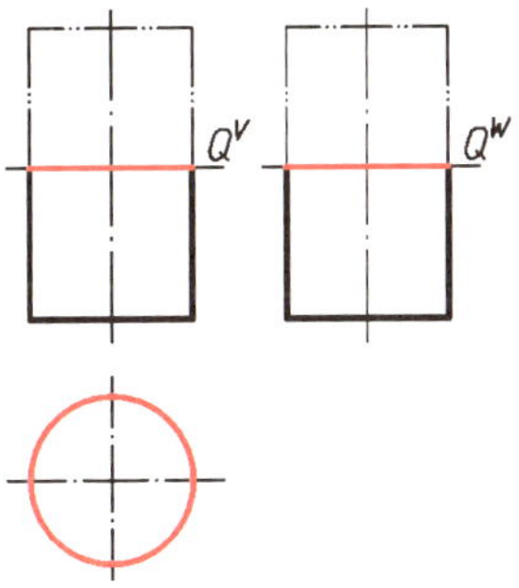	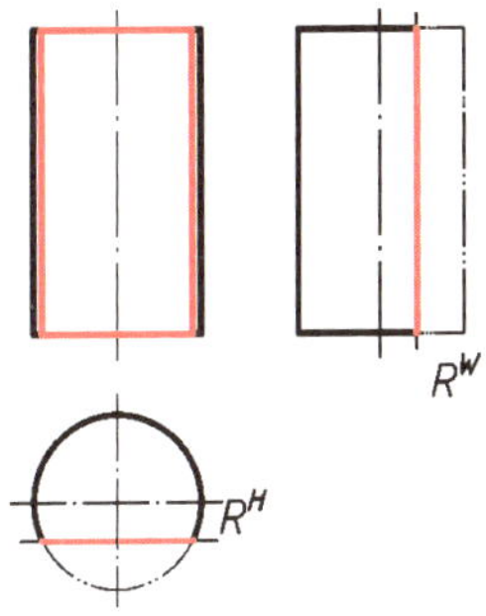

【例7-4】　已知圆柱和截平面 P 的投影(图7-12a)，求截交线的投影和断面实形。

解：(一)投影分析

圆柱轴线垂直于 W 面，截平面 P 为正垂面，与圆柱轴线斜交，截交线为椭圆。椭圆的长轴平行于 V 面，短轴垂直于 V 面。椭圆的 V 投影为一直线段与 P^V 重合。椭圆的 W 投影落在圆

柱面的 W 面积聚投影上而成为一个圆，只需作图求出截交线的 H 投影。

（二）作图步骤

（1）求特殊点(special point)。即求长、短轴端点 A、B 和 C、D。P^V 与圆柱最高、最低轮廓线 V 投影的交点 a'、b'，即为长轴端点 A、B 的 V 投影，P^V 与圆柱最前、最后素线 V 投影的交点 c'、(d')，即为短轴端点 C、D 的 V 投影，据此求出长、短轴端点的 H 投影 a、b 和 c、d（图 7－12b）。

（2）求一般点(general point)。为使作图准确，需求截交线上若干个一般点。在截交线 V 投影上任取点 $1'$（图 7－12b），据此求得 W 投影 $1''$ 和 H 投影 1。椭圆是对称图形，可作出与点Ⅰ对称的点Ⅱ、Ⅲ、Ⅳ的投影。

（3）连点。在 H 投影上顺次连接 a—1—c—3—b—4—d—2—a 各点，得椭圆截交线的 H 投影。

（4）求断面实形。设立辅助投影面平行于截平面 P，作出 A、B、C、D、Ⅰ、Ⅱ、Ⅲ、Ⅳ各点的辅助投影，连成椭圆，即为所求断面实形（图 7－12b）。

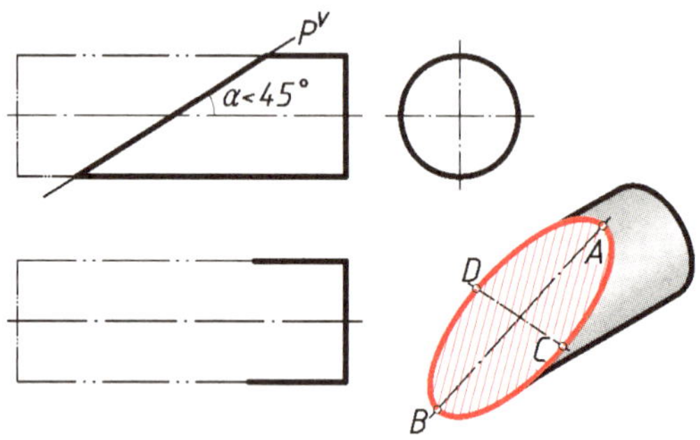

(a) 平面截圆柱的已知条件

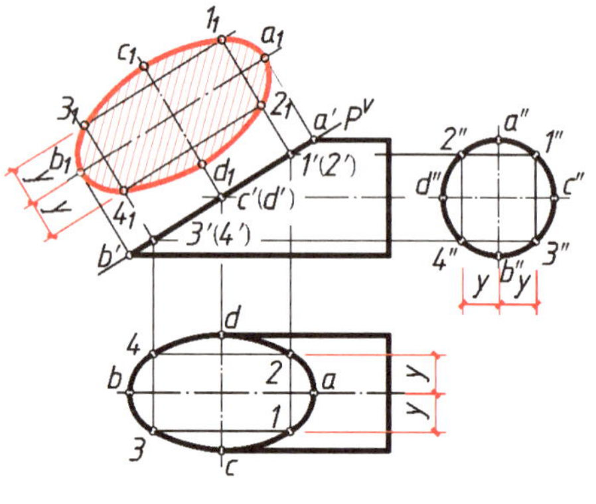

(b) 求长、短轴端点，求一般点、连点和求实形

图 7－12 圆柱上截交线椭圆的作图步骤

从例 7－4 可以看到，截交线椭圆在平行于圆柱轴线但不垂直于截平面的投影面上的投影，一般仍是椭圆。椭圆长、短轴在该投影面上的投影，与截平面和圆柱轴线的夹角有关。当截平面与圆柱轴线的夹角 α 小于 45°时（如图 7－12），椭圆长轴的投影，仍为投影椭圆的长轴。而当夹角 α 大于 45°时，椭圆长轴的投影，变为投影椭圆的短轴。当 α 等于 45°时，椭圆的投影成为一个与圆柱底圆相等的圆。读者可自行作图。

图 7－13 画出了图 7－11 所示的两种圆柱截（槽）口的投影图，因截平面都平行或垂直于圆柱轴线，截交线是矩形和圆弧的组合。各段截交线的投影分别落在截平面的积聚投影上，具体的作图请读者自己完成。

2. 圆锥(cone)的截交线

当平面与圆锥截交时，根据截平面与圆锥的相对位置不同，可产生五种不同形状的截交线，如表 7－2 所示。

平面截割圆锥面（不考虑锥底平面时）所得的表面交线有圆(circle)、椭圆(ellipse)、抛物线(parabola)和双曲线(hyperbola)，统称为圆锥曲线(conic)。当截平面倾斜于投影面时，椭

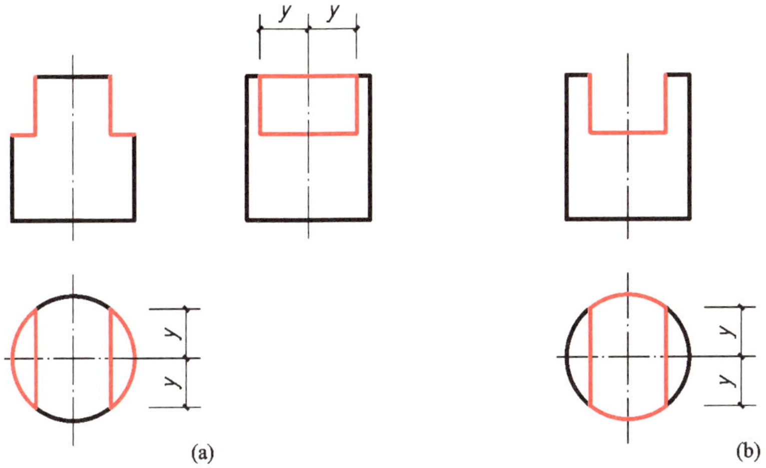

图 7-13 两种常见圆柱截(槽)口投影图

圆、抛物线、双曲线的投影，一般仍为椭圆、抛物线和双曲线，但有相仿变形。圆的投影可能为椭圆，椭圆的投影亦可能成为圆。

作圆锥曲线的投影，实质上是锥面上定点的问题。用素线法或纬圆法，求出截交线上若干点的投影后，依次连接起来即可。

表 7-2 圆锥的截交线

截平面的位置	截平面垂直于圆锥轴线	截平面与锥面上所有素线相交	截平面平行于圆锥面上一根素线	截平面平行于圆锥面上两根素线	截平面通过锥顶
截交线空间形状	圆	椭圆	抛物线*	双曲线*	三角形
	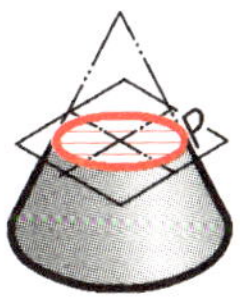	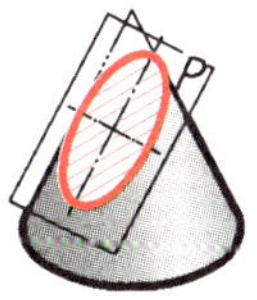	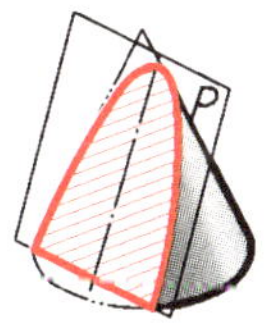	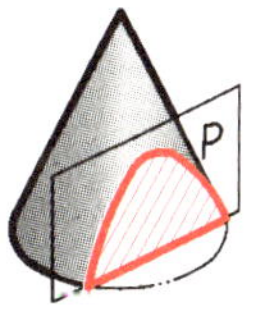	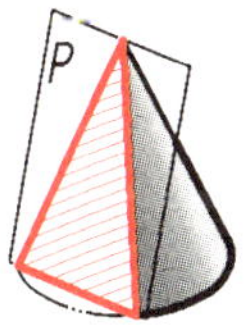
投影图	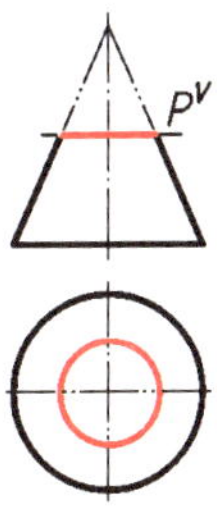	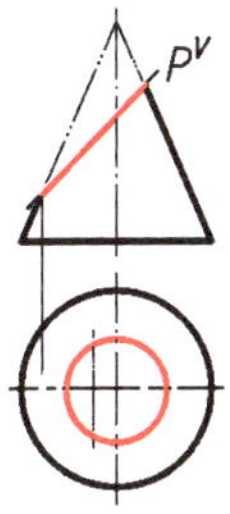	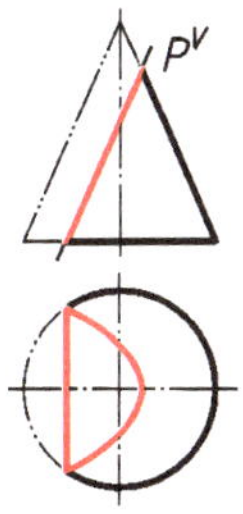	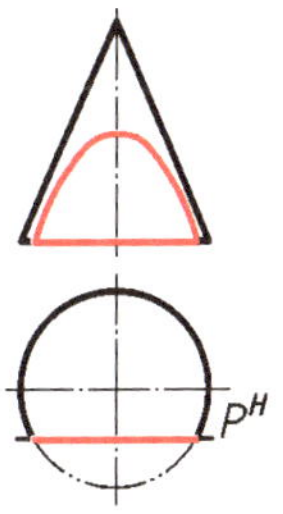	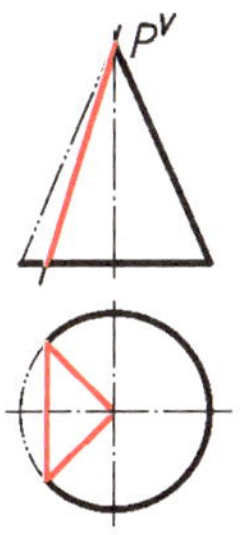

* 这里指的“抛物线”和“双曲线”是不包括截平面与锥底平面的交线。当截平面截到锥底时，截交线为锥面上的曲线与锥底的直线组成的图形。

【例 7-5】 已知圆锥和截平面 P 的投影，求截交线的投影和断面实形(图 7-14)。

解：(一) 投影分析

P 面为正垂面，与圆锥的所有素线相交，截交线为椭圆(图 7-14a)。P 面与圆锥最左、最右轮廓线的交点，为椭圆长轴 AB 的端点。椭圆短轴 CD 垂直平分 AB，且垂直于 V 面。截交线的 H 投影为椭圆，V 投影重合在 P^V 上。椭圆长、短轴的投影仍为投影椭圆的长、短轴。

(二) 作图步骤

(1) 求特殊点。在 V 投影上 P^V 与圆锥轮廓线的交点 a'、b'，即为长轴 AB 两端点的 V 投影。AB 的 H 投影 ab，就是投影椭圆的长轴。椭圆短轴 CD 的 V 投影 $c'(d')$ 必积聚在 $a'b'$ 的中点。过 C、D 作纬圆，或作素线 S—Ⅰ、S—Ⅱ，求出 C、D 的 H 投影 c、d(图 7-14b)。用纬圆法求最前、最后素线与 P 面的交点 M、N 的 H 投影 m、n(图 7-14c)。

(2) 求一般点。用纬圆法求椭圆上一般点 E、F 的 H 投影 e、f(图 7-14c)。

(3) 连点。在 H 投影中依次连接 a—n—d—f—b—e—c—m—a 各点，得椭圆的 H 投影(图 7-14d)。

(4) 求断面实形。设立辅助投影面 H_1 平行于 P 面，求出长、短轴端点 A、B、C、D 和中间点 E、F、M、N 各点的辅助投影后，画出椭圆的实形(图 7-14d)。

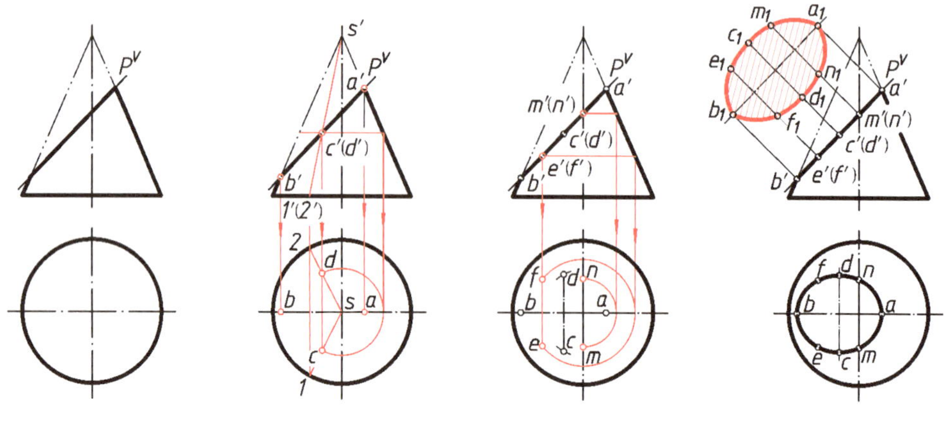

(a) 已知条件　　(b) 求长、短轴端点　　(c) 求 M、N 和一般点　　(d) 连点、求实形

图 7-14　圆锥上截交线的作法——素线法、纬圆法

3. 球(sphere)的截交线

图 7-15 是原北京网球馆的透视图，它是由平面截割球体形成的。

图 7-15　原北京网球馆

平面截割球体时，不管截平面的位置如何，截交线的空间形状都是圆。当截平面垂直于投影面时，截交线圆在该投影面上的投影为一直线段，长度等于圆的直径。当截平面平行于投影

面时，截交线圆在该投影面上的投影，反映圆的实形；当截平面倾斜于投影面时，截交线圆的投影为椭圆。例如图 7-16 所示截平面 R 是正平面，截交线的 H 投影为一水平线，与 R^H 重合。截交线的 V 投影反映圆的实形，圆的直径 cd 可在 H 投影中量得。W 投影为一竖直线，与 R^W 重合(图 7-16)。

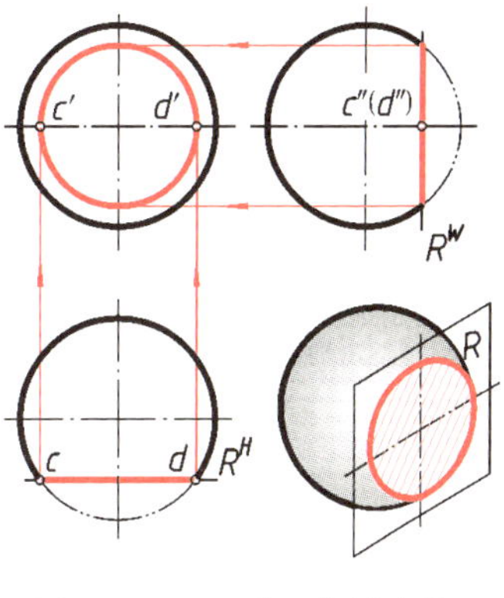

图 7-16 正平面截割球体

【例 7-6】 已知球和截平面 S 的投影(图 7-17a)，求截交线的投影和断面实形。

解：(一) 投影分析

截平面 S 为一正垂面，截交线圆的 H 和 W 投影为椭圆，可分别求出它们的长、短轴后作出。

(二) 作图步骤

(1) 求 H、W 面投影的椭圆长、短轴的端点 c、d，a、b 和 c''、d''，a''、b''(图 7-17b)。

(2) 求截平面与球的 W 投影轮廓线的交点 M、N 的各投影(图 7-17b)。

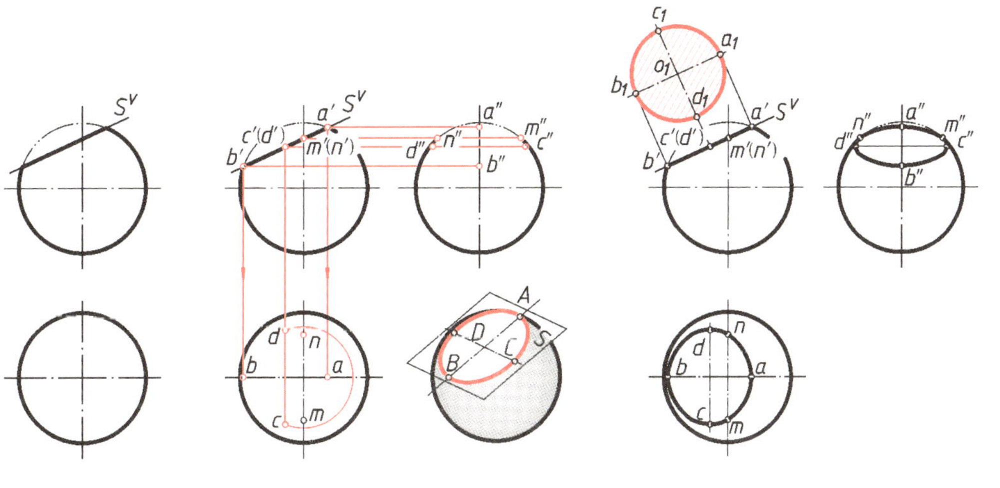

(a) 已知条件 (b) 求长、短轴端点和M、N (c) 根据长、短轴作椭圆，求实形

图 7-17 正垂面截割球

(3) 根据长轴 cd、$c''d''$，短轴 ab、$a''b''$，特殊点 m、m''、n、n''作椭圆(图 7-17c)，得截交线的 H、W 投影。

(4) 断面的实形为圆，圆的直径 $a_1b_1 = a'b'$(图 7-17c)。

【例 7-7】 已知一建筑物球壳屋面的跨度 l 和球的半径 R(图 7-18a)，求作它的投影。

解：(一) 投影分析

给出的球壳屋面是一个半径为 R 的半球，被两组对称的、相距为 L 的正平面(P_1、P_2)和侧平面(Q_1、Q_2)所截(图 7-18b)。由正平面截得的截交线的 V 投影反映圆弧的实形，W 投影为两根竖直线(图 7-18c)。由侧平面截得的截交线的 W 投影反映圆弧的实形，V 投影为两根竖直线(图 7-18d)。四个截平面的交线为四根铅垂线。

(二) 作图步骤

(1) 根据球的半径 R，作出半球的 V、W 投影(图 7－18c)。

(2) 在 H 投影上，正平面 P_1、P_2 的积聚投影 P_1^H、P_2^H 与球的 H 投影轮廓线相交，得截交线圆弧的直径 ab。据此作出截交线圆弧的 V 投影(圆弧的实形)和 W 投影(两根竖直线)(图 7－18c)。

(3) 在 H 投影上，侧平面 Q_1、Q_2 的积聚投影 Q_1^H、Q_2^H 与球的 H 投影轮廓线相交，又得截交线圆弧的直径 cd。据此作出截交线圆弧的 W 投影(圆弧的实形)和 V 投影(两根竖直线)(图 7－18d)。

(4) 擦去作图线，完成全图(图 7－18e)。

截交线圆弧以下是墙身，其高度根据设计要求而定。

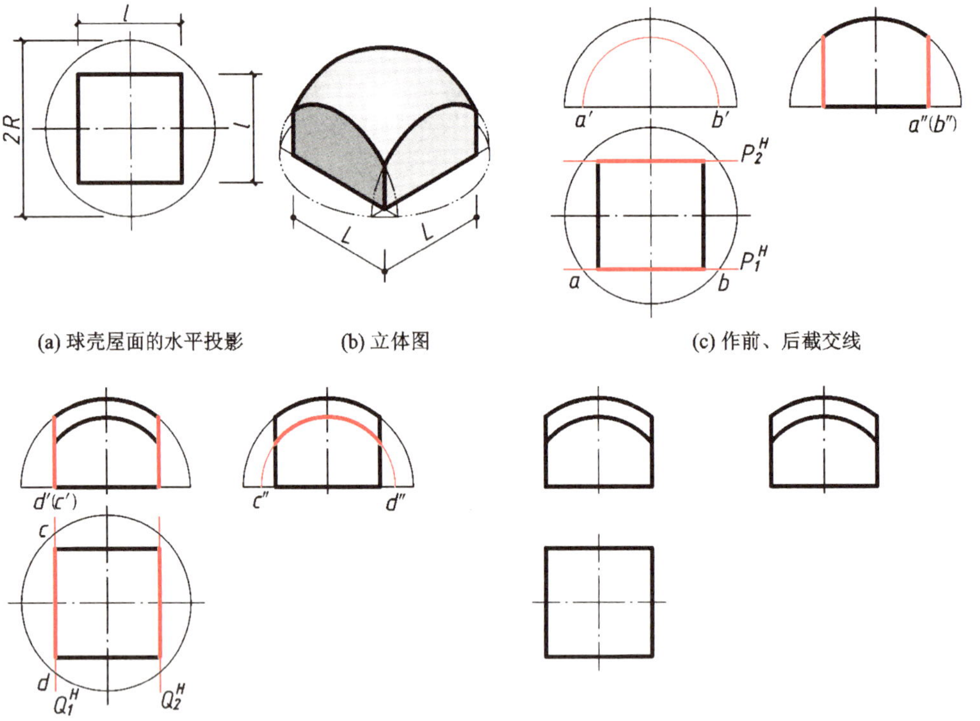

(a) 球壳屋面的水平投影　(b) 立体图　(c) 作前、后截交线

(d) 作左、右截交线　(e) 完成全图

图 7－18　球壳屋面投影图作法

§7－3 相贯线 Intersection Lines

如前所述，两相贯形体的表面交线称为相贯线。相贯线是两形体表面的公有线(common line)。相贯线上的点是两形体表面的公有点(common point)。

一、两平面体相贯(Intersection of polyhedra)

如图 7-19 所示，烟囱与坡屋面相交，其形体可看成是四棱柱与五棱柱相贯。两平面体的相贯线一般是一根闭合的空间折线。折线的每一段都是甲形体的一个侧面与乙形体的一个侧面的交线，如图中的 AB、BC、CD、DE、EF 和 FA。折线的转折点(refracted point)是一个形体的侧棱与另一个形体侧面的交点。因此，求两平面体的相贯线，实质就是求两平面的交线或求直线与平面的交点。

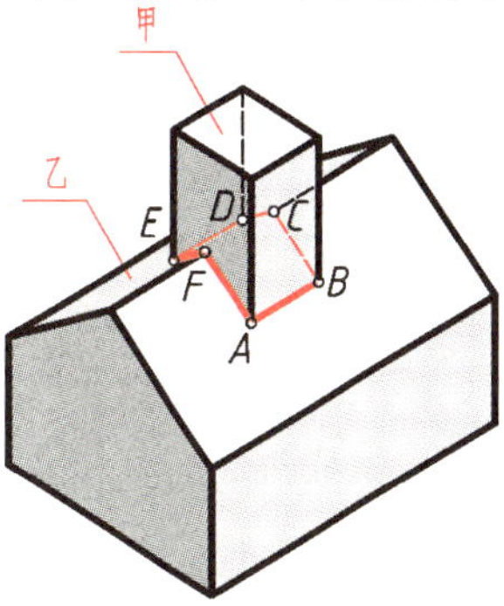

图 7-19　两平面体相贯

【例 7-8】 已知屋面及屋面上气窗的 V、W 投影(图 7-20a)，求气窗与坡屋面交线的 H 投影。

解：(一) 投影分析

气窗可看成是侧棱垂直于 V 面的五棱柱，相贯线的 V 投影与气窗的 V 投影五边形重合；前屋面是侧垂面，W 投影积聚成斜线，相贯线的 W 投影落在此斜线上，只需求出屋面、气窗以及它们的相贯线的 H 投影。实例如图 7-20b 所示。

(二) 作图步骤(图 7-20c)

(1) 补绘屋面的 H 投影。

(2) 补绘气窗的 H 投影：量取 y_1、y_2、y_3，作出 A、B、C、D、E 各点的 H 投影。

(3) 依次连接各点的 H 投影成闭合折线。

(4) 判断 H 投影可见性，并过 c 作气窗正垂线屋脊的 H 投影。

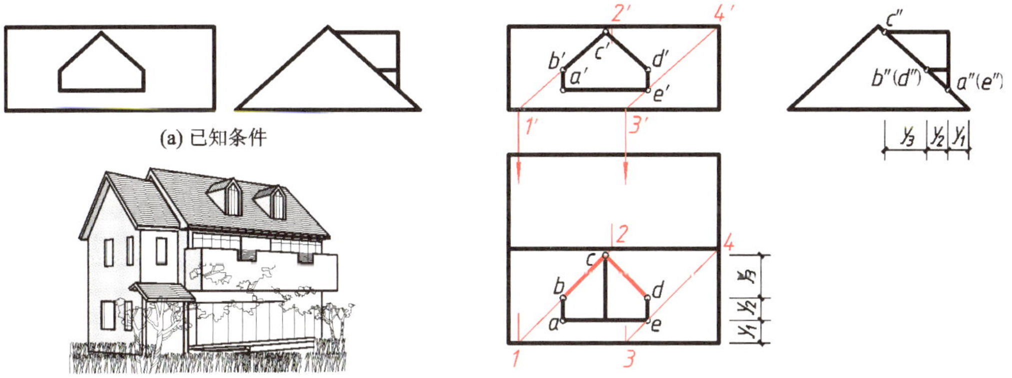

(a) 已知条件

(b) 气窗实例

(c) 作图

图 7-20　气窗与坡屋面的交线

若无 W 投影时，可直接通过 BC(或 CD)在屋面上作辅助线来求 bc。即延长 $b'c'$，分别与檐口线和屋脊线交于 $1'$、$2'$，由此求得 12，bc 必在其上。同理求出 cd 和点 e，并作侧垂线 AE(图 7-20c)。

【例 7-9】 已知三棱柱与三棱锥相贯，求它们的表面交线(图 7-21)。

解：(一) 投影分析

从图 7-21 可知，三棱柱各侧面都是铅垂面，H 投影有积聚性，相贯线的 H 投影都落在三棱柱的 H 投影上。从 H 投影可知三棱锥的侧棱 SA、SB、SC 都与三棱柱的侧面 LM 和 MN 相交，即三棱锥完全贯穿三棱柱形成两根闭合的相贯线。

（二）作图步骤

（1）求贯穿点。直线与立体表面的交点称为贯穿点（piercing point）。利用三棱柱在 *H* 面上的积聚投影可直接求得三棱锥三根侧棱 *SC*、*SA*、*SB* 与三棱柱左、右两侧面交点的 *H* 投影 *1*、*2*，*3*、*4* 和 *5*、*6*，据此再作出 *V* 投影 *1′*、*2′*，*3′*、*4′* 和 *5′*、*6′*。

（2）连贯穿点。根据"位于甲形体同一侧面同时又位于乙形体同一侧面上的两点才能相连"的原则，在 *V* 投影上分别连成 *1′3′5′* 和 *2′4′6′* 两根相贯线。

（3）判别可见性。根据"同时位于两形体都可见的侧面上的交线才是可见的"的原则来判断，在 *V* 投影上，三棱柱左、右两侧面可见，三棱锥的 *SAB*、*SBC* 面可见，所以交线 *1′5′*、*3′5′* 和 *2′6′*、*4′6′* 可见，但三棱锥的 *SAC* 面的 *V* 投影为不可见，因而 *1′3′*、*2′4′* 不可见。

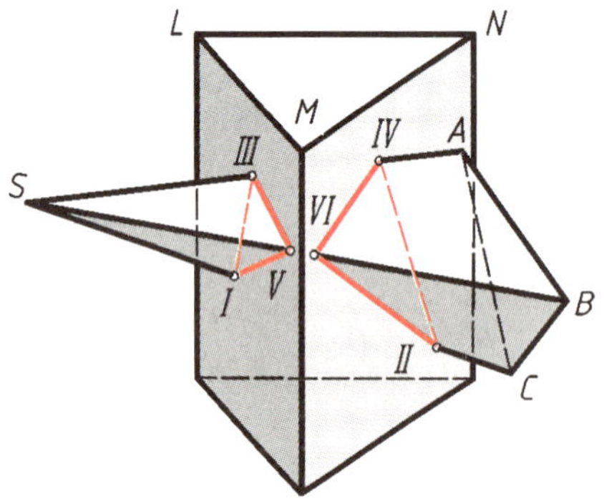

(a)

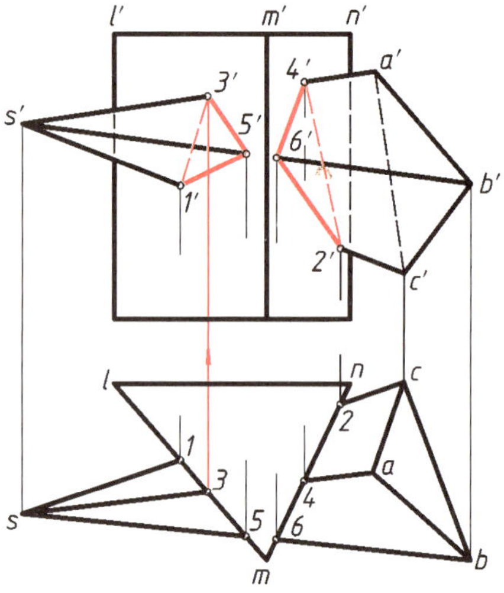

(b)

图 7－21 三棱柱与三棱锥相贯（一）

如果三棱锥的侧棱 *SB* 与三棱柱不相交（图 7－22），则三棱柱的前侧棱 *M* 将贯穿三棱锥的两个侧面 *SAB* 和 *SBC*，形成两形体相互贯穿。它们的相贯线是一根闭合的空间折线，作图步骤如下：

（1）求贯穿点。利用三棱柱的积聚投影，求出三棱锥侧棱 *SA*、*SC* 与三棱柱侧面 *LM*、*MN* 的交点 Ⅰ（*1*，*1′*）、Ⅱ（*2*，*2′*）和Ⅲ（*3*，*3′*）、Ⅳ（*4*，*4′*）。

（2）过锥顶 *S* 及棱柱侧棱 *M* 作辅助铅垂面，与三棱锥相交于三角形 *S*—Ⅶ—Ⅷ。求出侧棱 *M* 与三棱锥的贯穿点Ⅴ（5，5′）、Ⅵ（6，6′）（图 7－22b）。

（3）为便于确定哪两个贯穿点可以相连，哪一段相贯线的投影是可见线，可将三棱柱表面沿不参与贯穿的侧棱 *L*"剪开"，示意性地竖向摊平。又把三棱锥表面沿不参与贯穿的侧棱 *SB*"剪开"，示意性地横放摊平。两形体摊开的侧面组成若干格子，如图 7－22c 所示。将求得的贯穿点一一标注在格子上。例如点Ⅰ是侧棱 *SA* 与侧面 *LM* 的交点，则标注在格子中 *LM* 范围内的侧棱 *SA* 上。只有在同一格子内的两贯穿点（如Ⅰ、Ⅴ）才可以相连，因为这两点是在棱柱的同一个侧面上，同时又在棱锥的同一侧面上，必然是相贯线的一段。把 *V* 投影中可见的侧面，如 *LM*、*SBC* 等，注上"＋"号；不可见的侧面，如 *NL*、*SAC* 注上"－"号。相贯线上的一段

（如Ⅰ Ⅴ）如果既在棱柱的可见面上又在棱锥的可见面上，则它的 *V* 投影（*1′5′*）可见。如果相贯线上的一段（如Ⅱ Ⅳ），位于某一立体（如棱锥）的不可见面上，则它的 *V* 投影（*2′4′*）不可见。

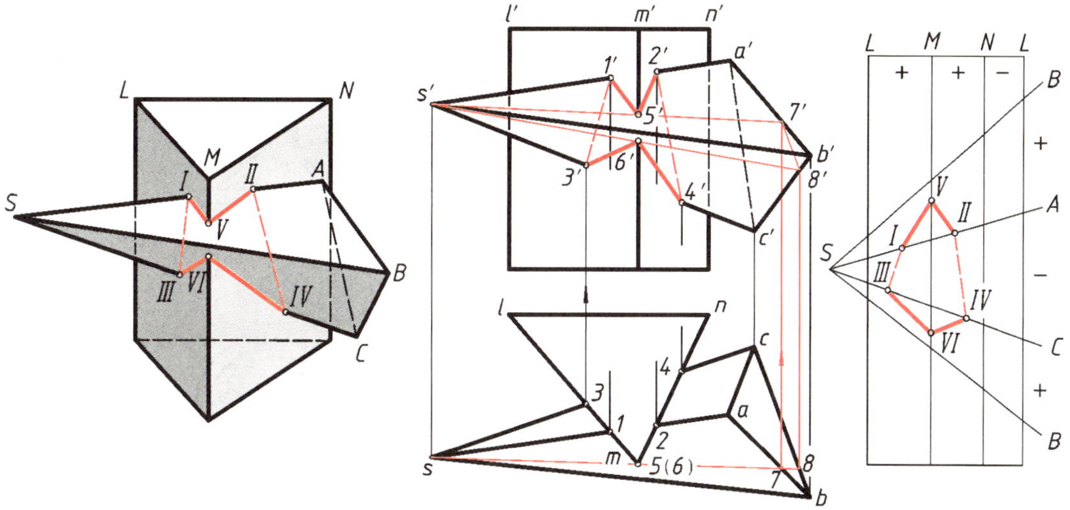

(a) (b) (c)

图 7-22 三棱柱与三棱锥相贯（二）

如果需要判断相贯线的 *H* 投影的可见性，方法也一样，只是要根据两形体各侧面 *H* 投影的可见性来调整各自的“+”和“-”而已。

二、平面体与曲面体相贯（Intersection of polyhedron and curved solid）

平面体与曲面体相贯，相贯线一般是由若干段平面曲线或平面曲线和直线所组成的空间折线，例如图 7-23 的柱头，相贯线的左边部分由圆弧 *BCD* 和直线 *AB*、*ED* 等组成。各段平面曲线或直线，就是平面体上各侧面截割曲面体所得的截交线。相贯线的各个转折点（如 *B*、*D*），

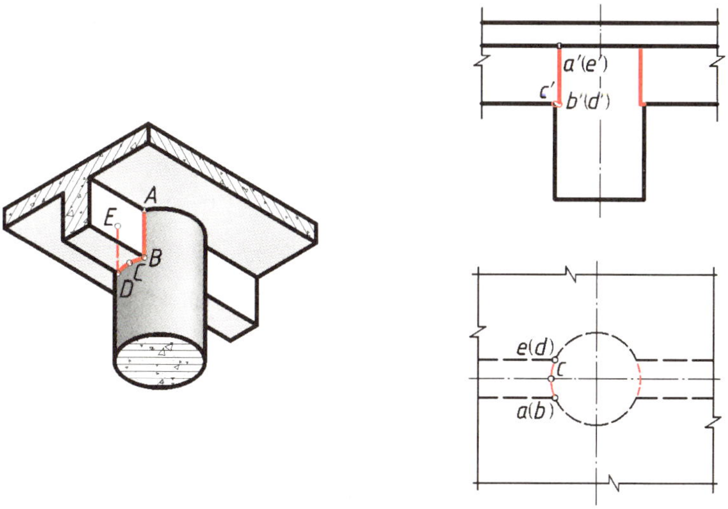

(a) 柱头立体图 (b) 柱头投影图

图 7-23 平面体与曲面体相贯

就是平面体的侧棱与曲面体表面的贯穿点。作图时，先求出这些转折点，再根据求曲面体截交线的方法，求出每段曲线或直线。

【例 7－10】 给出圆锥式薄壳杯形柱基础的外形轮廓线，求作相贯线(图 7－24a)。

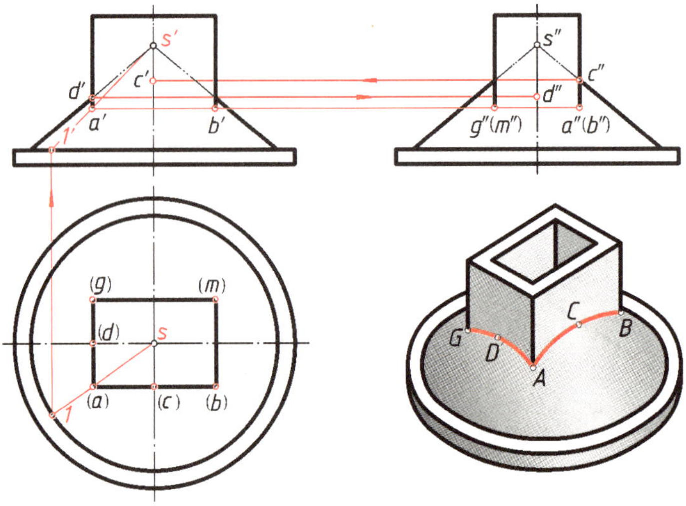

(a) 求转折点和最高点

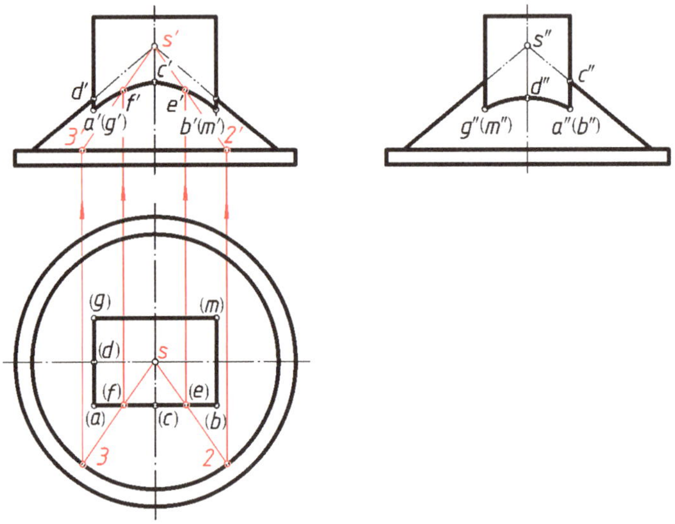

(b) 求一般点，连点

图 7－24　求圆锥式薄壳杯形柱基础的相贯线

解：(一) 投影分析

从给出的投影图可知，形体是左右、前后对称，相贯线也是左右、前后对称。四棱柱四个侧面平行于圆锥轴线，相贯线是四根双曲线组成的空间闭合线。四根双曲线的连接点，就是四棱柱四根侧棱与锥面的贯穿点。相贯线的 H 投影与四棱柱的 H 投影重合。

(二) 作图步骤

(1) 求特殊点。先求相贯线的转折点，即四根双曲线的连接点 A、B、M、G。根据已知四个点的 H 投影，用素线法求出其他投影。再求前侧面双曲线最高点 C 和左侧面双曲线最高点

D，如图 7-24a 所示。

（2）同样用素线法求出两对称的一般点 *E*、*F* 的 *V* 投影 e'、f'（图 7-24b）。

（3）连点。*V* 投影连接 a'—f'—c'—e'—b'，*W* 投影连接 a''—d''—g''（图 7-24b）。

（4）判别可见性。四棱柱前侧面上相贯线的 *V* 投影和左侧面上相贯线的 *W* 投影都可见。后侧面和右侧面上相贯线的 *V* 和 *W* 投影，分别与前侧面和左侧面的相应部分重合。

三、两曲面体相贯（Intersection of two curved solids）

两曲面体的相贯线，一般是闭合的空间曲线（space curve）。只要求出两曲面体的一系列公有点后，用圆滑曲线依次连接，即得相贯线。求公有点时，应先求出相贯线上的特殊点，如最左、最右、最前、最后、最高、最低及轮廓线上的点等，再求其他点。

求相贯线的方法通常有下面两种：

1. 利用曲面的积聚投影，直接求出相贯线

只要相交两曲面之一有一个投影具有积聚性，就可利用该曲面的积聚投影求出一系列公有点，然后连成相贯线。

【例 7-11】 已知两拱形屋面相交，求它们的相贯线（图 7-25）。

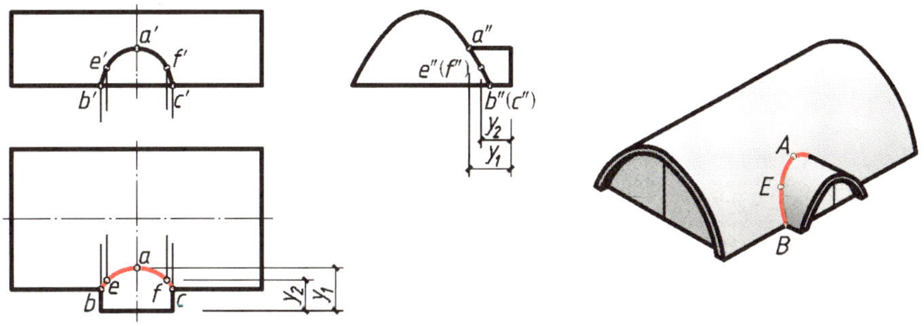

(a) (b)

图 7-25 求两拱形屋面的相贯线

解：（一）投影分析

从图 7-25 可知，屋面的大拱是抛物线柱面，素线垂直于 *W* 面，小拱是半圆柱面，轴线垂直于 *V* 面。相贯线的 *V* 投影重合在小圆柱的 *V* 积聚投影上，相贯线的 *W* 投影重合在大拱的 *W* 积聚投影上，只需求出相贯线的 *H* 投影。

（二）作图步骤（图 7-25）

（1）求特殊点。最高点 *A* 是小圆柱最高素线与大拱的交点。最低、最前点（也是最左、最右点）*B*、*C*，是小圆柱左、右轮廓线与大拱最前素线的交点。它们的三投影均可直接求得。

（2）求一般点 *E*、*F*。在相贯线 *V* 投影的半圆周上取对称的任意点 e' 和 f'，e''、(f'') 落在大拱的 *W* 积聚投影上，据此求得 *e*、*f*。

（3）连点并判别可见性。在 *H* 投影上，依次连接 *b*—*e*—*a*—*f*—*c*，即为所求。由于两拱形屋面的 *H* 投影均为可见，所以相贯线的 *H* 投影为可见，画成实线。

一形体被穿孔，同样可看成是两形体相贯。只不过这两个形体中，一个是实体（被穿孔的形体），一个是“虚体”（孔洞），它们的相贯线的作法与两个实体相贯时的作法相同。图

7－26a 所示的水平圆柱贯穿了一个竖直圆柱孔，圆柱表面与圆柱孔表面有两根相贯线。可利用两圆柱的积聚投影作出该相贯线（参看例 7－11）。相贯线的 *H* 投影重合在圆柱孔的 *H* 积聚投影上，*W* 投影重合在水平圆柱的 *W* 积聚投影上，据此作出 *V* 投影，画成实线。

图 7－26b 所示为两正交圆柱管，两管外表面（实体与实体）有一相贯线，它的 *V* 投影可见，画成实线。两管内表面（虚体与虚体）也有一相贯线，它的 *V* 投影不可见，画成虚线。两相贯线的 *H* 投影重合在竖直圆管的 *H* 积聚投影上，其 *W* 投影重合在水平圆管的 *W* 积聚投影上。

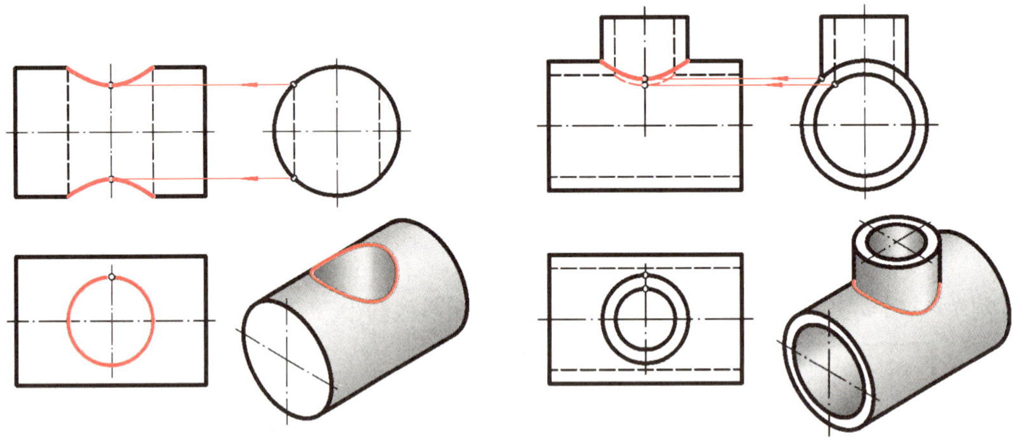

(a) 穿孔圆柱　　(b) 正交圆柱管

图 7－26　求圆柱穿孔的相贯线

【例 7－12】　求已知圆柱和圆锥相贯线的投影（图 7－27）。

解：（一）投影分析

图 7－27a 所示的圆锥穿过圆柱顶面，应有两根相贯线。一根是圆柱顶面截割圆锥所产生的圆；另一根是空间闭合曲线，它的 *H* 投影落在圆柱面的 *H* 积聚投影（圆）上，只需求出它的 *V* 和 *W* 投影。相贯线上的各点，可用圆锥面上定点的方法（素线法或纬圆法）求取。

（二）作图步骤（图 7－27b）

（1）作圆柱顶面与圆锥截交线的 *H* 投影（圆）。

（2）求闭合相贯线的特殊点：

① 最高、最低点。它们是圆柱面上距离圆锥轴线最近和最远素线上的两个点，作图时，可在 *H* 投影上延长两圆圆心（圆锥和圆柱两轴线的积聚投影）连线，交圆柱面积聚投影于 *1*、*6* 两点。点Ⅵ在圆锥底圆上，根据 *H* 投影 *6* 可直接求得 *6′* 和 *6″*。点 *Ⅰ* 的 *V* 和 *W* 投影 *1′*、*1″*，可通过作锥面素线 *SA* 求取。

② 最左、最右、最前、最后点。它们的 *H* 投影 *7*、*3*、*5*、*9* 分别落在圆柱面的最左、最右、最前、最后相应素线的 *H* 积聚投影上。可用素线法求取它们的 *V* 和 *W* 投影。

③ 圆锥投影轮廓线上的点。圆锥相应轮廓素线与圆柱的交点，可在圆柱 *H* 积聚投影上求得相应点 *8*、*2*、*4*、*10*，并据此求得它们的 *V* 和 *W* 投影。

（3）连点。依次圆滑连接 Ⅰ—Ⅱ—Ⅲ—Ⅳ—Ⅴ—Ⅵ—Ⅶ—Ⅷ—Ⅸ—Ⅹ—Ⅰ 各点的同面投影。

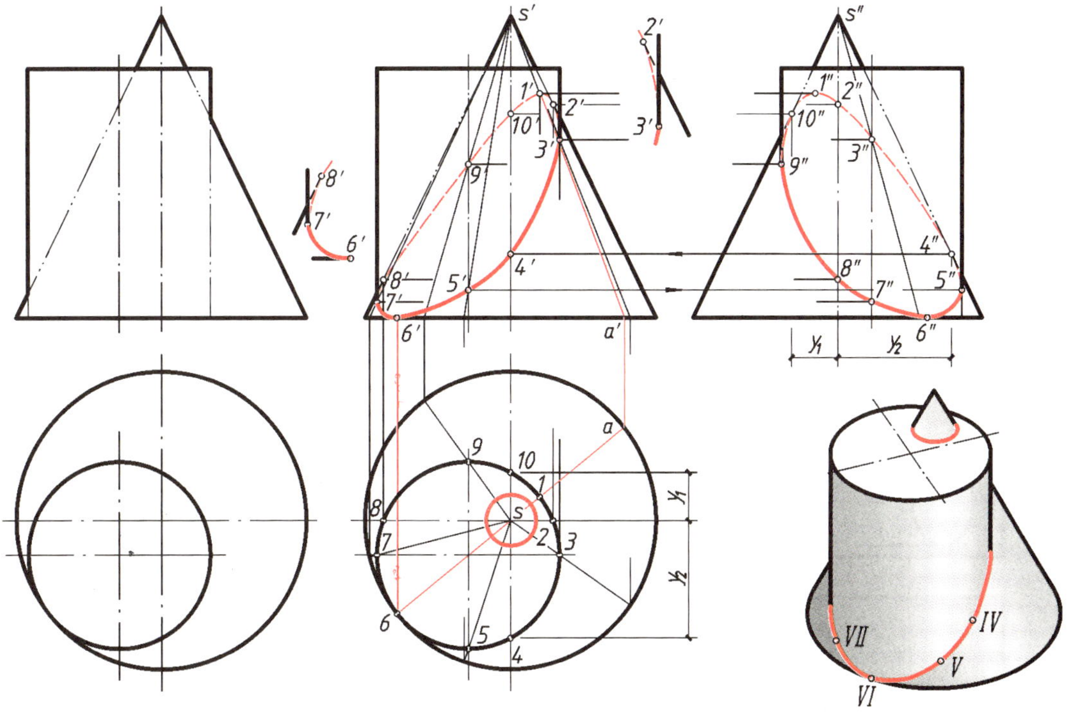

(a) 已知　　(b) 作图

图7－27　求直立圆柱与直立圆锥的相贯线

（4）判别可见性，补全图线。以圆柱 V 投影轮廓线上点Ⅲ、Ⅶ为相贯线 V 投影可见性分界点，Ⅲ、Ⅶ之前各点 V 投影可见，连成实线；Ⅲ、Ⅶ之后各点 V 投影不可见，连成虚线。相贯线 W 投影可见性同法判别。最后，要补全圆柱与圆锥 V、W 投影的轮廓线。

2. 利用辅助平面求相贯线

求解两曲面体相贯线的另一基本作法是辅助平面法。设有甲（圆锥）和乙（圆柱）两曲面体相贯（图7－28），根据三面共点原理，作适当的辅助面 P，分别与甲、乙两曲面体相交，得两截交线 A（图中为纬圆）和 B（图中为矩形）。A、B 两截交线的交点 K、L、N、M，是两曲面体的公有点，即相贯线上的点。同样再作若干辅助面，求出更多的公有点，并依次连接起来，即为所求的相贯线。

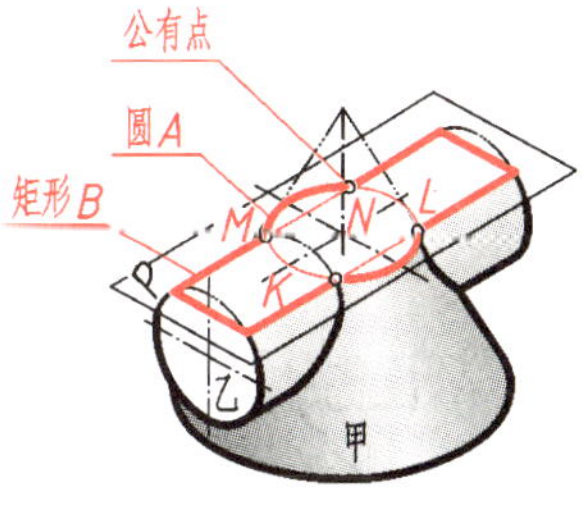

图7－28　辅助平面法求相贯线上的点

选择辅助平面的原则是：应使它截割两曲面体所得截交线的投影形状都是简单易画的图形（如圆、矩形、三角形等）。直立圆锥与水平圆柱相贯时，可选择垂直于圆锥轴线又平行于圆柱轴线的水平截平面 P，使截交线为圆及矩形（图7－28）。直立和水平两圆柱相贯时，可选择同时平行于两圆柱轴线的截平面 Q，使两截交线都是矩形（图7－29a）。球与圆柱相贯时，可选择既平行于圆柱轴线又平行于投影面的截平面 R，使截交线及其投影为圆及矩形（图7－29b）。

【例7－13】　已知两斜交异径圆柱的投影（图7－30a），求作相贯线。

解：（一）投影分析

两圆柱的轴线相交且平行于 H 面。小圆柱的全部素线与大圆柱相交，相贯线为一闭合空

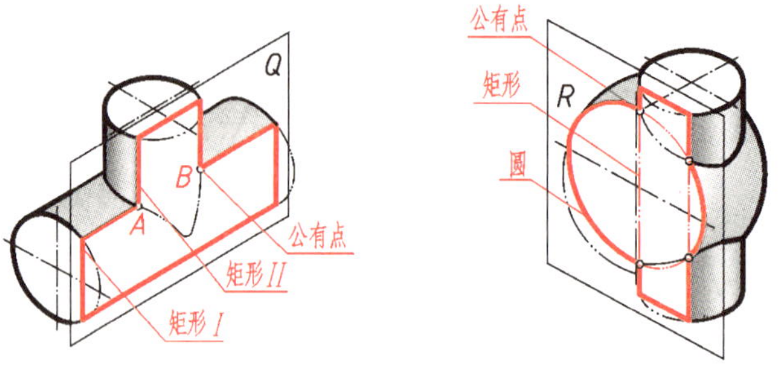

(a) 同时平行于两柱轴线 (b) 既平行于柱轴线又平行于投影面

图 7－29 辅助截平面的选用

间曲线。相贯线的 W 投影重合在大圆柱 W 积聚投影的圆周上。需求出相贯线的 H、V 投影。

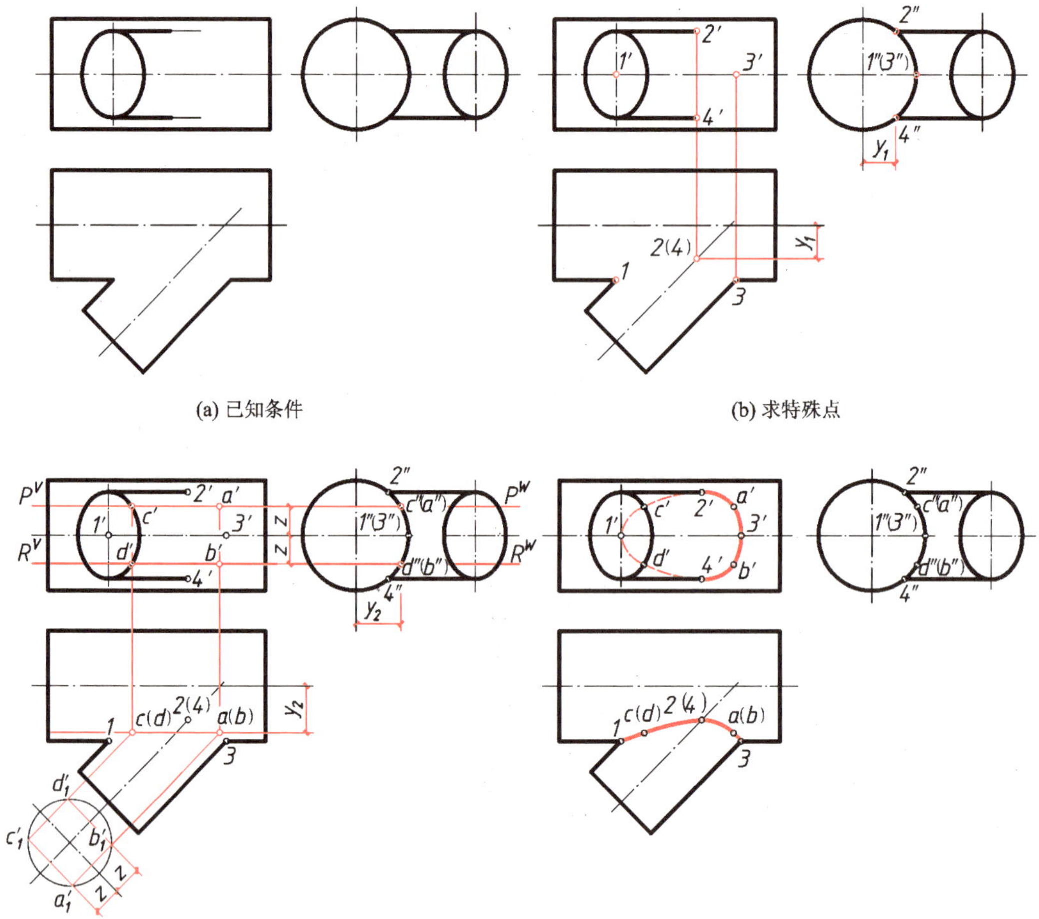

(a) 已知条件 (b) 求特殊点

(c) 求一般点 (d) 连点并判别可见性

图 7－30 求两斜交异径圆柱的相贯线——辅助平面法

（二）作图步骤

（1）求特殊点。两圆柱的轴线同处于一个水平面上，相贯线上下对称。H 投影中两轮廓线的交点 1、3，即为相贯线的最左、最右点 Ⅰ、Ⅲ 的 H 投影，据此求得 $1'$、$3'$（图 7－30b）。最高、最低点Ⅱ、Ⅳ是斜向小圆柱的最高、最低两素线与大圆柱的交点，可利用大圆柱的 *W* 积聚投影求得它们的各投影，*H* 投影 2 和(4)重影。

(2) 求一般点。选用水平面 *P* 作为辅助截平面。*P* 面截两圆柱得两矩形截交线，它们的 *H* 投影交点 *a*、*c*，即为相贯线上点 *A*、*C* 的 *H* 投影。然后根据 *a*、*c*，在 P^V 上求得 *a'*、*c'*(图7-30c)。

同理，采用与 *P* 面对称的辅助平面 *R*，可求得点 *B*、*D*。

(3) 连点。依次圆滑地连接 Ⅰ—*C*—Ⅱ—*A*—Ⅲ—*B*—Ⅳ—*D*—Ⅰ 各点的同面投影(图7-30d)。

(4) 判别可见性。相贯线的 *H* 投影，上、下段重影，*1*—*c*—*2*—*a*—*3* 为可见。*V* 投影上，*2'*、*4'*为可见与不可见的分界点，*2'*—*a'*—*3'*—*b'*—*4'*段为可见，*4'*—*d'*—*1'*—*c'*—*2'*段为不可见。

3. 两曲面体相贯的特殊情况

(1) 具有同一轴线的两回转体相贯时，相贯线为垂直于该轴线的圆。如图 7-31 所示的水塔，它的形体由一串大小不一的圆锥、圆柱、球和圆台相贯组成。轴线平行于 *V* 面，每一圆相贯线的 *V* 投影，都投射成一段连接相邻形体轮廓线交点的直线段。

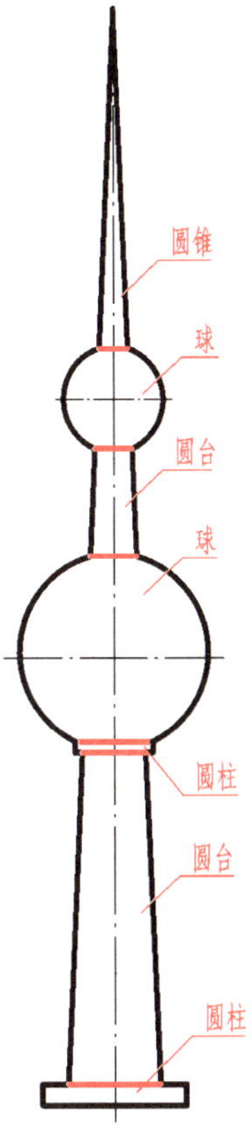

图 7-31 水塔的 *V* 投影

(2) 当两圆柱面的轴线平行或两圆锥面共锥顶时，圆柱面或圆锥面相贯线为直线(素线)，如图 7-32 所示。

(3) 两个二次曲面(如圆锥、圆柱等)相贯，只要它们都同时外切于一个球面，它们的相贯线为两相交的平面曲线。例如，当两直径相等的圆柱轴线正交时(图7-33)，相贯线为两大小相等的椭圆；当两等径圆柱轴线斜交时(图 7-34)，相贯线为两长轴不等，但短轴相等的椭圆。当圆柱与圆锥轴线正交同时外切一个球时(图 7-35)，相贯线为两大小相等的椭圆。

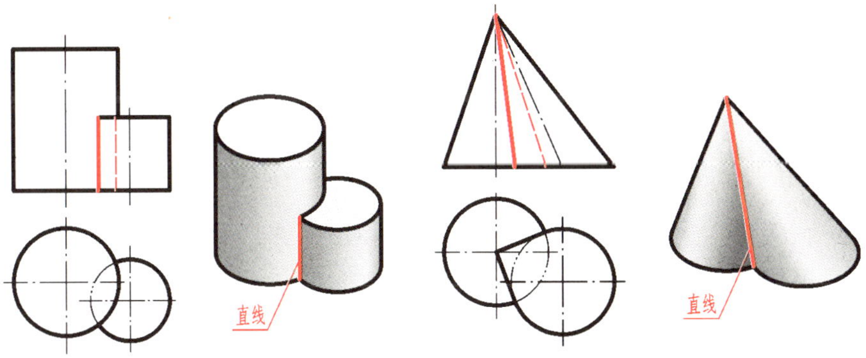

(a) 轴线平行的两圆柱面相交　　(b) 共锥顶的两圆锥面相交

图 7-32 相贯线为直线

这种有公共内切球的两圆柱、圆锥等的相贯，常应用于管道的连接。如图 7-36 所示的等径 90°弯管，就是其中一例。每两段圆柱轴线的交点，即为公共内切球心，球径等于圆柱直径。对于这类形体，通常只画出它们在轴线所平行的一个投影面上的投影即可。

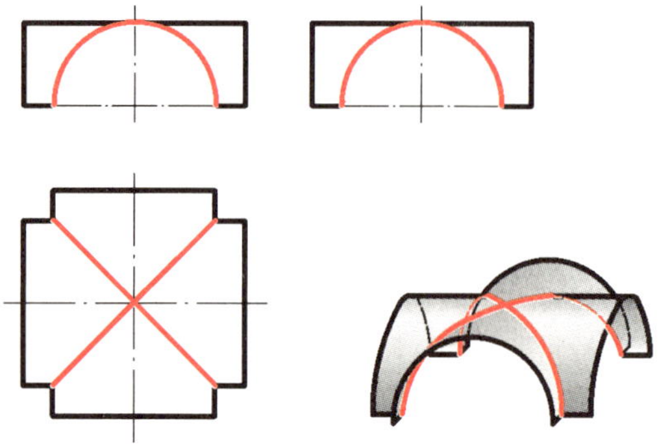

图 7-33 两等径圆柱正交——十字拱

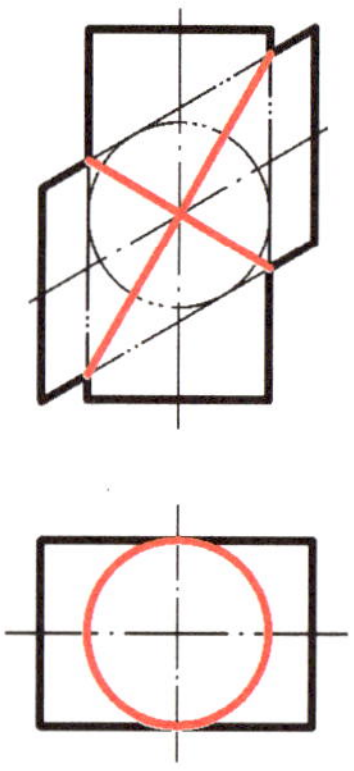

图 7-34 两等径圆柱斜交

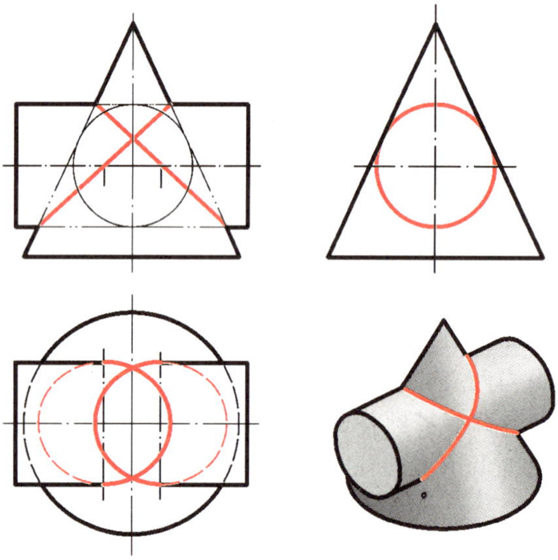

图 7-35 具有内切球的圆柱和圆锥相交

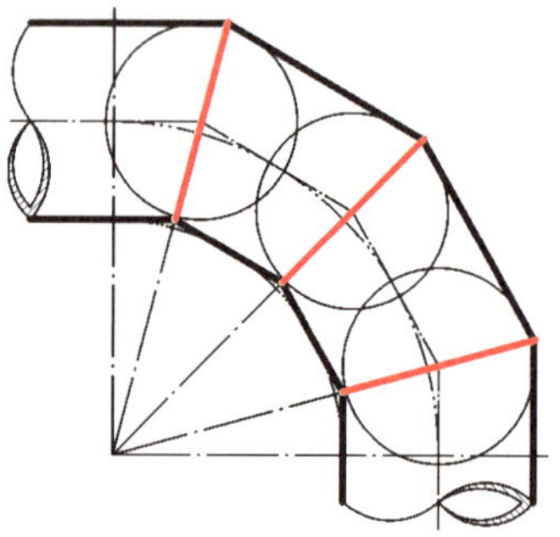

图 7-36 等径 90°弯管

本章学习指引
Reading Guide

1. 组合形体和建筑形体经常出现截交线和相贯线，必须了解它们的形成，投影特性，以及掌握它们的作图方法和步骤。

2. 求作截交线时要先分析形体未被截割前的形状、被哪几个平面截割、形体和截割平面的投影有没有积聚性、截交线的形状大概是怎样的，然后才进行作图求解。

3. 本章介绍的两形体相贯，至少其中一个形体必有一个积聚投影，要充分利用该积聚投影来求解相贯线。

4. 两曲面体相贯时，可利用辅助平面求作相贯线。必须掌握选择辅助平面的要求。

5. 要了解两曲面体相贯的三种特殊情况的图示特点。

复习思考题
Review Questions

1. 什么是截交线？什么是相贯线？
2. 求截交线时，为什么要先分析形体未被截割前的形状？
3. 圆柱的截交线有几种形状？什么是截交线上的特殊点？
4. 圆锥的截交线有几种形状？球的截交线又有几种形状？
5. 两平面体相贯，如何确定哪两个相贯点可以相连？相贯线的哪一段投影是可见线？
6. 什么是平面体与曲面体相贯线的转折点？
7. 利用辅助平面求两曲面体相贯线的依据是什么？如何选择辅助平面？
8. 两曲面体相贯有哪三种特殊情况？

第八章 建筑形体的表达方法

CHAPTER 8 REPRESENTATION OF ARCHITECTURAL SOLIDS

§8－1 建筑形体的画法
Drafting of Architectural Solids

图 8－1 是某大厦的透视图。这座雄伟、高大建筑物的形体虽然较为复杂，但经仔细分析，不难看出整座建筑是由许多棱柱、棱锥、圆柱、圆锥台和球等基本形体按一定方式组合而成。因此，在画建筑形体的投影图时，可参照第三章介绍的形体分析法，将一个复杂的建筑形体“分解”为若干个基本形体，分析它们的组合形式和相对位置，并据此进行画图。

图 8－1　某大厦

房屋建筑图的各个投影称为视图(view)。它们按正投影法的第一角画法(first angle projection)绘制，水平(*H*)投影称为平面图①(plan)，正面(*V*)投影称为正立面图(front elevation)，侧面(*W*)投影称为左侧立面图(side elevation)。

现以肋式杯形基础(图8-2a)为例，说明画建筑形体视图的步骤如下：

(一) 形体分析

肋式杯形基础的形体，可以看成由四棱柱底板、中间四棱柱(其中挖去一楔形块)和6块梯形棱柱肋板叠加组成。四棱柱在底板中央，前、后各肋板的左、右外侧面与中间四棱柱左、右侧面共面，左、右两块肋板在四棱柱左、右侧面的中央(图8-2b)。

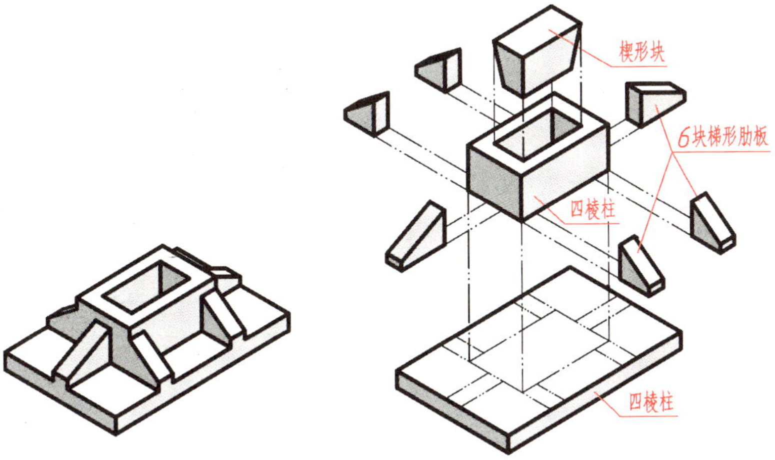

(a) 立体图　(b) 形体分析图

图8-2　肋式杯形基础

(二) 确定安放位置

根据基础在房屋中的位置，形体应平放，使*H*面平行于底板底面，*V*面平行于形体的正面。

(三) 确定视图数量

确定的原则是用最少数量的视图把形体表达完整、清楚。基础形体前后肋板的侧面形状要在左侧立面图中反映，需要画出平面、立面和左侧面三个视图。

(四) 画视图

1. 根据形体大小和注写尺寸需占的位置，选择适宜的图幅和比例。

2. 布置视图。先画出图框和标题栏②线框，明确图纸上可以画图的范围，然后大致安排三个视图的位置，使每个视图在注写尺寸后分布均匀，与图框的距离大致相等。

3. 画视图底稿。按形体分析的结果，使用绘图仪器和工具，顺次画出四棱柱底板(图8-3a)、中间四棱柱(图8-3b)、6块梯形肋板(图8-3c)和楔形杯口(图8-3d)的三面视图。画每一基本形体时，先画其最具有特征的视图，然后画其他视图。在立面图和左侧立面图中，

① 建筑图的平面图，除特别注明(例如图8-7的屋面平面图)外，一般指楼层的水平剖面图(参看§8-4)。

② 上课做作业时，根据各校的情况，可自定简化的“作业标题栏”，参看第十九章图19-26和图19-27。

楔形杯口是看不见的，应画成虚线。

必须注意，建筑物和构配件的形体实际上是一个不可分割的整体，形体分析仅仅是一种假想的分析方法。如果建筑形体中两基本形体的侧面处于同一平面上，在它们之间就不应该画出分界线。例如左边肋板的左侧面与底板的左侧面，前左肋板的左侧面与中间四棱柱的左侧面，都处在同一个平面上，它们之间都不应画分界线。

4. 加深图线。经检查无误之后，按各类线宽要求，用较软的铅笔或墨线进行加深。

（五）标注尺寸

标注方法和步骤详见§8－3。

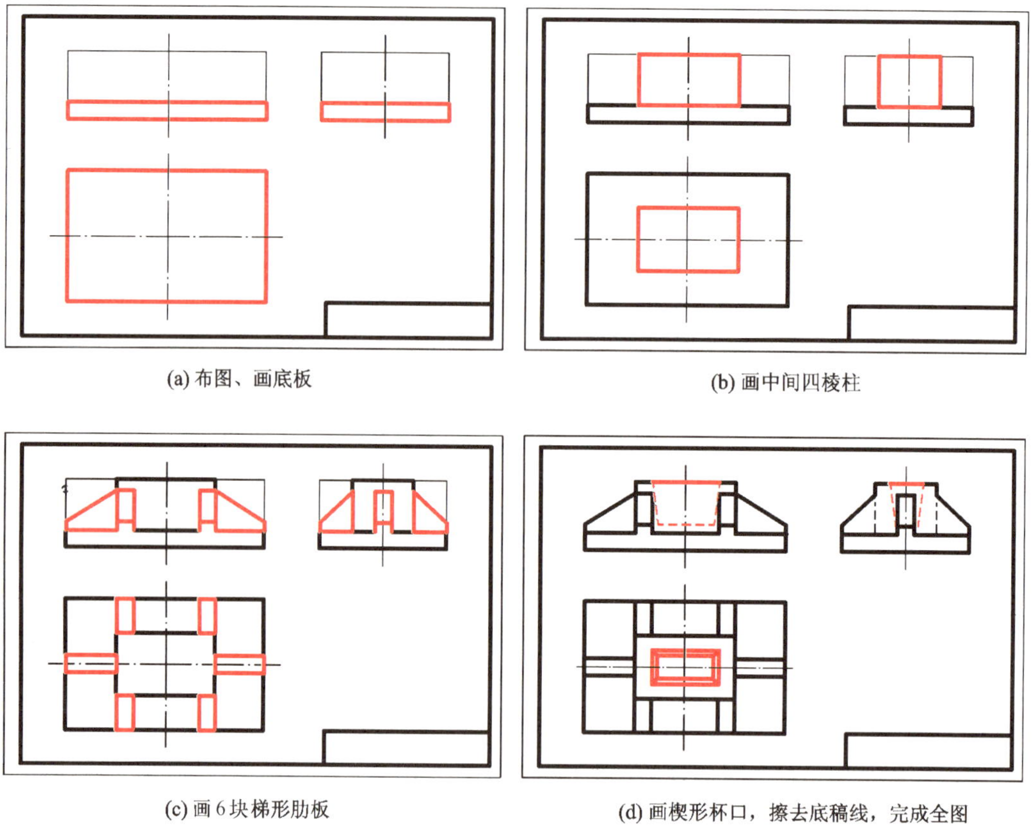

(a) 布图、画底板

(b) 画中间四棱柱

(c) 画6块梯形肋板

(d) 画楔形杯口，擦去底稿线，完成全图

图8－3 肋式杯形基础作图步骤

（六）读图复核

应用形体分析法逐个检查每一基本形体的视图是否完整，相对位置是否正确，复核有无错漏和多余的线条。再根据所画的视图想象建筑形体的空间形状，看看与原给出的形体是否相符，借以提高读图能力。坚持读图与画图相结合，有利于读图能力的不断提高。

（七）最后填写标题栏内各项内容，完成全图

所画的仪器图，要求投影关系正确，尺寸标注齐全，布置均匀合理，图面清洁整齐，线型粗细分明，字体端正无误，符合国标规定。

§8－2 视图选择 Choices of Views

视图选择包括两个方面，一是选择视图数量，二是确定正立面图。

一、选择视图数量(Choice of view numbers)

一般的建筑形体，可用三视图(即平面图、正立面图和左侧立面图)表示。

建筑物及其构配件的视图，在保证表达完整清晰的前提下，也可选用单个视图、两个视图、三个视图或者更多的视图表示。图 8－4 的晒衣架，只选用一个正立面图，再加文字说明钢筋的直径和混凝土块的厚度。图 8－5 所示的门轴铁脚，采用平面和正立面两个视图，就可把它的形体表达清楚。图 8－2 的肋式杯形基础、图 8－6 的台阶，则需用三个视图才能确定它们的形体。

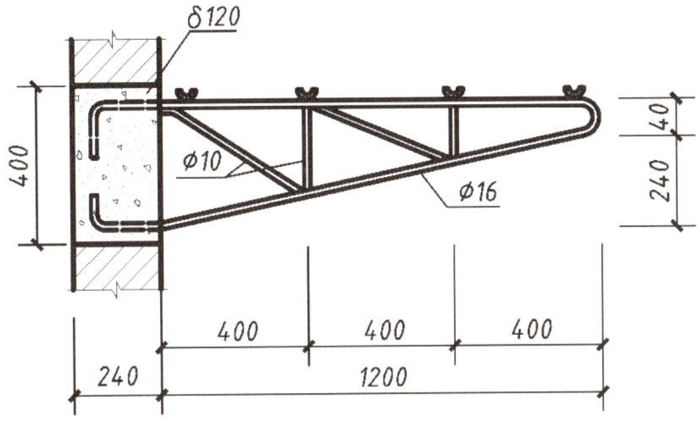

图 8－4　晒衣架

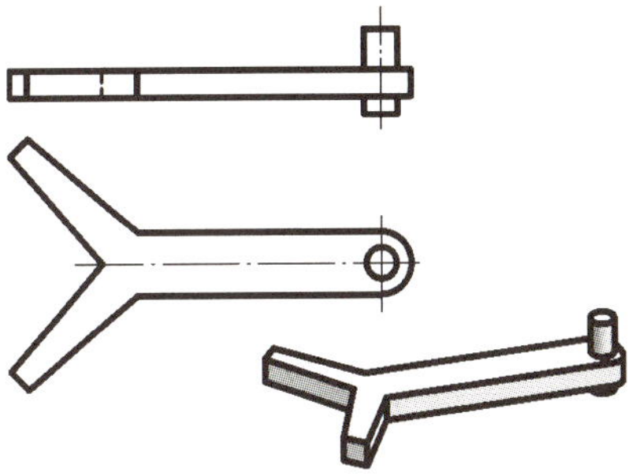

图 8－5　门轴铁脚

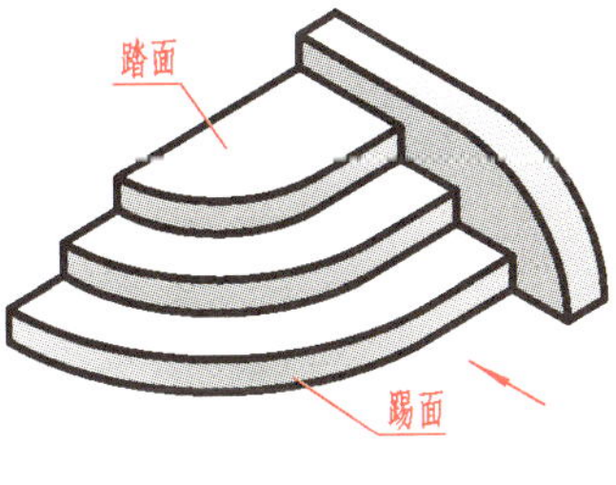

(a) 立体图

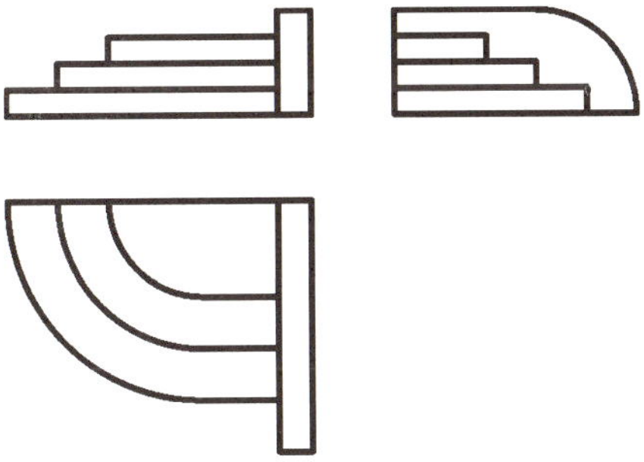

(b) 投影图

图 8－6　台阶

当房屋各向立面变化较大时，可采用四个、五个或更多的视图，如图 8－7 所示。每个视图下方应标注图名，并在图名下用粗实线画一根横线。这种多面投影图，若在一张图纸内画不下所有视图时，允许把各视图分开布置在几张连续编号的图纸上。

当建筑形体上有的侧面不平行于基本投影面，而又需要表达它的实形时，可考虑增加辅助视图(参阅第十一章图 11－23 中钢屋架上弦杆的辅助视图)。当建筑形体按第一角画法绘制不易表达时，可用“镜像”投影法绘制。如图 8－8 所示的梁、板、柱结构，作平面图时下部的

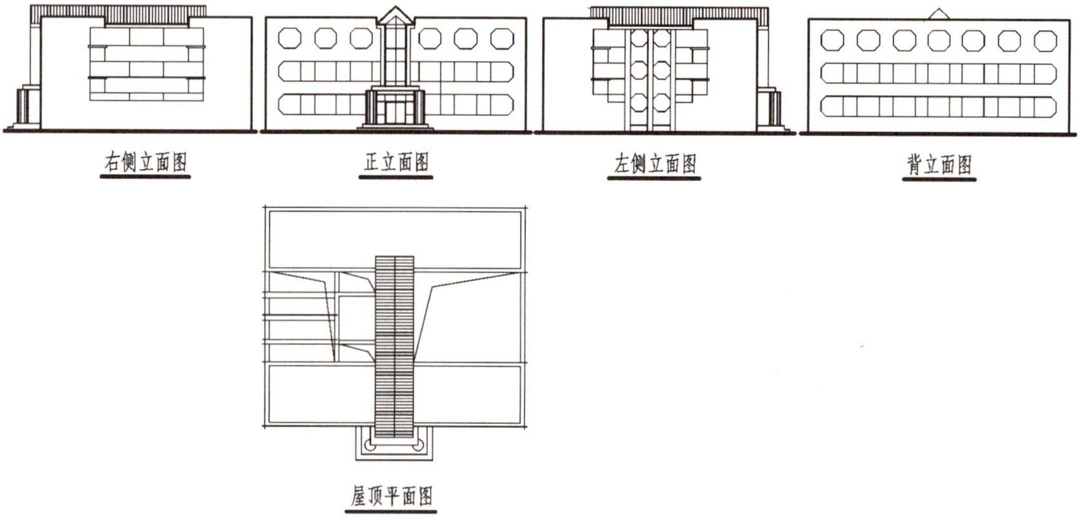

图 8-7　房屋外形的多面投影

梁、柱均被上部的楼板遮挡，需用虚线画出，表达不清又看图不便(图 8-8b)。如果作出该构造节点在水平镜中的反射图像的正投影，便可使不可见部分变为可见。这样所得的投影称为**镜像投影**(mirrored projection)，并应在该图名之后注写“镜像”二字(图 8-8c)，或按图 8-8d 画出镜像投影的识别符号。

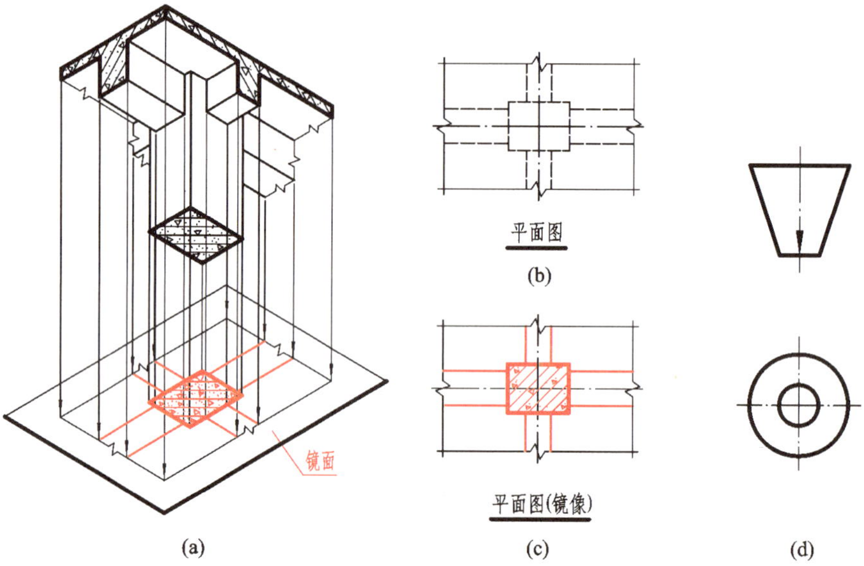

图 8-8　镜像投影

如果建筑形体的内部形状比较复杂，还需要考虑增加剖面图，或用剖面图代替部分视图，详见 § 8-4 所述。

二、选择正立面图(Choice of front elevation)

一般应使正立投影面(*V* 面)平行于形体上最能反映出外貌特征的一个侧面，作出形体的正立面图。对于整幢房屋，常用主要出入口所在的侧面，或艺术处理最美观的侧面作为正立面，如图8-7所示。房屋的细部或构配件正立面的选择，一般应根据它们在房屋中的工作位置来决定，例如图8-6的台阶应将与门相连的一面(沿图中箭头所指方向投射)作为正立面。

§8-3 建筑形体的尺寸标注 Dimensioning of Architectural Solids

建筑形体的视图，虽然已清楚地表达出形体的形状和各部分的相互关系，但还必须注上足够的尺寸，才能明确形体的实际大小和各部分的相对位置。

在标注建筑形体的尺寸时，要考虑两个问题：即视图上应标注哪些尺寸和应在视图的什么位置标注尺寸。

一、尺寸的种类(Types of dimensions)

在建筑形体的视图中，应标注如下三种尺寸：

(一) 定形尺寸

确定组成建筑形体的各基本形体大小的尺寸称为定形尺寸(size dimension)。基本形体形状简单，只要注出它的长、宽、高或直径，即可确定它的大小。尺寸一般注在反映该形体特征的视图上，并尽可能集中标注在一两个视图的下方和右方。

图8-9所示工字形钢柱脚所标注的尺寸中，底板长500、宽500、高(厚)25，螺栓孔2ϕ40，加劲肋板高200、宽150、厚10(即图上所注10×150×200)，均属于定形尺寸。又如图中工字形钢柱断面，由三块钢板组成，翼缘板厚10、长200，中间腹板厚16、长180也是定形尺寸。柱子高度尺寸在柱脚详图上可以不标注。

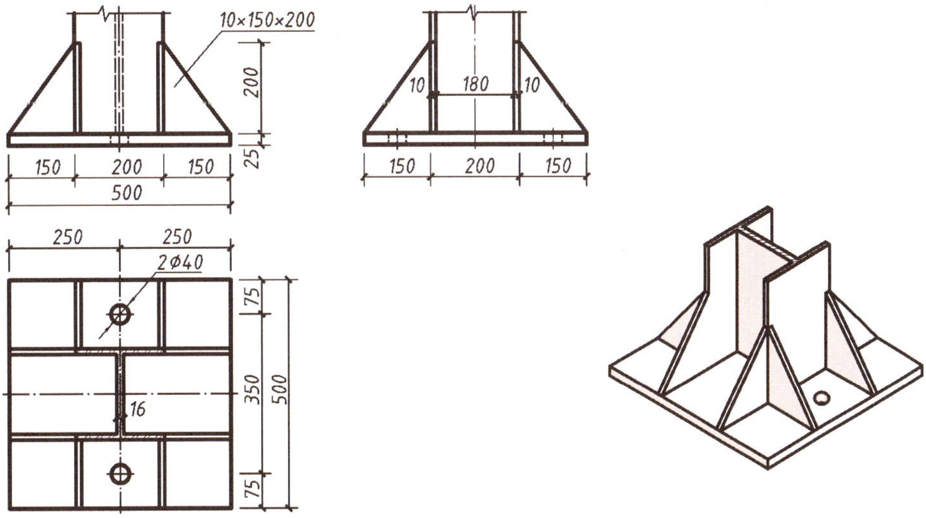

(a) 投影图　　(b) 立体图

图8-9　工字形钢柱脚三种尺寸的标注

（二）定位尺寸

确定各基本形体在建筑形体中相对位置的尺寸称为定位尺寸（location dimension）。如图 8－9中，以底板的边缘为起点，两个螺栓孔的定位尺寸是：长度方向的 250 和宽度方向的 75、350。肋板的定位尺寸是：长度方向的 150、200，宽度方向的 150、200 和高度方向的 25。肋板的定位尺寸同时也是工字形钢柱的定位尺寸。

（三）总尺寸

确定形体外形总长、总宽、总高的尺寸称为总尺寸（total dimension）。如图 8－9 中，工字形钢柱脚的总长为 500、总宽为 500，总高未注，因没有画出整根柱子。

二、标注尺寸的步骤（Steps of dimensioning）

（一）标注定形尺寸

以图 8－2 的肋式杯形基础为例，标注尺寸后的视图如图 8－10 所示。各基本形体的定形尺寸是：四棱柱底板长 3000、宽 2000 和高 250；中间四棱柱长 1500、宽 1000 和高 750；楔形杯口上底 1000×500、下底 950×450、高 650 和杯口厚度 250；前、后肋板长 250、宽 500、高 600 和 100；左、右肋板长 750、宽 250、高 600 和 100 等。

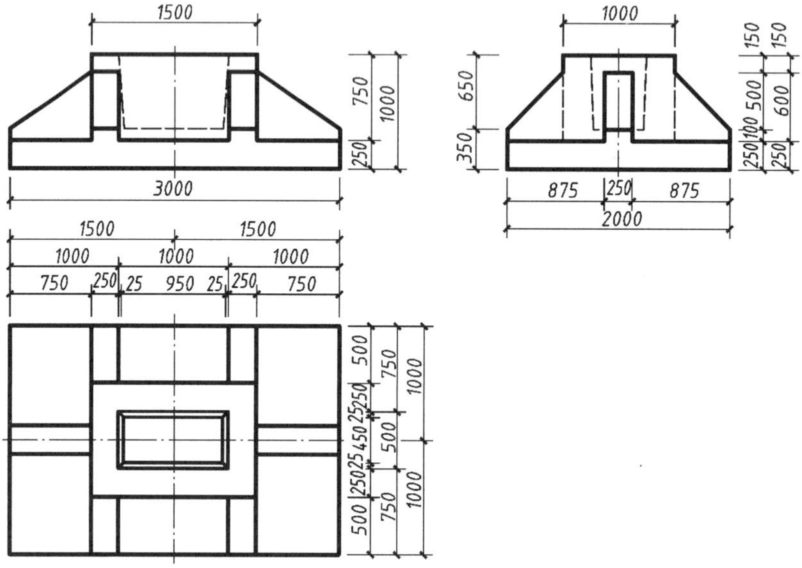

图 8－10 肋式杯形基础尺寸的标注

（二）标注定位尺寸

先要选择一个或几个尺寸标注的起点。长度方向一般可选择左侧面或右侧面为起点，宽度方向可选择前侧面或后侧面为起点，高度方向一般以底面或顶面为起点。若物体是对称形，还可选择对称中心线作为标注长度和宽度尺寸的起点。

图 8－10 基础的中间四棱柱的长、宽、高定位尺寸是 750、500、250；杯口距离四棱柱的左、右侧面 250，距离四棱柱的前、后侧面 250，杯口底面距离四棱柱顶面 650；左、右肋板的定位尺寸是宽度方向的 875，高度方向的 250，长度方向因肋板的左、右端面与底板的左、右端面对齐，不用标注。同理，前、后肋板的定位尺寸是 750、250。

对于基础，还应标注杯口中线的定位尺寸，以便施工，如图 8－10 的 *H* 投影中所标注的 1500 和 1000。

（三）标注总尺寸

基础的总长和总宽即底板的长度 3000 与宽度 2000，不用另加标注，总高尺寸为 1000。

三、尺寸配置(Placement of dimensions)

确定了应标注哪些尺寸后，还应考虑尺寸如何配置，才能达到明显、清晰、整齐等要求。除遵照国标的有关规定外，还要注意如下几点：

1. 尺寸标注要齐全，不要到施工时还得计算和度量。

2. 一般应把尺寸布置在图形轮廓线之外(图 8－10)，但又要靠近被标注的基本形体。对某些细部尺寸，允许标注在图形内，如图 8－9 所示的工字形钢柱的断面尺寸 16 和 10、180、10 等。

3. 同一基本形体的定形、定位尺寸，应尽量标注在反映该形体特征的视图中，并把长、宽、高三个方向的定形、定位尺寸组合起来，排成几行。标注定位尺寸时，通常回转体要注轴线的位置，平面体要定表面的位置。

4. 检查复核，应注意下面三个方面：

（1）标注尺寸是一项极严肃的工作，必须认真负责，一丝不苟。尺寸数字必须正确无误和书写端正，同一张图纸上数字大小应一致。

（2）每一方向细部尺寸的总和应等于该方向的总尺寸。

（3）检查有无尺寸被遗漏，必要时允许适当重复标注。

§8－4 剖面图 Sections

一、基本概念与画法(Concepts and drawing)

在画建筑形体的视图时，形体上不可见的轮廓线需用虚线画出。对于内形复杂的建筑物，例如一幢房屋，内部有各种房间、走廊、楼梯、门窗、基础等，如果都用虚线来表示这些看不见的部分，必然形成图面上虚实线交错，混淆不清，既不便于标注尺寸，也容易产生混乱。一些构配件也存在同样的问题。为此，假想将形体剖开，把内部构造显露出来，然后进行投射，用实线画出这些内部构造的视图。

图 8－11 是钢筋混凝土双柱杯形基础的视图。这个基础安装柱子用的两个杯口，在正立面图和左侧立面图上都画成虚线，图面不清晰。假想用一个通过基础前后对称平面的剖切平面(cutting plane)*P* 将基础剖开(图 8－12a)，然后将剖切平面 *P* 连同它前面的半个基础移走，将留下来的半个基础投射到与剖切平面 *P* 平行的 *V* 投影面上，所得的视图，称为**剖面图**(section)(图 8－12b)。试比较图 8－11 的 *V* 投影和图 8－12b 的剖面图，就可看到在剖面图中，基础内部的形状、大小和构造，例如杯口的深度和杯底的长度都表示得一清二楚。

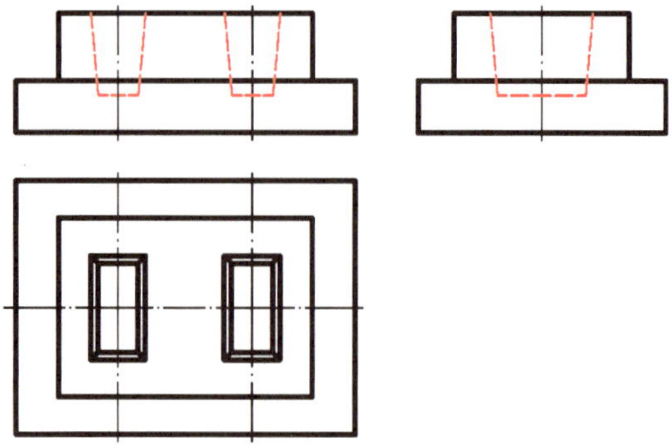

图 8-11 双柱杯形基础

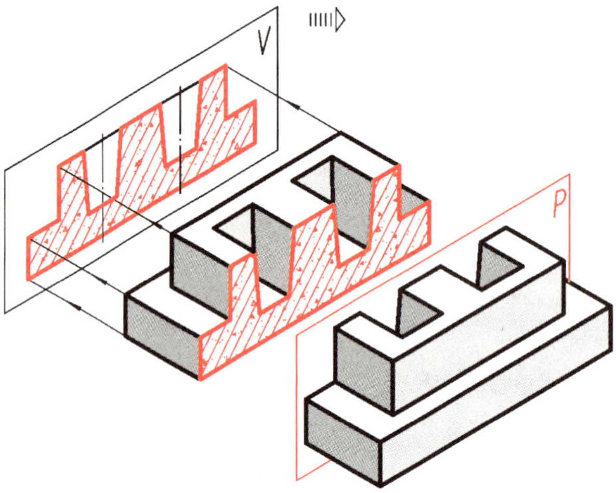

(a) 假想用剖切平面P剖开基础并向V面进行投射

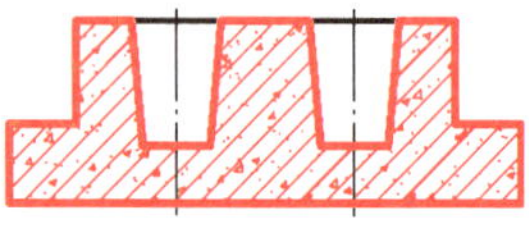

(b) 基础的V向剖面图

图 8-12 V向剖面图的产生

同样可以假想用一个通过左侧杯口中心线并平行于 W 面的剖切平面 Q 将基础剖开，移去剖切平面 Q 和它左边的部分，然后向 W 面进行投射(图 8-13a)，得到基础另一个方向的剖面图，如图 8-13b 所示。

必须注意，只是在画剖面图时，才假想将形体切去一部分。形体始终是完整的，在画其他视图时，仍按完整的形体画出。如图 8-14 所示，在画 V 向的剖面图时，虽然已将基础“剖去”了前半部，但是在画 W 向的剖面图时，则仍按完整的基础剖开。平面图也按完整的基础画出。

从上述各图可以看出，形体剖开之后，都有一个截口，即截交线围成的平面图形，称为断面(cut)。在剖面图中，规定断面的轮廓线用粗实线画出，并要在断面上画出建筑材料的图例(legend)，以区分断面(剖到的部分)和非断面(看到的部分)。同时可了解所画的建筑物或构件是用什么材料建造的。非断面部分的轮廓线，规定用中实线画出(如图 8-14)，以突出断面部分。各种建筑材料图例，国标都有规定的画法(参阅第十章表 10-1)。在图 8-12 至图 8-14 的断面上，画的是钢筋混凝土图例。在不指明材料时，可以用等间距、同方向的 45°细斜线来填充断面。

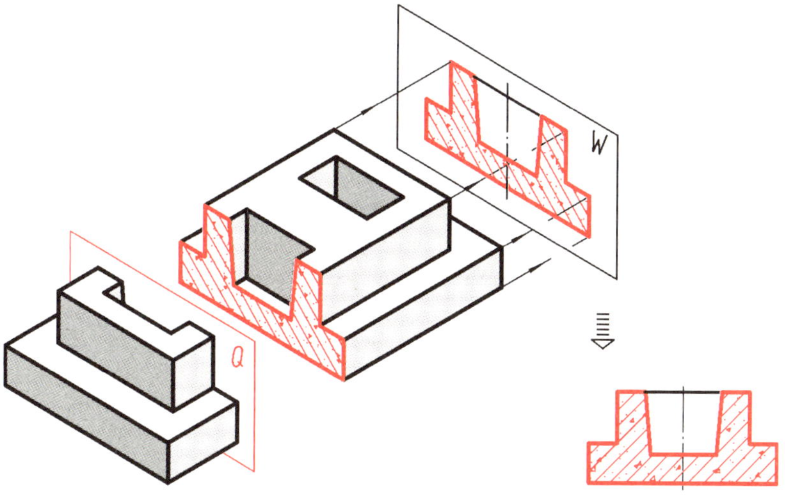

(a) 假想用剖切平面 Q 将基础剖开并向 W 面进行投射　　(b) 基础的 W 向剖面图

图 8－13　W 向剖面图的产生

作剖面图时，一般都使剖切平面平行于基本投影面，从而使断面的投影反映实形。同时，剖切平面要尽量通过形体上的孔、洞、槽等隐蔽部分的中心线，将形体内部表示清楚。剖切平面平行于 V 面时，作出的剖面图称为**正立剖面图**(front section)，可以用来代替原来带虚线的正立面图；剖切平面平行于 W 面时，所作的剖面图称为**侧立剖面图**(side section)，也可以用来代替左侧立面图，如图 8－14 所示。

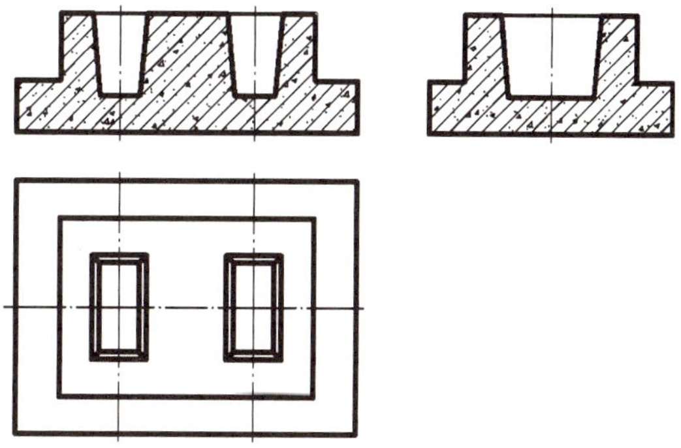

图 8－14　用剖面图表示的投影图

二、剖面图的几种处理方式(Types of sections)

画剖面图时，根据建筑形体的不同特点和要求，有如下几种处理方式①：

（一）全剖面图

不对称的建筑形体，或虽然对称但外形比较简单，或在另一个视图中已将它的外形表达清楚时，可假想用一个剖切平面将形体整个剖开，画出它的剖面图。这种剖面图称为**全剖面图**(full section)。如图8－15所示的房屋，假想用一水平的剖切平面，通过门、窗洞将整幢房屋剖开(图 8－15a)，画出整体的剖面图，表示它的内部布置。这种水平剖切的全剖面图，在房屋建筑图中称为**平面图**(plan)(图 8－15b)。

① 有关国标只规定剖切面分为 1 个剖切面、2 个或 2 个以上平行的剖切面、2 个相交的剖切面和分层剖切面等几种。本节根据上述几种剖切面所产生的不同剖面图，分别给予“全剖面图”、“半剖面图”、“阶梯剖面图”、“旋转剖面图”、“分层剖切的剖面图”等名称，定义为几种处理方式，以便于理解和记忆。断面图也做同样处理。

图 8－14 所示基础的正立剖面图和侧立剖面图，都是全剖面图。

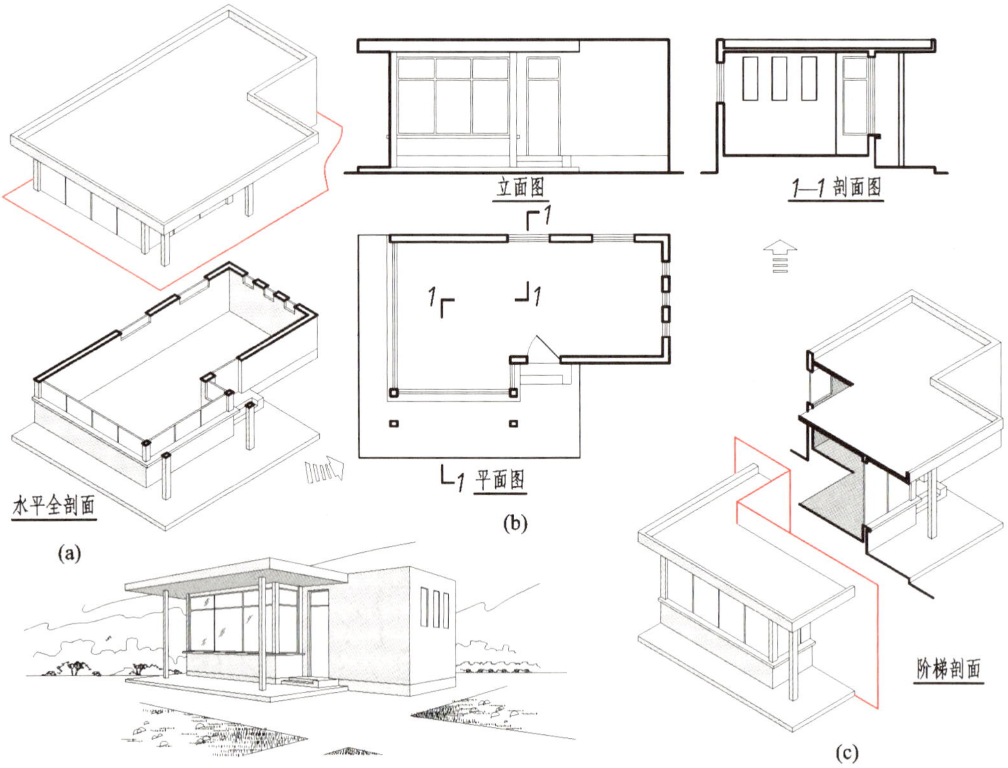

图 8－15 房屋的剖面图

（二）阶梯剖面图

一个剖切平面，若不能将形体上需要表达的内部构造一齐剖开时，可用两个（或两个以上）相互平行的剖切平面，将形体沿着需要表达的地方剖开，画出剖面图。如图 8－15 所示，如果只用一个平行于 W 面的剖切平面，就不能同时剖开房屋前墙的窗和后墙的窗，这时可将剖切平面转折一次（图 8－15c），使一个平面剖开前墙的窗，另一个与其平行的平面剖开后墙的窗。所得的剖面图（图 8－15b 的 *1—1* 剖面图）称为阶梯剖面图（offset section）。阶梯形剖切平面的转折处，在剖面图上规定不画分界线。

（三）局部剖面图

当建筑形体的外形比较复杂，完全剖开后无法表示清楚它的外形时，可以保留原视图的大部分，而只将局部地方画成剖面图。钢筋混凝土构件的钢筋配置比较简单时，如图 8－16 所示的杯形基础，可在其视图的一角“剖开”，画出钢筋配置情况。这种剖面图，称为局部剖面图（broken-out section）。按国标规定，视图与局部剖面之间，要用徒手画的波浪线（断开界线）分界。

（四）分层剖切的剖面图

这种剖面多用于表达楼面、地面和屋面的构造，画图时应以波浪线将各层分开，实际上，这是将多层的构造逐层剖切，画出多个局部剖面图，以表达各层所用的材料和构造（图 8－17）。这种剖面图称为分层剖切的剖面图（multilayer broken-out section）。

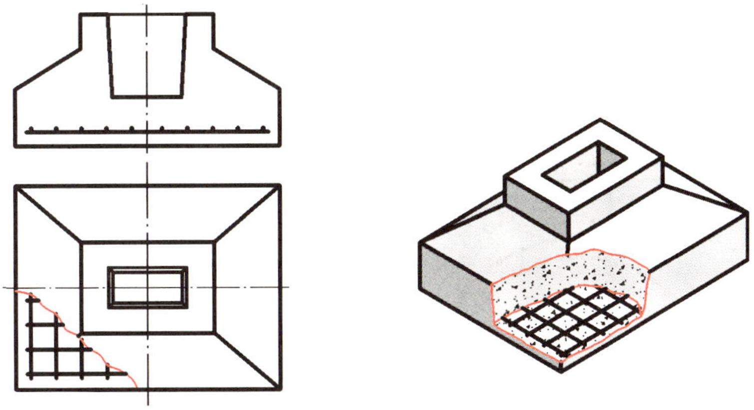

图 8-16 杯形基础的局部剖面图

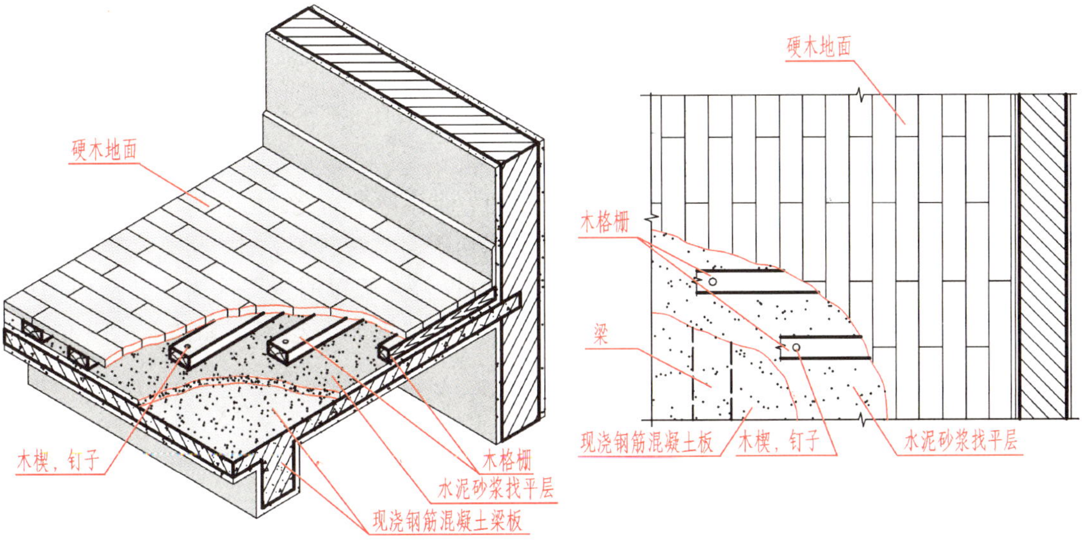

(a) 立体图　　(b) 平面图

图 8-17 分层剖切的剖面图

（五）半剖面图

当建筑形体是左右对称或前后对称，而外形又比较复杂时，可画出由半个外形视图和半个剖面图组成的图形，以同时表示形体的外形和内部构造。这种剖面图称为半剖面图(half section)。例如图8-18所示的正锥壳基础，正立面图和左侧立面图的左半部分画出基础的外形和相贯线，右半部分画出相应的剖面图表示基础的内部构造。图 8-14 所示的双柱杯形基础，其正立面图和左侧立面图也可以画成半剖面图。在半剖面图中，剖面图和视图之间，规定用对称符号(symmetry sign)为分界线(图 8-18)。对称符号由对称线(symmetry line)和两端的两对平行线组成。对称线为细单点长画线，平行线用细实线绘制，其长度为 6～8 mm，间距 2～3 mm；对称线垂直平分两对平行线，两端超出平行线 2～3 mm。当对称线是竖直线时，半个剖面图画在视图的右半边；当对称线是水平线时，半个剖面图画在视图的下半边。

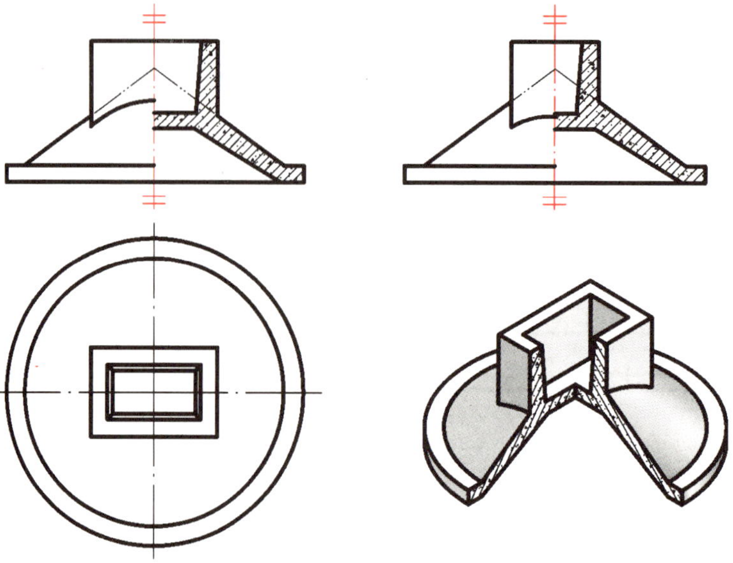

图 8－18　正锥壳基础的半剖面图

（六）旋转剖面图

图 8－19 所示的过滤池形体的正立面图和立体图，是用两个相交的铅垂剖切平面，沿 *1—1* 位置将池壁上不同形状的孔洞剖开，并把其中一个剖切平面绕两剖切平面的交线旋转展开，使两个剖切平面都平行于基本投影面，再一起向投影面投射，所得的视图称为旋转剖面图（rotation section）。国标规定，所画剖面图应在图名后加注“展开”两字，如图 8－19 的正立面图。

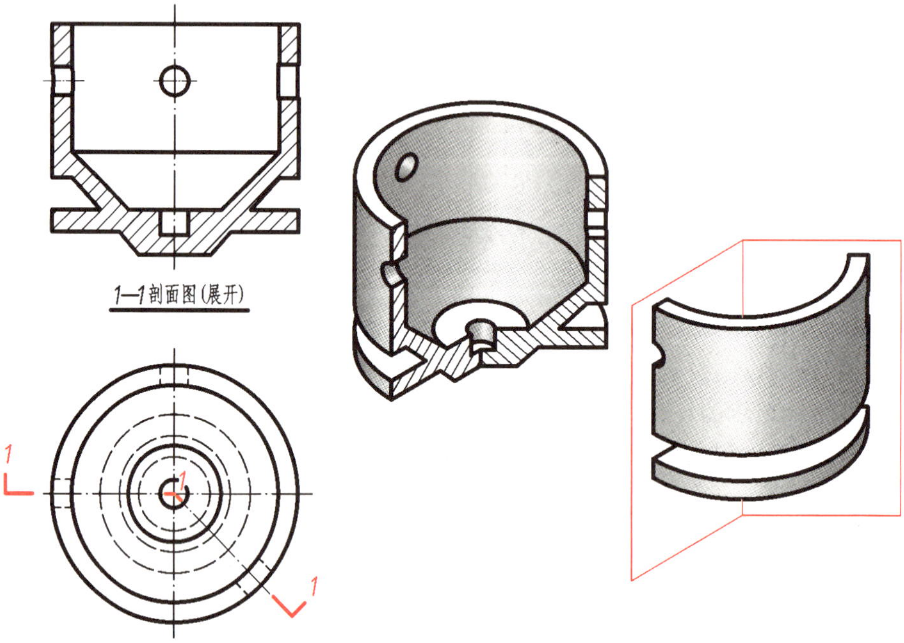

图 8－19　过滤池的旋转剖面图

三、剖面图的标注(Marking of sections)

为了读图方便，需要在视图上把所画剖面图的剖切位置和投射方向表示清楚，同时给每一个剖面图注上编号，以免产生混乱。对剖面图的标注方法有如下规定：

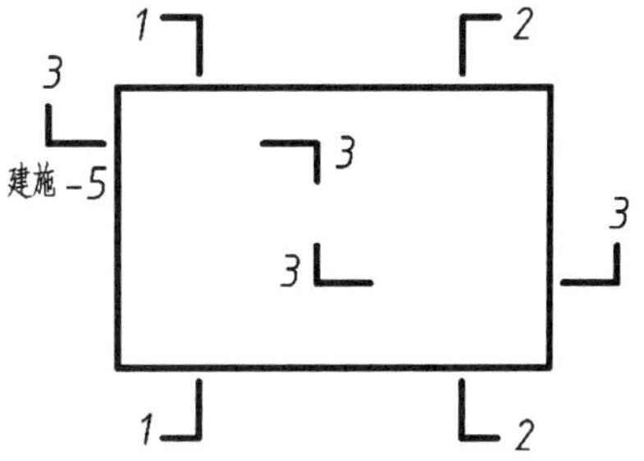

图 8 - 20　剖切符号和编号

1. 用剖切位置线表示剖切平面的位置。剖切位置线实质上就是剖切平面的积聚投影。不过规定只用两小段粗实线(长度为 6 ~ 10 mm)表示，并且不应与其他图线相接触(图 8 - 20)。

2. 剖切后的投射方向用垂直于剖切位置线的短粗实线(长度为 4 ~ 6 mm)表示，如画在剖切位置线的左边表示向左投射(图 8 - 20)。

3. 剖切符号的编号，宜采用阿拉伯数字，按顺序由左至右，由下至上连续编排，并注写在投射方向线的端部。剖切位置线需转折时，应在转角的外侧加注与该符号相同的编号，如图 8 - 20 中的“*3—3*”所示。

4. 剖面图如与被剖切图样不在同一张图纸内，可在剖切位置线的另一侧注明其所在图纸的图纸号，如图 8 - 20 中的 *3—3* 剖切位置线下侧注写“建施 - *5*”，即表示 *3—3* 剖面图画在“建施”第 5 号图纸上。

5. 对习惯使用的剖切符号(如画房屋平面图时通过门、窗洞的剖切位置)，以及通过构件对称平面的剖切符号，可以不在图上作任何标注。局部剖面图和分层剖切的剖面图，也可不作标注。

6. 在剖面图的下方或一侧，写上与该图相对应的剖切符号编号，作为该图的图名，如“*1—1*”、“*2—2*”…，或“*1—1* 剖面图”、“*2—2* 剖面图”…，并应在图名下方画上一等长的粗实线(图 8 - 15)。

§ 8 - 5 断面图 Profiles

一、基本概念与画法(Concepts and drawing)

前面讲过，当剖切平面将形体剖开后，形体上的截口(即截交线所围成的平面图形)称为断面(cut)。如果只把这个断面投射到与它平行的投影面上，所得的投影是断面的实形，称为断面图(profile)。与剖面图一样，断面图也是用来表示形体(如梁、板、柱等构件)的内部形状的。剖面图与断面图的区别在于：

1. 如图 8 - 21 所表示的工字形柱，断面图只画出形体被剖开后断面的投影(图 8 - 21d)，是面的投影。而剖面图要画出形体被剖开后整个余下部分的投影，是体的投影(图 8 - 21c)。剖面图除画出断面外，还画出了牛腿的投影(*1—1*)和柱脚部分的投影(*2—2*)。

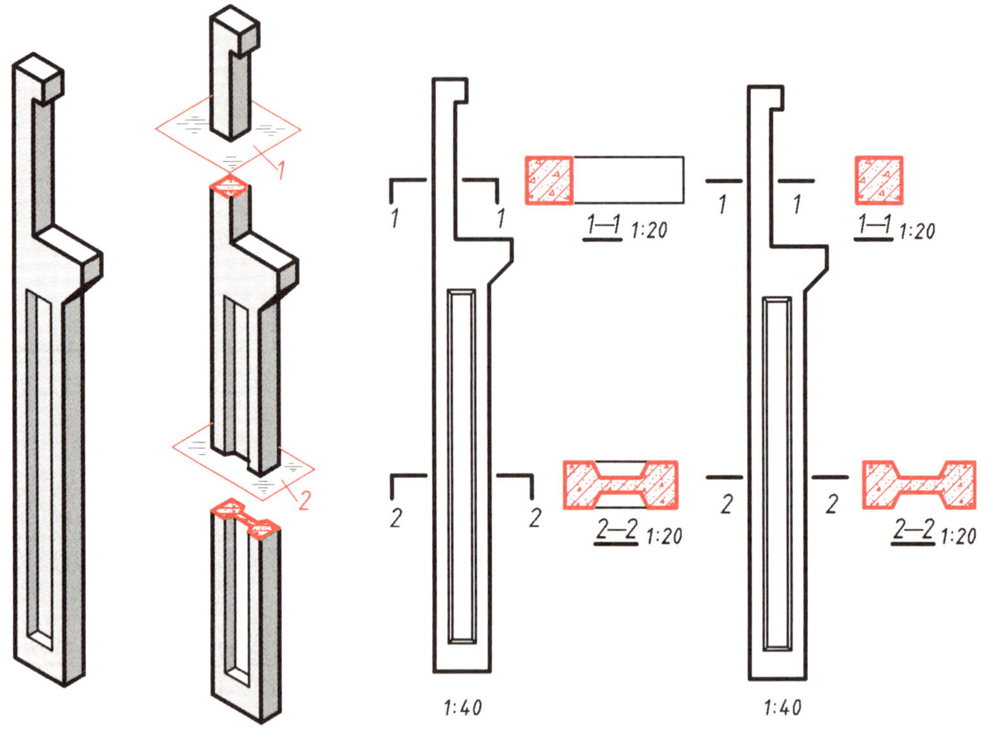

(a) 工字形柱 (b) 剖开后的工字形柱 (c) 剖面图 (d) 断面图

图 8－21 剖面图与断面图的区别

2. 被剖开的形体必有一个截口，所以剖面图必包含断面图在内。断面图虽属于剖面图中的一部分，往往单独画出。

3. 剖切符号的标注不同。断面图的剖切符号只画出剖切位置线，不画投射方向线，投射方向用编号的注写位置来表示。编号写在剖切位置线下侧，表示向下投射；注写在左侧，表示向左投射。

二、断面图的几种处理方式(Types of profiles)

(一) 移出断面

一个形体有多个断面图时，可以整齐地排列在形体视图的四周，往往用较大的比例画出，这种断面称为移出断面(removed cut)。如图 8－22 所示，图中有六个断面图，分别表示空腹鱼腹式吊车梁各部分的断面形状，以及钢筋的配置情况(为简化起见,图中只用图例符号表示钢筋混凝土)。这种处理方式，适用于断面变化较多的构件，主要是钢筋混凝土构件。

(二) 重合断面

在厂房的屋面平面图上加画断面图，比例与视图一致，用来表示天窗、屋面的形式与坡度(图 8－23a)。这种断面图是假想用一个垂直于屋脊线的剖切平面剖开屋面，然后把断面向右方旋转，使它与平面图重合后得出来的。这种断面称为重合断面(overlapped cut)，它的轮廓线应画得粗些，以便与视图上的线条有所区别，不致混淆。这样的断面图可以不加任何标注，可在断面图的轮廓线之内沿着轮廓线的边缘加画 45°细斜线。

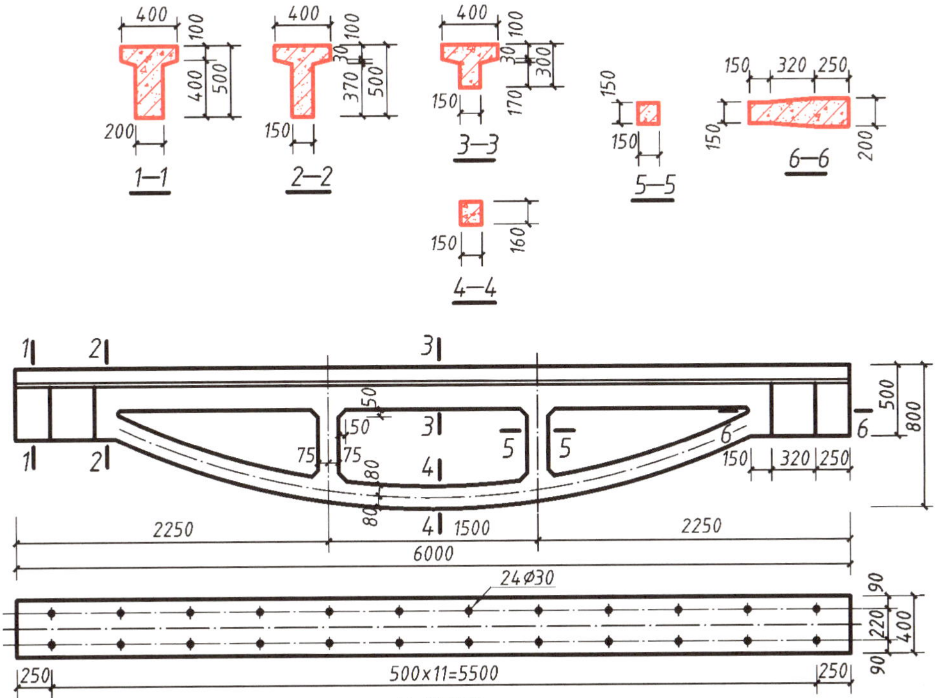

(a) 断面图

(b) 立体图

图 8-22　空腹鱼腹式吊车梁

这种重合断面，还经常用以表示墙壁立面上装饰花纹的凹凸起伏状况，如图 8-23b 所示。图中右边小部分墙面没有画出断面，以供对比。

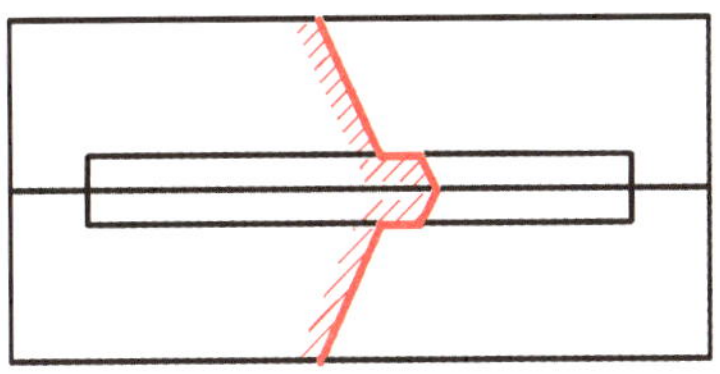

(a) 厂房的屋面平面图

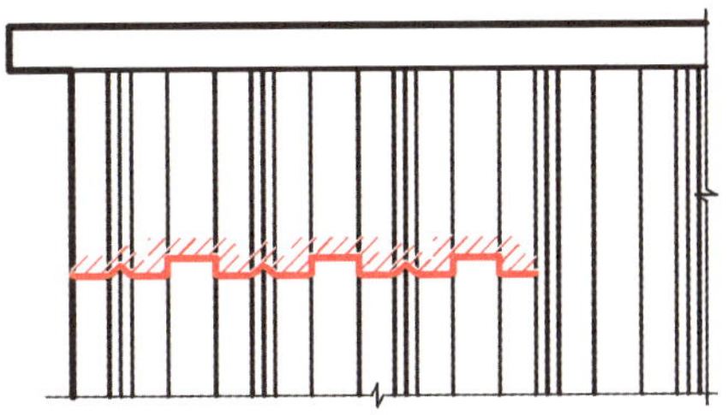

(b) 墙面上装饰的断面图

图 8-23　断面图与投影图重合

（三）断开断面

在钢屋架杆件的断开地方，画出杆件的断面，以表示型钢的形状及组合情况（图 8-24），这种断面称为断开断面（broken cut）。这种画法适用于表示较长而只有单一断面的杆件及型钢。

这样的断面图也不加任何标注。

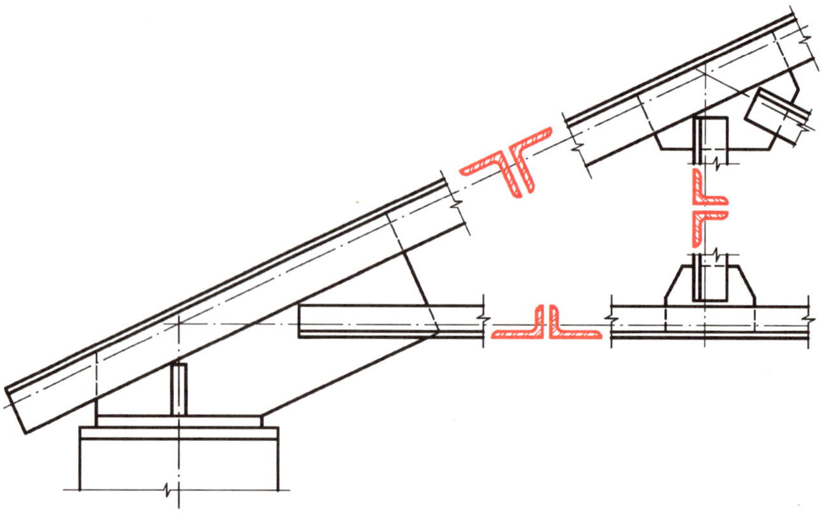

图 8-24 断面图画在杆件断开处

§8-6 建筑形体视图的读法 Interpretation of Architectural Solid Views

阅读建筑形体的视图，就是根据图纸上的视图和所注尺寸，想象出形体的空间形状、大小、组成方式和构造特点。

一、应掌握的基本知识(Fundamental knowledge)

1. 掌握三面投影“长对正、高平齐、宽相等”的关系，熟悉建筑形体的长、宽、高三个向度和上、下、左、右、前、后六个方向在形体视图上的对应位置。

2. 熟练掌握基本形体的投影特点及其读图方法，并能对建筑形体进行形体分析。

3. 掌握各种位置的线、平面、曲面，以及截交线、相贯线的投影特点，能进行线面分析。

4. 掌握形体的各种表达方法，即掌握单个、两个、三个和多个视图，辅助视图，剖面图，断面图等的特性和画法。

5. 掌握尺寸注法，并能用尺寸配合图形确定建筑形体的形状和大小。

二、基本方法和步骤(Basic method and steps)

读图的基本方法是形体分析法，根据基本形体的投影特点，在视图上分析建筑形体各个组成部分的形状和相对位置，综合起来确定建筑形体的整体形状。其次是线面分析法，从形体分析获得该形体的大致整体形象之后，如对局部投影仍有不清晰时，可对该部分投影的线段和线框加以分析，明确该部分的形状，弥补形体分析之不足。此外，还可利用所注尺寸帮助分析。

读图步骤一般来说是先概略后细致，先形体分析后线面分析，先外部后内部，先整体后局部，再由局部回到整体，最后加以综合，以获得对该建筑形体的完整形象。

一些建筑形体，给出两个视图已能完整、清晰地表达其形状和构造，但为了培养和提高读图能力，往往需作出其第三个视图。下面列举两例，并加以说明。

【例 8-1】 根据建筑形体的正立面和左侧立面图(图 8-25)，补绘平面图。

解： 先要确定该建筑形体的形状，才能补绘平面图。读图步骤如下：

(一) 形体分析

根据图 8-25 所示房屋外形轮廓线的两视图分析，可以想象这是一个两坡顶的房屋，其视图如图 8-26 所示。

比较图 8-25 和图 8-26 的两坡顶屋面可看出，前者的正立面图比后者多了三个小方块线框，前者的侧立面图比后者多了左右对称的两个平行四边形线框，需作进一步分析。

(二) 线面分析

先分析图 8-25 中正立面图左边一个小方块。根据“高平齐”关系对应于左侧立面图的平行四边形线框。如图 8-27 所示，这小方块内又分成两个线框，上面一个线框 r'，对应左侧立面图上一根竖直线 r''，可知这是一个正平面 R。小方块内下面一个线框 q'，对应左侧立面图上一根斜线 q''，可知这是一个侧垂面 Q。小方块线框右边的竖直线 p'，与左侧立面图上的平行四边形 p''对应，可知这是一个侧平面 P。

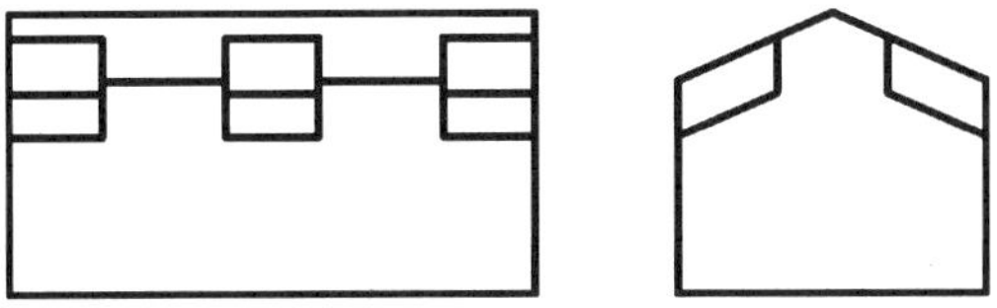

图 8-25　已知房屋外形的正立面和左侧立面图

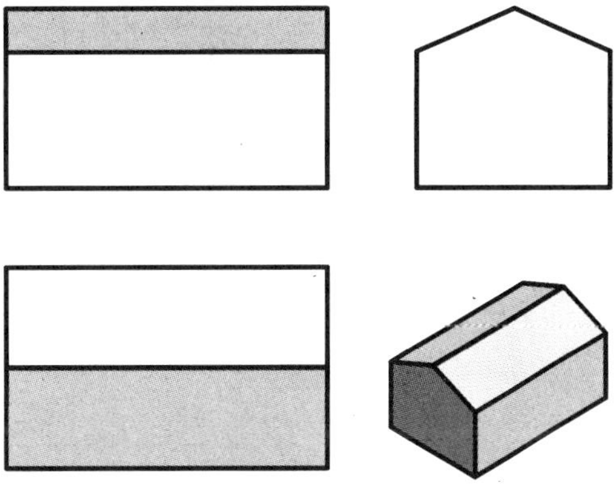

图 8-26　形体分析　两坡顶房屋外形的视图

由上述分析可知，正立面图上的小方块线框和左侧立面图上相对应的平行四边形线框，是在两坡顶屋面上用一个正平面 R、一个侧垂面 Q 和一个侧平面 P 切去了一个小四棱柱(图8-27b 的立体图)所产生的投影。经过六处同样切割之后，两坡顶屋面就形成了具有六个纵横天窗的屋面，如图 8-27b 所示。

(三) 补绘平面图

根据“长对正、宽相等”的投影关系，在两坡顶房屋的平面图上画出各切口的 H 投影，如图8-27a所示。

【例 8-2】 试阅读化污池的两视图(图 8-28)，并补绘左侧立面图(比例 1∶100)。

解： (一) 读视图

(1) 分析视图。正立面图采用全剖面，剖切平面通过该形体的前后对称平面。平面图采用半剖面，水平剖切平面 $1—1$ 通过小圆孔的中心线和方孔。

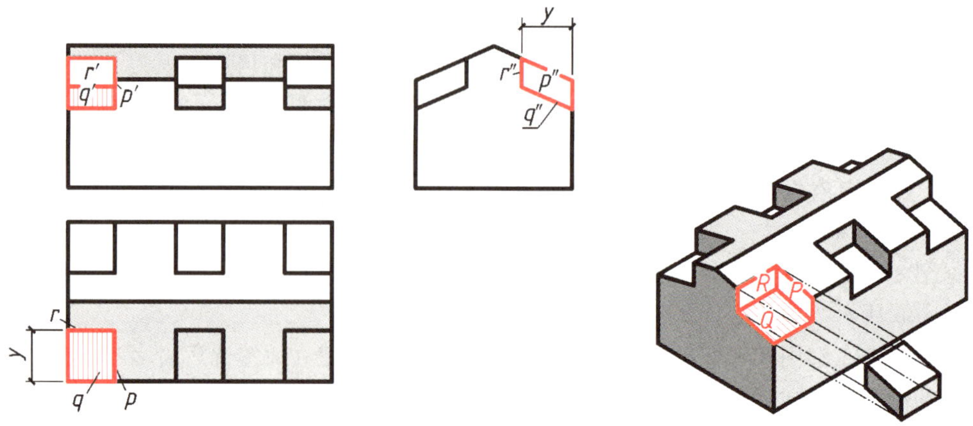

(a)　　(b)

图 8 - 27　线面分析并补绘平面图

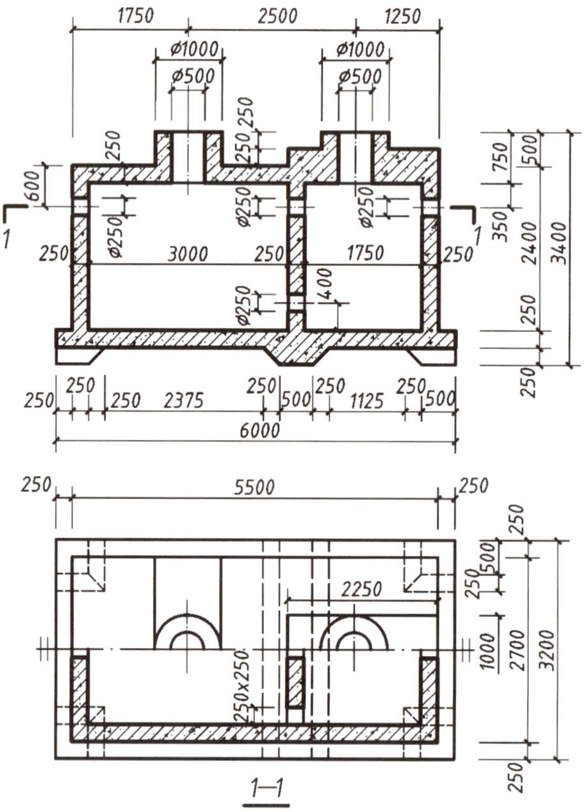

图 8 - 28　化污池的两视图

（2）形体分析。该形体由四个主要部分组成。现自下至上逐个分析：

① 长方体底板。长方体底板（6000 × 3200 × 250）的下方，近中间处有一个与底板相连的梯形断面，左、右各有一个没有画上材料图例的梯形线框，它们与平面图中的虚线线框各自对应。可知底板下近中间处有一四棱柱加劲肋，底板四角有四个四棱台的加劲墩子。由于它们都

在底板下，所以平面图中画成虚线(图 8-29)。

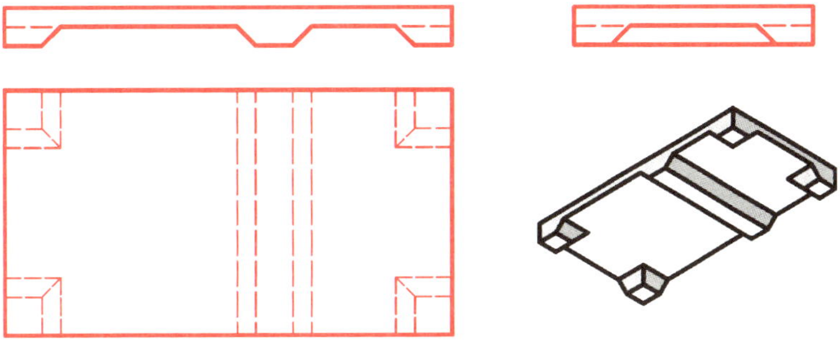

图 8-29 长方体底板

② 长方体池身。底板上部有一箱形长方体池身(5500×2700×2400)，分隔为两个空间，构成一个两格的池子。四周池壁及横隔板厚度均为 250。左、右池壁上及横隔板上各有一个 ϕ250 的小圆柱孔，其轴线距池顶面高度为 600，位于前后的对称平面上。横隔板的前后端，又有对称的两个方孔，其大小是 250×250，其高度与小圆柱孔相同。横隔板正中下方距底板面 400 处，还有一个 ϕ250 的小圆柱孔(图 8-30)。

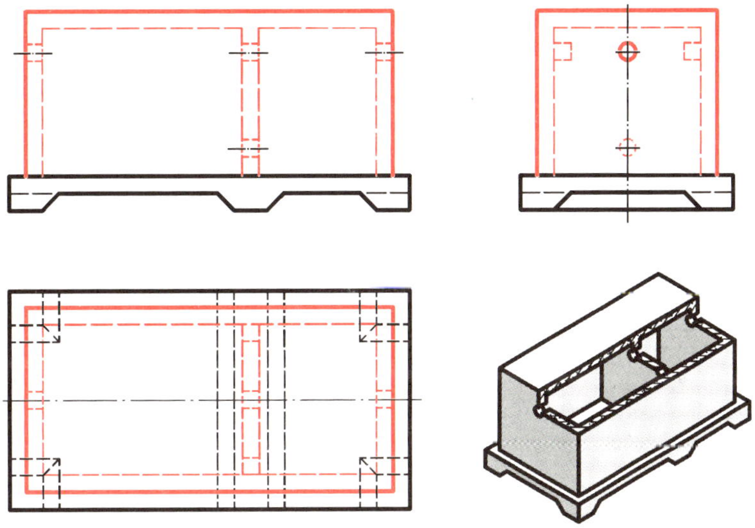

图 8-30 箱形长方体池身

③ 长方体池身顶面。顶面有两块四棱柱加劲板。左边一块横放，其大小是 1000×2700×250；右边一块纵放，其大小是 2250×1000×250(图 8-31)。

④ 圆柱通孔。两块加劲板上方，各有一个 ϕ1000 的圆柱体，高为 250，中间挖去一个 ϕ500 的圆柱通孔，孔深 750，与池内空间相通(图 8-31)。

(3) 综合分析。把以上逐个分解开的形体综合起来，即可确定化污池的整体形状如图 8-31所示。

(二) 补绘左侧立面图

在形体分析过程中，自下而上逐个补出各基本形体的左侧立面图，如图 8-29 至图 8-31 所示。最后把左侧立面图画成半剖面，剖切位置选择在通过左边垂直圆柱孔的轴线。当向右投

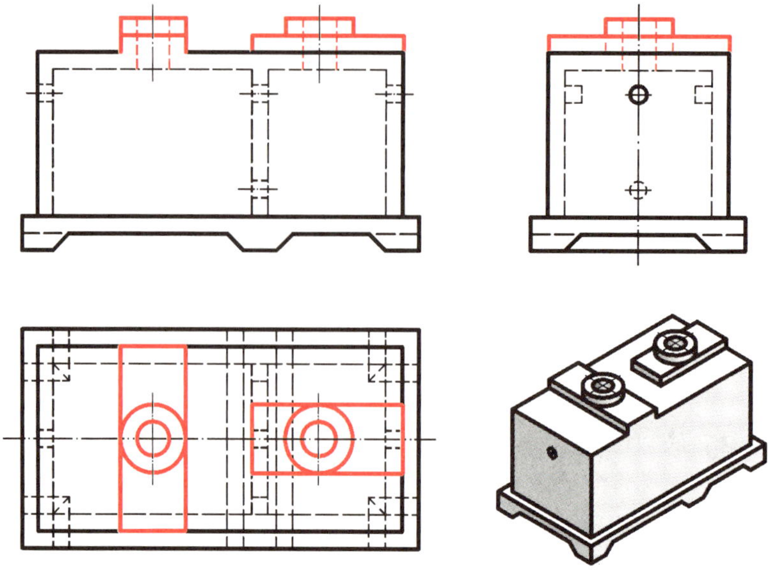

图 8－31　化污池整体形状

射时，即可反映出横隔板上的圆孔和方孔等的形状和位置(图 8－32)。

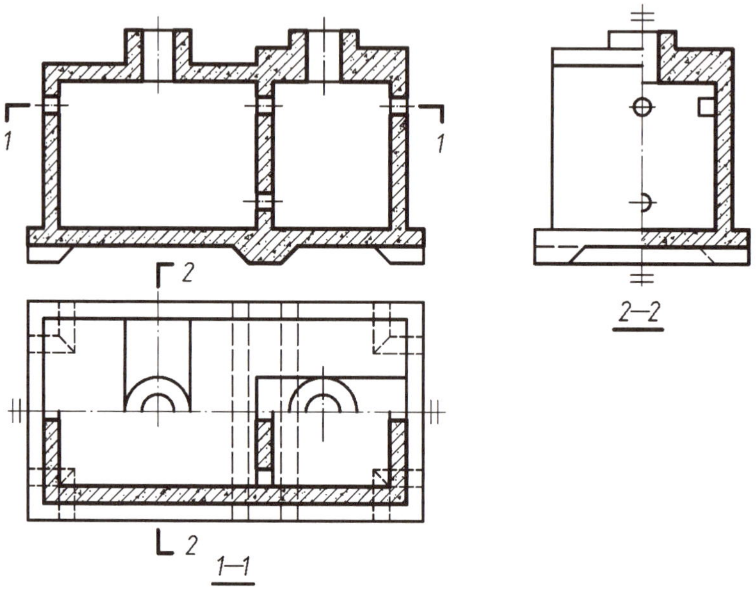

图 8－32　补绘左侧立面图

本章学习指引

Reading Guide

1. 建筑形体是构造比较复杂、更接近工程实际的组合形体。它既有外部形状，又有内部结构，必须按照工程实际的需要，采用一系列表达方法，全面清楚地画出它们的视图，还要注上足够的尺寸。

2. 建筑形体视图的数量多少，视需要而定。除基本视图外，还可选择镜像投影图和辅助投影图等。

3. 尺寸标注是建筑形体视图的一个重要组成部分，需要标注定形、定位和总体三种尺寸，要求配置明显清晰、齐全无遗漏。

4. 为表达清楚形体的内部结构，大量采用剖面图代替部分视图。必须了解和熟悉剖面图的几种处理方式以及它们的标注方法。

5. 断面图也是表达形体内部结构的一种有效方法，要掌握断面图的几种处理方式以及它们与剖面图的区别。

6. 阅读建筑形体的视图，是前面各章知识的综合运用，通过实例学习，将大大提高我们读图的能力。

复习思考题
Review Questions

1. 绘制建筑形体视图有哪些步骤和要求?
2. 建筑形体视图中应标注哪几种尺寸? 标注尺寸时要注意什么问题?
3. 什么是剖面图? 它有几种处理方式? 剖面图的标注有些什么规定?
4. 断面图与剖面图有什么关系和区别? 断面图又有几种处理方式?
5. 为什么说阅读建筑形体视图是前面章节所学内容的综合和检测? 试述读图的一般步骤。

第九章 轴测投影

CHAPTER 9 AXONOMETRIC PROJECTION

§9－1 概述 Introduction

多面正投影图的优点是能够完整地、准确地表达形体的形状和大小，而且作图简便，度量性好，所以在工程实践中被广泛采用。但是，这种图缺乏立体感，要有一定的读图能力才能看懂。例如图9－1所示的垫座，它的三面投影(图9－1a)中，每个投影只反映出形体的长、宽、高三个向度中的两个，不易看出形体的整体形状。如果画出垫座的轴测图(图9－1b)，这虽然是一幅单面的平行投影图，但由于投射方向不平行于任一坐标轴和坐标平面，能在一个投影中同时反映出形体的长、宽、高和不平行于投射方向的平面，具有较好的立体感，较易看出垫座各部分的形状，并可沿图上的长、宽、高三个向度度量尺寸。轴测图有立体感是它的优点，但它对形体表达不全面。如图中的垫座，它后面的槽是否通到底，或通到什么地方，没有表示清楚。同时，轴测图没有反映出形体各个侧面的实形，如垫座上各矩形侧面在轴测图中变成了平行四边形。正是由于变形的关系，使得轴测图的作图有一定困难，特别是外形或构造较复杂的形

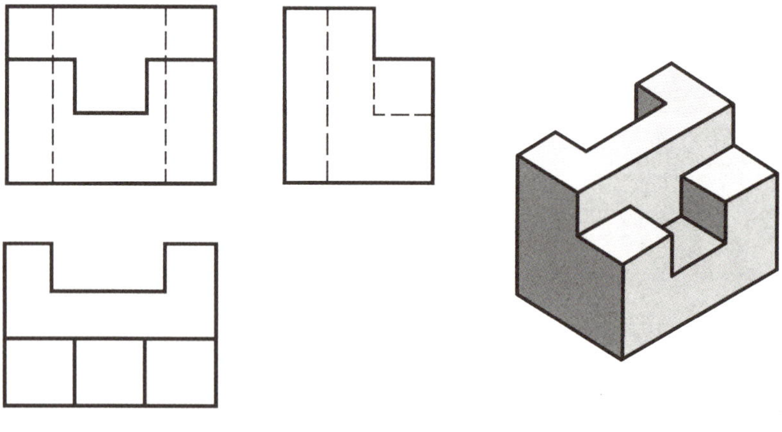

(a) 正投影图　　(b) 轴测图

图9－1　垫座

体，作图更为麻烦。因此，在生产图纸中，轴测图一般只作为辅助图样，用以帮助阅读正投影图。但有些较简单的形体，也可以用轴测图替代部分正投影图。如图 9-2 所示雨水管出口的构造详图，图中只画出一个剖面图表示雨水管和水簸箕的相对位置，另加一个水簸箕的轴测图，表示水簸箕的形状和大小。这样的轴测图也可作为施工的依据。

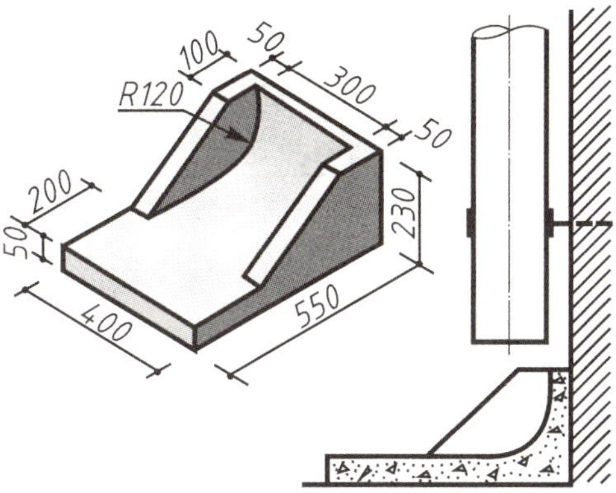

图 9-2　雨水管出口构造详图

根据平行投影原理，把形体连同确定其空间位置的三根坐标轴 OX、OY、OZ 一起，沿不平行于任一坐标平面的方向 S，投射到新投影面 P 或 Q 上，所得的投影称为轴测投影(axonometric projection)(图 9-3a)，也称轴测图(axonometry)。当投射方向 S 垂直于投影面(P)时，所得的投影称为正轴测投影(orthogonal axonometric projection)(图 9-3b)，当投射方向 S 倾斜于投影面(Q)时，所得的投影称为斜轴测投影(oblique axonometric projection)(图 9-3c)。

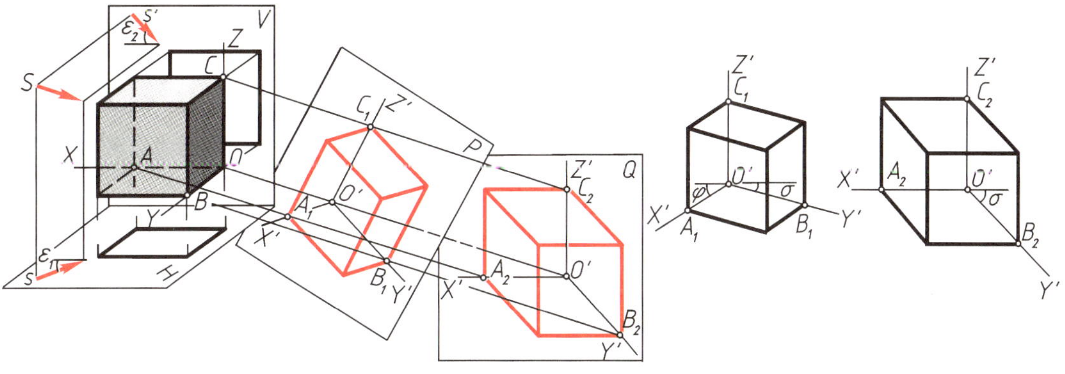

(a) 轴测投影的产生　　(b) 正轴测投影　　(c) 斜轴测投影

图 9-3　轴测投影

轴测投影中，投影面 P 和 Q(图 9-3)称为轴测投影面(axonometric projection plane)；三根坐标轴 OX、OY、OZ 的轴测投影 $O'X'$、$O'Y'$、$O'Z'$，称为轴测轴(axonometric axis)；轴测轴之间的夹角，即 $\angle X'O'Z'$、$\angle X'O'Y'$ 和 $\angle Y'O'Z'$，称为轴间角(axis angle)。画图时，通常都把 $O'Z'$ 轴画成竖直方向，如图 9-3b 和图 9-3c 所示，则 $O'X'$ 和 $O'Y'$ 与水平线的夹角分别标记为 φ

和 σ，称为轴倾角(sloping angle of axis)；轴测轴上的单位长度与相应坐标轴上的单位长度之比值，如设 $O'A_1/OA=p_1$、$O'B_1/OB=q_1$、$O'C_1/OC=r_1$，p_1、q_1、r_1 称为轴向伸缩系数(coefficient of axial deformation)；投射方向 S 称为轴测投射方向(axonometric projecting direction)，S 的 H 投影 s 和 V 投影 s' 与 OX 轴的夹角，分别标记为 ε_1 和 ε_2(图 9－3a)。

轴测投影是平行投影的一种，它必然具有如下特性：

1. 根据投影的平行性，空间相互平行的直线，它们的轴测投影仍然相互平行。因此，形体上平行于三根坐标轴的线段，在轴测投影上，仍分别平行于相应的轴测轴。

2. 根据投影的定比性，两平行线段的轴测投影长度与线段本身长度之比相等。因此，形体上平行于坐标轴的线段的轴测投影长度与线段实长之比，等于相应的轴向伸缩系数。

只要给出各轴测轴的方向(轴间角大小或轴倾角 φ 和 σ)以及各轴向伸缩系数(p_1、q_1、r_1)，便可根据形体的正投影图，作出它的轴测投影。

注意：在画轴测投影时，只能沿着平行于轴测轴的方向并按相应轴向伸缩系数，画出形体长、宽、高三个方向的线段，因而这种投影称为轴测投影。

【例 9－1】 已知 $\varphi=7°$，$\sigma=41°$，$p_1=r_1=0.94$，$q_1=0.47$，试作出图 9－4a 给定的点 A 的轴测投影。

解：作图步骤如下(图 9－4b)：

(1) 作竖直的 $O'Z'$ 轴，并根据 $\varphi=7°$ 和 $\sigma=41°$ 作出 $O'X'$ 和 $O'Y'$。

(2) 在 $O'X'$ 上截取一点 a_{1X}，使 $O'a_{1X}=p_1\cdot x_A=0.94x_A$。

(3) 过点 a_{1X} 作 $a_{1X}a_1 /\!/ O'Y'$，并截取 $a_{1X}a_1=q_1\cdot y_A=0.47y_A$，得点 a_1。

(4) 过点 a_1 作一竖直线 $a_1A_1 /\!/ O'Z'$，截取 $a_1A_1=r_1\cdot z_A=0.94z_A$，得点 A_1。

(5) 点 A_1 即为所求点 A 的轴测投影，图中的点 a_1 为点 A 的水平投影 a(图 9－4a)的轴测投影，称为点 A 的水平面次投影(secondary projection)。

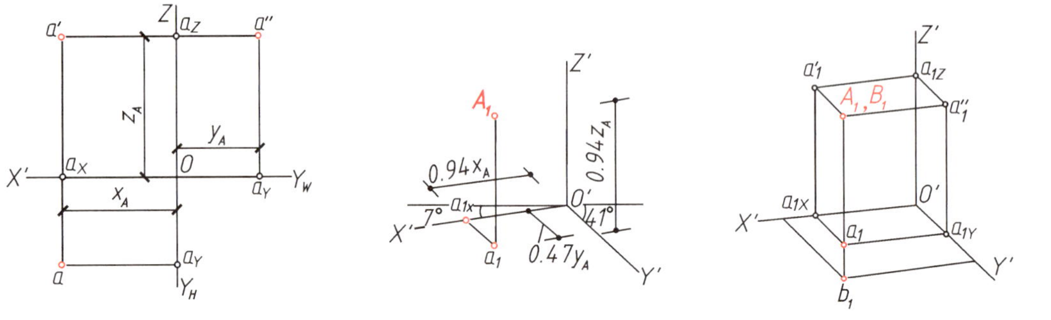

(a) 已知正投影　(b) 作轴测轴及点 A 的轴测投影　(c) 作点 A 的其他次投影

图 9－4　作点的轴测投影

在轴测投影中，一点(或其他几何元素)的空间位置，都可由该点(或几何元素)的轴测投影和它的一个次投影确定(图 9－4b)。在图 9－4c 中，尽管另一点 B 的轴测投影 B_1 与 A_1 重合，但它们的水平面次投影分别为 b_1 和 a_1，说明它们是两个不同点的轴测投影，且点 B 的三个坐标值 x_B、y_B、z_B 均比点 A 的三个坐标值大。

作轴测投影时，还可作出该点(或几何元素)的正面次投影 a_1' 和侧面次投影 a_1''，它们分别

为空间点 A(或几何元素)的 V 投影 a'和 W 投影 a''的轴测投影(图 9－4c)。

在画立体的轴测投影时，往往着重于表达该立体的几何形状及各组成部分之间的相对位置，而较少去研究该立体与投影面之间的关系，因而通常把立体的一个底面假设放置在坐标平面上，立体底面的轴测投影就是它的部分或整个次投影，无须再画。如图 9－5 所示，图 a 和图 b 的正棱柱和正棱锥，它们的次投影与底面的轴测投影重合，而图 c 的斜棱锥，如需确定它的确切形状和立体各几何元素间的相对位置，就需画出锥顶 S 在锥底平面(XOY 面)上的次投影 s_1。

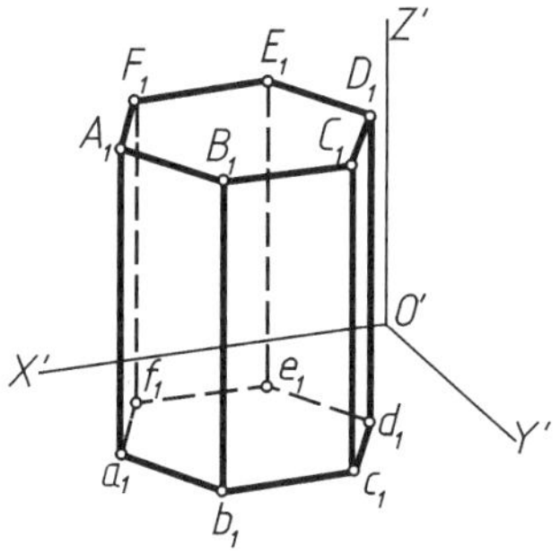

(a) 正棱柱

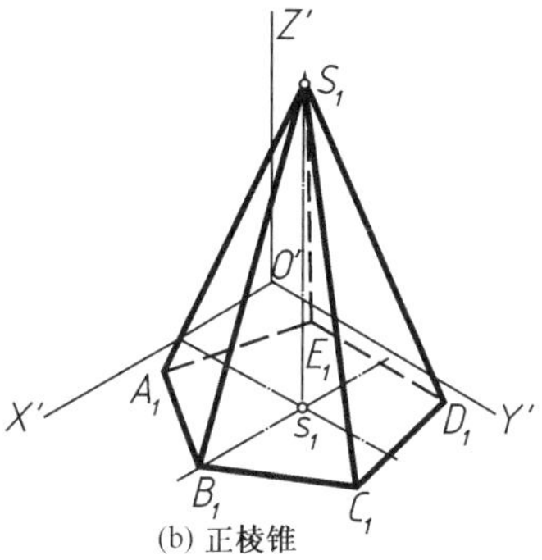

(b) 正棱锥

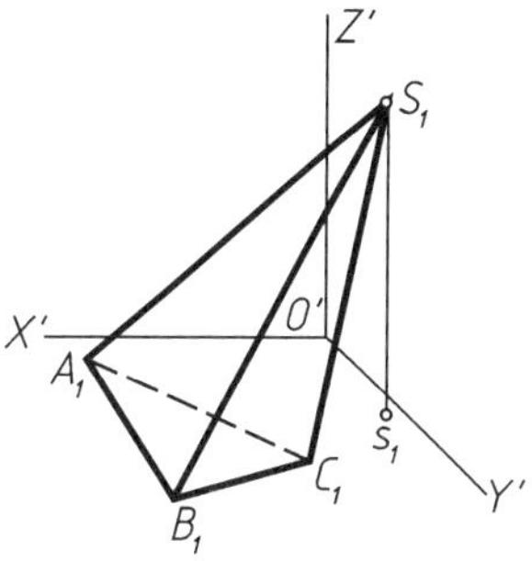

(c) 斜棱锥

图 9－5　立体的轴测投影

§9－2 正轴测图 Orthogonal Axonometry

前已指出，当投射方向 S 垂直于轴测投影面 P 时，所得的投影称为正轴测投影。根据轴向伸缩系数 p_1、q_1、r_1是否相等，正轴测投影可分为正等轴测投影、正二轴测投影和正三轴测投影。

一、正等轴测投影(Isometric projection)

三个轴向伸缩系数都相等的正轴测投影称为正等轴测投影(图)，即 $p_1=q_1=r_1\approx0.82$。此时，$\varphi=\sigma=30°$,$\varepsilon_1=\varepsilon_2=45°$(图 9－6a、b)。这是最常用的一种轴测图，它的两个轴倾角都是 30°，可以直接利用丁字尺和 30°三角板作图(图 9－6c)。此外，三个轴向伸缩系数都约等于 0.82，习惯上简化为 1，即 $p=q=r=1$，直接按实际尺寸作图。利用简化轴向伸缩系数画出的正等轴测图(简称正等测)比实际的轴测图要大一些(图 9－6d)。

根据形体的特征，可选用不同的作图方法(如坐标法、装箱法、端面法、叠砌法等)作形体的轴测图。

【例 9－2】　已知基础形体的投影图(图 9－7a)，求作它的正等测。

解：对基础形体进行形体分析：从下而上，由棱柱和棱台组成，可分别画出。

(1) 设置坐标系，画轴测轴。沿 $O'X'$方向截取棱柱底面长度 x_1，沿 $O'Y'$方向截取棱柱底面宽度 y_1，画出底面的轴测图(图 9－7b)。

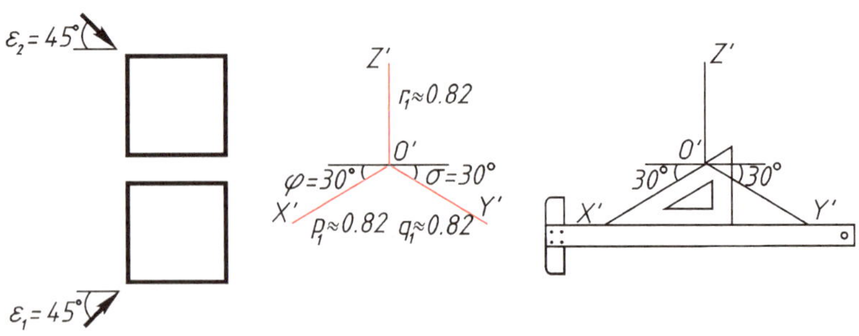

(a) 投射方向　(b) 轴倾角和轴向伸缩系数　(c) 轴测轴的画法

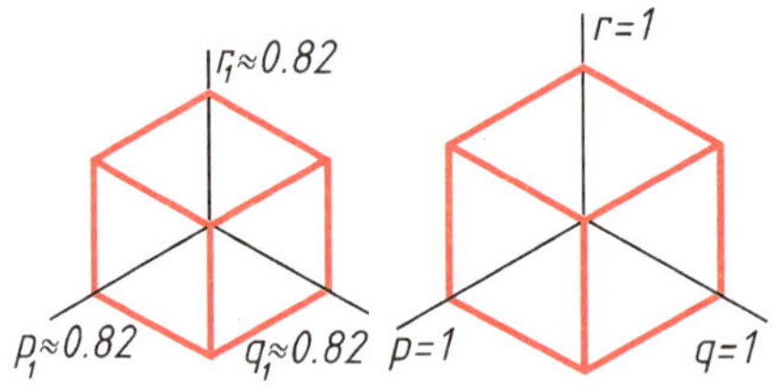

(d) 轴向伸缩系数等于0.82和等于1的区别

图 9－6　正等轴测图

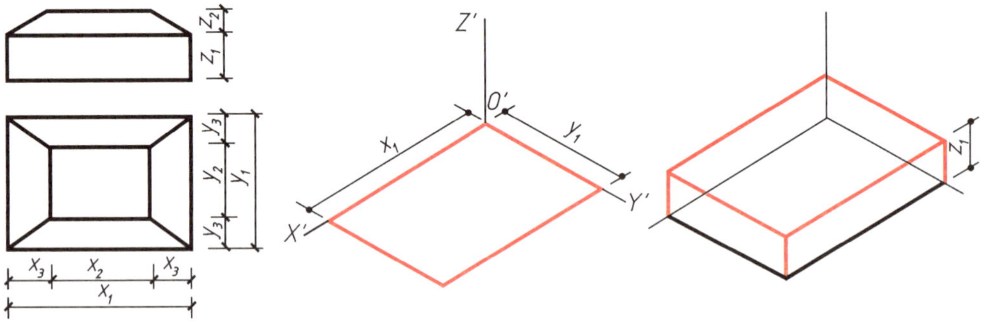

(a) 已知投影图　(b) 画基础底面　(c) 画棱柱上底

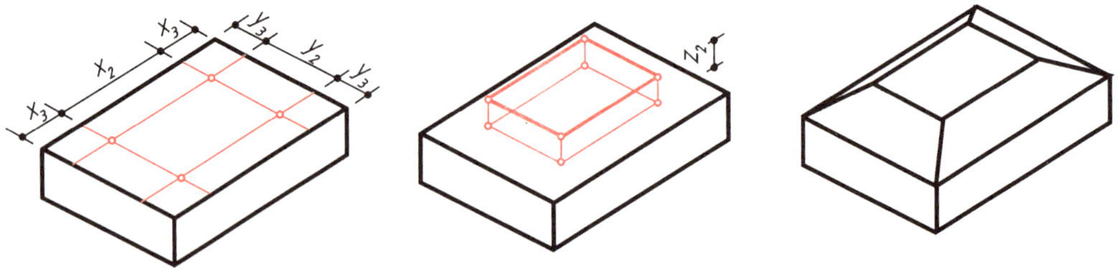

(d) 在棱柱顶面上画棱台上底的水平次投影　(e) 画棱台上底　(f) 连棱台侧棱

图 9－7　基础的正等测画法

(2) 从底面各个顶点引竖直线，并截取棱柱高度 z_1(即竖高度)，连各顶点，得棱柱的正等测(图 9-7c)。一般情况下，画轴测图时都不画出不可见的线条。

(3) 棱台下底面与棱柱顶面重合。棱台的侧棱是一般线，其轴测投射方向和伸缩系数都未知，不能直接画出。此时，需先分别画出它们的两个端点，再连成斜线。要作棱台顶面的四个顶点，应先画出它们在棱柱顶面(平行于 H 面)上的次投影，再竖高度。为此，从棱柱顶面的顶点起，分别沿 $O'X'$方向量 x_3、x_2，沿 $O'Y'$方向量 y_3、y_2，并各引直线相应平行于 $O'Y'$和 $O'X'$，得四个交点(图 9-7d)。

(4) 从这四个交点(次投影)竖高度 z_2，得棱台顶面的四个顶点。连接这四个顶点，画出棱台的顶面(图 9-7e)。这种根据一点的 X、Y、Z 轴向坐标作出该点轴测图的方法，称为坐标法(coordinate method)。

(5) 以直线连棱台顶面和底面的对应顶点，作出棱台的侧棱，完成基础形体的正等测(图 9-7f)。

【例 9-3】 已知台阶的投影图(图 9-8a)，求作它的正等测。

解： 形体分析：台阶由两侧栏板和三级踏步组成，先逐个画出侧栏板，再画踏步。

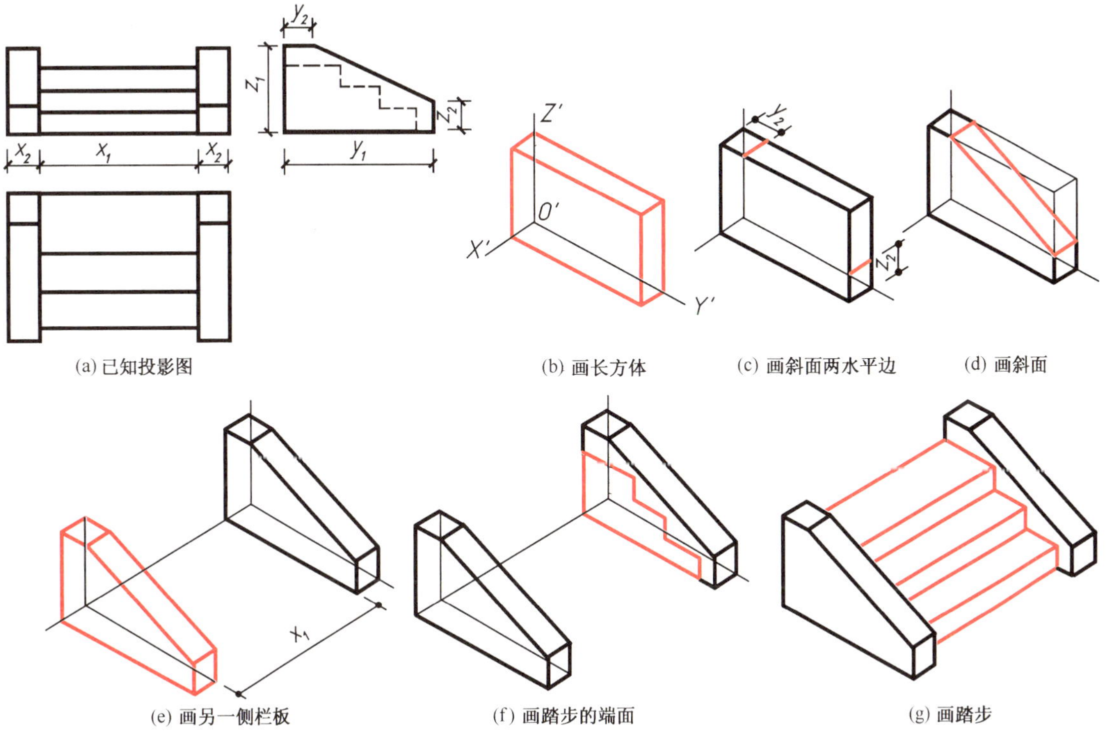

图 9-8 画台阶的正等测

(1) 画侧栏板。根据侧栏板的长、宽、高画出一个长方体(图 9-8b)，然后“切”去长方体的一角，画出斜面。这个长方体好像是一个恰好把侧栏板装在里面的箱子，这种作轴测图的方法称为装箱法(boxing method)。

(2) 侧栏板斜面上斜边轴测投影的方向和轴向伸缩系数都未知，可先画出斜面上、下两

根平行于 $O'X'$方向的棱边，再连对应点画出斜边。作图时，在长方体顶面沿 $O'Y'$方向量 y_2，又在正面沿$O'Z'$方向量 z_2，并分别引直线平行于 $O'X'$(图 9－8c)。

(3) 画出两斜边，得侧栏板斜面(图 9－8d)。

(4) 用同样方法画出另一侧栏板，注意要沿 $O'X'$方向量出两栏板之间的内侧距离 x_1(图 9－8e)。

(5) 画踏步。可在右侧栏板的内侧面(平行于 W 面)上，按踏步的侧面投影形状，画出踏步端面的正等测，即画出各踏步在该侧面上的次投影(图 9－8f)。

(6) 过端面各顶点引线平行于 $O'X'$，得踏步(图 9－8g)。

凡是画底面比较复杂的棱柱体，都可先画端面，再完成棱柱体的轴测图，这种方法称为端面法(ending method)。

从上述两例可见，整个作轴测图过程，始终是按三根轴测轴和三个(简化)轴向伸缩系数来画出平行于长、宽、高方向的线段，并确定它们的长度。对于不平行于轴测轴的斜线，则通过"坐标法"确定斜线的两端点，或采用"装箱法"进行画图。

二、正二等轴测投影(Dimetric projection)

当选定 $p_1 = r_1 = 2q_1$时，所得的正轴测投影，称为正二等轴测投影，又称正二轴测图，简称正二测。此时，$\varepsilon_1 \approx 69°$，$\varepsilon_2 = 45°$(图 9－9a)，$p_1 = r_1 \approx 0.94$，$q_1 \approx 0.47$，$\varphi \approx 7°10'$，$\sigma \approx 41°25'$(图 9－9b)。

正二轴测图的立体感比较强，也较常用，但作图稍为麻烦。在画两个轴倾角时，可用量角器量出，但常用图 9－9c 所示的方法按 1∶8 和 7∶8 的斜率画出 $O'X'$和 $O'Y'$。也可特制一把尺

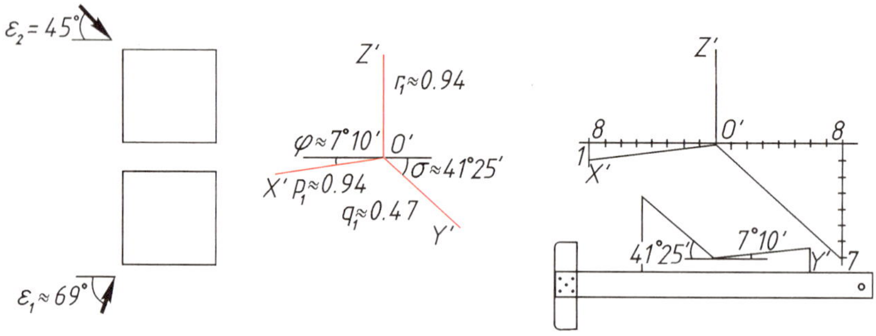

(a) 投射方向　　(b) 轴倾角和轴向伸缩系数　　(c) 轴测轴的画法

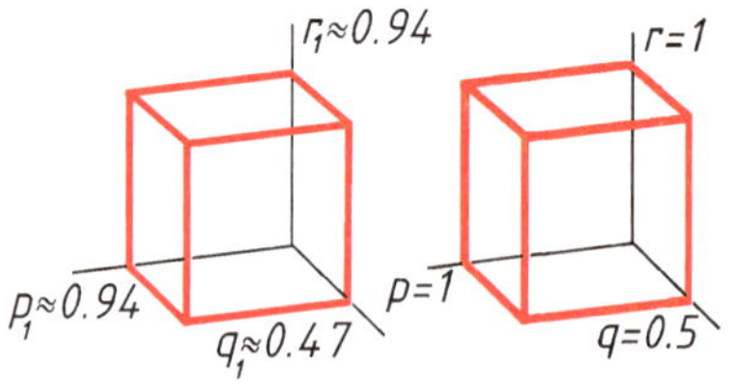

(d) 两种轴向伸缩系数的区别

图 9－9　正二测

子，配合丁字尺作图。画图时通常把 p_1 和 r_1 简化为 1，q_1 简化为 0.5，即 $p=r=1$，$q=0.5$，这时画出的正二测比实际的轴测投影稍大些(图 9-9d)。

【例 9-4】 已知钢柱座的投影图(图 9-10a)，求作它的正二轴测图。

解：从 H 投影看出，正等测的 $\varepsilon_1=45°$，所画出的图将会出现左槽钢和右槽钢有一根棱边相重合(图 9-10a 的小图)，削弱了立体感。而画正二测，则 $\varepsilon_1\approx69°$，从 H 投影可知，该两棱边的投影将不会重合。

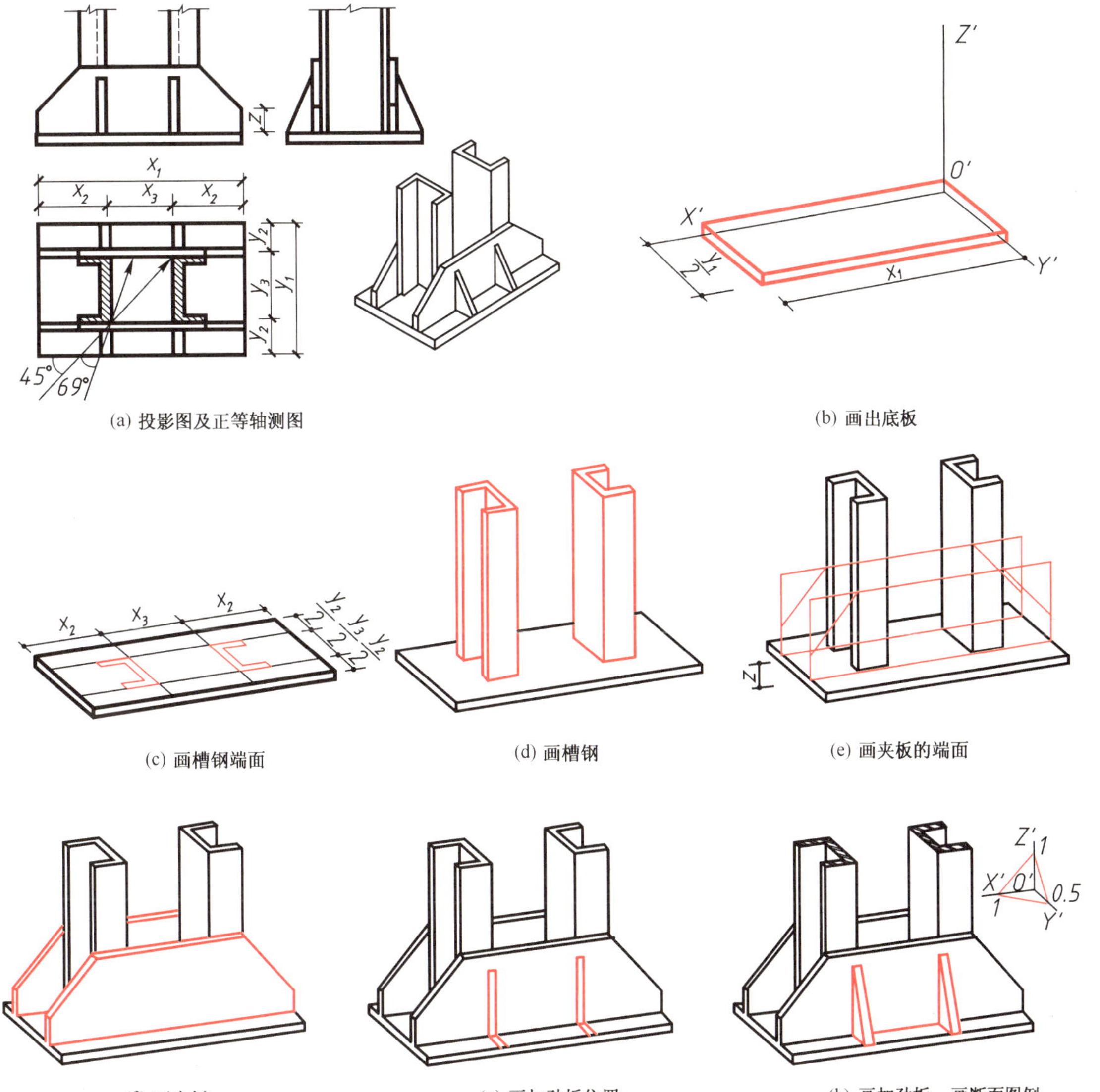

(a) 投影图及正等轴测图　(b) 画出底板

(c) 画槽钢端面　(d) 画槽钢　(e) 画夹板的端面

(f) 画夹板　(g) 画加劲板位置　(h) 画加劲板、画断面图例

图 9-10　钢柱座正二测的画法

(1) 钢柱座是由两根槽钢和若干不同形状的钢板所构成。先画矩形底板，然后将其他型钢和钢板逐件添画上去，这种方法称为**叠砌法**(overlying method)。在整个作正二测过程中，画

平行 $O'Y'$方向的线段时，要注意必须乘上简化轴向伸缩系数 0.5(图 9－10b)。

(2) 以底板顶面作为基面，在其上按槽钢的位置画出槽钢的端面(图 9－10c)。

(3) 画槽钢。由于本例只要求画柱座部分，所以槽钢的高度可任意截取，然后画出断面(图 9－10d)。

(4) 画出两块夹板靠槽钢一面的端面(图 9－10e)。

(5) 过夹板端面的各顶点引宽度线，画出两块夹板(图 9－10f)。

(6) 定加劲板在底板和夹板上的位置(图 9－10g)。

(7) 连两斜边，得加劲板。看不见的两块加劲板无需画出。最后，在槽钢的断面处，画上钢的材料图例。平行于各投影面的 45°斜线在正二轴测图上的方向，如小图所示(图 9－10h)。

从上例可以看出，正二测和正等测的画法基本上是一样的，只是轴测轴的方向和轴向伸缩系数不同而已。至于正三测，由于作图更为麻烦且不常用，在此不作介绍。

三、轴测图的选择(Choices of axonometries)

从上述例题看出：选择不同类型的轴测图将直接影响所画轴测图的效果。选择时，一般先考虑作图比较简便的正等测，如果效果不好，或者要避免图 9－11 所示的情况，才考虑选画正二测。

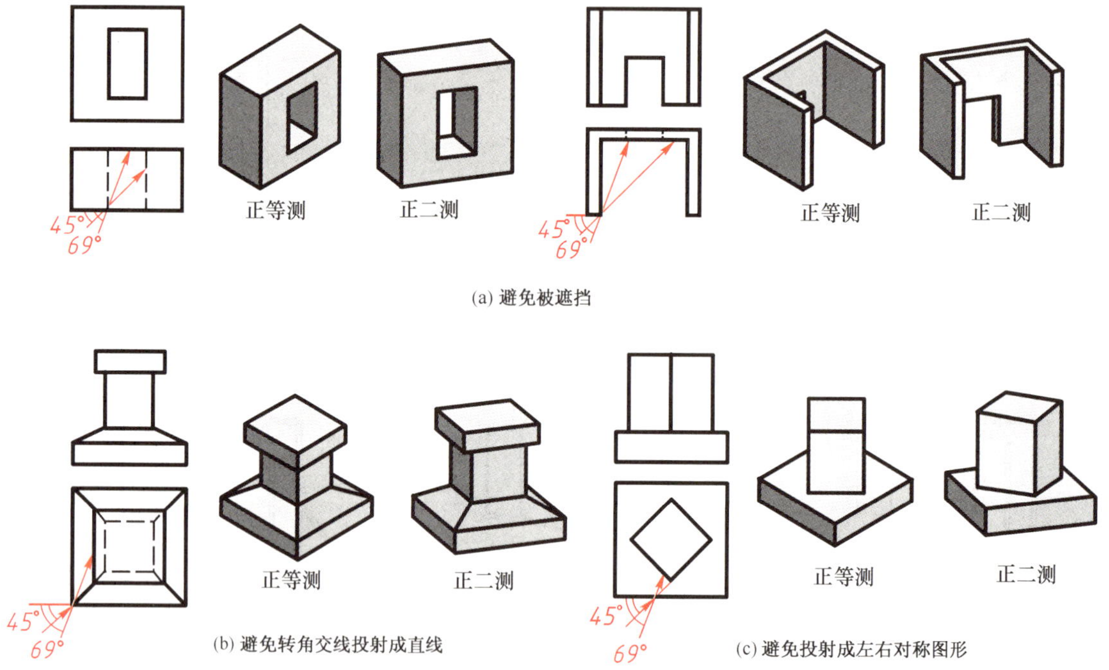

(a) 避免被遮挡

(b) 避免转角交线投射成直线

(c) 避免投射成左右对称图形

图 9－11 正轴测图形式的选择

1. 避免被遮挡。轴测图上，要尽可能将隐蔽部分表达清楚，看透孔洞(图 9－11a)。

2. 避免转角处的交线投射成一直线。图 9－11b 所示柱墩的转角处交线，位于与 V 面成 45°倾斜的铅垂面上，与正等测的投射方向平行，该交线在正等测上将投射成直线。

3. 避免投射成左右对称的图形。对平面体来说，图9－11b的柱墩和图9－11c所示的正四棱柱下面的正方形底板，它们的正等测左右对称，显得呆板。

4. 避免有些侧面积聚成直线。图9－11c所示的形体，上面正四棱柱的两个侧面，与正等测的投射方向平行，它们的正等测均积聚成一直线。

此外，还可选择作轴测图时的投射方向。常用的投射方向有图9－12所示的四种。图9－12b是前述各例的投射方向，即从形体的左、前、上方向右、后、下方投射所得的图形，它的轴测轴方向如图所示。图9－12c是从形体的右、前、上方向左、后、下方投射所得的图形，轴测轴的方向与第一种比较，相当于绕 $O'Z'$ 轴顺时针旋转了90°。图9－12d是从形体的左、前、下方向右、后、上方投射所得的图形，轴测轴的方向与第一种比较，只是把 $O'X'$ 和 $O'Y'$ 两个轴倾角改画在水平线的上方。图9－12e是从形体右、前、下方向左、后、上方投射所得的图形，轴测轴的方向与第三种比较，相当于绕 $O'Z'$ 轴逆时针旋转了90°。

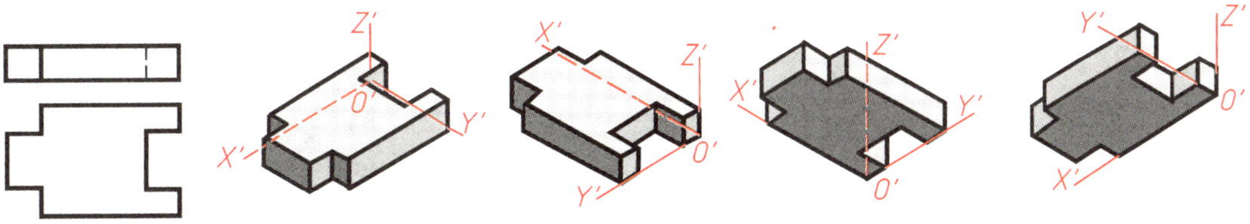

(a) 投影图　(b) 从左、前、上方向右、后、下方投射　(c) 从右、前、上方向左、后、下方投射　(d) 从左、前、下方向右、后、上方投射　(e) 从右、前、下方向左、后、上方投射

图9－12　四种投射方向的轴测图

【例9－5】 根据柱顶节点的两投影(图9－13a)，求作它的正轴测图。

解： 为作图简便起见，可选画正等测，但必须选择从下向上的投射方向，才能把柱顶节点表达清楚，不被遮挡。

(1) 选取图9－12d所示从左、前、下方向右、后、上方投射的方向，画出楼板的正等测(图9－13b)。

(2) 在楼板底面上画出柱、主梁和次梁的次投影位置(图9－13c)。

(3) 作柱的正等测(图9－13d)。

(4) 根据主梁的位置及高度作出主梁的正等测(图9－13e)。

(5) 同法作出次梁的正等测。最后把不可见线条擦去，画出截面处的材料图例，完成节点正等轴测图(图9－13f)。

四、圆的正等轴测图(Circles in isometric projection)

在平行投影中，当圆所在的平面平行于投影面时，它的投影还是圆。而当圆所在平面倾斜于投影面时，它的投影成为椭圆(图9－14)。

平行于坐标面的圆的正等测是一个椭圆，通常用近似方法(称为“四心椭圆”法)画出，如图9－15所示。立方体三个面上的圆的正等测椭圆，大小相同，方向不一，但作图方法一样。现以平行于 H 面的圆(图9－15a)为例，说明四心椭圆的作法如下：

1. 过圆心 O' 沿轴测轴方向 $O'X'$ 和 $O'Y'$ 画中心线，截取半径长度，得椭圆上四个点 B_1、D_1

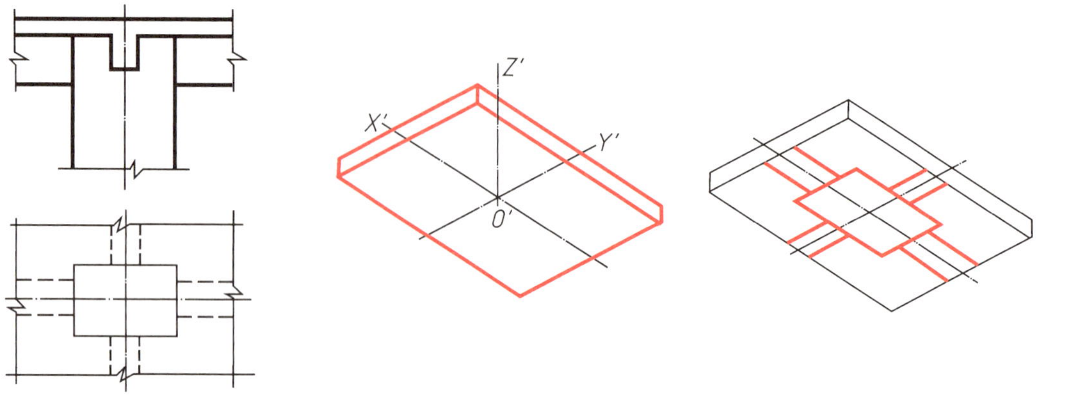

(a) 投影图　(b) 选投射方向，画楼板轴测图　(c) 画出柱、主梁、次梁位置

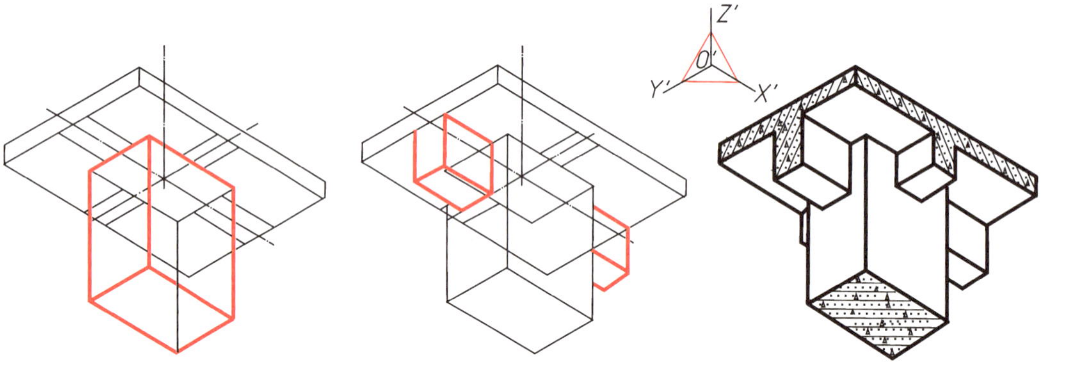

(d) 画柱轴测图　(e) 画主梁轴测图　(f) 画次梁，并完成节点轴测图

图 9－13　柱顶节点正等测

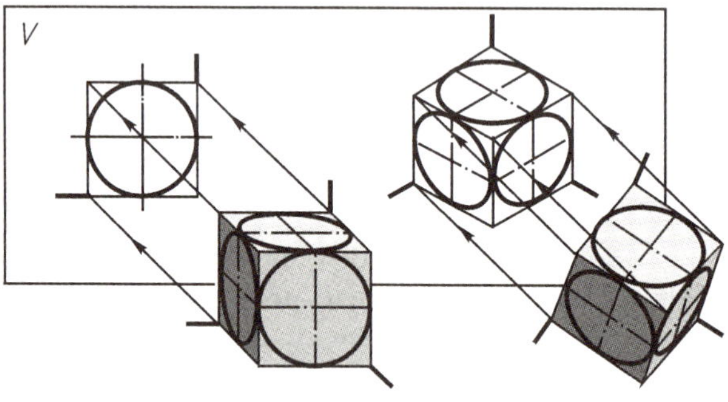

(a)　(b)

图 9－14　圆的正投影和正等轴测投影

和 A_1、C_1，画出外切菱形(图 9－15b)。

2. 菱形短对角线端点为 O_1、O_2。连 O_1A_1、O_1B_1(或连 O_2C_1、O_2D_1)，它们分别垂直于菱形的相应边，并交菱形的长对角线于 O_3、O_4，得四个圆心 O_1、O_2、O_3、O_4(图 9－15c)。

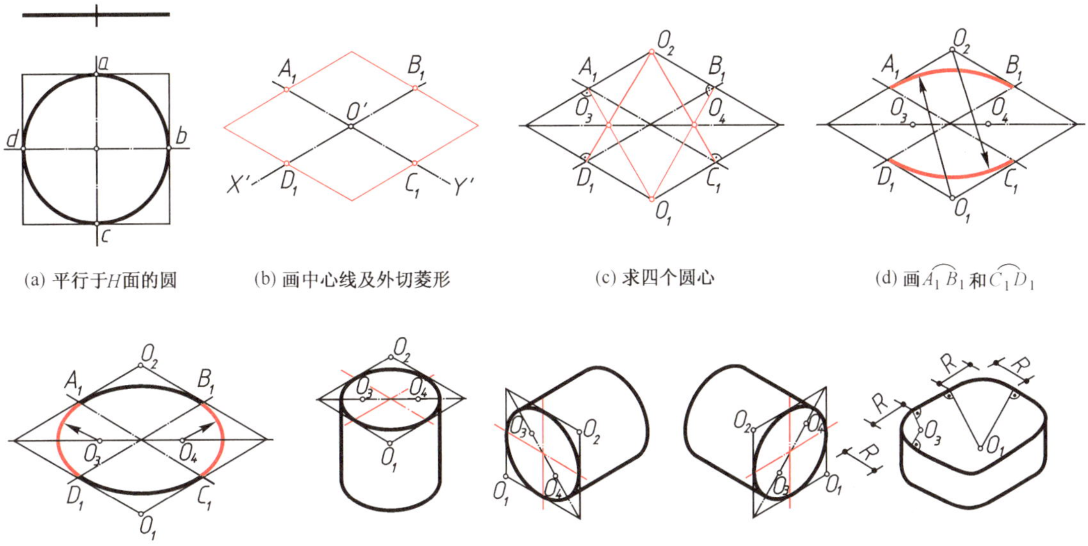

(a) 平行于H面的圆　(b) 画中心线及外切菱形　(c) 求四个圆心　(d) 画$\overset{\frown}{A_1B_1}$和$\overset{\frown}{C_1D_1}$

(e) 画$\overset{\frown}{A_1D_1}$和$\overset{\frown}{B_1C_1}$　(f) 三个方向的圆柱和圆角的画法

图 9-15　圆的正等测近似画法

3. 以 O_1为圆心，O_1A_1为半径画圆弧$\overset{\frown}{A_1B_1}$；又以 O_2为圆心，O_2C_1($=O_1A_1$)为半径，作另一圆弧$\overset{\frown}{C_1D_1}$(图 9-15d)。

4. 以 O_3为圆心，O_3A_1为半径作圆弧$\overset{\frown}{A_1D_1}$；又以 O_4为圆心，O_4B_1($=O_3A_1$)为半径作另一圆弧$\overset{\frown}{B_1C_1}$，得近似的椭圆——四心椭圆(图 9-15e)。

图 9-15f 中，分别画出轴线垂直于三个坐标面的圆柱，并表示出各圆柱底圆的画法。画图时，应注意各底圆的中心线方向，应平行于相应坐标面的轴测轴方向。图中还介绍了圆角的画法。

为图面清晰，如果轴测轴 $O'X'$、$O'Y'$和 $O'Z'$的方向已十分明确，图中可不再画出，如图 9-15c、d、e、f。

五、曲面体的正等轴测图(Curved solids in isometric projection)

掌握了坐标面上圆的正等测画法，就不难画出各种轴线垂直于坐标面的圆柱、圆锥及其组合形体的正等轴测图。

【例 9-6】 根据带斜截面圆柱的投影图(图 9-16a)作正等测。

解： 形体是带斜截面的圆柱，作图时通常先画未被截割前的圆柱，再画斜截面。

(1) 画圆柱的左端面。确定圆心位置后，作中心线分别平行于 $O'Z'$和 $O'Y'$，画外切菱形和四心椭圆(图 9-16b)。

(2) 沿 $O'X'$方向向右度量柱高 x，作右端面椭圆；引两平行于 $O'X'$方向的直线与两端面椭圆相切，得圆柱的正等测(图 9-16c)。

(3) 用坐标法作截面上一系列的点。先作截交线最低点 Ⅰ 和 Ⅱ，可在左端面上过圆心 O'

沿 $O'Z'$方向向下量 z_1，引线平行于 $O'Y'$方向，交椭圆于点 I_1和II_1(图 9－16d)。

(4) 作截交线的最前点Ⅲ、最后点Ⅳ和最高点Ⅴ。分别过中心线与椭圆的交点引圆柱素线平行于 $O'X'$方向，对应量取 x_1和 x_3，得点III_1、IV_1和V_1(图 9－16e)。

(5) 在适当位置作中间点。先在投影图上选定，例如点Ⅵ和Ⅶ，得 x_2和 z_2。按上述方法在轴测图上作图求出(图 9－16f)。

(6) 最后用圆滑曲线依次连 I_1、IV_1、VII_1、V_1、VI_1、III_1和II_1各点，用直线连点 I_1、II_1，擦去多余线条，得带斜截面的圆柱正等测(图 9－16g)。

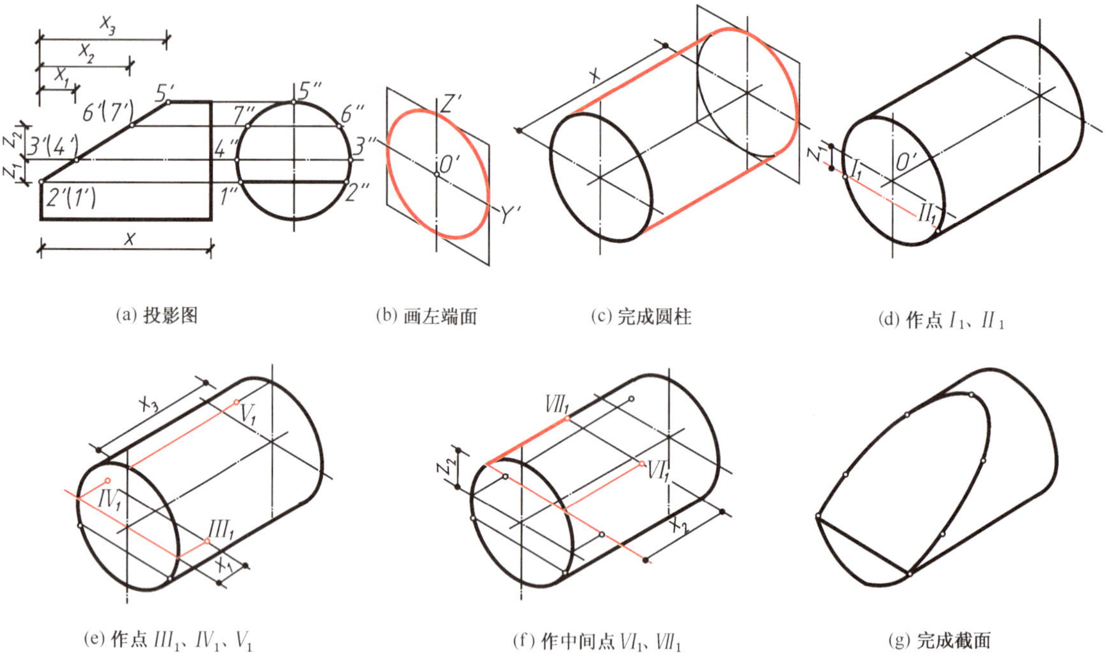

(a) 投影图 (b) 画左端面 (c) 完成圆柱 (d) 作点 I_1、II_1

(e) 作点 III_1、IV_1、V_1 (f) 作中间点 VI_1、VII_1 (g) 完成截面

图 9－16 带斜截面圆柱的正等测

【例 9－7】 根据柱冠的投影图(图 9－17a)作正等测。

解：柱冠自上而下由方板、圆板、圆台和圆柱组成，宜用叠砌法并选正等测以四心椭圆作图，画法较简便。柱冠上部的形体大，下部的形体小，应从下向上投射。

(1) 确定轴测轴方向，画出方板。为简化作图，先画底面，再往上竖高度(图 9－17b)。

(2) 以方板底面的中点 O_1为圆心，画 ϕ_1圆板顶面的四心椭圆(图 9－17c)。

(3) 画 ϕ_1圆板的底面。从 O_1往下量圆板厚度，得圆板底面的圆心 O_2，再画一个 ϕ_1的四心椭圆(图 9－17d)。

(4) 画出圆板轮廓线。仍以 O_2为圆心，作圆台顶面圆 ϕ_2的四心椭圆(图 9－17e)。

(5) 作圆台底面圆 ϕ_3。先求圆心 O_3，再画四心椭圆(图 9－17f)。

(6) 引两斜线与两椭圆相切，得圆台轮廓线(图 9－17g)。

(7) 画圆柱。圆柱是假想截断的，应在断面处画上材料图例(图 9－17h)。

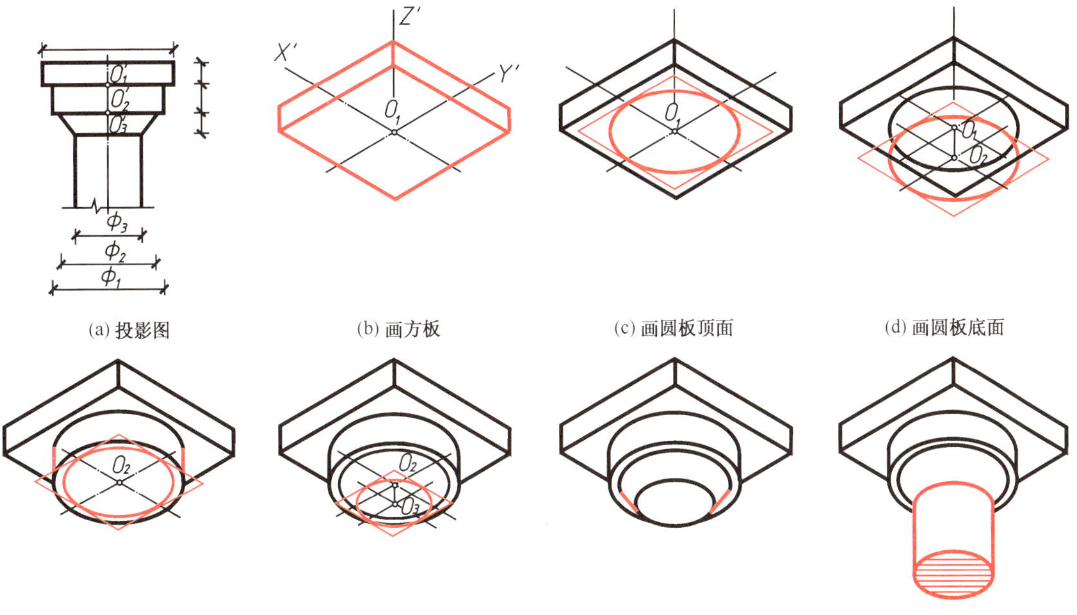

(a) 投影图　(b) 画方板　(c) 画圆板顶面　(d) 画圆板底面

(e) 画圆台顶面　(f) 画圆台底面　(g) 画圆台轮廓线　(h) 画圆柱

图 9－17　柱冠的正等测

§9－3 斜轴测图 Oblique Axonometry

当投射方向 S 倾斜于轴测投影面时所得的投影，称为斜轴测投影。以 V 面或 V 面平行面作为轴测投影面，所得的斜轴测投影，称为正面斜轴测投影（V-plane oblique axonometric projection）。若以 H 面或 H 面平行面作为轴测投影面，则得水平面斜轴测投影（H-plane oblique axonometric projection）。画斜轴测图与画正轴测图一样，也要确定轴间角、轴向伸缩系数以及选择轴测类型和投射方向。

一、正面斜轴测图（V-plane oblique axonometry）

如图 9－18a 所示，设形体处于作正投影图时的位置，投射方向 S 倾斜于 V 面，将形体向 V 面投射，得形体的正面斜轴测图。它是斜投影的一种，具有斜投影的如下特性：

1. 不管投射方向如何倾斜，平行于轴测投影面的平面图形，它的斜轴测图反映实形。也就是说，正面斜轴测图中 $O'Z'$ 和 $O'X'$ 之间的轴间角是 90°，即 $\varphi = 0°$，两者的轴向伸缩系数都等于 1，即 $p_1 = r_1 = 1$。这个特性，使得作斜轴测图较为简便，对具有较复杂的侧面形状的形体，这个优点尤为显著。

2. 垂直于投影面的 OY 轴和直线，它们的轴测方向和轴向伸缩系数，将随着投射方向 S 的不同而变化。然而，$O'Y'$ 轴的轴倾角 σ 和轴向伸缩系数 q_1 互不相关，可以单独随意选择。一

般多采用 $\sigma = 45°$ 和 $q_1 = 0.5$，作出正面斜二测图，如图 9－18b 所示。

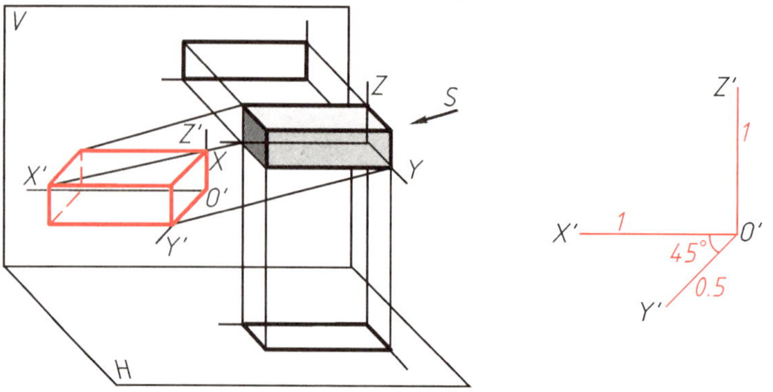

(a) 长方体的正面斜轴测图的投射过程　　(b) 常用的轴向伸缩系数与轴倾角

图 9－18　正面斜轴测图的形成

3. 与正轴测图一样，相互平行的直线，它们的正面斜轴测图仍相互平行。平行于坐标轴的线段的正面斜轴测图与线段实长之比，等于相应的轴向伸缩系数。

根据上述投影特性和长方体的投影图，它的正面斜轴测图的作图步骤，如图 9－19 所示。

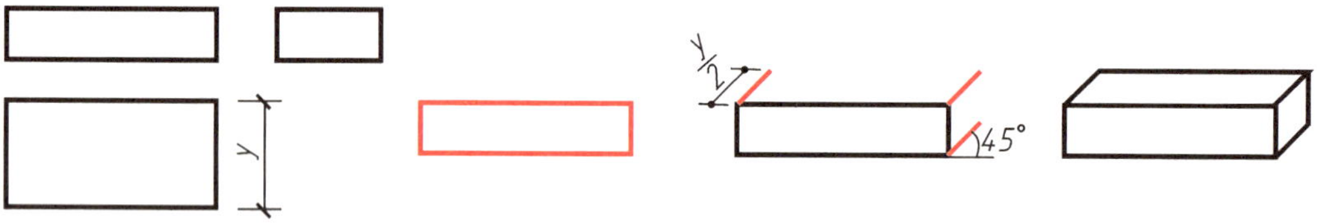

(a) 投影图　　(b) 画出立面投影　　(c) 引宽度线　　(d) 画出后面的棱边

图 9－19　长方体的正面斜轴测图的作法

【例 9－8】　根据挡土墙的投影图(图 9－20a)作它的正面斜轴测图。

解： 根据挡土墙形状的特点，选定投射方向是从左上向右下，即 $O'Y'$ 与 $O'X'$ 的轴间角 $X'O'Y' = 135°$，这时三角形扶壁将不被竖墙遮挡而表示清楚。

(1) 画出竖墙和底板的正面斜轴测图(图 9－20b)。

(2) 扶壁到竖墙边的距离是 y_1。从竖墙边往后量 $y_1/2$，画出扶壁的三角形底面的实形(图 9－20c)。

(3) 往后量壁厚 $y_2/2$，完成扶壁(图 9－20d)。

【例 9－9】　根据投影图(图 9－21a)作拱门的正面斜轴测图。

解： 拱门由地台、门身及顶板三部分组成，画轴测图时必须注意各部分在 Y 方向的相对位置(图 9－21a)。

(1) 画地台斜轴测图，并在地台面的对称线上向后量取 $y_1/2$，定出拱门前墙面位置线(图 9－21b)。

(2) 按实形画出拱门前墙面及 Y 方向线(图 9－21c)。

(3) 完成拱门斜轴测图。注意后墙面半圆拱的圆心位置及半圆拱的可见部分的画法。在

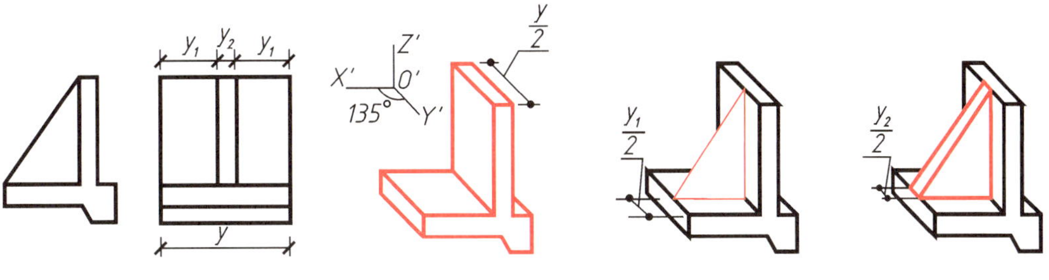

(a) 已知投影图　(b) 先画竖墙和底板　(c) 画扶壁的三角形底面　(d) 完成扶壁

图 9－20　挡土墙的正面斜轴测图

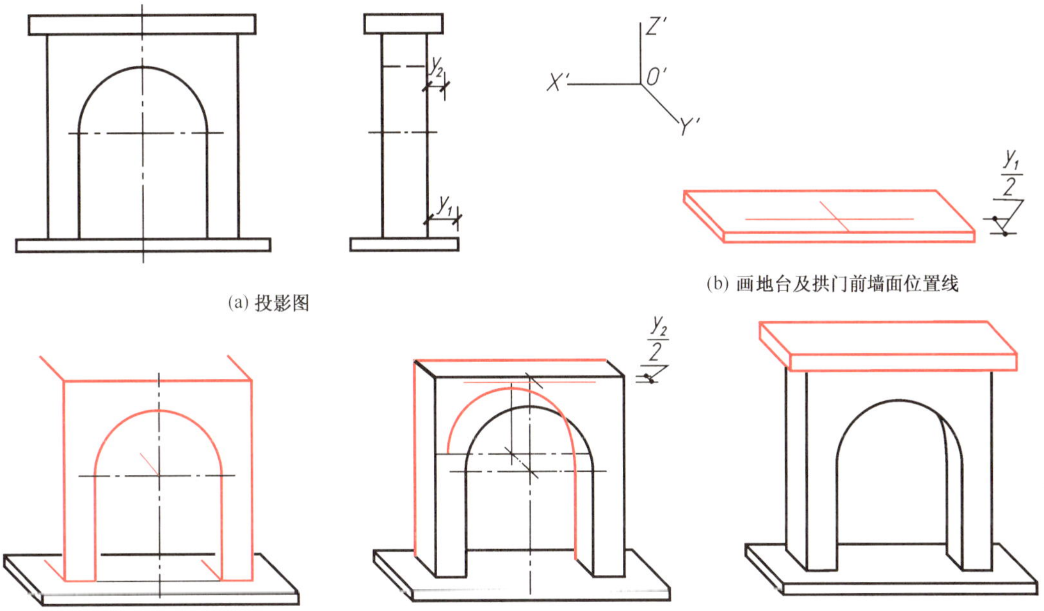

(a) 投影图　(b) 画地台及拱门前墙面位置线　(c) 画拱门前墙面　(d) 完成拱门，画顶板前缘位置线　(e) 画顶板，完成轴测图

图 9－21　画拱门正面斜轴测图

前墙面顶线中点作 Y 轴方向线，向前量取 $y_2/2$，定出顶板底面前缘的位置线(图 9－21d)。

(4) 画出顶板，完成轴测图(图 9－21e)。

二、水平面斜轴测图(H-plane oblique axonometry)

形体处于作正投影时的位置，投射方向倾斜于 H 面，并向 H 面进行投射(图 9－22a)，得形体的**水平面斜轴测图**。显然，$O'X'$ 与 $O'Y'$ 之间的轴间角仍是 90°，轴向伸缩系数都是 1，即在水平面斜轴测图上能反映与 H 面平行的平面图形的实形。至于 $O'Z'$ 与 $O'X'$ 之间的轴间角以及 $O'Z'$ 的轴向伸缩系数，同样可以单独任意选择。通常，轴间角 $Z'O'X'$ 取 120°，$O'Z'$ 的轴向伸缩系数仍取1(图9－22b)。画图时，习惯上把$O'Z'$画成竖直方向，则$O'X'$和$O'Y'$分别与水平线成30°和60°角(图9－22c)。这种轴测图，适宜用来绘制一幢房屋的水平剖面或一个区域的总平面图，它可以反映出房屋内部布置，或一个区域中各建筑物、道路、设施等的平面位置及相互关系，以及建筑物和设施等的高度。

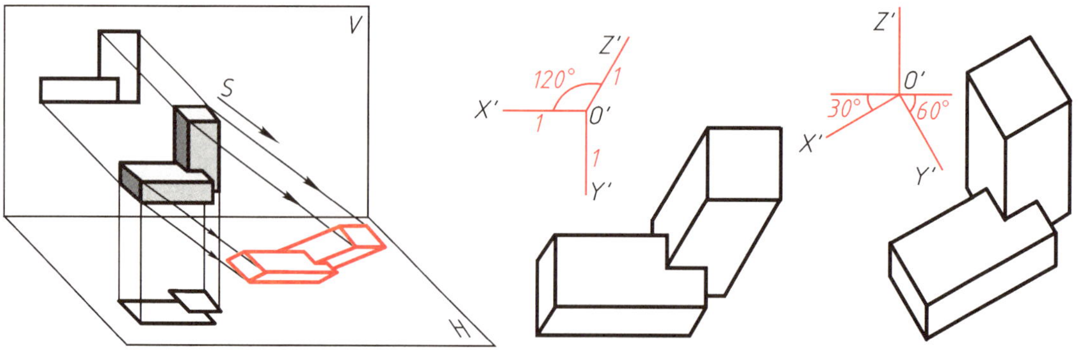

(a) 水平面斜轴测图的投射过程　(b) 把H面旋转到与V面重合后，高度方向是倾斜的　(c) 习惯上把$O'Z'$轴画成竖直方向

图9－22　水平面斜轴测图

【例9－10】 作出带水平截面的房屋(图9－23a)的水平面斜轴测图。

解： 本例实质上是用水平剖切平面剖切房屋后，将下半截房屋画成水平面斜轴测图。

(1) 先画断面，即把平面图旋转30°后画出。然后过各个角点往下画高度线，画出屋内外的墙脚线。要注意室内外地面标高的不同(图9－23b)。

(2) 画门窗洞、窗台和台阶，完成轴测图(图9－23c)。

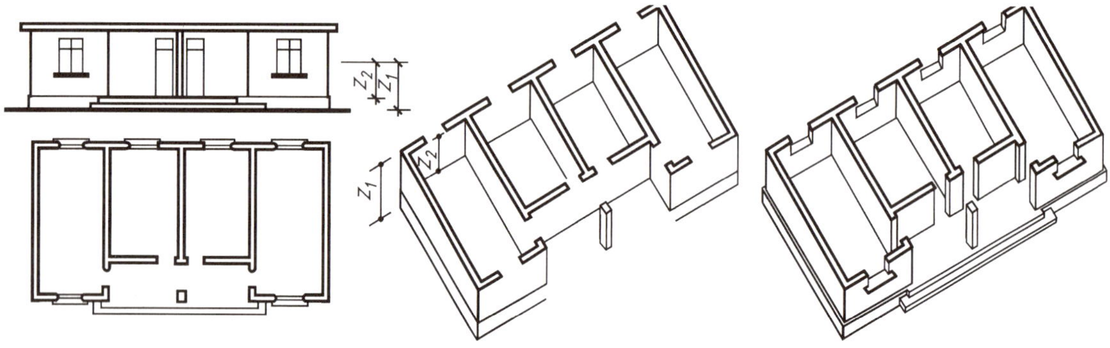

(a) 房屋的立面图和平面图　(b) 画内外墙角、墙脚线和柱　(c) 画门窗洞、窗台和台阶

图9－23　带水平截面的房屋水平斜轴测

【例9－11】 作出总平面图(图9－24a)的水平面斜轴测图。

解： 由于房屋的高度不一，可先把总平面图旋转30°画出，然后在房屋的平面图上向上竖相应高度，如图9－24b所示。

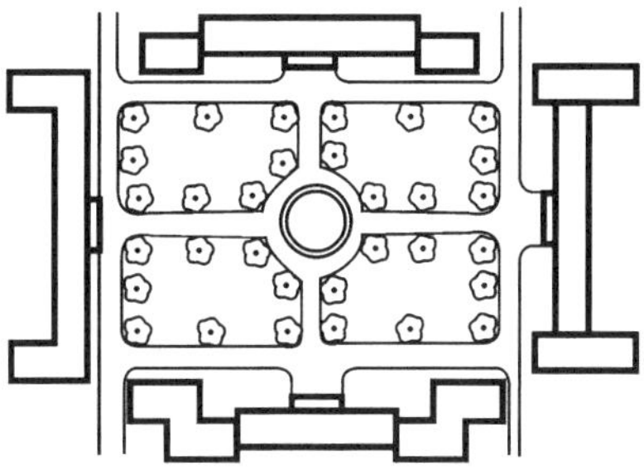

(a) 总平面图

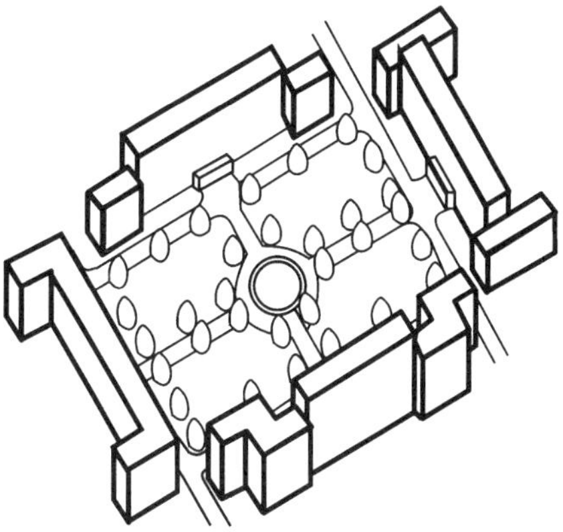

(b) 旋转30°后，按各房屋的实际高度竖高度

图 9－24 总平面的水平面斜轴测图

本章学习指引

Reading Guide

1. 轴测投影是一种单面的平行投影，投影的平行性和定比性是绘制轴测图的依据。

2. 不同种类的轴测图，虽然各有不同的轴倾角（或轴间角）和轴向伸缩系数，但作图的原理和方法都是相同的。

3. 本章根据所画形体的不同特点，介绍了坐标法、装箱法、端面法、叠砌法等几种作图方法，可灵活运用。

4. 要熟悉绘制平行坐标面的圆正等测图“四心椭圆”的作法，特别要弄清椭圆外切菱形的位置和方向。

复习思考题

Review Questions

1. 什么是轴测投影？它与正投影图比较有些什么特点？

2. 轴测投影有什么特性？为什么画轴测投影时必须沿着平行于轴测轴的方向，按相应的轴向伸缩系数来画形体的相应线段？

3. 正等测、正二测和正面斜轴测、水平面斜轴测有什么区别？它们的轴倾角（轴间角）和轴向伸缩系数有什么不同？什么样的形体该选用哪一种轴测投影？

第十章 建筑施工图

CHAPTER 10 ARCHITECTURAL WORKING DRAWING

§10－1 概述 Introduction

房屋是供人们生活、生产、工作、学习和娱乐的场所，与人们关系密切。将一幢拟建房屋的内外形状、大小，以及各部分的结构、构造、装修、设备等内容，按照国标的规定，用正投影方法详细准确地画出的图样，用以指导施工，称为建筑施工图（architectural working drawing），简称施工图（working drawing）。

一、房屋的组成及其作用（Compositions of building and their functions）

房屋建筑根据使用功能和使用对象的不同分为很多种类，一般可归纳为民用建筑（civil building）和工业建筑（industrial building）两大类，但其基本的组成内容是相似的。现以图 10－1 所示的一幢三层住宅楼为例，将房屋各组成部分的名称及其作用作简单的介绍。楼房的第一层称为首层（或称一层或底层），往上数，称二层、三层……顶层（本例的三层即为顶层）。房屋是由许多构件、配件和装修构造组成，从图 10－1 可知它们的名称和位置。这些构件、配件和装修构造，有些起着直接或间接地支承风、雪、人、物和房屋本身重量等荷载的作用，如屋面、楼板、梁、柱、墙、基础等；有些起着防止风、沙、雨、雪和阳光的侵蚀或干扰的作用，如屋面、雨篷、外墙等；有些起着沟通房屋内外或上下交通的作用，如门、走廊、楼梯、台阶等；有些起着通风、采光的作用，如窗等；有些起着排水的作用，如天沟、雨水管、散水、明沟等；有些起着保护墙身的作用，如勒脚、防潮层等。

二、施工图的产生及其分类（Formation and classification of working drawing）

房屋的建造一般需经设计和施工两大环节，而设计工作又可分为初步设计（preliminary design）和施工图设计（working drawing design）两个阶段。对一些技术上复杂而又缺乏设计经验的工程，还要增加技术设计（technical design）（或称扩大初步设计）阶段，作为协调各工种的矛盾和绘制施工图的准备。

初步设计的目的，是提出方案，说明该建筑的平面布置、立面处理、结构选型等。施工

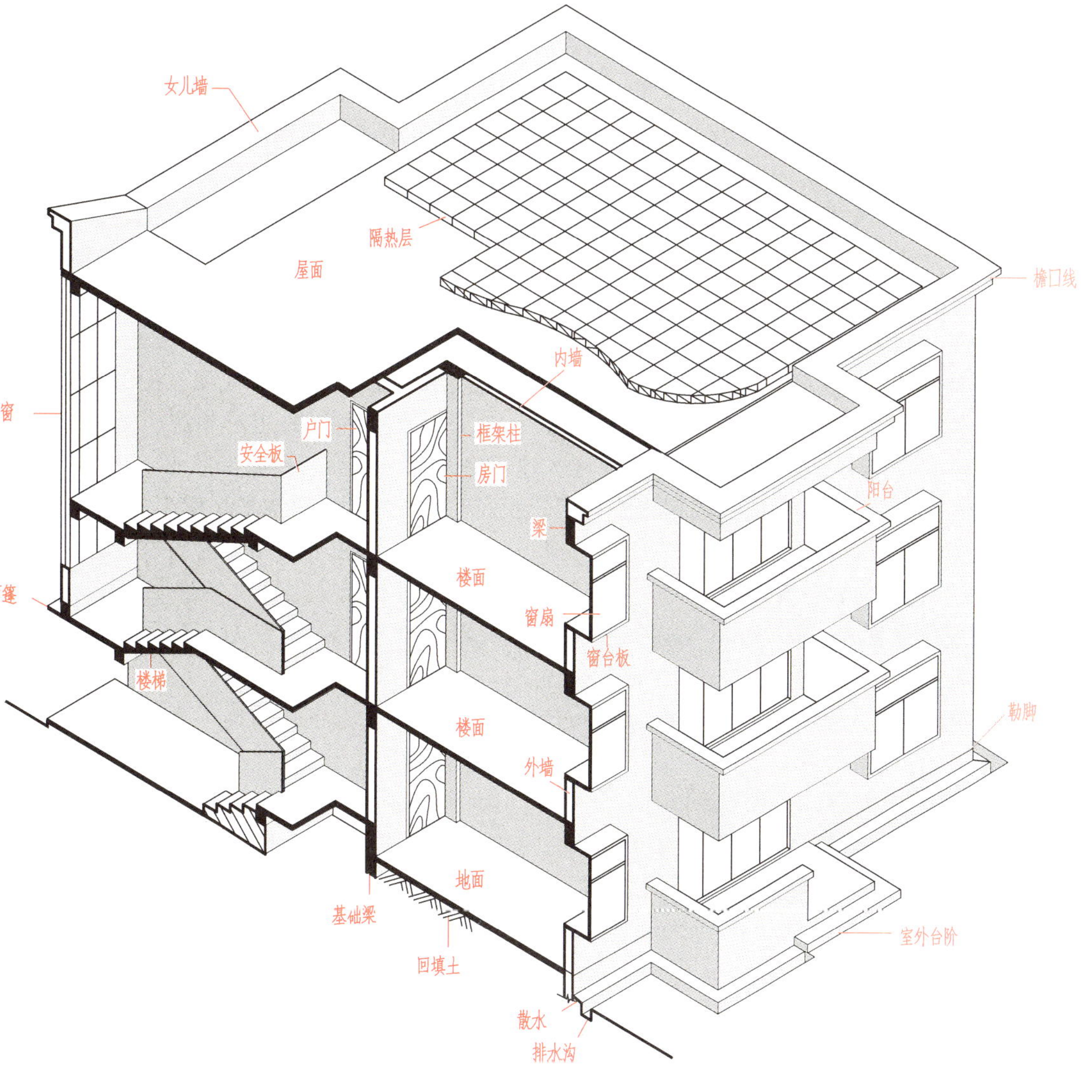

图10－1　房屋的组成

图设计是为了修改和完善初步设计，以符合施工的需要。现将两阶段的设计工作，简单介绍如下。

（一）初步设计阶段

1. 设计前的准备。接受任务，明确要求，收集资料，调查研究。

2. 方案设计。主要通过平面、立面和剖面图等图样表达设计意图。

3. 绘制初步设计图。设计方案确定后，需进一步解决构件的选型、布置和各工种之间的配合等技术问题，并对方案作进一步的修改。用计算机（或用绘图仪器）按一定比例绘制好图样后，送交有关部门审批。

（1）初步设计图的内容包括总平面布置图（简称总平面图）、建筑平面图、建筑立面图、建筑剖面图等。

(2) 初步设计图的表现方法和绘图原理与施工图一样，只是图样的数量和深度(包括表达的内容及尺寸)有较大的区别。同时，初步设计图图面布置可以灵活些，图样的表现方法可以多样些。例如可画上阴影、透视、配景、色彩渲染，或用色纸绘制等，以加强图面效果，显示建筑物竣工后的外貌，便于比较和审查。必要时还可做出小比例的模型。

(二) 施工图设计阶段

施工图设计主要是将已经批准的初步设计图，按照施工的要求予以具体化，为施工、安装、编制施工预算、安排材料、设备和非标准构配件的制作等提供完整的、正确的图纸依据。一套完整的施工图，根据其专业内容或作用的不同，一般分为：

1. 图纸目录。列出新绘制的图纸、所选用的标准图纸或重复利用的图纸等的编号及名称。

2. 设计总说明(首页)。内容一般应包括施工图的设计依据；本工程项目的设计规模和建筑面积；本项目的相对标高与总图绝对标高的对应关系；室内外的用料和施工要求说明，如砖、砂浆和混凝土的强度等级、墙身防潮层、地下室防水、屋面、勒脚、散水、台阶、室内外装修等做法说明(可用文字说明或用表格说明,也可直接在图上引注或加注索引符号)，采用新技术、新材料或有特殊要求的做法说明，门窗表(如门窗类型和数量不多时可在建筑平面图上列出)。以上各项内容，对于简单的工程，可分别在各专业图纸上写成文字说明。

3. 建筑施工图(architectural working drawing)(简称“建施”)。包括总平面图、平面图、立面图、剖面图和构造详图。本章主要研究这些图样的画法和读法。

4. 结构施工图(structural working drawing)(简称“结施”)。包括结构平面布置图和各构件的结构详图(见第十一章)。

5. 建筑装饰装修施工图(architectural decoration and renovation drawing)(简称“装修图”)。对装修要求较高的建筑物应单独画出装修图，包括平面布置图、楼地面装修图、天花平面图、墙柱面装修图、节点装修图等(见第十二章)。

6. 设备施工图(installation working drawing)(简称“设施”)。包括给水排水(见第十三章)、采暖通风、电气等设备的平面布置图和详图。

三、施工图的图示特点(Graphical features of working drawing)

1. 施工图中的各图样用正投影法第一角画法绘制。通常，在 H 面上作平面图，在 V 面上作正、背立面图和在 W 面上作剖面图或侧立面图。在图幅大小允许下，可将平、立、剖面等图样，按投影关系画在同一张图纸上，便于阅读，如图 10－2、图 10－3 所示。如果建筑物形体较大，平、立、剖面图可分别单独画在几张图纸上。平面图、立面图和剖面图(简称“平、立、剖”)，是建筑施工图中最重要最基本的图样，它们的形成方法，已在第八章图 8－7 和图 8－15中作了介绍。

2. 由于房屋形体较大，它们的平、立、剖面图一般都用较小的比例(如 1:100,1:200 等)绘制。而房屋内构造较复杂的部位，在平、立、剖面图中无法表达清楚，则需要画出较大比例(如 1:10,1:20 等)的详图(detail)。

3. 房屋的构、配件和材料种类较多，为作图简便起见，国标规定了一系列的图形符号以代表建筑构配件、卫生设备、建筑材料等，这种图形符号称为**图例**(legend)。为读图方便，国标还规定了许多标注符号。施工图中往往会大量出现各种图例和符号。

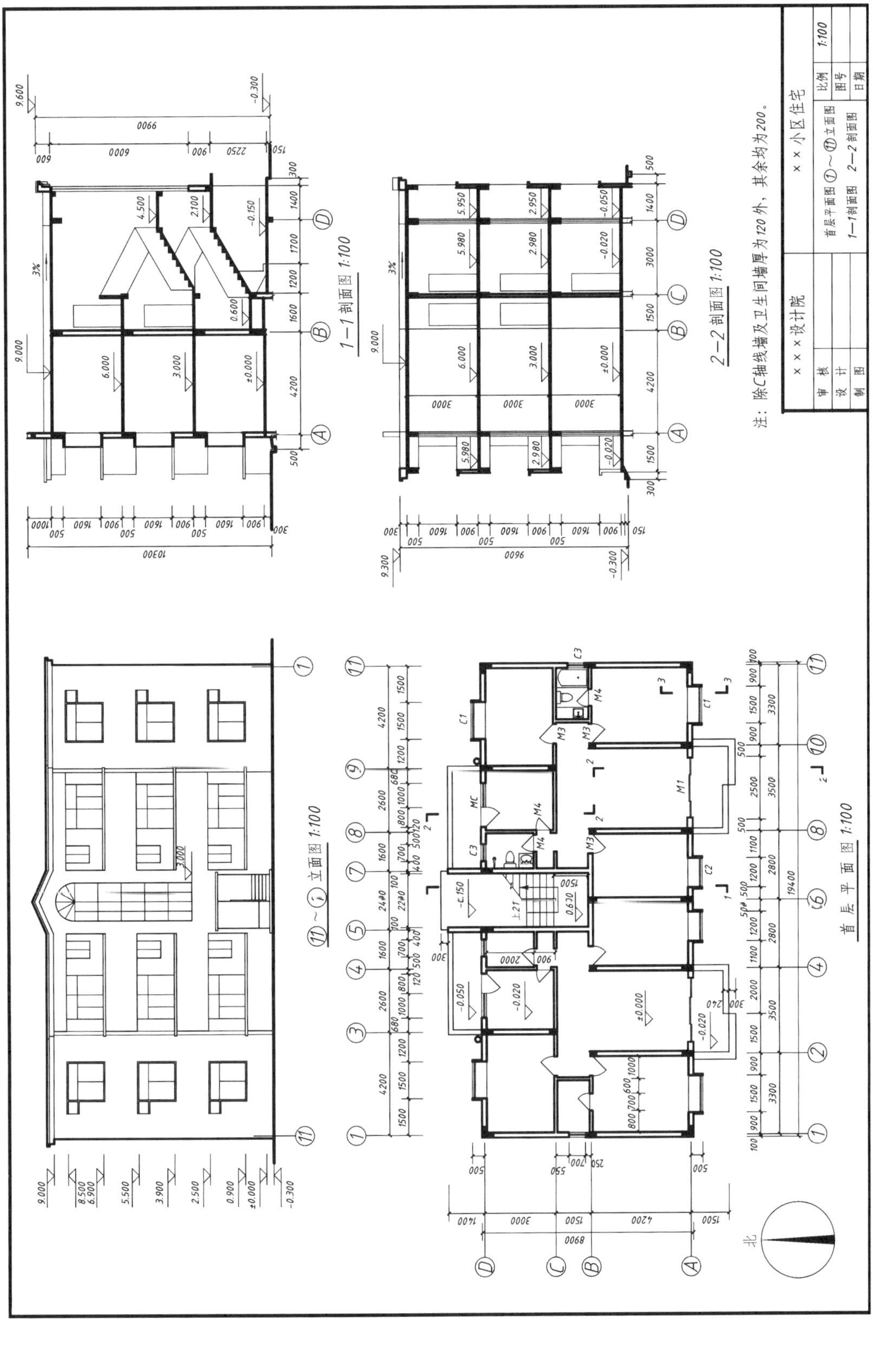
1—1剖面图 1:100
2—2剖面图 1:100
⑪~①立面图 1:100
首层平面图 1:100
注：除C轴线墙及卫生间墙厚为120外，其余均为200。
××设计院
××小区住宅
审核
设计
制图
首层平面图 ①~⑪立面图
1—1剖面图 2—2剖面图
比例 1:100
图号
日期
北

图10-2 建筑施工图(一)

①~⑪ 立面图 1:100

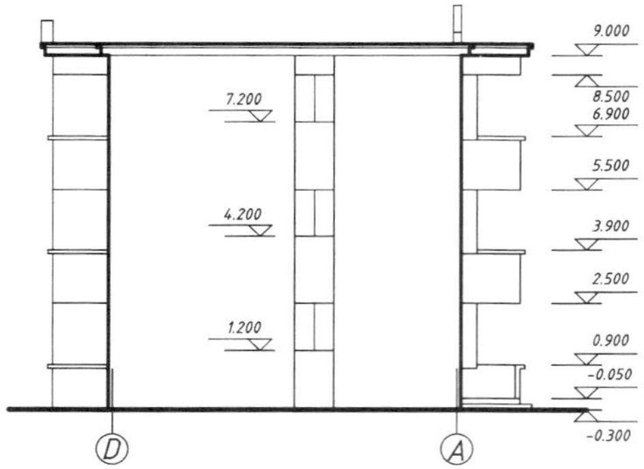

Ⓓ~Ⓐ 立面图 1:100

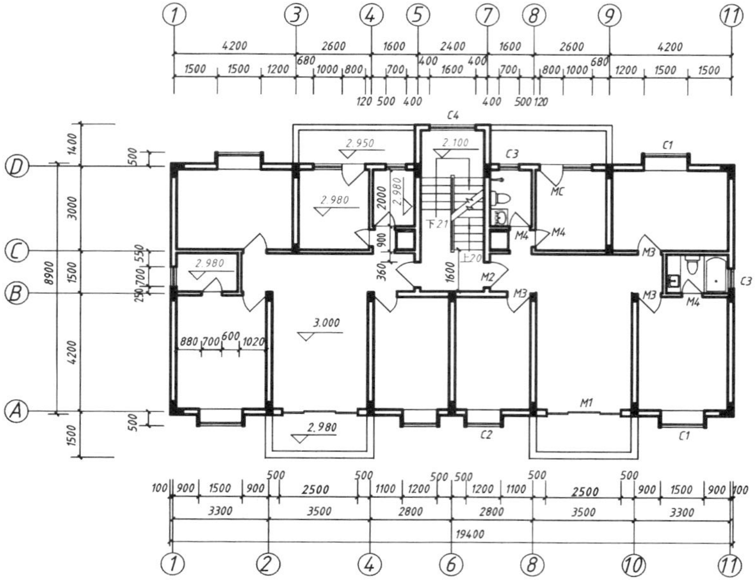

二层平面图 1:100

门窗表

编号	洞宽 X洞高	数量	所在标准图集编号	备 注
M1	2500X2500	6	92SJ606（二）	铝合金门
M2	900X2200	4	ZJ602	实木门
M3	800X2200	18	ZJ602	实木门
M4	700X2200	18		塑料门
MC	见 图	6	92SJ606	铝合金门连窗
C1	1500X1600	12	92SJ713（二）	铝合金窗
C2	1200X1600	6	92SJ713（二）	铝合金窗
C3	700X1200	12	92SJ712（二）	铝合金窗
C4	1600X6000	1		铝合金窗

×××设计院		××小区住宅		
审 核		二层平面 ①~⑪立面	比例	1:100
设 计		Ⓓ~Ⓐ立面 门窗表	图号	
制 图			日期	

图 10-3 建筑施工图(二)

四、阅读施工图的步骤（Interpretation steps of working drawings）

施工图的绘制是前述各章投影理论、图示方法及有关专业知识的综合运用。要读懂施工图纸的内容，必须做好以下一些准备工作：

1. 应掌握投影图的作图原理和各种表示方法。

2. 要熟识施工图中常用的图例、符号、线型、尺寸和比例的意义。

3. 施工图中常涉及一些专业上的问题，应在学习过程中注意观察和了解房屋的组成和构造的基本情况。对于更详细的知识可留待专业课程中学习。

一套房屋施工图纸，简单的有几张，复杂的有十几张，几十张甚至几百张。当我们拿到这些图纸时，应从哪里入手呢？

首先，根据图纸目录，检查和了解这套图纸有多少类别，每类有几张。如有缺损或需用标准图和重复利用旧图时，应及时配齐。检查无缺后，按目录顺序（一般是按“建施”、“结施”、“设施”的顺序排列）通读一遍，对工程对象的建设地点、周围环境、建筑物的大小及形状、结构型式和建筑关键部位等情况有一个概括的了解。然后，负责不同专业（或工种）的技术人员，根据不同要求，重点深入阅读不同类别的图纸。阅读时，应按先整体后局部，先文字后图样，先图形后尺寸等原则依次仔细阅读。同时应特别注意各类图纸之间的联系，以避免发生矛盾而造成质量事故和经济损失。

本章将列出一般的民用房屋和工业厂房建筑施工图中较主要的图纸，以做参考。因版面大小的原因各插图都缩小了，但图中仍注上原来的比例和尺寸。

五、施工图中常用的符号与图例（Typical signs and legends in working drawings）

（一）定位轴线

在施工图中通常将房屋的基础、墙、柱、墩和屋架等承重构件的轴线画出，并进行编号，以便施工时定位放线和查阅图纸。这些轴线称为**定位轴线**（location axis）。

根据国标规定，定位轴线采用细单点长画线绘制。轴线编号的圆圈用细实线，直径一般为 8 ~ 10 mm，如图 10－4 所示。轴线编号写在圆圈内（图 10－4a）。在平面图上横向编号采用阿拉伯数字，从左向右依次编写（如图 10－2 是由①到⑪）。竖向编号用大写拉丁字母，自下而上顺序编写（如图 10－2 是由Ⓐ到Ⓓ）。拉丁字母中的 *I*、*O* 及 *Z* 三个字母不得作为轴线编号，以免与数字 *1*、*0* 及 *2* 混淆。在较简单或对称的房屋中，平面图的轴线编号，一般标注在图样

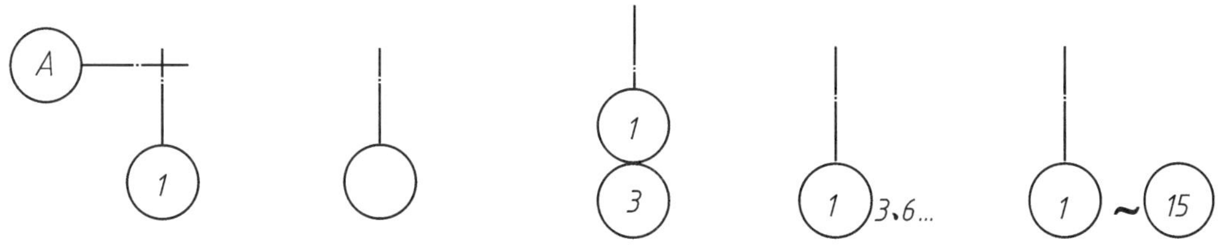

(a) 定位轴线的画法　(b) 通用详图的轴线号，只用圆圈，不注写编号　(c) 详图用于两个轴线时　(d) 详图用于三个或三个以上轴线时　(e) 详图用于三个以上连续编号的轴线时

图 10－4　定位轴线的各种注法

的下方及左侧。较复杂或不对称的房屋，图样上方和右侧也可标注。

对于一些与主要承重构件相联系的次要承重构件，它的定位轴线一般作为附加轴线，编号用分数表示。分母表示前一轴线的编号，分子表示附加轴线的编号，用阿拉伯数字顺序编写(参见图 10－26)。在画详图时，通用详图的定位轴线，只画圆圈，不注写编号(图 10－4b)。如一个详图适用于几根轴线时，应同时将各有关轴线的编号注明(图 10－4c、d、e)。

对较复杂的组合平面或较特殊形状的平面(如圆形、折线形平面)等的定位轴线，其注写形式可参照国标有关规定。

(二) 标高符号

在总平面图、平面图、立面图和剖面图上，需用标高符号表示某一部位的标高(elevation)。各图上所用标高符号应按图 10－5a 所示形式以细实线绘制，具体的画法如图 10－5b 所示。标高数值以 m(米)为单位，一般注写至小数点后第三位(总平面图为小数点后第二位)。在“建施”图中的标高数字表示其完成面的数值。如“±0.000”表示该处完成面为零点标高。标高数字前有“－”号的，表示低于零点标高。数字前没有符号的，则表示高于零点标高。如同一位置表示几个不同标高时，数字可按图 10－5c(4)的形式注写。

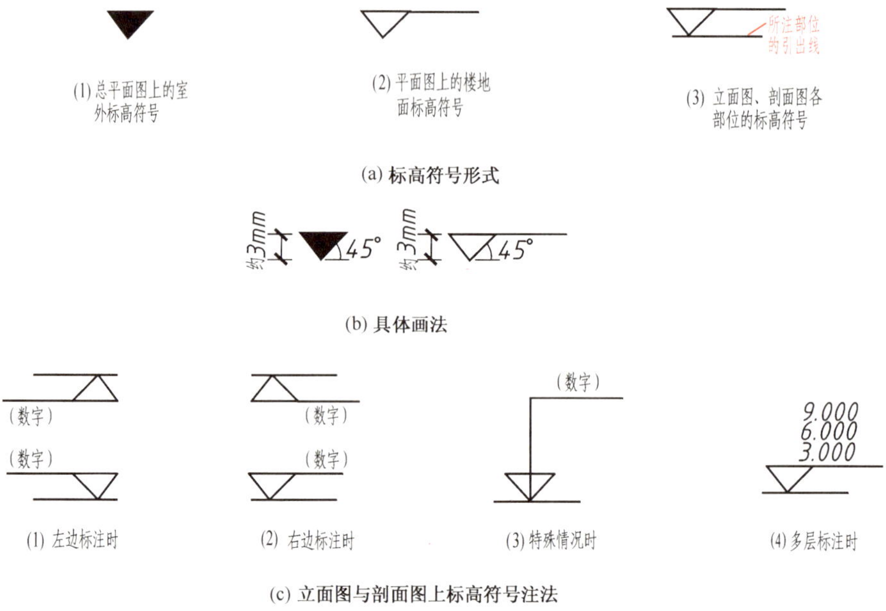

图 10－5　标高符号

(三) 索引符号与详图符号

图样中某一局部或构件如需另见详图时，常常用索引符号注明画出详图的位置、详图的编号以及详图所在的图纸编号，以方便施工时查阅图样。按国标规定，标注方法如下：

1. 索引符号(index sign)。用一引出线指出要画详图的地方，在线的另一端画一细实线圆，直径为 8～10 mm，圆内画一水平直径，上半圆中用阿拉伯数字注明该详图的编号，下半圆中用阿拉伯数字注明该详图所在图纸的图纸号(图 10－6a)。如详图与被索引的图样在同一张图纸内，则在下半圆中间画一水平细实线(图 10－6b)。索引出的详图，如采用标准图，应在索引符号水平直径的延长线上加注该标准图册的编号(图 10－6c)。

当索引符号用于索引剖面详图时，应在被剖切的部位绘制剖切位置线。引出线所在一侧应为投射方向，如图 10－7b 表示向下投射。

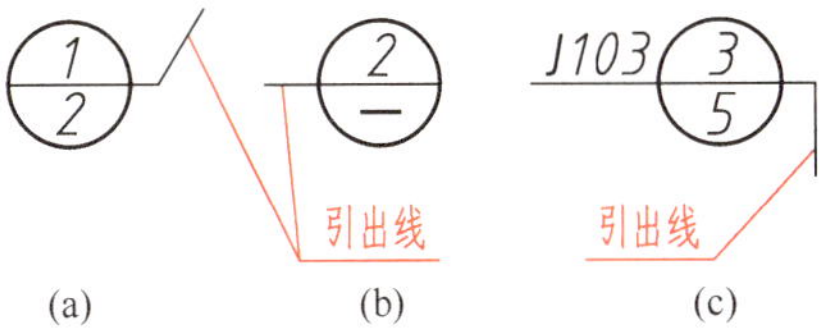

图 10－6　索引符号

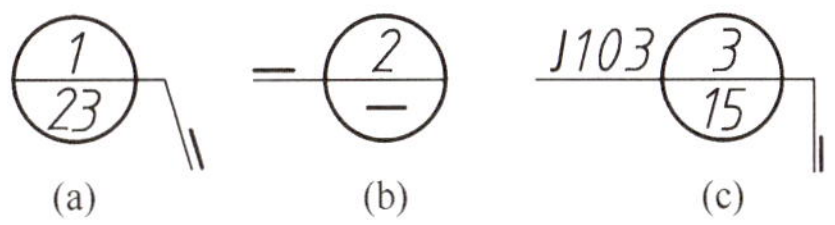

图 10－7　用于索引剖面详图的索引符号

2. 详图符号(detail sign)。表示详图的编号和索引图纸号，它用一粗实线圆绘制，直径为 14 mm。详图与被索引的图样同在一张图纸内时，应在粗实线圆内用阿拉伯数字注明详图编号(图 10－8a)。如不在同一张图纸内，可用细实线在粗实线圆内画一水平直径，在上半圆中注明详图编号，在下半圆中注明被索引图纸号(图 10－8b)。

3. 零件、钢筋、杆件、设备等的编号(numbering)。本编号用阿拉伯数字按顺序编写，并应以直径为 5～6 mm 的细实线圆绘制(图 10－9)。

(四) 指北针(compass)

指北针的形状如图 10－10 所示，圆的直径宜为 24 mm，用细实线绘制。指针尖为北向，并写出“北”或“N”字，指针尾部宽度宜为 3 mm。需用较大直径绘画指北针时，指针尾部宽度宜为直径的 1/8。

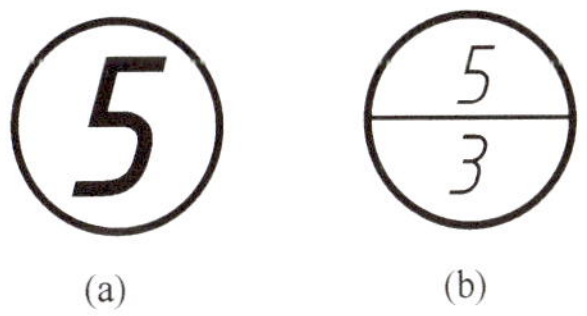

图 10－8　详图符号

图 10－9　零件、钢筋等的编号

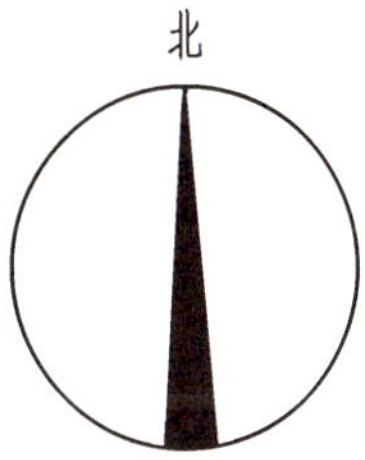

图 10－10　指北针

(五) 常用建筑材料图例(symbol)(表 10－1)

表 10－1　常用建筑材料图例(部分)

名　　称	图　　例	说　　明
自然土壤		包括各种自然土壤。
夯实土壤		
砂、灰土	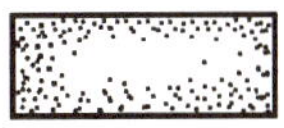	

续表

名 称	图 例	说 明
普通砖	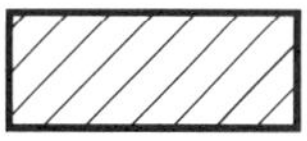	1. 包括实心砖、多孔砖、砌块等砌体； 2. 断面较窄不易画出图例线时，可涂红，并在图纸备注中加注说明，画出该材料图例。
饰面砖	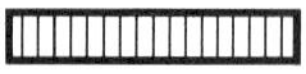	包括铺地砖、马赛克、陶瓷锦砖、人造大理石等。
混凝土	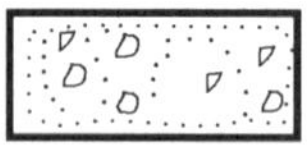	1. 本图例指能承重的混凝土及钢筋混凝土； 2. 包括各种强度等级、骨料、添加剂的混凝土； 3. 在剖面图上画出钢筋时，不画图例线； 4. 断面图形小，不易画出图例线时，可涂黑。
钢筋混凝土	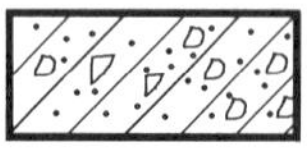	
毛石	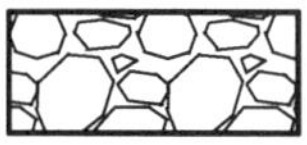	
木材		1. 上图为横断面，左上图为垫木、木砖或木龙骨； 2. 下图为纵断面。
金属		1. 包括各种金属； 2. 图形小时，可涂黑。
防水材料		构造层次多或比例较大时，采用上面图例。
粉刷		本图例采用较稀的点。

（六）总平面常用图例(表 10－2)

表 10－2 总平面常用图例(部分)

名 称	图 例	说 明
新建的建筑物	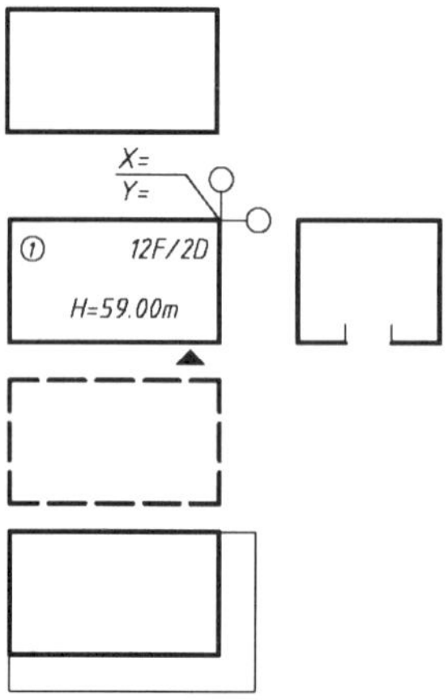	新建建筑物以粗实线表示与室外地坪相接处 ±0.00 外墙定位轮廓线； 建筑物一般以 ±0.00 高度处的外墙定位轴线交叉点坐标定位。轴线用细实线表示，并标明轴线号； 根据不同设计阶段标注建筑编号，地上、地下层数，建筑高度，建筑出入口位置(两种表示方法均可,但同一图纸采用一种表示方法)； 地下建筑物以粗虚线表示其轮廓； 建筑上部(±0.00 以上)外挑建筑用细实线表示。

续表

名　　称	图　　例	说　　明
原有建筑物		用细实线表示。
计划扩建的预留地或建筑物		用中粗虚线表示。
拆除的建筑物	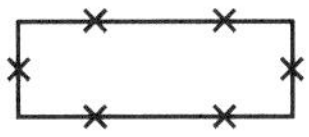	用细实线表示。
围墙及大门	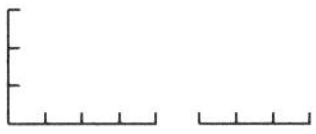	
挡土墙	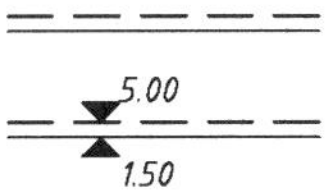	挡土墙根据不同设计阶段的需要标注 $\frac{\text{墙顶标高}}{\text{墙底标高}}$。
填挖边坡	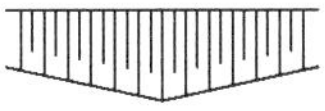	
原有的道路	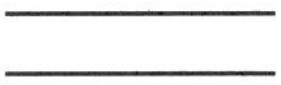	
计划扩建的道路	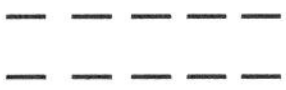	
新建的道路	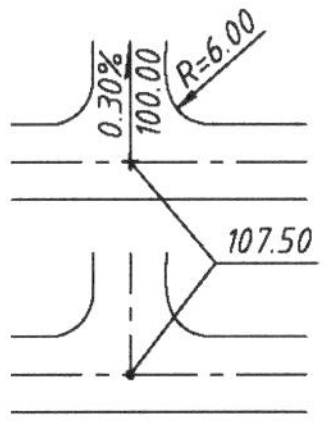	“R = 6.00” 表示道路转弯半径；“107.50” 为道路中心线交叉点设计标高，两种表示方式均可，同一图纸采用一种方式表示；“100.00” 为变坡点之间的距离；“0.30%” 表示道路坡度，→表示坡向。
常绿针叶乔木		

续表

名　　称	图　　例	说　　明
落叶针叶乔木	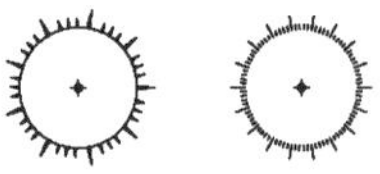	
常绿阔叶灌木	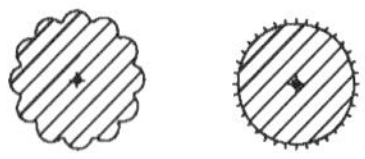	
整形绿篱		
草坪	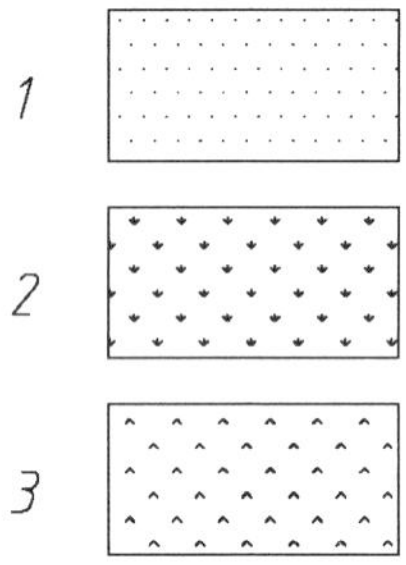	1. 草坪； 2. 表示自然草坪； 3. 表示人工草坪。

（七）构造及配件图例(表10－3)

表10－3　构造及配件图例

名　　称	图　　例	说　　明
墙体	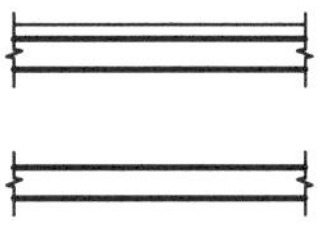	1. 上图为外墙，下图为内墙； 2. 外墙细线表示有保温层或有幕墙； 3. 应加注文字或涂色或图案填充表示各种材料的墙体； 4. 在各层平面图中防火墙宜着重以特殊图案填充表示。
楼梯	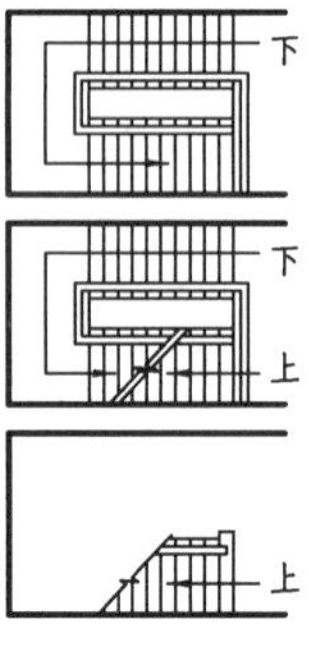	1. 上图为顶层楼梯平面，中图为中间层楼梯平面，下图为底层楼梯平面； 2. 需设置靠墙扶手或中间扶手时，应在图中表示。

续表

<table>
<tr><th>名　　称</th><th>图　　例</th><th>说　　明</th></tr>
<tr><td>单面开启单扇门(包括平开或单面弹簧)</td><td>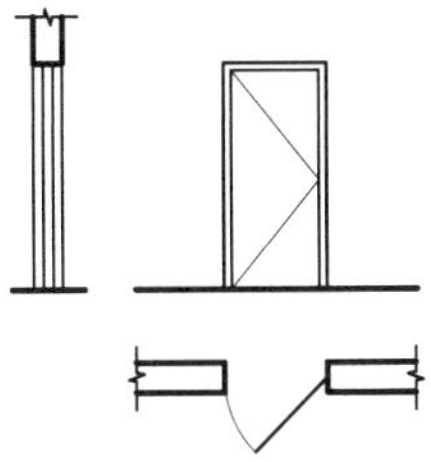</td><td rowspan="3">1. 门的名称代号用 M 表示；
2. 平面图中，下为外、上为内，门开启线为 90°、60°或 45°，开启弧线宜绘出；
3. 立面图中，开启线实线为外开，虚线为内开。开启线交角的一侧为安装合页一侧。开启线在建筑立面图中可不表示，在门立面大样图中可根据需要绘出；
4. 剖面图中，左为外，右为内。
5. 附加纱扇应以文字说明，在平面图、立面图、剖面图中均不表示；
6. 立面形式应按实际情况绘制。</td></tr>
<tr><td>双面开启双扇门(包括双面平开或双面弹簧)</td><td>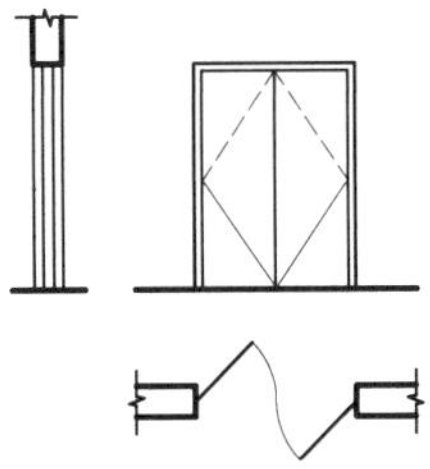</td></tr>
<tr><td>双层双扇平开门</td><td>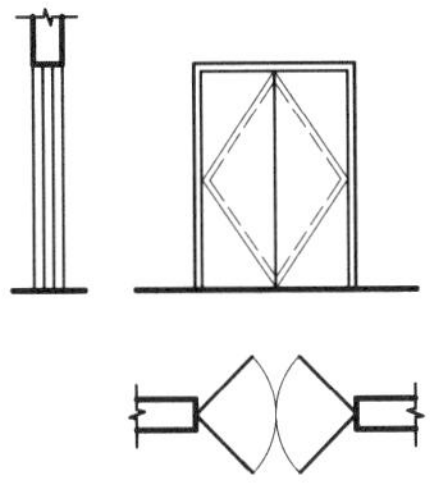</td></tr>
<tr><td>单层外开平开窗</td><td>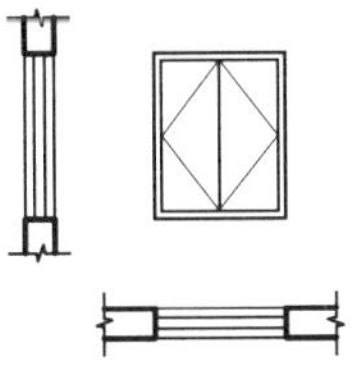</td><td rowspan="2">1. 窗的名称代号用 C 表示；
2. 平面图中，下为外、上为内；
3. 立面图中，开启线实线为外开，虚线为内开。开启线交角的一侧为安装合页一侧。开启线在建筑立面图中可不表示，在窗立面大样图中可根据需要绘出；
4. 剖面图中，左为外，右为内；
5. 附加纱扇应以文字说明，在平面图、立面图、剖面图中均不表示；
6. 立面形式应按实际情况绘制。</td></tr>
<tr><td>双层内外开平开窗</td><td>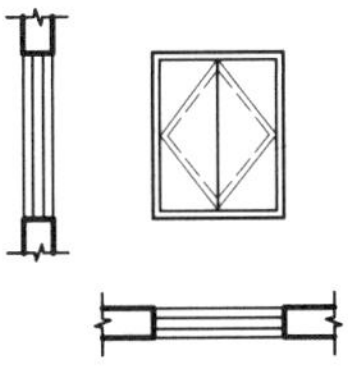</td></tr>
</table>

续表

名　称	图　例	说　明
单层推拉窗	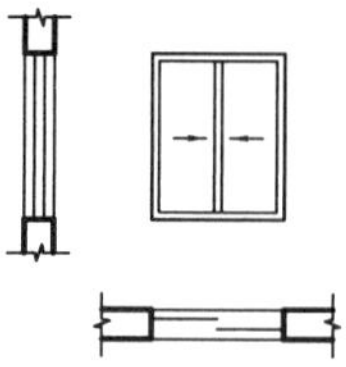	1. 窗的名称代号用 C 表示； 2. 立面形式应按实际情况绘制。
双层推拉窗	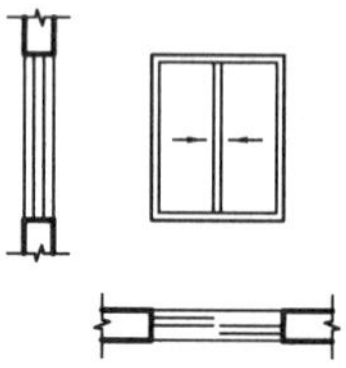	
栏杆		
台阶	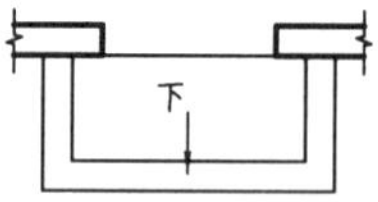 	

§10－2 总平面图 Site Plan

一、图示方法及作用(Graphical methods and their functions)

将拟建工程四周一定范围内的新建、拟建、原有和将拆除的建筑物、构筑物连同其周围的地形地物状况，用水平投影方法和相应的图例画出的图样，称为**总平面布置图**(site layout plan)，简称**总平面图**(site plan)。它反映出上述建筑的平面形状、位置、朝向和与周围环境的关系，因此成为该区域的总平面设计、道路和绿化规划、新建筑的施工定位、土方设计与施工等的重要依据。

二、图示内容(Graphical contents)

1. 标出地形测量坐标网(以细实线画成交叉十字线，坐标代号宜用“X、Y”表示)或建筑坐标网(应画成细实线网格通线，自设坐标代号宜用“A、B”表示)。

2. 新建筑(隐蔽工程用虚线表示)的定位坐标(或相互关系尺寸)、名称(或编号)、层数及室内外标高。

3. 相邻有关建筑、待拆建筑的位置或范围。

4. 附近的地形地物，如等高线、道路、水沟、河流、池塘、土坡等。

5. 道路(或铁路)和明沟等的起点、变坡点、转折点、终点以及它们的标高与坡向箭头。

6. 指北针或风玫瑰图。

7. 建筑物使用编号时，应列出名称编号表。

8. 绿化规划、管道布置。

9. 补充图例。

以上内容，既不是完美无缺，也不是任何工程设计都缺一不可，应根据具体工程的特点和实际情况取舍。对一些简单的工程，可不画出等高线、坐标网或绿化规划和管道的布置等。

三、实例(Example)

现以图 10－11 为例，说明阅读总平面图时应注意的几个问题。

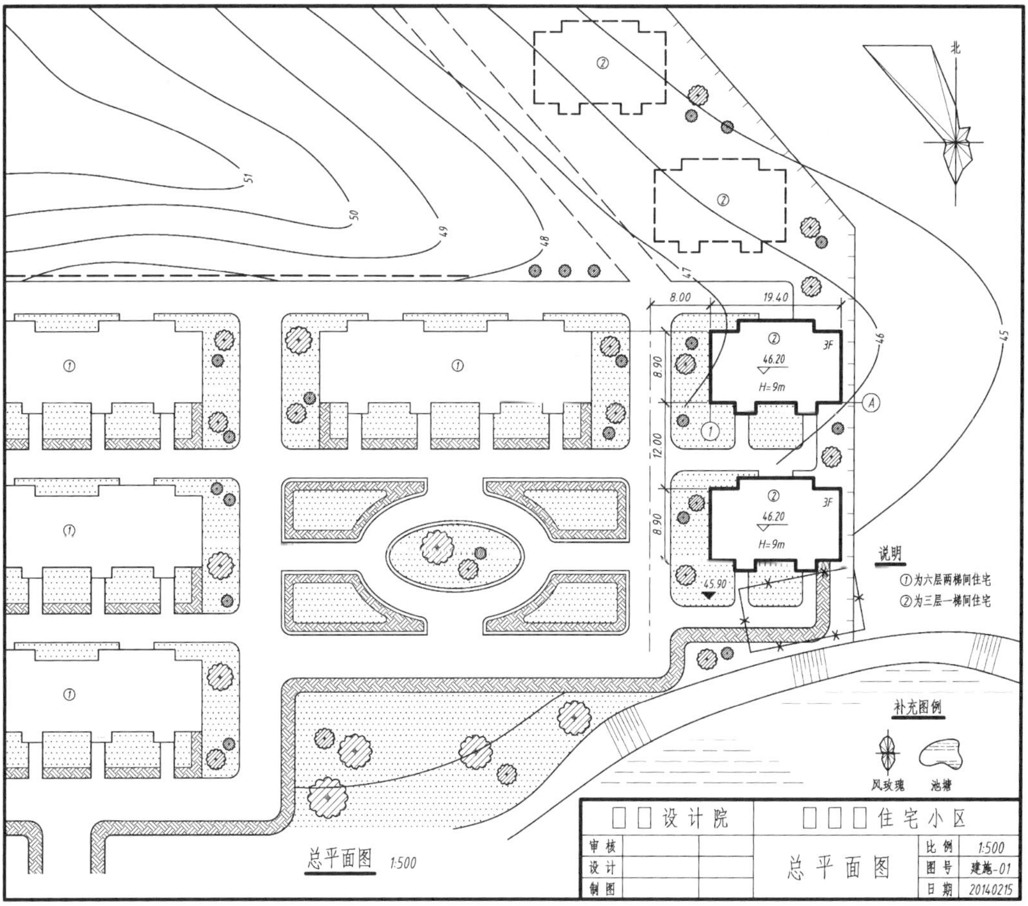

图 10－11 总平面图

1. 先看图样的比例、图例及有关的文字说明。总平面图因图示的范围较大，常用较小的比例(如 1∶2 000、1∶1 000、1∶500 等)绘制。总平面图上标注的坐标、标高和距离等尺寸，一律以 m(米)为单位，并取至小数点后两位，不足时以“0”补齐。图中使用较多的图例符号，我们必须熟识它们的意义。国标中规定的常用图例，如表 10 - 2 所示。在较复杂的总平面图中，若用到一些国标没有规定的图例，必须在图中另加说明，如图 10 - 11 的“风玫瑰”和“池塘”等。

2. 了解工程的性质、用地范围和地形地物等情况。从图 10 - 11 的图名和图中各房屋所标注的名称，可知拟建工程是某小区内两幢相同的住宅。

3. 从图 10 - 11 中所注写的室内(首层)地面和等高线的标高，可知该地的地势高低(自西北向东南倾斜)、雨水排泄方向。总平面图中标高的数值，均为绝对标高(absolute elevation)。所谓绝对标高，是指以我国青岛市外的黄海平均海平面作为零点而测定的高度尺寸，以 m(米)为单位。房屋首层室内地面的标高(本例是 46.20)，是根据拟建房屋所在位置的前后等高线的标高(图中是 45 和 47)，并估算到填挖土方基本平衡而决定的。如果图上没有等高线，可根据原有房屋或道路的标高来确定。注意室内外地坪标高标注符号的不同(参阅图 10 - 5)。

4. 明确新建房屋的位置和朝向。房屋的位置可用定位尺寸或坐标确定。定位尺寸应注出与原建筑物或道路中心线的联系尺寸，如图中的 8.00 和两新建房屋间的距离 12.00 等。用坐标确定位置时，宜注出房屋三个角的坐标。如房屋与坐标轴平行时，可只注出其对角坐标(本实例因较简单,没有注出坐标网)。从图上所画的风向频率玫瑰图(wind frequency rose)，可确定该房屋的朝向。风向频率玫瑰图简称风玫瑰(wind rose)，一般画出十二或十六个方向的长短线来表示该地区常年的风向频率。图中所示该地区全年最大的风向频率为西北风。

5. 从图中可了解到周围环境的情况。如新建筑的南边有一池塘，池塘的西和北边有护坡，建筑物东面有一围墙，西边是道路，东南角有一待拆的房屋，北面有两幢待建的房屋和一段道路，西面还有原有房屋、道路和绿化等等。

§10 - 3 建筑平面图 Architectural Plan

一、图示方法及作用(Graphical methods and their functions)

如§8 - 4 所述，假想用一水平的剖切面沿门窗洞的位置将房屋剖切后，对剖切面以下部分所作出的水平剖面图，即为建筑平面图(architectural plan)，简称为平面图(plan)。它反映出房屋的平面形状、大小和房间的布置，墙或柱的位置、大小、厚度和材料，门窗类型和位置等情况。这是施工图中最基本的图样之一。

一般来说，房屋有几层，就应画出几个平面图，并在图的下方注明相应的图名，如首层平面图、二层平面图等等。此外还有屋面平面图(房屋顶面的水平视图)，可适当缩小比例绘制(较简单的房屋也可不画)。如不同楼层的房间数量、大小和布置等都一样时，可用一个平面图表示，称为“标准层平面图”，或称为“×层～×层平面图”。如建筑平面左右对称，可将两层平面画在同一个图上，左边画出一层的半个平面图，右边画出另一层的半个平面图，中间以一对称符号作分界线，并在图的下方分别注明图名。有时，根据工程性质及复杂程度，可绘制夹层、高窗、顶棚、预留洞等局部放大平面图。建筑平面如较长较大或为组合式形状，一张图纸难以全部画出时，可分段绘制，并在每个分段平面图的右侧绘出整个建筑外轮廓的缩小平面图，明显表示该段所在位置。

平面图上柱和墙的断面，当比例大于1∶50时，应画出其材料图例和抹灰层的面层线。如比例为1∶100～1∶200时，抹灰层的面层线可不画，而断面材料图例可简化画出：砖墙涂红色，钢筋混凝土墙和柱涂黑色。

二、图示内容(Graphical contents)

1. 轴线编号，墙、柱、墩、内外门窗位置及编号，房间的名称或编号。

2. 注出室内外的有关尺寸及室内楼、地面的标高(首层地面为±0.000)。

3. 电梯、楼梯、消防梯位置，楼梯上下方向及主要尺寸。

4. 阳台、雨篷、踏步、斜坡、通气竖道、管线竖井、烟囱、雨水管、散水、排水沟、花池等位置及尺寸。

5. 卫生器具、水池、工作台、橱柜、隔断及重要设备位置。

6. 地下室、地坑、地沟、各种平台、阁楼(板)、检查孔、墙上留洞、高窗等位置尺寸与标高。如果是隐蔽的或在剖切面以上部位的内容，应用虚线表示。

7. 剖面图的剖切符号及编号(一般画在首层平面图上)。

8. 标注有关部位详图的索引符号。

9. 在首层平面图附近画出指北针(一般取上北下南)。

10. 屋面平面图一般内容有：女儿墙、檐沟、屋面坡度、分水线与落水口、变形缝、楼梯间、水箱间、天窗、上人孔、消防梯及其他构筑物、索引符号等。

以上所列内容，可根据具体建筑物的实际情况进行取舍。

三、实例(Example)

现以本章实例的首层平面图(图10－12)为例，说明平面图的内容及其阅读方法。

1. 从图名可了解该图是哪一层的平面图，以及该图的比例。本例画的是首层平面图，比例是1∶100。

2. 在首层平面图左下角，画有一个指北针，说明房屋的朝向。从图中可知，本例房屋坐北朝南。

3. 从平面图的形状与总长、总宽尺寸，可计算出房屋的用地面积。

4. 从图中定位轴线的编号及其间距，可了解到各承重构件的位置及房间的大小。本例的横向轴线为①～⑪，纵向轴线为Ⓐ～Ⓓ。此房屋是框架结构，图中轴线上涂黑的部分是钢筋混凝土柱。

5. 从图中墙的分隔情况和房间的名称，可了解到房屋内部各房间的配置、用途、数量及其相互间的联系情况。整层平面以⑥轴为对称轴，分为左、右两单元(户)。

6. 图中注有外部和内部尺寸。从各道尺寸的标注，可了解到房屋的总长、总宽，各房间的开间、进深，门窗及室内设备的大小和位置等。

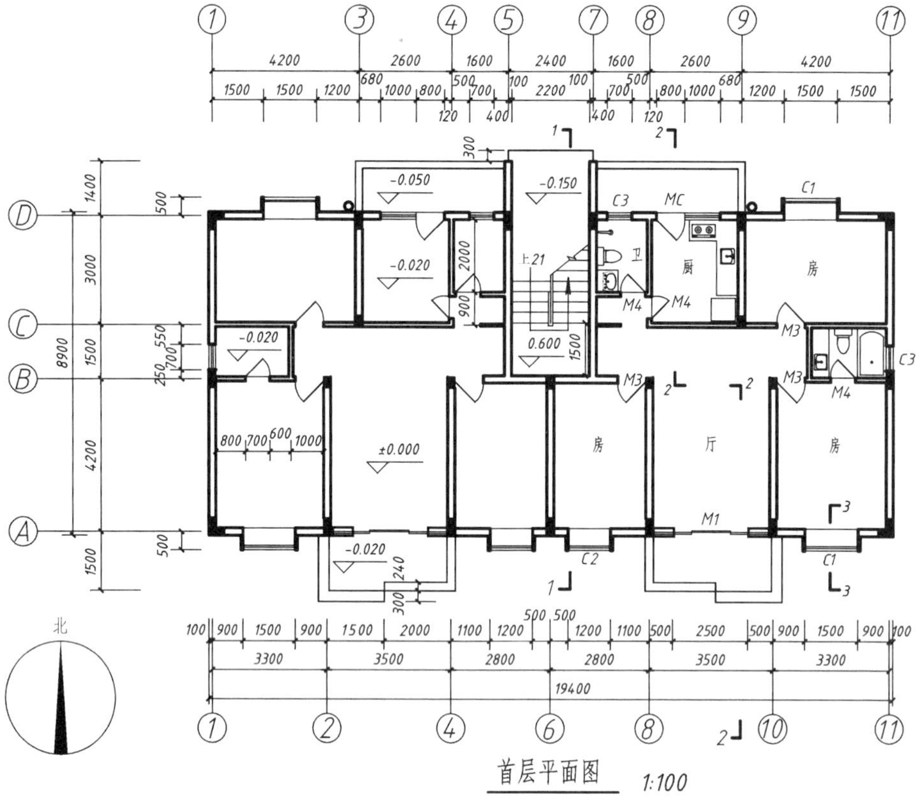

图 10 - 12 建筑平面图

(1) 外部尺寸(exterior dimension)。为便于读图和施工，一般在平面图的下方及左侧注写三道尺寸：

第一道尺寸，表示外轮廓的总尺寸，即指从一端外墙边(不是轴线)到另一端外墙边的总长和总宽尺寸。

第二道尺寸，表示轴线间的距离，用以说明房间的开间及进深的尺寸。本例房间的开间有 3300 mm、3500 mm、2800 mm 和 4200 mm 等，南面房间的进深是 4200 mm，北面房间的进深是 3000 mm。

第三道尺寸，表示各细部的大小和位置，如门窗洞的宽度和位置、墙柱的大小和位置等。标注这道尺寸时，应与轴线联系起来，如①～②轴和⑩～⑪轴房间的窗 C1，宽度为 1500 mm，窗边距离轴线为 900 mm。

另外，台阶(或坡道)、花池及散水等细部的尺寸，可单独标注。

三道尺寸线之间应留有适当距离，一般为 7 ~ 10 mm，但第三道尺寸线应离图形最外轮廓线 10 ~ 15 mm，以便注写尺寸数字。如果房屋前后或左右不对称，则平面图上四边都应注写尺寸。如有部分尺寸相同，另一部分不相同，可只注写不同的部分。如有些相同尺寸数量太多，可省略不注出，而在图形外用文字说明，如：各墙厚尺寸均为 200。

(2) 内部尺寸(interior dimension)。在平面图上应清晰地注写出有关的内部尺寸，说明房间的净空大小和室内的门窗洞、孔洞、墙厚和固定设施(例如厕所、盥洗室、工作台、搁板等)的大小和位置，同时应注出室内楼地面标高。楼地面标高是各房间的楼地面对标高零点(注写为±0.000)的相对高度，亦称相对标高(relative elevation)。通常首层主要房间的地面定为标高零点(相当于图10－11中室内地坪绝对标高46.20 m)。标高符号与总平面图中的室内地坪标高相同。厨房和卫生间地面标高是－0.020，表示该处地面比客厅和房间地面低20 mm。北阳台(balcony)地面标高是－0.050，表示该处地面比客厅和房间地面低50 mm。其他各层平面图的尺寸，除标注出轴线间的尺寸和总尺寸外，其余与底层平面相同的细部尺寸均可省略。

7. 从图中门窗的图例及其编号，可了解到门窗的类型、数量及其位置。其中门的代号(symbol)是M，窗的代号是C，在代号后面写上编号，如M1、M2…和C1、C2…，如图10－12所示。同一编号表示同一类型的门窗，它们的构造和尺寸都一样。如在平面图上表示不出的门窗编号，应在立面图上标注。从所注写的编号可知门窗共有多少种。一般情况下，在首页图或在平面图同页的图纸上，附有一门窗表(参阅图10－3)，表中列出了门窗的编号、名称、尺寸、数量及其所选标准图集的编号等内容。至于门窗的具体做法，则要看门窗的构造详图。

要注意的是，门窗虽然用图例表示(参阅表10－3)，但门窗洞的大小及其形式仍按投影关系画出。如窗洞有凸出的窗台时，应在窗的图例上画出窗台的投影。

8. 图中还可了解其他细部(如楼梯、搁板、墙洞和各种卫生设备等)的配置和位置情况。有关图例见表10－3。还有其他图例，可参看国标的有关介绍。

9. 图中还表示出室外台阶、散水和雨水管的大小与位置。有时散水(或排水沟)在平面图中只在转角处部分画出(参阅图10－26)。

10. 在首层平面图中，还画出建筑剖面图的剖切符号，如*1—1*、*2—2*等，以便与剖面图对照查阅。

§10－4 建筑立面图 Architectural Elevation

一、图示方法及作用(Graphical methods and their functions)

一座建筑物是否美观，很大程度上决定于它在主要立面上的造型、装修与艺术处理是否优美。在与房屋立面平行的投影面上所作的房屋正投影图，称为建筑立面图(architectural elevation)，简称立面图(elevation)。其中反映主要出入口或比较显著地反映出房屋外貌特征的那一面的立面图，称为正立面图(front elevation)，其余的立面图相应的称为背立面图(rear elevation)和侧立面图(side elevation)(参阅图8－7)。立面图也可按房屋的朝向命名，如南立面图、北立面图、东立面图和西立面图等。还可按轴线编号来命名，如Ⓘ～⑪立面图和Ⓐ～Ⓓ立面图等。

在施工图中，立面图主要反映房屋的外貌和立面装修的一般做法。按投影原理，应将立面上所有看得见的细部都表示出来。但立面图的比例较小，门窗扇、檐口构造、阳台栏杆和墙面复杂的装饰装修等细部，往往只用图例表示。它们的构造和做法，都另有详图或文字说明。习惯上对这些细部只分别画出一两个作为代表，其他都可简化，只画出它们的轮廓线。若房屋左右对称，正立面图和背立面图也可各画一半，单独绘制或合并成一图。合并时，应在图的中间画出对称符号、在图的下方分别注明图名。

房屋立面如有一部分不平行于投影面，例如成圆弧形、折线形、曲线形等，可将该部分展开(摊平)到与投影面平行，再用正投影法画出其立面图，此时，应在图名后注写“展开”两字。对于平面为回字形的房屋，它在院落中的局部立面，可在相关的剖面图上附带表示。如不能表示时，则应单独绘出。

二、图示内容(Graphical contents)

1. 画出室外地面线及房屋的勒脚、台阶、花台、门窗、雨篷、阳台；室外楼梯、墙、柱；外墙的预留孔洞、檐口、屋顶(女儿墙或隔热层)、雨水管、墙面分格线或其他装饰构件等。

2. 注出外墙各主要部位的标高，如室外地面、首层地面、台阶、窗台、门窗顶、阳台、雨篷、檐口、屋顶等处完成面的标高。立面图上一般不注高度方向尺寸。但对于外墙的预留孔洞，除注出标高外还应注出其大小尺寸及定位尺寸。

3. 注出建筑物两端或分段的轴线及编号。

4. 标出各部分构造、装饰节点详图的索引符号。用图例、文字或列表说明外墙面的装修材料及做法。

三、实例(Example)

现以本章实例的⑪~①立面图为例(图 10-13)，说明立面图的内容及其阅读方法：

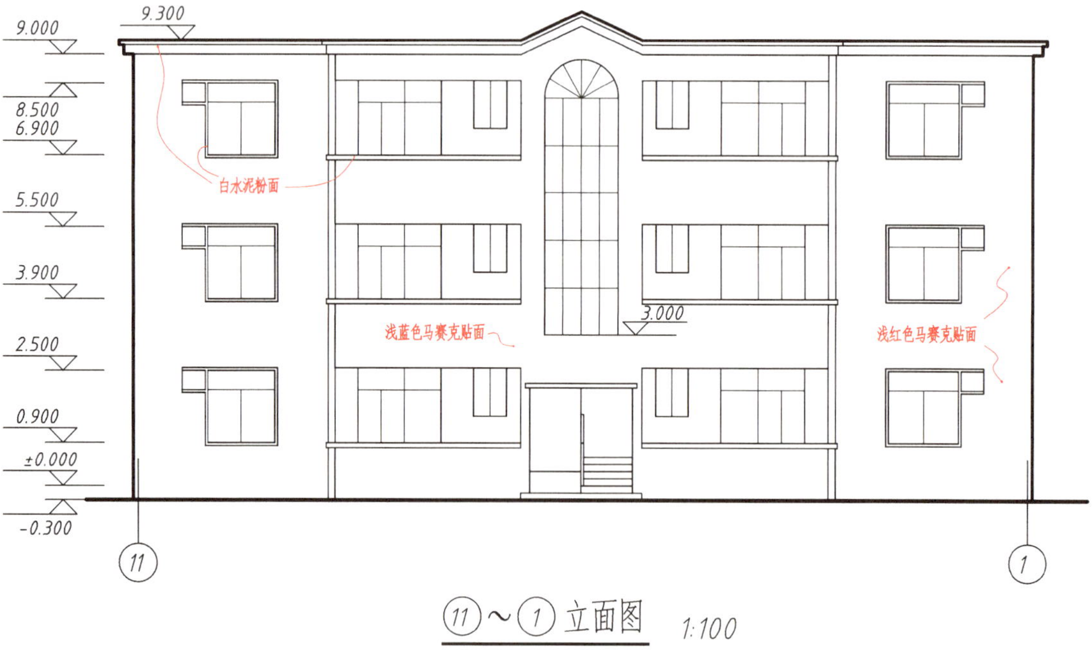

图 10-13 建筑立面图

1. 从图名或轴线的编号并对照平面图可知，该图是房屋北向的立面图，比例与平面图一样(1:100)，以便对照阅读。

2. 从图上可看到该房屋北向立面的外貌形状，也可了解该房屋的屋顶、门窗、雨篷、阳台、台阶、勒脚等细部的形式和位置。房屋主入口在中间，其上方有一连通窗(用示意画法表示)。各层均有阳台，在两边的窗洞左(右)上方有一小洞，为放置空调器的预留孔。

3. 从图中所标注的标高可知，房屋室外地面比室内地面(±0.000)低300 mm，女儿墙顶面处标高为9.300m。标高一般注在立面图外，并做到标高符号排列整齐、大小一致。若房屋立面左右对称时，一般注在左侧。不对称时，左右两侧均应标注。必要时为了更清楚起见，可标注在图内(如楼梯间的窗台面标高)。标高符号的注法及形式，参阅图10－5。

4. 从图上的文字说明，了解到房屋外墙面装修的做法，如东、西端外墙为浅红色马赛克(mosaic)贴面，中间阳台和楼梯间外墙面用浅蓝色马赛克贴面，窗洞周边、檐口及阳台栏板边等为白水泥粉面(装修说明也可在首页图中列表详述)。

5. 图中靠阳台边上分别有一雨水管。

§10－5 建筑剖面图 Architectural Section

一、图示方法及作用(Graphical methods and their functions)

如§8－4所述，假想用一个或多个垂直于外墙轴线的正平面或侧平面将房屋剖切开，所得的视图称为**建筑剖面图**(architectural section)，简称**剖面图**(section)。剖面图用以表示房屋的内部结构或构造形式、分层情况和各部位的联系、材料及其高度等，是与平、立面图相互配合的不可缺少的重要图样。

剖面图的数量将根据房屋的具体情况和施工实际需要而决定。剖切面一般横向设置，平行于侧面，必要时也可纵向设置，平行于正面。剖切位置应选择在反映房屋内部构造比较复杂或典型的部位，并通过门窗洞。多层房屋的剖面，应通过楼梯间或在层高不同、层数不同的部位。剖面图的图名编号应与平面图上所标注剖切符号的编号对应，如*1—1*剖面图、*2—2*剖面图等。

剖面图中的断面，其材料图例、抹灰层面层线和地面面层线的表示原则及方法，与平面图的处理基本相同。

习惯上，剖面图中不画出基础和大放脚。

二、图示内容(Graphical contents)

1. 墙、柱及其定位轴线。

2. 室内首层地面、地坑、地沟、各层楼面、顶棚、屋顶(包括檐口、女儿墙、隔热层或保温层、天窗、烟囱、水池等)、门窗、楼梯、阳台、雨篷、预留洞、墙裙、踢脚板、防潮层、室外地面、散水、排水沟及其他装修等剖切到和能见到的内容。

3. 标出各部位完成面的标高和高度方向尺寸。

标高尺寸包括室内外地面、各层楼面与楼梯平台、檐口或女儿墙顶面、高出屋面的水池顶面、烟囱顶面、楼梯间顶面、电梯间顶面等处完成面的标高。

高度尺寸包括：外部尺寸的门、窗洞口(包括洞口上部和窗台)高度，层间高度及总高度(室外地面至檐口或女儿墙顶)。有时，后两部分尺寸可不标注。

内部尺寸的地坑深度和隔断、搁板、平台、墙裙及室内门、窗等的高度。

注写标高及尺寸时，注意与立面图和平面图相应部分的尺寸相一致。

4. 楼、地面各层构造，一般可用引出线说明。引出线指向所说明的部位，并按其构造的层次顺序，逐层加以文字说明。若另画有详图，可在详图中说明(如图 10－15 中的地面和屋面的构造说明)，也可在“构造说明一览表”中统一说明。

5. 画出需画详图之处的索引符号。

三、实例(Example)

现以本章实例的 *1—1* 剖面图为例(图 10－14)，说明剖面图的内容及其阅读方法。

1. 从图名和轴线编号与平面图上的剖切符号位置和轴线编号相对照，可知 *1—1* 剖面图的剖切平面通过楼梯间，剖切后向左进行投射所得的横向剖面图。

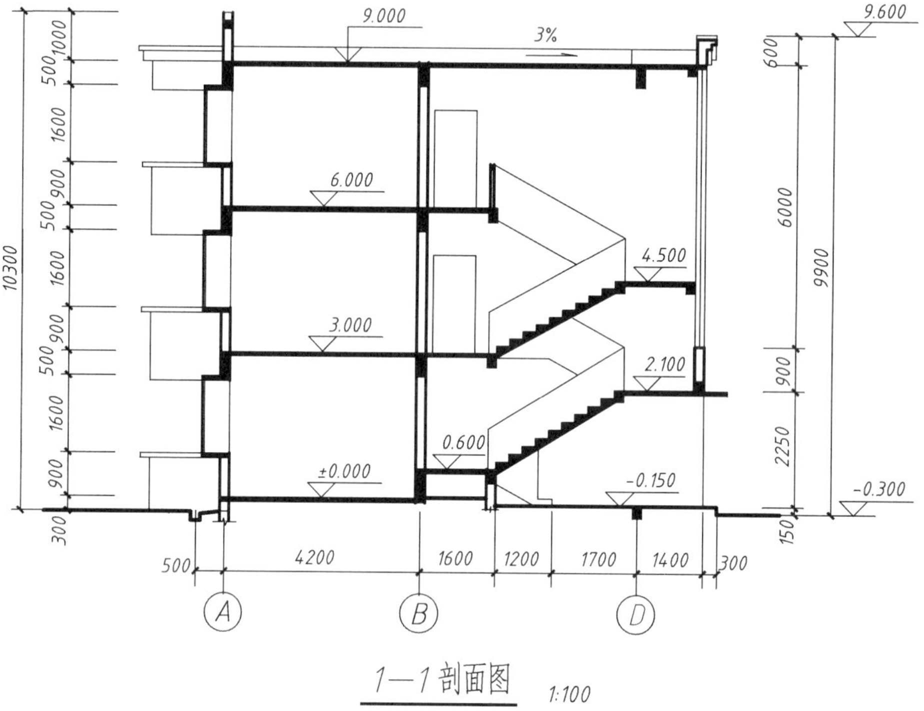

图 10－14 建筑剖面图

2. 图中画出房屋地面至屋面的结构形式和构造内容。对照平面图可知，此房屋是一框架结构，垂直方向承重构件(柱)和水平方向承重构件(梁和板)都是用钢筋混凝土构成。从地面和屋面的材料图例可知，它们都是混凝土构件。地面和屋面的构造情况，可参阅图 10－15 的多层构造说明。

3. 图中标注的标高都是相对标高。首层地面标高是 ±0.000，二层楼面和三层楼面标高分别是 3.000 和 6.000，说明楼层高度都是 3 m。Ⓓ轴入口处地面标高是 －0.150，比首层室内地面低 150 mm。图中标注了窗台和门窗洞的高度尺寸。楼梯因另有详图，其详细尺寸不在此处注出。

4. 从图中标注的屋面坡度可知，该处为一单向排水屋面，其坡度为 3%（其他倾斜的地方，如散水、排水沟、坡道等，也可用此方式表示其坡度）。如果坡度较大，可用 $_{1}\overset{4}{\diagup}$ 表示，读作 1:4。直角三角形的斜边应与坡度平行，直角边上的数字表示坡度的高宽比。

§10－6 建筑详图 Architectural Details

房屋的细部或构件、配件用较大的比例（如 1:20、1:10、1:5、1:2、1:1 等）将其形状、大小、材料和做法，按正投影图的画法，详细地表示出来的图样，称为**建筑详图**（architectural details），简称**详图**（details）。

详图的图示方法，视细部构造的复杂程度而定。有时，只需一个剖面详图就能表达清楚（如墙身剖面图）。有时，还需另加平面详图（如楼梯间、卫生间等）或立面详图（如门、窗），有时还要另加轴测图作为补充说明。本章所附的轴测图（如图 10－15），只是为学习时便于对照读图，一般施工图中不需画出。

详图的特点：一是比例较大，二是图示详尽（表示复杂部位的构造、用料及做法），三是尺寸齐全。

详图数量的选择，与房屋的复杂程度及平、立、剖面图的内容及比例有关。现分别介绍外墙、楼梯及门窗等详图。

一、外墙详图（Detail of an exterior wall）

外墙详图实际上是建筑剖面图的局部放大图，它表达房屋的屋面、楼层、地面和檐口构造、楼板与墙的连接、门窗顶、窗台、勒脚、散水等处构造的情况，是施工的重要依据。多层房屋中，若各层的构造情况一样时，可只画底层、顶层再加一个中间层表示。画图时，往往在窗洞中间处断开，成为几个节点详图的组合。有时，也可不画整个墙身的详图，而是把各个节点的详图分别单独绘制。详图的线型要求与剖面图一样。

现以本章实例中Ⓐ轴外墙的剖面 3－3（见图 10－2）为例（图 10－15），说明外墙详图的内容与阅读方法：

图 10－15 只画出外墙的顶层部分和底层部分，中间层部分已省略不画，相当于画出外墙的上下两个节点详图。

1. 根据剖面详图的编号 3－3，对照图 10－2 的首层平面图，可知该剖面详图的位置和投射方向。图中注上轴线的两个编号，表示这个详图适用于Ⓐ、Ⓓ两个轴线的墙身。也就是

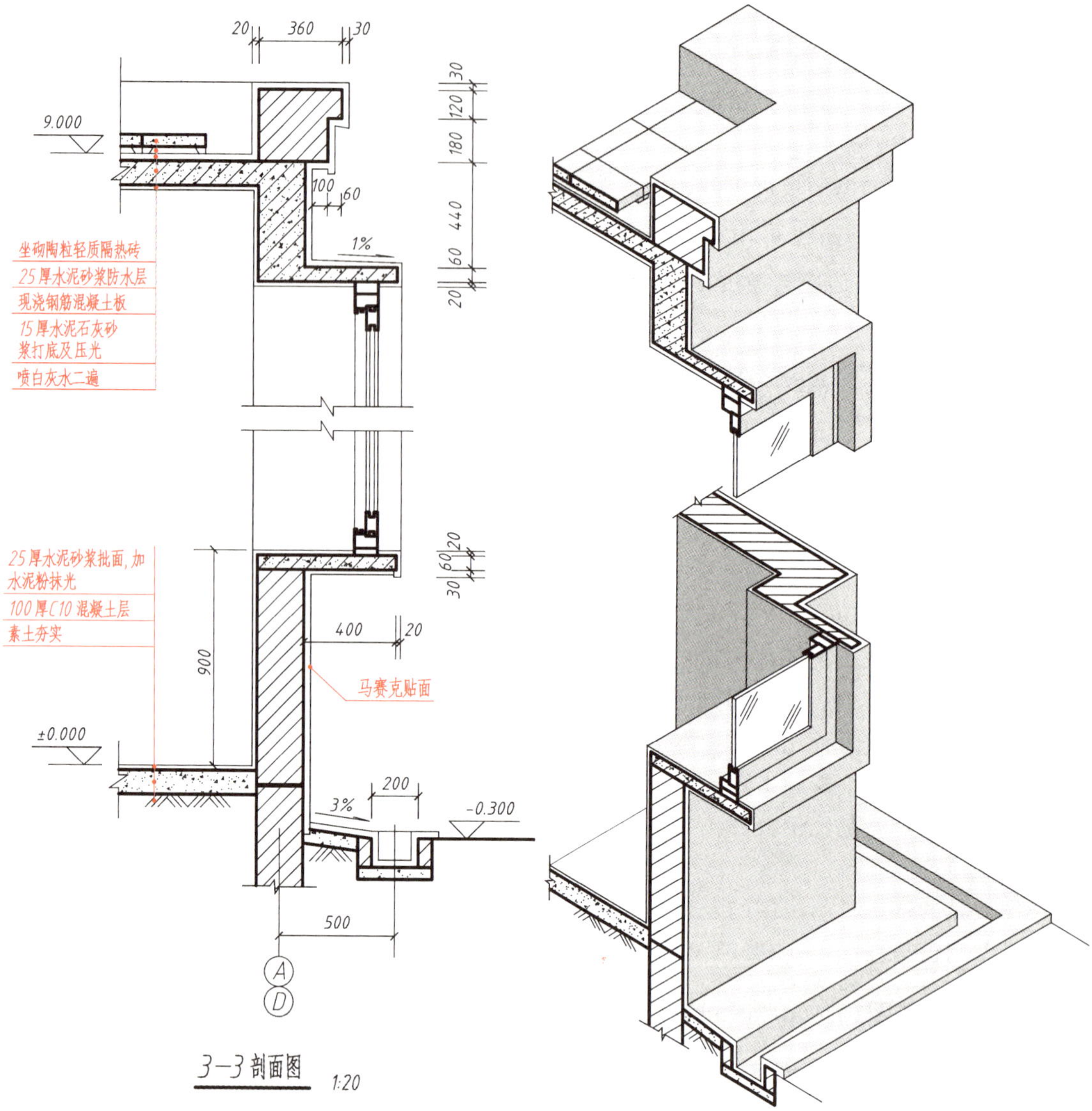

图 10－15 Ⓐ、Ⓓ轴线外墙剖面详图

说，在横向轴线①～⑪的范围内，Ⓐ、Ⓓ两轴线上凡设置有窗 C1 的地方，墙身各相应部分的构造情况都相同。

2. 在详图中，对屋面、楼层和地面的构造，采用多层构造说明方法来表示。（本图没有画出楼层部分）。

3. 上半部的详图为檐口部分。从图中可了解到屋面的承重层现浇钢筋混凝土板、砖砌女儿墙、水泥砂浆防水层、陶粒轻质隔热砖、水泥石灰砂浆顶棚和带有悬臂板窗顶的构造做法。

4. 下半部的详图为窗台及勒脚部分。从图中可了解到以 C10 素混凝土做底层的水泥砂浆地面，带有钢筋混凝土悬臂板的窗台，带有 3% 坡度散水的排水沟，以及内墙面和外墙面的装饰做法。

5. 在详图中，还注出有关部位的标高和细部的尺寸。窗框、窗扇的形状和尺寸因另有详图(图 10－19)表示，故本图可简化或省略。

二、楼梯详图(Detail of stairs)

楼梯是多层房屋上下交通的主要设施，除了要满足行走方便和人流疏散畅通外，还应有足够的坚固耐久和安全性。目前多采用现浇钢筋混凝土楼梯。楼梯是由楼梯段(stair flight)(简称梯段,包括踏步、梯板或斜梁)、平台(stair landing)(包括平台板和梁)和栏板(stair railing)(或栏杆)等组成(图 10－16、图 10－17)。

楼梯的结构比较复杂，细小部位较多。虽然在建筑剖面图中一般都画出楼梯的结构(如图 10－14)，但因比例较小，一些细部结构、尺寸、工艺要求等需要用详图来补充表达。楼梯详图主要表示楼梯的类型、结构形式、各部位的尺寸及装修做法，是楼梯施工放样的主要依据。

楼梯详图一般包括平面图、剖面图及踏步、栏板详图等，尽可能画在同一张图纸内。平面图和剖面图的比例要一致，以便对照阅读。踏步和栏板详图的比例要大些，表达清楚该部分的构造情况和尺寸。

楼梯详图一般分建筑详图与结构详图，分别绘制并编入“建施”和“结施”中。但一些构造和装修较简单的现浇钢筋混凝土楼梯，其建筑和结构详图可合并绘制，编入“建施”或“结施”均可。

下面介绍楼梯详图的内容及其图示方法：

(一) 楼梯平面图

一般每一楼层都要画一楼梯平面图(stairs plan)。三层以上的房屋，若中间各层的楼梯位置及其梯段数、各梯段踏步数和大小都相同时，通常只画出首层、中间层和顶层三个平面图就可以了(图 10－16)。

楼梯平面图的剖切位置，通常是通过该楼层往上走的第一梯段(休息平台下)和门窗洞的任一位置处(参阅图 10－16 的轴测图)。各层被剖切到的梯段，按国标规定，均在平面图中以一根(首层)或两根(中间层)45°折断线示意剖切位置。在每一梯段处画有一长箭头，注写“上”或“下”字，经常还注明步级数，表明从该层楼(地)面往上(或往下)走多少步级可到达上(或下)一层的楼(地)面。例如二层楼梯平面图中，被剖切的梯段的箭头注有“上 20”，表示从该梯段往上走 20 步级可到达第三层楼面。另一梯段注有“下 21”，表示往下走 21 步级可到达首层地面。各层平面图中还应标出该楼梯间的轴线编号，在首层平面图中注明楼梯剖面图的剖切符号(如图中的 *4—4*)。

楼梯平面图中，除注出楼梯间的开间和进深尺寸、楼地面和平台面的标高尺寸外，还需注出各细部的详细尺寸。通常把梯段长度尺寸与踏面数、踏面宽的尺寸合并写在一起。如底层平面图中的 300×9＝2700，表示该梯段有 9 个踏面，每一踏面宽为 300 mm，梯段长为 2700 mm。通常，三个平面图画在同一张图纸内，相互对齐，既便于阅读，又可省略标注一些重复的尺寸。读图时，要掌握各层平面图的特点。本例楼梯因需要满足入口处净空 ≥2m 的要求，首层设有三个楼梯段。从首层平面图中可以看到从 －0.150 上到 0.600 处的第一梯段(共 5 级)，以及经过

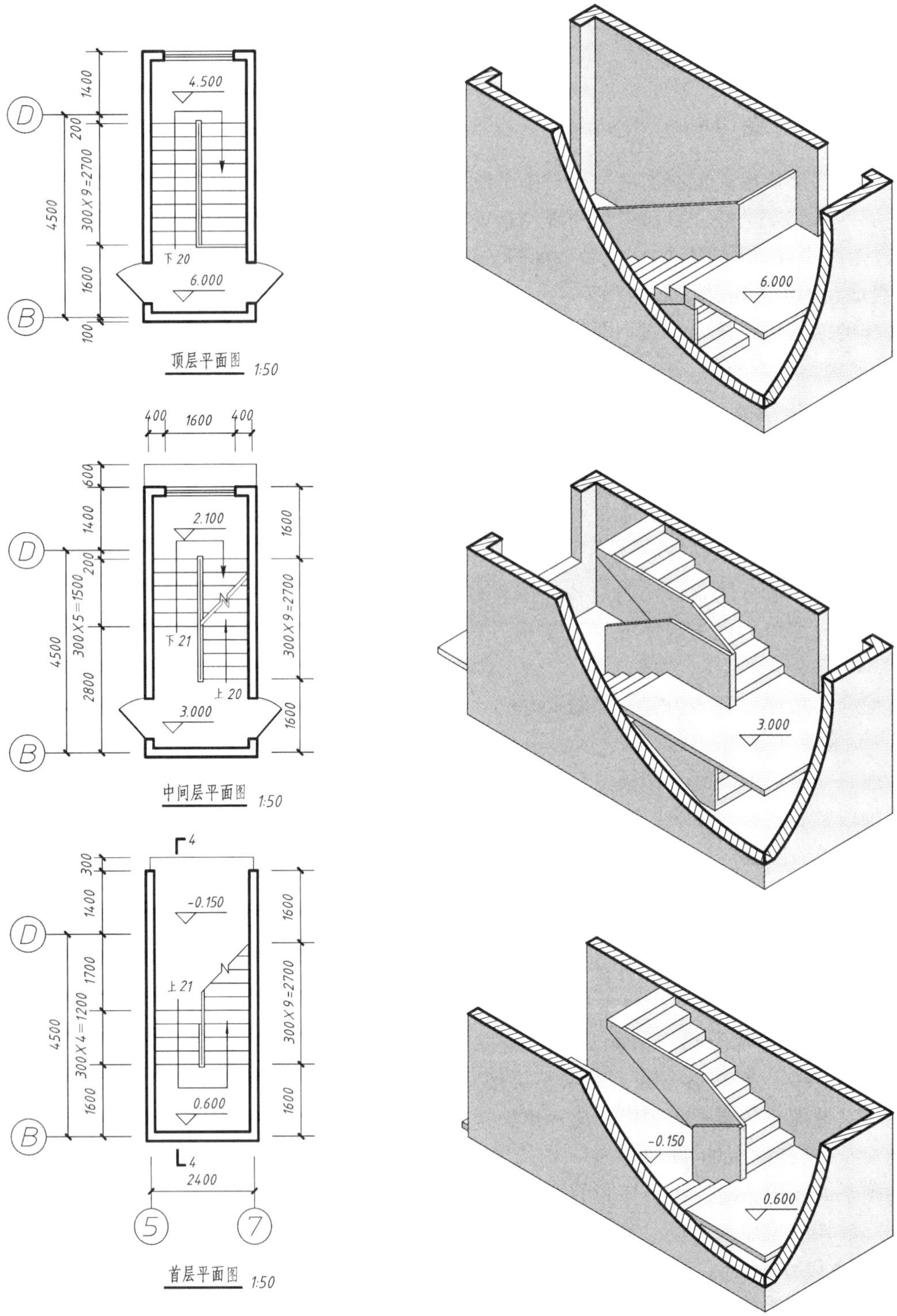

图 10－16 楼梯间平面图

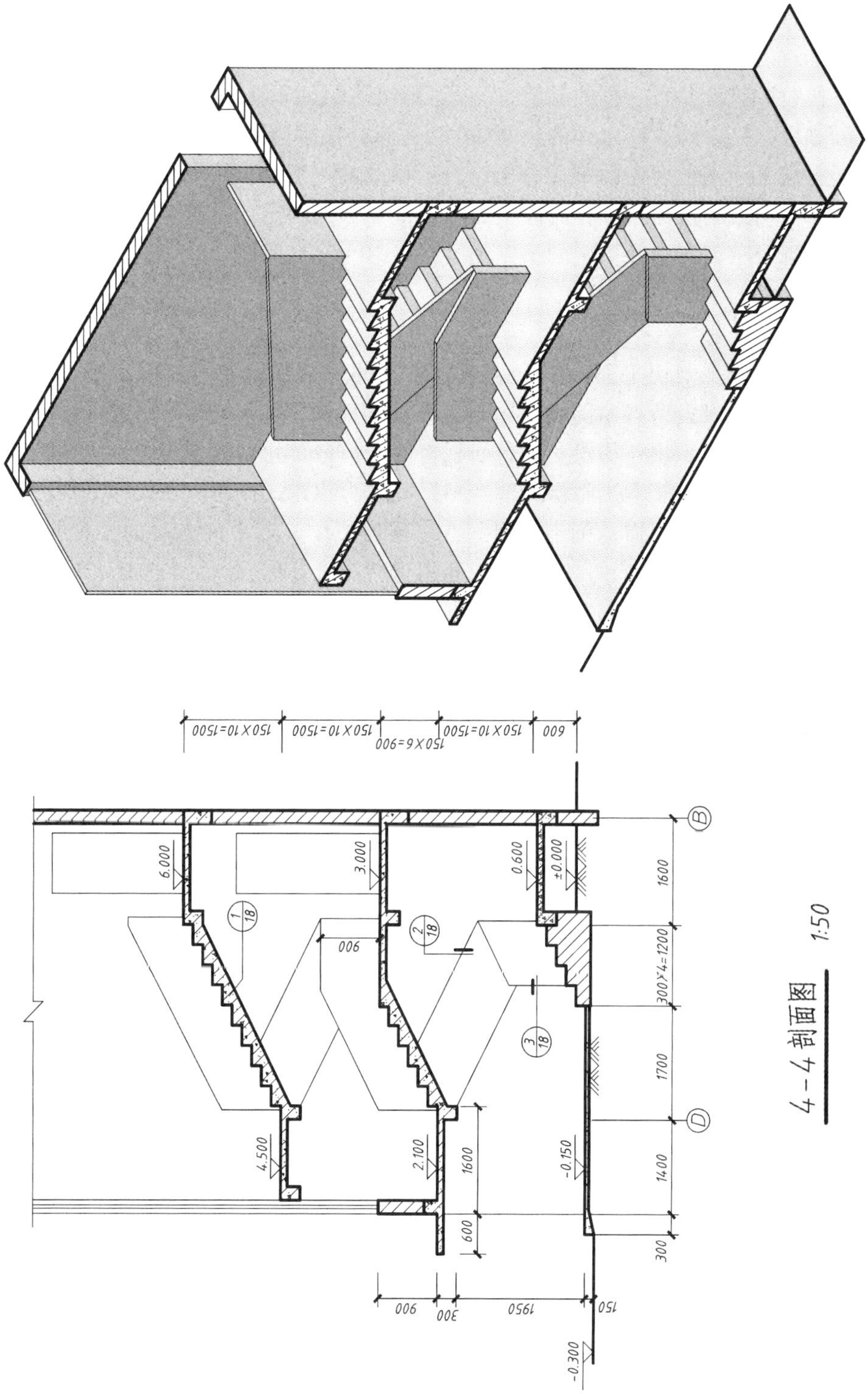
4 - 4 剖面图　1:50
6.000
3.000
0.600
±0.000
4.500
2.100
-0.150
-0.300
150×10=1500
150×10=1500
150×6=900
150×10=1500
600
1600
300×4=1200
1700
1400
300
1600
600
900
300
1950
150
900
B
D
1
18
2
18
3
18

图 10 - 17　楼梯剖面图

平台继续向上的第二梯段的一部分(以折断线为界)。这两梯段注有“上 21”字样的长箭头。在顶层平面图中,因剖切平面设在安全栏板之上,画有两段完整的梯段(中间没有折断线)和楼梯平台,在梯口处只有一个注有“下 20”字样的长箭头。中间层的平面图,既画出被剖切的往上走的梯段(注有“上 20”字样的长箭头),还画出该层往下走的完整的梯段、楼梯平台以及平台往下的梯段(注有“下 21”字样的长箭头)。这部分梯段与被剖切梯段的投影重合,以折断线为分界。各层平面图上所画的每一分格,表示梯段的一级踏面(tread board)。但梯段最高一级的踏面与平台面或楼层面重合,因此平面图中每一梯段画出的踏面格数,总比踏步(step)级数少一格。如顶层平面图中往下走的第一梯段共有 10 级(参阅图 10-17),但在平面图中只画有 9 格、梯段长度为 300×9=2700。

(二) 楼梯剖面图

假想用一正平或侧平剖切平面(*4—4*),通过各层的一个梯段和门窗洞将楼梯剖开,向另一未被剖到的梯段方向投射所得的剖面图,即为**楼梯剖面图**(stairs section)(图 10-17)。剖面图应能完整地、清晰地表示出各梯段、平台、栏板等的构造及它们的相互关系。本例楼梯是一现浇钢筋混凝土板式楼梯,基本上每层有两个梯段,称为双跑式楼梯。在楼梯剖面图中,若楼梯间的屋面没有特殊之处,习惯上可不画出。在多层房屋中,若中间各层的楼梯构造相同时,剖面图可只画出首层、中间层和顶层剖面,中间用折断线分开(与外墙身详图处理方法相同)。

楼梯剖面图能表达出房屋的层数、梯段数、步级数以及楼梯的类型及其结构形式。如本例的三层楼房,被剖切到梯段的步级数可直接看出,未剖切到梯段的步级,因被栏板遮挡而看不见(有时可画上虚线表示),可在其高度尺寸上标出该段步级的数目。如第一层第二梯段的尺寸 150×10=1500,表示该梯段有 10 级,每级高度为 150 mm。

剖面图中应注明地面、平台面、楼面等的标高和梯段、栏板的高度尺寸。梯段高度尺寸注法与楼梯平面图中梯段长度注法相同,在高度尺寸中注的是步级数,而不是踏面数(注意:踏面数=步级数-1)。栏杆高度尺寸,是从踏面中间算至扶手(handrail)顶面,一般为 900 mm,扶手坡度应与梯段坡度一致。

从图中的索引符号可知,踏步、扶手和栏板都另有详图,用更大的比例画出它们的形式、大小、材料以及构造情况,如图 10-18 所示。

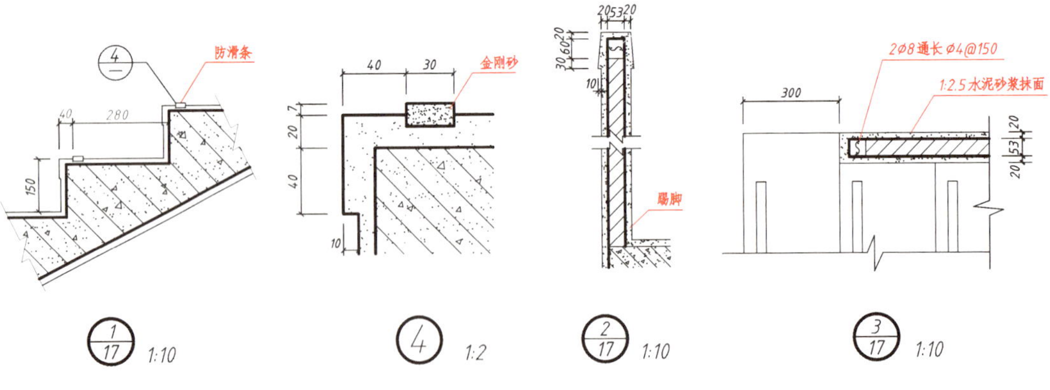

图 10-18 楼梯踏步、扶手、栏板详图

三、门窗详图(Details of doors and windows)

现有一系列标准图集，预先设计和绘制好各种不同规格门窗的详图，供设计者选用。在施工图中，只要说明该详图所在标准图集中的编号，就可不必另行画出。如果门窗的规格、做法特殊，没有标准图时，就一定要画出详图。

门窗详图一般用立面图、节点详图、断面图以及五金表、文字说明等表示。按规定，在节点详图与断面图中，门窗的断面应加上材料图例。

现以本章实例中的 C1 铝合金窗为例，介绍门窗详图的特点如下：

(一) 立面图

立面图的比例一般为 1∶20、1∶30 等，只表示窗的外形、开启方式及方向、主要尺寸和节点详图索引符号等内容(图 10－19a)。

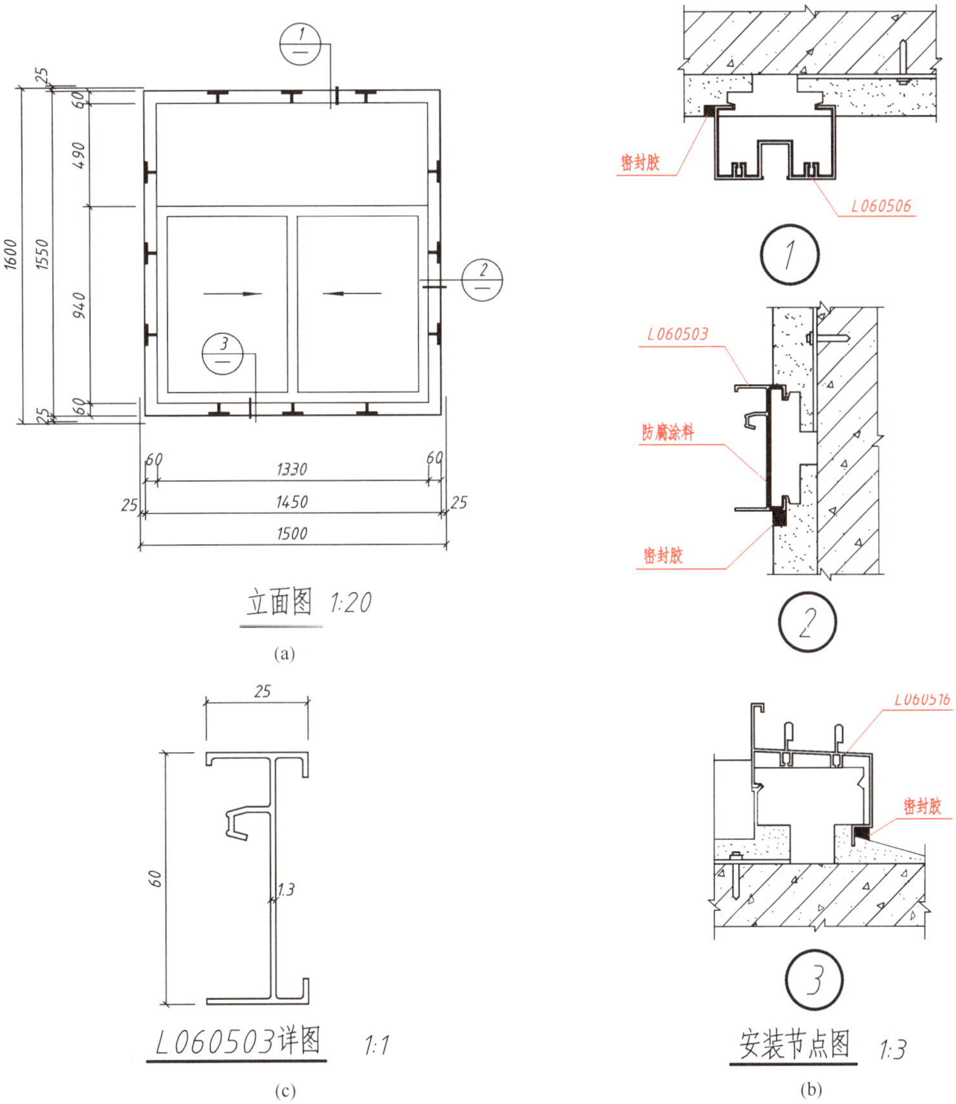

(a)　(b)　(c)

图 10－19　铝合金推拉窗详图

立面图尺寸一般有三道：第一道为窗洞口尺寸；第二道为窗框外包尺寸；第三道为窗扇、窗框尺寸。窗洞口尺寸应与建筑平面图、剖面图的窗洞口尺寸一致。窗框和窗扇尺寸均为成品的净尺寸。

立面图上的线型，除轮廓线用中实线外，其余均用细实线。

（二）节点详图

一般画出剖面图和安装图，并分别注明详图符号，以便与窗立面图相对应。节点详图比例较大，能表示各窗料的断面形状、定位尺寸、安装位置和窗扇、窗框的连接关系等内容(图10－19b)。

（三）断面图

用较大比例(如1:5、1:2、1:1)将窗的断面形状单独画出，注明断面上各截口的尺寸，以便下料加工，如图10－19c的*L*060503详图。有时，为减少工作量，往往将断面图与节点详图结合画在一起。

§10－7 建筑施工图的绘制 Drafting of Architectural Working Drawings

一、绘制施工图的目的和要求(Purposes and requirements of drafting working drawings)

我们通过前面的学习，基本上掌握了建筑施工图的内容、图示原理与方法，但还必须学会绘制施工图，才能把设计意图和内容正确地表达出来，并进一步认识房屋的构造及施工要求，提高读图能力。在本节只介绍绘制仪器图的步骤和方法，关于计算机辅助设计(绘图)的方法，请参阅第十九章。

在绘图过程中，要始终保持高度负责的工作态度和认真细致的工作作风。所绘制的施工图应符合国标有关规定，做到投影正确、表达清晰、尺寸齐全、字体工整以及图样布置适当、图面整洁等，才能达到设计与施工的要求。

二、施工图的绘制步骤和方法(Steps and methods of drafting working drawings)

1. 确定绘制图样的数量。根据房屋的形状、平面布置和构造的复杂程度，以及施工的具体要求，决定绘制哪几种图样。对施工图的内容和数量要作全面的规划，防止重复和遗漏。在清楚准确的前提下，图样的数量以少为好。

2. 选择合适的比例。在保证图样能清楚表达其内容的情况下，根据不同图样的不同要求，选用不同的比例。常用比例如表10－4所示。

表10－4 常用比例

图 名	常用比例
总平面图	1:300，1:500，1:1 000，1:2 000
平面图、立面图、剖面图	1:50，1:100，1:150，1:200，1:300
详图	1:1，1:2，1:5，1:10，1:15，1:20，1:25，1:30，1:50

3. 进行合理的图面布置。图面布置(包括图样、图名、尺寸、文字说明及表格等)要主次分明、排列适当、表达清晰。在图纸幅面许可的情况下，尽量保持各图之间的投影关系，或将同类型的、内容关系密切的图样，集中在一张或顺序连续的几张图纸上，以便对照查阅。若画在同一张图纸时，平面图与立面图应长对正，立面图与剖面图应高平齐，平面图与剖面图应宽相等。若画在不同的图纸上时，它们相互对应的尺寸，均应相同。

4. 绘制图样

(1) 绘制建筑施工图，一般是按平 → 立 → 剖 → 详图顺序进行。

(2) 为使图样画得准确与整洁，先用较硬的铅笔画出轻淡的底稿线。画图时，注意将同一方向或相等的尺寸一次量出，以提高画图的速度。底稿经检查无误后，按国标规定选用不同的线型，进行加深或上墨。加深或上墨时，一般习惯的次序是：同一方向或同一线型的线条相继绘画；先画水平线(从上到下)，后画竖直线或斜线(从左到右)；先画图，后注写尺寸和说明。图线要注意粗细分明，以增强图面的效果。

三、施工图画法举例(Examples of drafting working drawings)

现以本章实例的首层平面图、⑪～①立面图、*1—1* 剖面图等为例，说明平面图的画法步骤。

(一) 建筑平面图的画法

(1) 定轴线、画墙身和柱(图 10-20a)。

(2) 定门窗位置，画细部，如门窗洞、楼梯、台阶、卫生间、散水等(图 10-20b)。

(3) 经检查无误后，擦去多余的作图线，按施工图的要求加深图线(图 10-20c)，并注写轴线、尺寸、门窗编号、剖切符号、图名、比例及其他文字说明。完成后的平面图见图 10-12。加深图线时，应注意正确使用图线的不同类型及线宽粗细，图线的宽度 b，应根据图样的复杂程度和比例大小，一般在 0.5～1.0 mm 范围内选用。被剖切的墙、柱用粗实线(b)；门窗、洁具、楼梯、台阶、阳台等用中实线($0.5b$)；其余用细实线($0.25b$)。

(二) 建筑立面图的画法

(1) 定室外地坪线、外墙轮廓线和屋面线(图 10-21a)。

(2) 定门窗位置，画细部，如檐口、门窗洞、窗台、雨篷、阳台、雨水管等(图 10-21b)。

(3) 经检查无误后，擦去多余的作图线，按施工图的要求加深图线，画出轴线，少量门窗扇、墙面装饰分格；标注标高，写图名、比例及有关文字说明(图 10-21c)。为了加强图面效果，使外形清晰、重点突出和层次分明，在立面图上往往选用多种不同的线宽。习惯上屋面和外墙等最外轮廓线用粗实线(线宽为 b)；勒脚、窗台、门窗洞、檐口、阳台、雨篷、柱、台阶和花池等轮廓线用中实线($0.5b$)；门窗扇、栏杆、雨水管和墙面分格线等均用细实线($0.25b$)；地坪线用特粗实线($1.4b$)。完成后的立面图见图 10-13。

(三) 建筑剖面图的画法

建筑剖面图的画图步骤如图 10-22 所示。

剖面图的图线要求与平面图相同。完成后的剖面图如图 10-14 所示。

(四) 建筑详图的画法

1. 楼梯平面详图

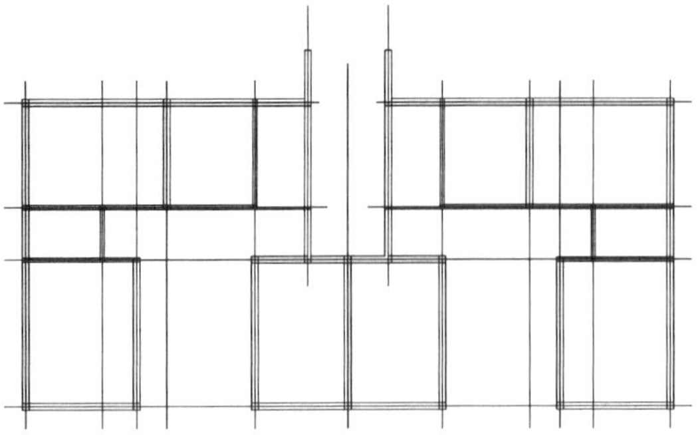

(a) 定轴线，画墙身和柱

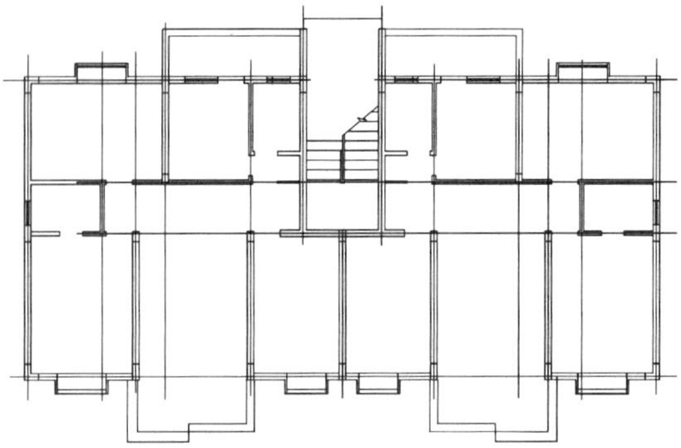

(b) 定门窗位置，画细部

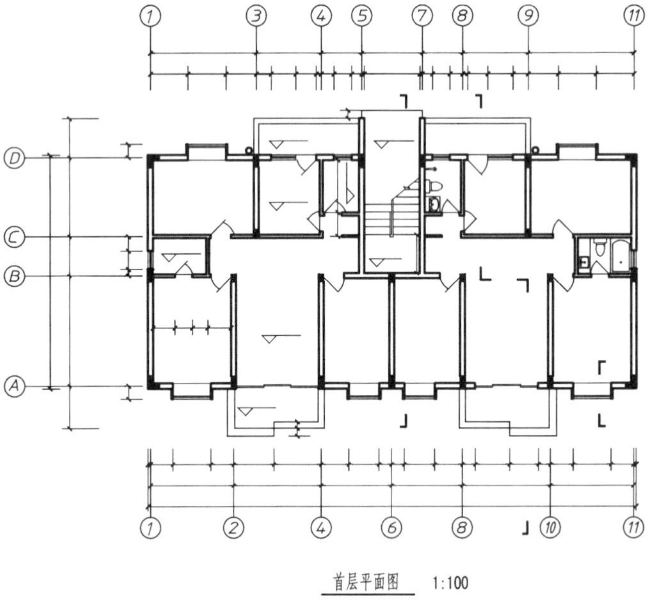

(c) 加深图线，完成平面图

图 10－20 平面图画法步骤

以本章实例的顶层楼梯为例，说明其画法步骤如下：

(1) 根据楼梯间的开间、进深和楼层高度，确定：*s*—平台深度；*a*—踏面长度；*b*—踏面宽度；*l*—梯段长度；*k*—两栏板厚度；*n*—级数(图 10－23a)。

(2) 根据 *l*、*b*、*n* 可用等分两平行线间距的方法画出踏面投影。踏面数等于 $n-1$(图 10－23b)。

(3) 加深图线，注写标高、尺寸等，完成楼梯平面图(图 10－23c)。

2. 楼梯剖面详图

根据楼梯平面图所示的剖切位置 *4—4*(图 10－16)，画出楼梯的 *4—4* 剖面图，如图 10－24

(a) 定室外地坪线、外墙轮廓线、屋面线

(b) 定门窗位置，画细部

(c) 加深图线，完成立面图

图 10－21　立面图画法步骤

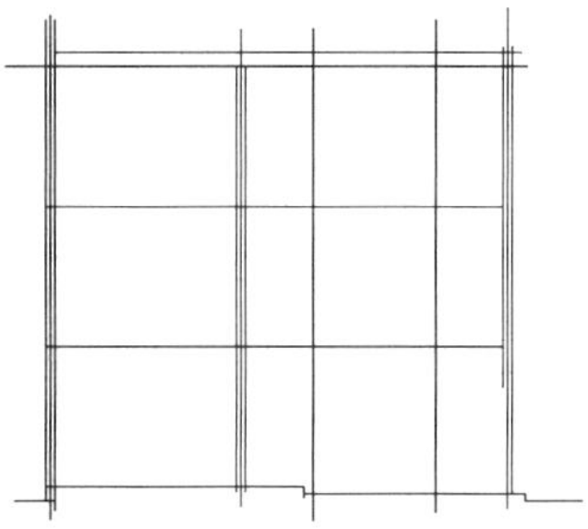

第一步：定轴线、室内外地坪线、楼面线和顶棚线，并画墙身

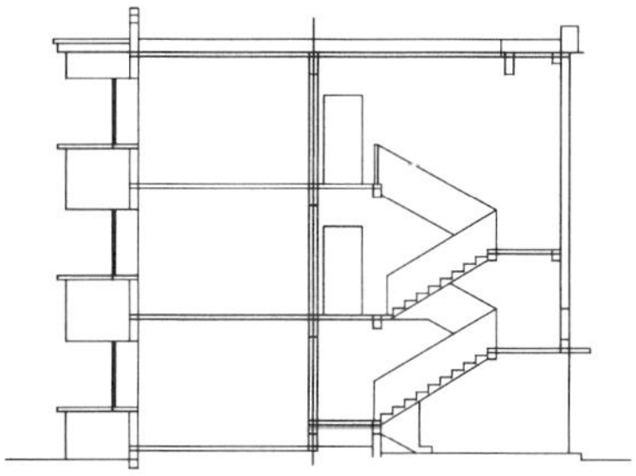

第二步：定门窗和楼梯位置，画细部，如门洞、楼梯、梁板、雨篷、檐口、屋面、台阶等

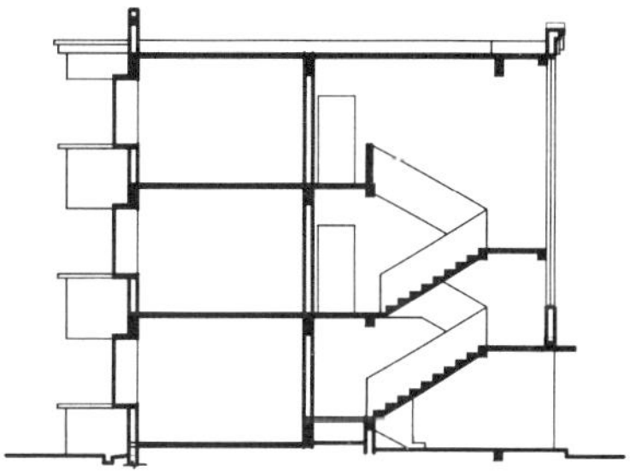

第三步：按施工图要求加深图线，画材料图例，注写标高、尺寸、图名、比例及有关文字说明（详见图10-14）

图 10－22　剖面图画法步骤

所示(图中只画首层部分)。

(1) 楼梯剖面图的比例、尺寸应与楼梯平面图一致。

(2) 踏步位置，宜用等分平行线间距的方法来确定。

(3) 栏板(栏杆)的高度一般为 900 mm(从踏面中间算至扶手顶面)，扶手坡度应与梯段坡度一致。

3. 详图中应详细画出材料图例。图线要求与建筑平面图、剖面图一致。

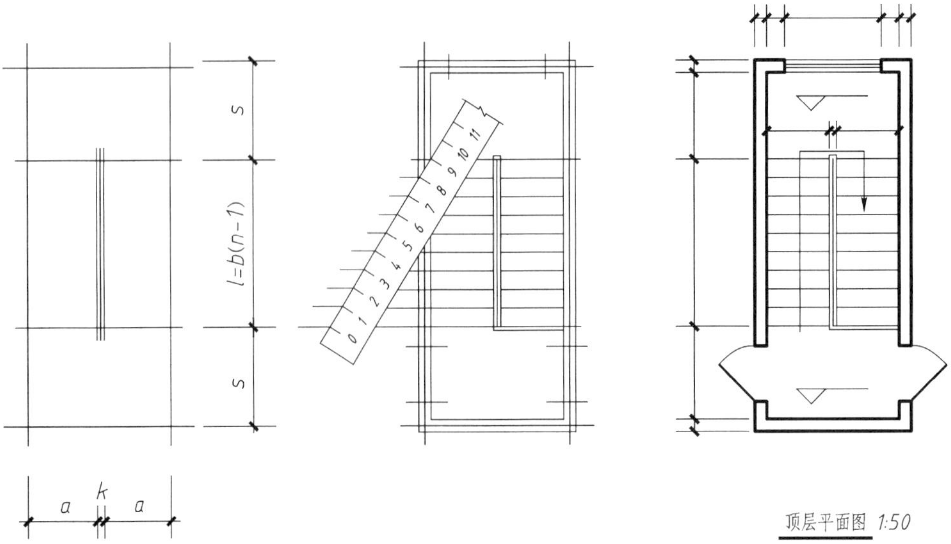

(a) 定轴线、s 和 l 等位置　　(b) 定踏步、栏板和门、窗的位置　　(c) 加深图线，注写标高、尺寸等

图 10－23 楼梯平面图的画法步骤

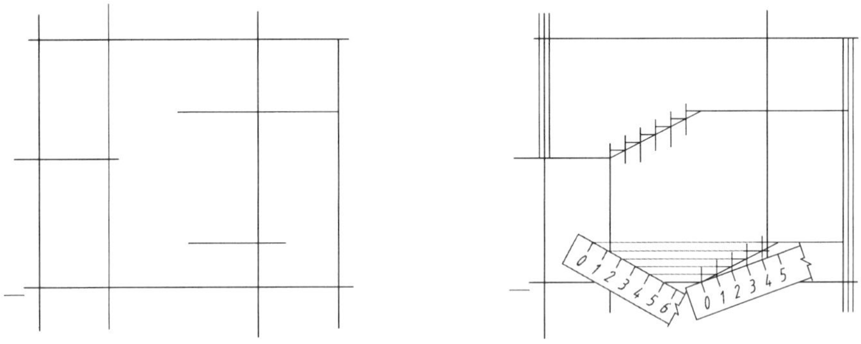

(a) 画轴线，定楼地面、平台与梯段的位置　　(b) 画墙身，定踏步位置

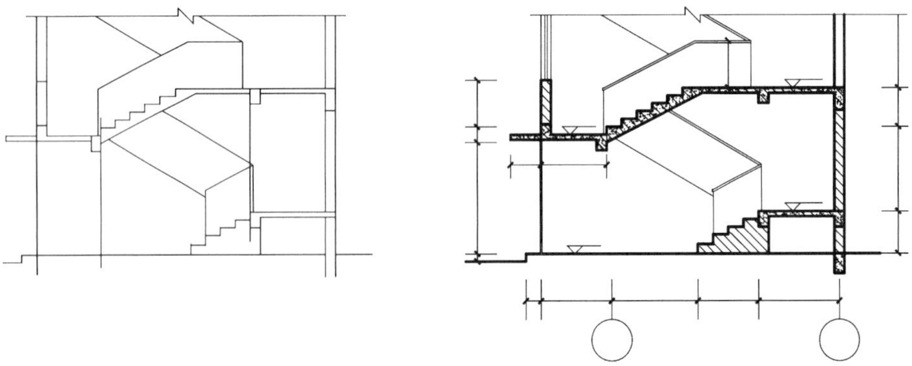

(c) 画细部，如窗、梁、板及栏杆等　　(d) 加深各种图线，标注标高，尺寸等，完成全图

图 10－24 楼梯剖面图的画法步骤

§10－8 工业厂房建筑施工图
Architectural Working Drawing of Factory Buildings

工业厂房施工图的图示原理和读图方法与民用房屋施工图一样，只是由于生产工艺条件不同，对工业厂房的要求也不同，在施工图上所反映的某些内容或图例符号也有些不同。现以某地单层单跨工业厂房的某车间为例(图 10－25)，说明厂房的各个组成部分，并将其部分图纸(图 10－26、图 10－27)列出，以供参考。现将其中主要图样的内容与阅读方法介绍如下。

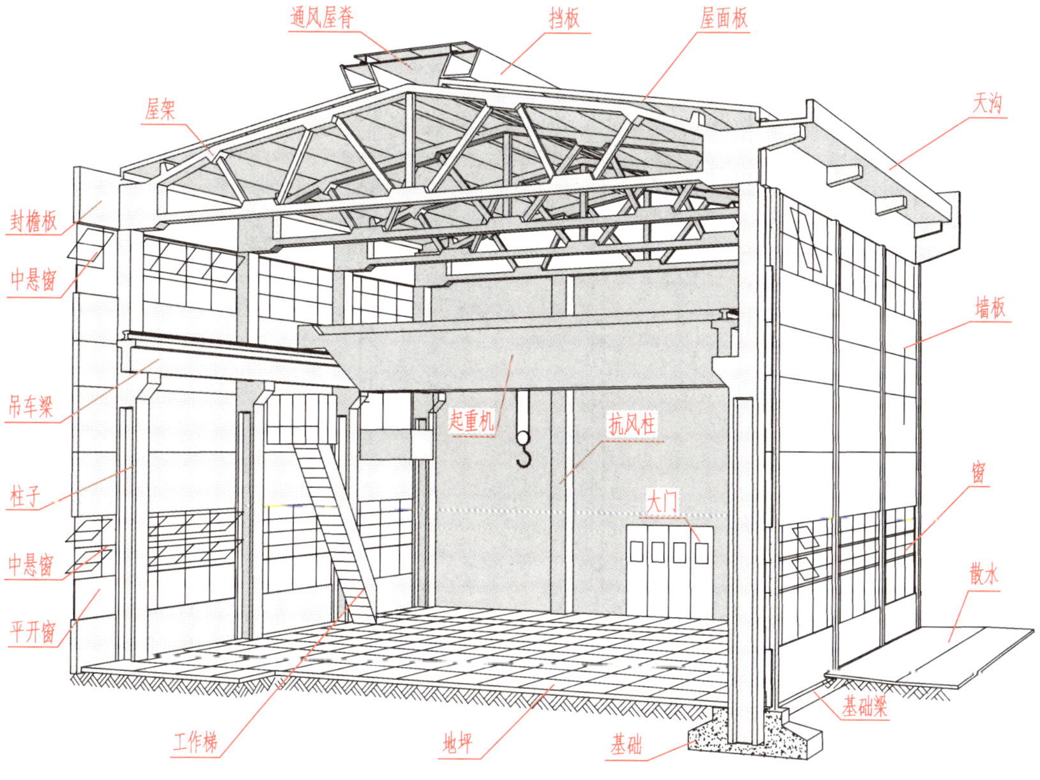

图 10－25　单层单跨工业厂房的组成与名称

一、平面图(Plan)

从图 10－26 的标题栏可知，这是某通用机械厂的机修车间。车间的平面为一矩形，其横向轴线①～⑪共十个开间，柱子轴线之间的距离为 6000。纵向轴线Ⓐ、Ⓑ通过柱子外侧表面和墙的内沿。车间柱子是工字形断面的钢筋混凝土柱。车间内设有一台桥式起重机。起重机用图例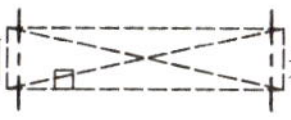表示，注明起重机的起重量($Gn=5\mathrm{t}$)和跨度($S=16.5\ \mathrm{m}$)。室内两侧的粗单点长画线表示起重机轨道的位置，也是吊车梁的位置。上下起重机用的工作梯，设在②～③

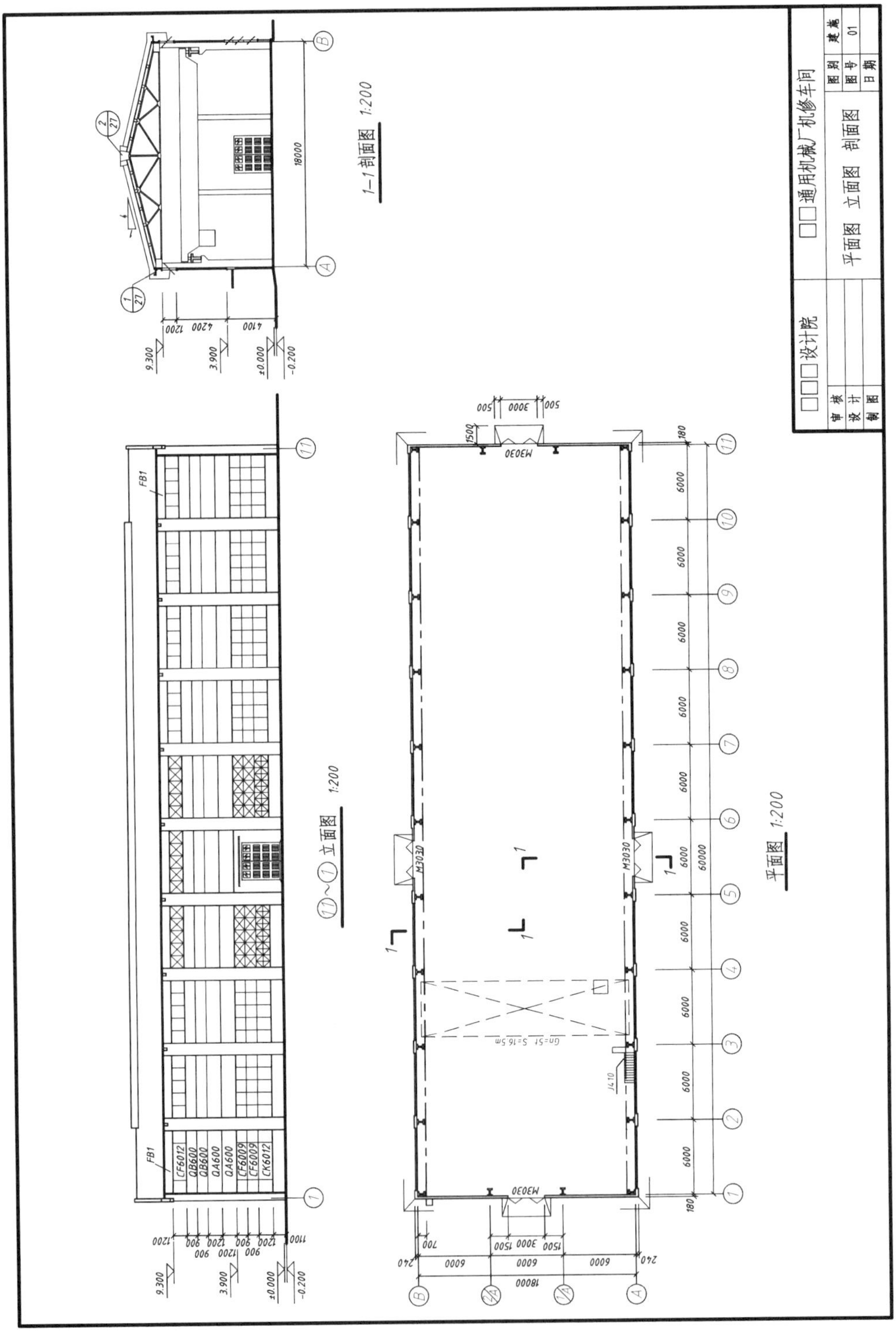

图 10－26 机修车间建筑施工图

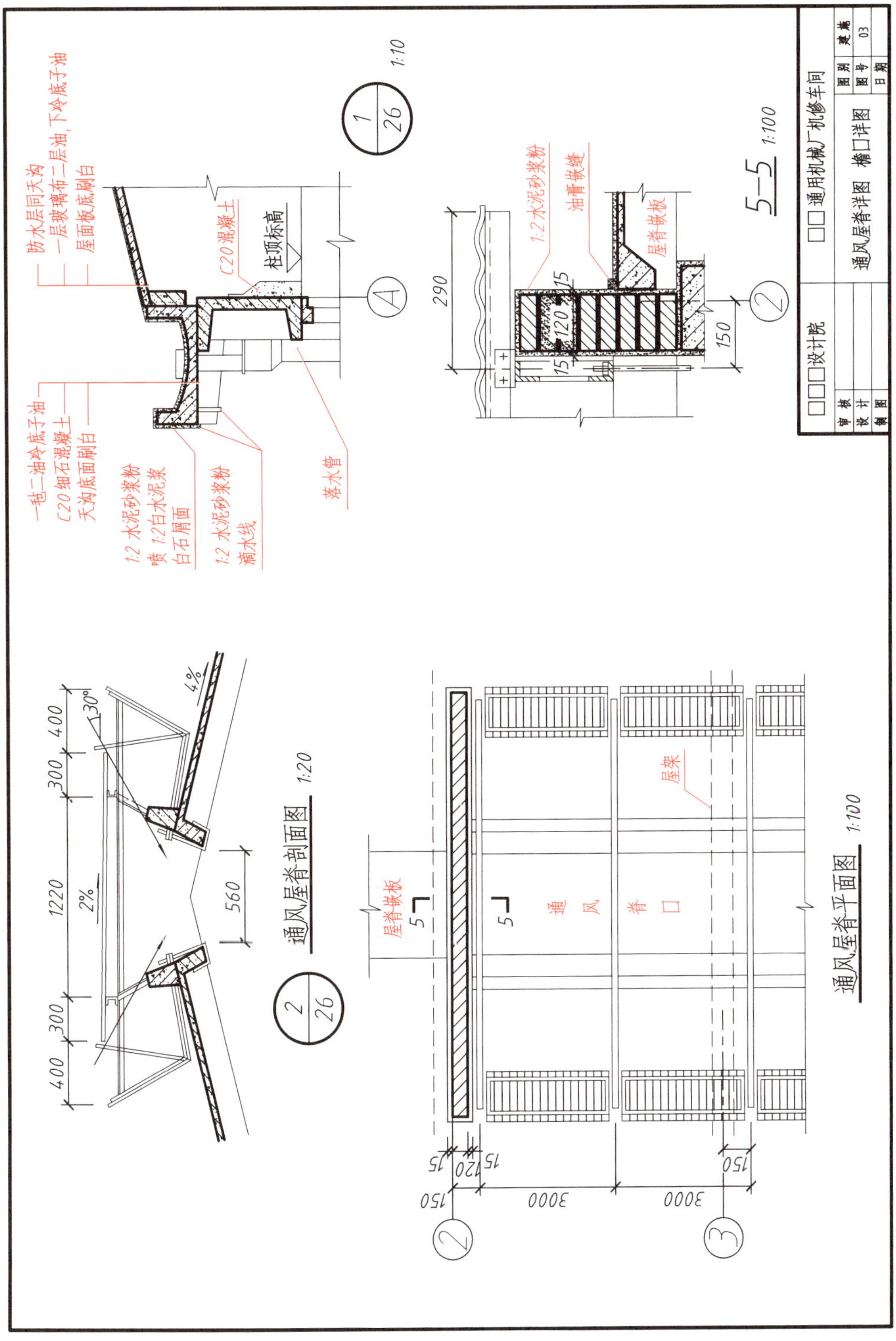

图 10-27 通风屋脊和檐口详图

开间的Ⓐ轴墙内沿，其构造详图从 J410 图集选用。车间四向各设大门一个，从图例看出，这是折叠门，编号是 M3030(M 为门的代号,前“30”为门宽 3 m,后“30”为门高 3 m)。为了运输方便，门入口处设置坡道。室外四周设置散水(只在厂房四角画出散水的投影)。在离Ⓑ轴线 700 的山墙处，设置了消防梯。

二、立面图(Elevation)

厂房墙面是由条板和条窗装配而成，从图中可以看到条板墙块的划分、条窗位置及其规格编号。从勒脚至檐口有 QA600、QB600、FB1 三种条板和 CK6012、CF6009、CF6012 三种条窗。图上只标出上、下两块条板的底面(或条窗的顶面)标高，中间注出条板和条窗的高度尺寸。条板、条窗、压条和大门的规格与数量，均另列表说明。屋面除两端开间外均设有通风屋脊。

三、*1—1* 剖面图(*1—1* section)

从平面图中的剖切符号可知，*1—1* 剖面图为一阶梯剖面图。图中可看到带牛腿柱子的侧面，T 形吊车梁搁置在柱子的牛腿上，桥式起重机架设在吊车梁的轨道上(起重机是用立面图例表示)。从图中还可看到屋架的形式，屋面板的布置、通风屋脊的形式和檐口天沟等构造情况。对剖面图中的主要尺寸，如柱顶、轨顶、室内外地面标高和墙板、门窗各部位的高度尺寸，均应细读。

四、详图(Detail)

一般包括檐口、屋面节点详图，墙、柱节点详图等。从这些图样上可详尽地看到它们的所在位置及其构造情况。图 10－27 画出的是厂房的通风屋脊和檐口详图。

本章学习指引
Reading Guide

1. 第十至十三章分别介绍了房屋建筑几种专业图纸的基本知识和读图、画图方法，建筑施工图又是学习这几种专业图的基础。我们必须边学习书本知识，边留心观察周围的房屋建筑，对照比较，才能加深认识和理解，也为今后学习专业课程打下良好基础。

2. 房屋施工图中除画有正投影图(视图)外，还画上国标规定的一系列图例、符号。必须熟悉这些图例和符号，了解图中的线型、尺寸和比例的意义，才能读懂施工图。

3. 建筑施工图包括总平面图、建筑平面图、建筑立面图、建筑剖面图和建筑详图。需了解这几种图是怎样产生的，各有哪些内容。

4. 建筑平面图表达的内容最丰富，应重点学习和掌握。

复习思考题
Review Questions

1. 一套完整的施工图，一般包含哪些部分?

2. 房屋施工图与前面学过的组合形体、建筑形体的投影图比较，具有哪些特点？

3. 为什么要熟悉国标规定的图例和符号？施工图中常用的有哪些图例和符号？

4. 总平面图有些什么内容？所标注的尺寸以什么为单位？

5. 建筑平面图有些什么内容？它的轴线是如何编号的？所标注的三道尺寸分别是什么内容？尺寸的单位又是什么？

6. 建筑立面图如何命名？它图示些什么内容？标注什么尺寸？

7. 建筑剖面图的图名怎样编号？从哪种图上可以找到它的剖切位置和投射方向？

8. 建筑详图有些什么特点？楼梯的首层、中间层和顶层平面图有些什么不同？

第十一章 结构施工图

CHAPTER 11 STRUCTURAL WORKING DRAWING

§11－1 概述 Introduction

在房屋设计中，除进行建筑设计，画出建筑施工图外，还要进行结构设计。也就是根据建筑各方面的要求，进行结构选型和构件布置，通过力学计算，确定房屋各承重构件（如图 11－1 及图 10－25 中的梁、板、柱、墙及基础等）的材料、形状、大小，以及内部构造等等，并将设计结果绘成图样，以指导施工。这种图样称为结构施工图（structural working drawing），简称“结施”（structure drawing）。承重构件所用材料，有钢筋混凝土（reinforced concrete）、钢（steel）、木（wood）及砖石（brick）等，本章仅介绍前两种。

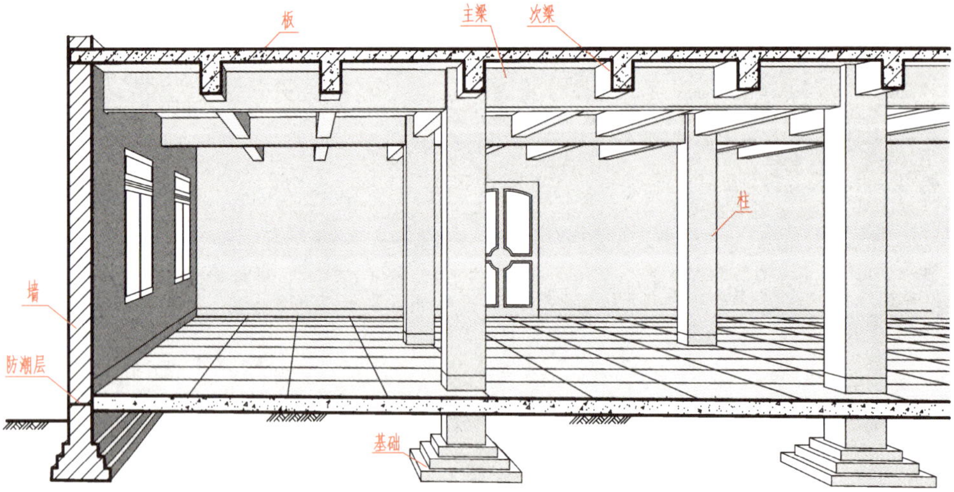

图 11－1 房屋结构示意图

结构施工图包括下列内容：

1. 结构设计说明（design synopsis），包括：抗震设计与防火要求，地基与基础，地下室，钢筋混凝土各结构构件、砖砌体、后浇带与施工缝等部分选用的材料类型、规格、强度等级，施工注意事项等。很多设计单位已把上述内容一一详列在一张“结构说明”图纸上，供设计者勾选。

2. 结构平面图(structure plan)，包括：

(1) 基础平面图，工业建筑还有设备基础布置图；

(2) 楼层结构平面布置图，工业建筑还包括柱网、吊车梁、柱间支撑、连系梁布置图等；

(3) 屋面结构平面图，包括屋面板、天沟板、屋架、天窗架及支撑系统布置图等。

3. 构件详图(component detail)，包括：

(1) 梁(beam)、板(slab)、柱(column)和墙(wall)及基础(foundation)结构详图；

(2) 楼梯(stair)结构详图；

(3) 屋架(truss)结构详图；

4. 其他详图，如支撑详图等。

房屋结构的基本构件，如梁、板、柱等，种类繁多，布置复杂，为了图示简明扼要，并把构件区分清楚，便于制表、查阅和施工，国标 GB/T 50105—2010 对常用构件分别规定了代号。现摘录部分代号如表 11－1 所示。

表 11－1　常用构件代号(部分)

名　　称	代　　号	名　　称	代　　号
板	B	屋架	WJ
屋面板	WB	框架	KJ
楼梯板	TB	刚架	GJ
盖板或沟盖板	GB	支架	ZJ
墙板	QB	柱	Z
梁	L	框架柱	KZ
框架梁	KL	基础	J
屋面梁	WL	桩	ZH
吊车梁	DL	挡土墙	DQ
圈梁	QL	梯	T
过梁	GL	雨篷	YP
连系梁	LL	阳台	YT
基础梁	JL	预埋件	M－
楼梯梁	TL	钢筋网	W
框架梁	KL	钢筋骨架	G

预应力钢筋混凝土(prestressed reinforced concrete)构件的代号，应在上列构件代号前加注“Y－”，例如 Y－DL 表示预应力钢筋混凝土吊车梁。

§11－2 钢筋混凝土结构图 Reinforced Concrete Structure Drawing

一、钢筋混凝土结构简介(Brief introduction to reinforced concrete structures)

混凝土(concrete)是由水泥(cement)、砂子(sand)、石子(stone)和水(water)按一定比例搅拌而成，凝固后坚硬如石。混凝土受压性能好，但受拉性能差，容易因受拉而断裂(图 11－2a)。为了解决这个矛盾，充分发挥混凝土的受压能力，常在混凝土受拉区域内或相应部位加入一定数量的钢筋(steel bar)，使两种材料黏结成一个整体，共同承受外力。这种配有钢筋的混凝土，称为钢筋混凝土(reinforced concrete)(图 11－2b)。

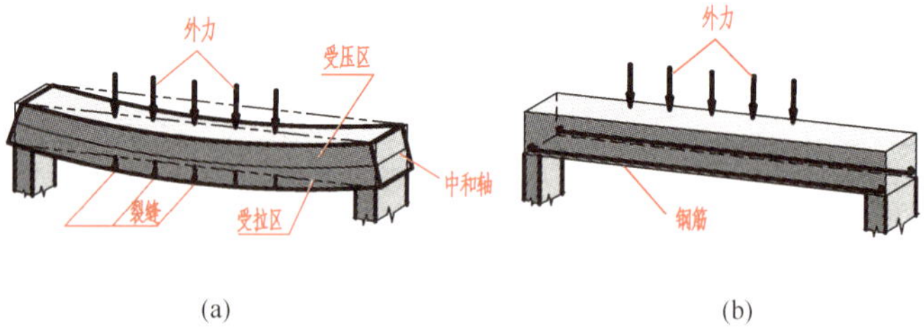

图 11－2 钢筋混凝土梁受力示意图

用钢筋混凝土制成的梁、板、柱、基础等构件，称为钢筋混凝土构件(member)。它们有在工地现场浇制的，称为现浇(cast-in-situ)钢筋混凝土构件。也有在工厂或工地预先把构件制作好，然后在工地现场安装的，称为预制(precast)钢筋混凝土构件。还有一些构件，制作时对混凝土预加一定的压力以提高构件的强度和抗裂性能，称为预应力(prestressed)钢筋混凝土构件。

(一) 钢筋的分类和作用

配置在钢筋混凝土结构中的钢筋，按其作用可分为下列几种(图 11－3)：

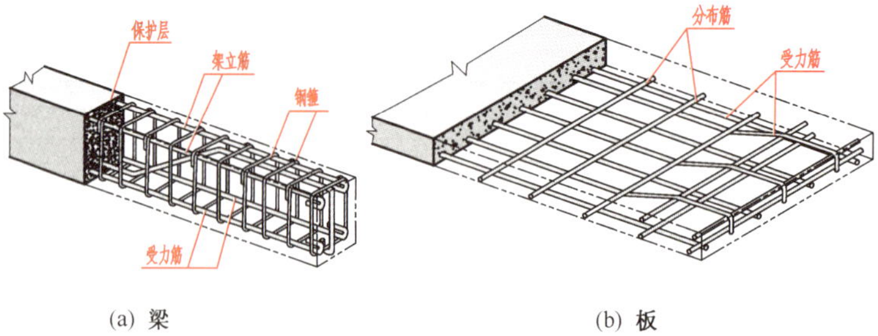

图 11－3 钢筋混凝土梁、板配筋示意图

1. 受力筋——承受拉、压应力的钢筋。用于梁、板、柱等各种钢筋混凝土构件。
2. 钢箍(箍筋)——承受一部分斜拉应力，并固定受力筋的位置，多用于梁和柱内。
3. 架立筋——用以固定梁内钢箍位置，构成梁的钢筋骨架。

4. 分布筋——用于屋面板、楼板内，与板的受力筋垂直布置，将承受的荷载均匀地传给受力筋，并固定受力筋的位置，以及抵抗热胀冷缩所引起的温度应力。

5. 其他——因构件构造要求或施工安装需要而配置的构造筋，如腰筋、预埋锚固筋、吊环等。

为了保护钢筋，防腐蚀、防火以及加强钢筋与混凝土的黏结力，在构件中的钢筋外面要留有保护层(concrete cover)(图 11－3)。根据钢筋混凝土结构设计规范(GB 50010—2010)规定，梁、柱的保护层的最小厚度为 20 mm，板和墙保护层的最小厚度为 15 mm。

在混凝土结构设计规范中，对国产建筑用普通钢筋，按其产品种类和强度标准值等级不同，分别给予不同符号，以便标注及识别，表 11－2 列出部分钢筋的牌号、符号及强度标准值。

表 11－2　普通钢筋强度标准值　N/mm^2

牌号	符号	公称直径 d/mm	屈服强度标准值 f_{yk}	极限强度标准值 f_{stk}	备注
HPB300	Φ	6～22	300	420	光圆钢筋
HRB335	Φ̲	6～50	335	455	带肋钢筋
HRB400	Φ̲	6～50	400	540	带肋钢筋
RRB400	$Φ^R$	6～50	400	540	热处理钢筋

如果受力筋用光圆钢筋，则两端要弯钩，以加强钢筋与混凝土的黏结力，避免钢筋在受拉时滑动。带肋钢筋与混凝土的黏结力强，两端不必弯钩。

钢筋端部的弯钩常用两种形式(图 11－4a)：带有平直部分的半圆形弯钩和直弯钩。

常用钢箍的弯钩形式，如图 11－4b 所示。

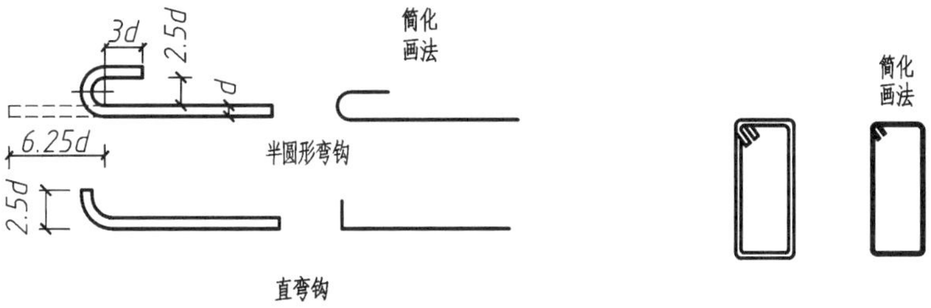

(a) 钢筋的弯钩　(b) 钢箍的弯钩

图 11－4　钢筋和钢箍的弯钩

（二）钢筋混凝土结构图的内容及图示特点

1. 钢筋混凝土结构图的内容

（1）结构平面布置图。它表示了承重构件的位置、类型和数量或钢筋的配置。

(2) 构件详图。通常包括梁、板、柱和墙等的配筋图、模板图、预埋件详图及材料用量表等。

2. 钢筋混凝土结构图的图示特点

为了突出表示钢筋的配置状况，在结构图上，构件的轮廓线用细实线画出，图内不画材料图例，而钢筋的视图用粗实线表示(但箍筋用中实线画出)，钢筋的断面图以黑圆点表示。图中还要对钢筋加以说明标注(参阅图 11－7 等)。

(1) 钢筋的表示方法。钢筋的一般表示方法如表 11－3 所示。

表 11－3　钢筋表示方法

名　称	图　例	说　明
钢筋横断面	●	
无弯钩的钢筋端部		下图表示长、短钢筋投影重叠时，短钢筋的端部用 45°斜画线表示
带半圆形弯钩的钢筋端部		
带直弯钩的钢筋端部		
带丝扣的钢筋端部		
无弯钩的钢筋搭接		
带半圆形弯钩的钢筋搭接		
带直弯钩的钢筋搭接		
预应力钢筋横断面	+	
预应力钢筋或钢绞线		用粗双点长画线表示

(2) 钢筋的标注方法。钢筋(或钢丝束)的标注应包括钢筋的编号、数量或间距、符号、直径及所在位置，通常沿钢筋的长度方向标注或标注在相关钢筋的引出线上。梁、柱的箍筋和板的分布筋，一般应注出间距，不注数量。简单的构件，钢筋可不编号。具体标注方式如下：

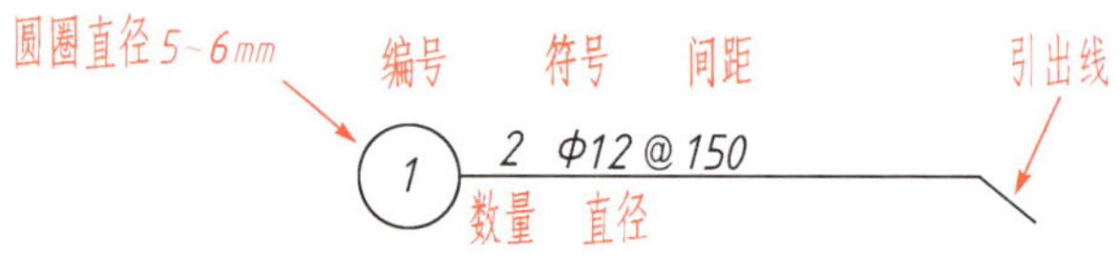

(3) 当构件纵横向尺寸相差悬殊时，可在同一详图中纵、横向选用不同比例绘制。

(4) 结构图中的标高，一般标注出构件完成面的结构标高。

(5) 构件配筋较简单时，宜在其模板图的一角，用局部剖面图的方式绘出其钢筋布置(如图11－18)。构件对称时，宜在同一图中一半画模板图，另一半画配筋图。

二、结构平面图(Structure plan)

建筑物各构件平面布置的图样，称为结构平面图。包括基础平面图(foundation plan)，楼层结构平面布置图(floor structure layout plan)，屋面结构平面布置图(roof structure layout plan)。

这里仅介绍民用建筑的楼层结构平面布置图。

1. 图示方法及作用

楼层结构平面布置图是假想沿楼板面将房屋水平剖开后所作的楼层结构水平视图，用来表示该楼层的梁、板、柱、墙等承重构件的平面布置，现浇楼板的构造与配筋，以及它们之间的结构关系。这种图为现场制作或安装构件提供施工依据。对多层建筑，一般应分层绘制布置图。但如果一些楼层构件的类型、大小、数量、布置均相同时，可只画一个布置图，并注明"×层～×层"，或"标准层"的楼层结构平面布置图。构件一般应画出其轮廓线，如能表示清楚时，也可用单线表示。梁、屋架、支撑、过梁等可用粗单点长画线表示其中心位置。如平面对称时，可采用对称画法。楼梯间或电梯间因另有详图，可在平面图上只用一细实交叉对角线表示。

在全国推广使用"混凝土结构施工图平面整体表示方法"（即"平法",参看本节的"四、"）后，设计人员多把"楼层结构平面布置图"分拆画成"柱平法施工图"、"梁平法施工图"、"板平法施工图"和"墙平法施工图"等，分别画出该承重构件的平面布置与构造，并在图上直接注写该构件的有关数值(构件的尺寸和配筋等)，便于施工。但对于初步接触钢筋混凝土结构的学生，我们还是先介绍传统的表示方法，让大家对钢筋混凝土结构和构件有一个基本的和较为清晰的概念。

2. 图示内容

（1）标注出与建筑图一致的轴线网及轴线间尺寸，墙、柱、梁等构件的位置和编号。

（2）在现浇楼板的平面图上，画出钢筋配置。标注板上预留孔洞的大小及位置。

（3）注明圈梁或门窗洞过梁的编号。

（4）注出梁和板的结构标高。有时还可注出梁的断面尺寸。

（5）注出有关剖切符号或详图索引符号。

（6）附注说明各种材料强度等级，板内分布筋的符号、直径、间距及其他要求等。

3. 实例

图 11-5 为第十章所介绍的某住宅二层楼层结构平面布置图。现以此图为例，说明楼层结构平面布置图的读图方法。

从图名得知此图为二层的楼层结构平面布置图，图中虚线为不可见构件(梁)的轮廓线。从图中可以看出，此房屋是一幢带有矩形柱(rectangle column)和异形柱(special shaped column)(在轴①和轴⑪的角点处)的框架结构(frame structure)，以轴⑥为中线左右对称分为两个单元(户)。图中涂黑部分是钢筋混凝土柱，根据它们的尺寸及配筋情况，分别编号为 Z1(200×400,200×400)、Z2(200×500)和 Z3(200×600)。在柱与柱之间(沿轴线)是框架梁(frame beam)KL(图中多用虚线画出)。如轴④处的框架梁 KL4 共有三跨，一端有悬挑梁(cantilever beam)：KL4-1 支承在轴Ⓐ的 Z2 和轴Ⓑ的 Z3 上，断面尺寸为 200×500；KL4-2(200×400)支承在轴Ⓑ的 Z3 和轴Ⓒ的 KLC-2 上；KL4-3(200×400)支承在轴Ⓒ的 KLC-2 和轴Ⓓ的 KLD-2 上；轴Ⓐ以南是悬挑梁，编号为 KL4-P(200×400)。轴⑤至轴⑦处为楼梯间，另有结构详图，这里只用细实线画出交叉对角线。每一单元的楼板被梁分隔为 12 块，分

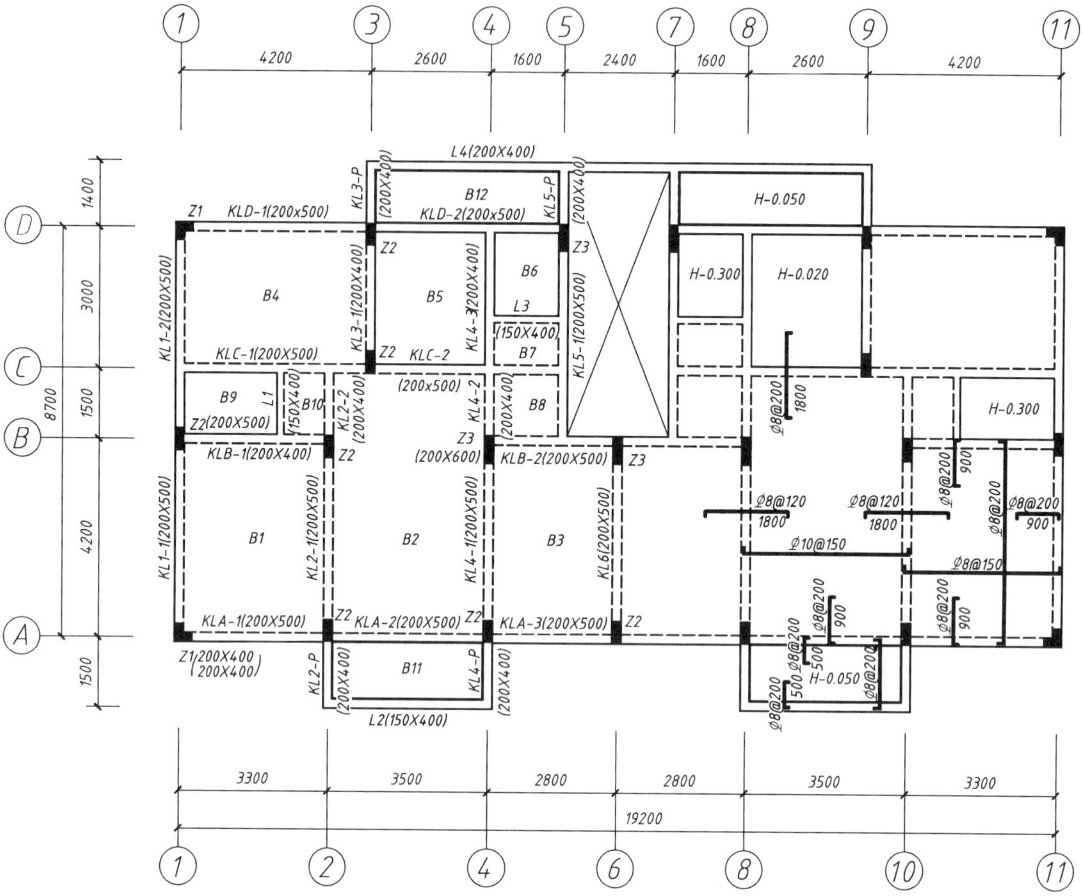

图 11－5 二层楼层结构平面布置图

别编号为 B1 至 B12。以上的柱、梁和板的位置和编号，只标注在住宅的左半部分。而板面标高和板的配筋情况，只标注在住宅的右半部分。值得注意的是，一般的板面标高为 H(即该楼层的结构标高)，而 B6 和 B9 是卫生间，板面标高为 $H-0.300$，即下沉 300 mm 以便安装卫生洁具。前后阳台的 B11 和 B12，板面标高为 $H-0.050$，比房间地面低 50 mm，防止阳台地面的水流入房间。这些房间(阳台)的地面因为降低了，四周的梁边线变为可见，应画成中实线，如图 11－5 所示。

图中画出了现浇楼板 B1、B2 和 B11 的钢筋配置情况。B1 为双向板，有两方向受力钢筋，放在构件的下层，通常称为底筋。东西向配置底筋Φ8@150(Φ为 HRB335 钢筋符号)，即每隔 150 mm 放置一根Φ8 钢筋，筋端无弯钩。南北向配置底筋Φ8@200，即每隔 200 mm 配置一根Φ8 钢筋，也无弯钩。图中画出向上或向左的直弯钩，只表示所画的是底筋；如画出向下或向右的直弯钩，即表示所画的是面筋(即配置在构件的上层)。另在板边配置面筋Φ8@200，长 900。B1 和 B2 两板之间配面筋Φ8@120，长 1 800。B2 为单向板，只画出东西向的受力筋Φ10@150。南北向为分布筋，它的尺寸及配置情况在结构说明中注明，不必在此标注。板边(靠 B11 处)配置面筋Φ8@200，长 900。B11 也是单向板，受力筋Φ8@200 南北向配置，板边也配有面筋Φ8@200，长500。

4. 结构平面布置图绘制的步骤和方法

（1）选比例和布图，画出两向轴线。一般采用1∶100，较简单时可用1∶200。

（2）定墙、柱、梁的大小及位置。用中实线表示剖到或可见的构件轮廓线。用中虚线表示不可见构件的轮廓线。门窗洞一般不画出。

（3）画板的详图。除了画出楼层中梁、柱、墙的平面布置外，主要应画出板的钢筋详图，表示受力筋的形状和配置情况，并注明其编号、规格（符号和直径）间距或数量等。每种规格的钢筋只画一根，按其立面形状画在钢筋安放的位置上。如图中钢筋布置表示不清时，可在图外画出钢筋详图（图11-6）。在结构平面布置图中，分布筋不必画出。配筋相同的板，只需画出其中一块的配筋情况。

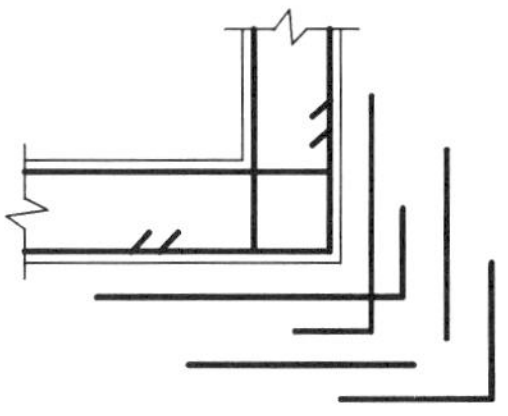

图11-6　钢筋详图

（4）如有圈梁或其他过梁，在其中心位置，用粗单点长画线画出。

（5）标注出与建筑平面图相一致的轴线编号，轴线间尺寸及总尺寸。

（6）注说明，写文字（包括写图名、注比例）。

三、构件详图（Member detail）

（一）图示内容及作用

这里还是以传统画法介绍钢筋混凝土梁和柱的详图。

钢筋混凝土构件详图，一般包括有模板图、配筋图、预埋件详图及钢筋表（或材料用量表）等。配筋图通常应画出立面图、断面图和钢筋详图。在构件详图中，主要表明构件的长度、断面形状与尺寸及钢筋的型式与配置情况，也可表示模板尺寸，预留孔洞与预埋件的大小和位置，以及轴线和标高等。所以它是制作构件时模板安装、钢筋加工和绑扎等工序的依据。现浇构件还应表明构件与支座及其他构件的连接关系。

（二）图示方法

一般构件主要绘制配筋图，对较复杂的构件才画出模板图和预埋件详图。

配筋图中的立面图，是假想构件的混凝土为透明体而画出的一个视图，主要表示钢筋的立面形状及其上下排列的情况。钢筋需用粗实线画出，而构件的轮廓线则用细实线表示。在图中，箍筋（用中实线画出）只反映出其侧面，投射成一根线，当它的钢筋类型、直径、间距均相同时，可只画出其中一部分。

配筋图中的断面图（混凝土也是“透明”的），表示钢筋的上下和前后排列、箍筋的形状及与其他钢筋的连接关系。通常在构件断面形状或钢筋数量和位置有变化之处，都需画一断面图（但不宜在斜筋段内截取断面）。图中钢筋的横断面，不论钢筋的粗细，用相同大小的黑圆点表示，构件的轮廓线用细实线画出。

立面图和断面图都应注出相一致的钢筋编号和留出规定的保护层厚度。

当配筋较复杂时，通常在立面图的正下（或上）方用同一比例画出钢筋详图。同一编号的钢筋只画一根，并详细注出它的编号、数量（或间距）、钢筋类型符号、直径及各段的长度与总尺寸。对简单的构件，钢筋详图不必画出，可在钢筋表用简图表示。

（三）实例

现以某混合结构住宅的现浇梁 L202 和某工业厂房的预制边柱 BZ9-1 为例，说明构件详图的读图方法。

1. 钢筋混凝土梁结构详图(图 11－7)。读图时先看图名，再看立面图和断面图，后看钢筋详图和钢筋表。从图名 L202(150×300)得知它是房屋二层的第二号梁，断面尺寸是宽 150 mm、高300 mm。对照阅读立面图和断面图，可知此为矩形断面的现浇梁，楼板厚 100 mm，梁两端支承在砖墙上。梁长为 3840 mm，梁下方配置了三根受力筋，其中在中间的②号筋为弯起筋。从它们的标注Φ 14 可知，它们是直径为 14 mm 的 HPB300 钢筋。①号筋与②号筋虽然类别、直径相同，但因形状不同，尺寸不一，须分别编号。从 *1—1* 断面可知梁上方有两根架立筋③，直径是10 mm的 HPB300 钢筋。同时，也可知箍筋④的立面形状，它是直径为 8 mm 的 HPB300 钢筋，每隔 200 mm 放置一个。

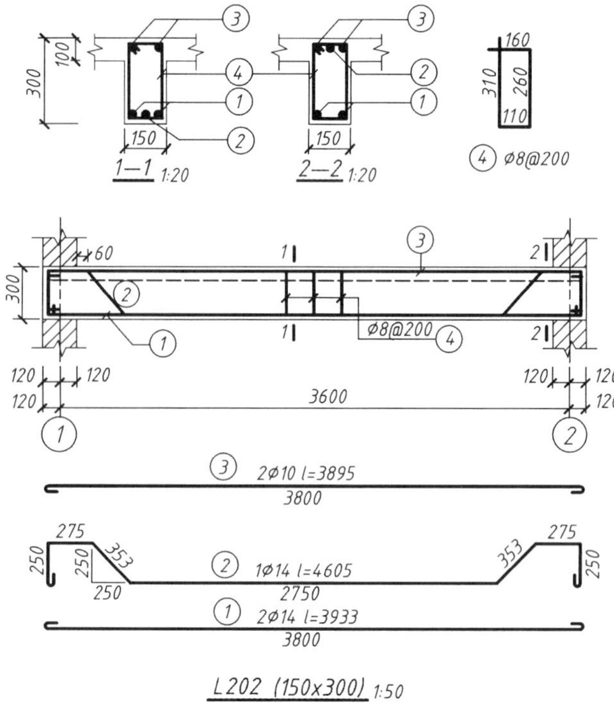

图 11－7 现浇钢筋混凝土梁配筋图

立面图下方是钢筋详图，详细画出每种钢筋的编号、根数、钢筋类型符号、直径、各段设计长度、总尺寸(下料长度)以及弯起角度，方便下料加工。②号筋为弯起筋，弯起角度宜取 45°或 60°。但近年来考虑抗震要求，相关设计规范明确，宜采用加密的箍筋作为承受剪力的钢筋。现已大多采用在支座处放置面筋和支座边加密钢箍以代替弯起钢筋(参阅图 11－11)。

图 11－7 中，①号筋下面的数字 3800，表示该钢筋从一端弯钩外沿到另一端弯钩外沿的设计长度，它等于梁的总长减去两端保护层的厚度。钢筋上面的 $l=3933$，是该钢筋的下料长度，它等于钢筋的设计长度加上两端弯钩扳直后的长度($2\times6.25\ d$)减去其延伸率($2\times1.5\ d$)

所得的数值。②号筋的弯起角度以直角三角形两直角边的长度(250,250)表示。数值250是指钢筋的外皮尺寸，而④号箍筋各段长度应指钢箍内皮尺寸。

此外，为了便于编制施工预算，统计用料，通常还列出钢筋表，说明构件的名称、构件数、钢筋编号、钢筋规格、钢筋简图、长度、数量、总长和重量等，如表11－4所示。

表11－4　钢　筋　表

构件名称	构件数	钢筋编号	钢筋规格	简　图	长度 mm	每件根数	总长度 m	重量累计 kg
L202	3	①	Φ14		3933	2	23.598	28.6
		②	Φ14		4605	1	13.815	16.7
		③	Φ10		3895	2	23.370	14.4
		④	Φ8		840	20	50.400	19.9

顺便提一下，图11－7只是对钢筋混凝土结构的钢筋配置作一说明，让初学者了解。在实际工程中，按国标GB 50010—2010规定，受力钢筋应(或宜)采用HRB335、HRB400、RRB400或其他强度标准值较高的钢筋，HPB300一般只作箍筋用。

2. 预制钢筋混凝土柱结构详图(图11－8)。预制钢筋混凝土柱结构详图的图示方法，基本上和梁的相同，但对于工业厂房的钢筋混凝土柱等较复杂的构件，除画出配筋图外，还要画出模板图和预埋件(embeded part)详图。现以图10－26所示某地单层工业厂房单跨车间的BZ9－1预制钢筋混凝土边柱结构详图为例，说明其图示特点。

(1) 模板图(图11－8左)。主要表示柱的外形、尺寸、标高，以及预埋件的位置等，作为制作、安装模板和安置预埋件的依据。从图中可以看出，该柱分为上柱和下柱两部分，上柱支承屋架，上、下柱之间突出的牛腿(bracket)，用来支承吊车梁。与断面图对照可以看出，上柱是方形实心柱，断面尺寸为400×400。下柱是工字形柱，断面尺寸为400×600。牛腿*2—2*断面处的尺寸为400×950，柱总高为10.550 m，柱顶标高为9.300 m，牛腿面标高为6.000 m，柱顶处的M－1是1号预埋件，它将与屋架焊接。牛腿顶面处的M－2和在上柱离牛腿面830处的M－3预埋件，将与吊车梁焊接。预埋件的构造做法，另用详图表示。

(2) 配筋图包括立面图、断面图和钢筋表(图11－8)。根据立面图、断面图和钢筋表可以看出，上柱(参看*1—1*断面)的①号筋是4根Φ22的HRB335钢筋，分放在柱的四角，从柱顶一直伸入牛腿内800。下柱(参看*3—3*断面)的②号筋是4根Φ18的钢筋，也是放在柱的四角。下柱左、右两侧中间各安放2根Φ16的③号筋。下柱中间配的是④号筋2Φ10。②、③和④号筋都从柱底一直伸到牛腿顶部。柱左边的①号和②号筋在牛腿处搭接成一整体。牛腿处配置⑨号和⑩号弯筋，都是4Φ12，其弯曲形状与各段长度尺寸详见⑨、⑩号筋详图。牛腿的钢筋布置比较复杂，可参阅图11－9立体图。*2—2*断面图画出了①、②、③、

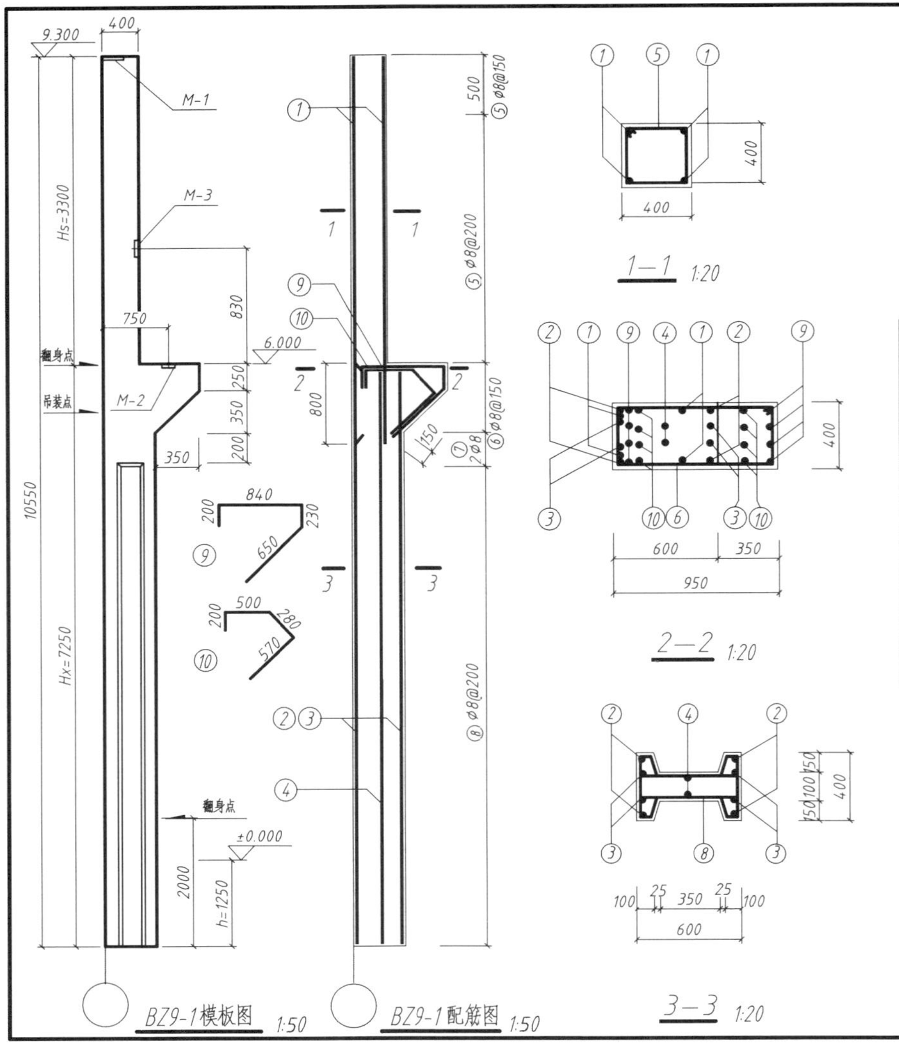

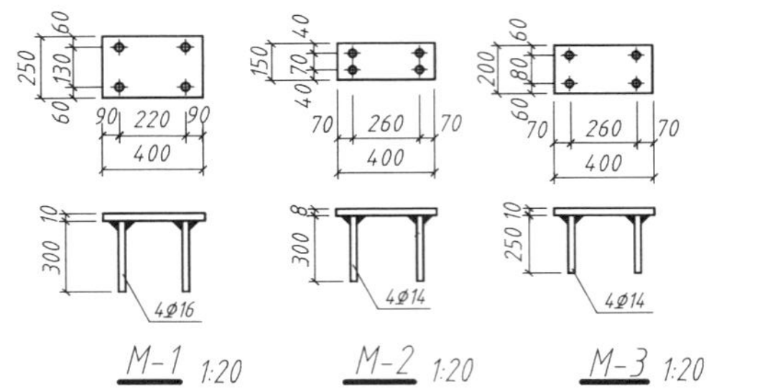

钢筋编号	钢筋规格	简图	数量	长度 (mm)	钢材 (kg)	混凝土体积 (m3)
①	Φ22		4	4330		
②	Φ18		4	7430		
③	Φ16		4	7400		
④	Φ10		2	7300		
⑤	Φ8		14	1500		
⑥	Φ8		5	2280		
⑦	Φ8		2	1900		
⑧	Φ8		33	2700		
⑨	Φ12		4	1900		
⑩	Φ12		4	1600		
共计					29.9	1.60

说 明

1. 预制钢筋混凝土柱采用C30混凝土。
2. 钢筋Φ为HPB300钢，Φ为HRB335钢。预埋件均采用Ⅰ级钢板。
3. 焊条用E4303，焊缝取H_e=8mm。

×××设计院		××通用机械厂机修车间		
审核		BZ9-1模板图及配筋图	图别	结施
设计			图号	3
制图			日期	

图 11-8 BZ9-1模板图及配筋图

④、⑨、⑩等号钢筋的排列情况。柱的箍筋有不同的编号，上柱是⑤号，下柱是⑦号和⑧号，在牛腿处是⑥号，各段放法不同，都在立面图上分别说明。如上柱的顶端500范围内，是⑤号箍筋Φ8@150。牛腿部分选用⑥号箍筋Φ8@150。应该注意，牛腿变断面部分的箍筋，其具体尺寸要随牛腿断面的变化逐个计算。

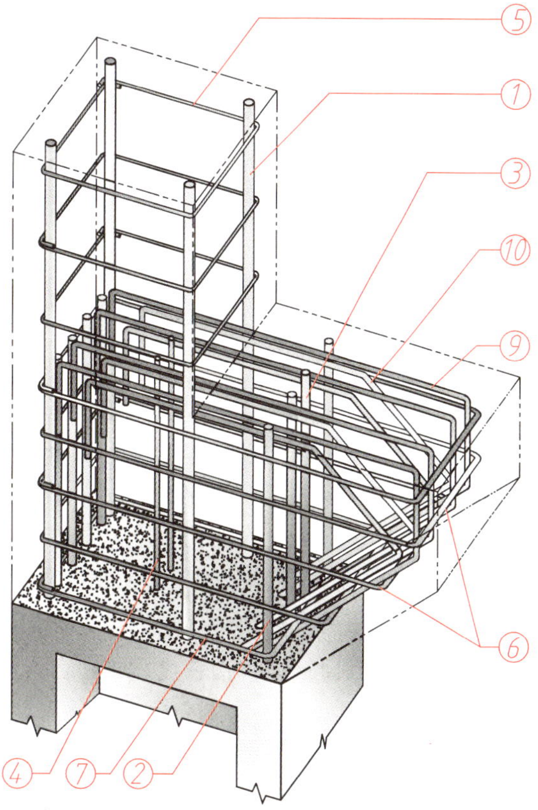

图11－9　牛腿配筋立体图

（3）预埋件详图。M－1、M－2及M－3详图分别表示预埋钢板的形状和尺寸，图中还表示了各预埋件的锚固钢筋的位置、数量、规格以及锚固长度等。

（四）构件详图的绘制步骤及要求

1. 现浇钢筋混凝土梁详图的绘制

（1）确定图样数量，选择比例，布置图样。配筋立面图应布置在主要位置上，其比例一般为1∶50、1∶20。断面图可布置在任何位置上，但排列要整齐顺序，其比例可与立面图相同，也可适当放大，如1∶20、1∶10。钢筋详图一般画在立面图的下（上）方，但箍筋的位置可灵活些。钢筋表一般布置在图纸的右下角。

（2）画配筋立面图。定轴线，画构件轮廓，画钢筋，绘支座，用中虚线表示与梁有关的板及次梁（如为预制梁，后两部分可不画），标注剖切符号。

（3）画断面图。根据立面图上的剖切位置，分别画出各断面图。先画轮廓，留出保护层，后画钢箍和钢筋横断面。在画钢筋的横断面时，黑圆点要圆、大小适当且一致，位置要准确（要紧靠箍筋）。

（4）画钢筋详图。将各类不同的钢筋单独抽出，顺序排列画在与立面图相对应的地方。

（5）标尺寸、注标高。立面图中应标注轴线间距、支座宽、梁高及弯起筋起弯点到支座边的尺寸等。梁和板要注出其结构标高。断面图只标注梁高及梁宽尺寸。保护层厚度一般不作标注。钢筋详图应标注各段钢筋的设计长度及总的下料长度。

（6）标注钢筋的编号、数量（或间距）、类别和直径。如前所述这些内容一般标注在引出线的上方。引出线可转折，但要清楚，避免交叉，方向及长短要整齐（图11－10）。如立面图、断面图及钢筋详图都同时画出，这些内容应标注在钢筋详图上，在立面图、断面图中只标出编号，其余内容均可省略。

（7）编制钢筋表。钢筋表的内容及格式一般如表11－4所示，但也可视具体情况，增减一

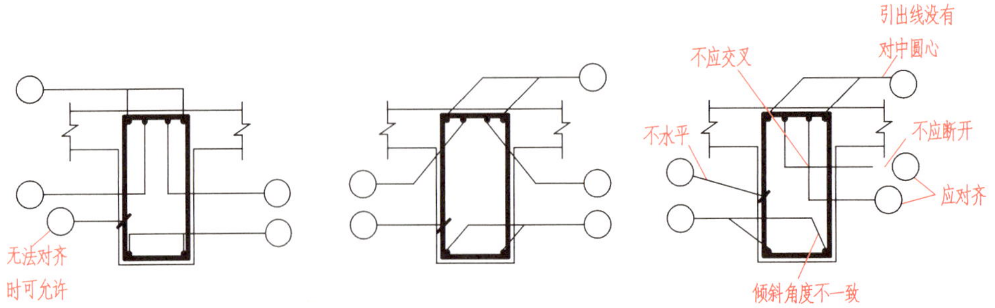

(a) 好　　(b) 不好

图 11－10　钢筋编号标注正误示例

些内容。例如，配筋图中已有钢筋详图，表中的钢筋简图一项可省略。

（8）注写有关混凝土、砖、砂浆的强度等级及技术要求等说明。

2. 预制钢筋混凝土柱详图的绘制

绘图步骤及要求与梁构件相似。如果柱的外形复杂，预埋件又多，应增画模板图和预埋件详图。柱的模板图和配筋立面图一般用 1∶50、1∶20 的比例画出，断面图用 1∶20、1∶10 画出，预埋件详图可采用更大的比例。柱的尺寸标注，除注明总高与分段高度、各断面大小和牛腿尺寸外，还应注明纵向钢筋搭接长度（如图 11－8 中的①号和②号筋在牛腿位置处的搭接长度 800），柱身各段长度中钢箍的编号及间距（如上柱都采用⑤号箍筋，但上段为ϕ8@150，下段为ϕ8@200），以及注明柱底、牛腿面和柱顶等的标高。

四、平面整体表示方法（Monolithic representation of plan）

2011 年 7 月 21 日，中华人民共和国住房和城乡建设部批准由中国建筑标准设计研究所等单位修订和编制的《混凝土结构施工图平面整体表示方法制图规则和构造详图（现浇混凝土框架、剪力墙、梁、板）》（11G101—1）图集，作为当时 14 项国家建筑标准设计图集之一，在全国推广使用。混凝土结构施工图的平面整体表示方法，简称为“平法”（plan method），它是把结构构件的尺寸和配筋等，按照平面整体表示方法制图规则，整体直接表达在各类构件的结构平面布置图上，再与标准构造详图相配合，构成一套新型完整的结构设计施工图。这种表示方法现已为设计、监理和施工等单位广泛使用。

这里仅局限于（11G101—1）图集中的部分相关内容，对“平法”作简单的介绍。

在结构平面布置图上表示各构件尺寸和配筋值，有平面注写方式（标注梁和板）、列表注写方式（标注柱和剪力墙（shear wall））和截面注写方式（标注柱、剪力墙和梁）等三种。下面以梁为例，简单介绍“平法”中平面注写方式的表示方法。关于“平法”中其他构件以及其他注写方法，请参阅有关图集。

图 11－11 是用传统表示方式画出的一根两跨钢筋混凝土框架梁的配筋图。为简化起见，图中只画出立面图和断面图，箍筋的加密区只在支座（轴线①）处画出。从该图可以了解该梁的支承情况、跨度、断面尺寸，以及各部分钢筋的配置状况。

国标 GB/T 50105—2010 中也明确规定，可在构件的平面布置图中，直接用文字注写编号、

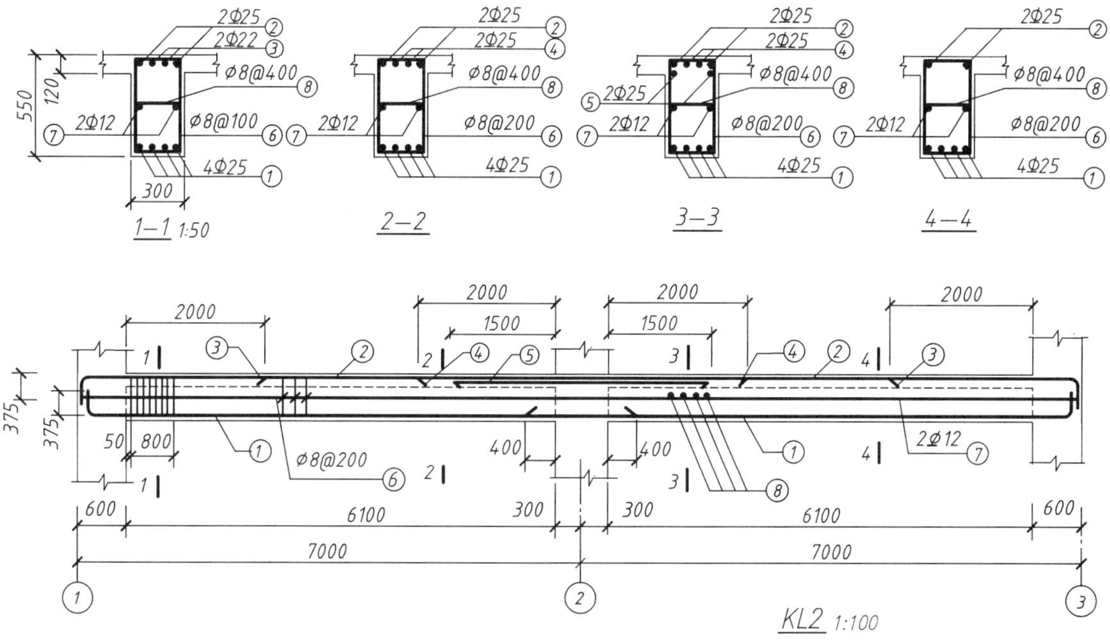

图 11－11　两跨框架梁配筋详图

断面尺寸、跨数、配筋等的具体数值和相对高差等内容（即“平法”）。采用平法表示图 11－11 所示的两跨框架梁，如图 11－12 所示。

梁的平面注写包括**集中标注**（centralized explanation）和**原位标注**（localized explanation）两部分。集中标注表达梁的通用数值，如图中引出线上所注写的四排数字。按规定，第一排数字注明梁的编号和断面尺寸：KL2（2）表示这是一根框架梁（KL），编号为 2，共有 2 跨（括号中的数字 2；如果一端有悬挑梁，如图 11－5，则括号中的数字为 2A），梁断面尺寸是 300×550。第二排尺寸注写箍筋和上部通长筋（或架立筋）情况。Φ 8@ 100/200（2）表示箍筋为Φ 8 的 HPB300 钢筋，加密区（靠近支座处）间距为 100，非加密区间距为 200，均为 2 肢箍筋；2 Φ 25 表示梁的上部配有 2 根Φ 25 的 HRB335 钢筋为通长筋。如有架立筋，需注写在括号内。如 2 Φ 25＋（2 Φ

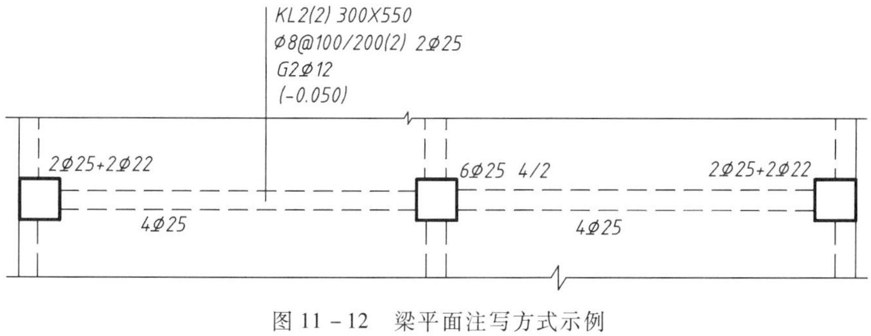

图 11－12　梁平面注写方式示例

12），表示 2 Φ 25 的通长筋和 2 Φ 12 的架立筋。如果梁的上部和下部都配有通长筋，且各跨配筋相同，可在此处统一标注。如 3 Φ 22；3 Φ 20，表示上部配置 3 Φ 22 的通长筋，下部配置 3

Φ20 的通长筋，两者以分号“；”分隔。第三排尺寸标注梁侧面纵向构造钢筋或受扭钢筋情况：G2 Φ12 表示梁的两侧面共配置 2 Φ12 的纵向构造钢筋(代号为 G,每侧各配 1 Φ12)。如果配置的是受扭钢筋，它的代号为 N(如 N2 Φ12)。第四排数字为选注内容，表示梁顶面标高相对于楼层结构标高的高差值，需写在括号内。梁顶面高于楼层结构标高时，高差为正(+)值，反之为负(-)值。图中(-0.050)表示该梁顶面标高比楼层结构标高低 0.05 m。

当梁集中标注中的某项数值不适用于该梁的某部位时，则将该项数值在该部位“原位”标注。施工时原位标注取值优先。图 11-12 中在左边和右边支座处上面注写 2 Φ25+2 Φ22，表示该处除放置集中标注中注明的 2 Φ25 上部通长筋外，还在上部放置了 2 Φ22 的端支座钢筋。而中间支座上部注明 6 Φ25 4/2，表示除了 2 根Φ25 通长筋外，还放置了 4 根Φ25 的中间支座钢筋(共 6 根)，分两排配置，上排为 4 Φ25，第二排为 2 Φ25(即 4/2)。从图中还可看出，两跨的梁底部都各配有纵筋 4 Φ25。

图 11-12 中并无标注各类钢筋的长度及伸入支座长度等尺寸，这些尺寸都由施工单位的技术人员，查阅对照图集(11G101—1)中的标准构造详图确定。图 11-13 所示是图集中画出的抗震楼层框架梁 KL 纵向钢筋构造图。图中画出该梁面筋、底筋，端支座筋和中间支座筋等的伸入(支座)长度和搭接要求。图中 l_{abE} 是抗震结构中梁的纵向受拉钢筋的最小锚固长度，可在图集中有关表格查出。如图 11-11 所示的梁，混凝土强度等级为 C30，受力筋为Φ25，如果抗震等级为二级，从相关表中查得 $l_{abE}=33d=825$ mm。图中 l_{n1} 和 l_{n2} 为该跨的净空尺寸，如果 $l_{n1}\neq l_{n2}$，中间跨处的 l_n 取其大者。h_c 为柱截面沿框架方向的高度。

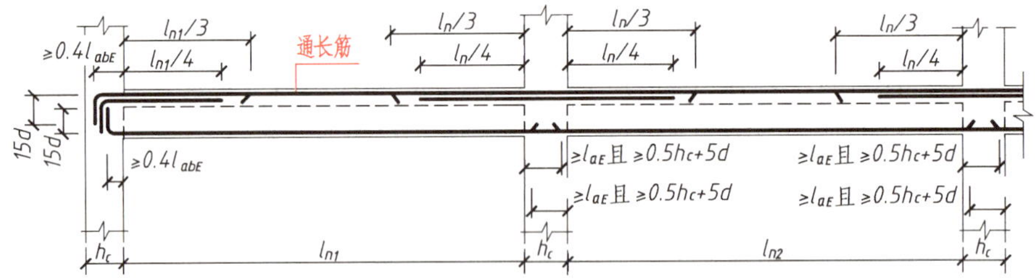

图 11-13 抗震楼层框架梁 KL 纵向钢筋构造

§11-3 基础图
Foundation Drawing

基础(foundation)是在建筑物的地面以下，将上部结构所承受的各种作用传递到地基上的结构组成部分。通常，基础通过向侧边扩展成一定的底面积，将上部荷载作用在基底的压应力扩散，满足地基土的允许承载力，这种形式的基础称为扩展基础(spread foundation)。基础通常由钢筋混凝土组成，但对于一些低层民用建筑和轻型厂房，基础可由砖、毛石、素混凝土或毛石混凝土、灰土和三合土等材料组成，且不配置钢筋，称为无筋扩展基础(non-reinforced spread foundation)。一般建筑常用的基础形式有条形(墙)基础(strip(wall) foundation)、独立(柱)基础(column foundation)和桩基础(pile foundation)等。如图 11-1 的示意图，房屋的外侧

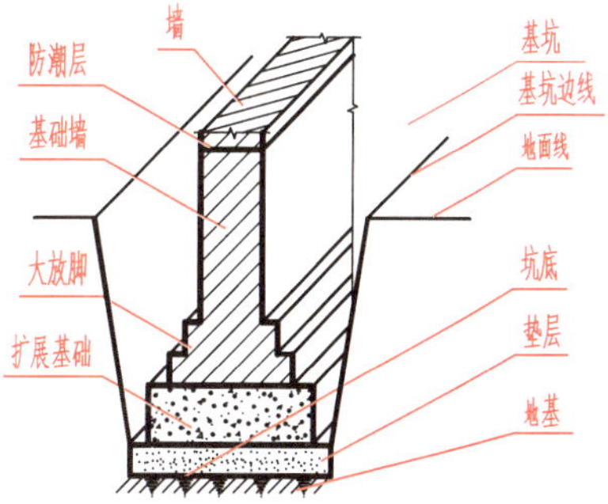

图 11－14　条形基础的组成

是以砖墙承重，采用无筋扩展条形基础。房屋内部是梁板柱的钢筋混凝土结构，柱下采用扩展独立基础。现以条形（墙）基础为例（图 11－14），介绍与基础有关的一些知识。基础底下，天然的或经过加固的岩土层称为地基（subgrade）。基坑（excavation）是为基础施工而开挖的土坑，基础底面与土坑面之间往往铺设一层垫层（cushion），以找平坑面，砌筑基础。基础的埋置深度是指房屋首层地面 ±0.000到基础底面的深度。埋入地下的墙称为基础墙（base wall）。基础墙与扩展基础之间做成阶梯形的砌体称为大放脚（spread footing）。防潮层（moisture proof layer）是防止地下水沿墙体向上渗透的一层防潮材料。

一、条形基础图（Drawing of a strip foundation）

（一）图示方法

在房屋施工过程中，首先要放线，挖基坑和砌筑基础。这些工作都要根据基础平面图（foundation plan）和基础详图（foundation detail）来进行。基础平面图是一个水平剖面图，剖切面沿房屋的地面与基础之间把整幢房屋剖开后，移开上部的房屋和泥土（基坑没有填土之前）所作出的基础水平视图，图 11－15 是某幢以砖墙承重的房屋的基础平面图。

（二）图示内容及读图

从图 11－15 中可以看出，该房屋绝大部分的基础属条形基础，只是 (1/A) × ②（即轴线 (1/A) 和轴线 ② 相交处，(1/A) 是 Ⓐ 轴线后的第一根附加轴线）的柱基础是独立基础。轴线两侧的粗线是墙边线，细线是基础底边线。以轴线 ① 为例，图中注出基础底宽度尺寸 900，墙厚 240，左、右墙边到轴线的定位尺寸 120，基础底左、右边线到轴线的定位尺寸 450。Ⓔ × ① 屋角处有管洞 300 ×400 通过基础，其洞底标高为 －1.750 m。由于基础不得留孔洞，构造上要把该段墙基础砌深 600 成阶梯形，形成阶梯基础（step foundation）。在基础平面图上用细实线画出各跌级的位置。坑底也挖成阶梯形，其做法及尺寸另用断面详图表示。

基础的断面形状与埋置深度要根据上部的荷载以及地基承载力（subgrade bearing capacity）而定。同一幢房屋，由于各处有不同的荷载，甚至有不同的地基承载力，下面就有不同的基础。对每一不同的基础，都要画出它的断面图，并在基础平面图上用 *1—1*、*2—2* 等剖切符号注明该断面的位置。

图 11－16 是条形基础 *1—1* 断面详图，比例是1∶20。从图中可以看出，断面图是根据基坑填土后画出的，其扩展基础部分由素混凝土（plain concrete）浇成，高 300、宽 900。其上是两层大放脚，每层高 120（即两皮砖）。底层宽 500，每层每侧缩 60，墙厚 240。基础底下为三合土垫层，厚 100，两边比基础各宽 100。图中注出室内地面标高 ±0.000，室外地面标高 －0.450 和基础底面标高 －1.450。此外还注出防潮层离室内地面 60，轴线到基础边线的距离 450 和轴线到墙边的距离 120 等。

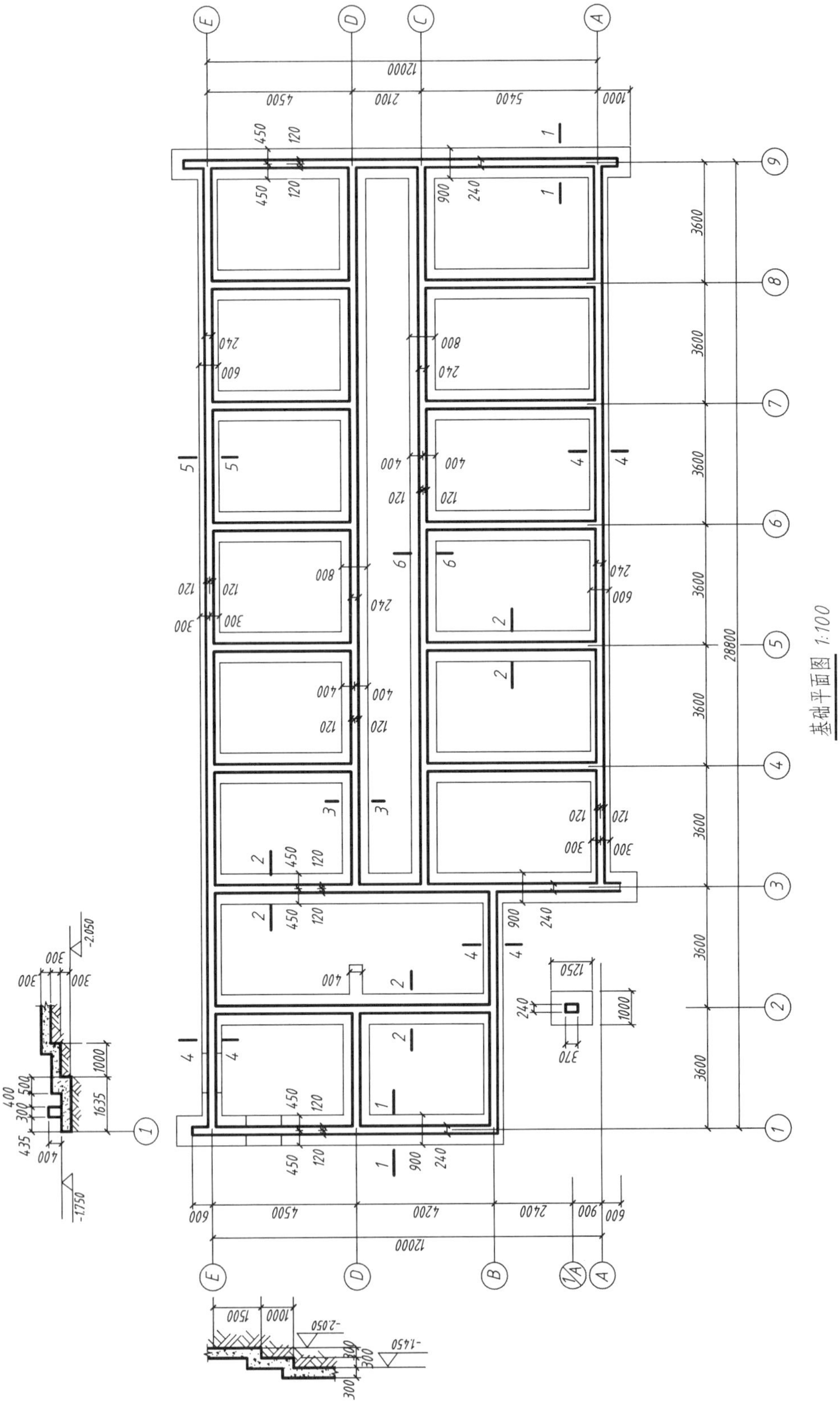

图 11-15 基础平面图

（三）绘图步骤

1. 基础平面图（图 11－15）的绘制步骤：

（1）先按比例（常用 1∶100 或 1∶200）画出与房屋建筑平面图相同的轴线及编号。

（2）用粗实线画出墙（或柱）的边线，用细实线画出基础底边线。习惯上不画大放脚和垫层的水平投影。

（3）画出不同断面的剖切位置和符号，并分别编号。

（4）标注尺寸。主要标注纵向及横向各轴线之间的距离，轴线到基础底边和墙边的距离以及基础宽和墙厚等。

（5）注写必要的文字说明，如混凝土、砖、砂浆的强度等级，基础埋置深度等。

（6）设备较复杂的房屋，在基础平面图上还要配合采暖通风图，给水排水管道图，电气设备图等，用虚线画出管沟、设备孔洞等位置，注明其内径、宽、深尺寸和洞底标高。

2. 基础详图（图 11－16）的绘图步骤

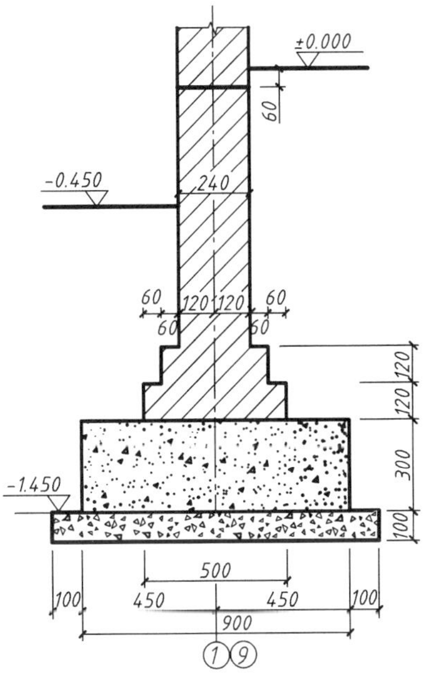

图 11－16 条形基础详图

（1）常用 1∶20 或 1∶50 的比例画出，并尽可能与基础平面图画在同一张图纸上，以便对照施工。

（2）画出与基础平面图相对应的定位轴线。

（3）画基础底面线、室内地面和室外地坪标高位置线。根据基础高、宽尺寸画出基础断面轮廓，不画基坑线。

（4）画出砖墙、大放脚、垫层断面和防潮层。

（5）标注室内地面、室外地坪、基础底面标高和其他尺寸。

（6）注写有关混凝土、砖、砂浆的强度等级和防潮层材料及施工技术要求等说明。

二、独立基础图(Drawing of a column foundation)

框架结构(frame structure)的房屋以及工业厂房(industry workshop)的基础，常用独立(柱)基础。图 11-17 是第十章实例住宅的基础平面图。该住宅左右对称，图中涂黑的长方块是钢筋混凝土柱，柱外中实线方框表示该独立基础的外轮廓线，基础沿定位轴线布置，分别编号为 ZJ1、ZJ2 和 ZJ3(图中只在左半部分标注)。基础与基础之间设置基础梁，以中实线画出，它们的编号及截面尺寸标注在图的右半部分。如沿①和⑪轴的 JKL1-1、JKL1-2 等，用以支托在其上面的砖墙。又如③和⑨轴的 JKL3-P 以及⑤和⑦轴的 JKL5-P，是两根悬挑的基础梁，在它们的端部支承 JL4，三梁共同支托北阳台的栏板。

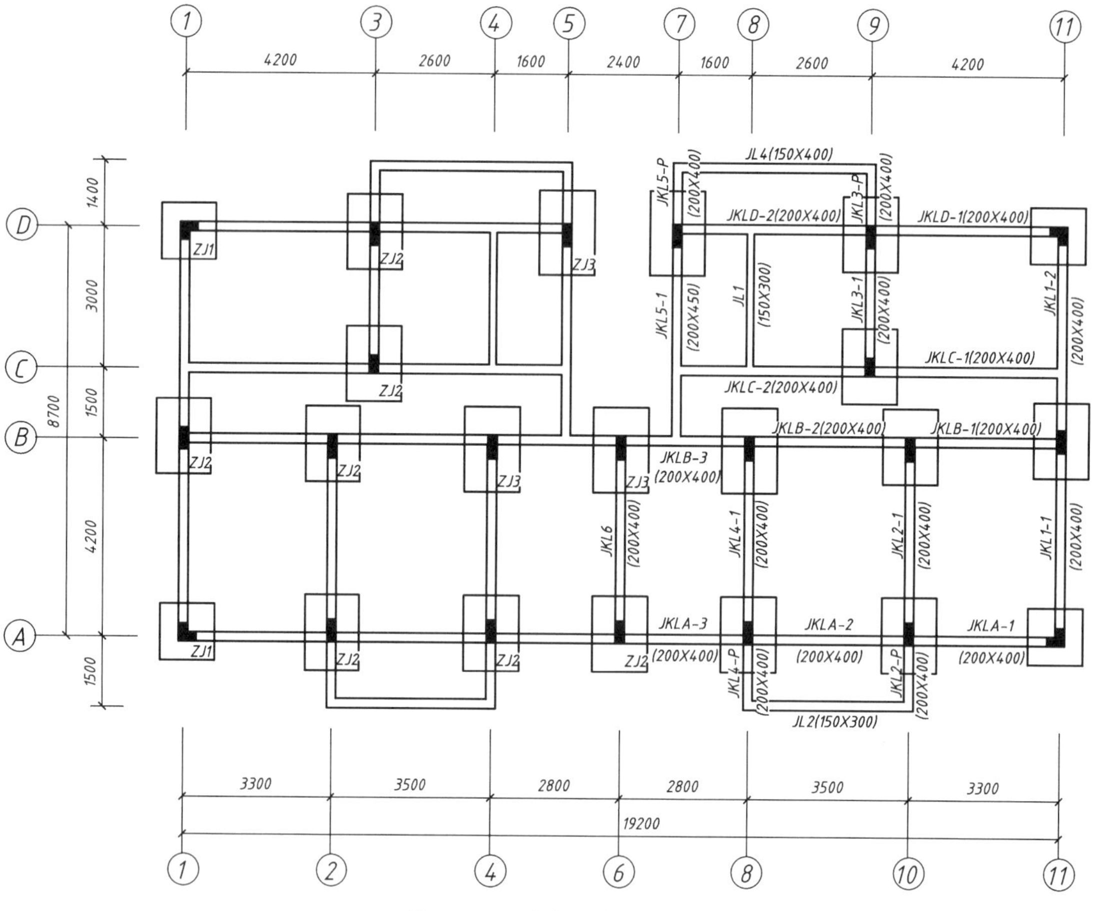

图 11-17 住宅基础平面图

图 11-18 是独立柱基础 ZJ2 的结构详图，图中应将定位轴线、外形尺寸、钢筋配置等标注清楚。基础底部通常浇灌低强度等级(一般为 C15)素混凝土垫层，柱的钢筋配置在柱的详图中注明，此处不再重复。ZJ2 纵横两向配置Φ12@200(编号为③和④)的钢筋网。立面图采用全剖面图(full section)，平面图采用局部剖面图(broken-out section)表示钢筋网的配置情况。对线型、比例等要求，与梁、柱结构详图相同。

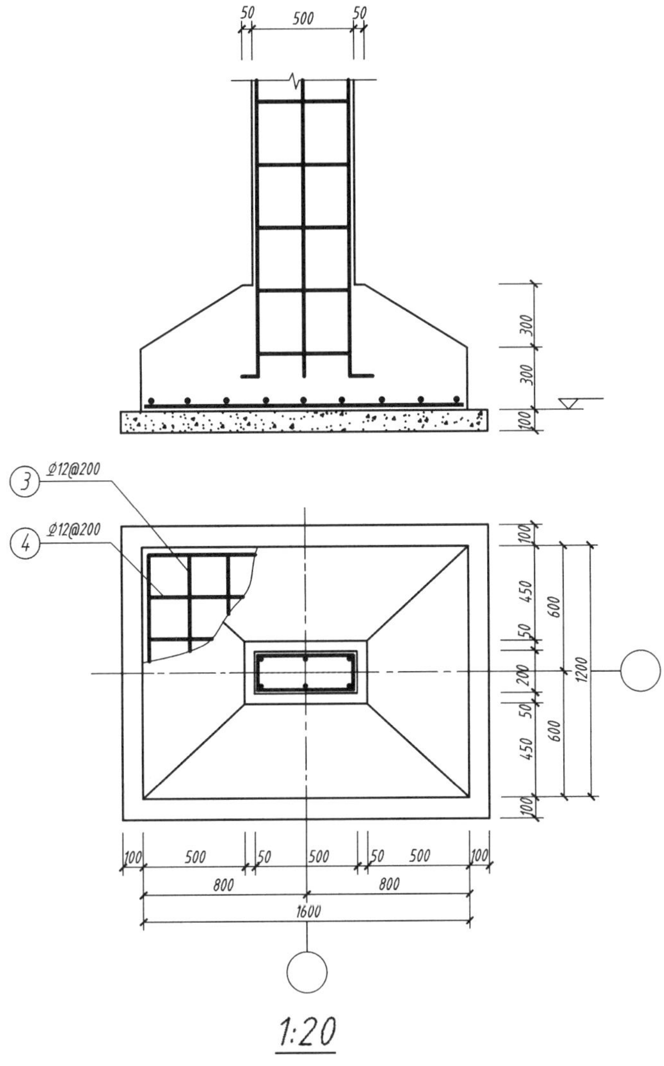

图 11-18 独立基础详图

§11-4 钢结构图 Steel Structure Drawing

钢结构(steel structure)是由各种型钢(profile steel)组合连接而成的结构物，主要用于大跨度建筑(long span building)和高层建筑(high rise building)。

一、型钢及其连接(Profile steels and their connections)

钢结构的钢材是由轧钢厂按标准规格(型号)轧制而成，通称型钢。几种常用型钢的类别及其标注方法见表 11－5。

表 11－5 型钢的标注

名称	截面代号	标注方法	立体图
等边角钢	L	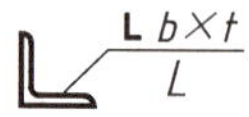	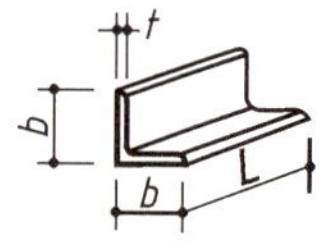
不等边角钢	L		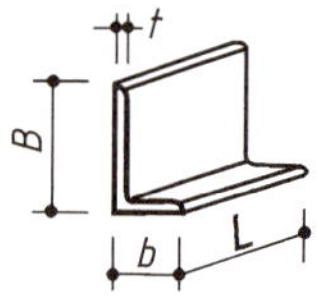
工字钢	I	（轻型工字钢时加注 Q）	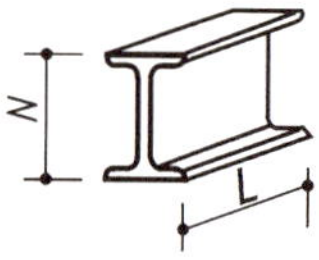
槽钢	[	（轻型槽钢时加注 Q）	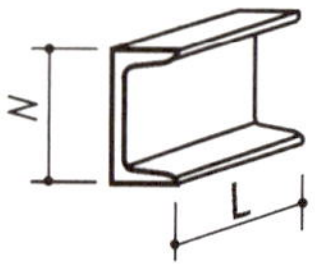
扁钢	—	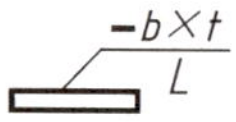	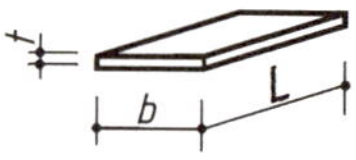
钢板	—	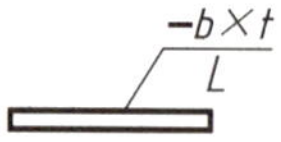	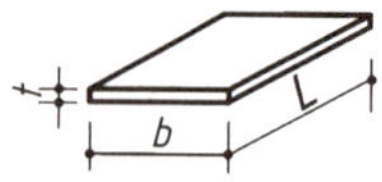

（一）焊接（welding）和焊缝符号（weld symbolic）

钢结构通常是用焊接方法把型钢连接而成。由于设计时对连接有不同的要求，产生不同的焊缝形式。在焊接的钢结构图纸上，必须按国标（GB/T 324—2008 和 GB/T 50105—2010）规定，采用“焊缝符号”把焊缝的位置、形式和尺寸标注清楚。焊缝符号主要由图形符号、尺寸符号及数据、补充符号和引出线等部分组成，如图 11－19 所示。图形符号表示焊缝断面的基本形式，补充符号表示焊缝某些特殊的辅助要求，引出线指向焊缝的位置。

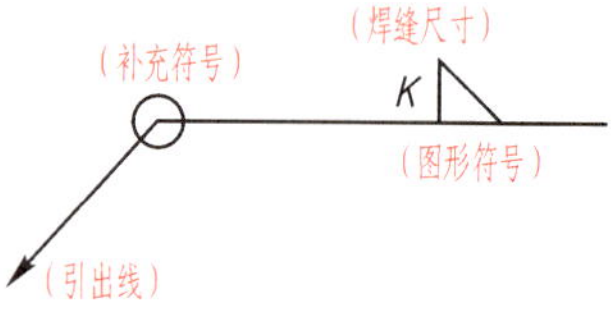

图 11－19 焊缝符号

几种常用的图形符号和补充符号，如表 11－6 所示。

表 11－6 中相同焊缝符号应按下列方法表示：

1. 在同一图样上，当焊缝形式、断面尺寸和辅助要求均相同时，可只选择一处标注焊缝的符号和尺寸，并加注“相同焊缝符号”。相同焊缝符号为开口圆弧，绘在引出线的转折处(见表11－6)。

2. 在同一图样上，当有数种相同焊缝时，可将焊缝分类编号标注，在同一类焊缝中可选择一处标注焊缝的符号和尺寸。分类编号采用大写的拉丁字母 *A*、*B*、*C*…，并写在引出线的尾部符号内。

表 11－6　图形符号和补充符号(部分)

焊缝名称	示意图	图形符号	符号名称	示意图	补充符号	标注方法
V 形焊缝		V	周围焊缝符号	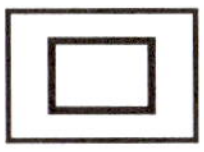	○	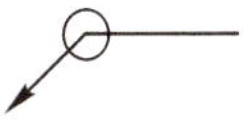
单边 V 形焊缝			现场焊接符号			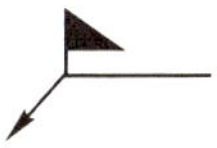
角 焊 缝	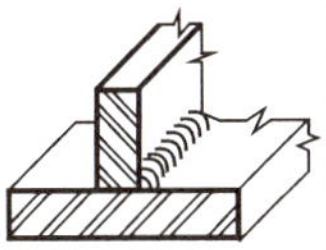		相同焊缝符号			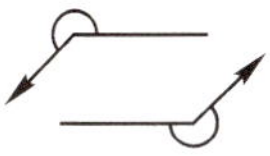
I 形焊缝		||	尾 部 符 号		<	

引出线由箭头线和基准线组成(图 11－20a)。基准线一般画成横线，在它的上侧和下侧标注各种符号和尺寸等。箭头线指向焊缝，它可画在横线的左端或右端，也可把它引向上方或下方，有时在横线的末端加一尾部符号，标注相同焊缝的编号(图 11－20b)。

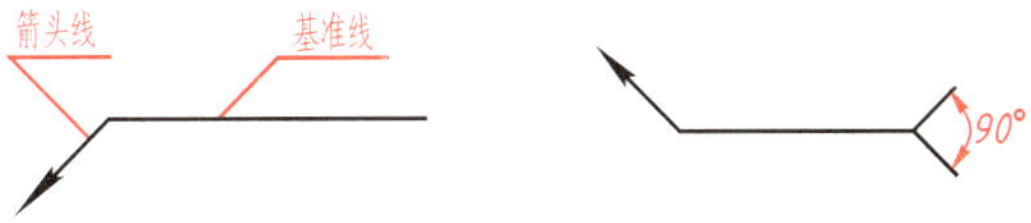

(a) 引出线的组成　　(b) 引出线的尾部

图 11－20　引出线

（二）焊缝的标注

焊缝的标注方法如表 11－7 所示。

表 11－7 焊缝标注方法示例

示意图	标注方法	说　明
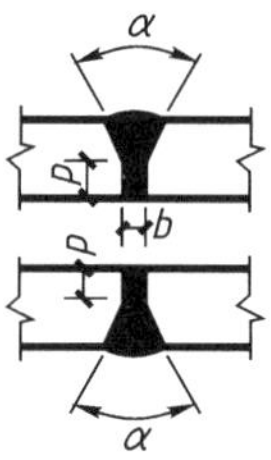	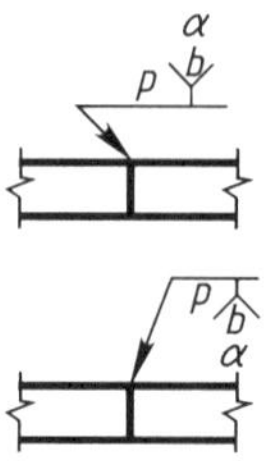	单面焊缝的标注。
	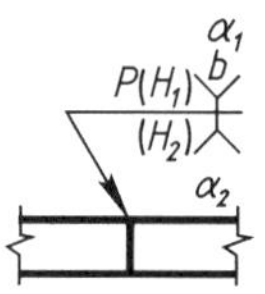	双面焊缝的标注： （1）当两面尺寸不相同时，横线上方表示箭头一面的符号和尺寸，下方表示另一面的符号和尺寸； （2）当两面尺寸相同时，只需在横线上方标注尺寸。
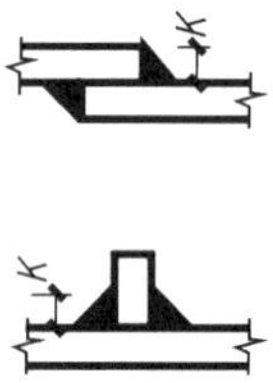	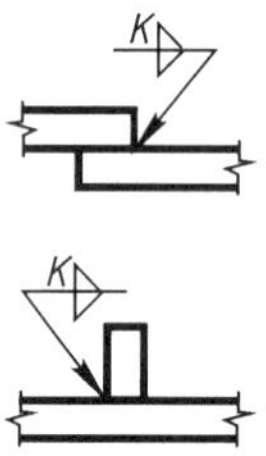	
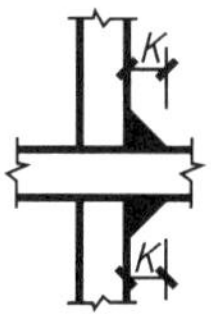	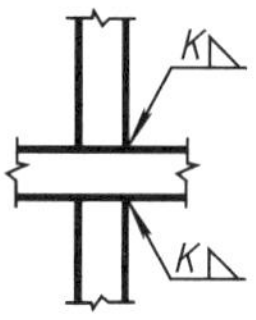	三个和三个以上焊件的焊缝，不得作为双面焊缝标注，其符号和尺寸应分别标注。
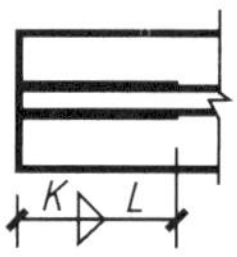	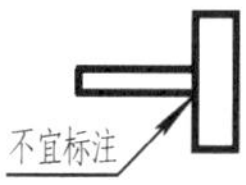	局部焊缝的标注。
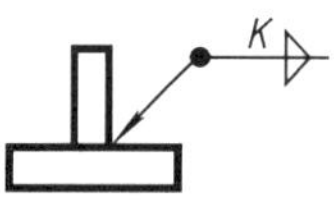		熔透角焊缝的标注。
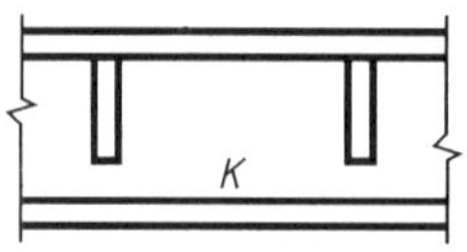		较长的角焊缝，可不用引出线标注，而直接在角焊缝旁标出焊角尺寸 K 值。

注：（1）焊缝尺寸符号：α—坡口角度，b—根部间隙，p—钝边，H—坡口深度，K—焊角尺寸，L—焊缝长度。

（2）焊缝横向尺寸（如 p、H、K 等）标在图形符号的左侧；焊缝纵向尺寸（如 L 等）标在图形符号的右侧；坡口角度、根部间隙尺寸（α、b）标注在图形符号的上侧或下侧；在图形符号右侧如无任何标注，且又无任何说明时，表示焊缝是连续的。

（3）当箭头指向在焊缝所在的一侧时，应将图形符号和尺寸标注在横线的上方，反之，应标注在横线的下方。

当焊缝分布不规则时，在标注焊缝符号的同时，宜在焊缝处加中实线(表示可见焊缝)，或加细栅线(表示不可见焊缝)，如图 11-21 所示。图中“*e*”为焊缝间距。

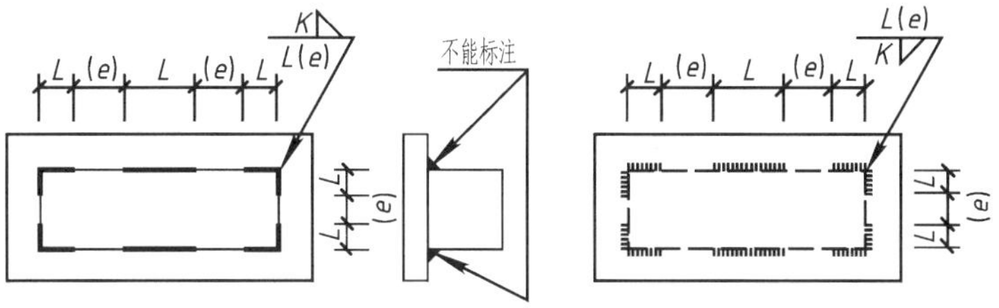

图 11-21　焊缝分布不规则时的画法和标注

(三) 螺栓、孔、电焊铆钉的表示方法(表 11-8)。

表 11-8　螺栓、孔、电焊铆钉的表示方法

名　　称	图　　例	名　　称	图　　例
永久螺栓	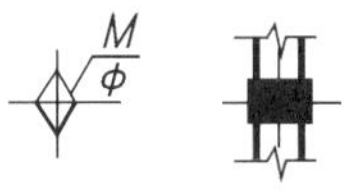	圆形螺栓孔	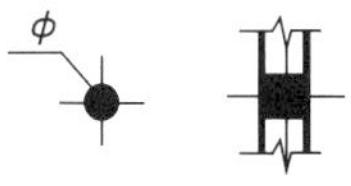
高强螺栓	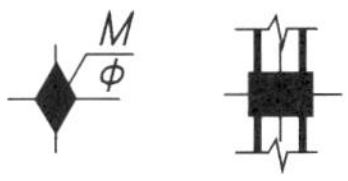	长圆形螺栓孔	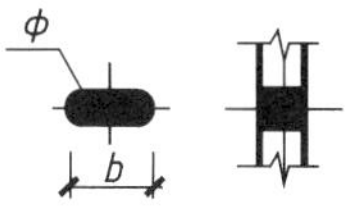
安装螺栓	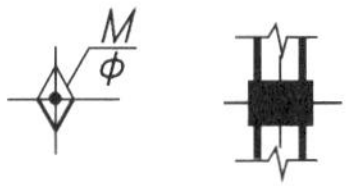	电焊铆钉	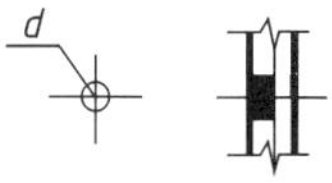

注：(1) 细“+”线表示定位线。

(2) *M* 表示螺栓型号，ϕ 表示螺栓孔直径，*d* 表示电焊铆钉直径。

二、尺寸标注(Dimensioning)

钢结构杆件的加工和连接安装要求较高，标注尺寸时应达到准确、清晰、完整。现将常见的几种标注方法列出，如图 11-22 所示。

三、钢屋架结构详图(Detail of a steel roof truss)

钢屋架(steel roof truss)结构详图是表示钢屋架的形式、大小、型钢的规格、杆件的组合和连接情况的图样，其主要内容包括屋架简图、屋架详图(包括立面图和节点图)、杆件详图、缀板(splice plate)详图、预埋件详图以及钢材用量表等。现以某厂房钢屋架结构详图(图 11-23)为例，说明如下：

(一) 屋架简图

又称屋架示意图(schematic drawing)或屋架杆件几何尺寸图，用以表达屋架的结构形式

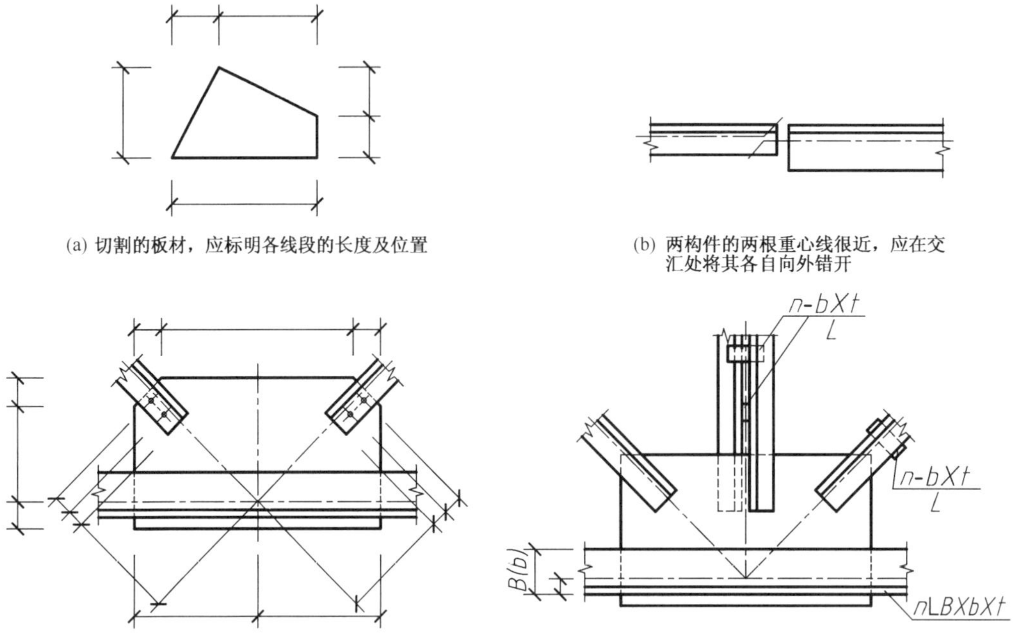

(a) 切割的板材，应标明各线段的长度及位置

(b) 两构件的两根重心线很近，应在交汇处将其各自向外错开

(c) 节点尺寸，应标明节点板的尺寸和各杆件螺栓孔中心或中心距，以及杆件端部至几何中心线交点的距离

(d) 双型钢组合截面的构件，应注明缀板的数量及尺寸。不等边角钢杆件，必须注出角钢一肢的尺寸 *B* 和 *b*

图 11-22 钢结构尺寸注法

(structure type)和各杆件的计算长度，作为放样的依据。在简图中，屋架各杆件用中实线画出，习惯上放在图纸的左上角或右上角。比例常用 1:100 或 1:200。图中注明屋架的跨度(span) 13 060、高度(height)2600，以及节点之间各杆件的长度尺寸等。

(二) 屋架详图

用较大的比例画出屋架的立面图。图 11-23 所示屋架左右对称，只画出左边半个屋架，并把对称轴线上的节点结构画出(图中没有画对称符号)。图中详细画出钢屋架各杆件的组合、各节点的构造和连接情况，以及每杆件型钢的型号、长度和数量等。图中所示各杆件的组合形式是⅃⎣或⏋⎾，即背向背。杆件的连接全用焊接。对构造复杂的上弦杆还补充画出上弦杆斜面的实形辅助视图，这是钢屋架结构图图示特点之一。该图详细表明檩条托⑱(用来托住檩条的短角钢)和两个安装屋架支撑所用的螺栓孔(ϕ13)的位置。对支座节点，另作出 *1—1* 断面图和 *2—2* 断面图。*1—1* 和 *2—2* 断面分别“通过”板 20 和板 14，在断面图上，按规定该两板只画轮廓线，不画剖面符号。

这个屋架，支承在钢筋混凝土柱上。屋架和柱之间用锚固 U 型螺栓㉓连接。为了便于安装，在左侧支座垫板⑳处开两个长圆孔(详见 *1—1* 断面图)。

在钢屋架详图中，杆件长度与断面尺寸相差较大，通常采用两种比例画出。如图 11-23，屋架轴线长度的比例为 1:20，而杆件断面尺寸的比例为 1:10。这样既节省图纸，又能把细部表示清楚。

现以节点 2 为例(图 11-24)，介绍钢屋架节点详图的图示内容及方法。

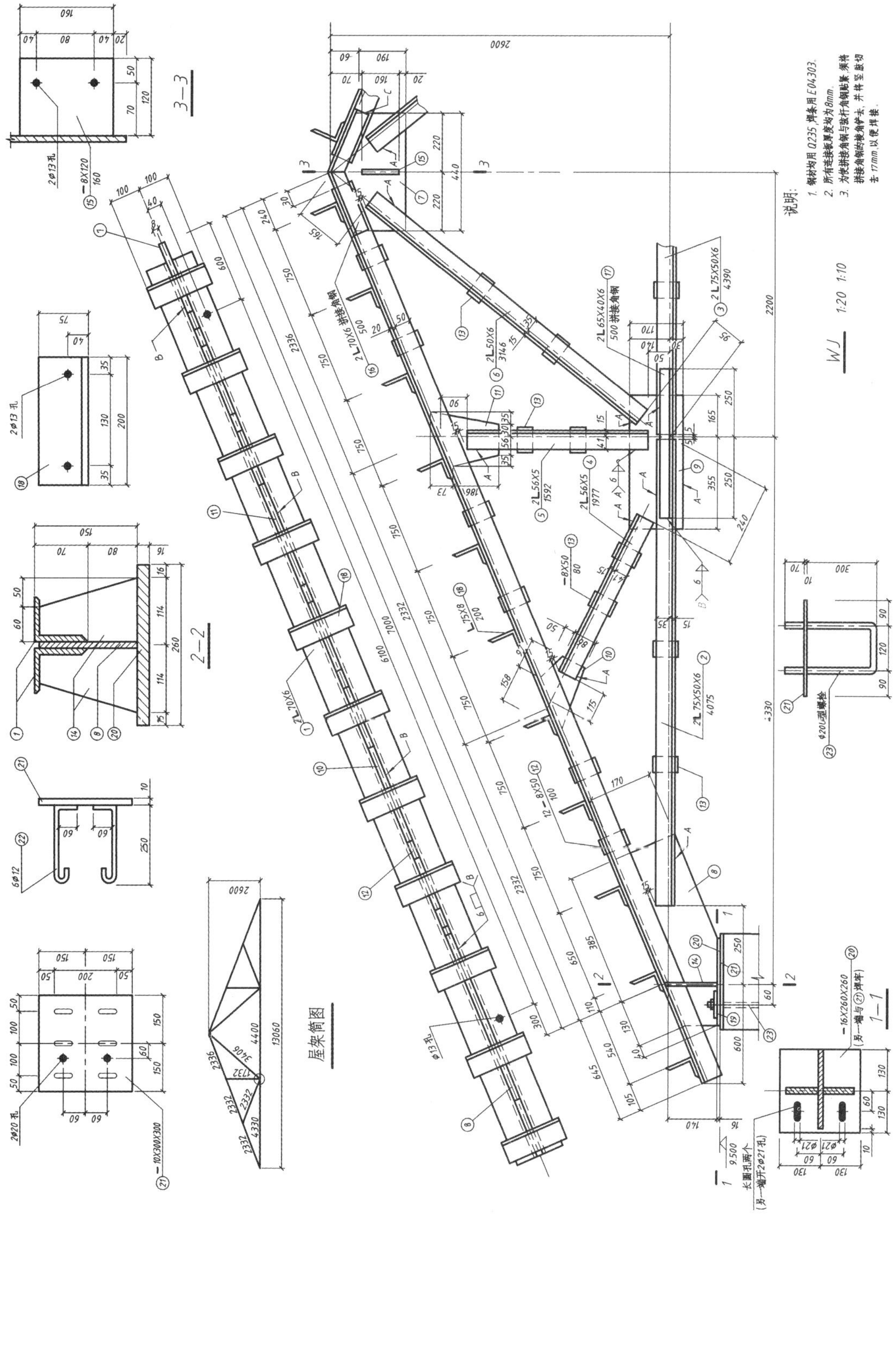

图 11－23　钢屋架结构详图

节点 2 是下弦杆和三根腹杆的连接点。整个下弦杆共分三段，这个节点在左段和中段的连接处。图中详细标注了杆件的编号、规格和大小。从这些标注中可知，下弦杆左段②和中段③都由两根不等边角钢 2∟75×50×6 组成，接口处相隔 10 以便焊接。竖杆⑤由两根等边角钢 2∟56×5 组成。斜杆⑥是两根等边角钢 2∟50×6。斜杆④是两根等边角钢 2∟56×5。这些杆件的组合形式都是背向背，同时夹在节点板⑨上，然后焊接起来。各节点的节点板(gusset plate)有矩形的(如⑨号板)，也有多边形的(如图 11－23 的⑦、⑧、⑩、⑪号板)。它们的形状和大小，是根据每个节点处各杆件的位置以及焊缝长度而决定。无论矩形的或多边形的节点板都按厚、宽、长的顺序标注大小尺寸，其注法如图中⑨号节点板所示。由于下弦杆是拼接的，除焊接在节点板上外，下弦杆两侧面还要分别加上一根拼接角钢⑰，把下弦杆左段和中段夹紧，并且焊接起来。

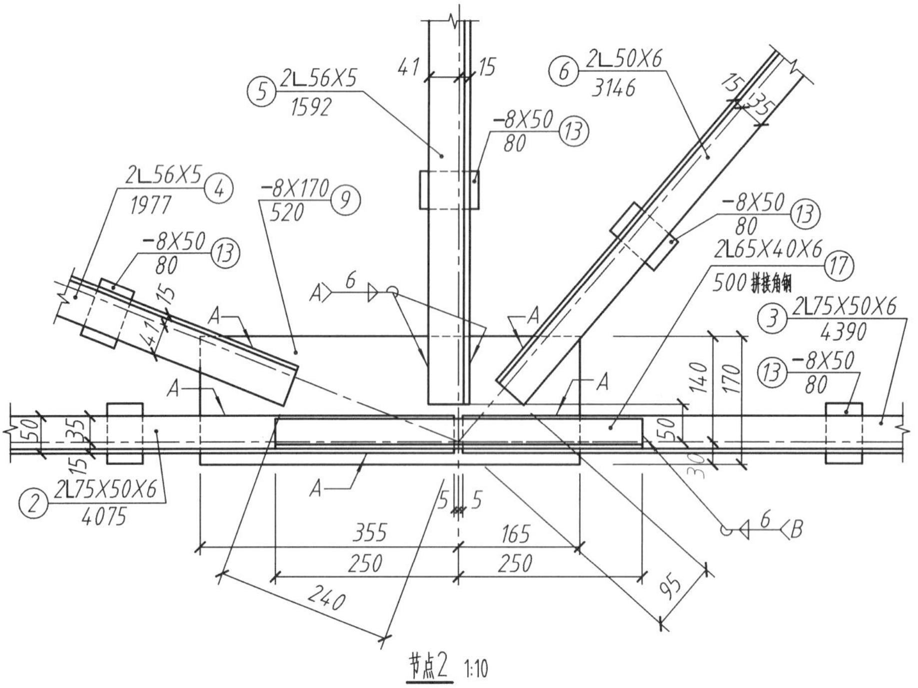

图 11－24 节点 2 详图

由两角钢组成的杆件，每隔一定距离还要夹上一块缀板⑬，以保证两角钢形成整体，增加刚性。

图中详细地标注了焊缝符号。节点 2 竖杆⑤中画有 A>6▷○→，表示引出线所指的地方(即竖杆与节点板相连的地方)，要焊双面贴角焊缝，焊缝高 6。焊缝符号尾部的字母 A 是焊缝分类编号。在同一图样上，所有与 A>6▷○→ 相同的焊缝，则只需画出引出线，并注一个 A 字，如 A—○→。

此外，详图中还要详细标注节点中心(即各杆件重心线的交点)至杆件端面的距离，如图中的240、95和50等。

(三) 钢屋架详图的绘制步骤

1. 根据屋架简图按规定比例(1:20)画出各杆件的重心线(各种型钢截面的重心线位置可从有关钢结构设计手册中查得)，并注意相交杆件的重心线应相交于一点。

2. 根据杆件的型号、重心线位置和节点中心至杆件端面的距离，画出各杆件的轮廓线。然后画节点板、拼接角钢、缀板等。

3. 画出上弦杆的辅助视图，支座和屋脊等节点的断面图和支座锚固螺栓(编号为㉓)详图。有时还要画出节点板的详图。

4. 标注焊缝符号、图形符号和尺寸。

5. 加粗线型，注写尺寸、材料代号、编号、比例以及有关的文字说明。

本章学习指引
Reading Guide

1. 当前我国的建筑物多是钢筋混凝土结构，本章重点介绍它的图示特点和内容，我们必须了解和掌握。

2. 所有钢筋混凝土结构，无论是梁、板和柱，钢筋都是它们的“主心骨”，各种结构图都是以突出表示钢筋的配置和数量为其主要内容。

3. 平面整体表示方法(“平法”)已在我国建筑工程行业普遍采用，对它的图示特点和内容，必须有初步的了解。

4. 随着工业化程度的不断提高，将越来越多采用钢结构，需要了解它的图示特点和内容。

复习思考题
Review Questions

1. 结构施工图包括哪些内容？
2. 什么是钢筋混凝土结构？按其作用钢筋可分为哪几种？
3. 结构平面图和建筑平面图有什么区别？与基础平面图又有什么异同？
4. 钢筋混凝土构件详图有什么图示特点？模板图与配筋图各表示什么内容？
5. “平法”中什么是“集中标注”和“原位标注”？集中标注中的四排数字是什么意思？
6. 什么是型钢？钢结构的焊缝如何标注？
7. 钢屋架图有什么图示特点？

第十二章 建筑装饰装修施工图

CHAPTER 12 ARCHITECTURAL DECORATION AND RENOVATION WORKING DRAWING

§12－1 概述 Introduction

房屋的装饰装修施工是建筑施工的延续，装饰装修设计(decoration and renovation design)是建筑设计的一部分，它们的共同点都是要为人们的生活和工作创造和谐、舒适的环境。它们的区别只是在于施工的时间、施工的材料与工艺上的差异。装修施工通常是在建筑主体结构完成后(或是经使用一段时期后由于生活需求的提高或使用功能的改变)才进行的。过去建筑装修的做法较为简单，通常在建筑施工图中以文字说明或简单的节点详图表示。随着人们的经济水平、生活质量的不断提高，以及新材料、新技术、新工艺的不断发展，建筑施工图已难以兼容复杂的装修要求，从而出现了建筑装饰装修施工图(architectural decoration and renovation working drawing)，简称装修图(renovation drawing)，以表达丰富的造型构思和施工工艺等。本章主要介绍室内装饰装修图的内容和画法。

室内装饰装修设计一般需经方案设计(scheme design)和施工图(working drawing)两个阶段。方案设计阶段是根据使用者的要求、现场情况，以及有关规范、设计原则等，以平面布置图、立面布置图、透视图、尺寸、文字说明等形式，把设计意图表达出来。经修改补充，取得较合理的方案后，报有关主管部门审批，再进入施工图阶段。装修施工图一般包括图纸目录、装修施工工艺说明、平面布置图、楼地面铺装图、天花平面图、墙柱面装饰图，以及装修细部结构的节点详图等内容。

在建筑制图相关的国家标准中，也包含了部分装饰装修设计制图的有关条款。因此，建筑装饰装修制图同时应该按照《房屋建筑制图统一标准》GB/T 50001—2010 和《建筑制图标准》GB/T 50104—2010 等执行。2011 年 7 月，住房和城乡建设部还专门发布了《房屋建筑室内装饰装修制图标准》JGJ/T 244—2011，作为行业标准，统一装饰装修的制图规则。以下将以第十章所示的住宅为例，结合装饰装修设计介绍装修施工图的内容和绘制过程。

在室内装饰装修设计中，涉及的家具、电器等较多，在《房屋建筑室内装饰装修制图标准》中，列出了常用的家具、电器、厨具、洁具、灯具、设备和景观配饰等图例。表 12－1 是其中的部分图例。如果用到标准中没有的图例，必须在图中加以说明。

表 12－1　常用家具、电器、厨具、洁具、灯具、设备、景观配饰图例(部分)

名　　称	图　　例
单人沙发	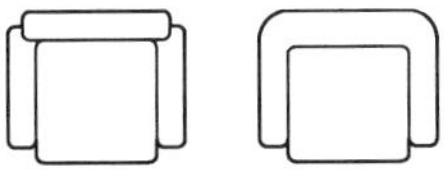
三人沙发	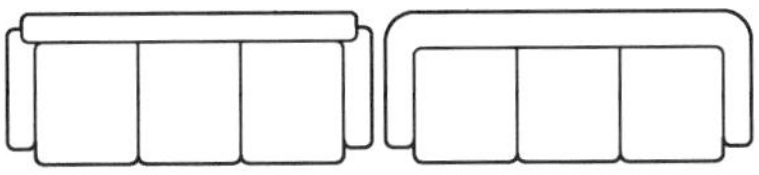
办公桌	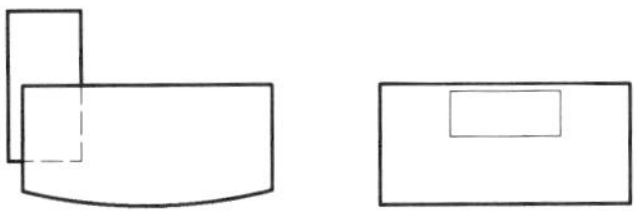
办公椅	
单人床	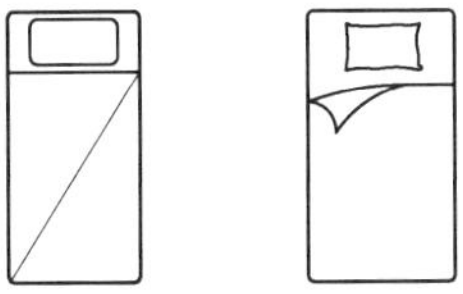
双人床	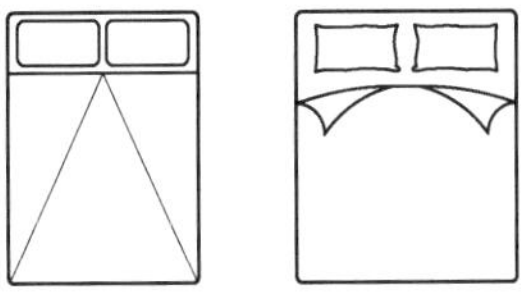
衣柜	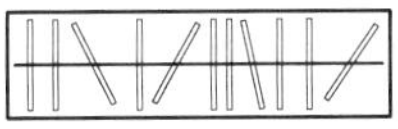
低柜	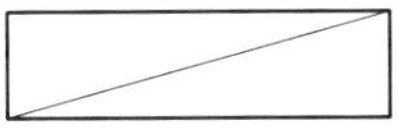
高柜	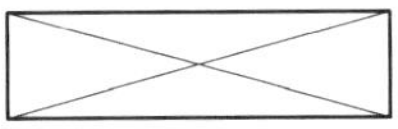
电视	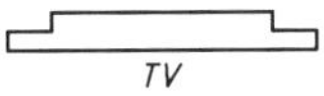
冰箱	
空调	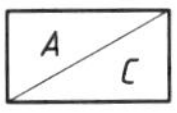
洗衣机	
饮水机	
电脑	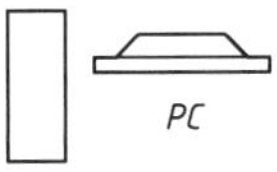
双头灶	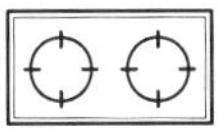
单盆水槽	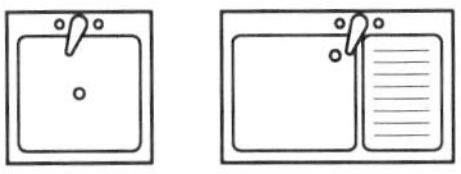
大便器 坐式	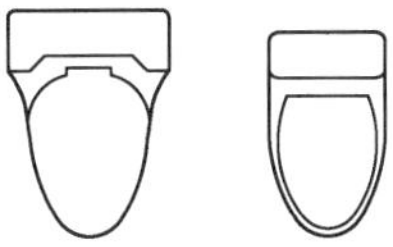
大便器 蹲式	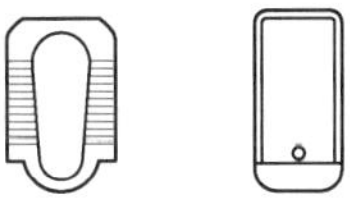
小便器	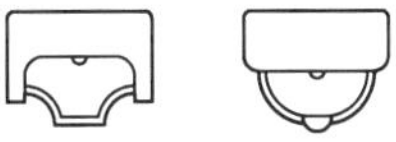
台盆	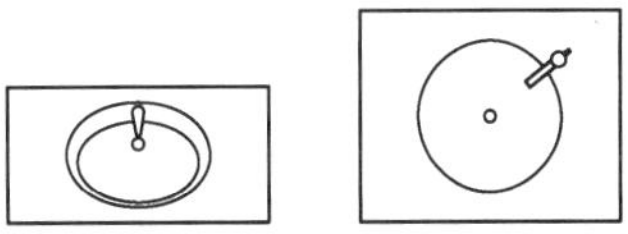
浴缸	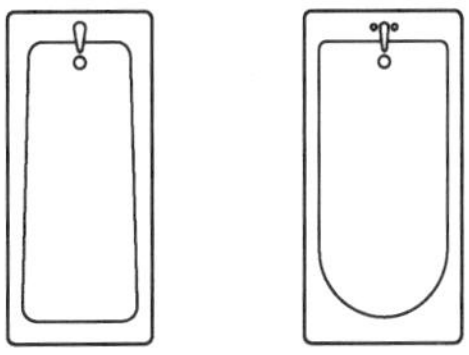
艺术吊灯	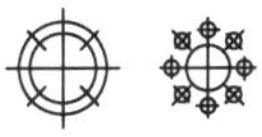

续表

名称	图例
吸顶灯	
筒灯	
格栅荧光灯	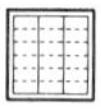（正方形）
	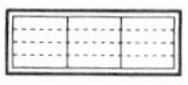（长方形）
壁灯	
台灯	
落地灯	
送风口	（条形）
	（方形）
回风口	（条形）
	（方形）

名称		图例
盆景类	树桩类	
	观花类	
	观叶类	
	山水类	
插花类		
吊挂类		
棕榈植物		
水生植物		

§ 12－2 平面布置图 Layout Plan

室内平面布置图（interior layout plan）是方案设计阶段的主要图样，图 10－3 所示住宅二楼是东西对称的两套单元。现根据室内设计原理中的使用功能、精神功能、人体工程学以及用户的要求等，对室内空间进行布置，绘制出该住宅二楼东单元的室内设计平面布置图（图 12－1）。由于空间的划分、功能的分区是否合理会直接影响到使用的效果和精神的感受，因此，在室内装修设计（interior renovation design）中平面布置图通常是设计过程中首先要触及的内容。

图12-1中所示的客厅是家庭生活的活动中心，装修时，把出阳台的落地门扩大到⑧轴和⑩轴的墙边，使客厅与南阳台连在一起，从而具有延伸、宽敞、通透的感觉。客厅平面布置的功能分区主要有主座位区、视听电器柜、空调机、主墙面、人行通道等方面，根据客厅的平面形状、大小以及家具、电器等的基本尺寸，将沙发、茶几、地柜、通道等布置如图中的客厅部分。其中的主墙面为⑧轴墙面（即A向立面），在此墙面上将作重点的装饰造型处理，详见“墙柱面装饰图”一节（见图12-8）。

餐厅是根据用户的要求将原西南角的卧室改成的，将就餐区布置在餐厅的中央，周边作为人行通道，墙角处分别布置酒柜、电视柜、空调机等。平时就餐人数较少，餐桌也可靠在⑥轴或⑧轴的墙边放置，使餐厅活动空间更宽敞。

主卧室按原建筑设计是设有卫生间的套房。卧室的主要家具有床、床头柜、梳妆台、组合衣柜（与电视机、小型音响等共用）、地柜、挂衣架等。其中床头靠墙，其余三面作为人行通道，其他家具沿墙边布置；空调采用挂墙式空调机；卫生间按原建筑设计布置。

北卧室是儿童房与书房共用，两者用隔断形式分隔。儿童房采用升高木制的地台作为儿童床，在床的一端配有衣柜；书房主要分阅读和休息两个功能区，配有书桌、书柜、椅、沙发、地柜等家具。

厨房主要有操作台、橱柜、电冰箱等，均沿墙身布置；卫生间按原建筑布置。

此外，在户门旁边放置鞋柜；在厨房、卫生间的过道边放置洗衣机。

与图10-2建筑平面图对比可以看出，室内平面布置图省略了房间名称、门窗编号和与室内布置无关紧要的尺寸标注，增加了表达各种室内陈设品（如家具、厨具、洁具、家电、灯饰、绿化、装饰构件等）的图例。这些图例一般都是简化的轮廓投影，并且按比例用中实线画出，对于特征不明显的图例需用文字注明它们的名称。一些重要或特殊的部位需标注其定形或定位尺寸。为了美化图面效果，还可在无陈设品遮挡的空余部位画出地面材料的铺装形式。由于表达的内容较多较细，一般都选用较大的比例作图，如图12-1的比例选用1:50。

1. 平面布置图需要表达的主要内容

（1）建筑主体结构，如墙、柱、门窗、台阶等；

（2）各功能空间（如客厅、餐厅、卧室等）的家具，如沙发、餐桌、餐椅、酒柜、地柜、衣柜、梳妆柜、床头柜、书柜、书桌、床等的形状和位置；

（3）厨房、卫生间的橱柜、操作台、洗手台、浴缸、大便器等的形状和位置；

（4）家电如空调机、电冰箱、洗衣机、电视机、电风扇、落地灯等的形状和位置；

（5）隔断、绿化、装饰构件、装饰小品等的布置；

（6）标注建筑主体结构的开间和进深等尺寸、主要的装修尺寸；

（7）装修要求等文字说明。

2. 平面布置图的画法步骤

（1）选比例、定图幅；

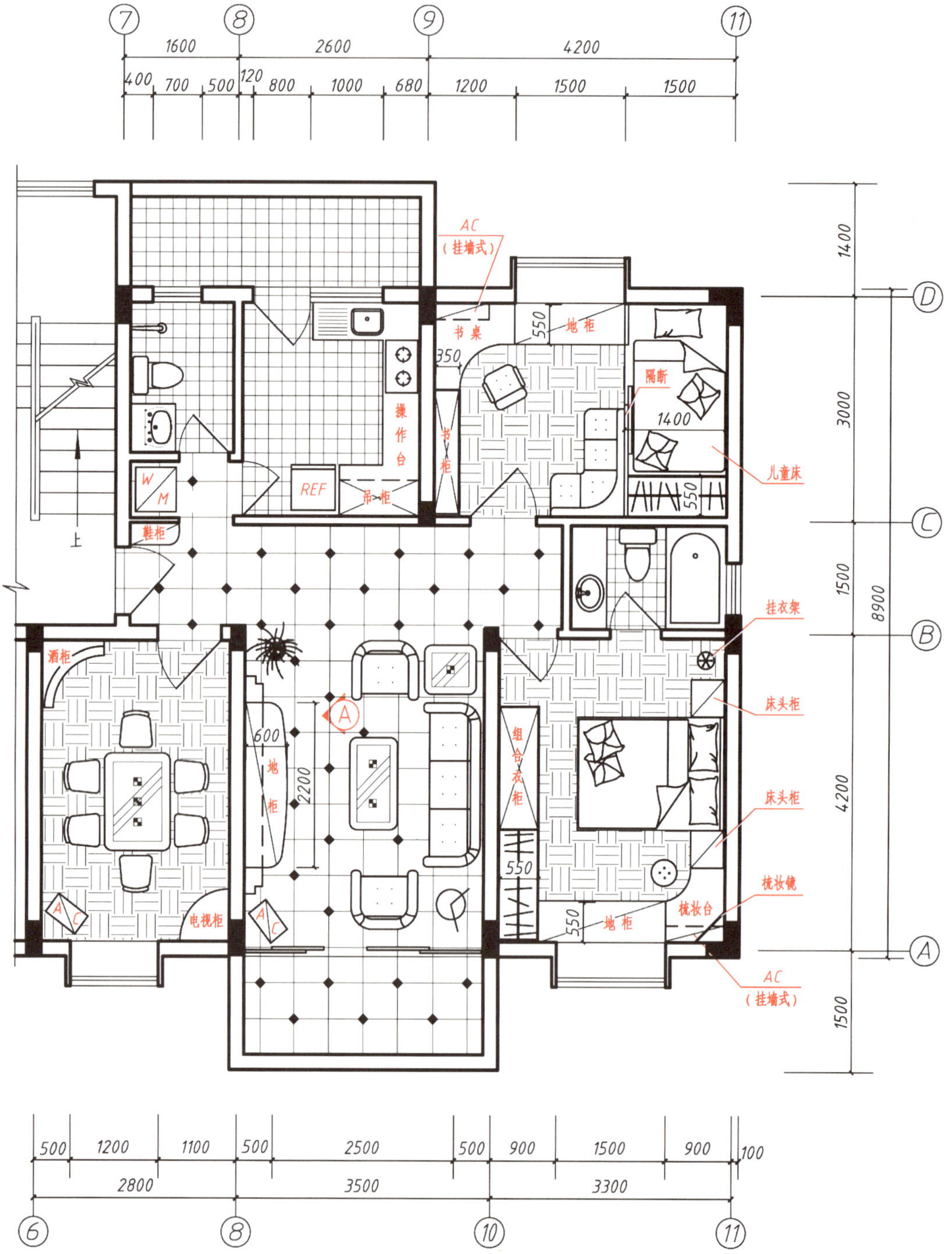

平面布置图　1:50

注：1. 图中尺寸不详之处参见立面图或家具详图。

2. 厨房的操作台为订购件，尺寸现场定。

图 12－1　平面布置图

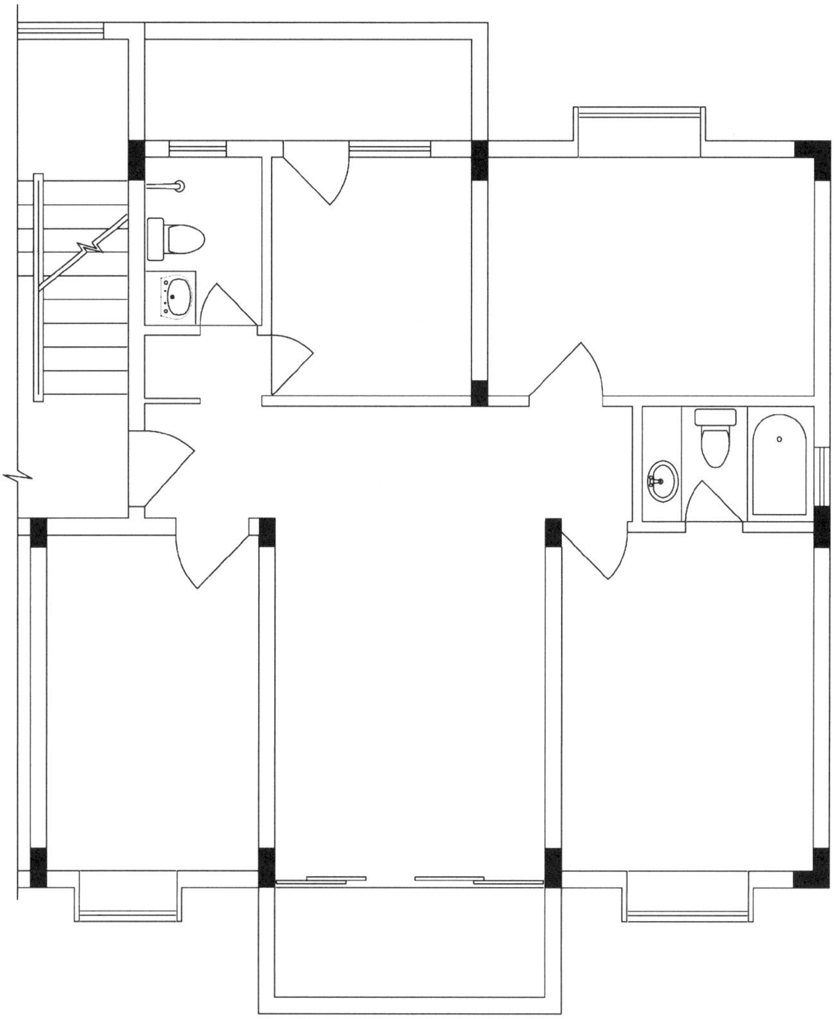

图 12－2　画出建筑主体结构的平面图

（2）画出建筑主体结构（如墙、柱、门、窗等）的平面图（图 12－2），比例为 1∶50 或大于 1∶50 时，墙身应画出饰面材料轮廓线（用细实线表示）；

（3）画出家具、厨房设备、卫生间洁具、电器设备、隔断、装饰构件等的布置（图 12－3）；

（4）标注尺寸、剖面符号、详图索引符号、图例名称、文字说明等（图 12－4）；

（5）画出地面的拼花造型图案、绿化等；

（6）描粗整理图线，结果如图 12－1 所示。其中建筑结构部分仍按建筑制图的要求，如墙、柱用粗实线表示，门窗、楼梯等用中实线表示；装修轮廓线如隔断、家具、洁具、电器等主要轮廓线用中实线表示；地面拼花等次要轮廓线用细实线表示。

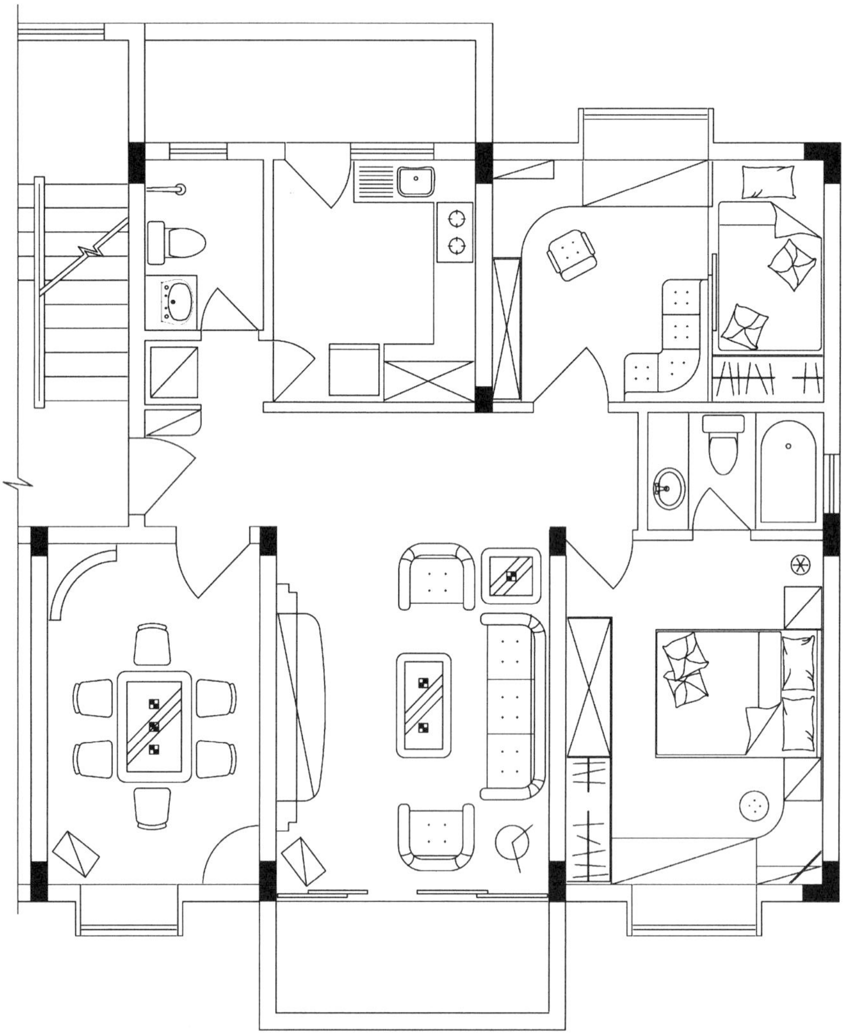

图 12－3 画出家具、橱柜、洁具、设备的布置

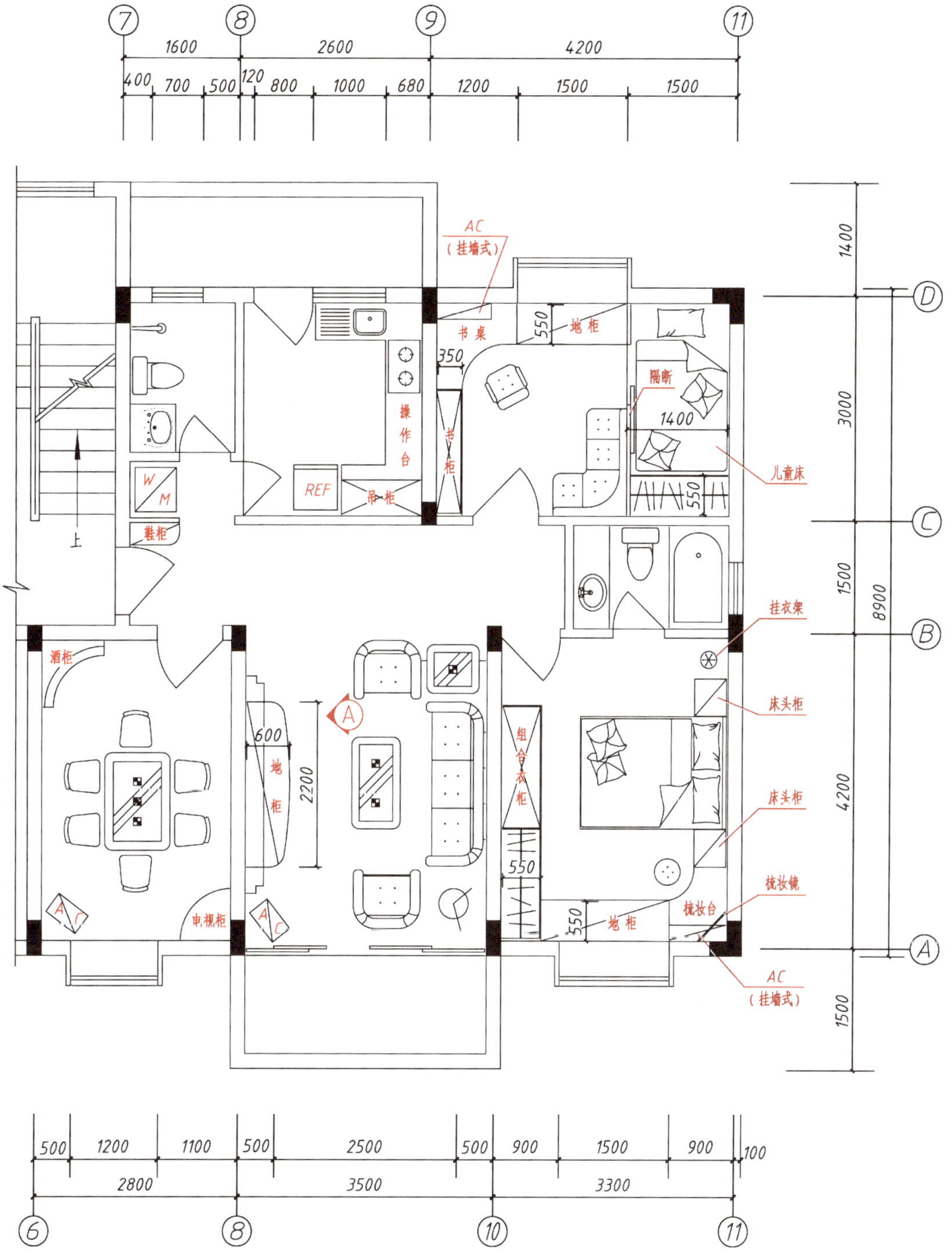

平面布置图　1:50

注：1. 图中尺寸不详之处参见立面图或家具详图。

2. 厨房的操作台为订购件，尺寸现场定。

图 12－4　标注尺寸、文字说明等

§12－3 楼地面铺装图 Floor Paved Plan

楼地面(floor)是使用最为频繁的部位，而且根据使用功能的不同，对材料的选择、工艺的要求、地面的高差等都有着不同的要求。

楼地面铺装图(paved plan)主要表达地面造型、材料名称和工艺要求。对于块状地面材料，用细实线画出块材的分格线，以表示施工时的铺装方向(非整砖应安排在较隐蔽的位置)。对于台阶、基座、坑槽等特殊部位还应画出剖面详图，表示构造形式、尺寸及工艺做法。楼地面铺装图不但是施工的依据，同时是地面材料采购的参考图样。

图12－5是对应于图12－1室内平面布置图的“地面铺装图”，主要表达各功能空间(客厅、餐厅、卧室、厨房、卫生间等)地面材料的铺装形式，并注明所选用材料的名称和规格，对有特殊要求的部分，应加画详图并详细注明工艺做法；在尺寸标注方面，主要标注地面材料的拼花造型尺寸、地面标高等。

客厅、过道等部位使用最为频繁，考虑到耐磨、便于清洁等需要，采用500×500的杏色磨光地砖，并选用100×100的暗红色磨光地砖作为点缀，增加地面的图案和色彩；为使客厅显得更为宽敞，南阳台地面的铺装方式与客厅相同；为营造和谐、温馨的气氛，卧室、餐厅选用拼花柚木地板；考虑到防滑的需要，厨房、卫生间、北阳台等采用防滑地砖作为铺地材料。

地面铺装图的比例一般与平面布置图一致，其表达的内容和形式如图12－5所示。

地面铺装图的画法步骤如下：

(1) 选比例、定图幅；

(2) 画出建筑主体结构(如墙、柱、门、窗等)的平面图和现场制作的固定家具、隔断、装饰构件等(参阅图12－2)；

(3) 画出客厅、过道、餐厅、卧室、厨房、卫生间、阳台等的地面材料拼装分格线。其中拼花柚木地板的铺装是在现场制作家具之后才进行的，因此卧室中的一些部位(如现场制作的衣柜、儿童床等位置)并不铺装木地板；

(4) 标注尺寸、剖面符号、详图索引符号、文字说明等；

(5) 描粗整理图线，结果如图12－5所示。其中墙、柱用粗实线表示；门窗、楼梯、台阶、固定家具、铺地之前安装的洁具等轮廓线用中实线表示；地面拼花分格线等用细实线表示。

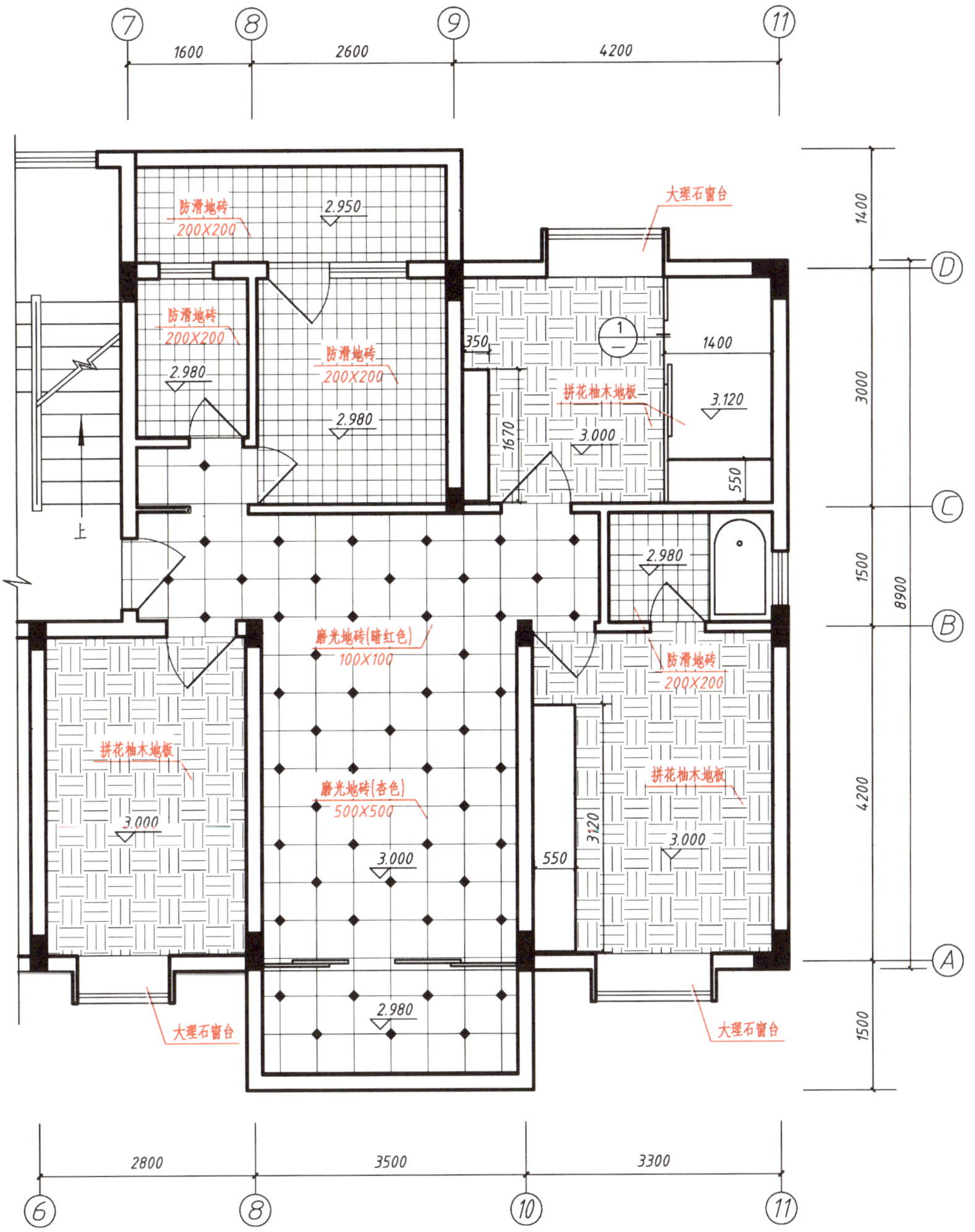

地面材料铺装图　1:50

注：1. 图中所示材料的具体品种另见样板。

2. 木地板的铺装是在固定家具制作完成后进行。

图 12－5　地面铺装图

§12－4 天花平面图 Ceiling Plan

天花(ceiling)的功能综合性较强，除装饰外，还兼有照明、音响、空调、防火等功能。天花是室内设计的重要部位，其设计是否合理，对于整个居室的环境以及精神感受，影响非常大。由于其部位特殊，施工的难度也较大。

天花的装饰装修通常分为悬吊式和直接式两种。悬吊式天花造型较复杂，但变化较丰富，所涉及的尺寸、材料、颜色、工艺要求等的表达也较多，造价较高；直接式天花则是利用原主体结构的楼板、梁进行饰面处理，其造型、工艺做法等较为简单，造价较低。

图12－6是对应于图12－1家居平面布置图的“天花平面图”。为便于与平面布置图对应，天花平面图通常采用“镜像”投影(mirrored projection)绘制(参阅图8－8)。比例一般与平面布置图一致。从图中看出，客厅、餐厅采用木结构悬吊式天花。经悬吊后的天花降低了室内空间，为了避免影响采光或有压抑感，其面层均作刮灰及涂白色ICI乳胶漆处理，提高室内的明亮度；厨房、卫生间的油烟、潮气较大，选用塑料扣板(也可选用铝合金扣板)作为悬吊式天花材料，便于清洁和防潮；卧室、阳台的处理较为简单，采用面层刮灰及涂白色ICI乳胶漆的直接式天花，但卧室天花添加石膏装饰线和石膏花造型，增加温馨的氛围。

天花的装修施工图除天花平面图外，还要画出天花的剖面详图(或称节点详图)，才能完整地将其构造表达清楚。剖面详图(或节点详图)的表示方法参阅“装修详图”一节(§12－6)，但在天花平面图中需要注出剖面符号或详图索引符号。

1. 天花平面图表达的内容有：

(1) 建筑主体结构的墙、柱、梁。门窗一般可不画出；

(2) 天花造型(如藻井、跌级、装饰线等)、灯饰、空调风口、排气扇、消防设施(如烟感器等)的轮廓线，条块状饰面材料的排列方向线；

(3) 建筑主体结构的主要轴线和编号，主要尺寸(如开间、进深尺寸等)；

(4) 天花造型及各类设施(如灯具、空调风口、排气扇等)的定形、定位尺寸和标高；

(5) 天花的各类设施，各部位的饰面材料，涂料的规格、名称、工艺说明等；

(6) 节点详图索引或剖面、断面等符号的标注。

2. 天花平面图的画法步骤如下：

(1) 选比例、定图幅；

(2) 画出建筑主体结构的平面图(参阅图12－2)。门窗洞一般不用画出(也可用虚线画出门窗洞的位置)；

(3) 画出天花的造型、灯饰及各种设施的轮廓线，如图12－7所示；

(4) 标注尺寸、剖面符号、详图索引符号、文字说明等；

(5) 描粗整理图线后，如图12－6所示。其中墙、柱用粗实线表示；天花的藻井、灯饰等主要造型轮廓线用中实线表示；天花的装饰线、面板的拼装分格等次要的轮廓线用细实线表示。

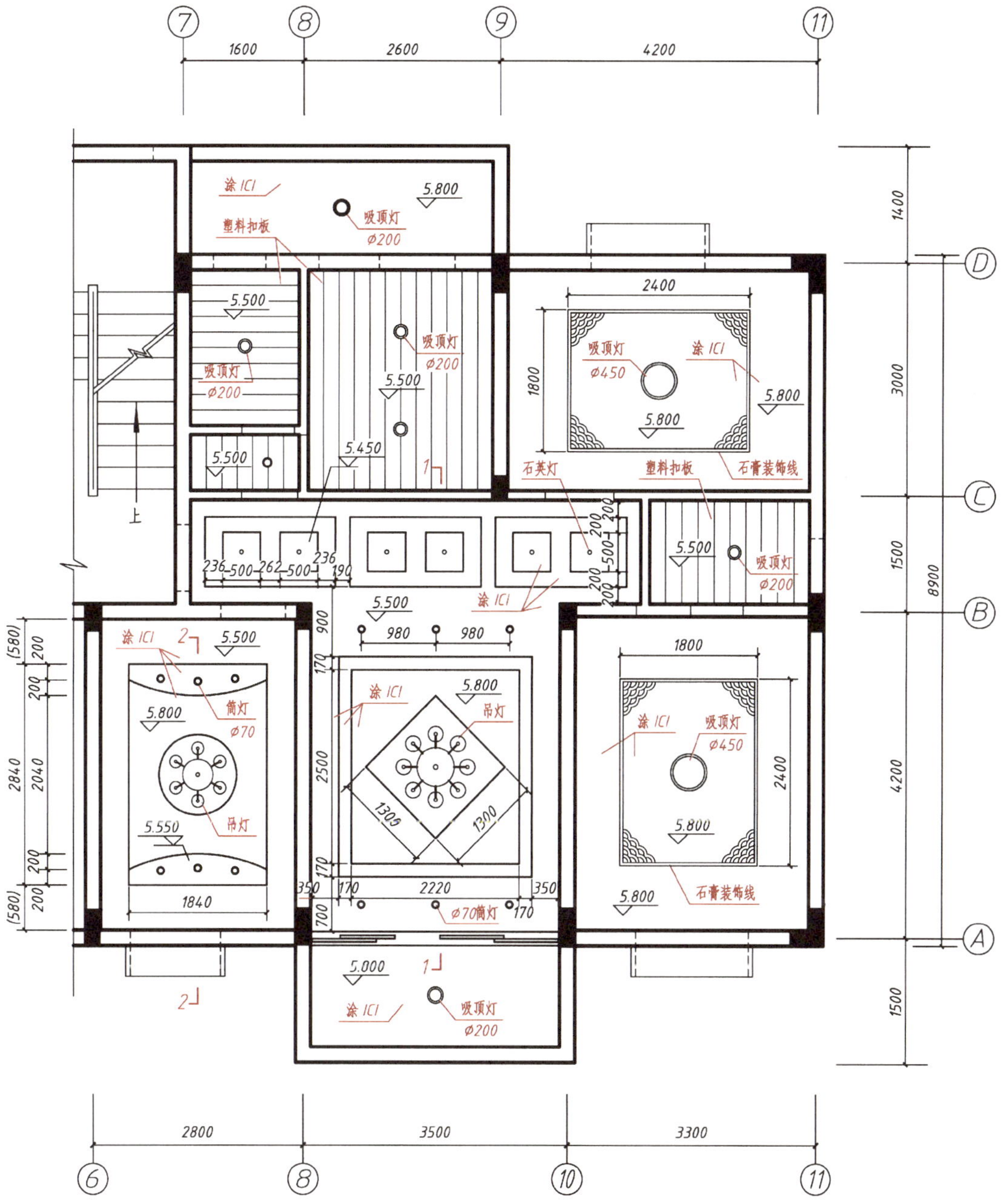

天花平面图(镜像)　1:50

注：1. 图中尺寸不详之处另见节点详图。

2. 图中的 ICI 乳胶漆均采用白色。

3. 括号中的尺寸数字作参考用，以现场尺寸为准。

图 12－6　天花平面图

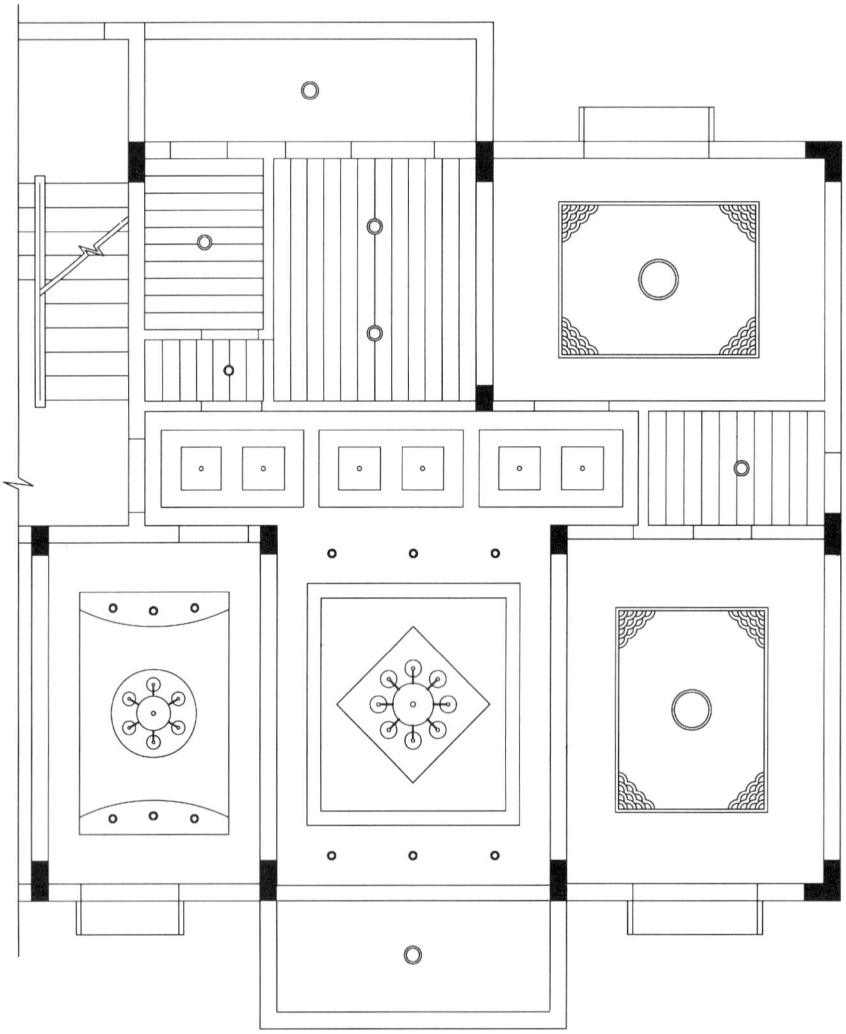

图 12－7 画出天花的造型、灯饰及各种设施等的轮廓线

§12－5 墙柱面装饰图 Wall and Column Decoration Elevation

墙柱面(wall and column)装饰图主要表示建筑主体结构中竖直立面的装修做法。对于不同性质、不同功能、不同部位的墙柱面，其装修的繁简程度差异较大。图 12－8 是客厅的主墙面(参阅图 12－1 的 *A* 向墙面)装饰立面图，图中详细表达了客厅的⑧轴墙面上的装饰造型，地柜、精品柜、壁龛、浮雕、装饰抹灰等的形状、大小和位置。该立面图实质上是客厅的剖面图。与建筑剖面图不同的是，它没有画出其余各楼层的投影，只是重点表达该客厅墙面的造型、用料、工艺要求等，以及天花部分的投影。对于活动的家具、装饰物等都不在图中表示。

A 向墙面立面图是将客厅的天花、楼地面剖开后画出的，所以它也可同时作为表达天花装修构造的剖面图。由于墙柱面的构造都较为细小，绘图比例一般都不宜小于 1∶50。

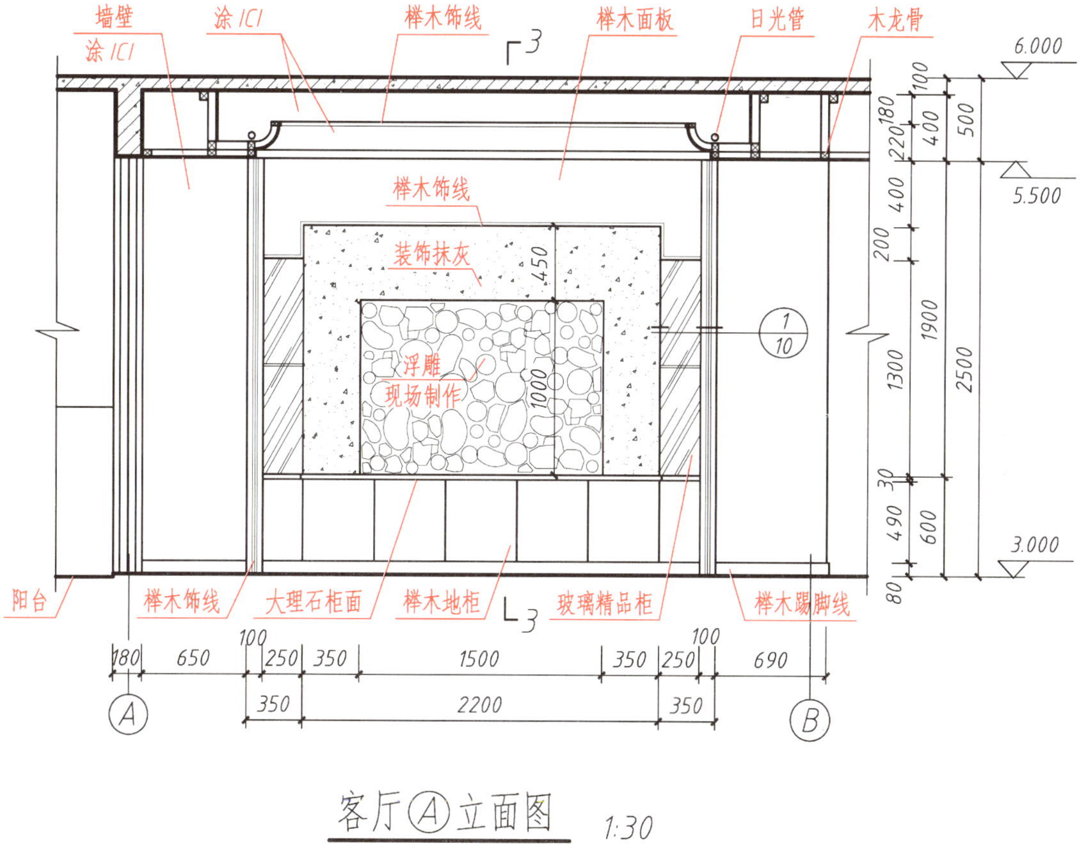

图 12 – 8　客厅墙面装修图

1. 墙柱面装饰图的主要内容

（1）墙柱面造型（如壁饰、龛、装饰线、固定于墙身的柜、台、座等）的轮廓线、壁灯、装饰件等；

（2）吊顶天花及吊顶以上的主体结构（如梁、楼板等）；

（3）墙柱面的饰面材料和涂料的名称、规格、颜色、工艺说明等；

（4）尺寸标注：壁饰、龛、装饰线等造型的定形尺寸、定位尺寸；楼地面标高、吊顶天花标高等；

（5）详图索引、剖面、断面等符号标注；

（6）立面图两端墙柱体的定位轴线、编号。

2. 墙面装饰图的画法步骤

（1）选比例、定图幅，画出地面、楼板及墙面两端的定位轴线等（图 12 – 9a）；

（2）画出墙面的主要造型轮廓线（图 12 – 9b）；

（3）画出墙面的次要轮廓线、标注尺寸、剖面符号、详图索引符号、文字说明等；

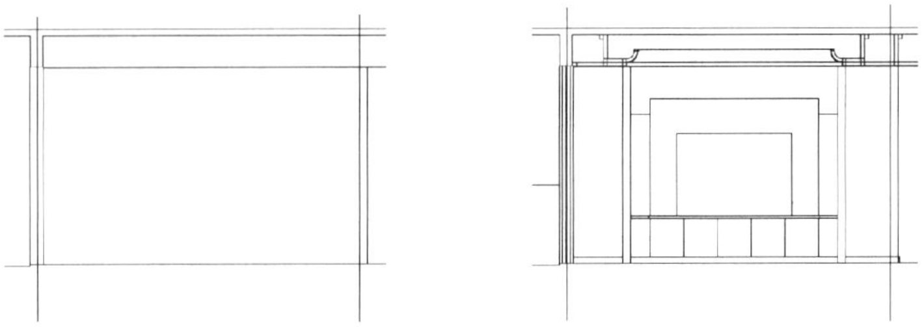

(a) 画出地面、楼板及墙面两端的定位轴线等　　(b) 画出墙面的主要造型轮廓线

图 12－9　墙面装修图的画法

（4） 描粗整理图线，结果如图 12－8 所示。其中建筑主体结构的梁、板、墙用粗实线表示；墙面的主要造型轮廓线用中实线表示；次要的轮廓线如装饰线、浮雕图案等用细实线表示。

§ 12－6 装修详图 Renovation Details

装修详图(renovation details)亦称节点详图，指的是装修细部的局部放大图、剖面图、断面图等。由于在装修施工中常有一些复杂或细小的部位，在以上所介绍的平、立面图样中未能表达或未能详尽表达时，则需绘画节点详图来表示该部位的形状、结构、材料名称、规格尺寸、工艺要求等。虽然在一些设计手册(如标准图册或通用图册)中会有相应的节点详图可套用，但由于装修设计往往具有鲜明的个性，加上装修材料、工艺做法不断推陈出新，以及设计师经常有很多新创意，能套用的标准节点详图往往不多，因此，节点详图是装修施工图中不可缺少的，而且是具有特殊意义的图样。

图 12－10 是图 12－8 的客厅 *A* 向墙面精品柜的节点详图，通常与墙面立面图画在同一张图纸上，以便对照阅读。图中详尽地表达了这些较为复杂部位的构造、材料、涂料、尺寸、工艺说明等；并画出这些部位的骨架(木龙骨)构造形式以及骨架与主体结构(墙、梁、板等)的联系。

节点详图选用较大的比例作图，一般不宜小于 1∶30，对于特别复杂或细小的部位甚至采用1∶1的比例。

现以图 12－10 墙面精品柜的节点详图为例，介绍其画法步骤：

（1） 选比例、定图幅，画出墙面及精品柜的外形轮廓线(图 12－11a)；

（2） 画出精品柜结构的主要轮廓线，如木龙骨、夹板、玻璃侧板、玻璃门、玻璃镜等(图 12－11b)；

（3） 画出精品柜结构的次要轮廓线，标注尺寸、文字说明等；

（4） 描粗整理图线，结果如图 12－10 所示。其中建筑主体结构墙、梁、板等用粗实线表示；主要造型轮廓线如龙骨、夹板、玻璃等用中实线表示，次要轮廓线用细实线表示。

图 12－12 为该客厅“吊顶天花剖面详图”，其作图步骤可参考精品柜节点详图的画法过

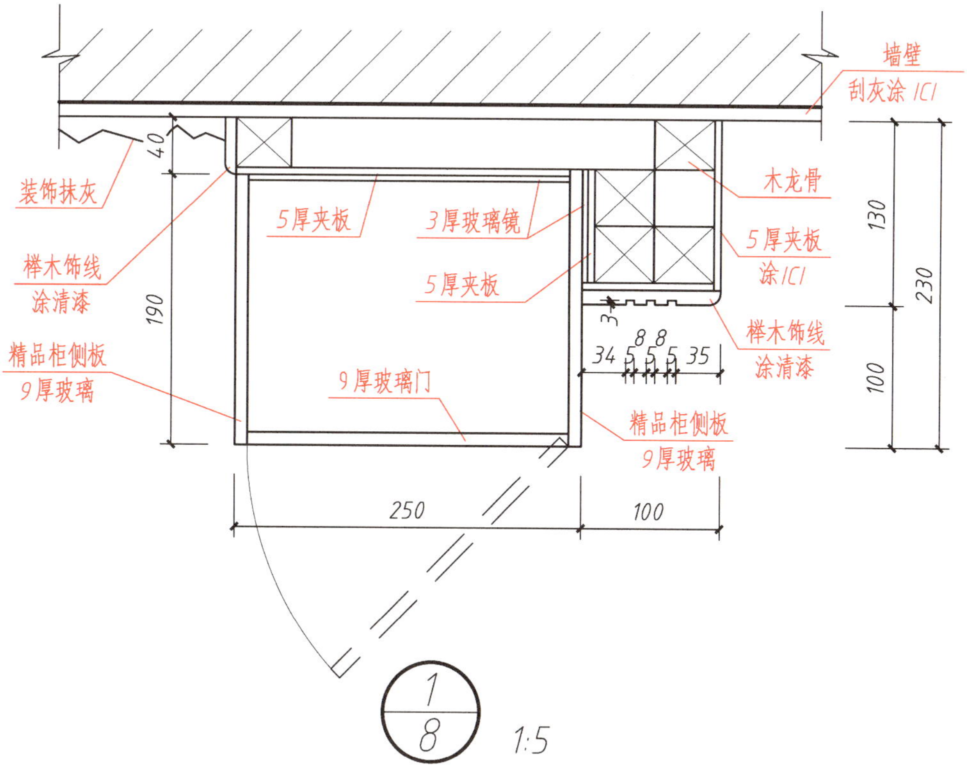

图 12－10　客厅精品柜节点详图

(a) 画出墙面及精品柜的外型轮廓线　　(b) 画出精品柜结构的主要轮廓线

图 12－11　精品柜节点详图的画法

程，在此不再重复。

虽然不同部位节点的做法不同，但都离不开以下的一些基本构造：

（1）底层：支撑该部位造型骨架的受力层，通常是建筑主体结构的梁、板、柱、墙等。如图 12－10 精品柜节点的墙，起到支撑精品柜骨架的作用，又如图 12－12 客厅吊顶天花节点的楼板，起到承受悬吊天花荷载的作用。

（2）中间层：即骨架层，起构型、找平等作用。如图 12－10 精品柜的龙骨、图 12－12 吊顶天花中的龙骨，又如墙面在涂 ICI 乳胶漆之前的刮灰层等。

（3）面层：如面板、饰面涂料等，起装饰作用。如图 12－10 精品柜面层夹板、玻璃、玻璃镜、装饰木线，图 12－12 吊顶天花中的面层夹板、装饰木线、ICI 乳胶漆、清漆等。

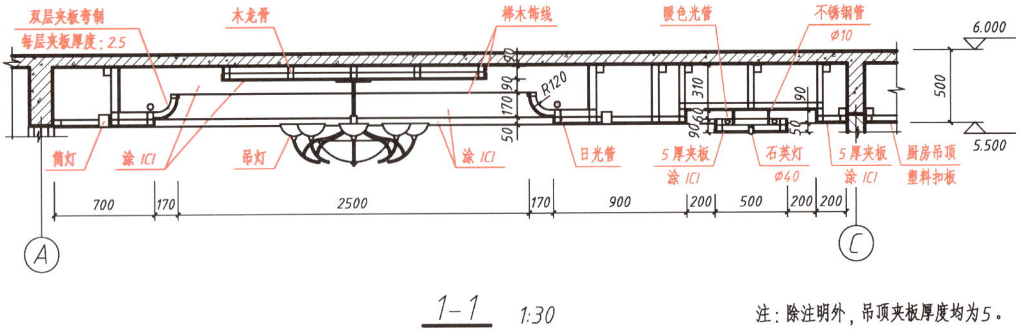

图 12－12　客厅吊顶天花剖面详图

本章学习指引
Reading Guide

1. 建筑装饰装修施工图可以说是建筑施工图的一种，只不过它表达的内容重点不同，要求不同。除了要表示房子本身的形状和大小外，它省略了与装饰装修工程无关的内容和尺寸，却画出了选用的材料，器具的布置，施工的工艺等部分。

2. 室内平面布置图是装修施工图的重点，内容最丰富，最能反映装修施工图的特点，充分体现设计者的理念和修养。

3. 天花平面图是镜像投影，要对照室内平面布置图来阅读。

4. 通过学习装修详图，了解装修节点的基本构造。

5. 绘画装修施工图的步骤与绘画建筑施工图的步骤基本相同。

复习思考题
Review Questions

1. 建筑装饰装修施工图一般包含哪些内容？
2. 室内平面布置图主要表达什么内容？它与建筑平面图有些什么区别？
3. 楼地面铺装图主要表达什么内容？
4. 天花平面图有什么图示特点？有什么内容？
5. 墙柱面装饰图与建筑剖面图有什么不同？它有什么内容？
6. 装修节点的基本构造是什么？

第十三章 给水排水工程图

CHAPTER 13 WATER SUPPLY AND DRAINAGE ENGINEERING DRAWING

§13－1 概述 Introduction

给水排水工程包括给水工程(water supply engineering)、排水工程(drainage engineering)和建筑给水排水工程(building water supply and drainage engineering)三个方面。给水工程是指水源取水、水质净化、净水输送、配水使用等工程；排水工程是指污水(生活、粪便、生产等污水)排放、污水处理、处理后的污水排入江河湖泊等工程；建筑给水排水工程是指建筑给水、建筑排水、热水供应、消防用水及屋面排水等工程。给水排水工程由各种管道及其构配件和水的处理、贮存设备等构成。整个工程与房屋建筑、水力机械、水工结构等工程有着密切关系。因此在学习给水排水工程图之前，对房屋建筑施工图、钢筋混凝土结构施工图等都应有一定的认识。同时对轴测图和展开图(参阅第九章、第十七章)的画法也要掌握，这两种图在给水排水工程图中经常用到。给水排水工程图按其作用和内容分，有以下几种：

(一) 建筑给水排水工程图

主要画出房屋内的厨房、浴厕等房间，以及工矿企业中的锅炉间、澡堂、化验室以及需要用水的车间等用水部门的管道布置，一般包括：管道平面图，管道轴测系统图，卫生设备或用水设备安装详图等。

(二) 室外管网及附属设备图

主要画出敷设在室外地下各种管道的平面及高程布置，一般包括：城镇街区内的街道干管平面图，工矿企业内的厂区管网平面图以及相应的管道纵剖面图和横剖面图。此外，还有管网上的附属设施，如消防栓、阀门井、检查井、排放口等施工图。

(三) 水处理工艺设备图

主要指自来水厂和污水处理厂的设计图样。如水厂内各个水处理构筑物和连接管道的总平面图，反映高程布置的流程图，还有取水构筑物、投药间、泵房等单项工程的平面、剖面等设计图，以及各种给水和污水处理构筑物(如沉淀池、过滤池、曝气池等)的工艺设计图等。

由于管道的断面尺寸比其长度尺寸小得多，所以在小比例的施工图中均以单线条表示管道，用图例表示管道上的配件。这些线型和图例符号，将在以下各节分别予以介绍。除国标

《建筑给水排水制图标准》GB/T 50106—2010 所列图例外，设计人员还可自行编制未列出的图例（但不能与国标所列图例重复和混淆）画在相关施工图上并作说明。

§13-2 建筑给水排水工程图 Building Water Supply and Drainage Engineering Drawing

一、建筑给水工程图(Building water supply engineering drawing)

（一） 建筑给水管道系统的组成（图 13-1）

1. 引入管(entrance pipe)。自室外（厂区、校区、住宅区）给水管引入房屋内部的一段水平管。引入管应有不小于 0.003 的坡度斜向室外给水管。每条引入管安装阀门(valve)，必要时还要装设泄水装置，便于管网检修时泄水。

2. 水表(water meter)节点。用以记录用水量。根据用水情况可在每户、每个单元、每幢建筑物或在一个小区内设置水表。

3. 室内配水管网(pipe network)。包括干管、立管、支管。

4. 配水器具与附件。包括各种水嘴（放水龙头）(faucet)、闸阀等。

5. 升压及贮水设备。当用水量大、水压不足时，需要设置水箱(water chamber)和水泵(water pump)等设备。

6. 消防设备(fire fighting equipment)。按照建筑物的防火等级要求需要设置消防给水时，一般应设消防水池、消火栓等消防设备。有特殊要求的，还应专门装设自动喷淋或水幕消防设备。

建筑给水系统布置方式有多种，按照有无加压和流量调节设备可分为：直接供水方式（图 13-1a)，水泵、水箱供水方式（图 13-1b）和气压给水装置供水方式等。有时还采用建筑物的下面几层由室外给水管网直接供水，上面几层设水箱供水的方式，或设若干水箱（水泵）分别供给相应楼层，即习惯上称为“分区供水”方式（图 13-1c）。若按水平干管敷设位置的不同，可分为下行上给式和上行下给式两种。下行上给式（图 13-1a）的干管敷设在地下室或首层地面以下，一般用于住宅、公共建筑以及水压能满足要求的建筑物。上行下给式（图 13-1b）的干管敷设在顶层的顶棚上或阁楼中，由于室外管网给水压力不足，建筑物上需设置蓄水箱或高位水箱和水泵，一般用于多层民用建筑、公共建筑（澡堂、洗衣房）或生产流程不允许在底层地面下敷设管道，以及地下水位高、敷设管道有困难的地方。若按照配水干管或配水立管是否互相连接成环形来区分，又可分为环状和枝状两种管网布置形式。环状是指干管首尾相接，有两根引入管，一般用于生产性建筑，如图 13-1a 所示。枝状是指干管首尾不相接，只有一个引入管，支管布置形状像树枝，一般用于民用建筑，如图 13-1b 所示。

（二） 布置建筑给水管道应考虑的几点原则

1. 管道系统选择应使管道最短，便于检修。

2. 给水立管应靠近用水量大的房间和用水点。

（三） 建筑给水工程图的内容

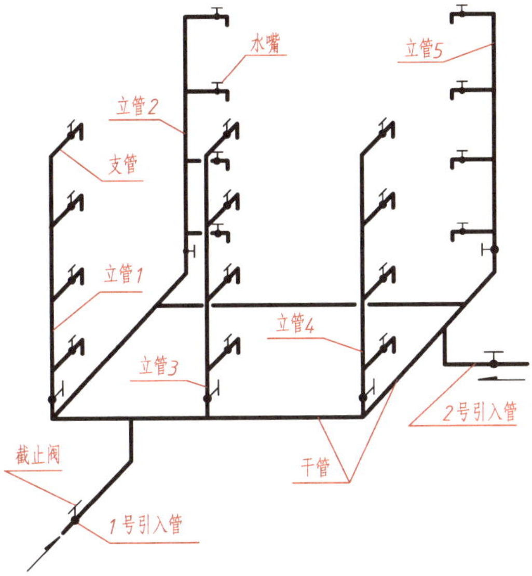

(a) 直接供水的水平环状下行上给式布置

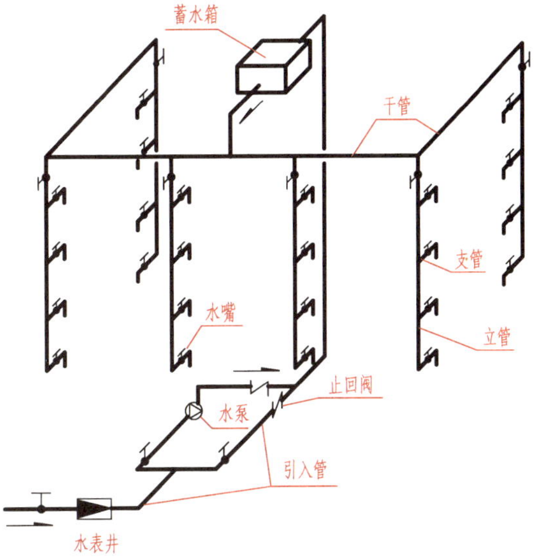

(b) 设水泵、水箱供水的枝状上行下给式布置

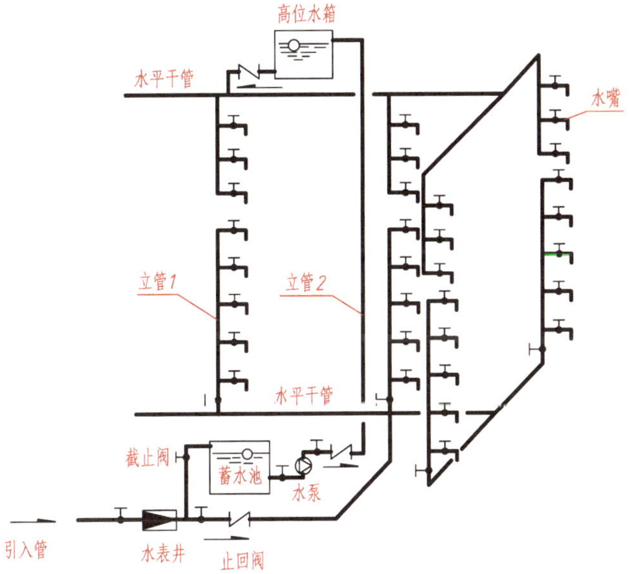

(c) 分区供水的枝状布置

图 13－1　建筑给水管道系统的组成及布置图式

1. 平面图。在房屋内部要用水的房间，大多配以卫生设备（sanitary fittings）和给水用具。图 13－2 是某学生宿舍卫生间的建筑给水平面图。

建筑给水平面图的画法如下：

（1）用 1∶50 或 1∶20 局部放大画出用水房间的平面图，图线可采用细实线。

（2）画卫生设备的平面布置。大便器（water closet）、小便器是定型产品，小便槽、盥洗槽、洗脸盆均另有详图，因此，平面图以中实线(0.5b)按比例用图例画出卫生设备的位置。

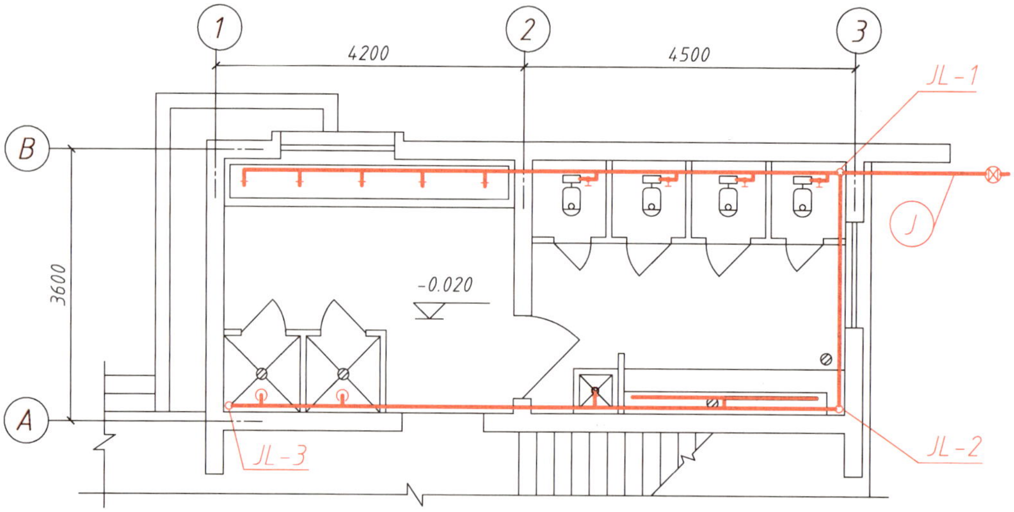

(a) 首层给水平面图

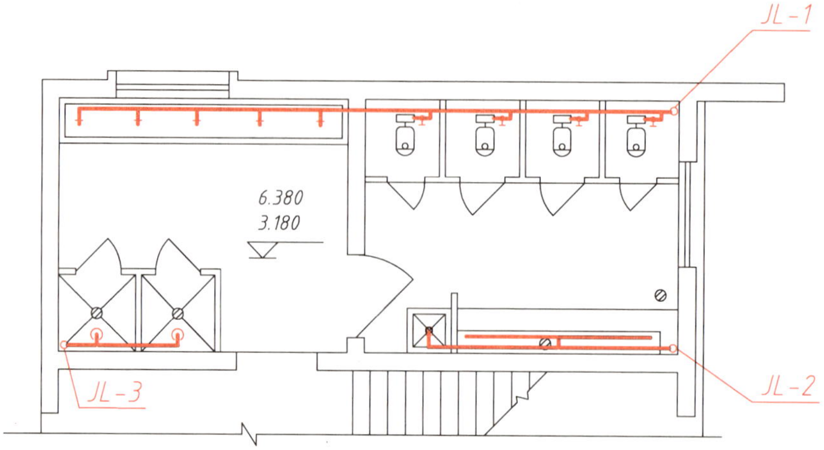

(b) 二、三层给水平面图

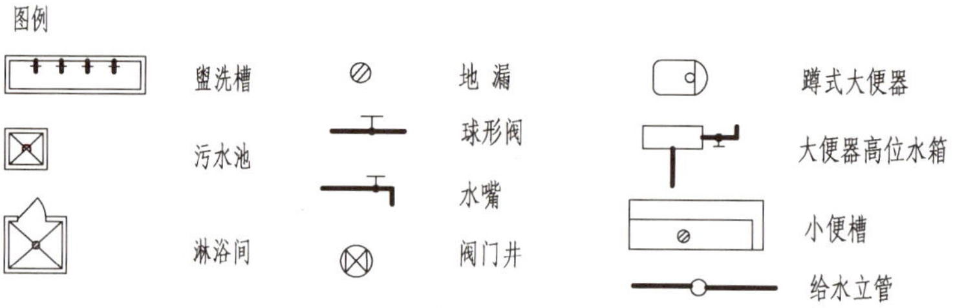

(c) 图例

图 13－2 建筑给水平面图

(3) 画管道的平面布置。管道是平面图的主要内容，以中粗实线(线宽0.7b)表示。首层平面图(图 13－2a)应画出引入管、下行上给式的水平干管、立管、支管和水嘴等配件及设备。

图 13－2 的管道是明装敷设方式。当管道为暗装时，图纸上除有说明外，管道线应绘在墙身断面内。无论是明装或暗装，管道线仅表示其安装位置，并不表示其具体平面位置尺寸(如与墙面的距离等)。

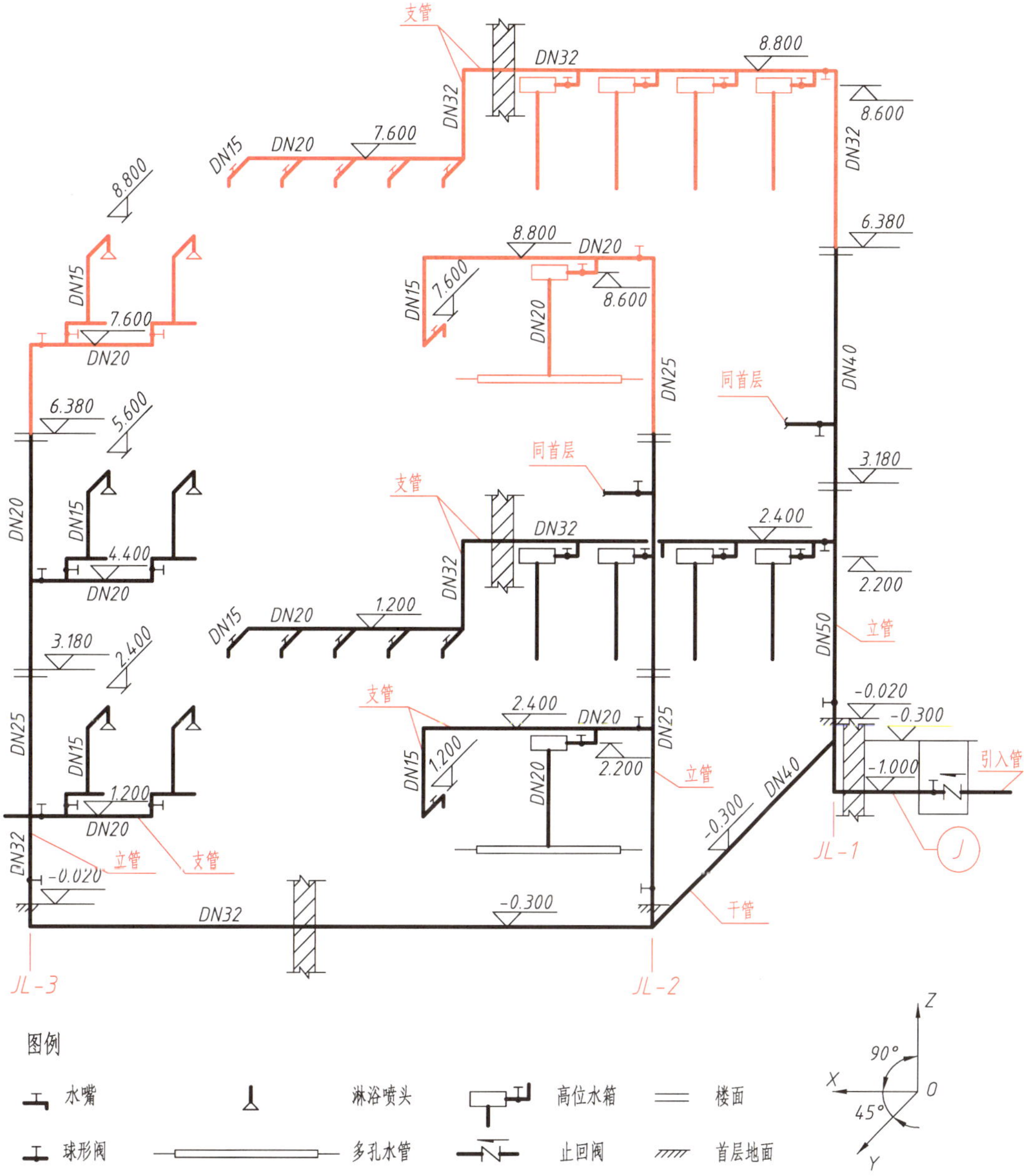

图 13－3　建筑给水管道轴测系统图

给水平面图是建筑给水工程图的重要图样，是画管道轴测系统图的重要依据。从图 13－2 可知，给水管自房屋轴线③×Ⓑ的墙角入口，通过底层水平干管分三路送到用水处；第一路通过立管 *1*(标记为 *JL－1*)送入大便器和盥洗槽；第二路通过立管 *2*(*JL－2*)送入小便槽多孔冲洗管和污水池；第三路通过立管 *3*(*JL*－*3*)送入淋浴间的淋浴喷头。

2. 给水管道轴测系统图。建筑给水工程图，除平面布置图外还应配以管道轴测系统图(通常画成正面斜轴测图,三个轴向伸缩系数都取 1,便于画图)，表示给水管道的空间布置情况。画管道轴测系统图时应注意以下几点：

(1) 轴向选择。通常把房屋的高度方向作为 *OZ* 轴，*OX* 和 *OY* 轴的选择则以能使图上管道简单明了，避免管道过多地交错为原则。图 13－3 是根据图 13－2 给水管道平面布置图画出的给水管道系统正面斜轴测图。由于室内卫生设备多沿房屋横向布置，所以图中以横向作为 *OX* 轴，纵向作为 *OY* 轴。

(2) 轴测图的比例与平面布置图相同，*OX*、*OY* 向的尺寸可直接从平面图上量取，*OZ* 向的尺寸根据房屋的层高(本例为 3.2 m)和水嘴的习惯安装高度尺寸决定。例如盥洗槽、污水池等的水嘴高度，一般采用该层楼面之上 1.2 m 左右，淋浴喷头的高度采用 2.4 m，大便器、小便槽的高位水箱高度采用 2.4 m，其上的球形阀门高度采用 2.2 m。

(3) 给水管道轴测系统图的画图顺序。(ⅰ)从引入管开始(设引入管标高为－1.000)，画出靠近引入管的立管 *JL*－*1*；(ⅱ)根据水平干管的标高(－0.300)画出平行于 *OY* 轴和 *OX* 轴的水平干管；(ⅲ)画出立管 *JL*－*2* 和立管 *JL*－*3*；(ⅳ)在三根立管上根据楼地面的标高，画出并标注楼层、地面和各支管的高度；(ⅴ)根据各支管的轴向，画出与立管 *JL*－*1*、*JL*－*2*、*JL*－*3* 相连接处的支管；(ⅵ)画上水表、淋浴喷头、大便器高位水箱、水嘴等图例符号；(ⅶ)注上各管道的直径和标高。为了使轴测图表达清楚，当各层管道布置相同时，轴测图上中间层的管道可以省略不画，在折断的支管处注上“同×层”即可。如图 13－3 中，立管 *JL*－*1* 和立管 *JL*－*2* 处在第二层的管道均未画出，而注上“同首层”三字。

(4) 轴测图中，仍以中粗实线(线宽 0.7*b*)表示给水管道。

二、建筑排水工程图(Building drainage engineering drawing)

(一) 建筑排水管道的组成(图 13－4)

1. 排水横管(horizontal drainpipe)。连接卫生器具和大便器的水平管段称为排水横管。连接大便器的水平横管管径不小于 100，且流向立管方向有 2% 的坡度。当大便器多于一个或卫生器具多于两个时，排水横管应有清扫口。

2. 排水立管(vertical drainpipe)。管径一般为 100，但不能小于 50 或所连接的横管管径。立管在首层和顶层应有检查口，检查口距地面高度为 1.000 m。多层建筑中则每隔一层应有一个检查口。

3. 排出管(sewer pipe)。把室内排水立管的污水排入检查井的水平管段，称为排出管。其管径应大于或等于 100，向检查井方向应有 1%～2% 的坡度(管径为 100 时坡度取 2%，管径为 150 时坡度取 1%)。

4. 排气管(vent stack)。在顶层检查口以上的立管称为排气管，以排除管道中的气体。排气管应高出屋面 0.300 m(平屋面)至 0.700 m(坡屋面)。在寒冷地区，排气管管径应比立管管径大 50，以备冬季时因管内结冰致使管内径减少。在南方地区，排气管管径与排水立管相同，最小不应小于 50。

(二) 布置建筑排水管道应注意的几点原则

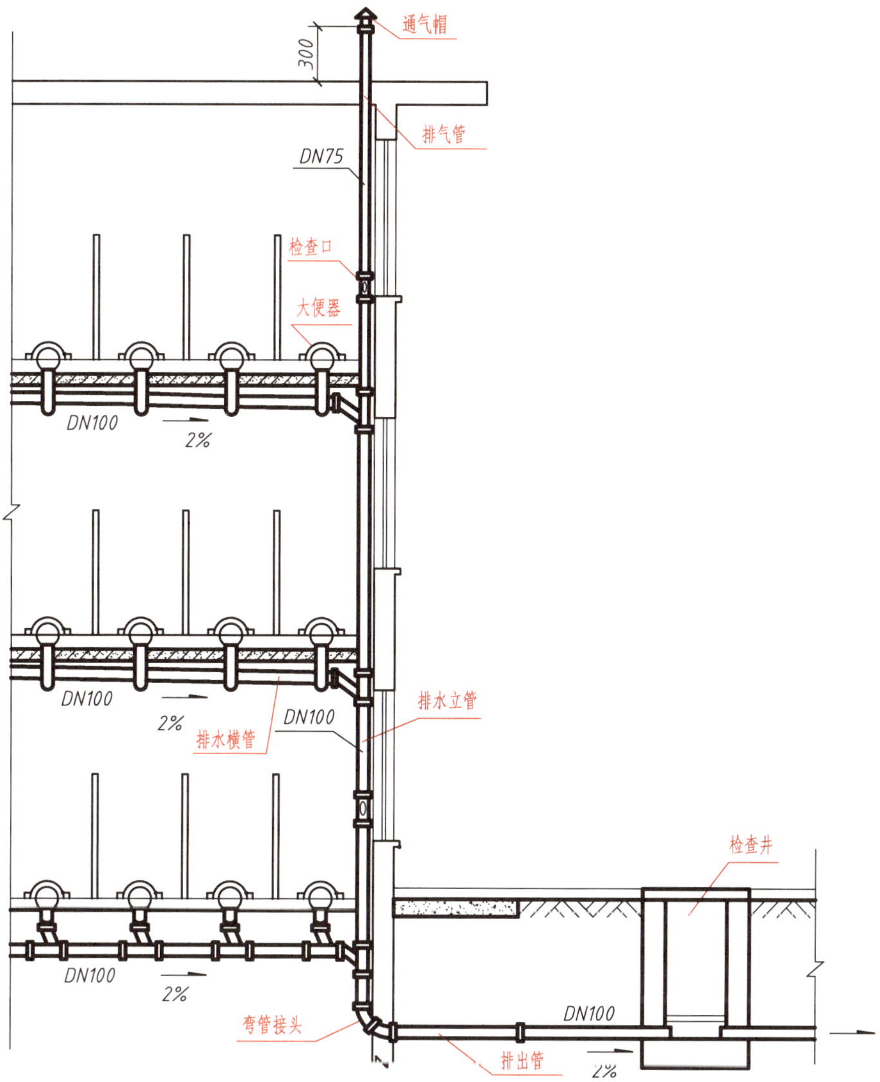

图 13－4 建筑排水管道的组成

1. 立管布置要便于安装和检修。

2. 立管应尽量靠近污物、杂质最多的卫生设备(如大便器、污水池)，横管应有坡度，斜向立管。

3. 排出管应选最短途径与室外管道连接，连接处应设检查井(well chamber)。

(三) 建筑排水工程图的内容

1. 建筑排水管道平面图。图 13－5 是图 13－2 某学生宿舍卫生间的排水管道平面图。为了靠近室外排水管道，将排出管也布置在轴线③×Ⓑ处，但方向与给水引入管成 90°。同时，为了便于粪便的处理，将粪便排出管与淋浴、盥洗排出管分开，把后者的排出管布置在轴线①×Ⓑ处，直接排到室外排水管道。也可先排到室外雨水沟，再由雨水沟排入室外排水管道。排水管道均用粗虚线(线宽 *b*)画出。

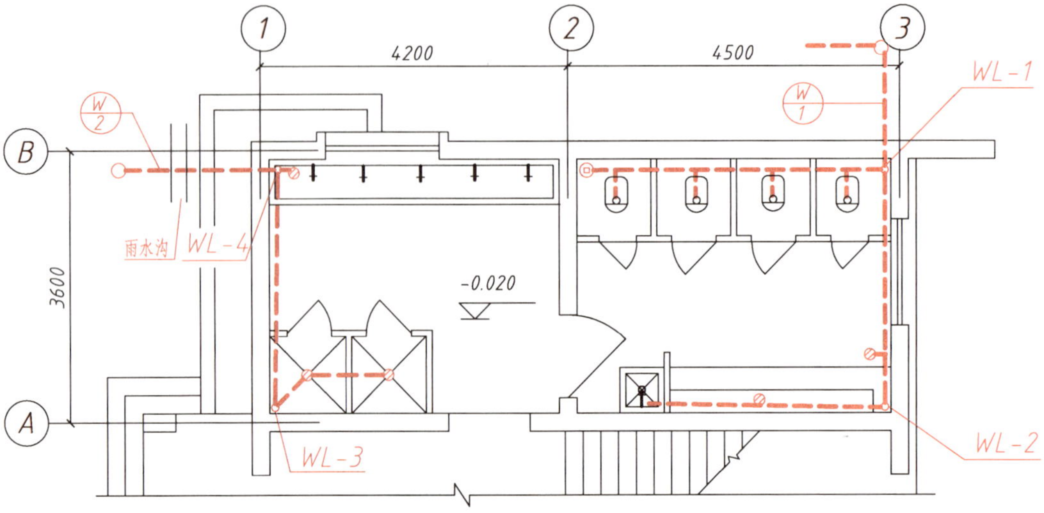

(a) 首层排水管道平面图

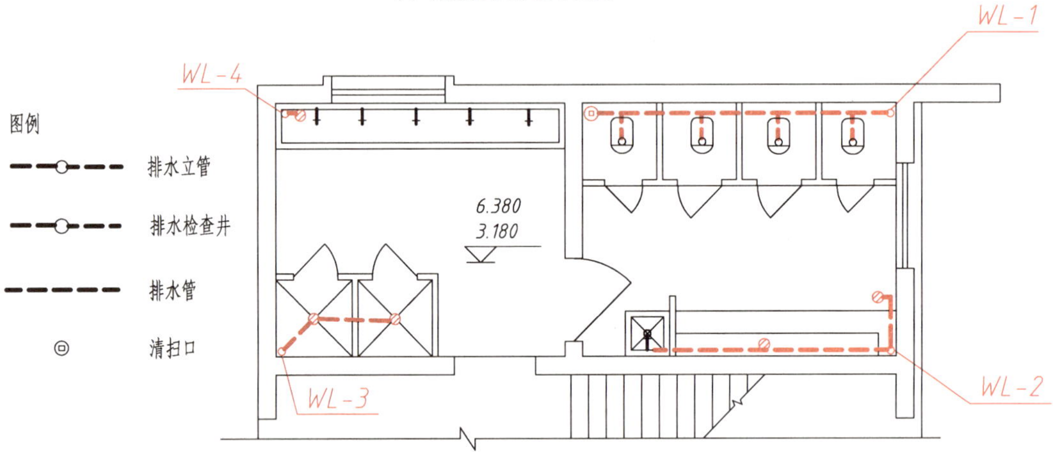

(b) 二、三层排水管道平面图

图 13－5　建筑排水管道平面布置图

2. 建筑排水管道轴测系统图。排水管道也需要用轴测系统图表示其空间连接和布置情况。在同一幢房屋中，排水管道轴测系统图的轴向选择应与给水管道轴测系统图一致，仍选用正面斜轴测。由于粪便污水与盥洗、淋浴污水分两路排出室外，所以它们的轴测系统图也应分别画出。图 13－6a 是大便器、地漏、小便槽排水管道轴测系统图。图 13－6b 是盥洗槽、淋浴间排水管道轴测系统图。在支管上与卫生器具或大便器相接处，应画上存水弯(trap)，即水封(water bosh)。水封的作用是使 U 形管内保持一定高度(50～100 mm)的水层，以阻止室外下水道中产生的臭气和有害气体污染室内空气影响卫生。

画图时，应注意在室内排水横管上标注的标高指的是管的内底标高。

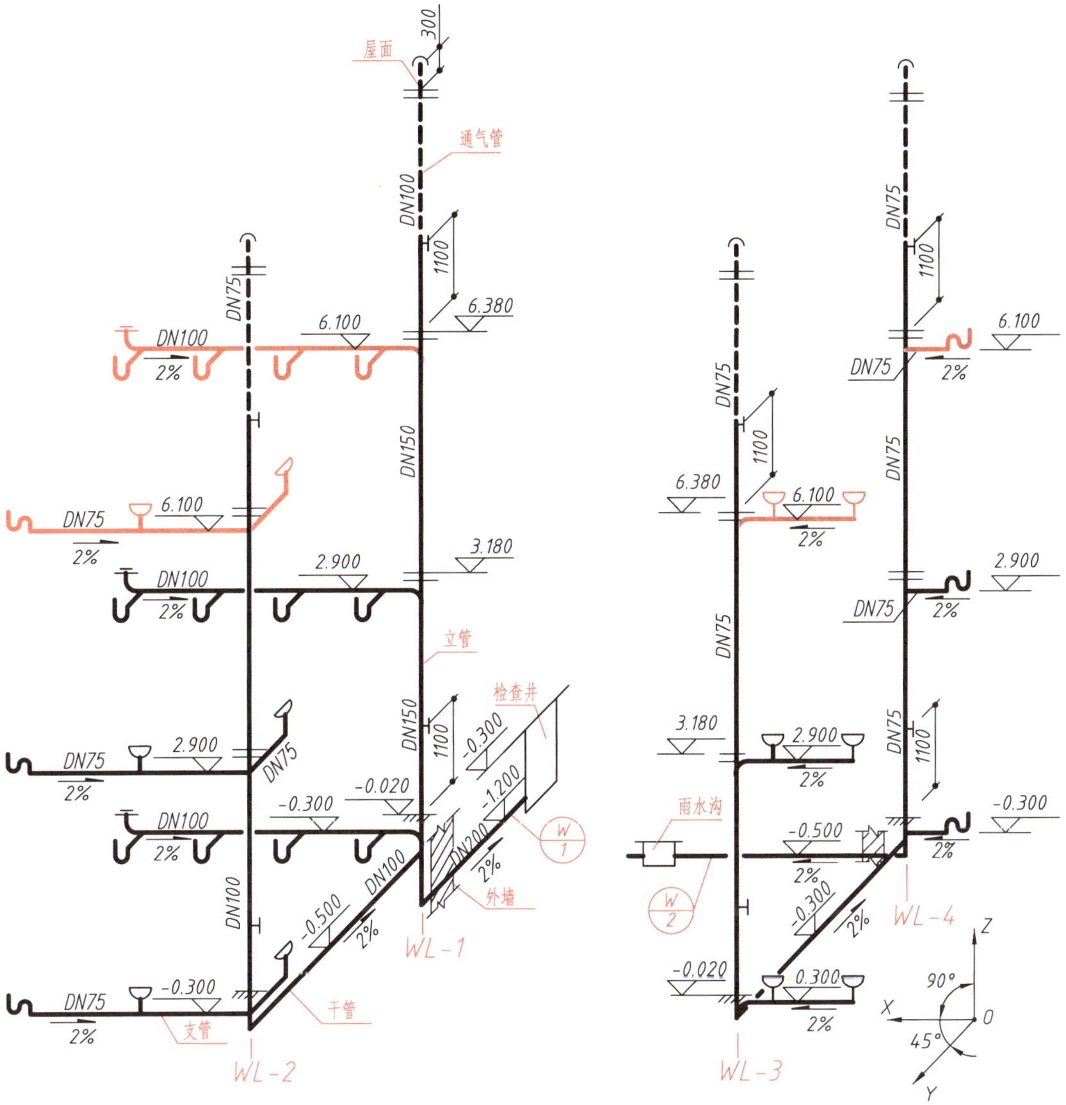

(a) 大便器、地漏、小便槽等的排水管道　　(b) 盥洗槽、淋浴间等的排水管道

图例

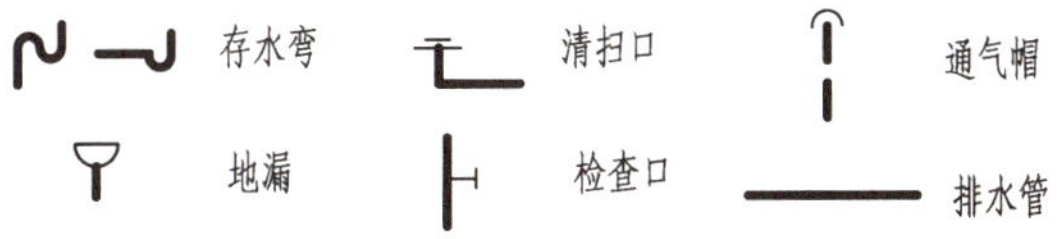

图 13－6　建筑排水管道轴测系统图

§ 13 – 3 室外管网布置图 Exterior Pipe Network Plan

一、室外管网布置图(Exterior Pipe Network Plan)

为了说明新建房屋室内给水排水管道与室外管网的连接情况，通常要用小比例(如 1∶500, 1∶1 000)画出室外管网的平面布置图。在此类图中，只画出局部室外管网的干管，说明它们与建筑物的给水引入管和排水排出管的连接情况。用中实线画出建筑物外墙轮廓线，中粗实线表示给水管道，粗虚线表示排水管道。检查井用直径 2～3 mm 的小圆表示。图 13 – 7a 是某学生宿舍室外给水管网平面布置图，图 13 – 7b 是该宿舍的室外排水管网平面布置图。

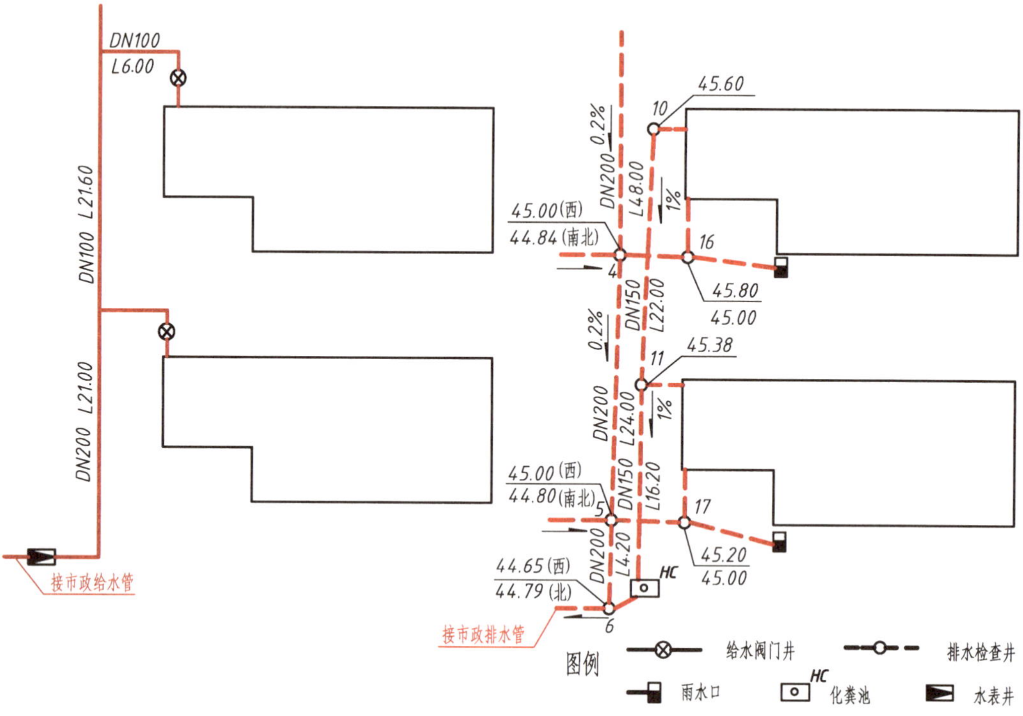

(a) 给水管网　　(b) 排水管网

图 13 – 7　室外管网平面布置图

二、小区(或城市)管道总平面图(District (or city) pipe network site plan)

为了说明一个小区(或城市)给水排水管道的布置情况，通常需画出该区的给水排水管道总平面图。建筑总平面图是小区管网总平面图的设计依据。但由于作用不同，建筑总平面图重点在于表达建筑群的总体布置、道路交通、环境绿化等，所以用粗实线画出建筑物的轮廓。而管道总平面图则应以管道布置为重点，所以应用中粗实线画出给水管道，用粗虚线画出排水管道，而用中实线画出房屋外轮廓，用细实线画出其余地物、地貌、道路等，绿化可略去不画。图 13－8 所示的某校区管道总平面图，将给水与排水管道画在同一张图纸上(也可分别画出)。画图时应注意以下几点：

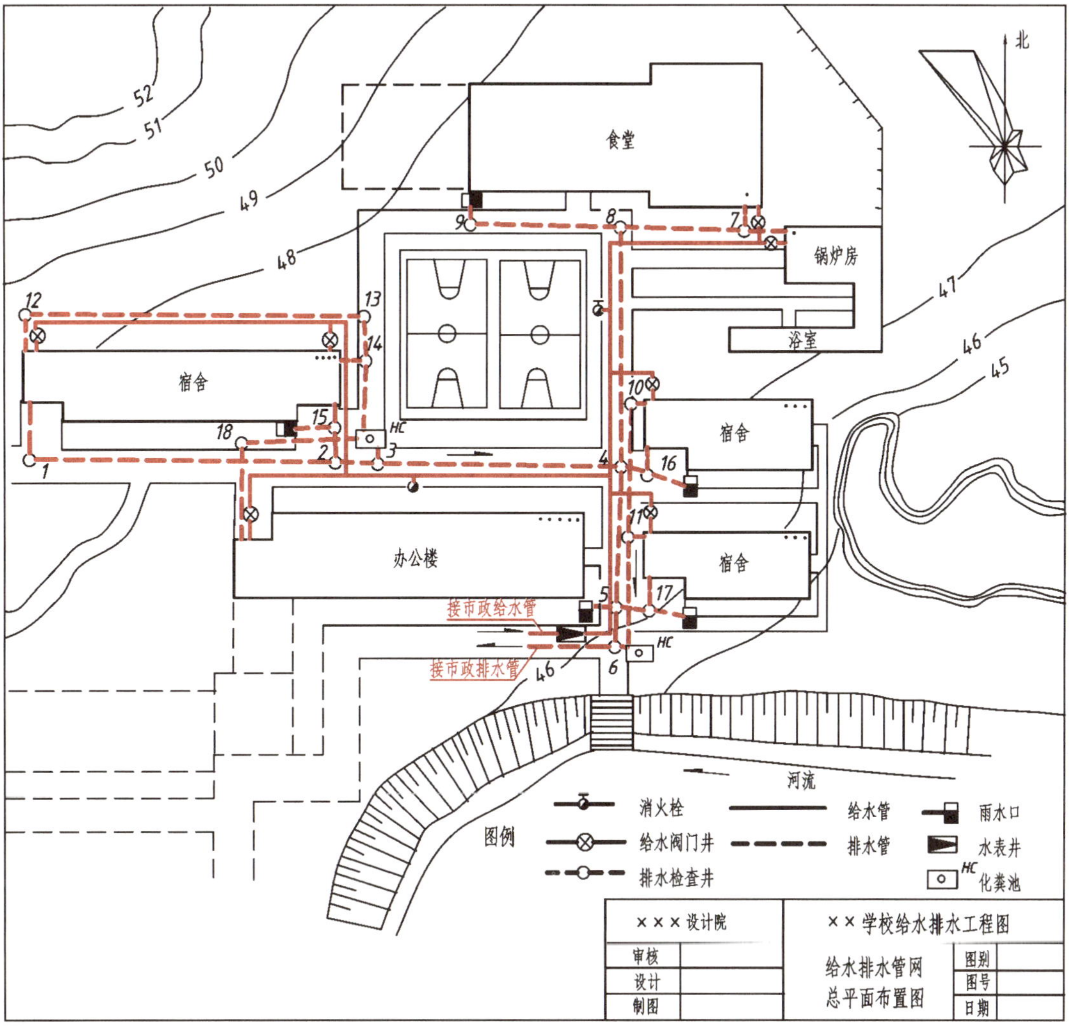

图 13－8　某校区管道总平面图

1. 给水管道用中粗实线表示。房屋引入管处均应设置阀门井(valve well)，一个居住区还应有消火栓(hose bib)和水表井(water meter well)。如属城市管网布置图，还应画上水厂、泵站和水塔等的位置。

2. 由于排水管道经常要疏通，所以在排水管的起端、两管相交点和转折点均要设置检查井，在图上用直径 2～3 mm 的小圆圈表示。两检查井之间的管道应是直线，不能做成折线或曲线。排水管是重力自流管，因此在校区内只能汇集于一点，再向排水干管排出。从上流开始，按主次把检查井顺序编号，在图上用箭头表示水流方向。图中排水干管和雨水管、粪便污水管等均用粗虚线表示。本例是把雨水管、污水管合一排除，即通常称为合流制的布置方式，一般用于小地区。

为了说明管道、检查井的埋设深度，管道坡度、管径大小等情况，对较简单的管道布置可直接在平面图中注上管径、坡度、流向，以及每一管段检查井处的各向管子的管内底标高。室外管道宜标注绝对标高。图 13－7b 是图 13－8 中检查井 *4*、*5*、*6*、*10*、*11*、*16*、*17* 处的放大图。如检查井 *4*、*5* 之间排水管道直径为 200，坡度为 0.2%，自 *4* 号流向 *5* 号检查井。在 *4* 号检查井处，分子 45.00(西)表示与检查井 *4* 相连的西向管道在该处的管内底标高，分母 44.85(南北)表示南北管道在检查井 *4* 处的管内底标高。给水管道一般只要标注直径和长度，如图 13－7a 中的 *DN* 和 *L*。图 13－7 所标注的具体内容，本应分别标注到图 13－8 的各管道中。但本图比例较小，所以均未标注。

三、管道纵断面图(profile of pipelines)

由于整个市区管道种类繁多，布置复杂，因此，应按管道种类分别绘出每一条街道的管网总平面布置图和管道纵断面图(profile)，以显示路面起伏，管道敷设的坡度、埋深和管道交接等情况。图 13－9 是某街道的管道总平面图，图中分别以中粗实线、粗虚线和粗单点长画线画出给水管、污水管和雨水管三种管道。图 13－10 是该街道污水干管纵断面图。

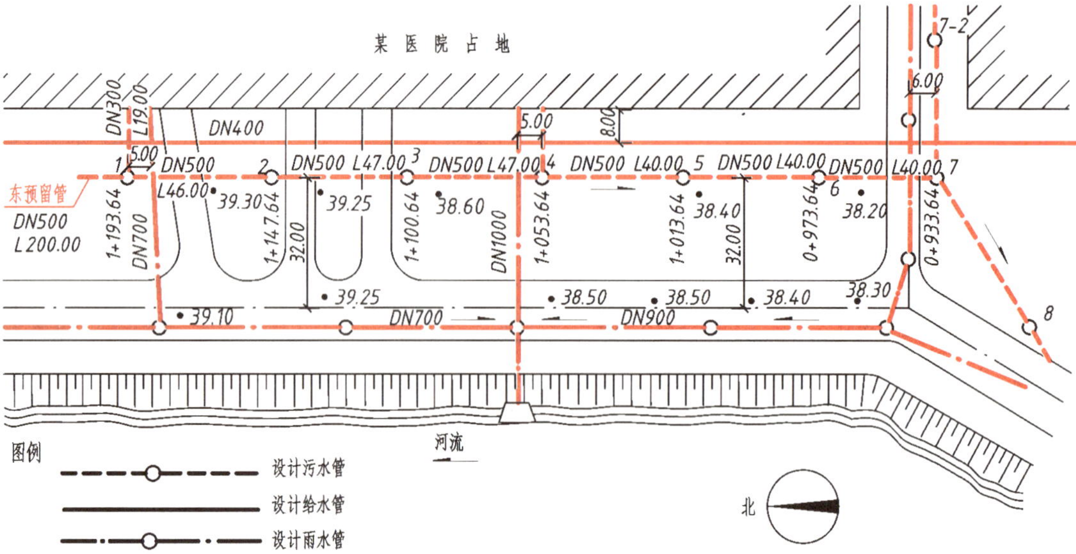

图 13－9 街道管道总平面图

纵断面图的内容、读法和画法如下：

1. 管道纵断面图的内容有：管道、检查井、地层的纵断面图和该干管的各项设计数据。前者用断面图表示，后者则在管道断面图下方的表格分项列出。项目名称有干管的直径、坡度、埋设深度，设计地面标高，自然地面标高，干管内底标高，水平长度，设计流量 Q(单位时间内通过的水量，以 L/s 计)、流速 V(单位时间内水流通过的长度，以 m/s 计)、充盈度 h/D(表示水在管道内所充满的程度，h 指水在管道断面内占有的高度，D 为管道的直径)。此外，在最下方，还应画出管道平面示意图，以便与剖面图对应。

2. 由于管道的长度方向(图中的纵向)比其直径方向(图中的竖向)大得多，为了说明地面起伏情况，通常在纵断面图中采用纵竖两种不同的比例。在图 13－10 中，竖向比例为 1∶100

（也可采用 1∶200 或 1∶50），纵向比例为 1∶1 000（也可采用 1∶2 000 或 1∶500），一般竖纵的比例为10∶1。

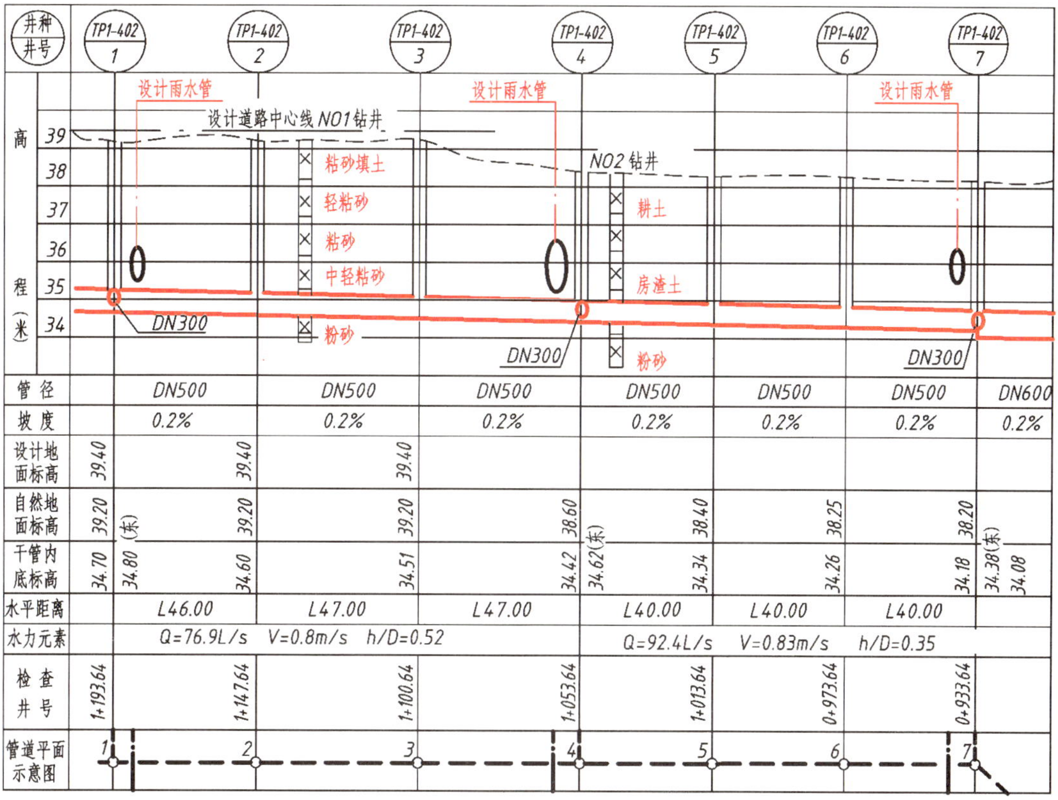

说明：Q为设计流量；V为设计流速；h/D为设计充盈度。

图 13－10　街道污水干管纵断面图

3. 管道断面是管道纵断面图的主要内容。它是沿着干管轴线垂直剖开后画出来的。画图时，在高程栏中根据竖向比例（1 格代表 1 m）绘出水平分格线；根据纵向比例和两检查井之间的水平距离绘出竖直分格线。然后根据干管的直径、管内底标高、坡度、地面标高，在分格线内按上述比例画出干管、检查井的断面图。管道和检查井在断面图中都用双中粗实线表示，并把同一直径的设计管段都画成直线。此外，还应画出另一方向与该干管相交或交叉的管道断面。因为竖纵比例不同，断面画成椭圆形。

4. 该干管的设计项目名称，列表注写于断面图的下方。应注意不同管段之间设计数据的变化。例如 *1* 号检查井到 *4* 号检查井之间，干管的设计流量 $Q=76.9$ L/s，流速 $V=0.8$ m/s，充盈度 $h/D=0.52$。而 *4* 号检查井到 *7* 号检查井之间，干管的设计数据则变为 $Q=92.4$ L/s，$V=0.83$ m/s，$h/D=0.35$。其余数据如表中各栏所示。管道平面示意图只画出该干管、检查井和交叉管道的位置，以便与断面图对应。

5. 为了显示土层的构造情况，在纵断面图上还应绘出有代表性的钻井位置和土层的构造断面。图中绘出了 *1*、*2* 号两个钻井的位置。从 *1* 号钻井可知该处自上而下土层的构造是：（1）粘砂填土，（2）轻粘砂，（3）粘砂，（4）中轻粘砂，（5）粉砂。

6. 在管道纵断面图中，通常将管道断面画成中粗实线双线，设计地面线、竖向定位线、栏目分格线、检查井、标尺线等宜用细实线，自然地面线宜用细虚线，管道平面示意图用中粗虚线和单点长画线表示。

§13－4 管道上的构配件详图 Details of Members and Fittings on Water Pipes

建筑给水排水管道平面图、轴测系统图和室外给水排水管道总平面图等图样，只表示了管道的连接情况、走向和配件(fitting)的位置。这些图样比例较小(如1∶100,1∶1 000,1∶2 000 等)，配件的构造和安装情况均用图例表示。为了便于施工，需用较大比例画出配件及其安装详图。

给排水工程的配件及构筑物种类繁多，现只将其中与房屋建筑有关的配件详图的画法，举例介绍如下：

一、穿墙防漏套管安装详图(Installation detail of leakproof wall bushing)

图 13－11 是给水管道穿墙防漏套管(leakproof wall bushing)安装详图。其中图 13－11a 是

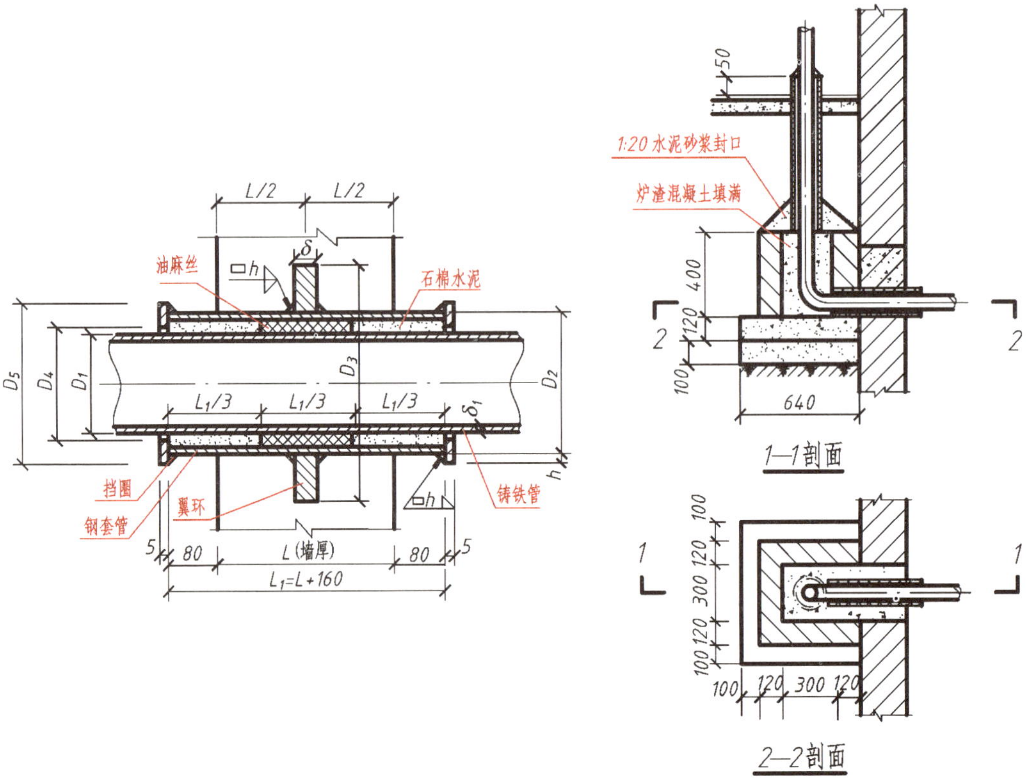

(a) 水平管 (b) 90° 弯管

图 13－11 给水管道穿墙防漏套管安装详图

水平管穿墙安装详图。由于管道都是回转体，可采用一个剖面图表示。图 13－11b 是 90°弯管穿墙安装详图。两视图都采用全剖面，剖切位置都通过给水管的轴线。

二、检查井详图（Detail of well chamber）

图 13－12 为砖砌半圆形排水双联井（指管沟（pipe ditch）与检查井联合在一起）的详图。

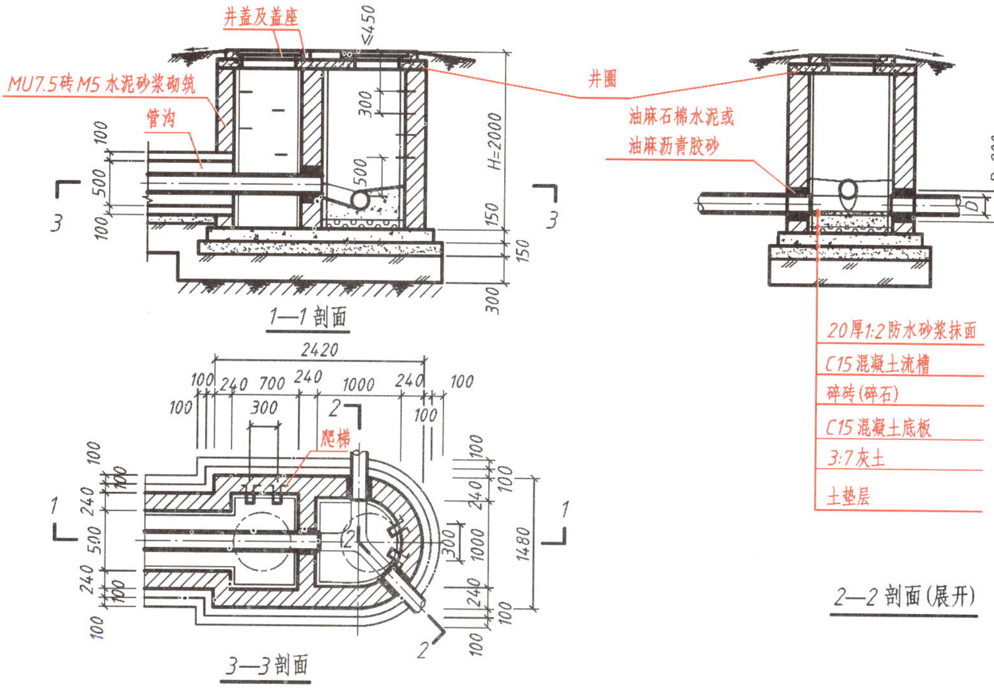

(a) 砖砌半圆形排水双联井详图

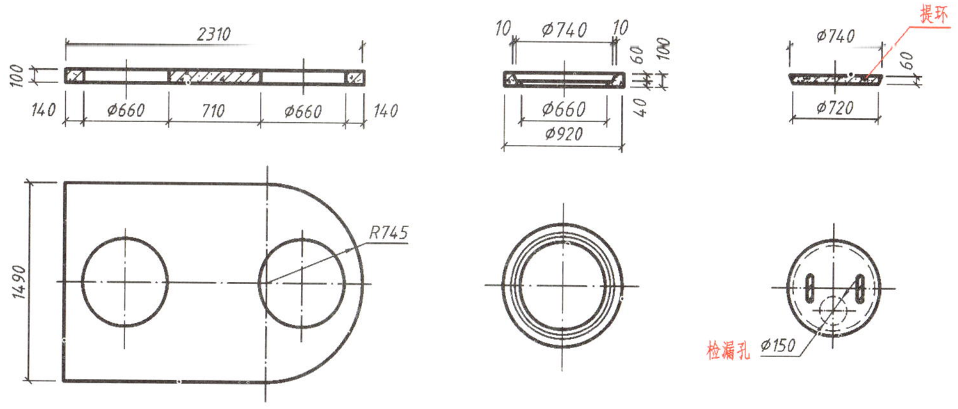

(b) 钢筋混凝土井圈　　(c) 钢筋混凝土盖座　　(d) 钢筋混凝土井盖

图 13－12　检查井详图

由于检查井外形简单，需要表达清楚的是内部三向管子连接和检查井、管沟的构造情况，三个视图均画成剖面图。平面图是 *3—3* 全剖面，剖切位置通过管子的轴线。立面图是 *1—1* 全剖面，剖切位置通过管子和检查井的中心线。侧面图是 *2—2* 旋转剖面，剖切位置通过两根管子的轴线。检查井的材料、构造、尺寸、详细做法如图 13－12a 所示。图 13－12b、c 和 d 分别是上述检查井的钢筋混凝土井圈、盖座和井盖详图。

§ 13－5 水泵房设备图 Drawings of Equipments of Pump Room

水泵房是城市给水排水工程中一个必要的组成部分，是整个给水排水系统赖以正常运转的枢纽。给水系统的水泵房主要分为取水泵房和送水泵房两种。前者借助水泵和管道设备，从水源(江河湖泊等)将原水输送入水厂净化；后者则将净化后的清水通过城市管道送给用户。

地表水源的取水泵房往往建在靠近水源的地下深处，以方便取水。图 13－13 和图 13－14 是某水厂的取水泵房的平面图和剖面图。从平面图可知，泵房为圆筒形构筑物，与吸水井(圆筒的左边部分)结合在一起，内有两根直径为 *DN*1300 的吸水管 *1* 通向水源，让原水由重力流入吸水井。然后利用泵房内安装的四台水泵 *11*，分别从吸水井将原水抽到接近地面的两根总压水管，集中送入水厂。

结合图 13－13 平面图和图 13－14 剖面图可以看到：吸水管 *1* 穿过吸水井壁处装有防水套管 *4*，以防井水渗漏。井水被吸入水泵之前，要通过吸水井与泵房之间的隔墙上的防水套管 *4* 和单法兰直管 *2*，然后通过闸阀 *9*、双法兰三通管 *7*、直管 *1* 和单法兰偏心异径管 *6* 进入水泵 *11*。水泵 *11* 和电动机 *10* 安装在一起。原水受水泵的压送，经过双法兰异径管 *5*、闸阀 *9* 和单法兰直管 *2*，并经过上、下两个 90°弯管 *12*，被提升流入接近地面的直管 *1*。之后，再通过泵房外的闸阀井而进入总压水管。

从图 13－14 的 *1—1* 剖面图还可以看到水泵房的底面标高为 20.000，深入地下 15.900 m(地面标高为 35.900)。泵房内吸水管轴线标高为 21.450，低于历年最低水位(标高为 23.500) 2.050 m。吸水井内的最低水面经常保持在标高 23.100 处，从而保证井中终年都可以吸到水。图中画出从进水口到总压水管之间的整个取水管系和设备，但没有画出水泵的轮廓，而只用一个矩形线框表示水泵的机座。图中还画出水管的支座和支架、吸水井顶上的排气阀和泵房内的排水管等。

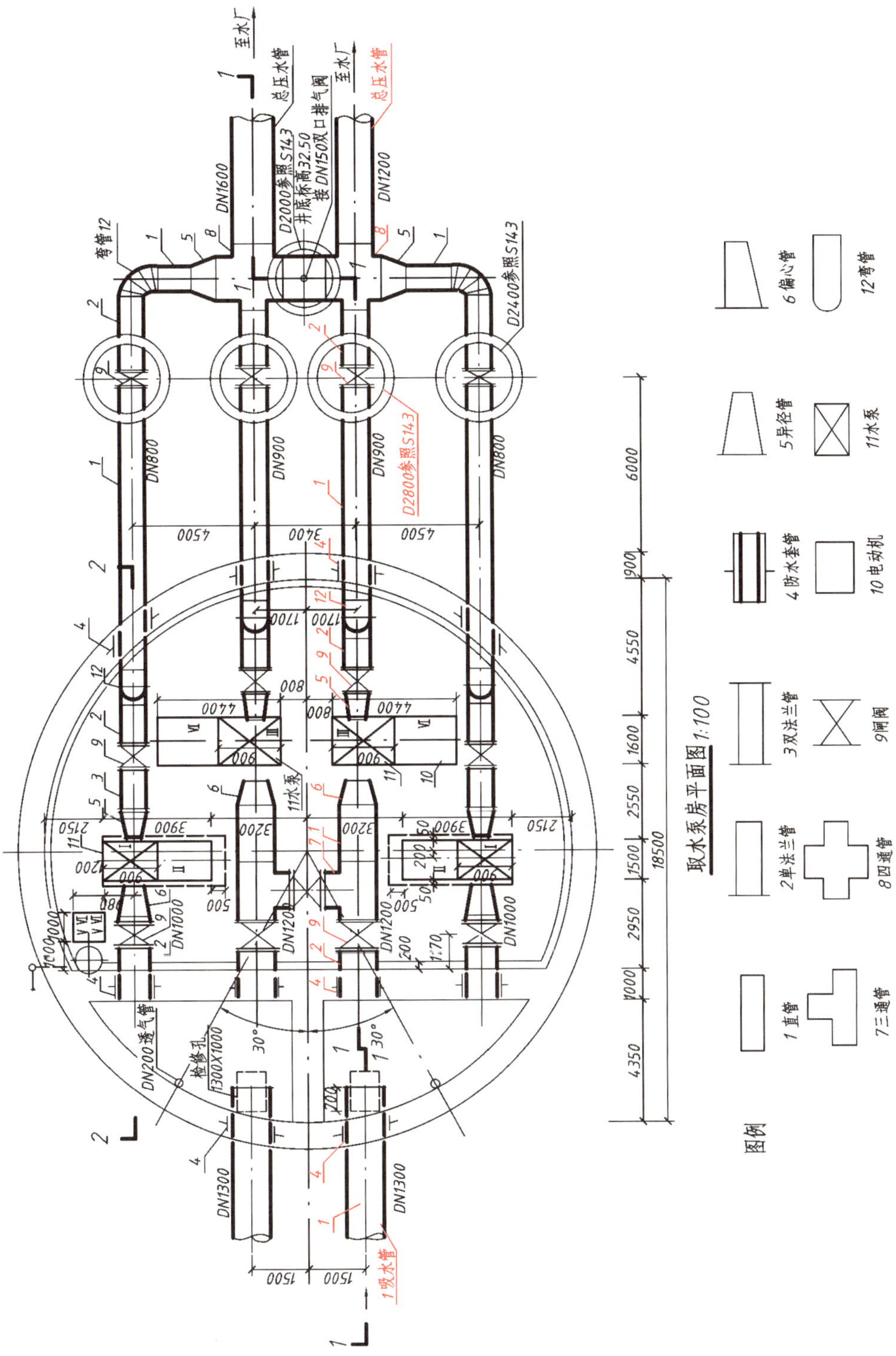

图 13－13　水泵房平面图

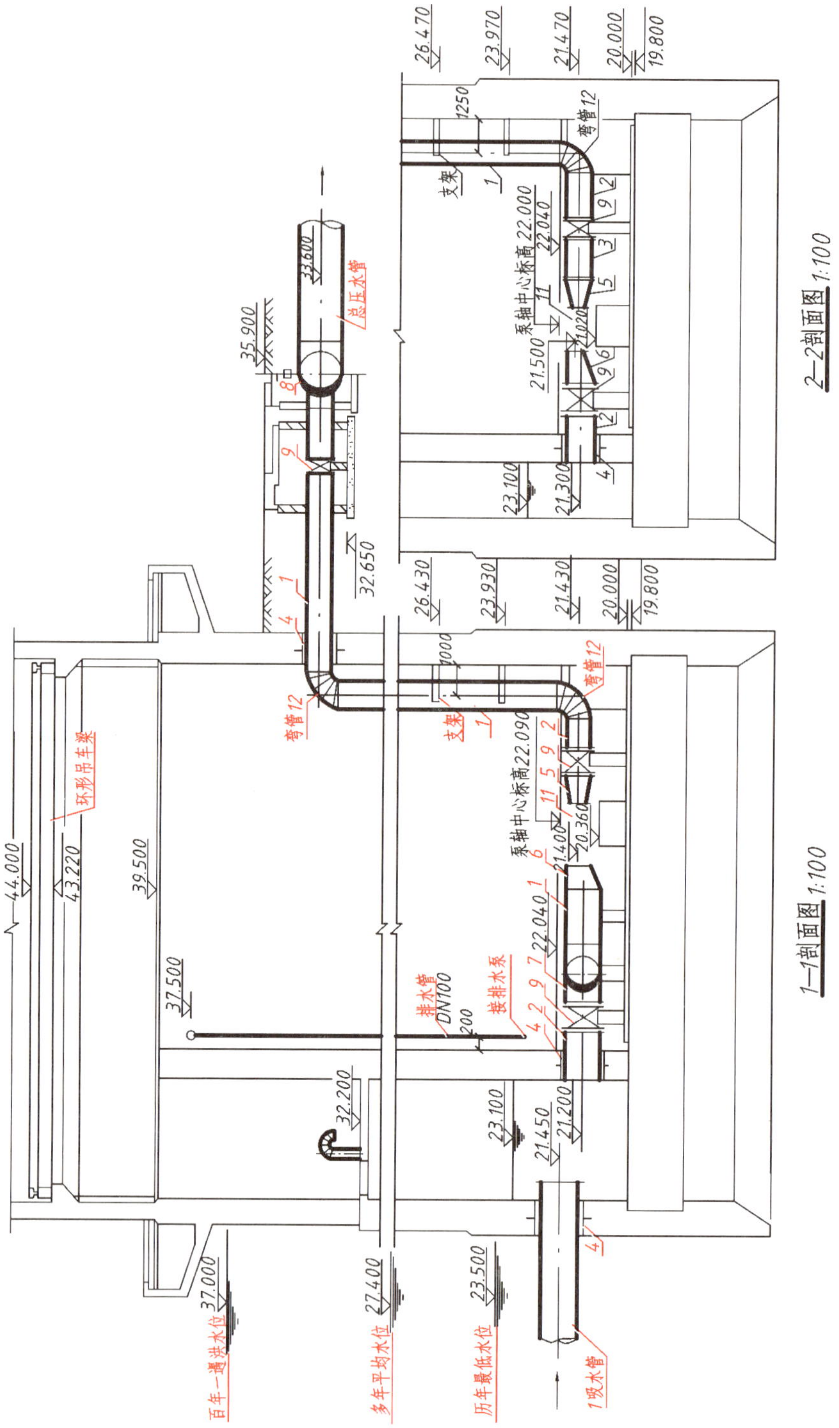

图 13－14 水泵房剖面图

本章学习指引
Reading Guide

1. 给水排水工程图不仅涉及室内，还涉及室外、区域的管网图，以及设备图。内容较多，本章只介绍一些基本知识，作为入门。较详尽的知识，需参阅有关专业书籍。

2. 建筑给水排水工程图包括给水和排水的管道平面图和轴测系统图。轴测系统图是特征图样，必须掌握它的特点和画法。

3. 室外管网平面布置图包括房屋外以及小区(和城市)的布置图，后者还需画出管道的纵断面图，显示该管道的相关设置、地质情况和设计数据等。

4. 本章还介绍了取水泵房的平面图和剖面图，让我们初步了解取水流程。

复习思考题
Review Questions

1. 给水排水工程图按其作用和内容，可分为哪几种图?
2. 建筑给水管道由哪几部分组成?排水管道又由哪几部分组成?
3. 如何绘画管道轴测系统图?
4. 绘画给水和排水管道总平面图要注意什么问题?
5. 街道管道纵断面图有些什么内容?
6. 取水泵房的工艺流程是怎样的?

第十四章 阴影

CHAPTER 14 SHADES AND SHADOWS

§14－1 概述 Introduction

一、阴影的概念(Concepts of shadows)

在方案设计中，经常在房屋立面图上画上阴影，可以明显地反映出房屋的凹凸、深浅、明暗，使图面生动逼真，富有立体感，加强并丰富了立面图的表现能力，对研究建筑物造型是否优美，立面是否美观、比例是否恰当，均有较大的帮助。图 14－1 是同一座建筑物的两个立面图，显然，画上了阴影后的图 14－1b 表达效果较好。

(a)

(b)

图 14－1　阴影的效果

如图 14-2 所示，不透光的形体在光线 K 照耀下，被直接照亮的表面（长方体的表面 $ABFE$、$ADHE$ 和 $ABCD$），称为阳面（light surface）；光线照射不到的背光表面（$BCGF$、$CDHG$ 和 $EFGH$），称为阴面（shade）。阳面与阴面的分界线（封闭折线 $BCDHEFB$）称为阴线（shade line）。在光线照射下，平面 P 上有一部分因被形体（长方体）阻挡，光线照射不到，我们把这部分的范围，称为形体在平面 P 上的落影（cast shadow），简称影（shadow）。影的轮廓线 $B_0C_0D_0H_0E_0F_0B_0$，称为影线（shadow line）。落影所在的平面 P，称为承影面（shadow plane）。影是由于光线被形体的阳面挡住才产生的，因此，阳面与阴面的分界线（阴线）的影，就是落影的轮廓线，也就是说，阴线的影就是影线。

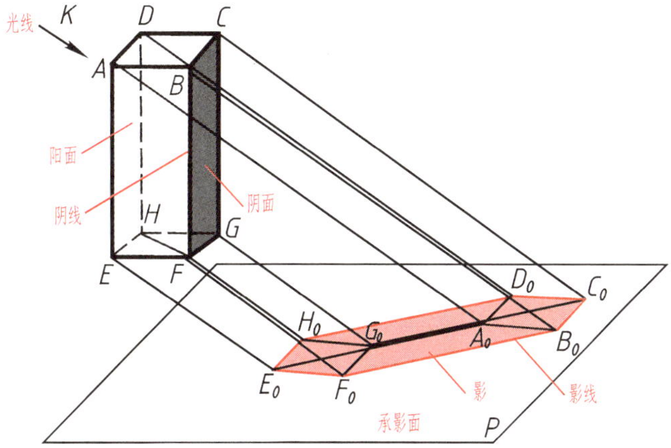

图 14-2 阴影的概念

从上可知，产生阴影需要有三要素：一要有光线，二要有形体，三要有承影面。

二、习用光线（Conventional light）

产生阴影的光线有辐射光线（radiant light）（如灯光）和平行光线（parallel light）（如阳光）两种。为便于画图，习惯采用图 14-3a 所示立方体的对角线方向（从左前上方到右后下方），作

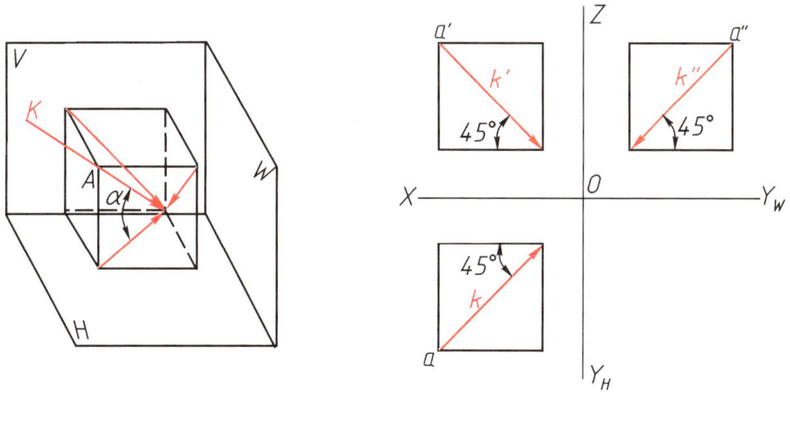

(a) (b)

图 14-3 习用光线的指向

为平行光线的投射方向，绘制建筑立面图的阴影。这时，光线 K 对 H、V、W 投影面的倾角，都等于 35°15′53″，光线的 H、V 和 W 投影 k、k' 和 k''，与相应投影轴的夹角均为 45°（图 14－3b）。平行于这一方向的光线，称为习用光线（conventional light）。选用习用光线画建筑物的阴影时，可用 45°三角板作图，简捷方便。同时，立面图上画出的影，还可以反映出建筑物一些部分的深度。

三、阴线的确定（Determination of shade lines）

如能预先确定形体表面的阳面和阴面，找出阴线，作形体的阴影就简单多了。只要作出阴线的影，即得形体落影的轮廓——影线。形体的阴线，主要根据它的形状特征和安放位置而确定。如果形体的侧面是投影面垂直面，形体的阴线可直接在投影图中作出。如图 14－4 所示长方体，要求它的阴线，可作习用光线的 H、V、W 投影与长方体的同面投影相切，求出长方体的阴线。光线的 H 投影与长方体的 H 投影切于 $b(f)$ 和 $d(h)$，即铅垂线 BF 和 DH 是两段阴线；V 投影切于 $b'(c')$ 和 $e'(h')$，即正垂线 BC 和 EH 是两段阴线；W 投影切于 $d''(c'')$ 和 $e''(f'')$，即侧垂线 DC 和 EF 又是两段阴线。整个长方体的阴线是 BC—CD—DH—HE—EF—FB。

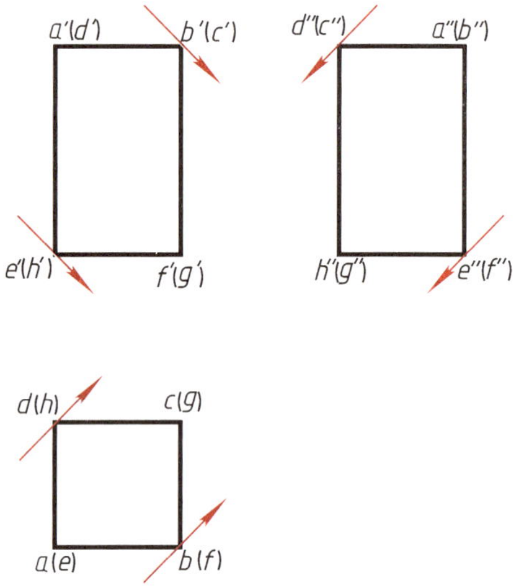

图 14－4 长方体阴线的确定

§ 14－2 求阴影的基本方法 Basic Methods of Determining the Shadows

在建筑立面图上画阴影时，主要的承影面是墙面，其次是窗扇和门扇等。落影的形体大都是凸出墙面的挑檐、雨篷、阳台、窗台等，以及门洞和窗洞的边框。这些细部的形体多是长方体。现以阳台为例，说明在房屋立面图上求阴影的基本方法。

如图 14－5 所示，阳台的形体是长方体 $ABCDHEFG$，承影面是与它的后侧面 $DCGH$ 共面的墙面。根据习用光线的方向，可判别出阳台的 $ABFE$ 和 $ADHE$ 是阳面，$BCGF$ 和 $EFGH$ 是阴面。侧棱 CB、BF、FE、EH 是阴线，其中 BF 是铅垂线，BC、EH 是正垂线，EF 是侧垂线。只要分别求出这些阴线落在墙面上的影 C_0B_0、B_0F_0、F_0E_0、E_0H_0，或求出阴线各端点 C、B、F、E、H 的影 C_0、B_0、F_0、E_0、H_0，依次连接起来，所围成的范围 $C_0B_0F_0E_0H_0$ 就是阳台在墙面上的影。由此可见，求阳台或其他形体的影，实质上是求形体阴线（段）的影。而阴线段的影，又是由它的端点（和其他点）的影来确定。

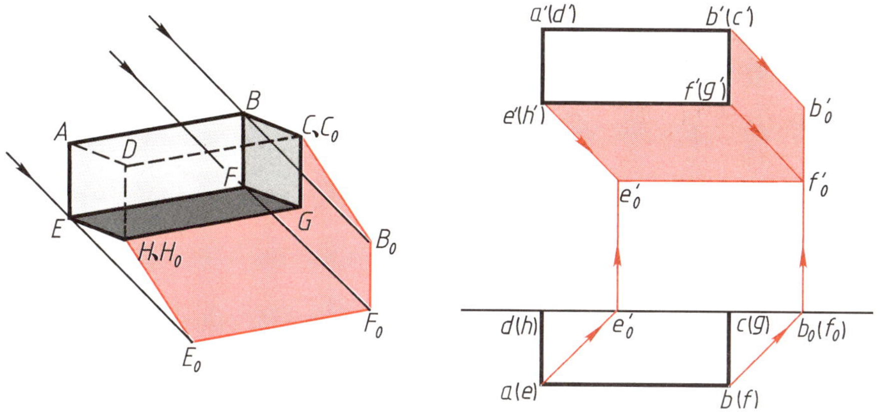

(a)　(b)

图 14－5　阳台的阴影

一、点的影(Shadows of points)

现以阳台阴线上的点 B 为例，说明求点的影的方法。点 B 的影，就是通过点 B 的习用光线与墙面(∥V)的交点 B_0。严格地说，光线不能“通过”点 B，只是点 B 阻挡了一根光线。但在习惯上，求一点的影就是求通过该点的光线(直线)与承影面的交点，如图 14－6 所示。

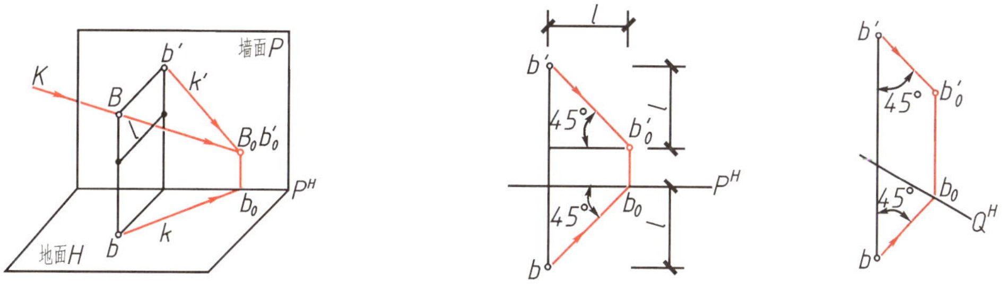

(a)　(b)　(c)

图 14－6　点落在墙面上和铅垂面上的影

墙面 P 是正平面，它的 H 面积聚投影是 P^H，过点 B 的习用光线的 H 投影 bb_0 与 P^H 的交点 b_0，即为点 B 在墙面 P 上的影 B_0 的 H 投影。b_0'就是所求的影的 V 投影(图 14－6)。这种作影方法称为交点法(intersection method)。

从图 14－6 可知，b_0'在 b'的右下方，它们之间在长度(x 坐标)方向和高度(z 坐标)方向的距离，都等于点 B 到墙面 P 的距离 l。因此，求点 B 在正平面 P 上的影时，可根据点 B 到正平面 P 的距离 l(即点 B 的 y 方向坐标)，直接在 V 投影上作出。即在 b'右侧作相距为 l 的竖直线与在 b'下方所作相距为 l 的水平线相交，交点即为所求的影 B_0 的 V 投影 b_0'(图 14－6b)。这种作影方法，称为度量法(measurement method)。其优点是不需在平面图上作图。交点法和度量法可单独采用，也可以综合运用。

求点在任意铅垂面 Q 上的影。可用第五章求一般线与铅垂面交点的方法作出(图 14－6c)。

可以看出，只有点 B 距离墙面近于距离地面时，点 B 的影才落在墙面上（图 14－6）。如果点 B 距离墙面比距离地面远，点 B 的影就落在地面上，如图 14－7 所示。作影时，习用光线的 V 投影先与地面 H 在 P 面的积聚投影 H^P 相交于 b_0'，即为点 B 在地面 H 上的影 B_0 的 V 投影，b_0 为所求的影的 H 投影（图 14－7b）。

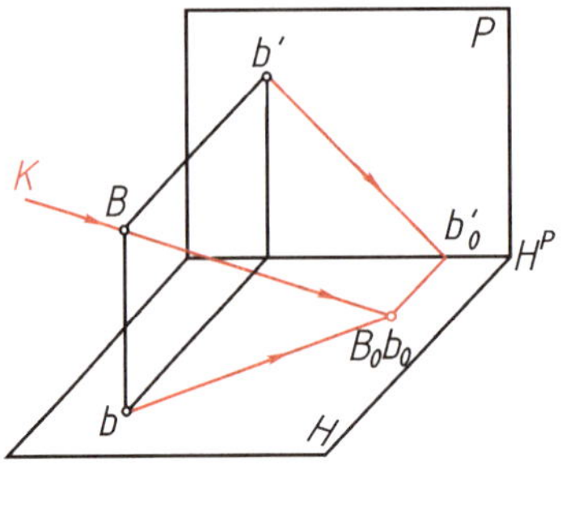

(a)

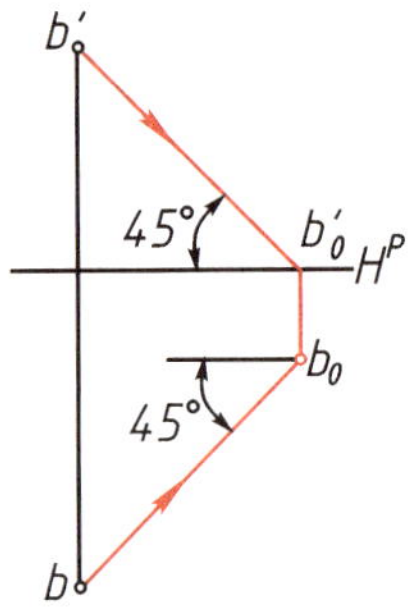

(b)

图 14－7　点落在地面上的影

二、直线的影（Shadows of lines）

直线的影，就是过线上各点的光线所组成的光线平面与承影面的交线（图 14－8）。因此，直线在平面上的影一般仍是直线。只有当直线平行于光线时，如图 14－8 中的直线 CD，在承影面上的影积聚为一个点 $C_0(D_0)$。

一般建筑细部的阴线，主要由正垂线、侧垂线和铅垂线组成。下面着重研究这三种位置线段的影。

（一）正垂线的影

图 14－5 所示阳台的阴线 BC 是一根正垂线。点 C 位于承影面（墙面）上，它的影 C_0 与点 C 本身重合。求出点 B 在墙面上的影 B_0 后（图 14－9a），连 C_0B_0，即所求正垂线 BC 在墙面上的影。图 14－9b 还画出了利用侧面投影求点 B 的影的方法。

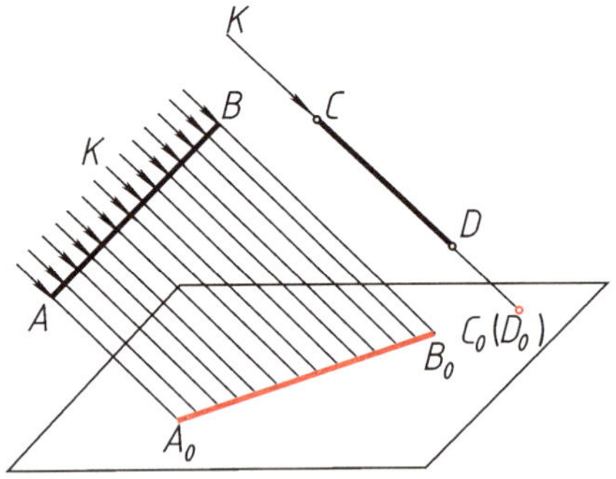

图 14－8　直线的影

正垂线段落在它所垂直的正平面上的影，是一段通过该线段的积聚投影，并从左上到右下的 45°斜线，与光线在该承影面上的投影方向一致（图 14－9）。

正垂线落在起伏不平的承影面上的影（图 14－10a），是一根起伏变化的线。过正垂线 BC 的习用光线形成一个与 H 面成 45°倾角的正垂面 K，它的 V 面积聚投影 K^V 是一根从左上向右下倾斜的 45°线（图 14－10b）。因此，正垂线的影不管它本身如何曲折，但它的 V 投影必然落在 K^V 上而成为一根 45°斜线。由此可得，正垂线的影不论落在平面上还是起伏不平的承影面上，它的 V 投影都成为一根通过正垂线的积聚投影并从左上到右下的 45°斜线。

（二）侧垂线的影

侧垂线段在正平面上的影与该侧垂线平行且相等，它们的 V 投影之间的距离，等于侧垂线

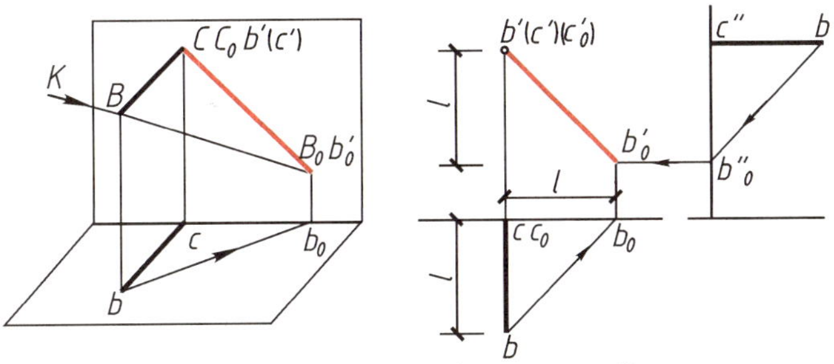

(a)　　(b)

图 14－9　正垂线在墙上的影

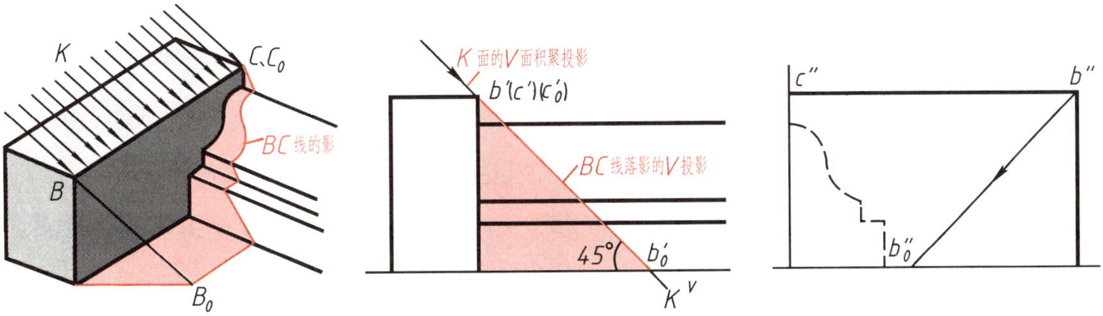

(a)　　(b)

图 14－10　正垂线在起伏不平的承影面上的影

与正平面间的距离。如图 14－11 所示，侧垂线段 *EF* 落在正平面（墙面）上的影，是一段与 *EF* 平行且相等的水平线 E_0F_0。

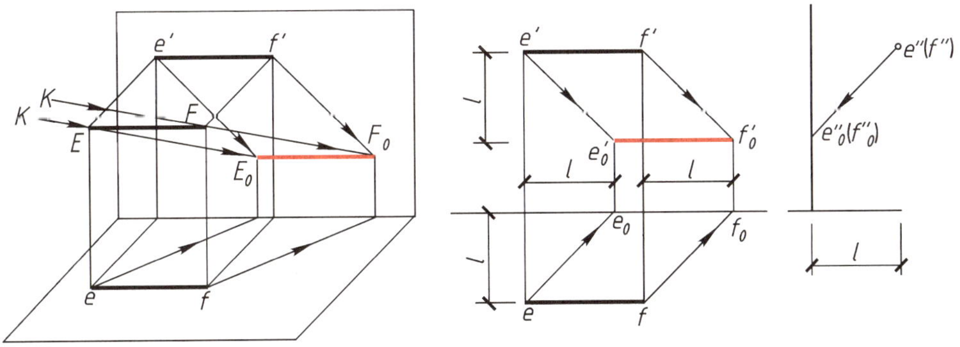

(a)　　(b)

图 14－11　侧垂线落在正平面上的影

侧垂线落在起伏不平的铅垂承影面上的影，它的 *V* 投影形状与承影面的水平积聚投影成为镜像。由于过侧垂线 *AB* 的习用光线形成一个对 *V* 面倾斜 45°的侧垂面 *K*，它与起伏不平的铅垂承影面的截交线的 *V* 投影与 *H* 投影，形状相同但方向相反。截交线的 *H* 投影落在铅垂承影面的积聚投影上。因此作挑檐底边 *AB* 落在起伏变化的铅垂墙面上的影（图 14－12），作法很简单，只要用度量法作出影的起点 1_0 的 V 投影 $1'_0$ 后，按照墙面平面图（即水平积聚投影）的形状，对称地画在墙面上，得折线 $1'_0 2'_0 3'_0 \cdots 9'_0$，即所求侧垂线 AB 落在铅垂墙面上的影的 V 投影。

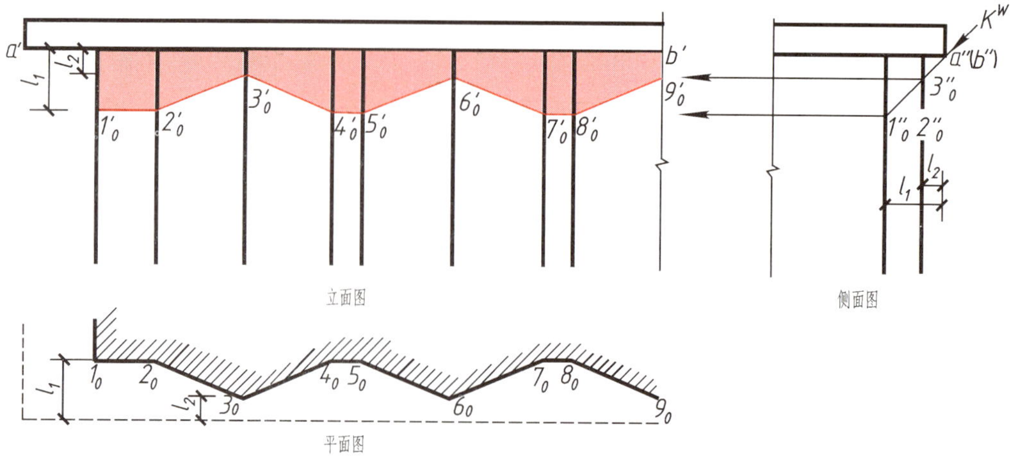

图 14－12 侧垂线落在起伏不平的铅垂墙面上的影

也可以在侧面图中，利用光线平面 K 的积聚投影 K^W 与铅垂墙面各墙角线 W 投影的交点，求得影的各转折点的 W 投影 $1''_0$ 和 $3''_0$ 等（图 14－12），然后在相应墙角线上求得影的各转折点的 V 投影 $1'_0$、$2'_0$、$3'_0 \cdots 9'_0$ 等。

（三）铅垂线的影

与侧垂线的影相似，铅垂线在正平面上的影，是一根与铅垂线平行的竖直线，它与铅垂线 V 投影之间的距离等于该铅垂线与正平面之间的距离。

铅垂线在凹凸不平的侧垂承影面上的影，它的 V 投影的形状和侧垂承影面的侧面积聚投影也成为镜像。如图 14－13 所示，竖立在地上的旗杆落在挑檐、女儿墙、压顶和墙面上的影，由于过铅垂线（旗杆）的习用光线形成一个对正平面倾斜 45°的铅垂面 K，它与凹凸不平的挑檐、女儿墙、压顶和墙面的截交线，就是旗杆落在承影面上的影。

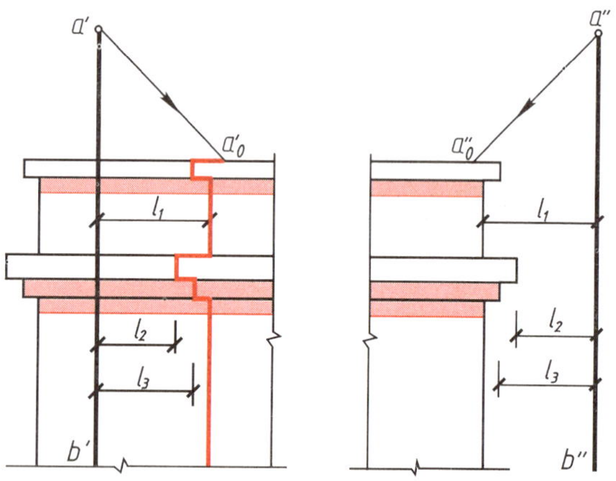

图 14－13 铅垂线在侧垂面上的影

（四）一般位置直线的影

一般位置直线段 AB 的影，如果全落在同一个承影面上，只要把两端点 A 和 B 的影 A_0 和 B_0 连接起来，就是所求直线段 AB 的影（图 14－14a）。如果直线的影分段落在 P 和 H 两个承影面上，两段影必交于两承影面的交线 P^H 上，这个交点 T 称为折影点（refracted shadow point）。求折影点 T，可先作出端点 B 的"虚影" B_H 后求出（图 14－14b）；也可在直线上任取一点 C，作出在同一承影面上的一段影 A_0C_0 后，延长与 P^H 相交，交点即为 T（图 14－14c）。

点 B 的影 B_0 本应落在承影面 P 上，假如"延长"光线 K 并穿过平面 P，"虚拟"地求出

点 B 落在 H 面上的影 B_H，B_H 称为点 B 的虚影（virtual shadow）（图 14－14d）。投影图中求虚影的方法，如图 14－14b 所示，这是求影的一种常用方法。

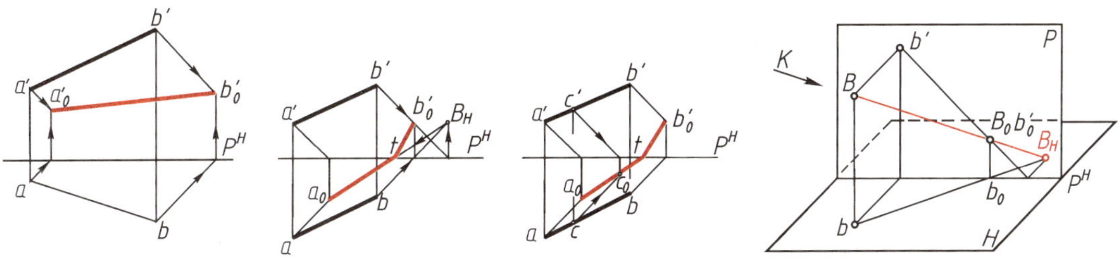

(a)　(b)　(c)　(d)

图 14－14　一般位置直线的影

三、平面图形的影（Shadows of plane figures）

平面图形的影是由平面图形各边线的影所围成。一般位置平面图形为多边形时，只要作出多边形各顶点在同一承影面上的落影，并依次以直线相连，即为该平面图形在该承影面上的影线（图 14－15a）。若平面图形为平面曲线所围成时，可先作出曲线上一系列点的影，再以圆滑

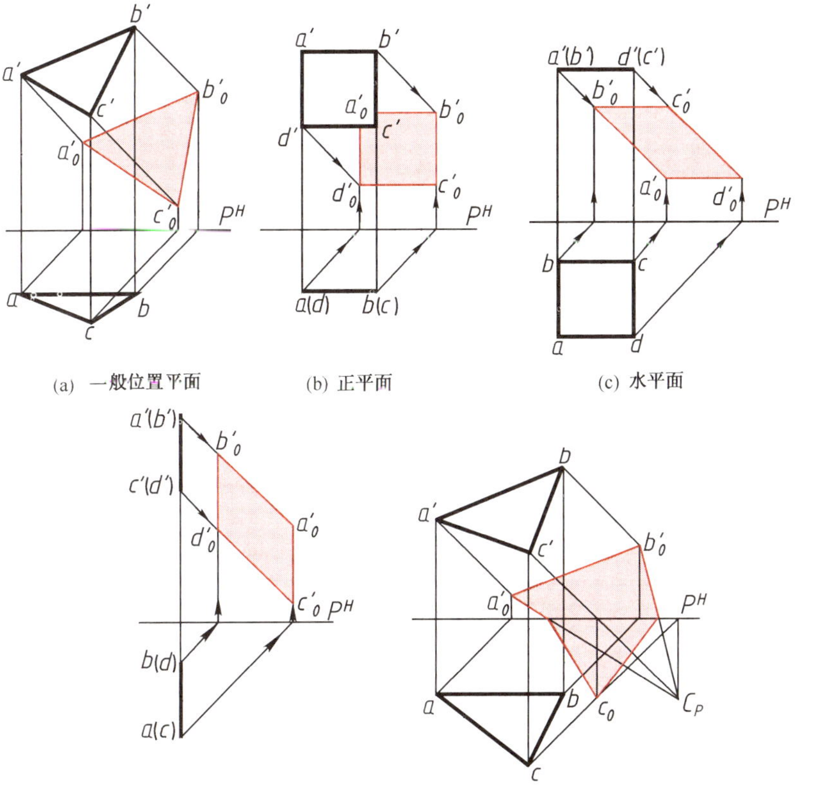

(a) 一般位置平面　(b) 正平面　(c) 水平面

(d) 侧平面　(e) 一般位置平面在墙上和地面上的影

图 14－15　各种平面在墙面 P 上的影

曲线顺次连接起来，即为所求的影线。

建筑细部的形体，主要由正平面、水平面和侧平面所围成。图 14－15b、c、d 介绍了这三种平面在正平承影面上的影的作法。作图时，假设这些平面都是不透明且没有厚度的。有的平面图形的影（图 14－15e），一部分落在 P 面上，一部分落在 H 面上，这时可以先假定它的影全部落在同一个平面（P）上，利用求作点的虚影的方法求出其中两边的影的折影点（与 P^{H} 的交点），再完成平面图形的影。

§ 14－3 建筑细部的阴影 Shadows of Building Elements

下面介绍如何应用上述求阴影的基本方法，在立面图上作窗洞、窗台、雨篷、阳台、隔墙、挑檐及台阶等建筑细部的阴影。

一、窗洞和窗台的影（Shadows of window opening and window stool）

从立体图（图 14－16a）可以看出：窗洞边框的影落在窗扇（假设是一个平面）上，窗台的影落在墙面上。窗洞边框的阴线是 FEG。窗台的阴线是 $HABCD$。其中 EG、CB 是铅垂线，EF、AB 是侧垂线，AH、CD 是正垂线。用交点法作图如下（图 14－16b）：

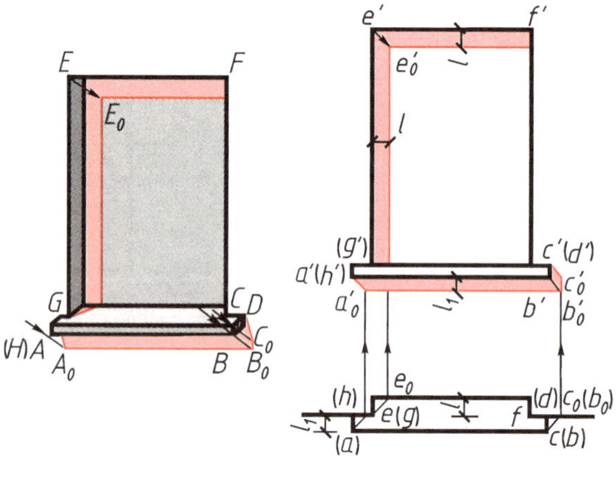

(a)　　　　　　　　(b)

图 14－16　窗洞与窗台的影

（一）窗洞的影

1. 求出窗洞边框阴线上点 E 的影的 V 投影 e_0'。

2. 过 e_0' 作水平线与 $e'f'$ 平行，又作竖直线与 $e'(g')$ 平行。所作两直线即为窗洞在窗扇平面上的影的影线。影的宽度 l 与窗洞边框到窗扇的深度相等。

（二）窗台的影

1. 分别求出窗台阴线上点 A、B、C 的影的 V 投影 a_0'、b_0' 和 c_0'。

2. 连接折线(h')—a_0'—b_0'—c_0'—(d')，即为所求窗台在墙面上的影的影线。影的宽度 l_1 等于窗台凸出墙面的深度。

窗洞和窗台的影，都可直接用度量法求出，如图 14 – 16 所示。

二、雨篷和门洞的影(Shadows of covering plate and door opening)

（一）从立体图(图 14 – 17a)中可以看出：

1. 雨篷(covering plate)的影落在墙面和门扇(假设是一个平面)两个相互平行的正平承影面上，其中，阴线 AB 是正垂线，它的影的 V 投影是一段 45°斜线$(b')a'_0$(图 14 – 17b)。点 A 和 E 的影的 V 投影 a_0'、e_0'可用交点法或度量法作出。AE 是侧垂线，它在两个正平承影面上的影的 V 投影分别是通过 a_0'和 e_0'的两段水平线，相距门洞深度 l_3。

2. 门扇平面上还有门洞边框的落影。但其中一部分影落在雨篷的影线范围内，作图时只需作出阴线 GH 的影。

在 H 投影，雨篷等形体在剖切平面之上，H 投影以虚线画出，以确定其投影位置。

（二）用度量法作影，作图步骤如图 14 – 17b 所示：

1. 求 a_0'，使 a_0'与 a'的纵、横距离都等于阴线 AE 到门扇的水平距离 l_1。连$(b')a_0'$(45°斜线)，过 a_0'向右作一水平线至门框边线。

2. 求 e_0'，使 e_0'与 e'的纵、横距离都等于 AE 与墙面的水平距离 l_2，然后过 e_0'向左作一水平线至门框边线。

3. 作竖直影线 $e_0'c_0'$，高度等于雨篷的厚度，然后连 45°斜线$(d')c_0'$。

4. 作门框边线 GH 的影，使宽度等于门扇凹入深度 l_3。

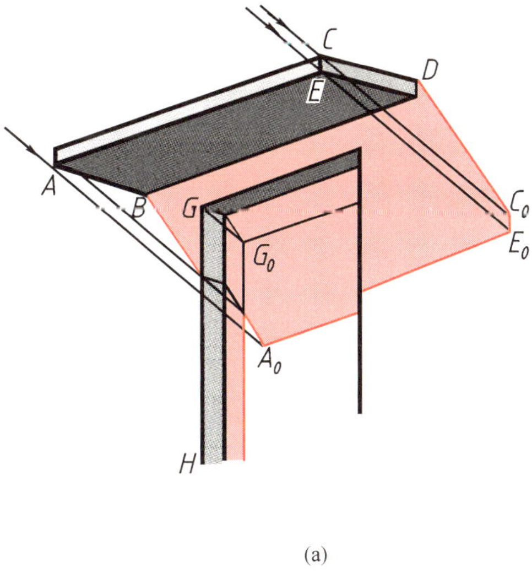

(a)

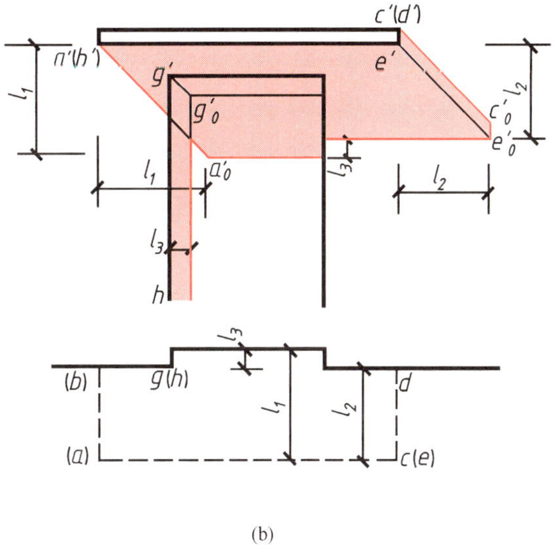

(b)

图 14 – 17　雨篷和门洞的影

三、雨篷和隔墙的影(Shadows of covering plate and separating wall)

（一）雨篷的影

雨篷的影分别落在墙面、门窗扇平面和隔墙上(图 14 - 18)。

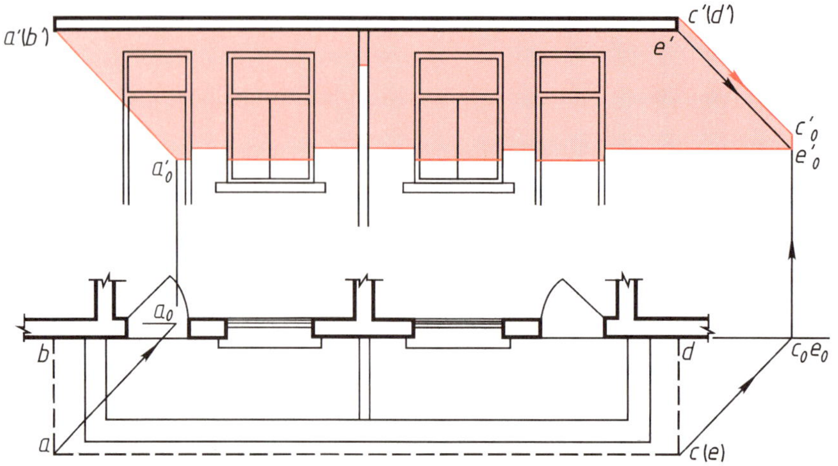

图 14 - 18 雨篷的影

阴线 AE 是侧垂线，它的落影的 V 投影反映出墙面、门窗扇和隔墙的凹凸情况。

(二) 隔墙、门窗洞和窗台的影

隔墙的阴线是铅垂线 FG，它的影落在窗扇、窗台和墙面上。求出点 f'_0后，根据铅垂线落在起伏不平的侧垂承影面上的影的特点，作出影线(图 14 - 19)。

最后，作出门窗洞落在门窗扇上的影和窗台落在墙上的影，完成整个建筑细部的影(图 14 - 19)。

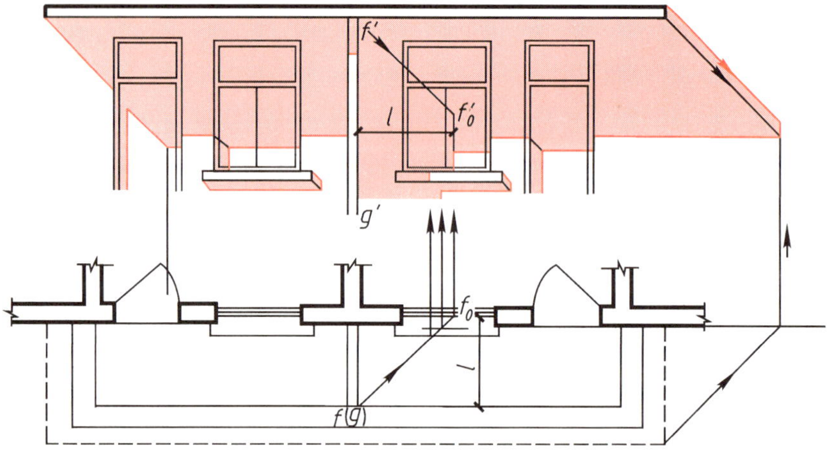

图 14 - 19 隔墙、门窗框和窗台的影

四、折板屋面的影(Shadows of folded plate roof)

折板屋面(图 14 - 20)的阴线是由正垂线 AB、折线 $BCDEFGHIJ$、铅垂线 JK 和正垂线 KN 所组成。折线的各段都是正平线，平行于承影面(正平面墙面和门扇)，因此它们的影分别与

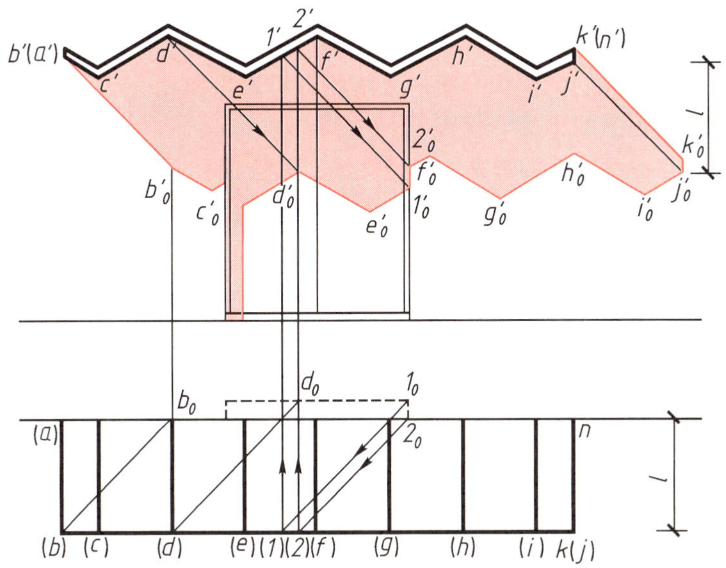

图 14－20　折板屋面的影

折线本身平行且相等。但折线的 *CD* 段和 *EF* 段的影，各有一部分落在墙面上，另一部分落在门扇上。作影时，只要先作出折线上一个顶点(例如点 *B*)落在墙面上的影的 *V* 投影 b'_0和另一个顶点(例如点 *D*)落在门扇上的影的 *V* 投影 d'_0，就可以按折线的实际形状在墙面上和门扇上作出影线的 *V* 投影。折线在墙上的影与在门扇上的影是错开的，若需求出错开点的位置，可用**反射光线法**(reflected ray method)作出。先在 *H* 投影中门洞右侧两转角处 1_0和 2_0各引 45°反射光线，与檐口线交于点(*1*)、(*2*)。这就是檐口线 *EF* 段中把影投落在门框右侧转角上的两个点 I 和 II 的 *H* 投影。求出它们的 *V* 投影 *1'*、*2'*后，便能准确作出错开点 $1'_0$和 $2'_0$的位置。作图过程如图 14－20 箭头所示。

五、台阶的影(Shadows of steps)

台阶(图 14－21)左、右栏板的影，落在地面、踏面和踢面、墙面等水平面和正平面上。

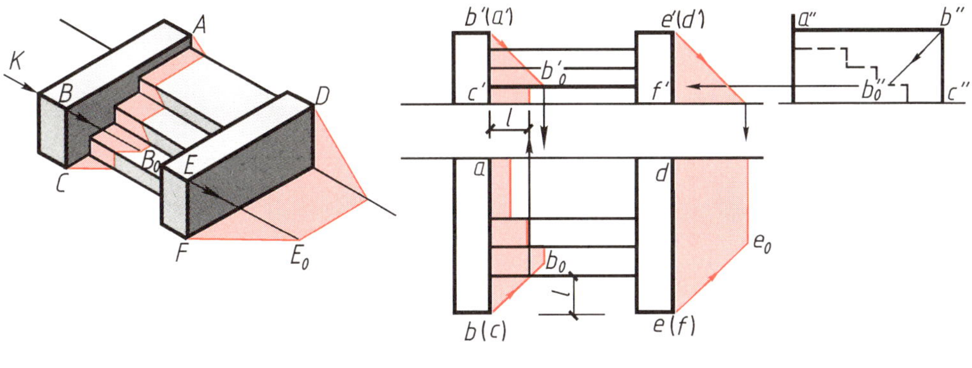

(a)　　(b)

图 14－21　台阶的影

阴线是正垂线 BA、ED 和铅垂线 BC、EF，立面图上的影的作图步骤如下：

1. 从 W 投影可知点 B 的影 B_0 落在第一级踏面上。

2. 在 V 投影上，过 a' 作 45°斜线与第一级踏面的积聚投影相交于 b_0'，$(a')b_0'$ 就是阴线 AB 在墙面和第二、三级踢面上的影的 V 投影(图 14－21b)。

3. 阴线 BC 落在第一级踢面的影是一段竖直线，其位置可用交点法或度量法确定。

4. 阴线 DE 在墙面上的影是一段通过 $(d')e'$ 的 45°斜线。

图 14－21 中还作出台阶平面图上的影，以供参考。

§14－4 曲面体的阴影 Shadows of Curved Solids

有些建筑细部的形体是曲面体，例如圆形的窗洞、圆柱、半圆形雨篷等，需求它们的影。

一、圆面的影(Shadows of circles)

(一) 正平圆面在正平墙面上的影(图 14－22)

圆面平行于承影面时，它的落影反映圆面的实形。作法如下：

1. 用交点法或度量法，求出圆心 O 的影的 V 投影 o_0'。

2. 以 o_0' 为圆心，圆面的半径 r 为半径作圆，即为所求影线。

(二) 水平圆面在正平面墙上的影(图 14－23)

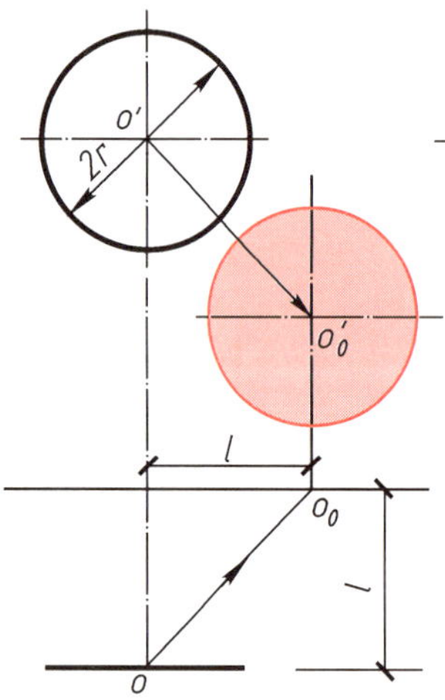

图 14－22 正平圆面的影

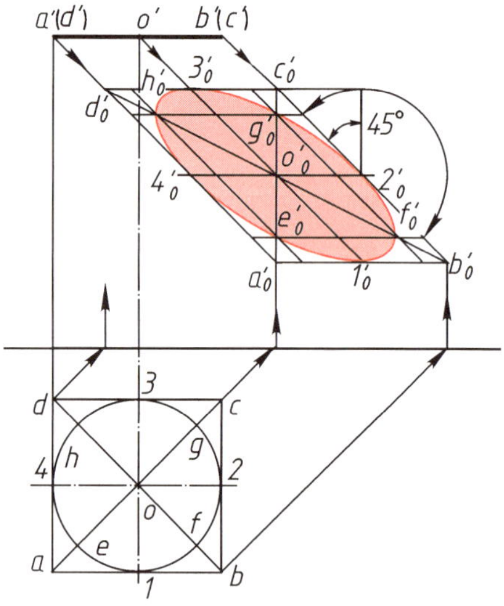

图 14－23 水平圆面的影

水平圆面落在正平面上的影是一个椭圆。作法如下：

1. 在水平投影中作圆的外切正方形 $abcd$，与圆相切于点 1、2、3 和 4。

2. 用交点法或度量法求出正方形在正平面上的影的 V 投影 $a_0'b_0'c_0'd_0'$。连对角线 $a_0'c_0'$ 和

$b_0'd_0'$，交点 o_0' 是椭圆的中心。

3. 求出对角线上四个点 E、F、G 和 H 的影的 V 投影 e_0'、f_0'、g_0' 和 h_0'，连同四个切点 $1_0'$、$2_0'$、$3_0'$ 和 $4_0'$ 作一椭圆，即为所求影线（图 14 – 23）。

（三）圆窗洞的影（图 14 – 24）

圆窗洞边框落在窗扇平面上的影是圆的一部分，只要给出窗洞的深度 m，即可求出影线的圆心位置 o_0'。以 o_0' 为圆心，以圆窗洞的半径为半径，在窗洞内作一圆弧影线，与窗洞边框的 V 投影围成新月形的影。

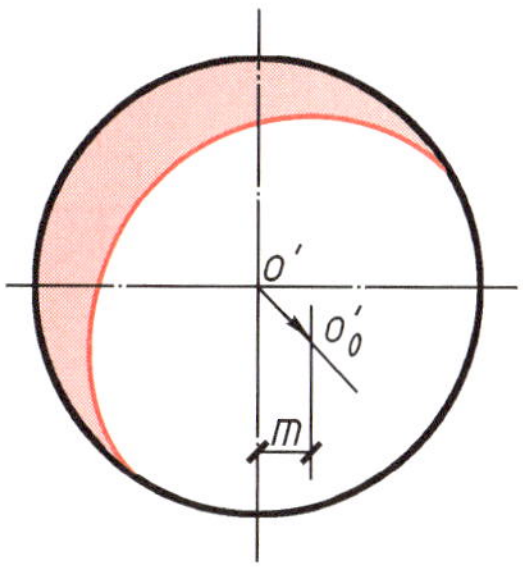

图 14 – 24　圆窗洞的影

二、圆柱的阴影（Shadows of columns）

圆柱面与光线平面 P_1、P_2 相切于两根素线 AB、CD，它们就是圆柱面的阴线，这两根阴线的影必与圆柱上、下底的影相切，围成圆柱的影（图 14 – 25a）。当圆柱轴线垂直于 H 面时，作光线的 H 投影与圆柱面的 H 积聚投影相切，切点 $a(b)$ 和 $c(d)$ 就是阴线 AB 和 CD 的 H 积聚投影。圆柱上底为水平圆面，它的影落在 H 面上或正立面上时，分别为圆（实形）或椭圆，整个圆柱的落影如图 14 – 25b、c所示。圆柱阴线 AB 的 V 投影，可直接在圆柱的 V 投影上作出，如图 14 – 25b 所示：在圆柱底作一辅助半圆，过圆心作 45°斜线与半圆周交于点 j，过点 j 在圆柱面上作竖直线，即所求阴线的 V 投影 $a'b'$（图 14 – 25b）。阴线 V 投影的右侧部分即为圆柱阴面在 V 投影中的可见部分。

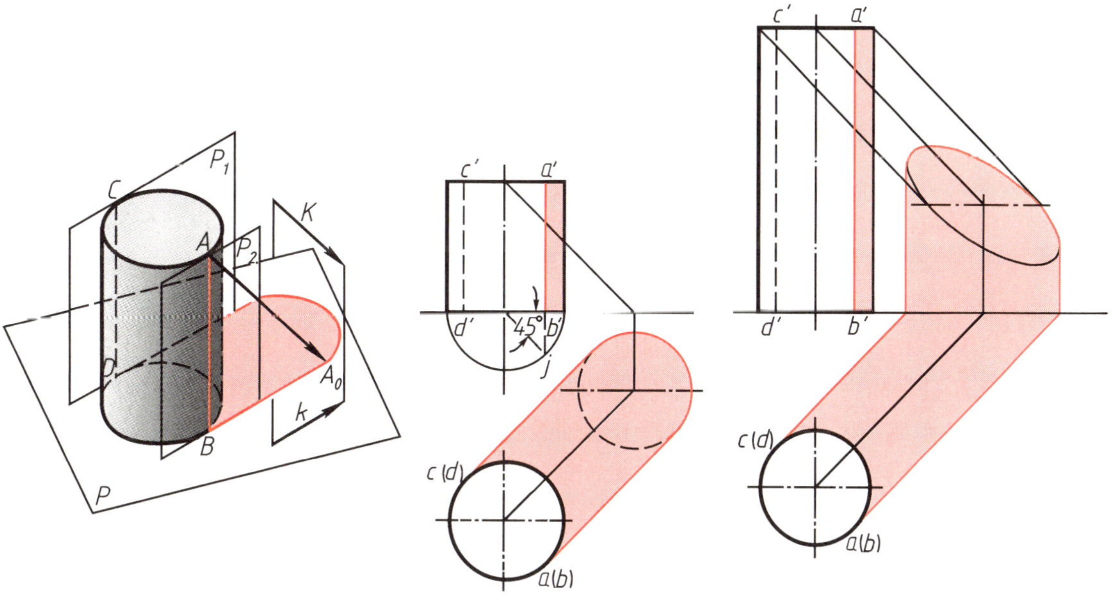

图 14 – 25　圆柱的影

（一）带方盖的圆柱的阴影（图 14 – 26）

带方盖圆柱的阴影由三个部分组成，一是圆柱本身的阴面；二是方盖和圆柱落在墙上的

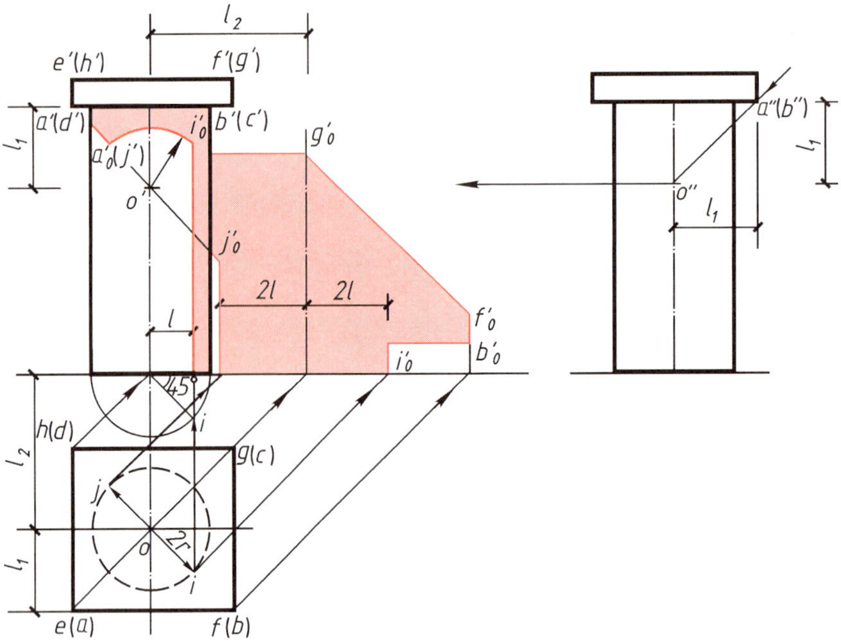

图 14－26　带方盖圆柱的阴影

影；三是方盖落在圆柱表面上的影。作图方法如下：

1. 圆柱本身的阴面

利用圆柱 V 投影底部的辅助半圆作出。

2. 方盖和圆柱落在墙面上的影

（1）方盖落在墙面上的影，作法同前，此处不再赘述。要注意有一部分影被圆柱挡住而看不见。

（2）根据圆柱阴线作影，它与方盖的影连接。圆柱影线的 V 投影，还可以在柱轴的影的 V 投影两侧各量 $2l$ 而作出（l 是 V 投影上阴线至柱轴的距离）。

3. 方盖落在圆柱面上的影

方盖的阴线 AB 是侧垂线，圆柱面垂直于 H 面，因此 AB 落在圆柱面上的影的 V 投影是一段与圆柱面 H 投影同一半径的圆弧 $a'_0i'_0$。圆心 o' 到方盖底板的距离 l_1，从 W 投影可知，等于 AB 边到柱轴的距离。因此，可在 V 投影上沿轴线自 $a'b'$ 起向下量度一段距离 l_1，求得 o'。以 o' 为圆心，圆柱的半径 r 为半径，作一圆弧，即得阴线 AB 落在圆柱面上的影线的 V 投影。阴线 AD 是正垂线，它在圆柱面上的影的 V 投影是一段通过 $a'(d')$ 并与圆弧形影线相接的 45°斜线。整个阴影，还可以根据 l、l_1、l_2 三段距离用度量法作出（图 14－26）。

（二）圆柱廊的阴影（图 14－27）

圆柱廊的阴影有廊檐落在墙面上和各圆柱面上的影，圆柱落在墙面上的影和圆柱面上的阴面几部分。先根据 l_1 作出廊檐落在墙面上的影，再根据 l 和 l_2 作出圆柱的阴线及其落在墙面上的影，然后根据 l_3 和圆柱半径 r，作出廊檐落在圆柱面上的影。

（三）圆柱半圆盖门廊的阴影（图 14－28）

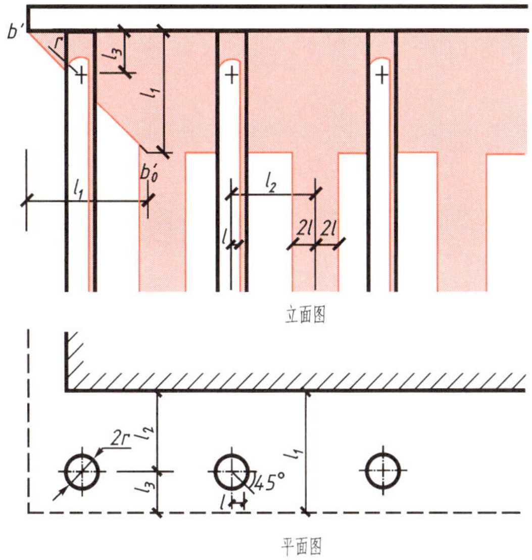

图 14－27　圆柱廊的阴影

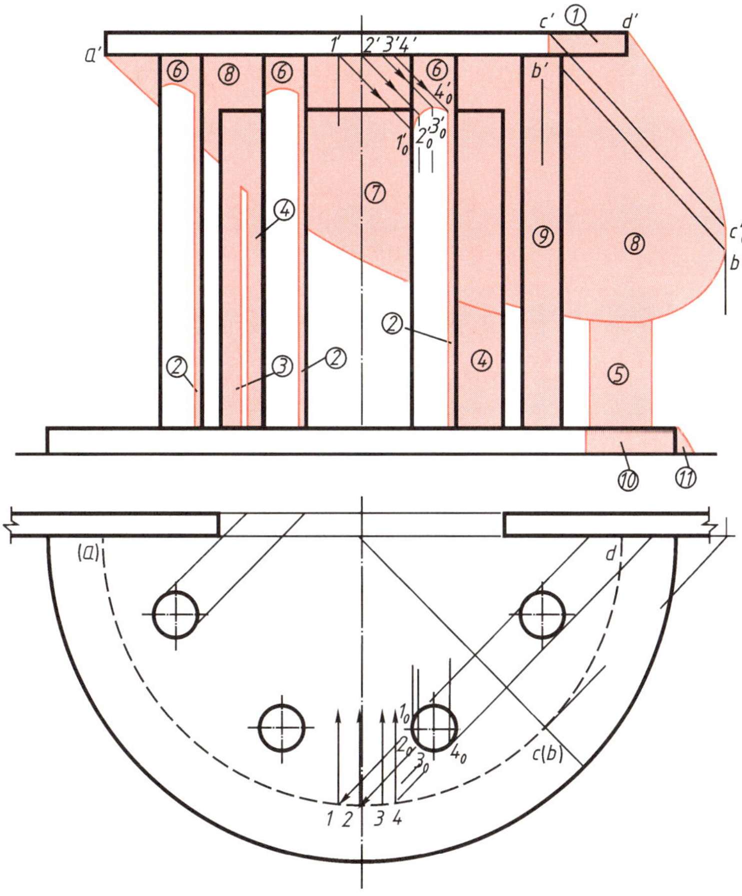

图 14－28　圆柱半圆盖门廊的阴影

圆柱半圆盖门廊的阴影由十一部分组成：

1. 半圆盖本身的阴面(1)。

2. 圆柱本身的阴面(2)。

3. 门洞边框落在门扇上的影(3)。

4. 圆柱落在门扇上的影(4)。

5. 圆柱落在墙上的影(5)。

6. 半圆盖落在圆柱面上的影(6)，可用反射光线法求出半圆盖阴线上的Ⅰ、Ⅱ、Ⅲ、Ⅳ各点后，作出在圆柱上的影线的 V 投影 $1'_0 2'_0 3'_0 4'_0$。

7. 半圆盖落在门扇上的影(7)。

8. 半圆盖落在墙面上的影(8)，它由半圆盖底面的阴线 AB、柱面的阴线 BC 和顶面的阴线 CD 在墙上的影围成。AB 中的一段落在门扇上，成为影(7)的轮廓线。

9. 右前圆柱落在右后圆柱上的影(9)。

10. 半圆形台阶的阴面(10)。

11. 半圆形台阶落在墙面上的影(11)。

只要分别求出上述十一部分的阴和影，组合起来得整个门廊的阴影，如图 14－28 所示。

本章学习指引
Reading Guide

1. 一点的影是过该点的光线与承影面的交点，求影的基本方法就是求直线与正平面或其他投影面垂直面的交点，必须记住和掌握这一概念。

2. 由于求建筑立面图的阴影采用固定方向的习用光线，不但可以用交点法，还可用度量法求影。两种方法都要掌握，而且要能灵活运用。

3. 要记住正垂线、侧垂线和铅垂线落在凹凸不平的承影面上的影的投影特性。

4. 学会求虚影和折影点的方法。

5. 记住求圆平面的椭圆影线的方法。

6. 建筑细部的影只是各种位置直线和圆的影的组合，只要分别求解便可。

复习思考题
Review Questions

1. 阴和影是怎样产生的？两者有什么区别？阴线和影线有什么关系？

2. 习用光线的指向如何？采用习用光线作影有什么优点？

3. 正垂线的影的 V 投影有什么特点？侧垂线在铅垂承影面上和铅垂线在侧垂承影面上的

影，有些什么特点？

4. 如何求虚影和影线在不同承影面上的转折点？
5. 同一阴线在平行的承影面上的影有些什么特点？
6. 什么是反射光线法？它有什么作用？
7. 圆面的椭圆影线上的八个点如何求出？

第十五章 透视投影

CHAPTER 15 PERSPECTIVE PROJECTION

§15－1 概述 Introduction

图 15－1 是一幅广州市白云宾馆的透视图(perspective drawing)，它逼真地反映出这座建筑物的外貌，使人看图如同身临其境目睹实物一样。在建筑设计过程中，特别是在初步设计阶段，往往需要画出所设计建筑物的透视图，甚至加以彩色渲染，突显将来建成后的外貌和特征，用以研究建筑物的空间造型和立面处理，进行各种方案比较，选取最佳设计。

图 15－1 透视图

透视图又称透视投影(prespective projection)，它和轴测图一样，都是一种单面投影。不同之处在于轴测图是用平行投影法画出的图样，而透视图则是用中心投影法画出。如图 15－2 所示，假设在人与建筑物之间设立一个铅垂面 P 作为投影面，在透视投影中，这个投影面称为画面(picture plane)。投射中心是人的眼睛 S，称为视点(vision point)。投射线是通过视点 S 与建筑物上各点的连线，例如 SA、SB 等，称为视线(visual line)。显然，作透视图时只要逐一求出各视线 SA、SB、SC…与画面 P 的交点 A^0、B^0、C^0…，就是建筑物上点 A、B、C…的透视(perspective)。将各点的透视依次连接起来，可得建筑物的透视图。

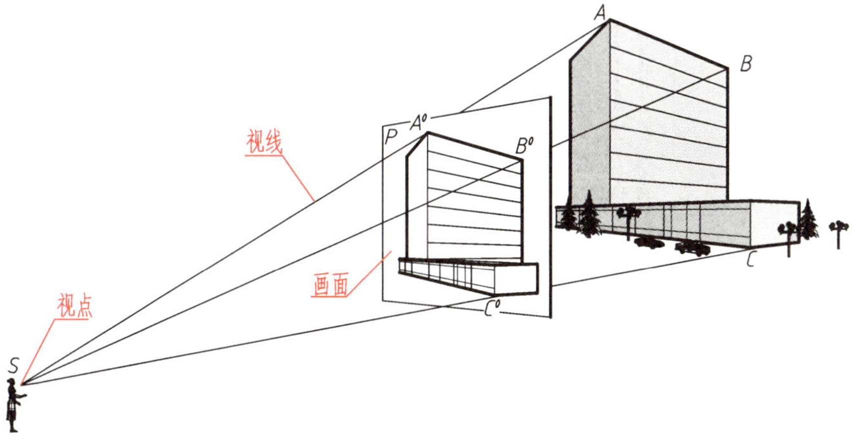

图 15－2　透视图的投影过程

与正投影图比较，透视图有一个很明显的特点，就是形体距离观察者愈近，所得的透视投影愈大；反之，距离愈远则投影愈小，即所谓“近大远小”。如图 15－3 所示，房屋上本来相同高度的竖直线，在透视图中，近的长些，愈远愈短。同时，平行于房屋长度方向的相互平行的水平线，在透视图中它们不再平行，而是愈远愈靠拢，直至相交于一点 V_1，这个点称为灭点(vanishing point)。同样，平行于房屋宽度方向的水平线，它们的透视延长后，也相交于另一个灭点 V_2。

图 15－3　透视图的特点

房屋有长度、宽度、高度三个主要方向，有两个主要方向灭点的透视图，称为两点透视(two-point perspective)(图 15－3)。只有一个主要方向灭点的透视图，称为一点透视(one-point perspective)(图 15－4)。

图 15－4 一点透视

§15－2 透视图的画法 Drawings of Perspective

一幢建筑物上有大量的水平线(长度方向和宽度方向)和铅垂线(高度方向)，如果掌握了点(建筑物的最基本元素)和这两类线的透视规律和画法，就不难作出整座建筑物的透视图。

一、点的透视(perspectives of points)

在透视投影中，水平投影面 H 称为基面(basic plane)H，正立投影面 V 称为画面 P，基面 H 与画面 P 的交线 pp 称为基线(basic line)。

如图 15－5a 所示，空间一点 A 设立在画面 P 之后，点 A 在画面 P 上的投影为 a'，在基面 H 上的投影为 a。人的眼睛 S 就是视点(vision point)，设立在画面 P 之前，站立的地方 s(即视点 S 在基面 H 上的投影)称为站点(station point)。点 S 在画面 P 上的投影 s'称为主点(main point)。视线 Ss'垂直于画面 P，称为主视线(main projection line)。

作透视图时，把基面和画面沿基线 pp 拆开摊平。规定画面 P 不动，画出基线在画面 P 上的投影 ox、主点 s'和点 A 在画面 P 上的投影 a'。把 H 面连同站点 s、基线的 H 投影 pp 和点 A 在基面 H 的投影 a，一起放置在画面的正上方(图 15－5b)。H 面和 P 面的边框不必画出，透视图将画在画面 P 上。

一点的透视，就是过该点的视线与画面的交点。为求点 A 的透视，可在投影图上作视线 SA 的 H 投影 sa，和 P 投影 $s'a'$(图 15－5b)，sa 与 pp 相交于 a_H，它是透视 A^0 的 H 投影。过 a_H 引竖直连线与 $s'a'$相交于 A^0，就是点 A 的透视。这种作透视的方法称为视线交点法(intersection

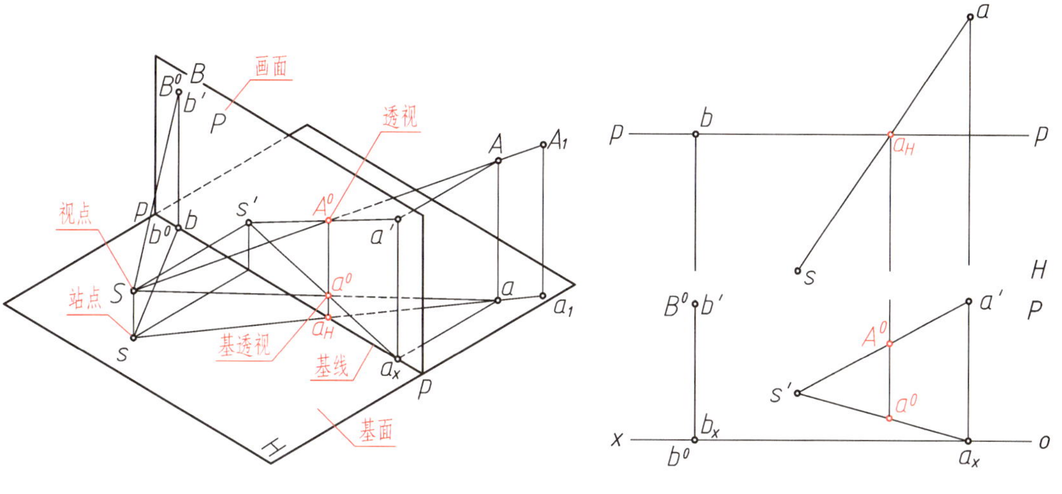

(a)　　　　(b)

图 15－5　点的透视

lines method）。

然而，在视线 SA 上的另一点 A_1，它的透视也是 A^0（图 15－5a）。与轴测图一样，为明确确定点 A 的空间位置，还需作出点 A 的 H 的投影 a 的透视 a^0，点 a^0 称为点 A 的基透视（basic perspective）。作图时，连 $s'a_x$（a_x 为点 a 在画面 P 上的投影），与过 a_H 的竖直连线相交于 a^0。

如果把点 a 看做是落在基面 H 上的一个点，它的透视和基透视将重合为 a^0。因此，基面上的点，它的透视和基透视重合。

如果一点 B 落在画面 P 上，它的透视 B^0 与点 B 重合，它的基透视 b^0 落在基线的 P 投影 ox 上（图 15－5）。即画面上的点的透视与该点重合，基透视落在基线上。

二、水平线的透视（perspectives of horizontal lines）

如前所述，房屋中相互平行的水平线（如长度方向和宽度方向）的透视，必相交于一个灭点。先求出这些方向直线的灭点，对作图十分方便。如图 15－6，水平线 AB 的一端 A 在画面上，要作它的透视，可先求出它的灭点。

通过视点 S 所作的水平面 Q 称为视平面（horizon plane），所有水平的视线必落在视平面上。视平面与画面的交线 hh，称为视平线（horizon line）（图 15－6a）。显然，视平线 hh 平行于基线 pp，它们之间的距离等于视点的高度，即视点到地面的垂直距离 Ss。

直线的灭点，就是该直线上无限远点的透视，即过该直线上无限远点的视线与画面的交点。从几何学可知，两平行直线相交于无限远处，因此，与直线在无限远处相交的视线，平行于该直线。据此可得水平线 AB 的灭点 V_1 的作法如下：

通过视点 S 引视线 SV_1 平行于水平线 AB，它与画面的交点 V_1 就是所求的灭点（图 15－6a）。视线 SV_1（水平线）与画面的交点 V_1 必位于视平线 hh 上。也就是说：水平线的灭点必位于视平线上。图中 sv_1 是 SV_1 在 H 面上的投影。

在透视图上求灭点的方法如图 15－6b 所示：过站点 s 引直线 sv_1 平行于 ab，它与 pp 的交点，就是灭点 V_1 的水平投影 v_1。过 v_1 引竖直连线与 P 面上的视平线 hh 相交，即得灭点 V_1。

水平线 AB 的端点 A 在画面上，它的透视 A^0 与 A 重合，这样的点称为直线的画面交点(touch point)。不难看出，连线 A^0V_1 是线段 AB 无限延长后的透视，我们称之为线段 AB 的透视方向(perspective direction)。一直线的画面交点和灭点的连线就是该直线的透视方向。同时，点 A 的基透视 a^0 位于 ox 上(图 15－6)。a^0V_1 为线段 AB 基透视的方向。

求水平线段 AB 的另一端点 B 的透视 B^0 的方法如下：点 B 是 AB 线上的一个点，它的透视必在其透视方向 A^0V_1 上。过点 B 的视线 SB 必与 A^0V_1 相交，交点 B^0 即为点 B 的透视(图 15－6a)。作图时先连 sb，交 pp 于 b_H，过 b_H 引竖直连线与 A^0V_1 和 a^0V_1 分别相交于 B^0 和 b^0，A^0B^0 就是 AB 的透视，a^0b^0 就是 AB 的基透视(图 15－8b)。由此可得：求一直线段的透视，先作出它的透视方向，再用视线交点法在透视方向上求出其端点的透视。

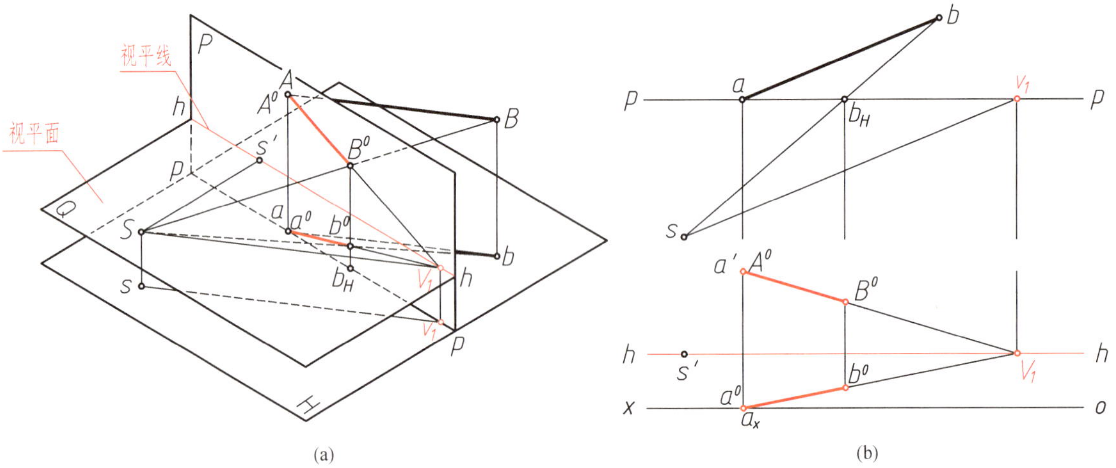

图 15－6　水平线的透视

水平线 AB 的 H 投影 ab，也可看成是落在基面上并与 AB 平行的一根直线，它们有共同的灭点 V_1。因此，不平行于画面的相互平行的直线有一个共同的灭点。

三、铅垂线的透视(perspectives of vertical lines)

空间的铅垂线平行于画面，没有灭点。如图 15－7 所示，要作出铅垂线 CD 的透视，可分别作出点 C 和点 D 的透视 C^0 和 D^0 后，连成直线，即为 CD 的透视 C^0D^0。作图时(图 15－7b)，连 $sc(d)$ 交 pp 于 c_Hd_H，又连 $s'c'$ 和 $s'd'$，过 c_Hd_H 引竖直连线与 $s'c'$ 和 $s'd'$ 分别相交于 C^0 和 D^0，C^0D^0 就是 CD 的透视。这是一根竖直线，但比线段 CD 的实长短。反映“近大远小”的透视规律。

只有落在画面上的铅垂线，如图 15－7 的 EF，它的透视 E^0F^0 与线段本身重合，反映实长。即画面上的铅垂线反映实高(实长)。

四、建筑形体的透视(perspective of architectural solids)

当建筑物的正立面与铅垂画面 P 成一夹角时，可得两点透视，作图的方法和步骤如下：

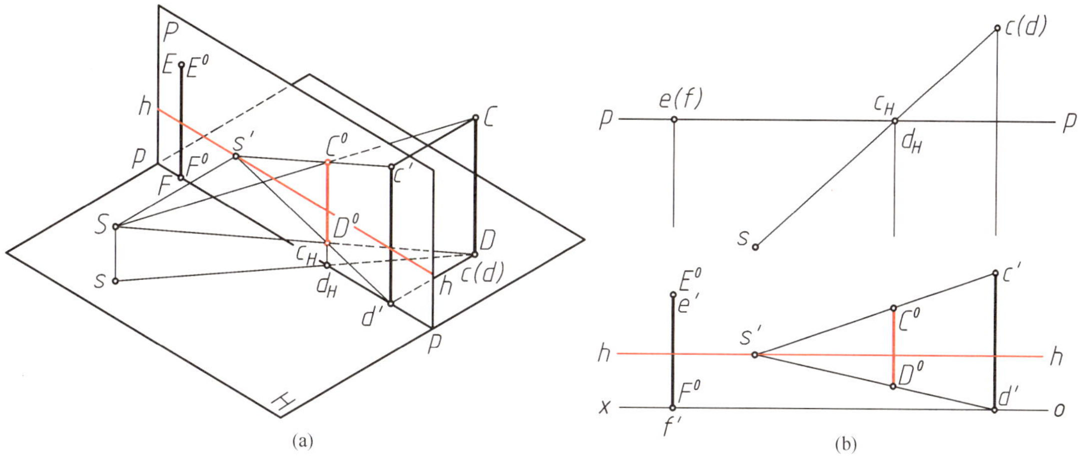

(a)　　(b)

图 15－7　竖直线的透视

（一）布局

着手画一座建筑物的透视图时，先要进行合理的布局（location）。如图 15－8a 所示，建筑物（其形体为一个长方体）坐落在基面 H 上，习惯上建筑物的一根墙角线（长方体的侧棱）与铅垂画面 P 接触，并且建筑物的正立面与画面成 30°左右的夹角。

作透视图时，如前所述把基面和画面沿基线 pp 拆开推平。在画面 P 上画出基线的投影 ox。根据视高作出视平线 hh 和主点 s'。把 H 面连同基线的 H 投影 pp、站点 s 和建筑物在 H 面上的投影，一起放置在画面的正上方（图 15－8b）。

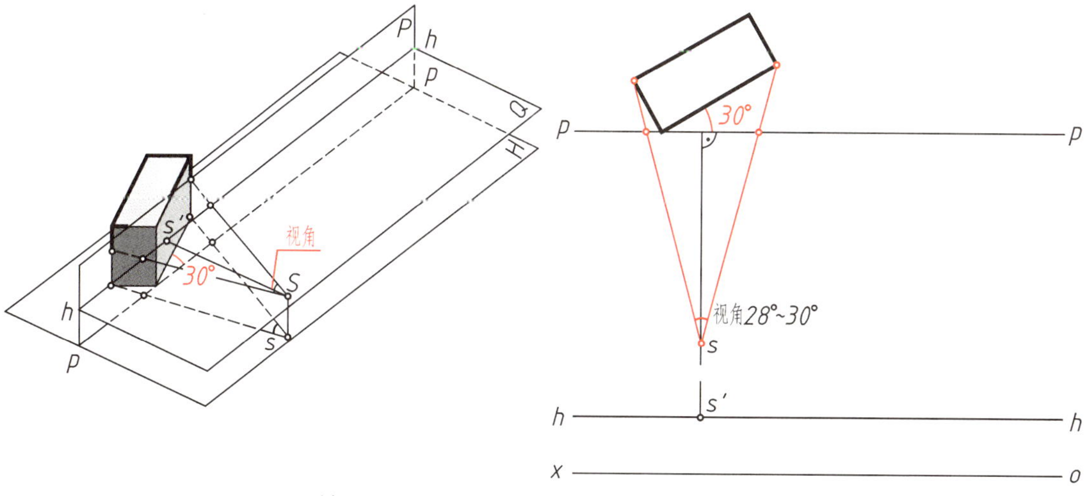

(a)　　(b)

图 15－8　布局

从视点 S 引两水平视线分别与建筑物的最左、最右两墙角线相接触，这两视线的夹角，为观看建筑物时视锥（vision cone）的顶角，称为视角（vision angle）（图 15－8a）。一般要求视角等于 28°～30°，画出的透视图效果较好。主视线 Ss' 应大致在视角的分角线左右。视角的 H 投影反映实形，可直接在 H 面上进行布局(图 15－8b)。

（二）求长度方向和宽度方向水平线的灭点

建筑物共有四根平行于长度方向的水平线 AB、ab、CD、cd(图 15－9a)。如前所述，它们的透视延长线，必相交于一个灭点 V_1。参照图 15－6 的方法求出 V_1。

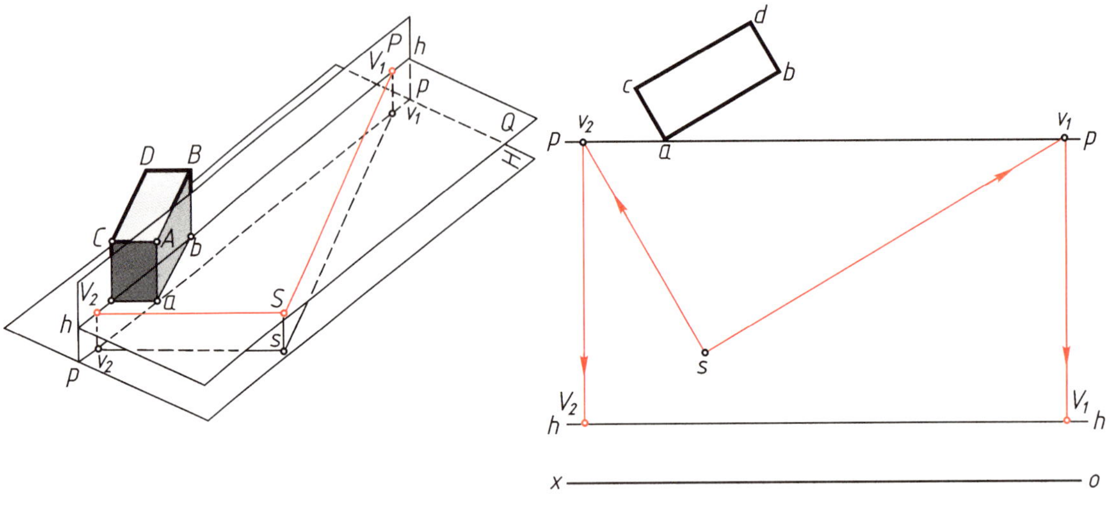

(a) (b)

图 15－9 求灭点 V_1 和 V_2

用同样的方法可求得建筑物宽度方向的灭点 V_2。由此可知：不平行于画面的平行线组，都有它们各自的灭点。

（三）求建筑物底面的透视

如图 15－10 所示，地面线 ab 的端点 a 在画面上，它的透视 a^0 与 a 重合，a^0V_1 是线段 ab 的透视方向，参照图 15－6 的方法求出点 b 的透视 b^0，则 a^0b^0 就是线段 ab 的透视。

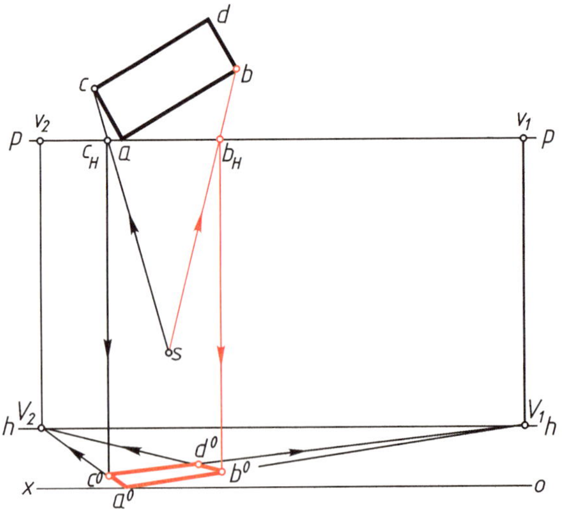

图 15－10 求底面的透视

同法求出 ac 的透视 a^0c^0。由于 ac 平行于宽度方向，它的透视方向必指向 V_2。最后分别连 b^0V_2 和 c^0V_1，交于 d^0，$a^0b^0d^0c^0$ 就是建筑物底面的透视（图 15－10）。

（四）竖高度

建筑物的四根墙角线都是铅垂线，如前所述，它们的透视都是竖直线。但只有位于画面上高度方向的线段，它的透视高度才等于实高。若该线段不在画面上，它的透视高度则变长（在画面前的线段）或变短（在画面后的线段），遵循近大远小的规律。

作透视图时，可直接从已作出的底面透视各个顶点引竖直线，然后截取相应的透视高度。先量取 A^0a^0 等于实高 Z_1，然后过 A^0 分别引线到 V_1 和 V_2，与过 b^0 和 c^0 所竖的高度线相交，即得点 B^0 和 C^0（图 15－11）。由此可得：求取一铅垂线段的透视高度时，可利用平行线的透视交于同一灭点的特性，把已知高度从画面"引渡"过去。

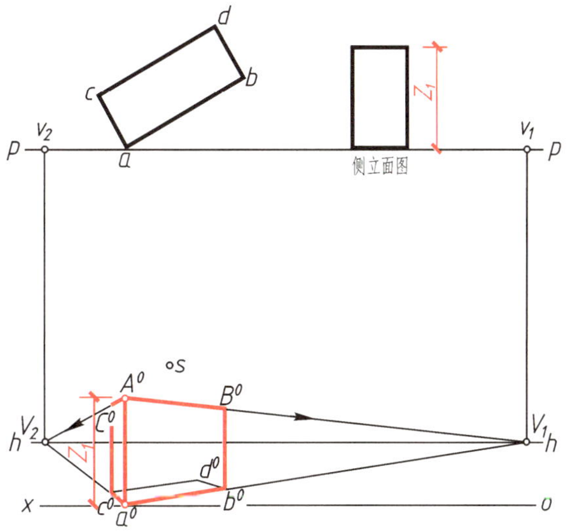

图 15－11　竖高度

在竖高度的同时，作出了 AB 和 AC 的透视 A^0B^0 和 A^0C^0。建筑物背后的线条看不见，不必画出。至此完成了建筑物的透视图（图 15－11）。

（五）作屋檐线的透视

假设将上述平顶房屋改为两坡顶房屋，如图 15－12a 所示。墙身部分的透视已按上述方法作出，现只讨论前屋檐线 GE 的透视的画法。由于布局时已设置画面与墙角线接触，因此前屋檐线必有一段 GN 凸出画面，点 N 与其透视 N^0 重合为画面交点（图 15－12a 中仅标出点 N^0）。作图时，可先求屋檐线水平投影 ge 的透视，然后竖高度，求出 G^0E^0。不难看出，与墙角线 Aa 一样，直线 Nn 位于画面上，可直接从点 n^0 截取檐口高度 Z_2，求得点 N 的透视 N^0。然后连 N^0V_1，得前屋檐的透视方向。最后用视线交点法，求两端点 G 和 E 的透视 G^0 和 E^0，画出 G^0E^0（图 15－12b）。

（六）作屋脊线 IJ 的透视

IJ 平行于长度方向，灭点是 V_1，它与画面没有现成的交点。作图时，可先将屋脊线延长，与画面相交于点 M，同样，点 M 与它的透视 M^0 重合（图 15－13a 中仅标出 M^0）。点 M 的水平

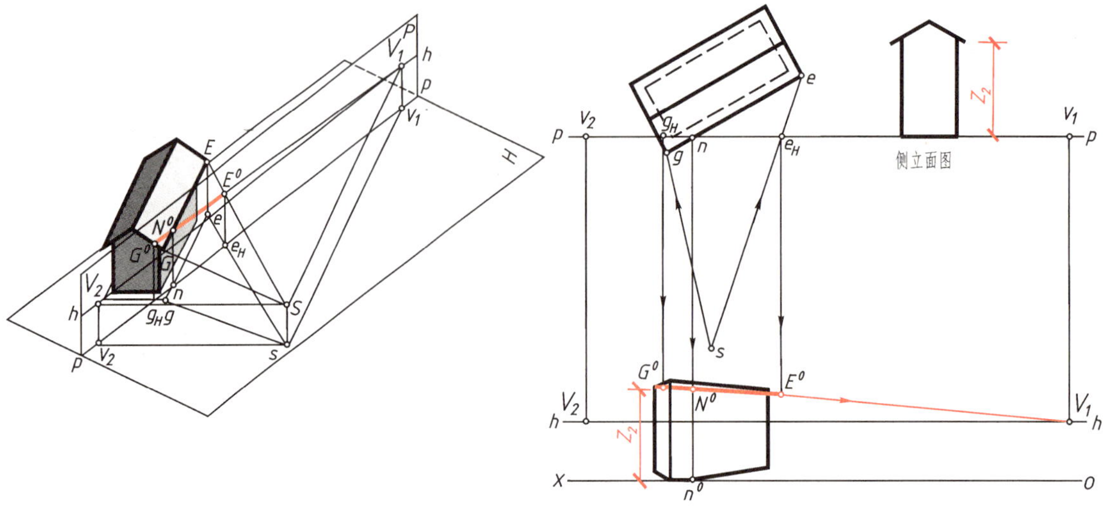

(a) (b)

图 15－12 作前屋檐的透视

投影 m，就是 IJ 的水平投影 ij 延长后与 pp 的交点。

作透视图时(图 15－13b)，先延长 ij 交 pp 于 m，过 m 引竖直连线交 ox 于 m^0，从 m^0起在竖直线上量取 M^0m^0等于屋脊高度 Z_3，得屋脊的画面交点 M^0。M^0V_1就是屋脊的透视方向。最后用视线交点法求出两端点 I 和 J 的透视，画出屋脊的透视 I^0J^0。

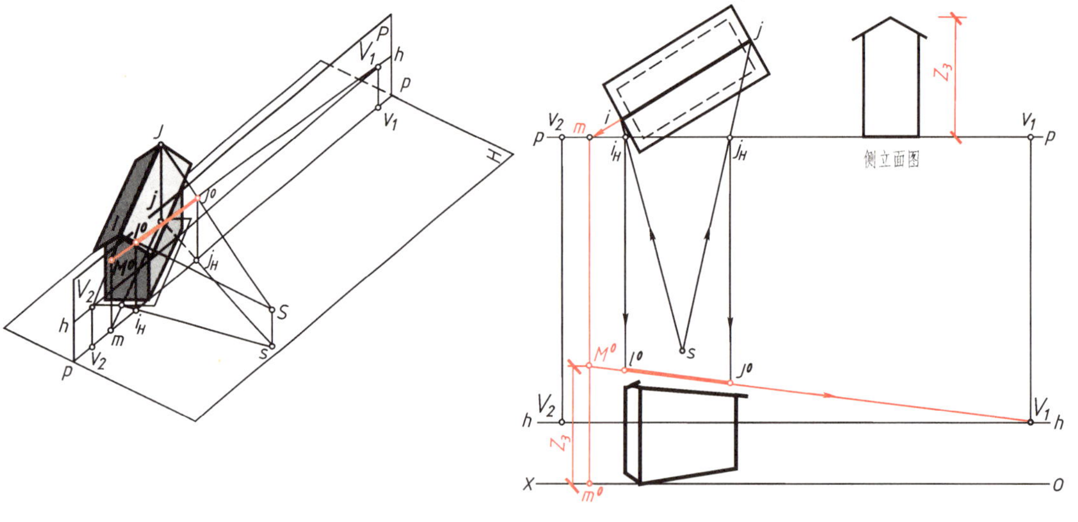

(a) (b)

图 15－13 求屋脊的透视

（七）作人字屋檐的透视

求出了前屋檐和屋脊的透视后，只要分别连 I^0G^0 和 J^0E^0，就得前坡屋面两侧人字屋檐的透视(图15－14b)。这是两平行直线段，它们的透视的延长线必相交于一个灭点 V_2'①，此灭点是平行于人字屋脊 IG 和 JE 的视线 SV_2' 与画面的交点(图15－14a)。由于人字屋檐的水平投影平行于宽度方向，所以 V_2' 与 V_2 应在同一竖直线上。由此可得：同时倾斜于地面和画面的直线，它的灭点不在视平线 hh 上。然而，这个灭点必与该直线的 H 投影的灭点位于同一根竖直线上。

同样，后坡面的人字屋檐的透视 I^0K^0 等的灭点 V_2'' 也位于同一竖直线上。如果前后屋面坡度相同，由于 $\triangle SV_2'V_2 \cong \triangle SV_2''V_2$，必有 $V_2'V_2 = V_2''V_2$。在求得 V_2' 之后(图15－14b)，就可截得 V_2''。连 I^0V_2'' 求出 K^0，即得 I^0K^0。此外，还可利用 V_2'' 画出山墙与屋面的交线的透视。

在图15－14b中，P 面上的图形经擦去作图线并描粗可见线条后，得所求两坡顶房屋的透视图。

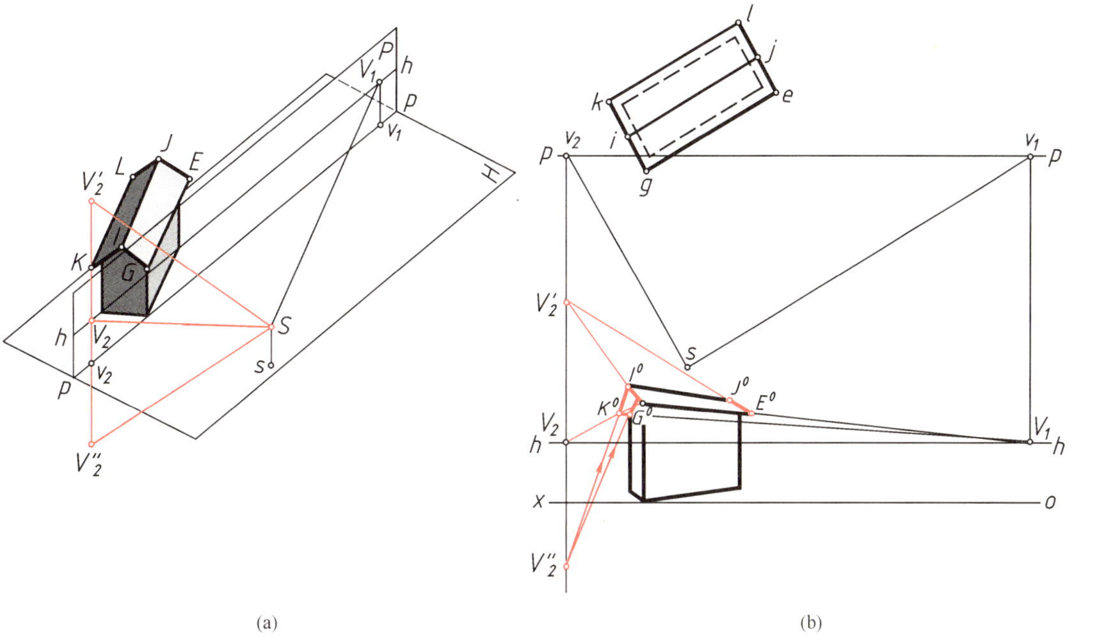

图15－14　求人字屋檐的透视

【例15－1】 已知房屋的两面投影(图15－15)，求作房屋的两点透视。

解： 现将作图过程分为六步进行如下(图15－15)：

(1) 布局。使画面与房屋中间部分的墙角线接触，选择适当的站点 s 和视高，画出基线 ox 和视平线 hh 之后，就可着手作图。限于图板的大小，画图时经常使画面和基面适当重叠。先求灭点 V_1 和 V_2，作中间部分平面图的透视。

(2) 先在 a^0V_2 上用视线交点法，求出点 c 的透视 c^0。然后按顺序作出 d^0、e^0 等，完成右边部分平面图的透视。

(3) 用同样的方法作出左边部分平面图的透视。

(4) 竖中间部分的高度。墙角线的透视 A^0a^0 等于实高 Z_1。

① 也可以先求出倾斜线 IG 和 JE 的灭点 V_2'，再利用灭点作图。倾斜线灭点的作法可参阅有关书籍。

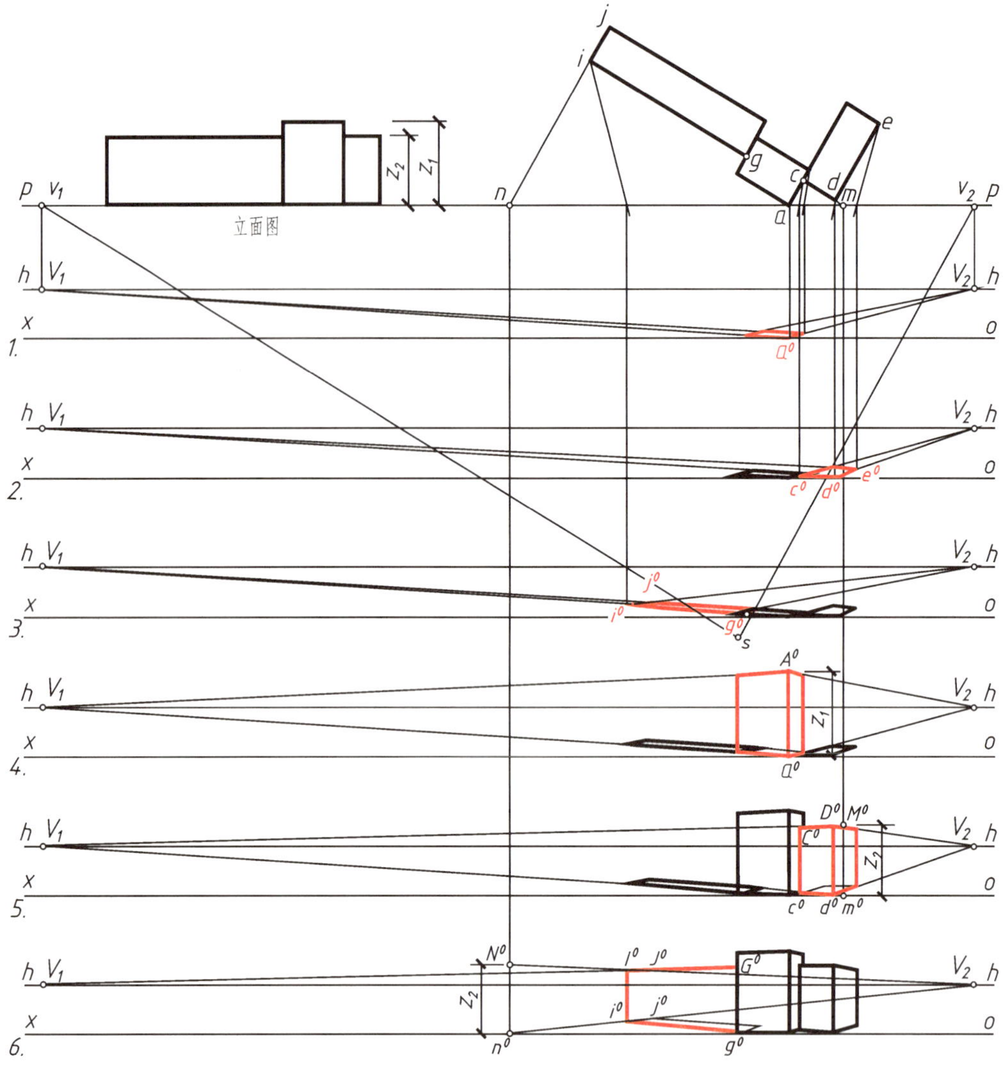

图 15-15 房屋透视图的作图步骤

(5) 竖右边部分的高度。由于它的墙角线与画面不重合，因而要先延长 c^0d^0，交 ox 于 m^0，量 M^0m^0 等于实高 Z_2，得 CD 线的画面交点 M^0，作出透视 C^0D^0。

(6) 同法竖左边部分的高度。图中先求出 JI 的画面交点 N^0，使 N^0n^0 等于实高 Z_2。

最后，擦去作图线，描粗，即得所求透视图。

画透视图前的布局非常灵活，除前面的规定外，还可根据下面几点进行考虑：

1. 考虑从左前方或是右前方去“看”房屋(图 15-16)。特别是当房屋不对称时，更要考虑把房屋的主要部分，如大门或楼层较高的主体，布置成靠近观看者，以突出房屋主体。

2. 考虑画面与房屋主立面的夹角。一般情况可按前面介绍取 30°左右(图 15-17b)。但有时为了更突出主立面，夹角可取小些，如 20°～25°(图 15-17a)。假如主立面和侧立面都要兼顾，则夹角可取大些，如 35°～45°(图 15-17c)。

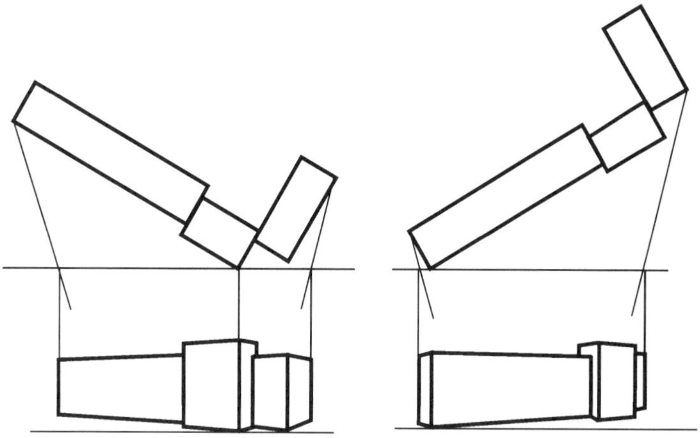

(a)　　(b)

图 15－16　要考虑突出主体

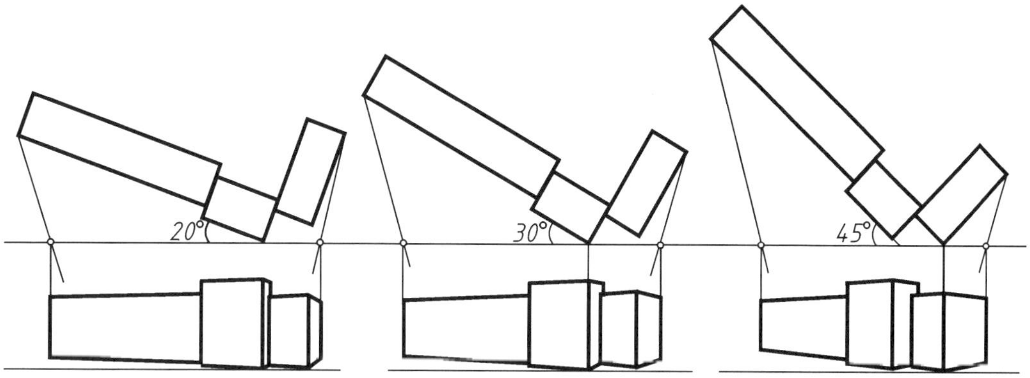

(a)　　(b)　　(c)

图 15－17　画面与主立面夹角大小的不同效果

3. 考虑透视图的大小。画面与主立面的夹角确定之后，根据视角的大小等就可确定站点 s 的位置。这时，若使画面前后平移，所画透视图的图像形状不变，但图样的大小却产生变化(图 15－18)。透视图大小的选择，取决于图纸幅面的大小，并考虑画配景需占的位置。

4. 考虑视点的高低。一般情况下，可取人的眼睛的高度，即 1.6m 左右(注意要按房屋图的比例度量)作为视高。但也可根据不同的需要，将视点升高或降低，如图 15－19 所示。如视点升高，可得**俯视图**(overhead view)，又称**鸟瞰透视**(bird's eye perspective)；视点降低，可得**仰视图**(upward view)，又称**蛙眼透视**(frog's eye perspective)。

【例 15－2】 作台阶的透视图(图 15－20)。

解：(1) 布局。使画面与左栏板接触，确定站点 s，并根据台阶高度(参看剖面图)定出基线 ox 和视平线 hh(图 15－20a)。

(2) 作左栏板透视。与作轴测图相似，可先画出栏板长方体的透视，再利用量取实高及视线交点法，确定斜面两端平行于长度方向的两边位置，再画出两斜边的透视(图 15－20a)，它们必相交于灭点 V_2'(在过灭点 V_2的竖直线上)。

(3) 同法画出右栏板的透视(图 15－20b)。右栏板的两斜边也必指向灭点 V_2'。

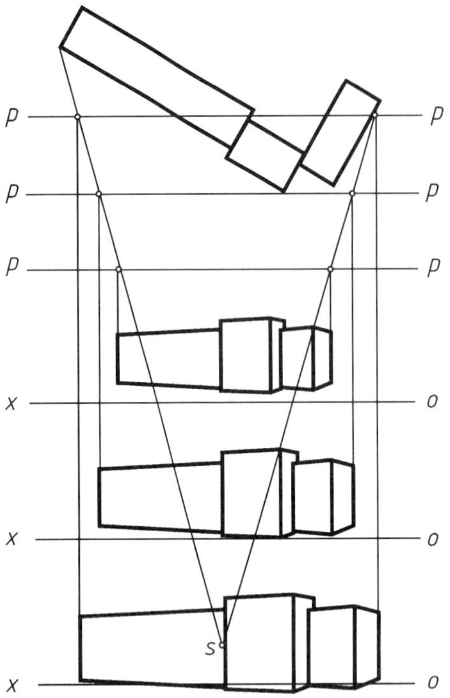

图 15－18 透视图大小的选择

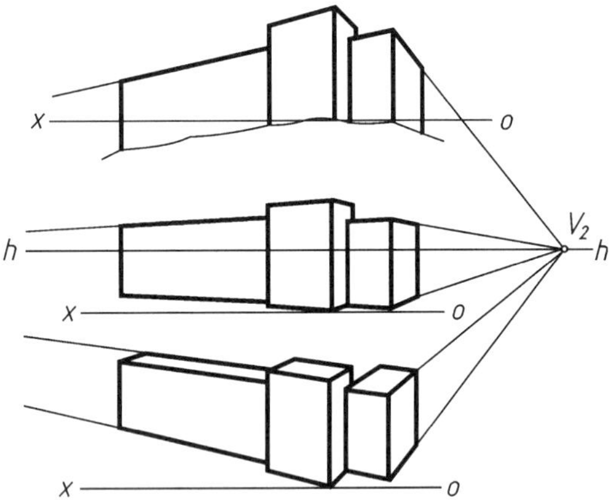

图 15－19 视高不同的不同效果

(4) 作踏步端面的透视。为此把右栏板左侧面延伸与画面相交，交线为图 15－20c 中过点 m^0 的竖直线。在此线上量取踏步各踢面的高度，并利用视线交点法定出步级各踢面的位置，画出踏步端面的透视(图 15－20c)。

(5) 从端面透视各角点引线至 V_1，画出踏步透视，完成台阶透视图(图 15－20d)。

五、一点透视(One-point perspective)

当画面同时平行于建筑物的高度方向和长度方向时，这两个方向直线的透视，都没有灭点。只有宽度方向直线的透视有灭点，这类透视图称为一点透视(one-point perspective)。由于一点透视可以同时看到观看者前面和左右侧面的图像，它一般用于画室内布置、庭院、长廊和街景等透视图。它的作图方法和两点透视基本相同。

【例 15－3】 给出室内布置的立面图和平面图(图 15－21)，求作它的一点透视。

解： 如图 15－21，将作图过程分为五步进行如下：

(1) 布局。设画面平行于正墙面，视角可以稍大些，一般取 40°～45°。站点可稍偏于一侧，以突出室内的主要部分，在构图上也不至于太呆板。视点高度一般选 1.6 m 左右。画好视平线后，求宽度方向的灭点 V_2。宽度方向垂直于画面，主点 s' 就是所求灭点 V_2，它必在视平线 hh 上。

(2) 作墙角线等的透视。左侧墙脚线 AB 和墙顶线 CD，分别与画面相交于 A^0 和 C^0，是它们的画面交点。它们的透视方向分别是 A^0V_2 和 C^0V_2。用视线交点法可求得墙角线 BD 的透视 B^0D^0。同法作出右墙的透视。最后连正墙的墙顶线和墙脚线。必须注意，它们在空间是平行于

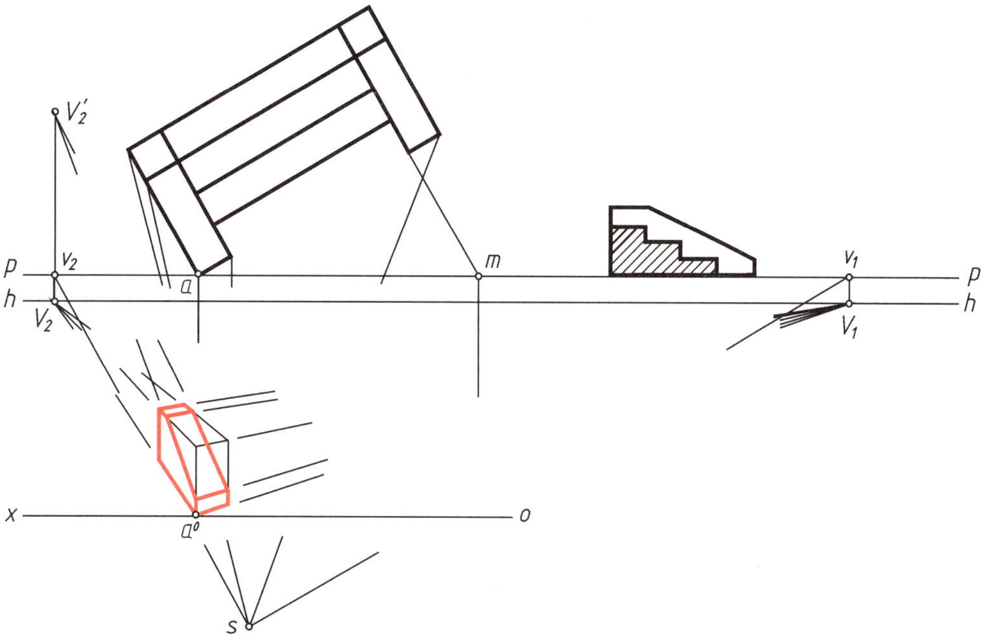

(a) 布局，并作左栏板

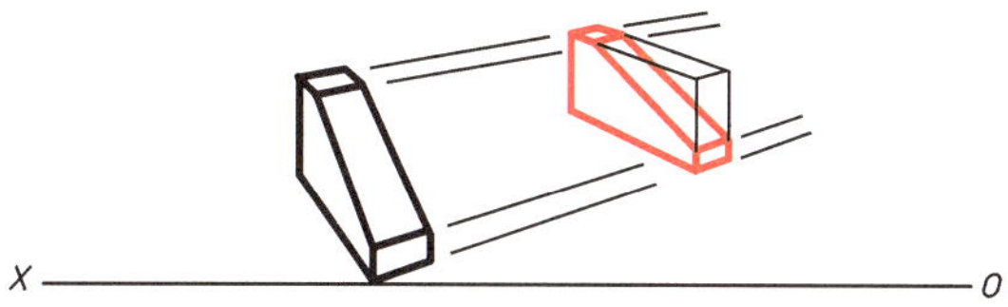

(b) 作右栏板

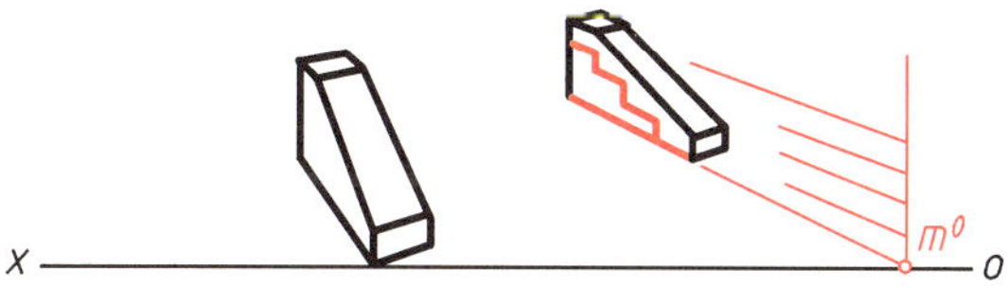

(c) 作踏步端面

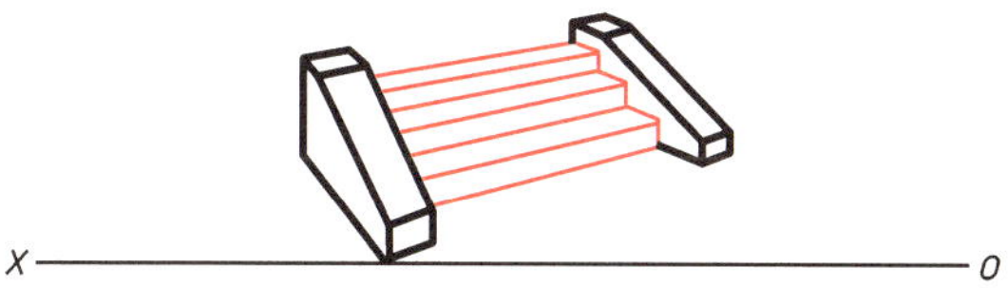

(d) 完成透视图

图 15－20　台阶透视图

画面的水平线，它们的透视仍是水平线。

（3）作阁橱的透视。从墙顶线 CD 的画面交点 C^0 向下竖高度 Z_2，得橱底与左墙交线 EG 的画面交点 N^0，随后作出 E^0G^0，再逐步完成阁橱的透视。

（4）作衣柜的透视。假想把衣柜向两侧延伸至与墙面相接，则作图法与阁橱相似。图中在右侧竖高度 Z_3，所得结果是一样的。

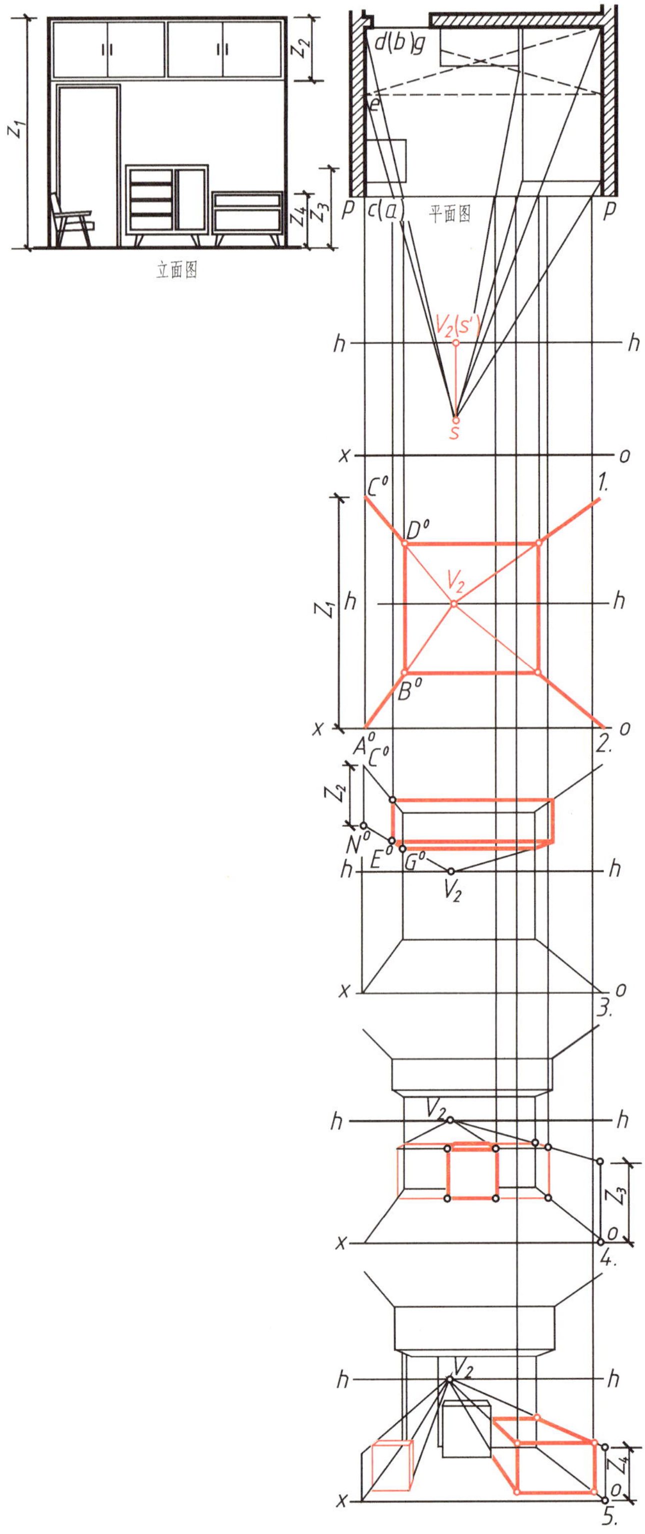

图 15－21 室内一点透视的作图步骤

（5）作床、椅和门的透视。

最后，根据所求得的外框，画出细部，完成透视图，如图 15 - 4 所示。

§ 15 - 3 透视图上的简捷作图法 Convenient Methods in Perspective Drawings

画透视图时，往往只用前述方法作出房屋和某些细部轮廓的透视，然后直接在透视图上用简捷的方法把房屋和细部的其他部分画上。下面介绍几种常用的简捷作图法。

一、画竖直分格线的透视（Vertical divisions in perspective）

要在透视图上将房屋正立面划分为六个开间，可假设在房屋平面图上用平行线将开间的大小移置到基线 *pp* 上（图 15 - 22a），即可按下述步骤作图（图 15 - 22b）：

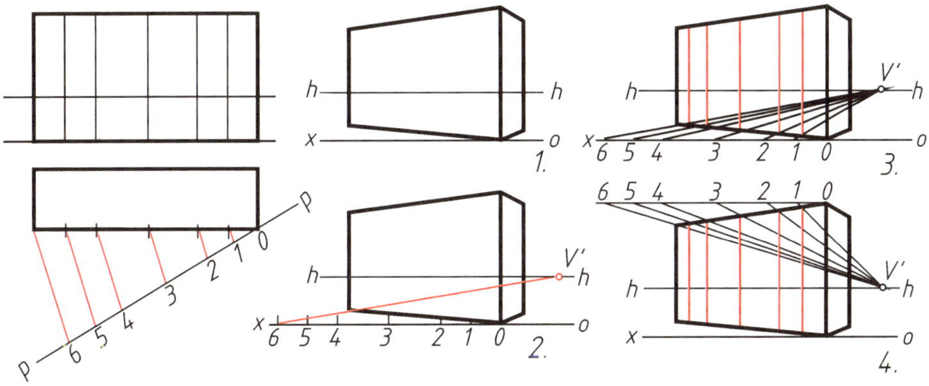

(a)　(b)

图 15 - 22　画竖直分格线

1. 用前述方法，作出房屋轮廓的透视图。

2. 在 *ox* 上从与画面接触的墙角开始，截取 *0*、*1*、*2*…*6* 等点，使每段等于相应开间的大小。连点 *6* 和另一墙角的透视，并延长与 *hh* 交于 *V′*。显然，*V′*就是在平面图上用以移置开间大小的那一组平行线的灭点。实际上在平面图上不必画出这组平行线，只要在透视图上求出 *V′*，就可对房屋正立面进行划分。

3. 连各分点和 *V′*与墙脚线相交，从各交点引竖直线，即得正立面六个开间的透视。

4. 从墙角顶点引水平线进行作图，结果一样。

二、画水平分格线的透视（Horizontal divisions in perspective）

作图方法如图 15 - 23 所示：

1. 如果布局时墙角与画面接触，则该墙角线的透视反映实际高度。直接在这墙角线上作出各横向分点，然后与相应的灭点 V_1 相连，即得正立面上各横向分格的透视。

2. 平行于画面的直线上各线段长度的比例，等于该直线透视上各相应线段长度的比例。

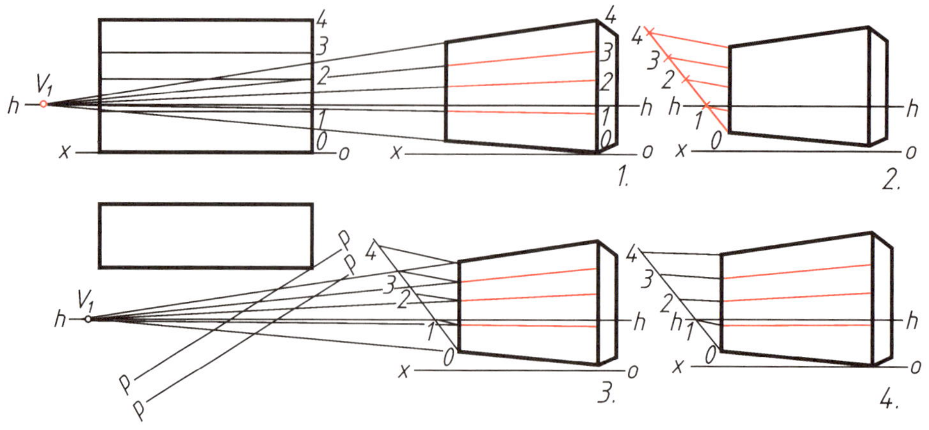

图 15－23 画水平分格线

因此，如果墙角与画面不接触，可先在任一墙角线的透视上按比例进行分格。

3. 过各分点引线至灭点 V_1，可得各横向分格的透视。

4. 如果灭点超出图纸范围之外，可同时在两墙角线上按比例作出各分点，然后相连。

三、作矩形中线的透视(Median lines of rectangle in perspective)

矩形的中线必通过矩形对角线的交点，即矩形的中点。因此，在透视图上求矩形中线的透视，可按如下方法作出(图 15－24)：

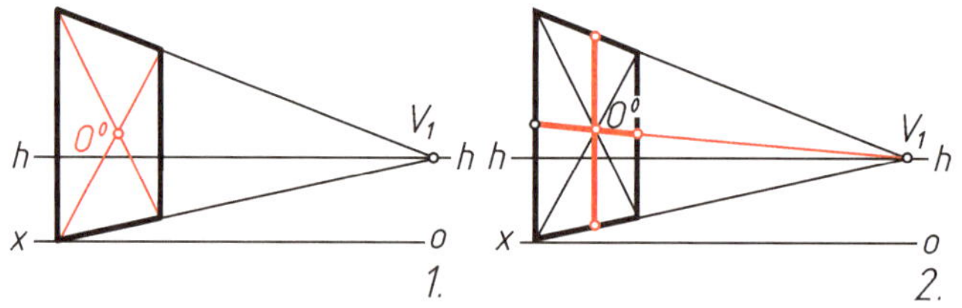

图 15－24 作矩形中线

1. 在矩形的透视图上画对角线，得中点 O 的透视 O^0。

2. 过点 O^0 作竖直中线和水平中线的透视，可得矩形纵横各两等分的透视。

四、作等大分格的透视(Divided equal segments in perspective)

有四个相连且大小相等的矩形，如果已作出第一个矩形的透视，即可在透视图上直接作出其余三个矩形的透视，作图步骤如下(图 15－25)：

1. 作出竖直边 C^0D^0 的中点 O^0，连 O^0V_1，得矩形水平中线的透视。

2. 把两个相邻且等大的矩形 $ABDC$ 和 $CDGE$ 组成一个大矩形 $ABGE$，C^0D^0 便是大矩形的竖直中线 CD 的透视，点 O^0 为大矩形中点 O 的透视。连 A^0O^0 并延长交 B^0V_1 于 G^0，A^0G^0 为大矩形对角线 AG 的透视。过 G^0 引竖直线 E^0G^0，就是第二个矩形竖直边 EG 的透视。

3. 同法作出第三个、第四个矩形的透视。显然，所作的各个大矩形对角线，在空间都是平行的，它们的透视必相交于同一个灭点 V_1''，就是 A^0G^0 的延长线与过 V_1 的竖直线的交点。

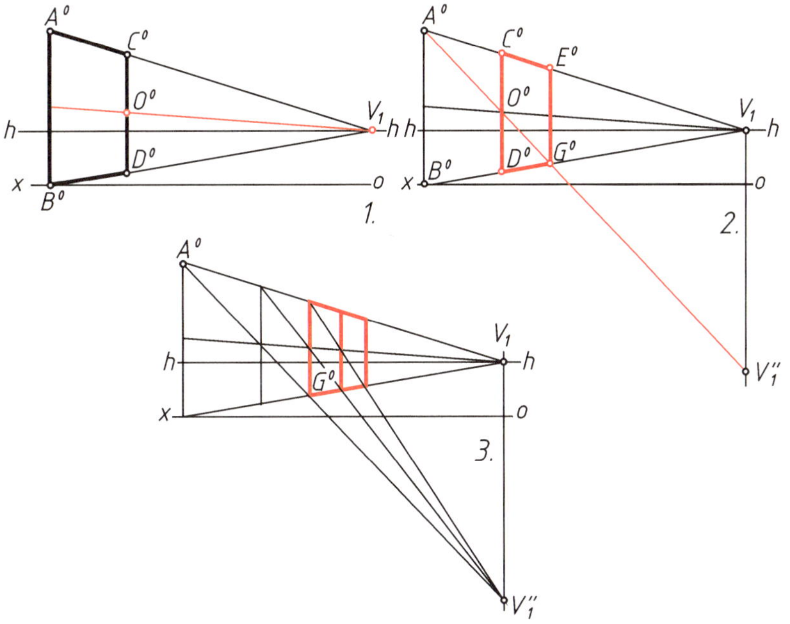

图 15－25　作等大的四个矩形

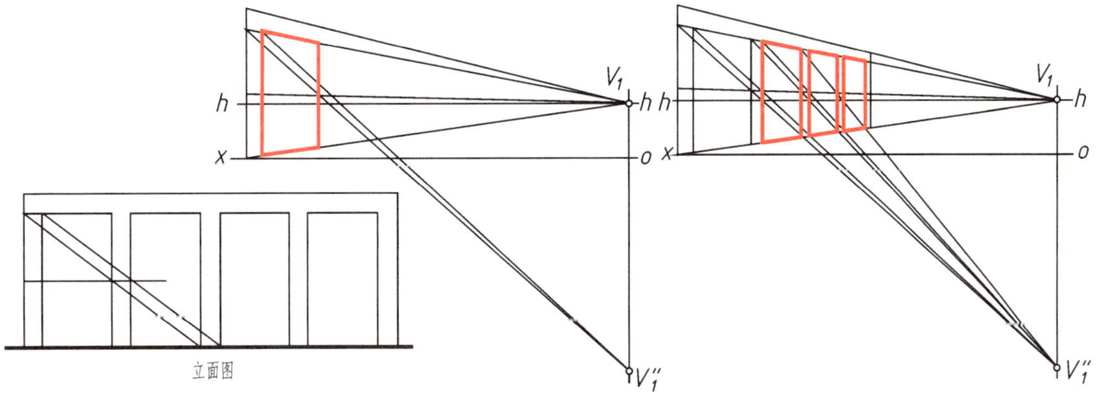

图 15－26　作等大的门洞

在房屋立面上，有一系列大小相等间距相同的门洞，如果已作出了第一个门洞和间隔的透视，也可用同样的方法作出其余门洞的透视，如图 15－26 所示。图中只画出第二个门洞和第三个门洞的透视的作法。其余作法只是上述的重复。

§ 15－4 圆的透视 Circles in Perspective

当圆所在平面平行于画面时，圆的透视仍是圆，可先求出圆心的透视位置和半径的透视长度，再用圆规画图。当圆所在平面不平行于画面时，圆的透视一般是椭圆，应先作出圆的外切正方形的透视，找出圆上八个点的透视，然后用曲线板连接成椭圆。

一、水平位置圆的透视(Horizontal circles in perspective)

画水平位置圆的透视，作图步骤如图 15－27 所示：

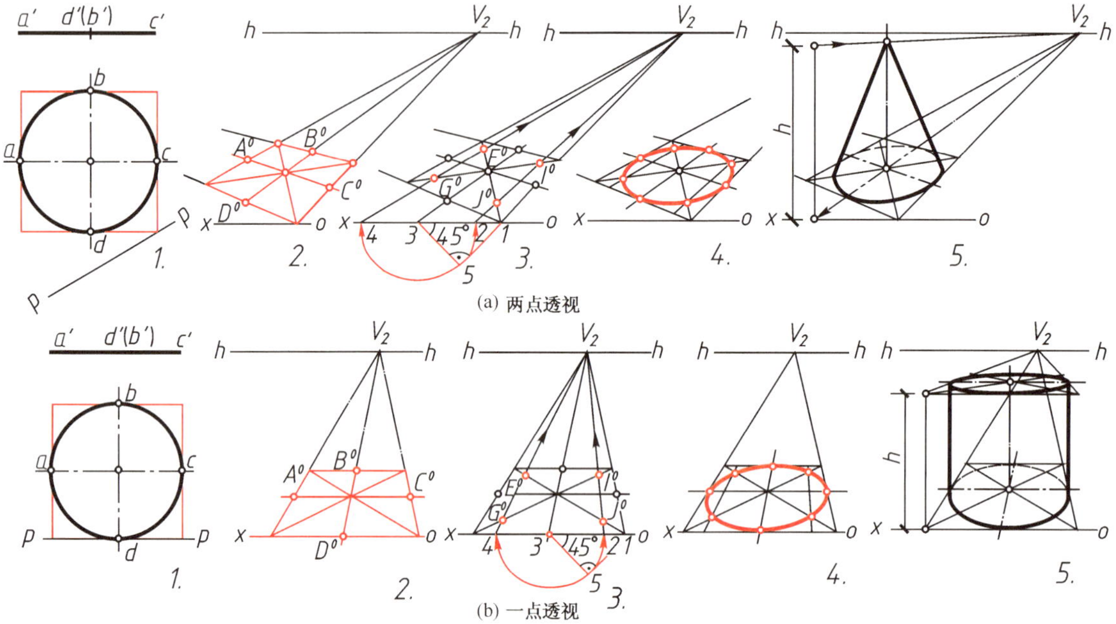

图 15－27 画水平位置圆的透视

1. 在平面图上，画出圆的外切正方形。

2. 作外切正方形及其对角线和中线的透视，得圆上四个切点的透视 A^0、B^0、C^0和 D^0。

3. 求对角线上四个点 J、I、G 和 E 的透视。作两点透视时(图 15－27a)，要延长 V_2D^0交基线于点 *3*。以 *13* 为斜边作等腰直角三角形。以点 *3* 为圆心，直角边 *35* 为半径，作圆弧交基线于点 *2* 和 *4*，连 $2V_2$和 $4V_2$交对角线的透视于点 J^0、I^0和 G^0、E^0。

当作一点透视时(图 15－27b)，由于四边形的一边与基线重合，可直接在基线或平行于画面的边上作等腰直角三角形。

4. 用曲线板连八个点，得椭圆，即为所求。

5. 实例：作圆锥和圆柱的透视。注意高度的透视作法。

二、垂直于地面的圆的透视(Vertical circles in perspective)

当圆所在平面垂直于地面，但不平行于画面时，作透视图的方法与水平圆类似，如图 15－28a 所示。

当圆的所在平面平行于画面时，先求出圆心 O 的透视 O^0，以半径 oa 的透视长度 o_Ha_H为半径，以 O^0为圆心，用圆规画圆，如图 15－28b 所示。

图 15－28 同时画出了拱门的透视图。

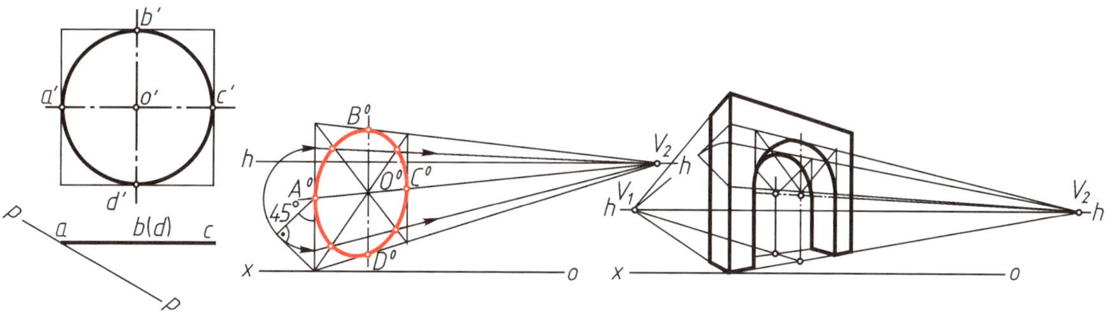

(a) 不平行于画面

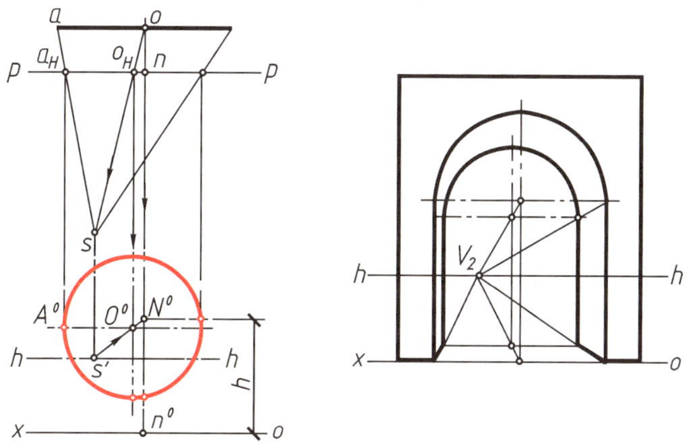

(b) 平行于画面

图 15－28　画垂直于地面的圆的透视

§15－5 房屋透视图画法实例 Examples of Perspective in Buildings

下面举例说明作房屋透视图的过程。已知房屋的立面图和平面图，作图步骤如下：

1. 以原房屋平面图进行布局。可用描图纸描下平面图上的一部分来作图，如图 15－29 所示。求得灭点后，暂不考虑阳台的凹入和凸出部分，作出整幢房屋的外形和屋面的透视。

2. 画阳台的凹入部分和隔墙。先用画竖直分格线的方法，进行墙面的分割之后，再画阳台的凹入部分（图 15－29）。

3. 画窗洞的竖线。以房屋左侧阳台转角点和正墙面右侧墙角转角点作为始点和终点，用画竖直分格线的方法进行分格，如图 15－30 所示。为清晰起见，从本图开始，将图形适当放大画出。

4. 画窗洞的横线。先画正墙面的横线，然后利用灭点 V_2 将横线引到阳台后墙。图中表示了最高一根横线的画法（图 15－31）。

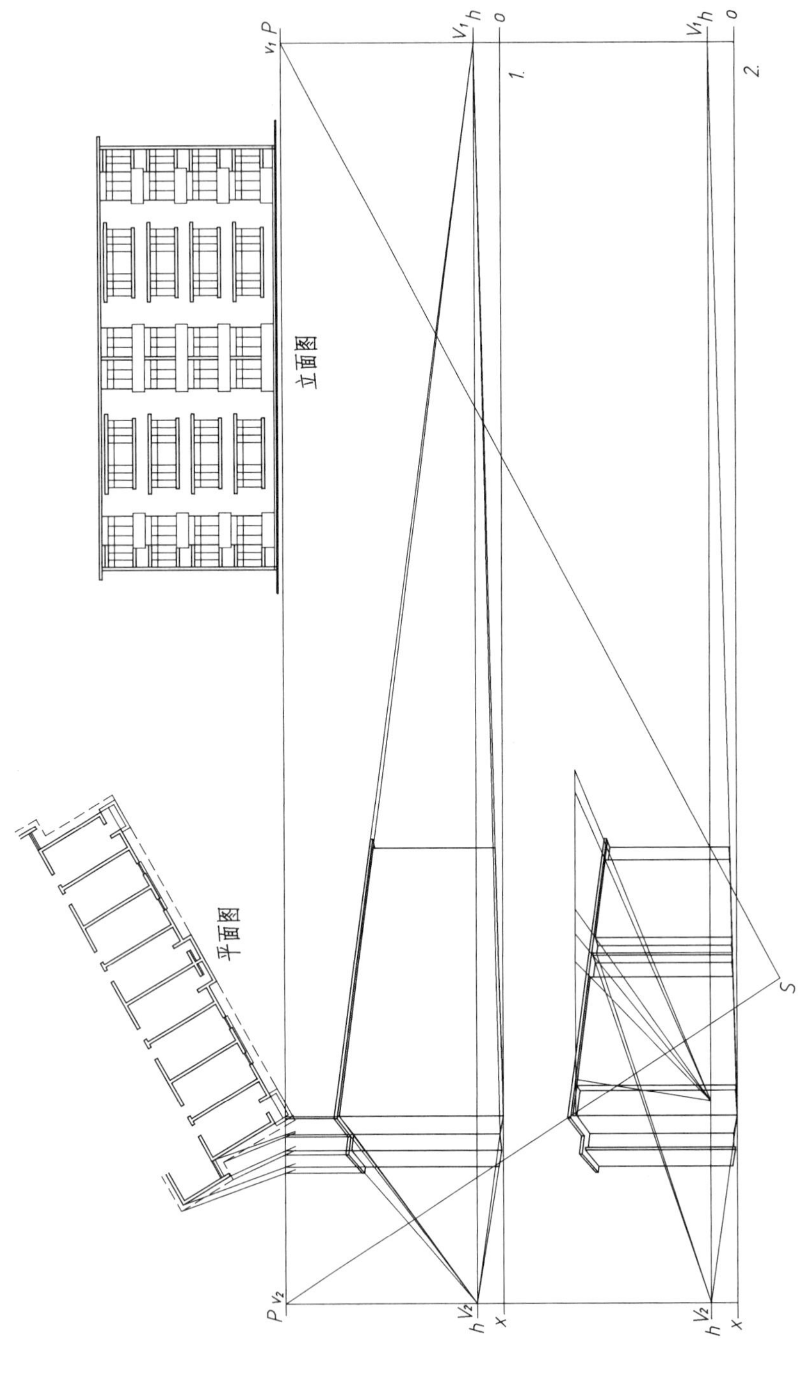

图 15-29 布局、画外形及阳台凹入部分

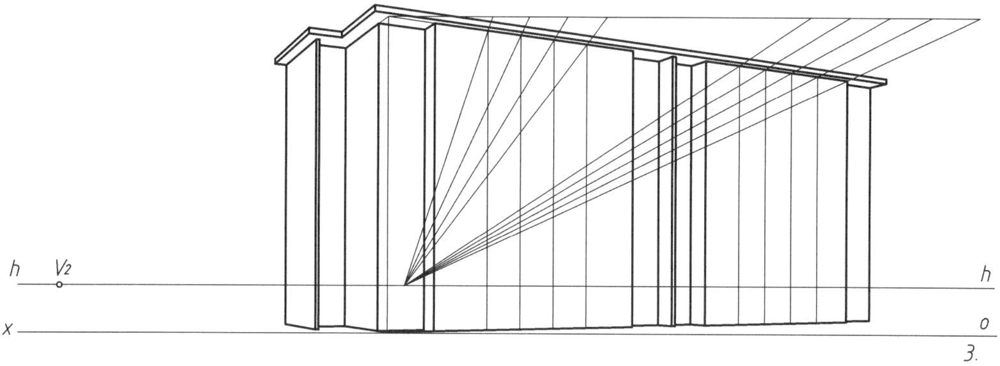

图 15－30　画窗洞竖线

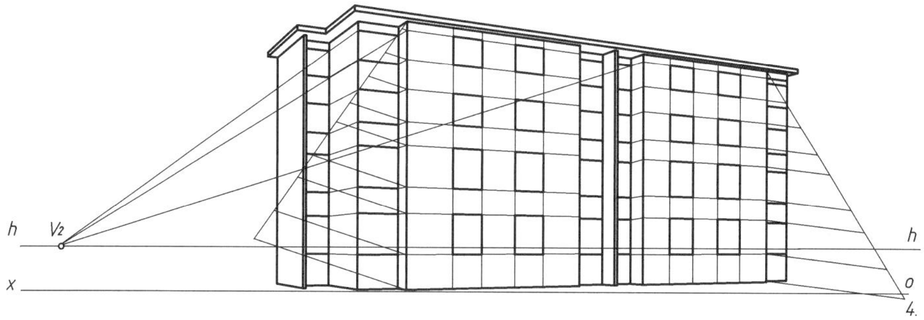

图 15－31　画窗洞横线

5. 画阳台的栏板。由于阳台凸出部分的宽度与屋檐相同，所以可以直接在屋檐处引线，求出栏板的转角点，然后画出栏板的转角线。由于上一步已经画出阳台的位置，所以可利用灭点将栏板的高度画出。图中表示了顶层左侧阳台栏板的画法。首层的矮围墙画法相同（图 15－32）。

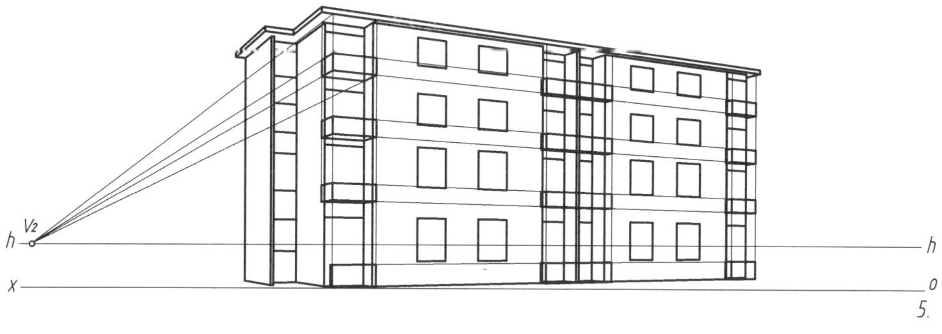

图 15－32　画阳台栏板

6. 画窗台、遮阳板、门窗格等细部。由于各细部的尺寸都比较小，都可以大致作出，不必具体度量，但要注意符合透视原则（图 15－33）。

7. 画阴影和配景，以增加透视图的真实感和效果（图 15－34）。

图 15-33 画细部

图 15-34 画阴影、配景

本章学习指引
Reading Guide

1. 透视图是单面的中心投影，与前面所学的正投影图不一样，有它自己的投影特性和作图方法。学习时要注意进行比较和区分。

2. 点、水平线和铅垂线是房屋建筑的最基本元素，必须熟悉它们的透视画法。

3. 通常画的是两点透视，必须熟练掌握如何布局、求取灭点、作直线段的透视方向、量取透视高度等基本作图方法。

4. 学会和灵活运用透视图上的简捷作图法，将有利于绘画房屋的透视图。

5. 轴测图也是单面投影(平行投影)，一些作图方法与透视图类似，可作参考、类比。

复习思考题
Review Questions

1. 透视图是怎样产生的？它有什么投影特点？

2. 如何用视线交点法求作一点的透视？

3. 如何求水平线的灭点？如何求直线段的透视方向？
4. 如何作铅垂线的透视？什么样的铅垂线在透视中反映实高？
5. 作形体的透视图时如何布局？
6. 一般线的灭点如何求取？
7. 试比较作台阶的透视图和轴测图有些什么异同？
8. 试对比作平行于画面圆拱门的透视图和正面斜轴测图有什么异同？

第十六章 标高投影

CHAPTER 16 TOPOGRAPHICAL PROJECTION

§16－1 点、直线和平面的标高投影

Topographical Projection of Points, Straight Lines and Planes

建筑物和构筑物是建造在地面上或地面下的，地面状况对建筑群的布置、房屋的施工、设备的安装，甚至修建广场、庭院，修筑道路等都有直接的影响。因此，在设计和施工前需将建筑地盘及四周的地形地貌了解清楚，绘出总平面图。地面形状比较复杂，高低不平，没有一定规律，况且地面的高度和地面的长度、宽度相比，一般显得很小。如果仍用前面章节所述的各种图示方法来表示地面形状，将难以表达清楚。为此，采用一种新的图示方法，即标高投影（topographical projection），又称等值线图（contour map）。标高投影是单面正投影，即在形体的水平投影上，以数字标注出各处的高度以表示形体的形状。

一、点的标高投影（Topographical projection of points）

设点 A 位于已知水平面 H 的上方 3 单位，点 B 位于 H 上方 5 单位，点 C 位于 H 下方 2 单位，点 D 在 H 面上（图 16－1a），那么，在 A、B、C、D 的水平投影 a、b、c、d 的注脚处写上相应的高度值 3、5、－2、0（图 16－1b），即得点 A、B、C、D 的标高投影图。3、5、－2、0

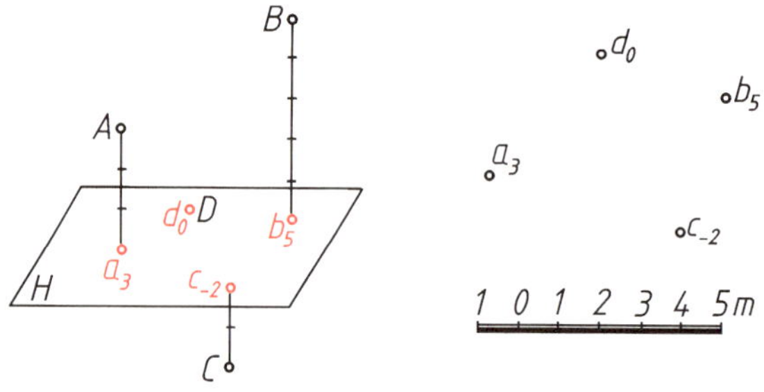

(a) 立体图　　(b) 标高投影图

图 16－1　点的标高投影

等高度值，称为各该点的标高(elevation)，又称高程(altitude)。通常以 H 面作为基准面(datum plane)，它的标高为零。高于 H 面的标高为正，低于 H 面的标高为负。如第十章所述，每幢建筑物以它的首层主要房间地面作为零标高(zero elevation)的水平基准面(datum level plane)，确定建筑物各部分的相对标高(relative elevation)。如果结合地形测量，画出地形图或总平面图，则如前所述，以青岛市外黄海平均海平面作为零标高的基准面，得到地域各处的绝对标高(absolute elevation)。

根据标高投影图确定上述点 A 的空间位置时，可由 a_3 引线垂直于基准面 H，在此线上自 a_3 起按一定比例尺往上量取 3 单位，得点 A。对于点 C，则应自 c_{-2} 起往下量取 2 单位。在标高投影图中作图和确定形体的空间形状和位置，还必须附有一把比例尺(scale)，注明刻度单位(scale unit)，如图 16－1b 所示。也可如建筑图一样给出该图的比例(proportion)，如 1∶100 等。国标规定，标高的单位为 m(米)，图上的比例尺也可略去 m 字。

二、直线的标高投影(Topographical projection of lines)

(一) 直线的标高投影

在直线的 H 投影 ab 上，标出它的两个端点 a 和 b 的标高，例如 a_3b_5(图 16－2)，就是直线 AB 的标高投影。

直线段 AB 的实长以及它对基准面的倾角，可借用换面法的概念，设置辅助投影面求解。作图时，只要分别过 a_3 和 b_5 引线垂直于 a_3b_5(图 16－3)，并在所引垂线上，按比例尺分别截取相应的标高值 3 和 5，得点 A 和 B。AB 的长度，就是所求实长。AB 与 a_3b_5 间的夹角 α，就是所求的倾角。

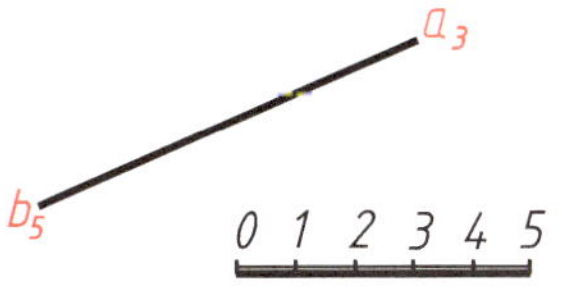

图 16－2　直线的标高投影

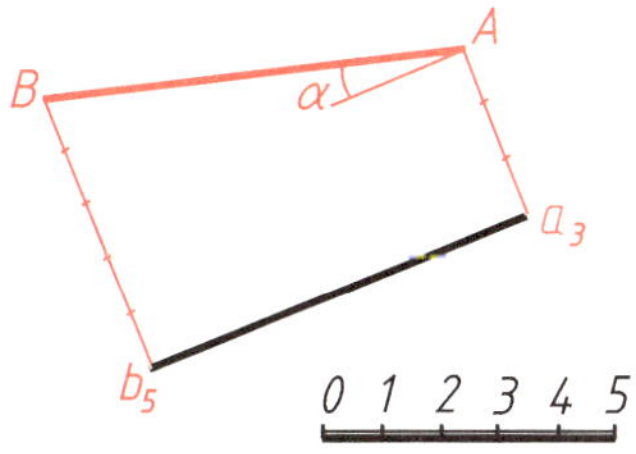

图 16－3　直线的实长和倾角

在直线的标高投影上标出整数标高的点，称为对直线进行刻度(scale mark)。刻度时，仍采用辅助投影面作图。例如，已知直线 AB 的标高投影 $a_{3.7}b_{7.8}$(图 16－4)，可在任意位置处以任意间距(也可按比例尺的一个单位)作一组与 $a_{3.7}b_{7.8}$ 平行的等距直线，分别作为标高值等于 3、4…8 的整数高度线(contour line)。在过点 $a_{3.7}$ 和 $b_{7.8}$ 所引垂线上，按比例插值定出点 A 和 B。连 AB，它与整数高度线的交点Ⅳ、Ⅴ、Ⅵ、Ⅶ，就是 AB 上的整数标高点。把这些点引回到 $a_{3.7}b_{7.8}$ 上，点 4、5、6、7 就是 $a_{3.7}b_{7.8}$ 上的整数标高点。不难看出，这些点之间的距离是相等的。如果所作的一组高度线的间距为给定比例尺的一个单位，可同时求得 AB 的实长和对 H 面的倾角。

直线上任意两点的高差(rise)与其水平距离(run)之比，或者说，直线上水平距离为一单位时的高差，称为直线的坡度(gradient) i(图 16－5)。已知直线 AB 的标高投影 a_2b_4，它的长度，即 A、B 两点的水平距离为 L，AB 两点间的高差为 I，则直线的坡度

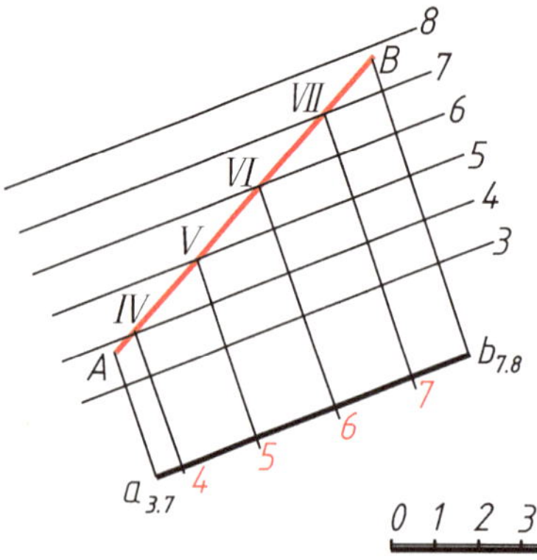

图 16－4 直线的刻度

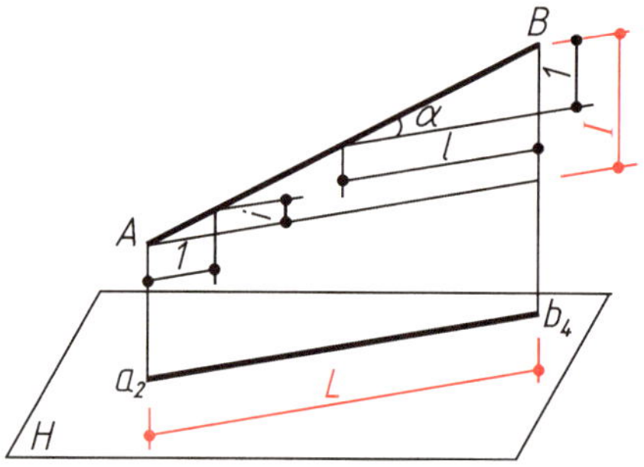

图 16－5 直线的坡度和间距

$$i=\frac{I}{L}=\tan\alpha$$

反之，直线上任意两点的水平距离与其高差之比，或者说，当直线上高差为一单位时直线的水平距离，称为直线的间距（spacing）l，即有

$$l=\frac{L}{I}=\cot\alpha$$

由此可见，直线的坡度与间距互为倒数，即

$$i=\frac{1}{l}$$

也就是说，直线的坡度愈大，间距愈小；坡度愈小，间距愈大。

在图 16－5 中，假定 a_2b_4 的长度 $L=6$ m，a_2 和 b_4 间的高差 $I=4-2=2$ m。于是

$$i=\frac{2}{6}=\frac{1}{3};\quad l=3$$

直线的标高投影经刻度后，一个单位标高刻度之间的距离，就是它的间距。

直线标高投影的另一种表示形式，是在直线的 H 投影上，只标出线上一个点的标高，画上表示直线下坡方向的箭头并注出坡度，如图 16－6 所示。

【例 16－1】 试求图 16－7 所示直线上一点 C 的标高。

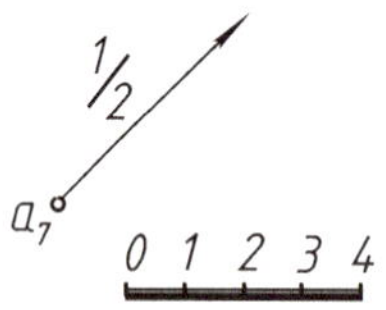

图 16－6 直线标高投影的另一形式

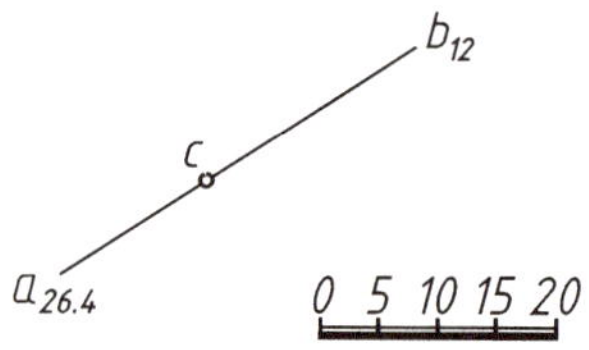

图 16－7 求点 C 的标高

解： 本题可用如图 16－4 所示的图解法（graphical method）求解，这里只介绍数解法（numerical method）。

先求 i 或者 l。按比例尺量得 $L=36$ m，经计算得

$$I=26.4\text{ m}-12\text{ m}=14.4\text{ m}$$

则

$$i=\frac{I}{L}=\frac{14.4}{36}=\frac{2}{5}$$

或

$$l=2.5$$

然后按比例尺量得 ac 间的距离为 15 m，根据 $i=\frac{I}{L}$，即 $I=i\times L$，得

$$I=\frac{2}{5}\times 15\ \text{m}=6\ \text{m}$$

于是，点 C 的标高应为 26.4 m－6 m＝20.4 m。

（二）两直线的相对位置

根据两直线的标高投影，只要在适当的位置作出它们的辅助投影，就能判别两直线是否平行、相交、交叉或者垂直。从图 16－8 可知，直线 AB 与 EF 平行，AB 与 CD 相交于点 K，CD 与 EF 交叉。辅助投影面平行于 AB 和 EF，只要所引的整数高度线是按比例尺画出，此时，如果 AB 和 EF 与 CD 垂直，它们的辅助投影也必然相互垂直。

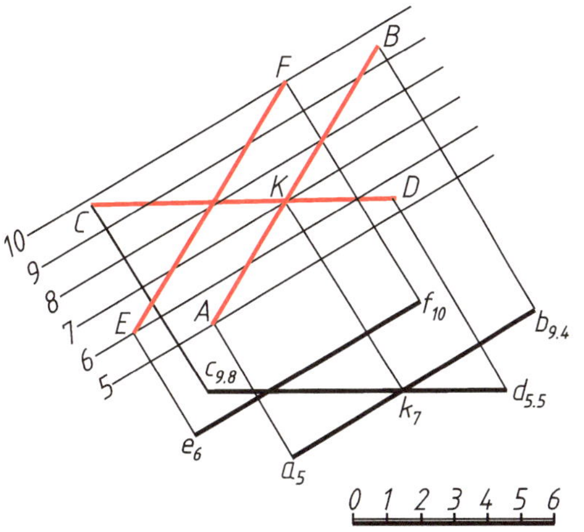

图 16－8　直线的相对位置

如果两直线的标高投影平行，上升或下降方向一致，而且坡度或间距相等，则两直线平行（图 16－9）。如果两直线的标高投影相交，且交点处两直线的标高相同，则两直线相交（图 16－10）。否则，它们是交叉的。

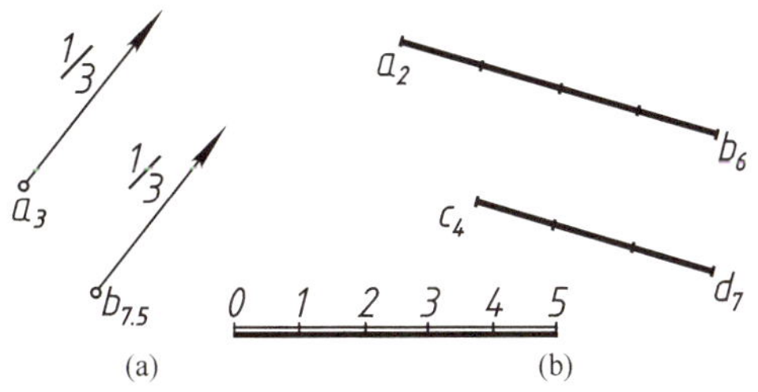

图 16－9　两平行直线

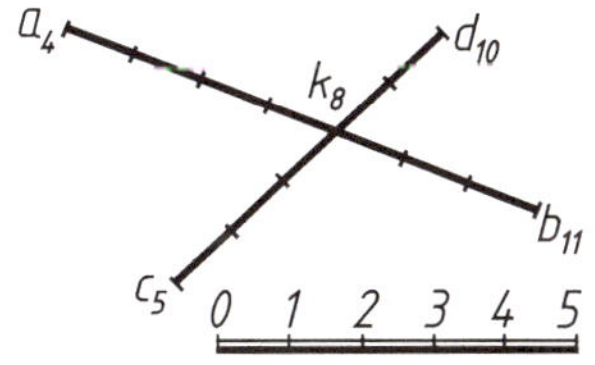

图 16－10　相交二直线

三、平面的标高投影（Topographical projection of planes）

（一）平面的标高投影

平面的标高投影，与多面正投影一样，可以用不在同一直线上的三个点、一直线和线外一点、两相交直线、两平行直线或平面图形等几何元素的标高投影来确定和表示。此外，还可用另一些简单的表示方法，说明如下：

图 16－11 画出一个由平行四边形 $ABDC$ 表示的平面 P，其中 AB 位于 H 面上，是平面 P 与 H 面的交线 P_H。如果以一系列平行于基准面 H 且相距为一单位的水平面截切平面 P，在 P 面上得到一组水平线 Ⅰ—Ⅰ 、Ⅱ—Ⅱ…，称为该平面的等高线（level contour line）。它们的 H 投影为 *1—1*、*2—2*…，仍称为该平面的等高线，它们都平行于 P_H，且间隔相等。这个间隔，称为平面的间距。

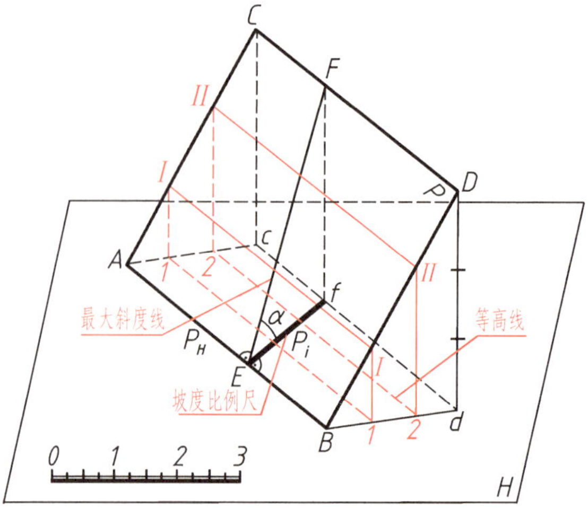

图 16－11 平面的标高投影

在 P_H 上任取一点 E，引平面 P 上的直线 EF 垂直于 P_H，EF 称为平面 P 的最大斜度线(grade line)(图 16－11)。它的 H 投影(即它的标高投影)Ef 必垂直于 P_H，把 Ef 刻度后标记为 P_i，称为平面 P 的坡度比例尺(gradint scale)。在平面的标高投影图上，坡度比例尺 P_i 垂直于平面的等高线，它的间距就是平面的间距。只要给出坡度比例尺 P_i，即可唯一确定平面 P(图 16－12a)。过 P_i 上的各刻度，作出垂直于 P_i 的一系列直线，即为平面的等高线(图 16－12b)。

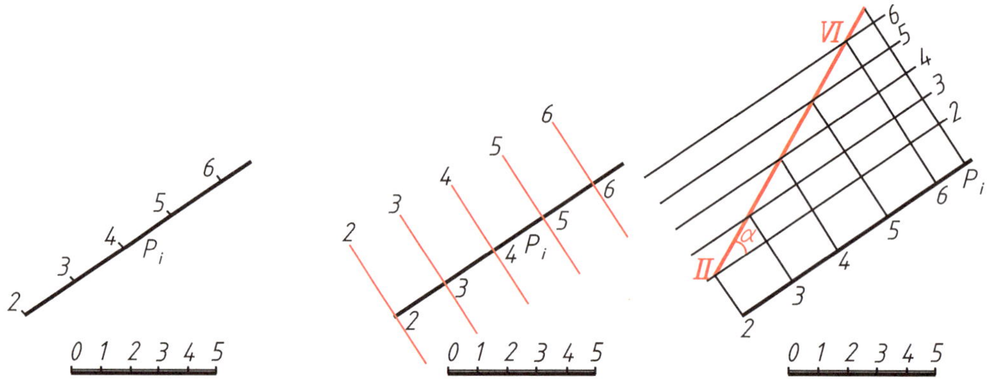

(a) 用坡度比例尺表示平面　(b) 根据坡度比例尺作平面的等高线　(c) 根据坡度比例尺求平面的倾角

图 16－12 坡度比例尺

平面上最大斜度线与它的 H 投影的夹角 α，就是平面对 H 面的倾角(slope angle)。只要给出 P_i 和比例尺，可作出该平面的最大斜度线的辅助投影，求出倾角 α(图 16－12c)：先按比例尺作出一组平行于 P_i 的整数高度线，在相应高度线上定出点Ⅱ和Ⅵ，连Ⅱ、Ⅵ，它与 P_i 的夹角就是平面 P 的倾角 α。

【例 16－2】 已知平面 Q 由 $a_{4.2}$、$b_{7.5}$、c_1 三点给定(图 16－13a)，试求平面 Q 的坡度比例尺 Q_i。

解：先作出平面的等高线，再画 Q_i。为此，先连各点，任取两边（例如 $a_{4.2}b_{7.5}$ 和 $b_{7.5}c_1$）并在其上刻度，连接两边相同标高的刻度点，得出各等高线，再在适当位置作出 Q_i 垂直于等高线，如图 16－13b 所示。

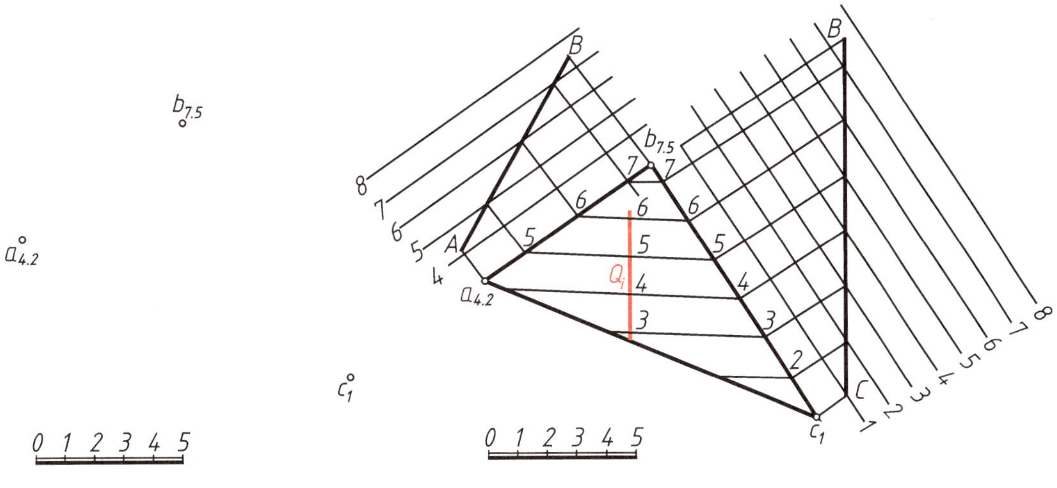

(a) 已知条件　　(b) 作出 Q_i

图 16－13　作平面 Q 的坡度比例尺

平面的另一种表示法如图 16－14 所示，先画出平面 P 与 H 面的交线 P_H（图 16－14a），或平面上的一根等高线（图 16－14b），再画出与该线垂直的箭头表明下坡方向，并注明坡度。

（二）两平面的相对位置

两平面可能相互平行或相交。若两平面 P 和 Q 平行，它们的坡度比例尺 P_i 和 Q_i 平行，间距相等，且标高数字增大或减小的方向一致（图 16－15）。

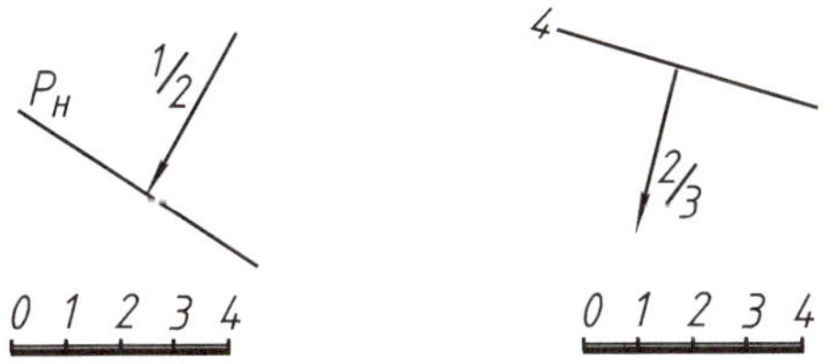

(a)　　(b)

图 16－14　平面的另一种表示法

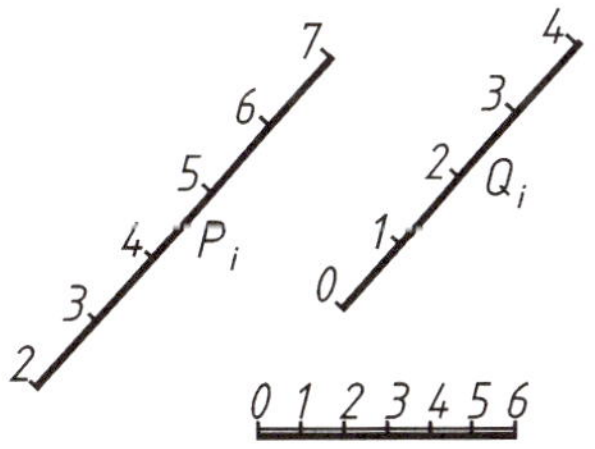

图 16－15　两平面平行

如果两平面相交，仍用设立辅助平面的方法求它们的交线。在标高投影图中所设的辅助平面，最方便的是设整数标高的水平面（图 16－16a）。辅助平面与两已知平面的交线，分别是两已知平面上相同整数标高的等高线，它们的交点是两相交平面的一个公共点。设两个辅助平面得两个交点，连接起来，即为两平面的交线。由此可推理得到：两面（平面或曲面）上相同标高等高线的交点连线，就是两面的交线。

作图时，可在坡度比例尺 P_i 和 Q_i 上各引出两对相同标高（例如 10 和 13）的等高线，它们的交点（a_{13} 和 b_{10}）的连线，即为交线 AB 的标高投影 $a_{13}b_{10}$（图 16－16b）。

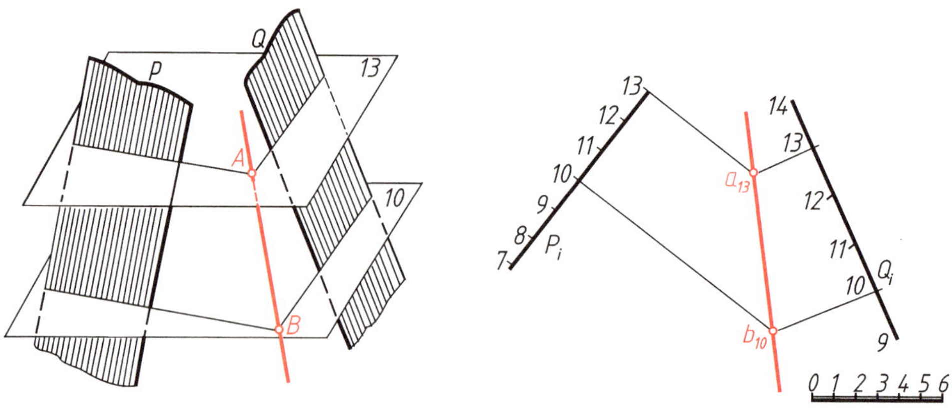

(a) (b)

图 16－16 求两平面的交线

【例 16－3】 需要在标高为 5 的水平地面上，堆筑一个标高为 8 的梯形平台。堆筑时，各边坡的坡度如图 16－17a 所示，试求相邻边坡的交线和边坡与地面的交线(即施工时开始堆砌的边界线)——坡脚线(toe of fill)。

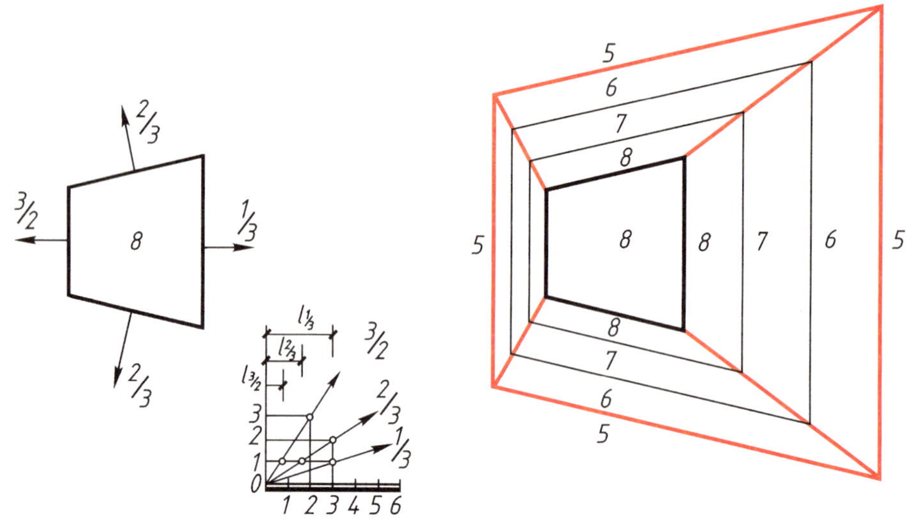

(a) 已知平台顶面边界线及各边坡坡度 (b) 作出各边坡等高线及交线

图 16－17 梯形平台的标高投影

解：先求各边坡的间距 $l_{1/3}$、$l_{2/3}$、$l_{3/2}$，可用图解法或数解法求出。图 16－17a 用图解法在给出的比例尺上进行。按求得的间距作出各边坡的等高线，它们分别平行于平台顶面各边。相邻边坡相同标高等高线的交点连线，是它们的交线，这是四根直线。标高为 5 的四根等高线，就是各边坡的坡脚线，如图 16－17b 所示。

§16－2 立体的标高投影 Topographical Projection of Solids

一、曲面体的标高投影(Topographical projection of curved solids)

在标高投影中，通常用画出立体表面(平面或曲面)的等高线、立体相邻表面的交线和立体与地面的交线等方法表示该立体。平面体的标高投影如图 16－17b 所示。下面讨论曲面体的标高投影。

正圆锥和斜圆锥的标高投影如图 16－18 所示。它们的锥顶标高都是5，假设用一系列整数标高的水平面截切圆锥，作出截交线的 H 投影并注上相应的标高值，得圆锥的一系列等高线。正圆锥各等高线是同心圆，过锥顶 s_5 所引锥面各素线的间距相等(图 16－18a)。斜圆锥各等高线是异心圆，过锥顶 t_5 所引锥面各素线的间距不相等。间距最小的锥面素线，是锥面的最大斜度线(图 16－18b)。

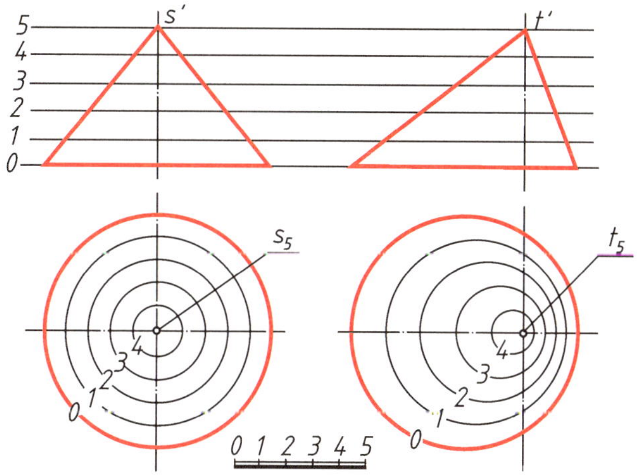

(a) 正圆锥　(b) 斜圆锥

图 16－18　圆锥的标高投影

山地表面一般是不规则曲面，以一系列整数标高的水平面与山地截切，得地面的一系列等高线。把这些等高线投射到水平投影面上，得地面等高线的投影，注上相应的标高值，就是一个山地的标高投影图，称为地形图(topographical map)(图 16－19 下方)。看地形图时，要注意根据等高线间的间距去想象地势的陡峭和平顺程度，根据标高值的顺序来想象地势的升高或下降。

如果以一个正平面(如图 16－19 的剖切平面 *1—1*)截切山地，可作出山地的断面图(earth profile)。先画出一系列等距的整数高度线，再从断面位置线 *1—1* 与地面等高线的交点引竖直连线，在相应的高度线上定出各点并依次连接起来。该断面图可形象地反映出断面处山地的起

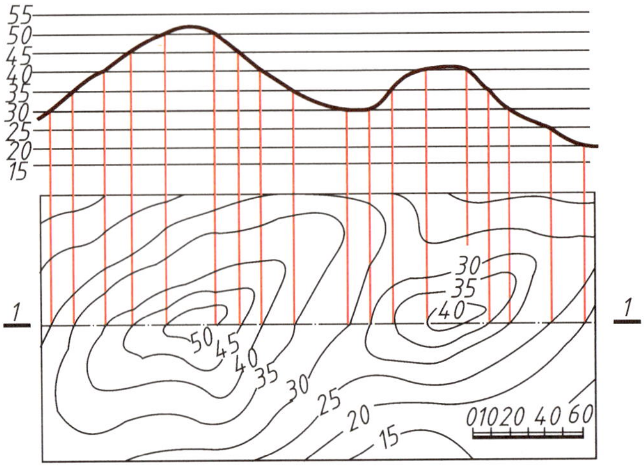

图 16－19 山地的标高投影和断面图

伏情况，如图 16－19 上方所示。

二、同斜曲面的标高投影(Topographical projection of isoclinic surfaces)

如果曲面上各处的最大斜度线坡度都相等，这种曲面称为同斜曲面(isoclinic surface)。圆锥面、弯曲的路堤或路堑的边坡面，都是同斜曲面。

过空间曲线 A_0—B_1—C_2—D_3，要作一同斜边坡面(设坡面各处的最大坡度都是 1/1)，作法如图16－20 所示。从图 16－20a 中可以看出，如果以 B_1、C_2、D_3 为锥顶，分别作素线坡度为 1/1 的圆锥面，则过曲线 A_0—B_1—C_2—D_3 并与各圆锥面都相切的曲面，就是一个同斜曲面。同斜曲面与各圆锥面相切于素线 B_1b_0、C_2c_0、D_3d_0，都是同斜曲面上在该点处的最大斜度线，它们的坡度都是 1/1。同斜曲面上的等高线，与各圆锥面上相同标高的等高线相切。在标高投影图上作图，如图 16－20b 所示。

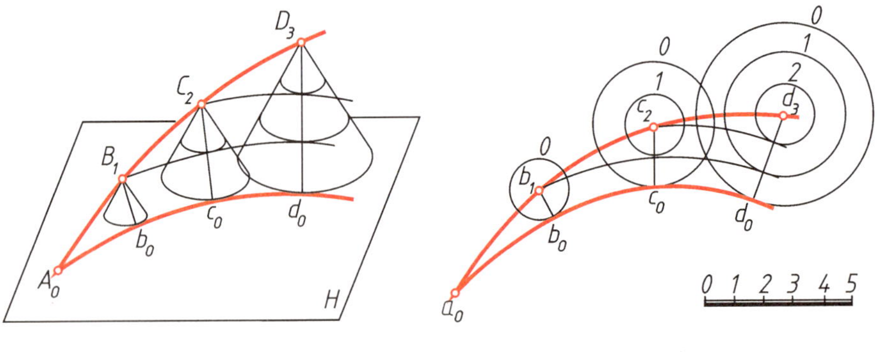

(a) 立体图　　(b) 标高投影

图 16－20 同斜曲面的作法

过直线作同斜边坡面的方法基本相同，不过作出的边坡面是一平面。

【例 16 - 4】 拟修筑一倾斜直路面 $ABCD$ 连接标高为 0 的地平面和标高为 4 的平台，已知斜路面两侧的边坡坡度为 1/1，平台的边坡坡度为 3/2（图 16 - 21a）。试作标高投影图。

解： 在比例尺上用图解法求各边坡的间距，对边坡边界线 c_0b_4 和 d_0a_4 进行刻度，并在斜路面上作出等高线。平台的边坡等高线作法与图 16 - 17 相同。斜路面两侧的边坡平面是同斜曲面的一种特殊情况，作法与图 16 - 20 所示的基本相同。分别以刻度点 e_1、f_2、g_3、b_4 为圆心，作素线坡度为 1/1 的圆锥的标高投影，然后引直线与各圆锥面的相同标高等高线相切，得边坡的等高线。由于边线 c_0b_4 是直线，斜路面的边坡是一平面，等高线都是平行的直线，作法可以简化。作斜路面另一侧边坡时，只要以 a_4 为圆心作圆锥面上标高为 0 的等高线，过 d_0 引直线与它相切，即得边坡上标高为 0 的等高线。分别过点 h_1、i_2、j_3 引线与它平行，即得边坡上标高为 1、2、3 的等高线。

最后求相邻边坡的交线 b_4n_0 和 a_4m_0。所得标高投影图，如图 16 - 21b 所示。

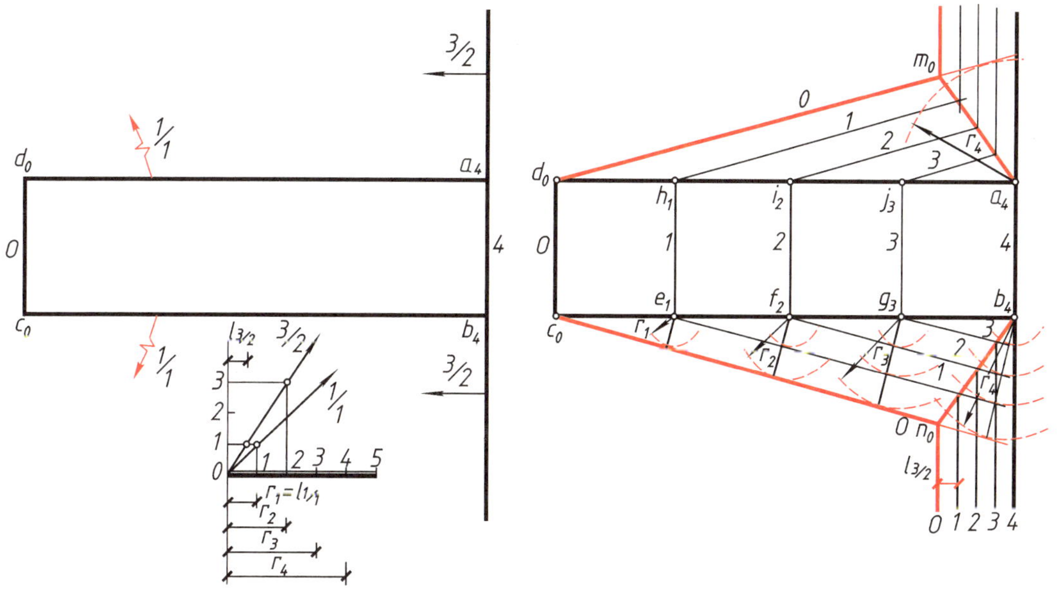

(a) 已知斜路面及平台边界线　　(b) 作出各边坡

图 16 - 21　斜路面的标高投影图

图 16 - 22 的路面为弯斜路面，路面的中心线是一根圆柱螺旋线，弯曲半径是 fl_0，弯曲角为 $\angle l_0fl_3 = 90°$，路面宽度为 6 单位，各边坡坡度同前。作出弯斜路面的等高线如图 16 - 22 所示。作图方法可看图自明。

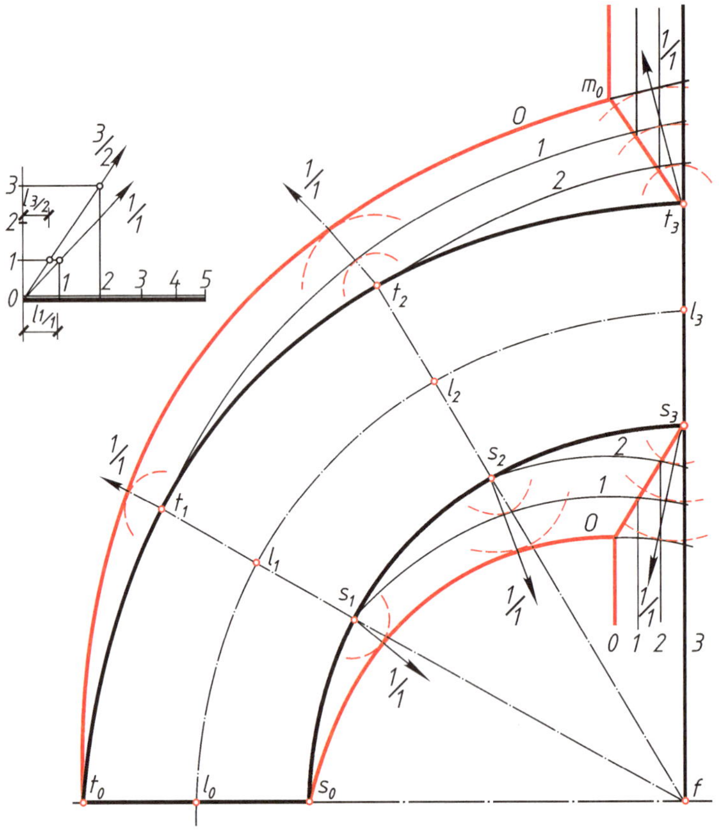

图 16－22 弯斜路面的标高投影图

§ 16－3 相对位置问题 Problems of Relationship

现举几例说明在标高投影中解决相对位置问题的方法，以及它们的应用。

【例 16－5】 已知直线 a_6b_2和平面 P_i(图 16－23a)，试求直线与平面的交点。

解：过直线 A_6B_2作一铅垂辅助平面 Q，求得 Q 面与 P 面的交线 CD 后，则 CD 与 AB 的交点 K，就是所求直线 A_6B_2与平面 P 的交点。

作图时(图 16－23b)，先求平面 P 与辅助平面 Q 的交线。由于 Q 面垂直于 H 面，它的 H 面积聚投影 Q^H与 a_6b_2重合，Q 面的所有等高线都重合在 $Q^H(a_6b_2)$上。P 与 Q 的交线 CD 的标高投影 c_7d_4，就是 P 面上标高为 7 和 4 的两等高线与 Q^H的交点 c_7和 d_4的连线。将 Q 面绕 Q^H旋转到与 H 面重合，作出 Q 面的辅助投影，在相应标高的等高线上求得 A_6、B_2、C_7、D_4各点。A_6B_2和C_7D_4的交点 K(标高为 4.6)就是所求交点在 Q 面辅助投影上的位置。过点 K 引线垂直于 Q^H，交a_6b_2于 $k_{4.6}$，就是所求交点的标高投影。

【例 16－6】 已知山地和直线 $A_{19.7}B_{20.7}$的标高投影图，拟在山地沿直线 AB 修筑一隧道，

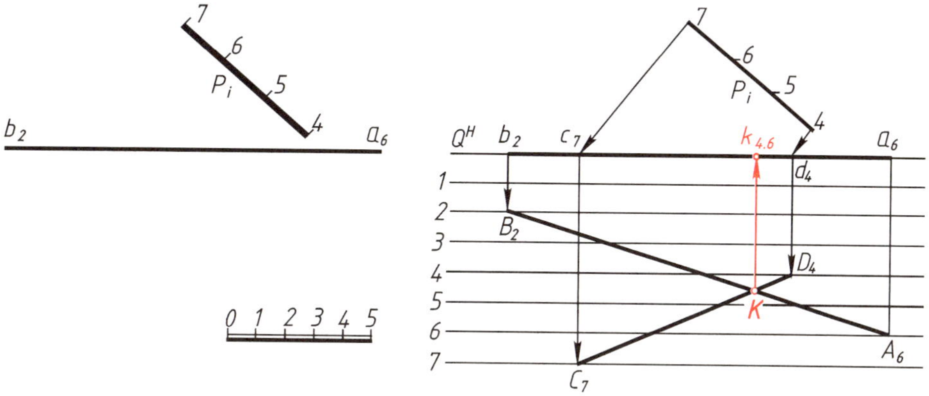

(a) 已知 AB 和 P_i　　(b) 求得交点 K

图 16－23　求直线与平面的交点

求隧道的进出口(图 16－24)。

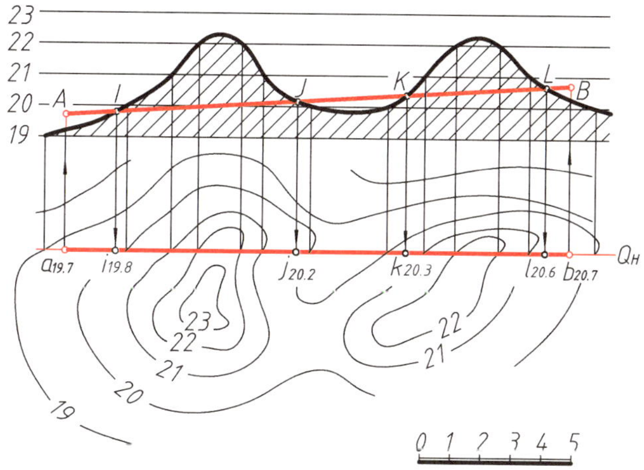

图 16－24　求直线与山地的交点

解： 问题可理解为求直线 $A_{19.7}B_{20.7}$ 与山地的交点，所求交点就是隧道的进出口。

过直线 AB 作铅垂辅助平面 Q，作出山地断面图(参照图 16－19)。根据 AB 的标高在断面图上画出直线 AB，它与山地断面的交点 I、J、K、L，就是所求交点。最后画出各交点的标高投影 $i_{19.8}$、$j_{20.2}$、$k_{20.3}$ 和 $l_{20.6}$。

【例 16－7】 已知一平直路段，标高是 25，通过一山谷，路段南北两侧边坡的坡度为 3/2，试求边坡与地面的交线(图 16－25)。

解： 南北边坡都是平面，路段边界是边坡平面的一根等高线(标高是 25)。本题的实质是求平面与地面的交线。边坡与地面的交线又称施工范围线，即开始挖土或填土的边线。

作图时，先求边坡的间距。参照地面等高线的情况，作出边坡上相应整数标高为 26、27…的等高线，并注上标高值，它们都与标高为 25 的路段边线平行，间距相等。其次求边坡与地面相同标高等高线的交点，一般都有两个交点。最后将交点按标高的顺序（递增或递减）连接起来，画出坡顶线（top of cut）。其中，需注意北坡标高为 29 的两交点之间交线的连法。这一段曲线上转向点 a 的位置，用插入法求出。点 a 至地面等高线 29 和 30 的距离之比，应等于此点至边坡上标高为 29 和 30 两等高线的距离之比。可用作图方法，在边坡和地面的 29 和 30 两等高线之间，分别加插等量小数标高值的等高线，使它们的交点逐渐靠近而求得点 a，如图 16－25b 所示。同法求出南坡上的转向点 b。最后在坡顶线上画上边坡符号（图 16－25）。

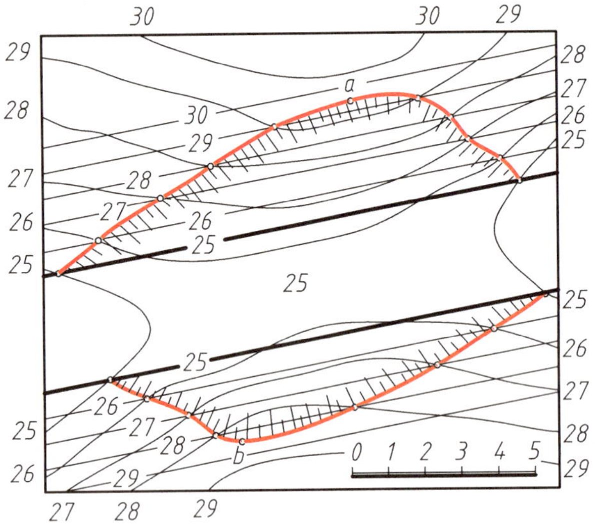

(a) 求边坡与地面的交线

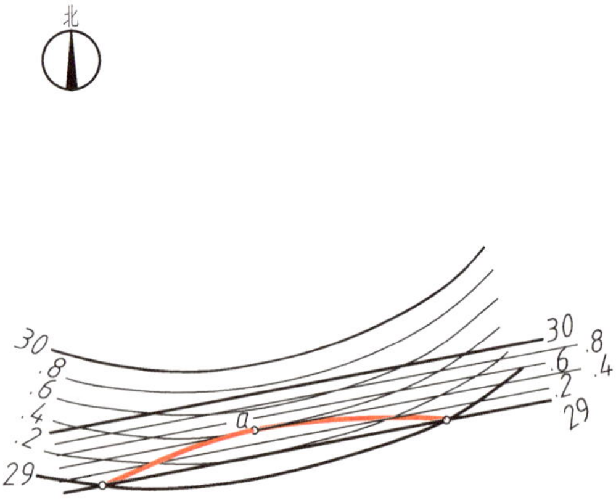

(b) 求转向点 a

图 16－25 求路段两侧边坡与地面的交线

【例 16－8】 拟在山坡上修筑一水平场地。场地标高为 25，场地形状和范围如图 16－26 所示。设填土边坡坡度为 1/1，挖土边坡坡度为 3/2，试确定填土和挖土的施工范围线以及相邻边坡的交线。

解： 场地的标高为 25，因此山坡上等高线 25 以北有三部分山坡应该挖去，坡度为 3/2；等高线 25 以南也有三部分边坡应填起来，坡度为 1/1。场地修好之后，整个场地的标高为 25，挖方边坡和填方边坡是从场地周界开始的。它们与地面的交线，就是挖土和填土的施工范围线，分别称为坡顶线和坡脚线。

先求各边坡的间距，并作出各边坡的等高线。场地东西两侧的边坡都是平面，作法与上例同。场地南北两侧的边坡，是圆锥面，等高线是同心圆，圆心分别是 O_1、O_2。

再求各边坡与地面的交线和相邻边坡的交线，即求相同标高的等高线的交点连线。作图时，应该注意，相邻边坡的施工范围线的交点，应该是相邻边坡的一个公有点，位于相邻边坡的交线上，参看图中的 a、b、c、d 四点。它们分别是两个边坡面和地面的三面交点。

最后画边坡符号，规定画在坡顶边界处（图 16－26）。

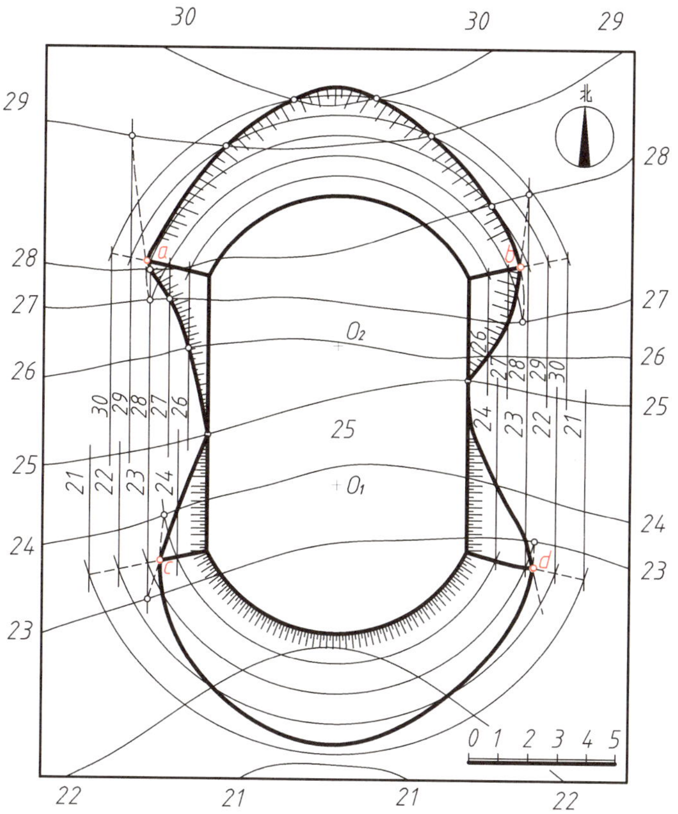

图 16－26　求作水平场地的边坡

本章学习指引
Reading Guide

1. 标高投影是一种单面正投影，是在形体的水平投影上，以数字标出各处的高度来表示形体的形状。因此，除了画出图形标注高度外，还需给出一把比例尺。

2. 学习标高投影时，可以想象所画形体是向上“凸出”投影面的，只要需要，即在适当位置设立辅助投影面，把形体的辅助投影摊平，便可像正投影法中的辅助投影法一样进行作图求解。

3. 标高投影中，直线和平面都有其与正投影不同的独特表示形式，学习时需了解和掌握。

4. 等高线是地形图上地面标高投影的特征线，要学会根据地形图的等高线看懂地面高低起伏的情况，要掌握求坡顶线和坡脚线的方法。

复习思考题
Review Questions

1. 什么是标高投影？为什么要用标高投影表示地面形状？

2. 什么是直线的坡度和间距？它们之间有什么关系？

3. 什么是平面的最大斜度线？什么是平面的坡度比例尺？如何作出平面的坡度比例尺？

4. 什么是等高线？地面的地形图是如何作出的？根据地形图怎样判断地势的高低以及陡峭或平顺程度？

5. 什么是同斜曲面？如何作出它的等高线？

6. 在山地建造道路和广场时，如何确定施工范围线——坡脚线和坡顶线？如何作出相邻边坡的交线？

第十七章 展开图

CHAPTER 17 DEVELOPMENT

§17－1 概述 Introduction

图 17－1 所示是一种除尘设备——冲洗除尘器。它的外壳是用金属薄板制成圆台面、圆柱面、弯管和变形接头后，再用铆接（riveting）、焊接（welding）或咬口连接（seaming），将它们组装起来。在制造时，首先在金属薄板上，按尺寸绘出各个组成形体的表面展开图，然后下料加工。展开时，不考虑板材的厚度。在建筑工程中，也会遇到立体表面展开问题。例如在制作某些混凝土构件模板时，就需要绘出构件表面的展开图，才能按图下料，拼装成构件模板。

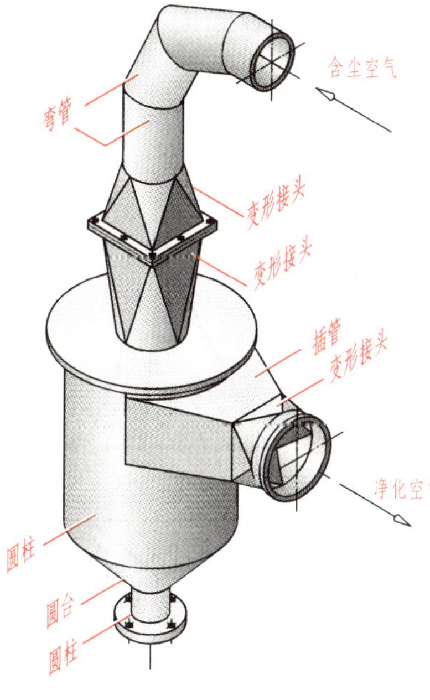

图 17－1 冲洗除尘器

把围成立体的表面，依次摊平（unfolding）在一个平面上，称为立体表面的展开。立体表面展开后所得的平面图形称为展开图（development drawing）。

图 17－2 所示为长方体表面的展开过程及其展开图。

有些立体的表面，如所有平面体的表面，以及相邻两素线是平行或相交的共面直线的直纹曲面（如柱面和锥面），都可以无折皱地摊平在一个平面上，这种表面统称为可展曲面（developable surface）。有些立体表面，只能近似地“摊平”在一个平面上，则称为不可展曲面（non-developable surface）。所有只能以曲线为母线的双曲曲面（如球面和环面），以及母线虽为直线、但相邻两素线相互交叉的扭面（如双曲抛物面），都是不可展曲面。

画展开图实质上是一个求立体表面实形的问题。

表面展开后，必有一个接口（seam）。接口的位置，应按照节约材料、易于加工、便于安装等原则来选择。在接口处，如果采用咬口连接时，还要根据咬口的形式、板材的厚度，另加

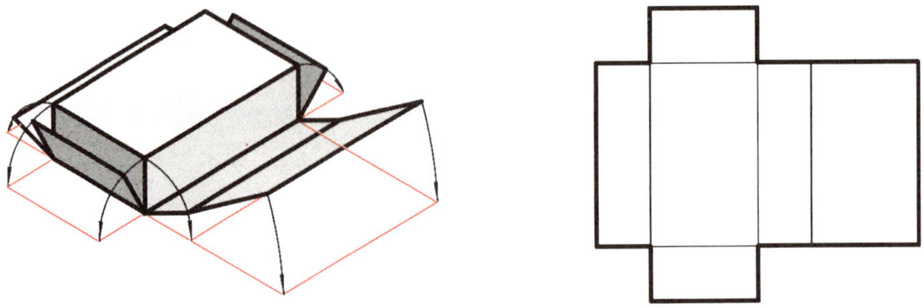

(a) 展开过程 (b) 展开图

图 17-2 长方体表面的展开

咬口余量。咬口余量的尺寸，可查阅有关钣金工手册。

§17-2 平面体表面的展开 Development of a Polyhedron

一、棱锥表面的展开(Development of a pyramid)

棱锥的侧面都是三角形，因此，只要求出各侧棱的实长和底面的实形，就可以绘出棱锥表面的展开图。

【例 17-1】 绘出图 17-3a 所示三棱锥 $S-ABC$ 的表面展开图。

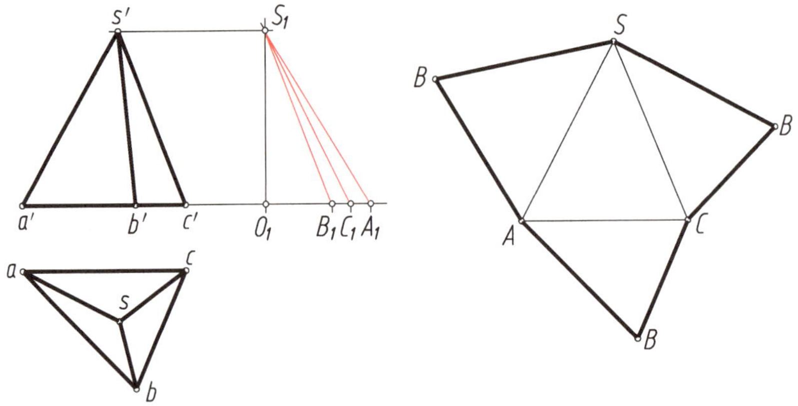

(a) 三棱锥投影图 (b) 用直角三角形法求实长 (c) 展开图

图 17-3 三棱锥的展开

解： 由于锥底 ABC 平行于 H 面，其 H 投影反映实形。只要求出侧棱 SA、SB 和 SC 的实长，就可以作出三个侧面的实形，再与锥底连接起来，即为所求。作图步骤如下：

(1) 用直角三角形法，求各侧棱的实长。由于各侧棱两个端点的高度差都等于棱锥高，所以，可在 V 投影的右侧，以棱锥高 S_1O_1 为一直角边，以各侧棱的 H 投影长度为另一直角边，即作 $O_1A_1=sa$、$O_1B_1=sb$、$O_1C_1=sc$，作出各直角三角形，斜边 S_1A_1、S_1B_1、S_1C_1，即为各侧

棱 SA、SB、SC 的实长(图 17－3b)。

(2) 根据已知边长作三角形侧面的实形。首先作出锥底 $\triangle ABC \cong \triangle abc$，然后分别以 A、C 为圆心，以 S_1A_1、S_1C_1 为半径，作弧相交于 S，连 SA、SC，得侧面 $\triangle SAC$ 的实形。同样分别作出 $\triangle SAB$ 和 $\triangle SBC$，所得图形即为所求展开图，如图 17－3c 所示。

二、棱柱侧面的展开(Development of a prism)

棱柱的侧面是矩形或平行四边形。如果是平行四边形，则不能只根据四边的实长作出其实形，还需要求出对角线实长，将平行四边形分为两个三角形作出实形。也可以如图 17－4 所示，将一个四棱柱侧放在 H 面上，使它顺次绕各侧棱向同一侧滚翻，每滚翻一次，就在 H 面上画出一个侧面的实形。棱柱滚翻一周，即在 H 面上得到棱柱侧面的展开图。这种方法称为滚翻法(rolling method)。

从图 17－4 中可以看出，棱柱滚翻一周后，它的正截口展开成一直线 Ⅰ—Ⅱ—Ⅲ—Ⅳ，并垂直于侧棱。因此在作展开图时，可先作垂直于棱柱面轴线的正截口，将截口各边展开在一直线上，确定出 Ⅰ、Ⅱ、Ⅲ、Ⅳ 各点在 H 面上的位置。再过各点作侧棱垂直于截口展开线，截取相应的实长。最后分别以直线连接所作出的端点，即为所求的棱柱侧面展开图。

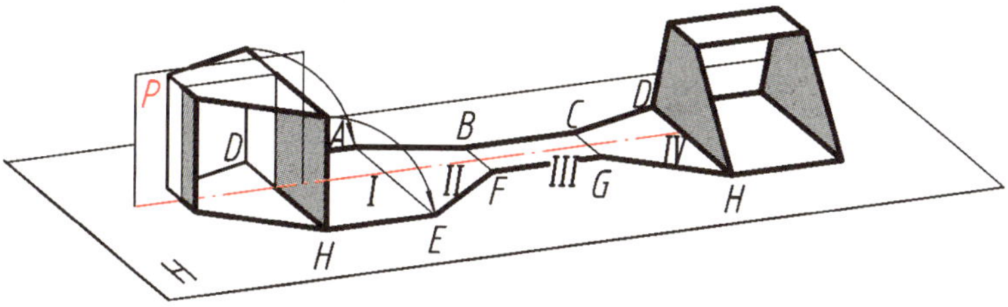

图 17－4　滚翻法

【例 17－2】 作出图 17－5a 所示的两节雨水管的展开图。

解：从投影图可知，立管和斜管的形体都是截头四棱柱，可用滚翻法分别展开。同时，上、下两管的正断面形状、大小相等。

1. 立管表面的展开——立管的上端口垂直于柱面轴线，就是棱柱的正截口。

(1) 展开正断口，得垂直于侧棱的直线及其上各点 A、B、C、D、A。

(2) 过各点作截口展开线的垂线，依次截取相应侧棱的实长。各侧棱的实长，可直接从 V 投影平移到展开图上，如图 17－5b 所示。

(3) 顺次连接各侧棱下端点 A_1、B_1、C_1、D_1、A_1，得立管展开图(图 17－5b)。

2. 斜管表面的展开

(1) 在斜管中间任意位置作垂直于侧棱的辅助截平面 P，截得正截口 Ⅰ—Ⅱ—Ⅲ—Ⅳ，它的 V 投影为 $1'2'(3')(4')$。

(2) 根据正截口各边实长，在 P^V 延长线上展开正截口，得 Ⅰ、Ⅱ、Ⅲ、Ⅳ、Ⅰ 各点。

(3) 过各点作直线垂直于截口展开线，分别截取相应侧棱的实长，得 A_1、B_1、C_1、D_1、A_1 和 E、F、G、H、E 各点。

(4) 依次连上、下管口各端点，所得图形即为所求，如图 17－5c 所示。

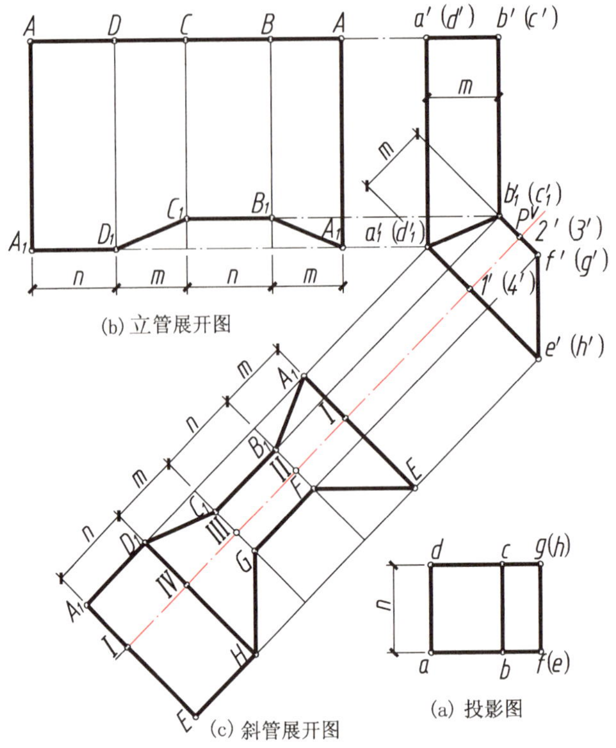

图 17－5 雨水管的展开

可以看出，上述方法需分别作出两管的展开图，既费工，下料时耗材也较大。

如果先将斜管“扳”成竖直的位置，然后使它绕管轴旋转 180°，便可与立管接成一根直管，如图 17－6 所示。由于两管正截口相同，从图 17－6a 可知，转身前 $\angle\alpha+\angle\gamma=180°$，而

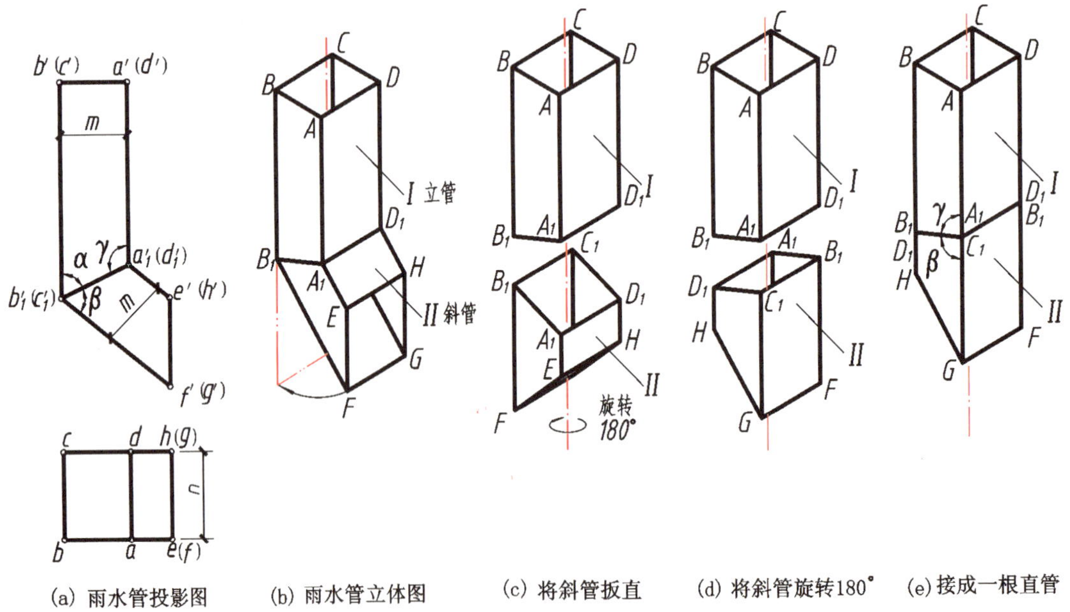

图 17－6 转身法

$\angle\alpha=\angle\beta$。转身后 $\angle\beta+\angle\gamma=180^\circ$，所以下管转身后必然与上管连接成一根直管（图 17－6e）。这种方法称为**转身法**（turning method），它的适用条件是上下两管正截口要相同，而且是中心对称图形。

上、下两管接成一直管后（图 17－7b），可用滚翻法将其表面及面上的两管连接线一齐展开，所得展开图如图 17－7c 所示。下料时所耗板材显然比两管单独展开时少得多。

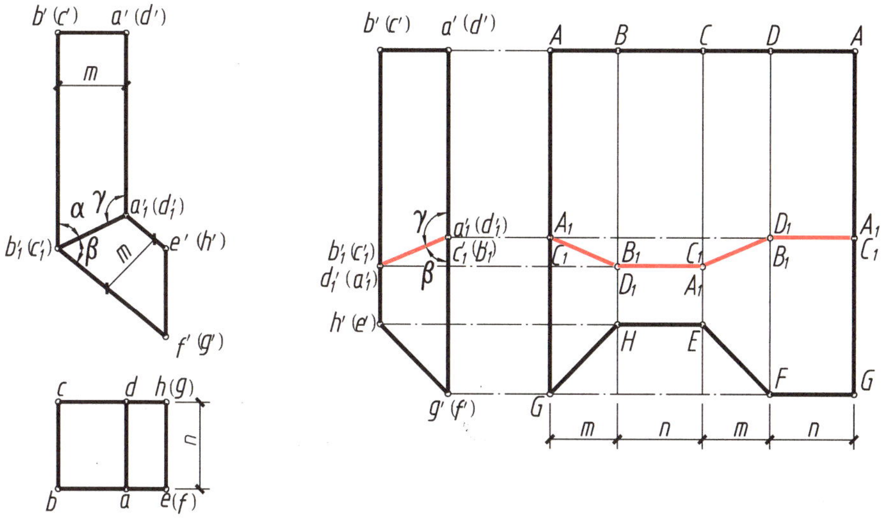

(a) 投影图　(b) 用转身法转为直管　(c) 展开图

图 17－7　雨水管的展开图

三、棱台侧面的展开（Development of a truncated pyramid）

图 17－8a、b 是一个水斗的投影图及立体图。它是一个前后对称的四棱台（truncated pyra-

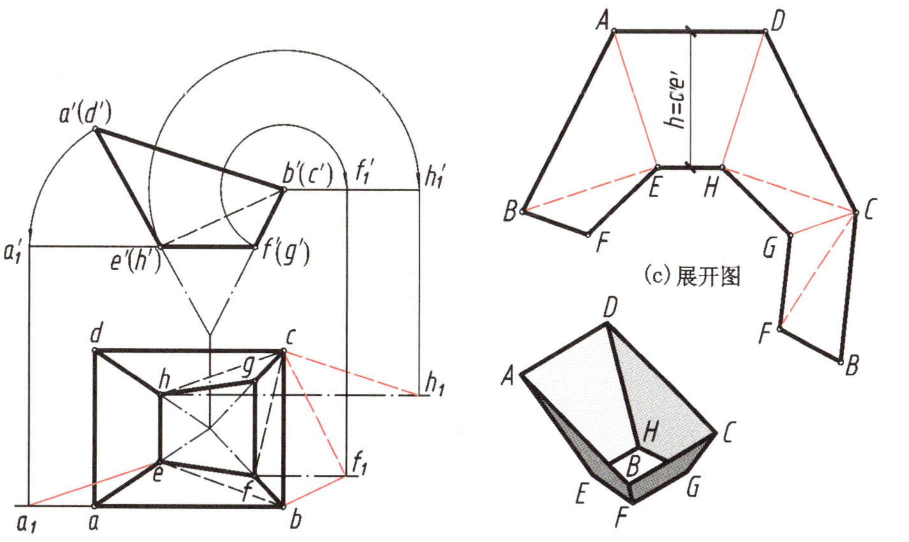

(a) 投影图　(b) 立体图

图 17－8　水斗的展开

mid)的侧面，左、右两侧面是等腰梯形的正垂面，前、后侧面是两个全等的四边形一般面。各侧棱都是一般线，且 $AE=DH$，$BF=CG$。作四边形或梯形的实形时，需求出四根侧棱以及四边形和梯形的对角线实长。作等腰梯形的实形时，也可以其上、下两底边和高的实长作图。考虑接口缝要短，展开时将接口布置在 BF 棱上。水斗的展开图作图步骤如下：

1. 用旋转法求各侧棱及对角线的实长(图 17－8a)，得 $AE=DH=a_1e$，$BF=CG=bf_1$，$BE=CH=ch_1$，$CF=cf_1$。

2. 根据等腰梯形上、下底边的实长 ad、eh，和梯形的高 $h=a'e'$，作出左侧面等腰梯形 $ADHE$ 的实形(图 17－8c)。右侧面等腰梯形 $BCGF$，也可用此法作出实形图。

3. 用已知三边作三角形的方法，依次作出其他侧面，即得图 17－8c 的展开图。

§ 17－3 柱面的展开 Development of a Cylinder

一、截头圆柱面的展开(Development of a right truncated cylinder)

圆柱面的展开图是一个以柱高 H 为高，以 $2\pi R$(R 为圆柱半径)为底的矩形。当圆柱面被一正垂面 P 斜截，其展开图的作图步骤如下(图 17－9)：

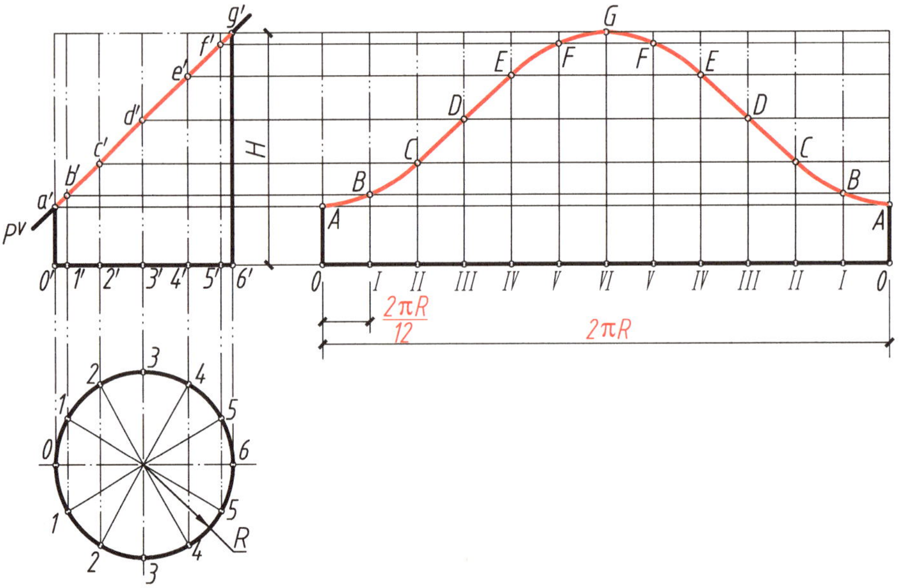

(a) 投影图　　(b) 展开图

图 17－9　截头圆柱的展开

1. 在 H 投影上，分柱面底圆周为若干等份(例如 12 等份)，并过各等分点作素线的 V 投影，与 P^V 分别交于 a'、b'、c'、d'…各点。

2. 将柱面底圆周展开为一水平直线段，长度为 $2\pi R$，在其上截取各等分点 O、Ⅰ、Ⅱ、Ⅲ…。

3. 过各分点作底圆展开线的垂直线，截取各相应素线的实长。为此可过 a'、b'、c'…各点引水平线与展开图上相应素线相交，得 A、B、C…各点。

4. 用圆滑曲线连接各点后，所得图形，即为所求的展开图(图 17-9b)。

二、圆柱弯管表面的展开(Development of an elbow joint)

多节圆柱弯管常用于通风管道和热力管道中，图 17-10a 所示的弯管是由四节圆柱管组成，用来连接两正交管道。这种弯管每节的直径都相同，可以用前述的转身法将第Ⅱ、Ⅳ两节管旋转 180°，与Ⅰ、Ⅲ两节管连接成一圆柱管(图 17-10b)。然后按上述截头圆柱表面展开方法，作出连接起来的各节管的展开图(图 17-10c)。

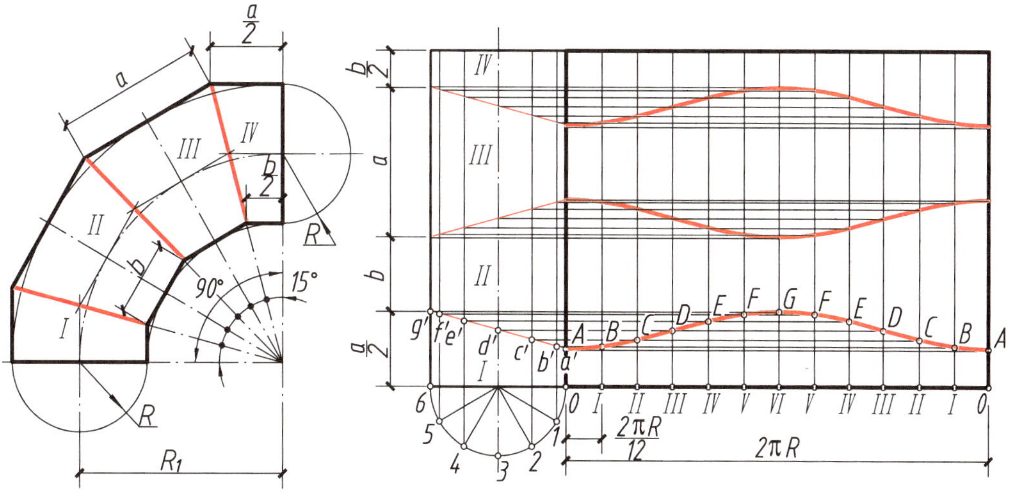

(a) 投影图　(b) 用转身法接成正圆柱　(c) 展开图

图 17-10　弯管的展开图

三、叉管表面的展开(Development of an intersecting cylinder)

在管道工程中，经常遇到各种各样的叉管。这类叉管表面的展开，首先要准确地作出两管的相贯线，然后分别展开各管的表面及面上的相贯线。图 17-11a 所示的叉管接头是由一竖直大圆管和一水平小圆管正交组成，其表面展开图的作图步骤如下：

1. 求出两管的相贯线。

2. 分别划分两管底圆的圆周为若干等份(例如 12 等份)，作过各分点的素线。在 V 投影上，大管素线与相贯线相交得 a'、b'…e'各点；小管素线与相贯线相交得a_1'、b_1'…g_1'各点。

当相贯线上的特殊点不在分点素线上时，必须通过该特殊点作辅助素线。例如图 17-11a 中大管的素线 M，就是通过相贯线上最左点 C 的辅助素线。

3. 展开大管。大管展开图是一中间开孔的以大管的高 H 为高，以 $2\pi R$(R 为大管半径)为底的矩形。在展开图上画出各等分素线和辅助素线，截取相应高度，得相贯线上 A、B、C、D、E 等点的展开位置。以圆滑曲线依次连接各点，得相贯线的展开图。它所包围的部分，就是矩形展开图的中间开孔部分(图 17-11b)。

4. 展开小管。按截头圆柱来展开。在相应素线上分别截取 x_1、x_2、x_3、x_4，得相贯线上 A_1、B_1、C_1、D_1、E_1、F_1、G_1 各点在展开图上的位置。以圆滑曲线依次连接后，得小管的展开图(图17－11c)。

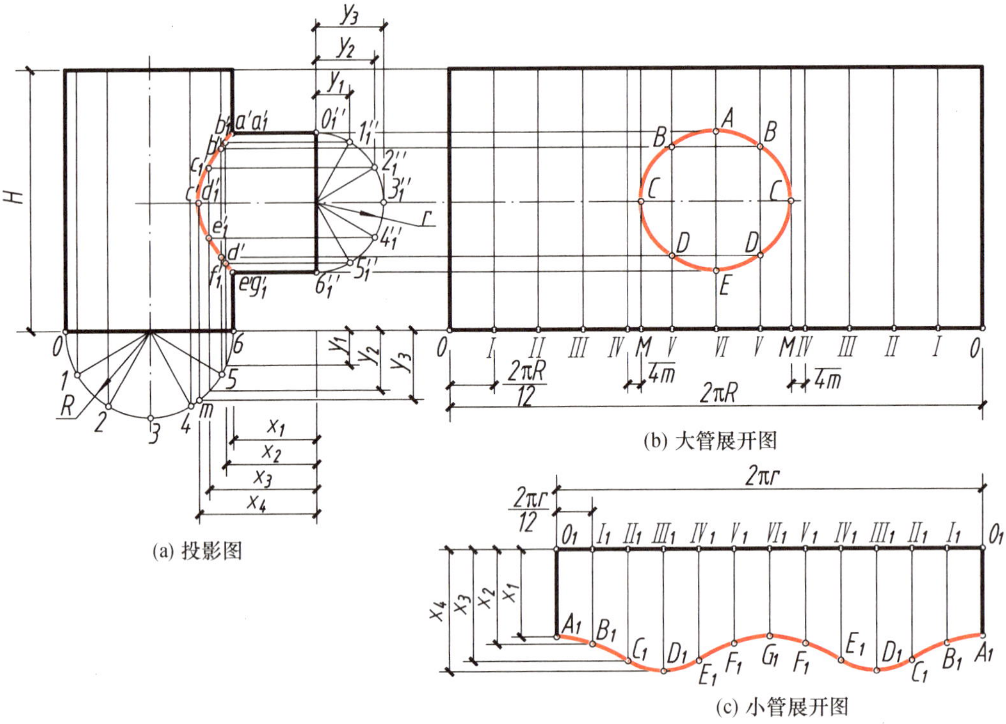

(a) 投影图

(b) 大管展开图

(c) 小管展开图

图 17－11 叉管表面的展开

§17－4 锥面的展开 Development of a Cone

一、截头圆锥面的展开(Development of a truncated cone)

图 17－12a 所示的圆锥面被一正垂面 P 斜截。其展开图的作图步骤如下：

1. 展开圆锥面。圆锥面的展开图，是以圆锥素线的实长为半径，以任意点 S(作为锥顶)为圆心，锥底圆周长为弧长的一扇形，如图 17－12b 所示。为此，可把锥底圆周分为若干等份(如 12 等份)，然后以弦代弧近似地截取扇形的弧长。

2. 确定截交线上各点在展开图上的位置。圆锥被正垂面 P 斜截之后，各素线被截去部分的实长，可用旋转法求得。例如 SI 素线上 SB 的实长为 $s'b'_1$。在展开图的 SI 素线上，截取 $SB = s'b'_1$，得点 B。用同样方法，在各素线上求出 A、C、D、E…A 各点，以圆滑曲线顺次连接各点后，扇形的下侧部分，即为所求的展开图。

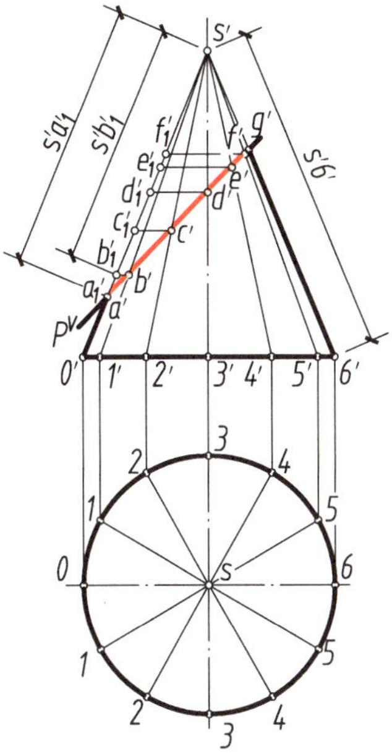

(a) 投影图

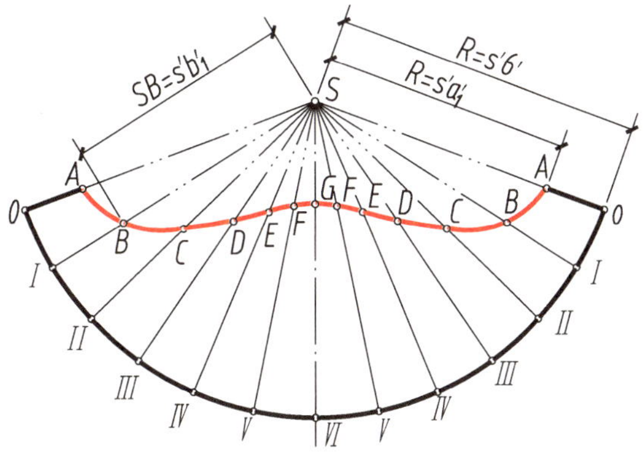

(b) 展开图

图 17－12　截头正圆锥表面的展开

二、斜圆锥面的展开(Development of an oblique cone)

图 17－13a 是一个斜圆锥面的偏心异径接头(conical offset)，用来连接管轴不在同一直线

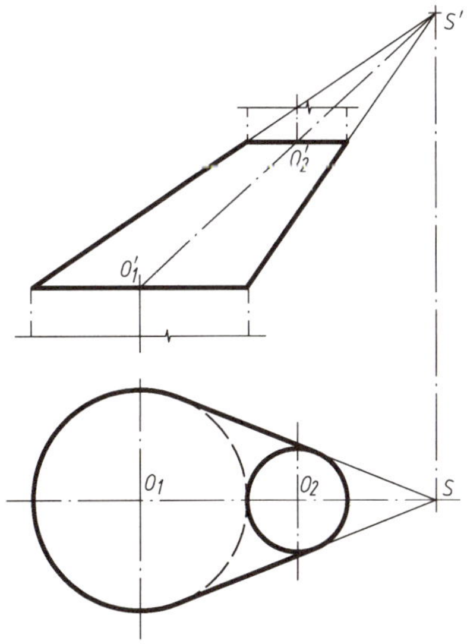

(a) 投影图

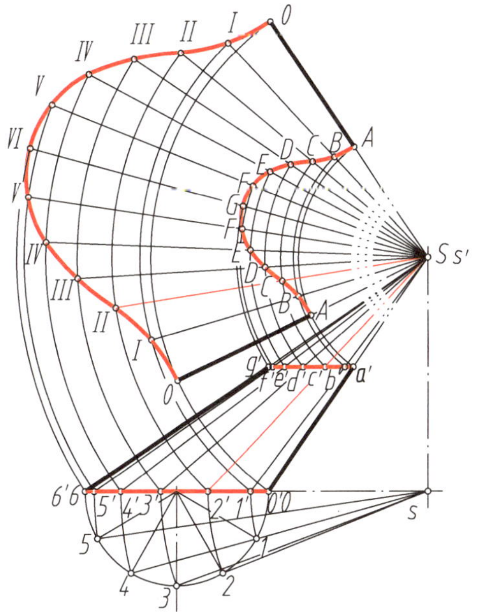

(b) 投影图和展开图

图 17－13　斜圆锥表面的展开

上、且管径不等的上、下圆管。斜圆锥面可以看成由若干个相邻而不相等的三角形所围成。斜圆锥台表面的展开图，实际上是从展开的大斜圆锥面截去一个展开的小斜圆锥面后，所得到的展开图。作图步骤如下：

1. 将锥底圆周分为若干等份(例如 12 等份)，过各等分点的素线将斜圆锥面分为若干(12)个三角形。斜圆锥面前后对称，图 17－13b 中锥底的辅助 *H* 投影只画出一半。

2. 用旋转法求出大、小斜圆锥面各素线的实长。如图 17－13b 所示，$s'2'$是大斜圆锥面素线SⅡ 的实长，$s'c'$是小斜圆锥面相应素线的实长。

3. 展开整个大斜圆锥面。以 s'作为锥顶 S，画出起始边 $S0=s'0'$，得点 0 在展开图的位置。根据 $s'0'$、$s'1'$和 01 作出第一个三角形 $S01$。依次作出大斜圆锥面底圆上其他各点Ⅱ、Ⅲ…Ⅰ、0，用圆滑曲线把这些点顺次连接，再连 $S0$，得大斜圆锥面的展开图(图 17－3b)。

4. 求小斜圆锥面底圆各点在展开图上的位置。以 S 为圆心，分别以 $s'a'$、$s'b'$…为半径作圆弧，在展开图上对应素线 $S0$、SⅠ、…上求得点 A、B…C、B、A，用圆滑曲线依次连接这些点。大圆锥面的两展开曲线间的部分，即为所求接头的展开图(图 17－13b)。

§ 17－5 球面的近似展开
Approximate Development of a Sphere

球面属于不可展面，只能用近似方法展开。常用方法有柳叶法(wedge method)和球带法(zone method)两种。

一、柳叶法(Wedge method)

通过竖直旋转轴切割球面为若干等份，则每等份均呈柳叶状。把每个柳叶片从球面上“剥”下来(图 17－14)，近似地当做圆柱面摊平在一个平面上，连接起来，就得到球面的近似展开图。柳叶片的展开图作法如下：

1. 在球面的 *H* 投影中，过球心 *O* 将球面分为若干等份(例如 12 等份)，每一等份就是一片柳叶。又在球面的 *V* 投影中，也分球面的 *V* 投影轮廓线为相同(12)等份，并过等分点 $1'$、$2'$、$3'$等作纬圆的 *V* 投影。在球面的 *H* 投影中，作各纬圆的 *H* 投影，并过点 1、2、3 作纬圆 *H* 投影的切线，交柳叶片两边线的 *H* 投影于 a、b、c 点(图 17－15a)。

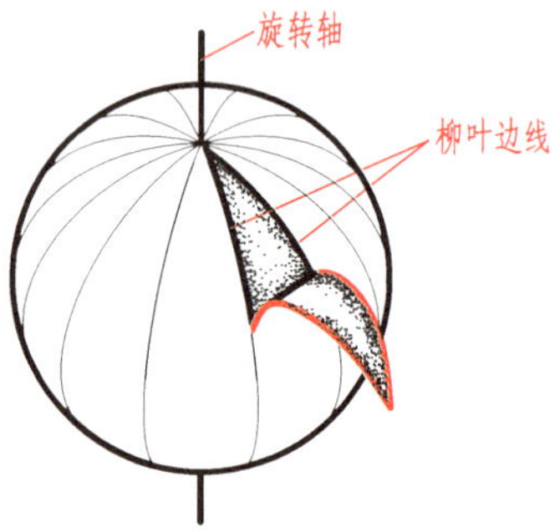

图 17－14 柳叶法

2. 作柳叶片展开图的竖直对称线Ⅳ—Ⅳ，使它的长度等于 $2\pi R/2$(R 为球面的半径)，并分为 6 等份，上下各得分点Ⅰ、Ⅱ、Ⅲ(图 17－15b)。也可以 *V* 投影轮廓线上一等份的弦长 $1'2'$，近似地作为弧长$\frac{2\pi R}{12}$，在对称线上截取 6 等份。

3. 过各分点，作水平线(对称线Ⅳ—Ⅳ的垂直线)，并在各水平线上截取柳叶片的宽度。

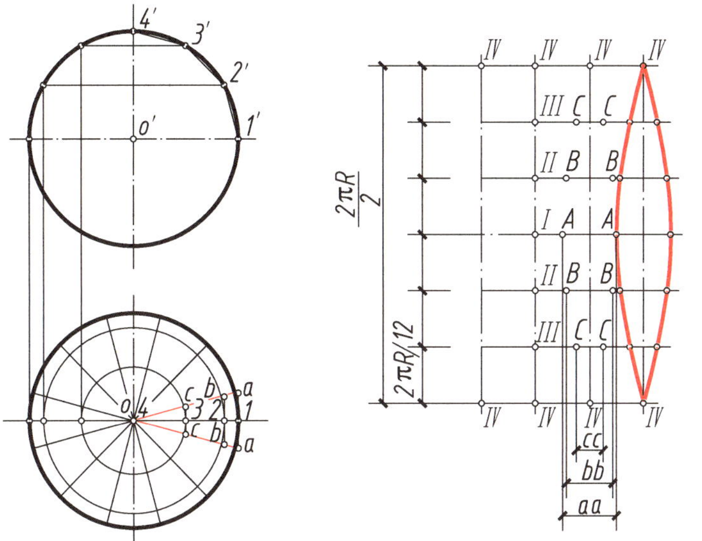

(a) 投影图　　(b) 展开图作法步骤

图 17 - 15　球面的展开——柳叶法

在分点 Ⅰ 上截取 AA 等于 H 投影中点 1 处的切线之长 aa，在分点 Ⅱ 、Ⅲ 上截取 BB、CC 等于切线 bb 和 cc 之长，用圆滑曲线连接 Ⅳ、C、B、A、B、C、Ⅳ 点，得一片柳叶展开图（图 17 - 15b）。用这一叶片的实形做一样板，依次连续画出 12 片，得球面的近似展开图。

二、球带法（Zone method）

以水平剖切平面将球面切割成两个球冠和若干球带，如图 17 - 16 所示。然后将球冠近似展开为一圆，将各球带作为圆锥台面近似展开。图 17 - 16 绘出四分之一球面的展开图。作图步骤如下：

1. 球面的球冠（Ⅳ）可近似展开为一个圆，其半径 R_4 可根据加工成形的方法来确定。当用加热成形时，R_4 等于 $\overset{\frown}{4'5'}$ 之长 l_0；当用锤击成形时，$R_4=\sqrt{2R_1h}$，式中 R_1 值应取球外表面的半径 R 减去板厚 δ 的一半，即 $R_1=R-\delta/2$（公式的证明，可参看有关钣金工手册）。

2. 图 17 - 16 中 Ⅰ 、Ⅱ 、Ⅲ 部分的球带，可作为圆锥台的表面近似展开。展开时，分别以直线连接各球带 V 投影轮廓线的端点，并延长与回转轴相交，得锥顶的 V 投影 s_1'、s_2'、s_3'。各圆锥台的上、下底分别为过 $1'$、$2'$、$3'$ 和 $4'$ 各点的纬圆。各素线实长分别为 $s_1'1'$、$s_1'2'$，$s_2'2'$、$s_2'3'$ 和 $s_3'3'$、$s_3'4'$。这时就可以按圆锥台表面展开图的作法，分别近似展开各球带（图 17 - 16）。

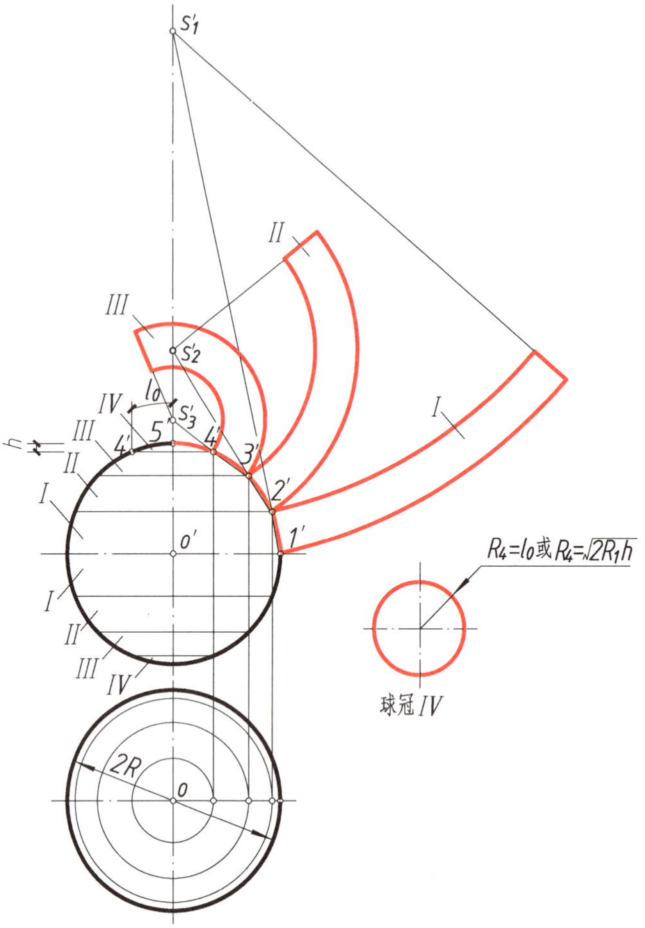

图 17－16 球面的展开——球带法

§ 17－6 变形接头的展开 Development of a Transition Piece

图 17－17a、b 所示是一种常用的变形接头(transition piece)，它上接圆柱管或圆锥管，下连矩形管。它的表面是由四个等腰三角形平面和四个相等的倒斜圆锥面所组成。划分时可在 *H* 投影作四根线与上管口圆相切，并分别平行于矩形下管口的四边，得四个切点 *0*、Ⅲ、*0*、Ⅲ(图 17－17b)。将四个切点与矩形各个顶点连起来，就可以把接头表面划分为四个三角形 *0AB*、Ⅲ*BC*、*0CD*、Ⅲ*DA* 和四个斜圆锥面 *A*Ⅲ*0*、*B0*Ⅲ、*C*Ⅲ*0*、*D0*Ⅲ。表面展开的作图步骤如下：

1. 分上管口圆周为 12 等份，作出四个倒斜圆锥的素线(图 17－17a)。

2. 用直角三角形法，求斜圆锥面上四根素线和一根接口线 *E0* 的实长(图 17－17c)。

3. 根据所求得各线段的实长，先作出△*A0B* 的实形。然后依次在△*A0B* 两侧作出各斜锥面和三角形的展开图，整个变形接头的展开图如图 17－17d 所示。

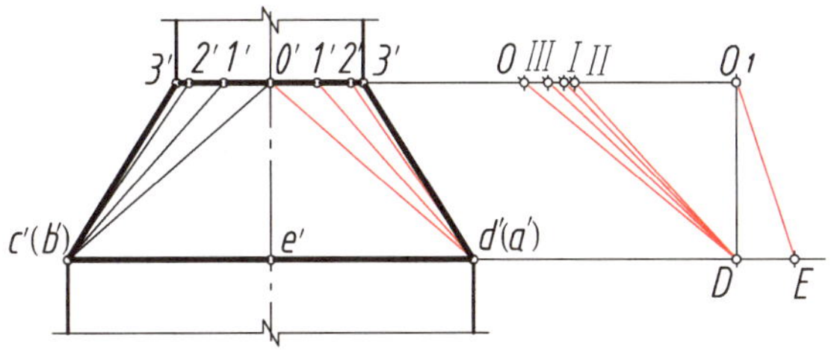

(c) 用直角三角形求实长

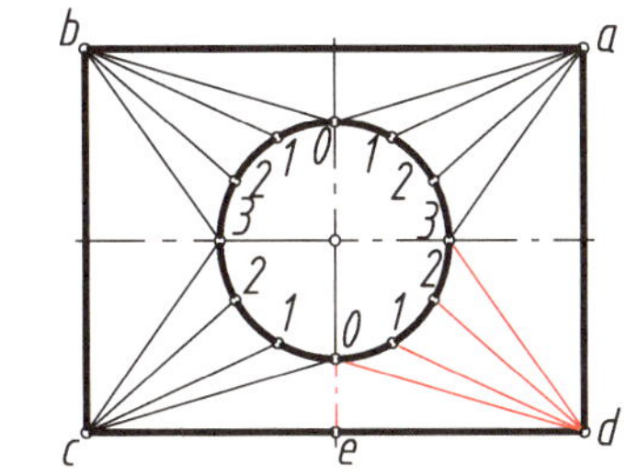

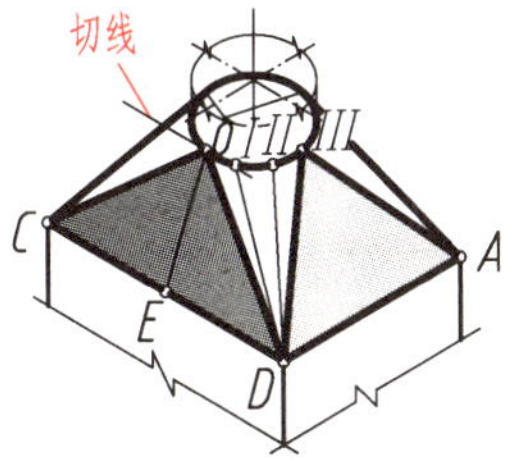

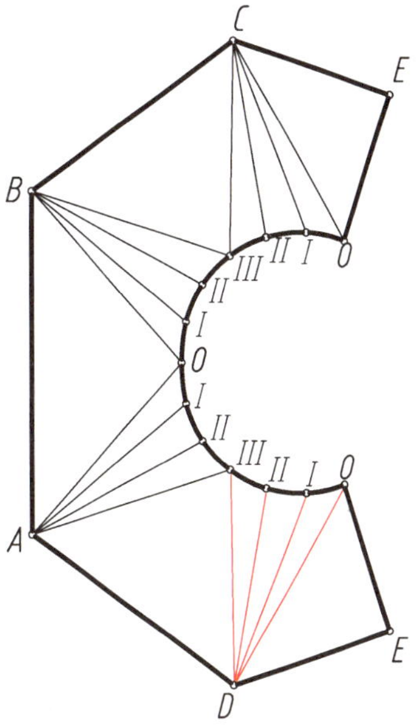

(a) 投影图　　(b) 立体图　　(d) 展开图

图 17－17　　变形接头的展开

图 17－18a 所示的 Y 形接头是叉管的一种形式，它是由两个圆柱管和一个截头圆锥管

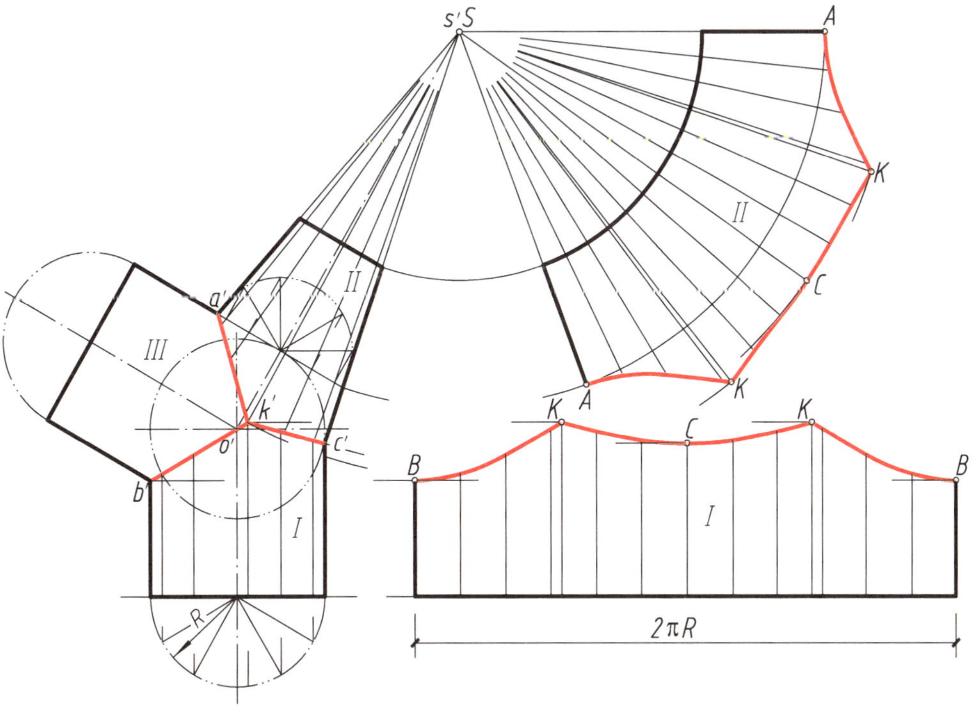

(a) 投影图　　(b) I、II 展开图

图 17－18　Y 形接头的展开

所组成的一种三通接头。三管的轴线共面，都平行于 V 面，并相交于一点 O。三管都外切于以 O 为球心的一个球面。画展开图时，先求出相贯线。这是由三段椭圆曲线所组成，分别在 V 面上投射成直线段 $a'k'$、$b'k'$ 和 $c'k'$（图 17－18a）。截头圆柱面Ⅰ、Ⅲ和截头圆锥面Ⅱ的展开图，分别按§17－3 和§17－4 所述方法作出。作图时注意求出相贯线转折点 K 的位置。所得管Ⅰ和管Ⅱ的展开图如图17－18b所示，管Ⅲ展开图从略，请读者自己完成。

本章学习指引

Reading Guide

1. 任何立体表面的展开，都是求立体表面的实形，实际上是求直线段的实长，以画出三角形、矩形和梯形等平面图形的实形，拼连成整幅展开图。圆柱面和圆锥面的展开，就是矩形和等腰三角形的拼连。

2. “滚翻法”和“转身法”是在特定条件下柱体表面展开的一种简捷有效的方法，要记住适用的条件。

3. 不可展的回转曲面可像球面一样，把它分解为若干块圆柱面或圆锥面近似地展开。

复习思考题

Review Questions

1. 如何区分可展曲面和不可展曲面？
2. 通常都是把立体表面分为若干个相邻的三角形进行展开，为什么？
3. 为什么作展开图时多用旋转法求线段实长？
4. 什么条件下可采用“滚翻法”？什么条件下可采用“转身法”？
5. 球面的近似展开有哪两种方法？它们有什么区别？

第十八章 机械图

CHAPTER 18 MECHANICAL DRAWING

§ 18 – 1 概述 Introduction

在工业和民用建筑的施工中，往往要对各种施工机械进行安装、改造、保养与维修，这时，就需要阅读和绘制机械图。此外，建筑上有些构造设备和金属配件，如灯饰、门窗开关和铰链、金属栏杆和扶手等等，在进行设计时，都要按机械图的规定绘制出生产图样。所以，作为一个建筑工程技术人员，也应掌握机械制图的基本知识。

机械图与建筑图一样，都是根据正投影原理进行绘制，采用多面投影(多个视图)表示外部形状，假想将形体剖开表示内部形状与构造，必须在图上标注尺寸，注写文字说明，画上图框和标题栏等。但是，由于机械与建筑有很多不同之处，所以机械图与建筑图又有各自的特点。

机械设备由若干部件(component)组成，部件又由若干零件(part)装配而成。因此，机械图一般分总装配图(assembly drawing)，部件装配图(component assembly drawing)和零件图(part drawing)。各种图样都有一定的规定画法和简化画法(simplified drawing method)。要阅读和绘制机械图，除掌握投影原理外，还必须了解和遵守《机械制图》和《技术制图》等国家标准的各项规定。有不少零件和部件，例如螺栓、螺柱、螺钉、螺母、垫圈、键、弹簧、轴承等，都已标准化，称为标准件(standard part)并有各自的标记或规定画法。因此，在读图和绘图时还要经常查阅有关的国家标准及机械零件手册。

§ 18 – 2 机械零件图 Drawings of Mechanical Parts

一、零件图的内容(Contents of part drawing)

施工机械和设备都是由零件装配而成。在制造过程中，都是先加工零件，然后进行装配。加工零件时所依据的图样，称为**零件图**(part drawing)。图 18 – 1 所示是一个轴承座(bearing pedestal），它是施工机械中常见的二螺栓滑动轴承中的一个零件。图 18－2 是该轴承座的零件图。轴承（bearing）的其他零件图，如图 18－5 所示。

零件图包括三方面的内容：

（一）一组视图

用以表达零件的内外形状和结构。

图 18－1 所示轴承座的零件图由三个视图组成（图 18－2）。在机械制图中，正面投影称为主视图（front view），水平投影称为俯视图（top view），侧面投影称为左视图（left side view）。此外，还有右视图（right side view）（规定画在主视图的左侧）、仰视图（bottom view）（规定画在主视图的上侧）和后视图（rear view）（规定画在左视图的右侧）。这六个视图称为基本视图。按上述规定位置配置视图时，一律不标注视图名称。建筑图中的剖面图，在机械图中称为剖视图（section view）；建筑图中的断面图，在机械图中同样称为断面图（profile）。

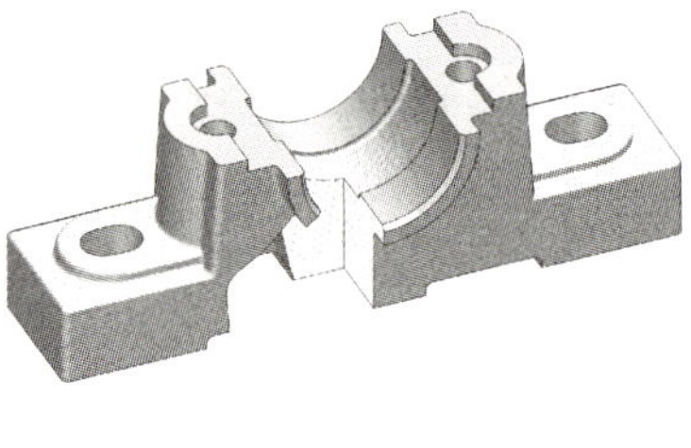

图 18－1　轴承座

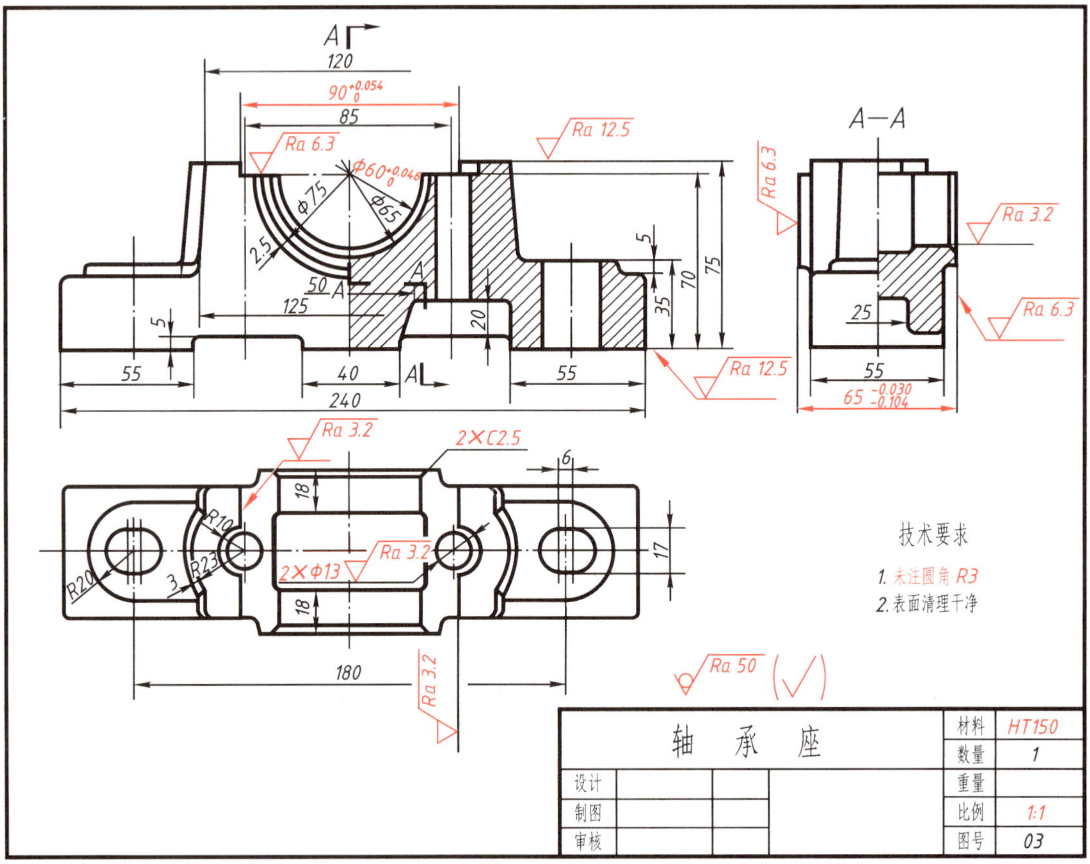

图 18－2　轴承座零件图

如图 18 - 2 所示，轴承座左右对称，主视图画成半剖视图(half section view)，是沿着前后对称平面剖开的。按规定，凡沿对称平面剖开的剖视图，不加任何标注，其他剖视图应按国标规定进行标注。

轴承座的左视图也是半剖视图，但这是个阶梯剖视(offset section view)，必须标注。即在主视图中用粗短画标出剖切位置线短画，并在尽端画箭头(建筑图画粗短画)，表示投射方向，在箭头和每个转角处标写字母(*A*)作为标记。在左视图上方标出对应的剖视图名称(*A*—*A*)，以便对照。

机械图的剖视图，规定只在被剖切到的部分画上剖面符号，而不能像建筑图那样可以把剖面轮廓画成粗实线，而把可见轮廓线画成中实线。此外应特别注意，机械图中金属材料的剖面符号也是 45°细斜线，和建筑图中普通砖的剖面符号相同。

（二）足够和合理的尺寸

尺寸用以准确表示零件的形状、大小以及各部分结构的形状、大小和相对位置。

所谓足够的尺寸，就是所注的尺寸既不缺少，又不重复和多余，不像在建筑图中可以注出必要的重复尺寸。例如轴承座主视图下方的尺寸，如按建筑图的尺寸注法，可注成封闭的尺寸链(dimension chain)(图 18 - 3b)，这在机械图中是不容许的。按机械图的要求，只把三个需要保证的尺寸注出，如图 18 - 3a 所示，余下两个凹坑的尺寸不注，称为开口环。在机械制造中要考虑到加工误差，两个凹坑的长度尺寸相对来说并不那样重要，它的误差大一点或小一点对设计要求都影响不大。虽然开口环尺寸在图上并未注出，但应能通过已注尺寸计算出来。

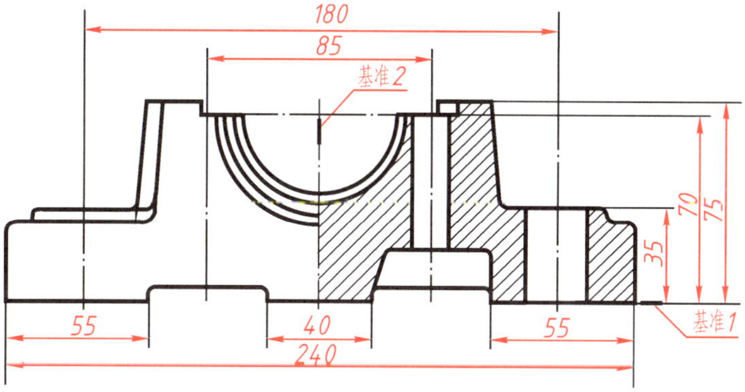

(a) 按机械图的尺寸注法

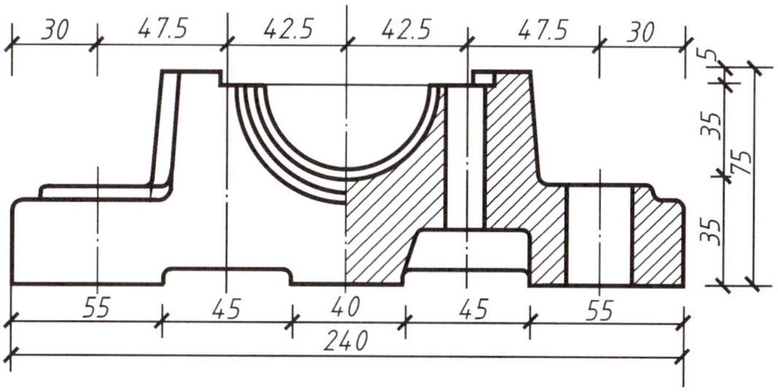

(b) 按建筑图的尺寸注法

图 18 - 3　尺寸注法的区别

所谓合理的尺寸，除按设计要求标注外，还要便于零件的加工和测量，满足工艺的要求。为此，要预先合理选定尺寸基准(dimension datum)。如轴承座的高度尺寸，都以底面作为基准进行标注，两个圆孔和长圆孔的定位尺寸，应以轴承座的对称轴作为基准直接注出尺寸 85 和 180，如图 18－3a 所示。不能如建筑图那样不考虑尺寸基准，注成图 18－3b 的形式。

机械图中，尺寸起止(终端)符号的形式有多种，通常采用实心箭头。也可画 45°细实线斜线(建筑图画的是中粗实线斜线)。尺寸界线要与图形接触。此外，在机械图中，同样以 ϕ 表示直径，R 表示半径，例如 $\phi65$、$R20$ 等。

（三）必要的技术要求

要说明加工该零件时所要求的精度(precision)、表面结构(surface texture)和热处理(heat treatment)要求等。

1. 精度包括尺寸精度(size precision)、形状精度(form precision)和位置精度(location precision)等。这些精度都用公差(tolerance)的大小来体现，公差相应分为尺寸公差、形状公差、方向公差、跳动公差和位置公差五种，后四者也统称为几何公差。重要的尺寸和具有配合关系的尺寸都应注出尺寸公差(简称为公差)。所谓公差，就是零件的尺寸在加工时允许的最大变动量。例如图18－2所示轴承座的零件图上，有三处重要尺寸注有公差，即 $65^{-0.030}_{-0.104}$、$\phi60^{+0.046}_{0}$ 和 $90^{+0.054}_{0}$。

下面简要介绍有关尺寸公差的几个名词：

公称尺寸(nominal size)：通过它以及上、下极限偏差可计算出该部分极限尺寸的大小。例如 65，$\phi60$ 和 90 为公称尺寸。

上极限偏差(upper deviation)：上极限尺寸减去公称尺寸所得的代数差。用比尺寸数字小一号的字写在基本尺寸数字的右上角，例如 $^{-0.030}$、$^{+0.046}$ 和 $^{+0.054}$。

下极限偏差(lower deviation)：下极限尺寸减去公称尺寸所得的代数差。用比尺寸数字小一号的字写在基本尺寸数字的右下角，例如 $_{-0.104}$、$_{0}$ 和 $_{0}$。

当上、下极限偏差绝对值相同时，偏差值与基本尺寸数字并列写出，如 $\phi35\pm0.08$。

上极限尺寸(upper limit of size)：允许的最大尺寸，是公称尺寸与上极限偏差之代数和。例如 $65^{-0.030}_{-0.104}$ 的上极限尺寸是 64.970，$\phi60^{+0.046}_{0}$ 的上极限尺寸是 $\phi60.046$，$90^{+0.054}_{0}$ 的上极限尺寸是 90.054。

下极限尺寸(lower limit of size)：允许的最小尺寸，是公称尺寸与下极限偏差之代数和。例如 $65^{-0.030}_{-0.104}$ 的下极限尺寸是 64.896，$\phi60^{+0.046}_{0}$ 的下极限尺寸是 $\phi60$。

实际尺寸(true size)：通过测量获得的零件该部位的尺寸，只允许在下极限尺寸与上极限尺寸之间，否则就成为废品。例如，轴承座中的宽度尺寸 65，实际量度产品尺寸时，应在 64.896 至 64.970 之间，否则均为不合格。

各偏差值应根据设计时的要求，从有关标准和零件手册中查得。

基本尺寸相同，互相配合的孔和轴，都要直接在各自的零件图上标注尺寸偏差。

2. 表面结构要求(surface texture)

零件的表面结构要求常用表面粗糙度(surface roughness)进行衡量，表面粗糙度是指零件表面由于不同的加工方法，零件材料的塑性变形和机床振动所引起的微观不平程度。其中分为不去除材料(用符号“”表示)和去除材料(用符号“”表示)两种。

评定零件表面粗糙度质量的主要参数常使用评定轮廓的算术平均偏差 *Ra*。*Ra* 的值分 100、50、20、12.5、6.3、3.2、1.6、0.8、0.4、0.2、0.1、0.05、0.025、0.012，数字越小表面越光滑。

标注表面结构要求的规定，如图 18－4 所示，下面作简要说明：

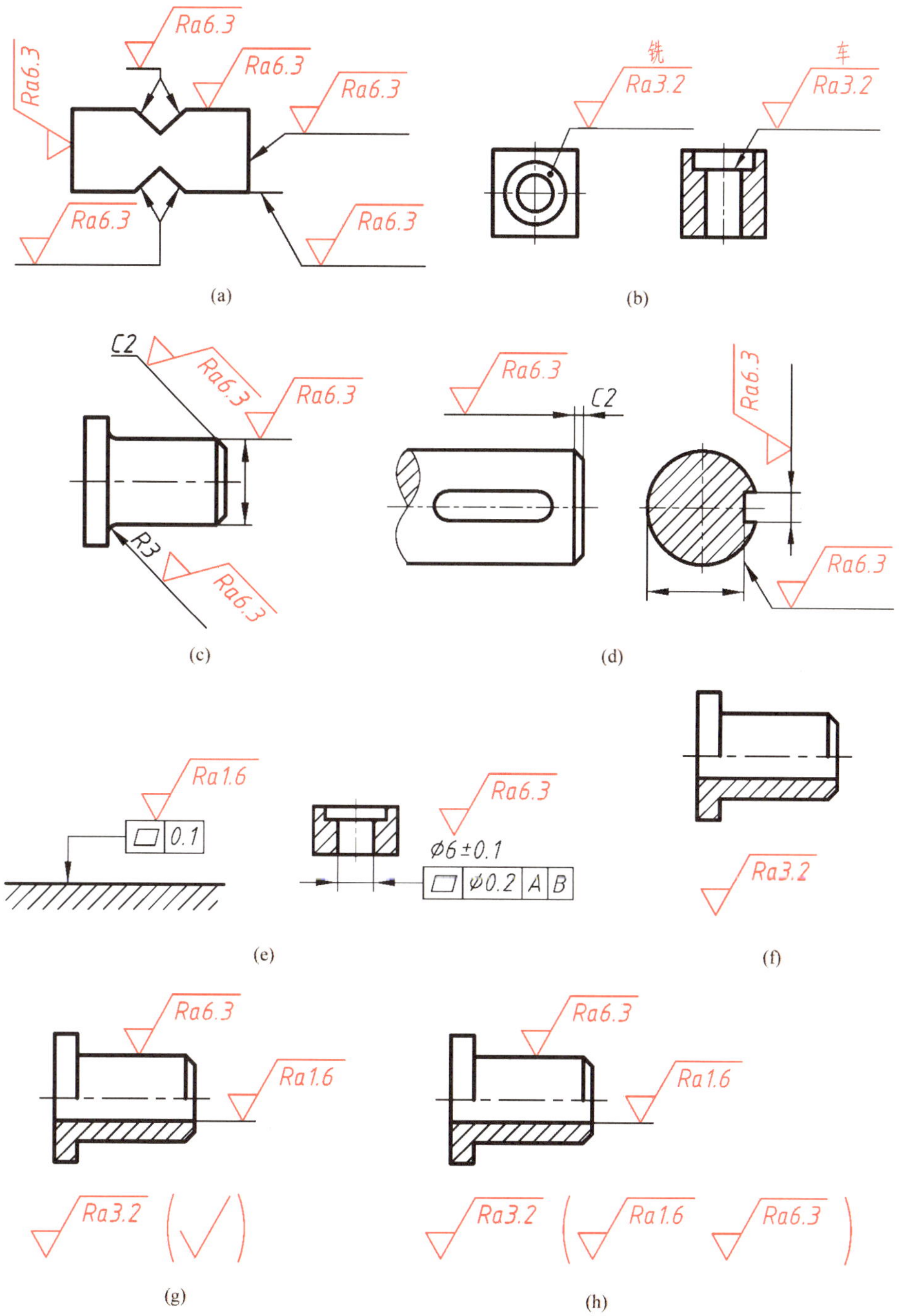

图 18－4　表面结构要求的标注和规定

(1) 表面结构要求对每一表面一般只标注一次，并尽可能注在相应的尺寸及其公差的同一视图上，注写和读取方向与尺寸的注写和读取方向一致(图 18－4a)；

(2) 表面结构要求可标注在轮廓线上，其符号应从材料外指向并接触材料表面。必要时，表面结构符号也可用带箭头或黑点的指引线引出标注(图 18－4a、b)；

(3) 表面结构要求可以直接标注在延长线上(图 18－4a、c)，或用带箭头的指引线引出标注(图 18－4d)；

(4) 在不致引起误解时，表面结构要求可标注在给定的尺寸线上(图 18－4d)；

(5) 表面结构要求可标注在几何公差框格的上方(图 18－4e)；

(6) 如果在零件的多数(包括全部)表面有相同的表面结构要求，这个表面结构要求可统一标注在图样的标题栏附近。如全部表面有相同的表面结构要求，可按图 18－4f 所示的形式标注；如多数(不包括全部)表面有相同的表面结构要求，表面结构要求后面要加圆括号，圆括号内的内容可为以下两种形式之一：

1) 在圆括号内给出无任何其他标注的基本符号，如图 18－4g 所示。

2) 在圆括号内给出除统一标注的表面结构要求外，本零件所应用的其他表面结构要求，如图 18－4h 所示。

3. 其他技术要求，集中写在图中空白地方。例如图 18－2 和图 18－5a，把零件的所有铸造圆角(casting round)的半径 *R*3，统一写在技术要求中，而不分别注在图中圆角处。又如要求“表面清理干净”，也注写在技术要求中。此外，在标题栏中还要注明每个部件中所需该零件的数量和所用材料等。例如图 18－5a 轴承盖的材料为 HT150。HT 表示灰铸铁，150

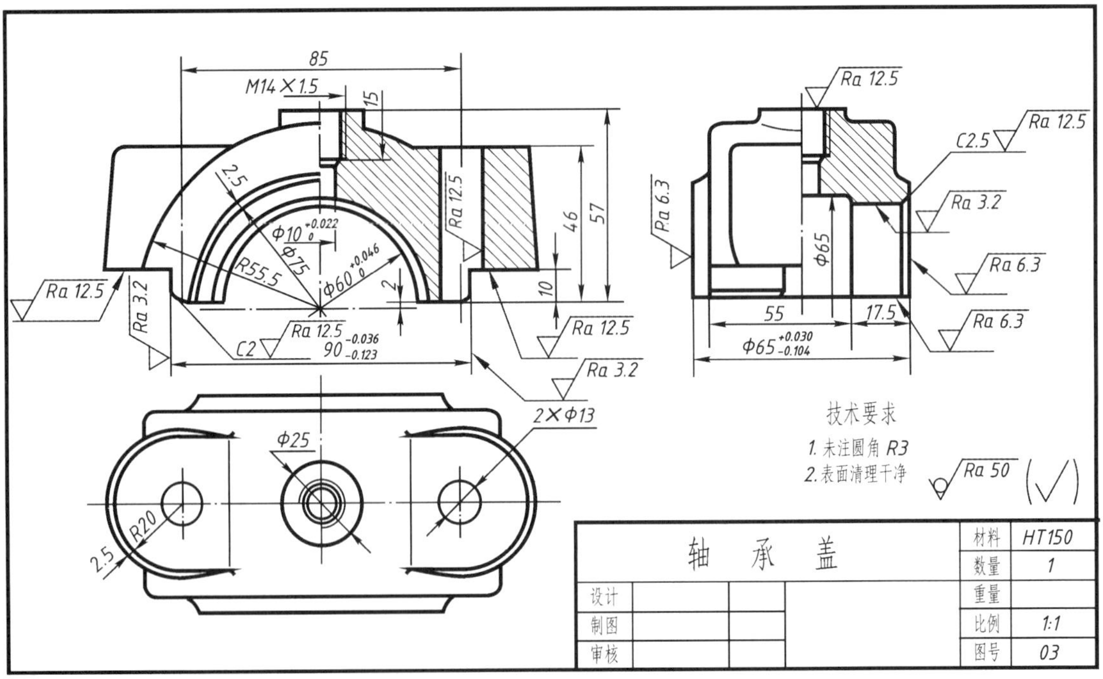

(a) 轴承盖零件图

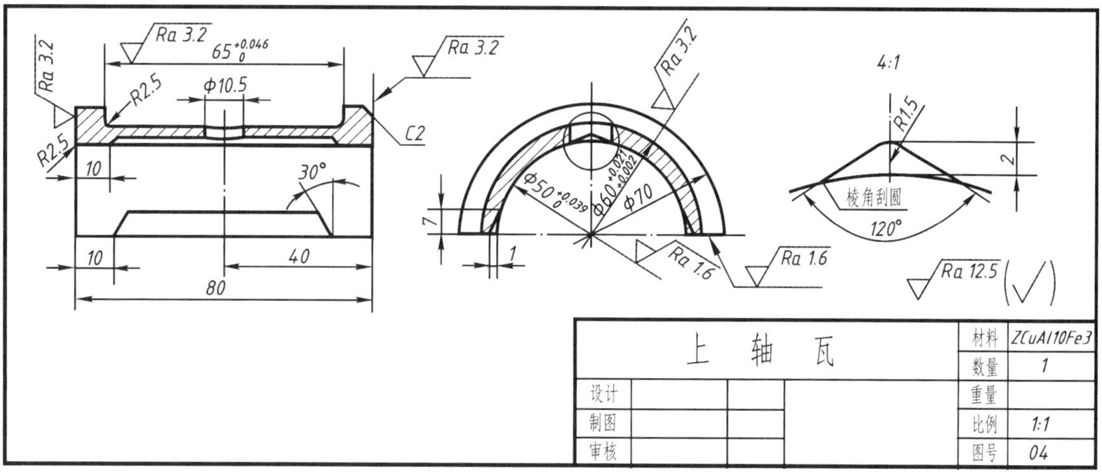

(b) 上轴瓦零件图

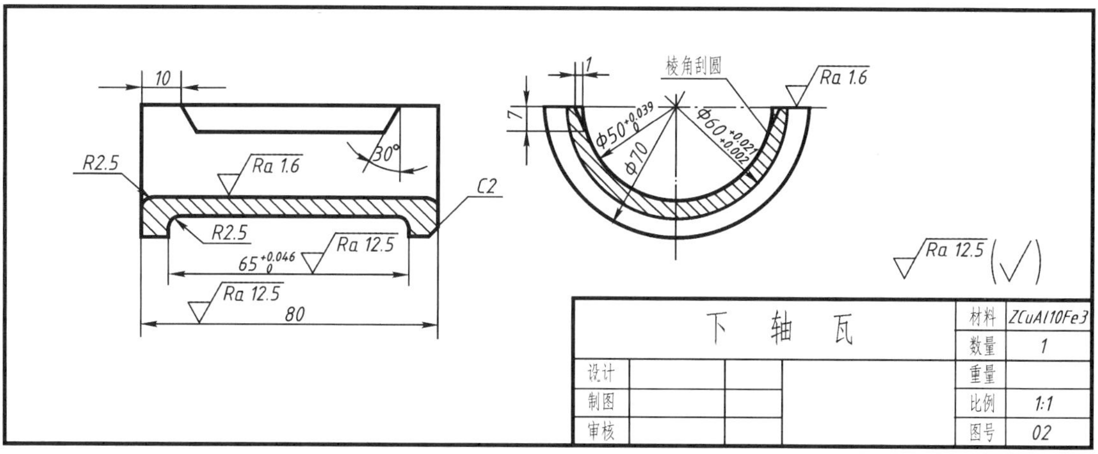

(c) 下轴瓦零件图

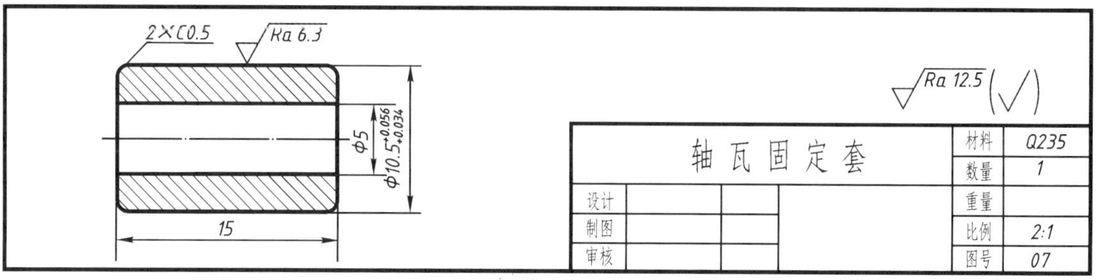

(d) 轴瓦固定套零件图

图 18－5　二螺栓滑动轴承的其他零件图

表示抗拉强度是150 N/mm^2(1 N/mm^2 = 1 MPa = 0.102 kg f/mm^2)。图 18－5b、c 轴瓦的材料为铝青铜 ZCuAl 10Fe 3，是铸造青铜的一种。图 18－5d 固定套的材料 Q235 为碳素结构钢的一种。

二、零件的常见结构及其标注(General structure and their labels of parts)

零件在进行铸造和机械加工过程中，为了满足工艺要求，使用方便和操作安全等，往往要考虑工艺结构。这些结构都有一定的图示方法和标注方法，现将常见的几种介绍如下。

(一) 铸造圆角和过渡线

为了便于起模和防止浇铸时铁水冲坏砂型转角处，在毛坯各表面相交处，都有铸造圆角(casting round)(图 18－6)。画图时应按其半径(一般是 $R3 \sim R5$)画出，但圆角半径的数值常集中标注在技术要求中(图 18－2)。注意在有铸造圆角处的相贯线、截交线将变得不十分明显，称为过渡线(transition line)。作图方法与无圆角时的相贯线、截交线相同，但画成不与圆角接触的细实线。零件一经切削加工后，圆角消失，图中应画成尖角。

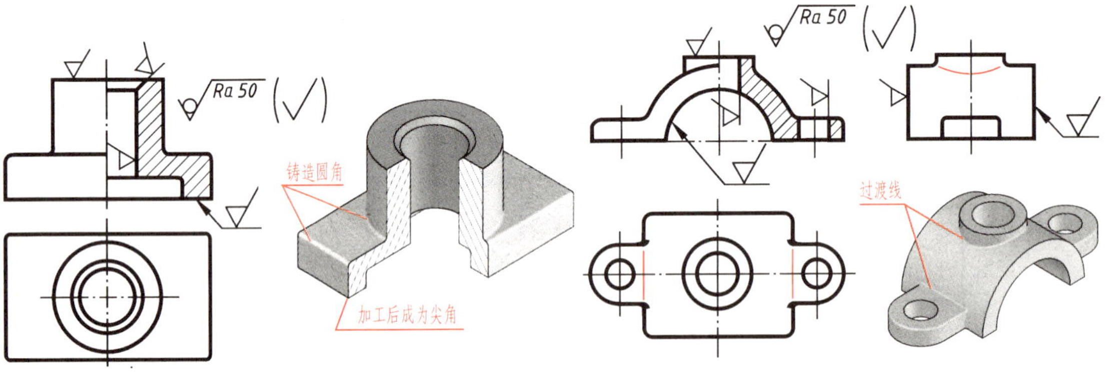

图 18－6 圆角和过渡线

(二) 倒角和倒圆

为除去毛刺和锐边以及便于装配，常把零件尽端处加工成 45° 的圆台，称为倒角(fillet)。为避免因出现应力集中(受力构件由于受外界因素或自身几何形状、外形尺寸发生突变而引起局部范围内应力显著增大的现象)而产生裂纹，切削时常用圆角过渡，称为倒圆(round)(图 18－7)。倒角可采用简注法标注，如 C2，C 表示 45° 倒角，数字 2 表示圆台高度。倒圆则标出半径。

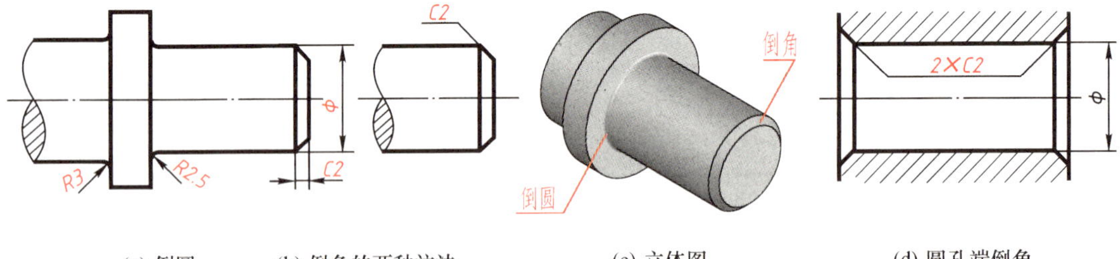

(a) 倒圆 (b) 倒角的两种注法 (c) 立体图 (d) 圆孔端倒角

图 18－7 倒角和倒圆

(三) 凸台和凹坑

为使两零件表面接触良好和减少加工面积，常在零件上铸出凸台(boss)和凹坑(pit)(图18－8)。

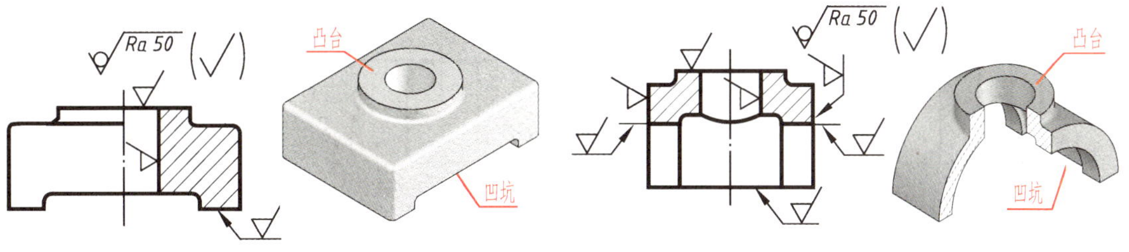

图 18－8　凸台和凹坑

（四）沉孔

为适用于圆柱头螺钉、沉头螺钉和螺栓连接，可在零件表面加工各种**沉孔**（counter bore）。图 18－9 表示每种沉孔尺寸的几种不同标注方法。如果相同的沉孔共有 4 个，则在直径符号之前加上 4 字，例如 4×ϕ17。图中符号“⌴”表示圆柱形沉孔，符号“∨”表示圆锥形沉孔，符号“↧”表示沉孔深度。锪平的孔不注深度，只要求该面锪平即可。

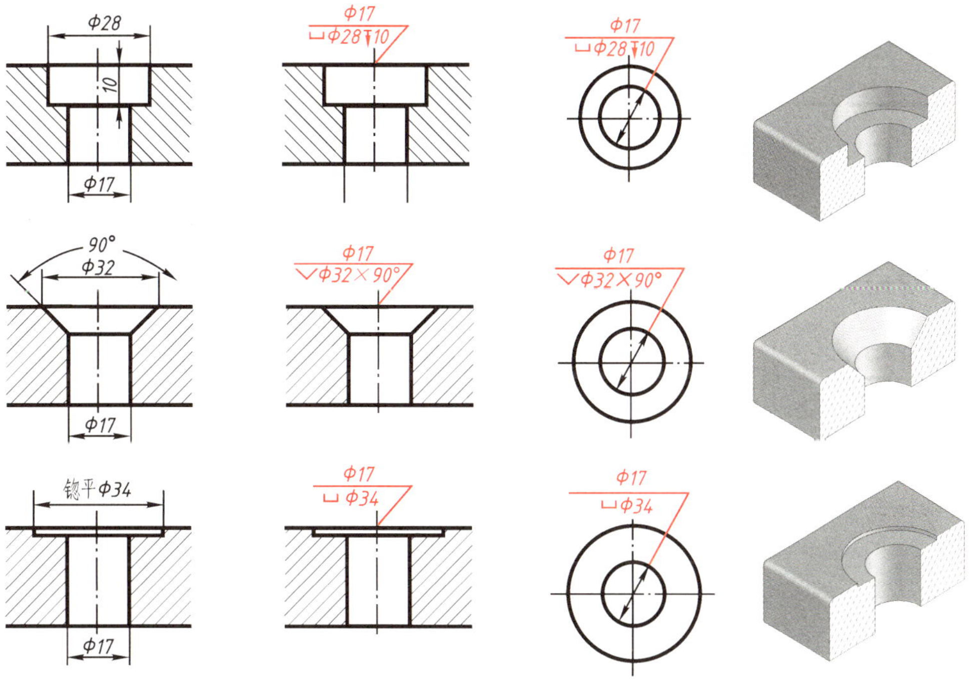

(a) 普通注法　　(b) 旁注法

图 18－9　沉孔

（五）钻孔

用钻头钻孔，因钻头的尖角接近 120°，钻出的不通孔端部成为 120° 的圆锥面，称为**钻孔**（drill hole）。画图时应如实画出，但不注尺寸，圆锥面部分也不算孔深（图 18－10）。

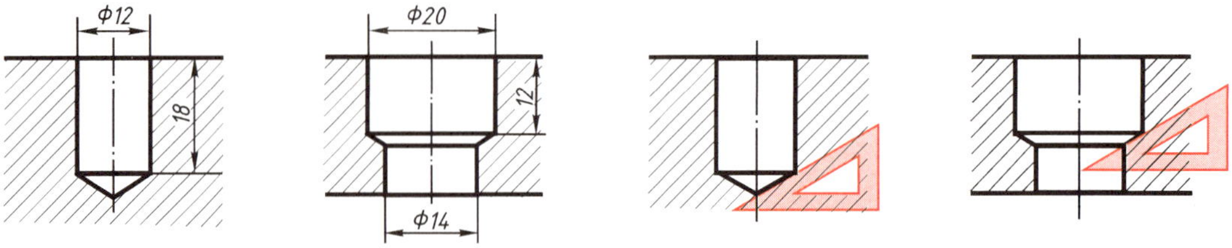

(a) 标注法 (b) 端部画法

图 18－10 钻孔

三、轴的结构及其标注(Structure of a shaft and its label)

轴(shaft)是常见零件，由于使用上和工艺上的要求，常有特殊的结构形式、尺寸注法和图示方法。图 18－11 是一张轴的零件图。图中只画出轴的主视图，另加两个断面，表示键槽和销孔。图中正对剖切位置的两个断面，为移出断面(removed cut)。按规定，当断面形状对竖直轴线不对称时，需画出剖切位置和投射方向(如左边的断面)。而当断面形状对竖直轴线对称时，无需画出剖切位置和投射方向(如右边的断面)。当移出断面的竖直轴线与剖切平面的积聚投影共线时，不必用字母标记断面的名称。

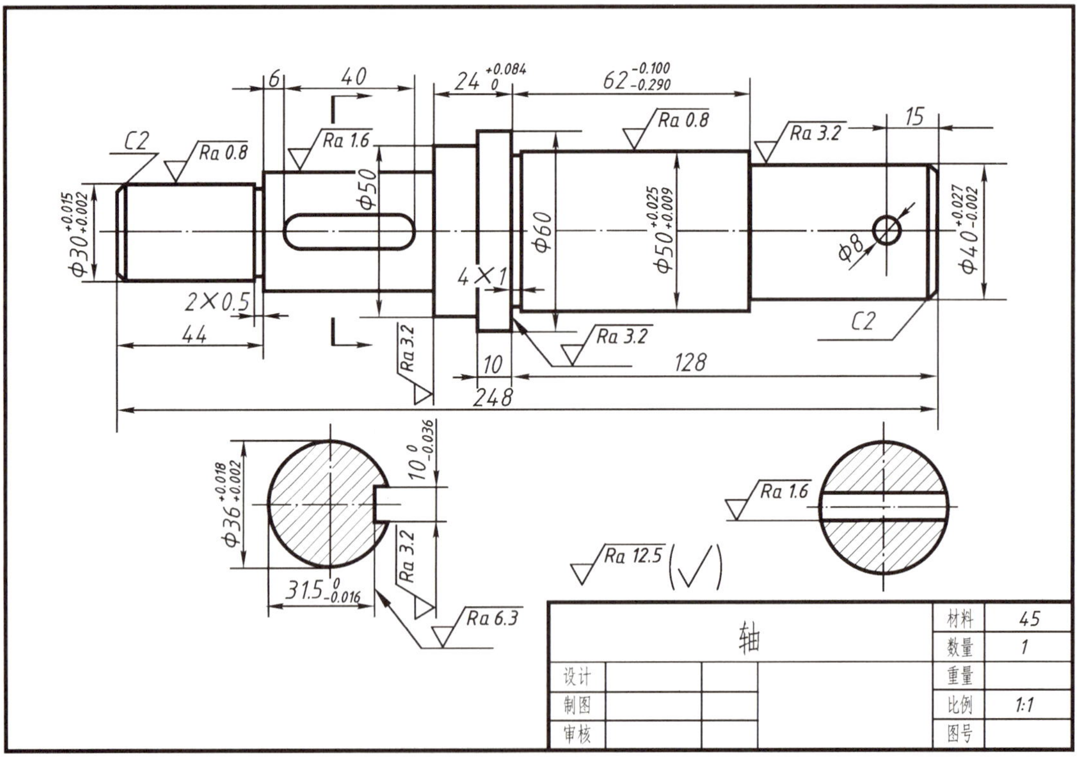

图 18－11 轴的零件图

此外，当剖切平面通过圆柱形和圆锥形的通孔或凹坑的轴线时，规定按剖视形式绘制，即孔端要画成封闭(如右边的断面)。

(一) 轴的尺寸标注

标注轴的长度尺寸时，要同时考虑设计要求和工艺要求选取尺寸基准。如图 18－12 所示，在加工时先加工一端，再加工另一端，所以轴的两个端面都是工艺基准。而中间的轴肩，按设计要求要保证长度为 24，所以就得另加一设计基准。

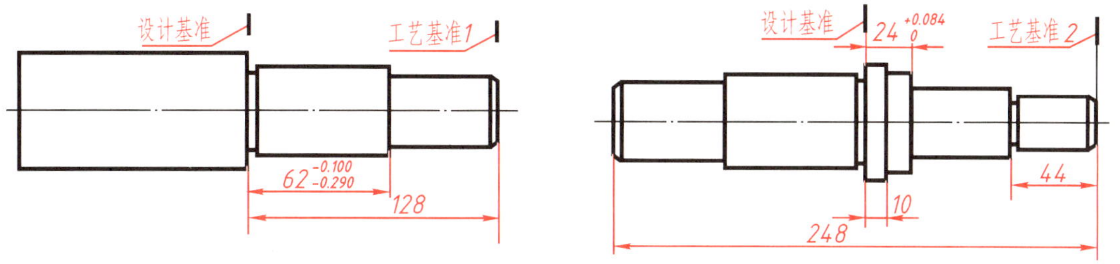

(a) 先加工一端　　(b) 调头再加工另一端

图 18－12　轴的长度尺寸注法

(二) 退刀槽和砂轮越程槽

在加工时，为了易于退出车刀，以及砂轮研磨时的需要，常在零件上预先加工出**退刀槽**(escape)和**砂轮越程槽**(groove)(图 18－13)，它们的具体尺寸与构造，可查阅有关标准和零件手册。图中表示它们的三种常用尺寸注法。

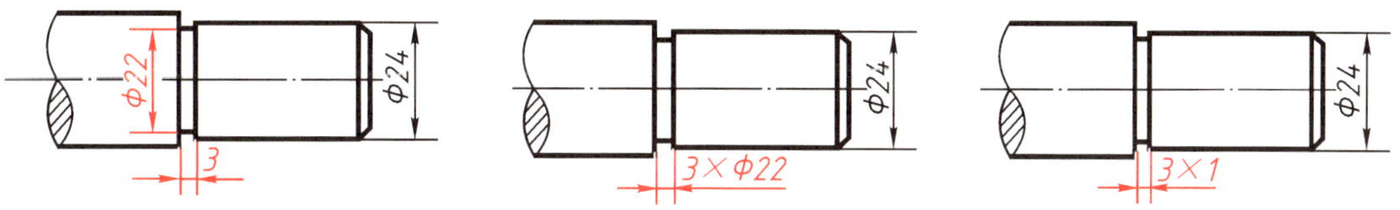

图 18－13　退刀槽和砂轮越程槽的尺寸标注

(三) 键槽

为了使轴能带动带轮、齿轮、链轮等同时转动，常采用键连接。常用的键有圆头平键、方头平键、半圆键、钩头楔键和花键等(图 18－14)，它们各有不同的键槽(key seat)。可从有关标准和零件手册中查出键与键槽的尺寸、公差和表面质量要求，并注写在图上。

(四) 轴上的正方形平面(图 18－15)

轴上的正方形平面若在图形中不能充分表达时，可用符号表示，即在平面内画出对角相交的细实线。

(五) 锥度

锥度(conicity)通常用符号表示(图 18－16)，如 ◁ 1:5，即锥底直径与锥高之比为 1∶5，作法如图 18－16 所示。

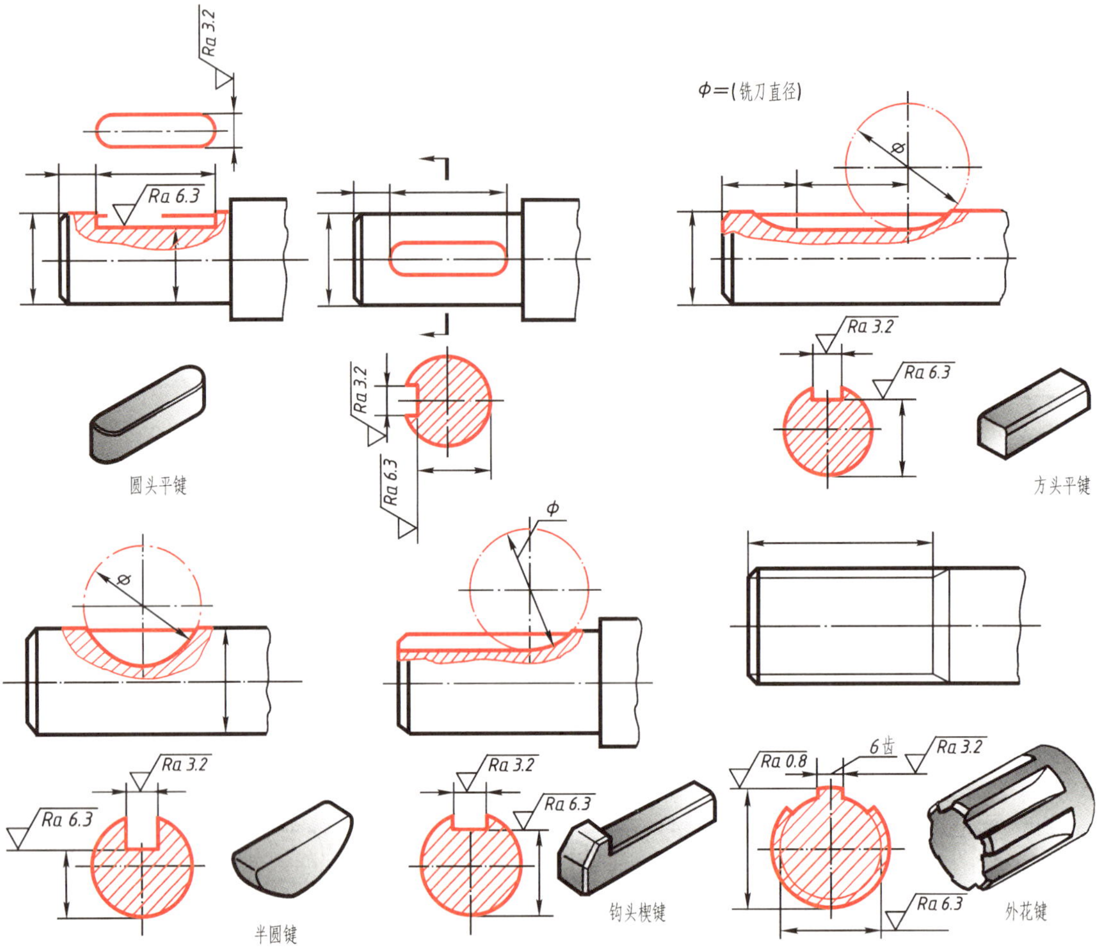

图 18－14 轴上的键槽和花键

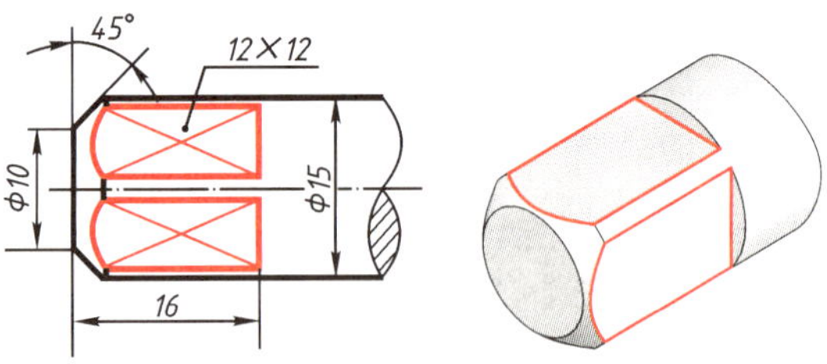

图 18－15 轴上的正方形平面

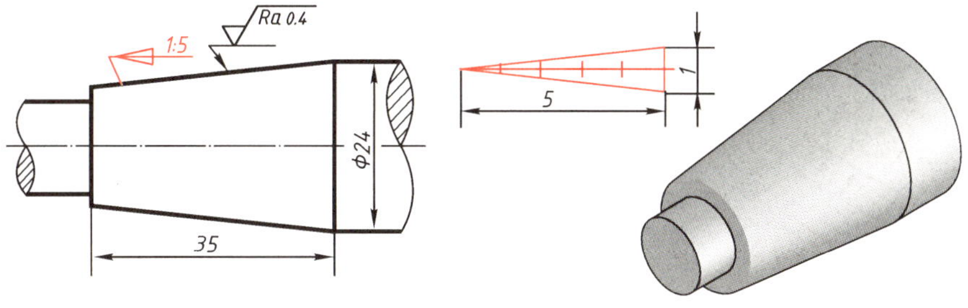

图 18－16　锥度

四、规定画法和其他表达方法(Prescriptive drawing and other representations)

(一）局部视图

将零件的某一部分向基本投影面投射所得的视图，称为局部视图(broken－out view)(图 18－17)。画局部视图时要进行标注，用箭头表示投射方向和部位，用字母标记视图名称，并在相应局部视图上方写上相同字母，如图 18－17a 所示。

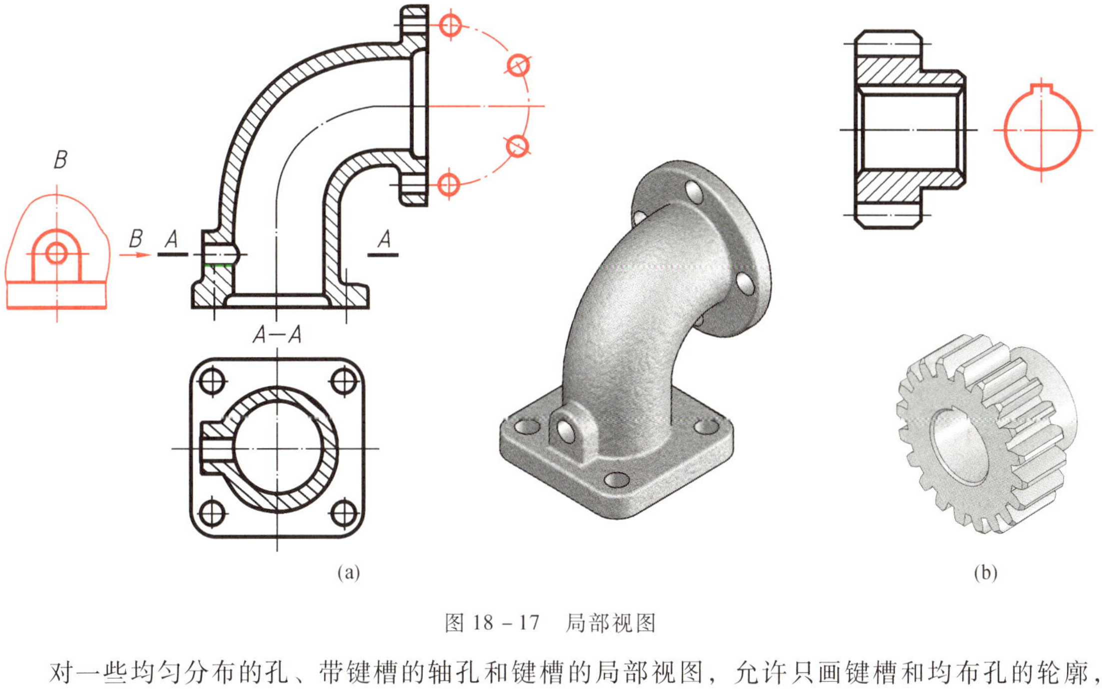

图 18－17　局部视图

对一些均匀分布的孔、带键槽的轴孔和键槽的局部视图，允许只画键槽和均布孔的轮廓，不必标注，如图 18－17a、b 所示。

(二）斜视图和斜剖视图

斜视图(oblique view)是将零件向不平行于任何基本投影面的平面投射所得的视图(图 18－18a)，通常按局部视图的配置形式标注。允许将斜视图旋转“摆正”配置，这时斜视图上方的字母应靠近旋转符号(↶)的箭头端(图 18－18a)。

斜剖视图(oblique section view)是用一个不平行于任何基本投影面的剖切平面剖开零件所

得的剖视图，必须标注（图 18－18b）。斜剖视图也可以经旋转后画出，这时，同样要在斜剖视图上方加注旋转符号。

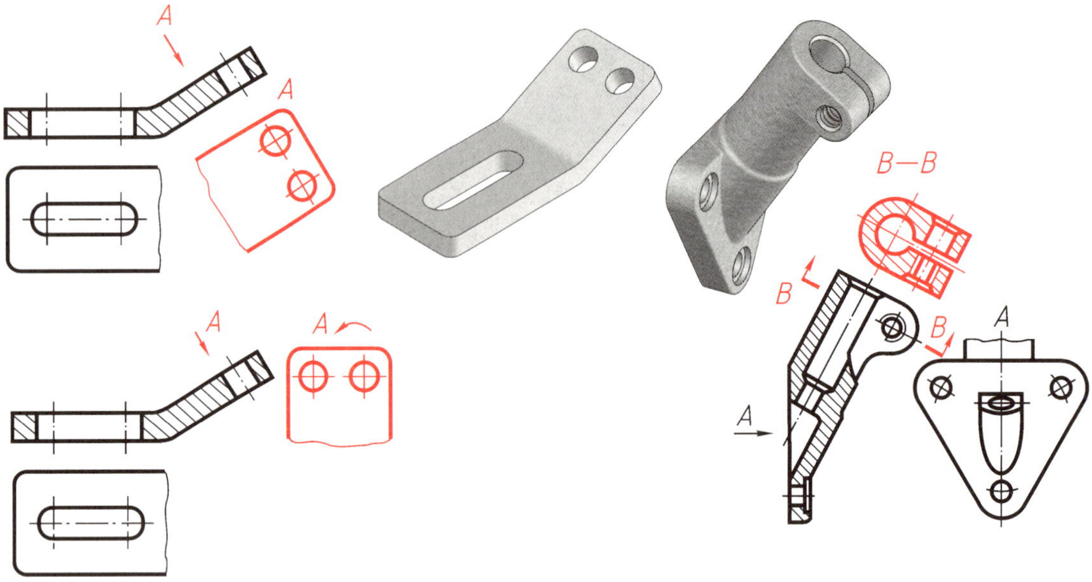

(a) 斜视图 (b) 斜剖视图

图 18－18 斜视图和斜剖视图

（三）局部放大图

为了便于表达和标注尺寸，常把零件上某些细小结构局部放大画出（图 18－19）。在图中应作如下标注：在原图上画一个细实线小圆，圈出放大部位；在放大图的上方注明所用比例。如果同一张图中不只是画一个放大图时，还要用罗马数字编号。

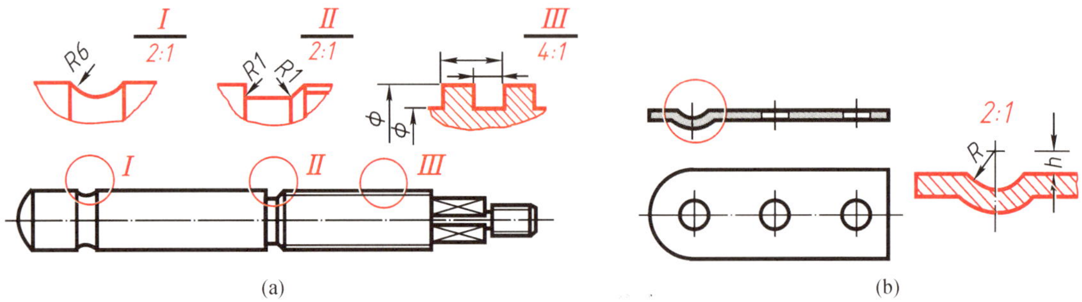

(a) (b)

图 18－19 局部放大图

（四）旋转剖视图

用两个相交的剖切平面剖开零件，并把剖切平面所剖开的结构及有关部分旋转到平行于投影面的位置，然后进行投射，所得的剖视图，通常称为**旋转剖视图**（rotation section view）（图 18－20）。标注方法如图所示。

（五）轮辐、肋及孔的规定画法

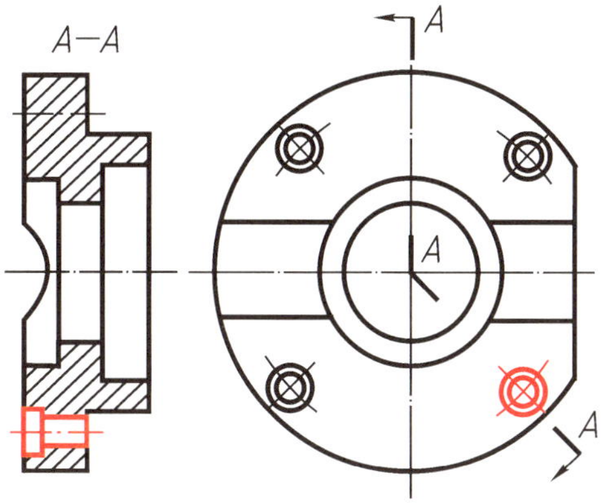

图 18 - 20　旋转剖视图

当剖切平面不通过辐射状均匀分布的轮辐(spoke)、肋板(rib)和孔(hole)时，要单独将这些结构的对称轴线旋转到与剖切位置重合后画出(图 18 - 21a)。同时，当纵向剖开轮辐和肋板时，轮辐和肋板处都不画剖面线。相同的孔可只画出一个，其余只画中心线(图 18 - 21b)。对大致对称的图形，可只画出稍大于一半的图形(图 18 - 21a、c)。

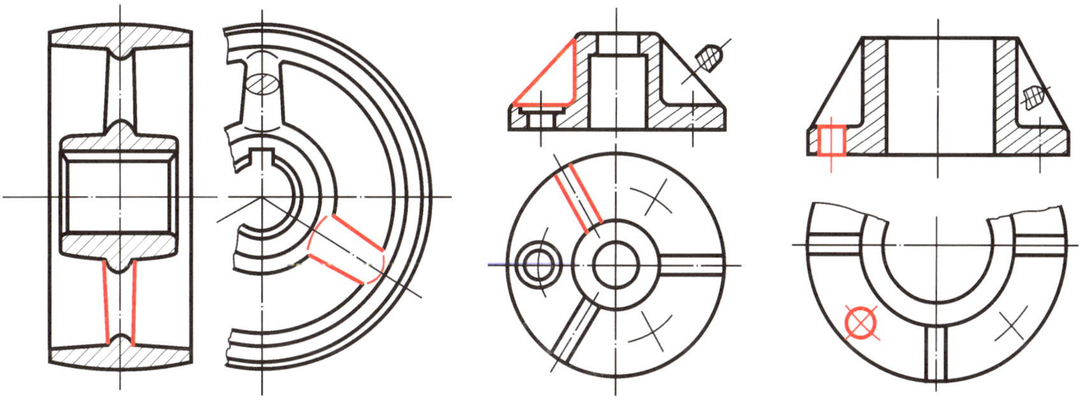

(a)　(b)　(c)

图 18 - 21　轮辐及肋的规定画法

§ 18 - 3 常用零件的规定画法 Prescriptive Drawings of Common Parts

一、螺纹和螺纹连接(Screw thread and screw connection)

(一) 外螺纹和内螺纹

螺纹(screw thread)是指螺钉、螺杆等螺纹连接件上或零件上起连接或传动作用的牙形部分(图 18 - 22)。加工在圆柱(或圆锥)外表面上的螺纹，称为**外螺纹**(external thread)；加工在圆柱(或圆锥)孔内壁上的螺纹，称为**内螺纹**(internal thread)。螺纹的直径、牙型、螺距、线数、旋向称为螺纹的五要素，五要素相同的内、外螺纹才能配合在一起。

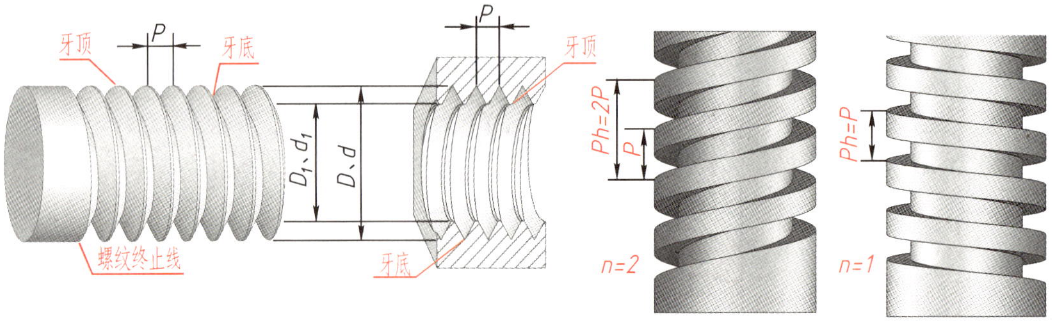

(a) 外螺纹　(b) 内螺纹　(c) 双线、右旋　(d) 单线、左旋

D、d—大径，螺纹的最大直径；D_1、d_1—小径，螺纹的最小直径；P—螺距，相邻两牙对应点的轴向距离；n—线数，同一圆柱面上螺纹的条数；Ph—导程，每旋转一周，轴向前进的距离，单线时 $Ph=P$，双线时 $Ph=2P$；旋向—右旋(图 c)，是最常用的一种，特点是如图放置时，可见部分向右方升高；左旋(图 d)，与右旋旋向相反

图 18－22　外螺纹，内螺纹，线数和旋向

(二) 螺纹的规定画法

如果按螺纹的实际外形画图将很复杂，绘图时，应采用《机械制图》国家标准规定的画法。

1. 外螺纹画法(图 18－23)。在平行于螺纹轴线的投影面上的视图和剖视图中，牙顶画成粗实线，牙底画成细实线，螺纹终止线画成粗实线。在垂直于螺纹轴线的投影面的视图和剖视图中不画倒角，牙底画约 3/4 圈的细实线圆。

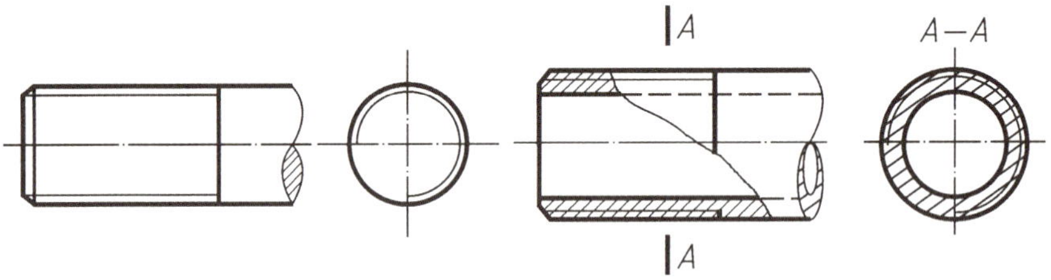

图 18－23　外螺纹规定画法

2. 内螺纹画法(图 18－24)。在平行于螺纹轴线的投影面上的视图中，牙顶、牙底、螺纹终止线都画虚线；在剖视图中，牙顶画成粗实线，牙底画成细实线，螺纹终止线画成粗实线。在垂直于螺纹轴线的投影面的视图中不画倒角，牙底画约 3/4 圈的细实线圆。

3. 螺纹连接画法(图 18－25)。外螺纹与内螺纹结合部分只画外螺纹。画实心的外螺纹连接件时，规定不剖开。

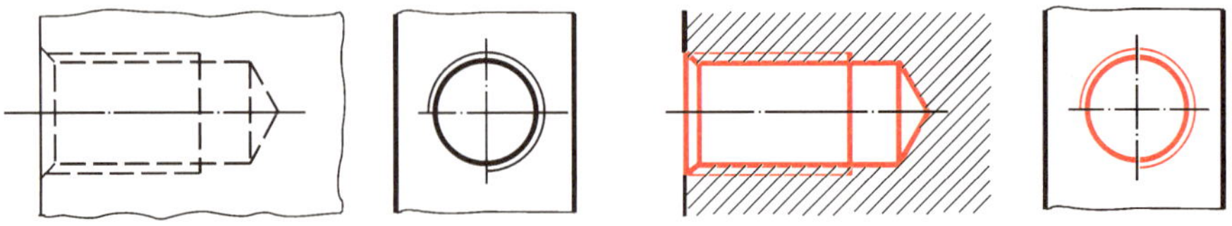

图 18－24　内螺纹规定画法

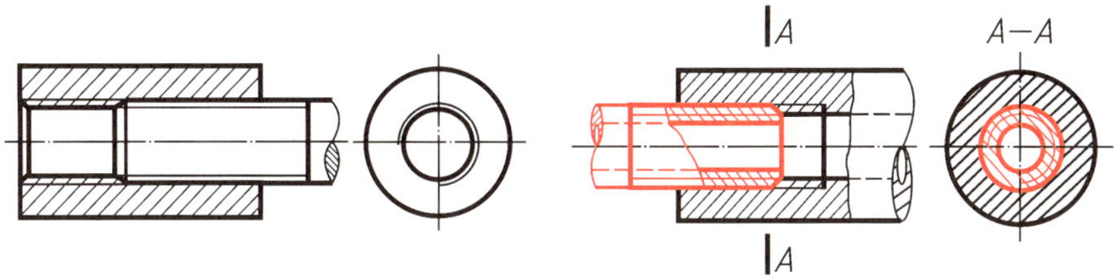

图 18－25　螺纹连接画法

（三）牙型及螺纹标注方法

表 18－1　螺纹牙型和标注

用途	类型	牙型	标注代号顺序							代号标注示例
			牙型符号	大径	螺距	导程	线数	公差带	旋向	
连接用	普通螺纹（粗牙）	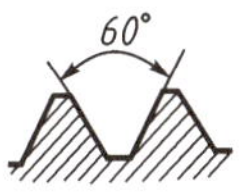	M	24	3	3	1	6 g	右	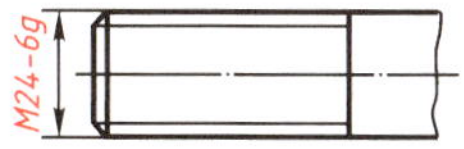
	普通螺纹（细牙）		M	24	2	2	1	6 g	右	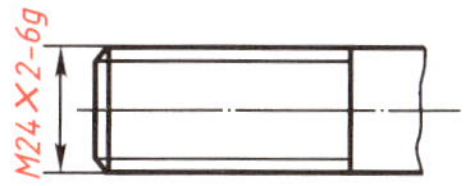
	55°非密封管螺纹	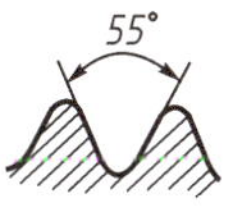	G	1*	2. 309	2. 309	1	A**	右	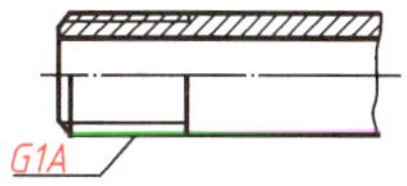
传动用	梯形螺纹	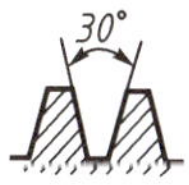	Tr	32	5	10	2	8 e	左	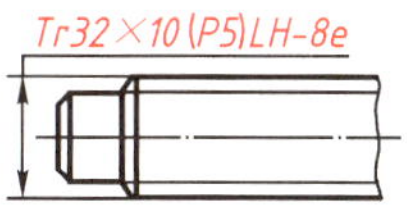

* 管螺纹的尺寸代号，不是螺纹大径。＊＊中径公差等级。

通过螺纹轴线的剖切平面截得的螺纹牙齿形状，称为牙型（thread form）。常见的标准螺纹，都定有国家标准（表 18－1）。在图中，必须标注出各种标准螺纹的牙型和大径、螺距等符号和数字。没有标出的数值（如小径等），都可在有关标准和零件手册中查出。表 18－1 中牙型和数字下有横线的，都要依次标在图上。单线、右旋螺纹不注线数和旋向。粗牙普通螺纹不注螺距。

（四）常用螺纹件的近似画法及标记

各种常用螺纹件都定有国家标准和标记，根据标记可在有关标准和零件手册中查出该螺纹件各部分的具体尺寸。但画图时为方便起见，常根据给出的螺纹大径 d 和长度 l，按近似画法画出。下面介绍几种常见螺纹连接件的近似画法：

1. 螺母(nut)、垫圈(washer)、六角头螺栓(hex bolt)的近似画法如图 18-26 所示。

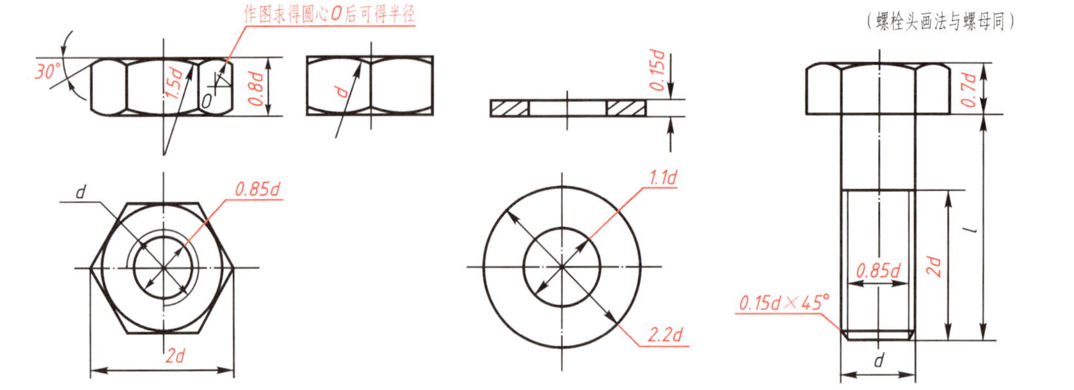

(a) 螺母 (b) 垫圈 (c) 螺栓

标记示例：螺母 GB/T 6170 M10（普通螺纹，大径为 10 的 1 型六角螺母）

标记示例：垫圈 GB/T 97.1 10（适用于螺纹大径为 10 的平垫圈）

标记示例：螺栓 GB/T 5782 M10×80（大径为 10、长度 l 为 80 的六角头螺栓）

图 18-26 螺母、垫圈、六角头螺栓的近似画法和标记

2. 螺钉(screw)的近似画法如图 18-27 所示。图中仅表示螺钉头的画法，其余部分与螺栓相同。

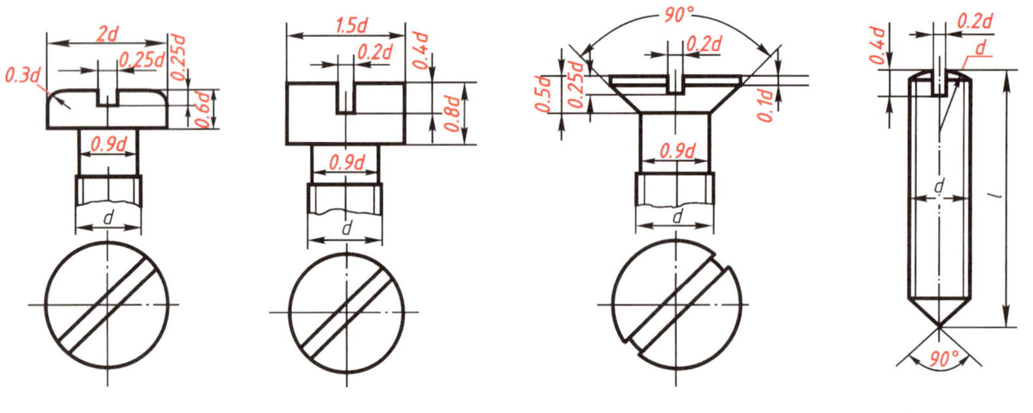

(a) 开槽盘头螺钉 (b) 开槽圆柱头螺钉 (c) 开槽沉头螺钉 (d) 开槽锥端紧定螺钉

(a) 开槽盘头螺钉 标记示例：螺钉 GB/T 67 M10×30

(b) 开槽圆柱头螺钉 标记示例：螺钉 GB/T 65 M10×30

(c) 开槽沉头螺钉 标记示例：螺钉 GB/T 68 M10×30

(d) 开槽锥端紧定螺钉 标记示例：螺钉 GB/T 71 M4×10

图 18-27 螺钉的近似画法和标记

（五）螺纹件连接的画法

对于双头螺柱、螺钉的连接，要注意螺孔深度的确定和画法，在装配图中都不注写尺寸（图 18-28）。

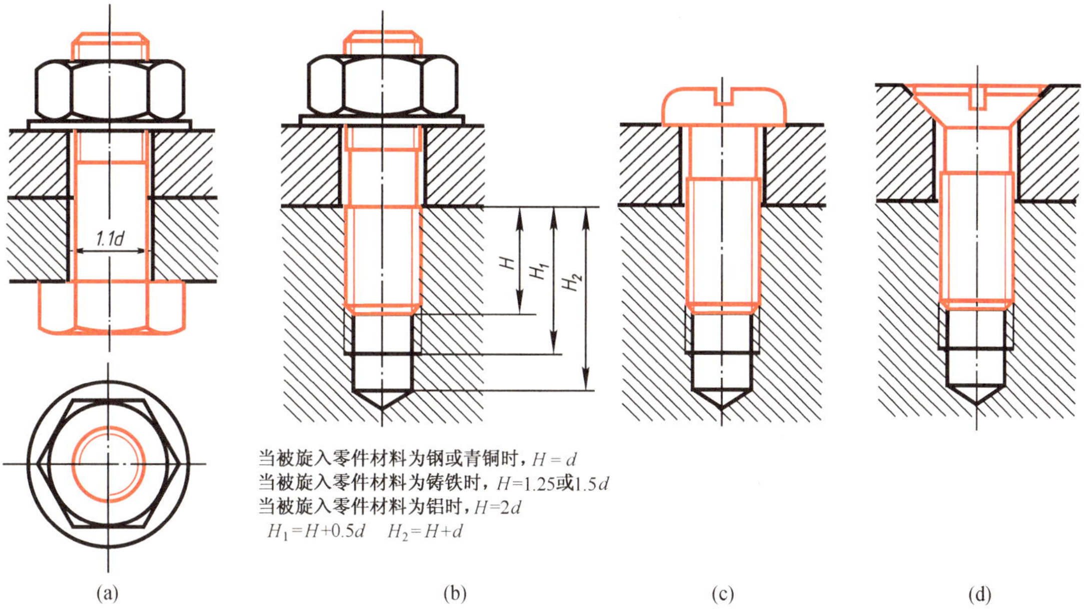

图 18－28　螺纹件连接画法

二、齿轮(Gear)

齿轮是用来传动和变换运动方向的零件，种类很多，大致可分为圆柱齿轮、锥齿轮等。在图中，形状较复杂的轮齿部分，都采用规定画法来表示。本章只介绍标准直齿圆柱齿轮，通常用来传递两平行轴之间的运动。

1. 基本知识(图 18－29)。齿轮的端视图(投射方向平行于齿轮轴线)上，有一个假想的圆，称为**分度圆**(pitch circle)，在齿轮上是看不见的。一对啮合的标准齿轮，它们的分度圆应相切。在分度圆上，每个齿的齿厚弧长等于齿间弧长，它们之和称为**齿距**(tooth pitch)p。齿轮

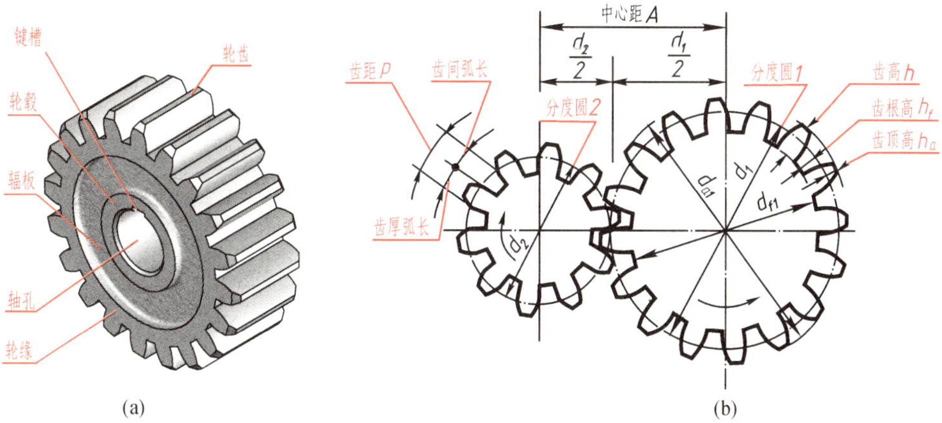

$d = mz$，$d_a = m(z+2)$，$d_f = m(z-2.5)$，

$h_a = m$，$h_f = 1.25\ m$，速比 $i = d_1/d_2 = z_1/z_2$

图 18－29　齿轮各部分名称及计算

的齿数为 z，分度圆的直径为 d，则分度圆周长 = 齿距 × 齿数

即
$$\pi d = p \cdot z$$

或
$$d = \frac{p}{\pi} \cdot z$$

设**模数**(module) $m = \frac{p}{\pi}$，则 $d = m \cdot z$。

模数 m 是齿轮上最重要的一个数据。一个标准齿轮的模数和齿数确定之后，就可确定齿轮的各部分尺寸。此外，两个齿轮啮合的必要条件是两齿轮模数必须相等。

2. 规定画法

(1) 单个圆柱齿轮画法(图 18－30)。规定用粗实线表示齿顶圆(top circle)和齿顶线，用细点画线(即建筑图的单点长画线)表示分度圆，用细实线表示齿根圆(root circle)和齿根线，也可省略不画。但在剖视图中，齿根线用粗实线表示。

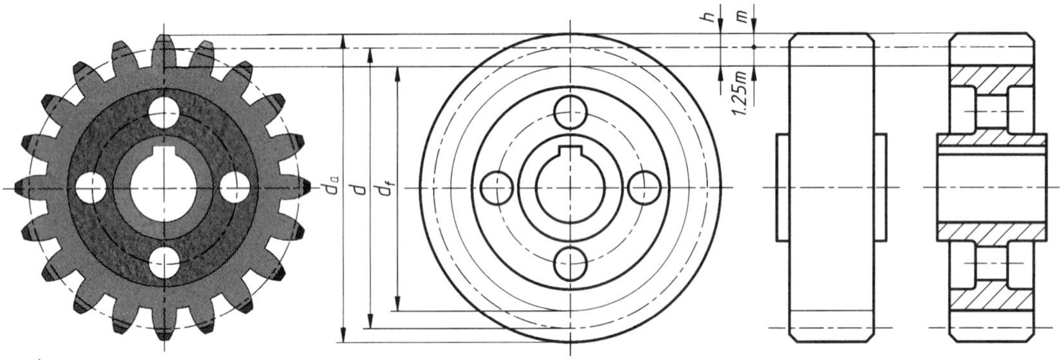

图 18－30　圆柱齿轮规定画法

(2) 齿轮啮合(gearing)画法(图 18－31)。两个齿轮仍各按单个齿轮画出。但注意：在垂直于圆柱齿轮轴线的投影面的视图(即端视图)中两分度圆相切，啮合区的齿顶圆画粗实线或省略不画；在剖视图的啮合区中，表示两齿轮分度圆的细点画线重合，主动轮的齿顶线画成粗实线，被动轮的齿顶线画成虚线，两齿轮齿根线都画成粗实线(图 18－31c)。

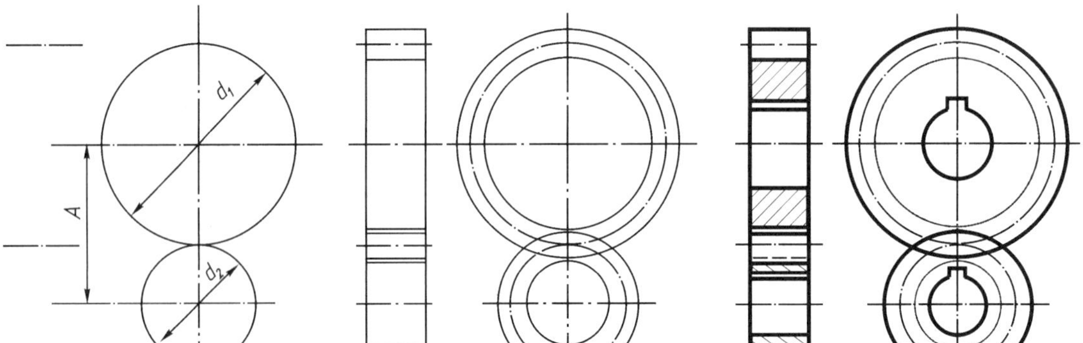

(a)　　　　(b)　　　　(c)

图 18－31　齿轮啮合的规定画法

三、弹簧(Spring)

弹簧是一种常用的零件，主要用于减振、夹紧、储存能量和测力等。它的种类很多，常见的有螺旋弹簧(又分螺旋拉力弹簧(extension spring)和螺旋压缩弹簧(compression spring))、板弹簧和平面涡卷弹簧等(图18－32)。下面只介绍常用的圆柱螺旋压缩弹簧(图18－33)的规定画法。画图前必须知道以下数据：自由高度(free height)(或长度)H_0，节距(pitch)t，弹簧外径D，材料直径(即线径)d和旋向(左旋或右旋,画图时均按右旋画)。无论是画弹簧的视图或剖视图，都只画出两端部，中间部分省略不画，其画法步骤如图18－34所示。

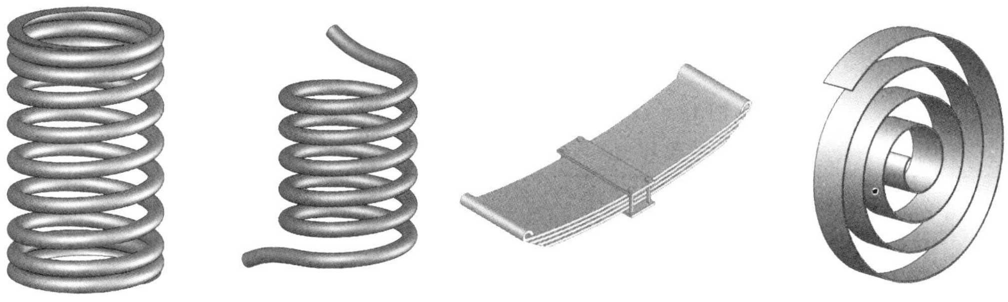

(a) 圆柱螺旋弹簧　(b) 板弹簧　(c) 平面涡卷弹簧

图18－32　弹簧的种类

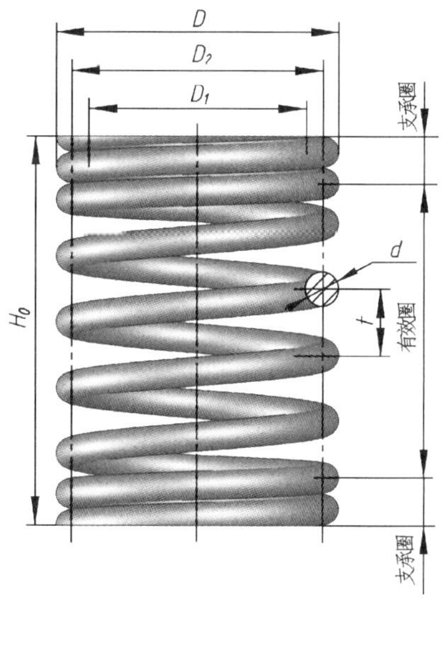

图18－33　圆柱螺旋压缩弹簧

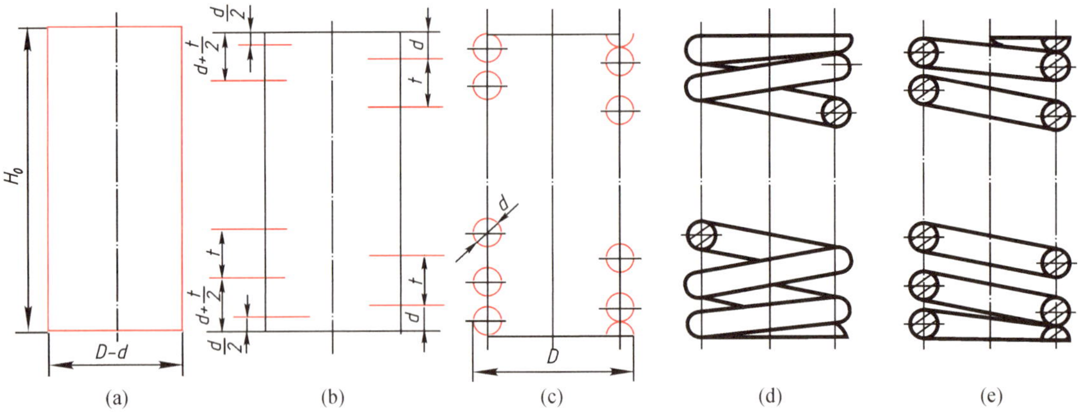

图 18－34 圆柱螺旋压缩弹簧的规定画法

表 18－2 三种滚动轴承的表示法

实物图	名称、类型代号、标准号、主要参数	通用画法	特征画法	规定画法
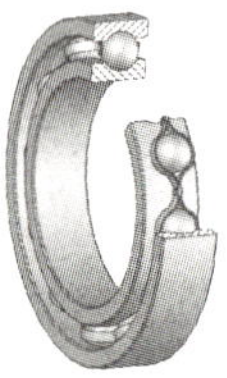	深沟球轴承 GB/T 276—1994 类型代号 6 主要参数 *D*, *d*, *B*	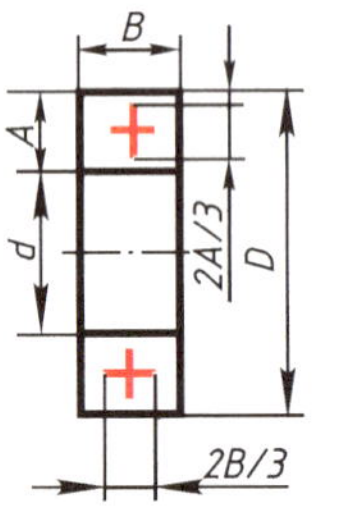	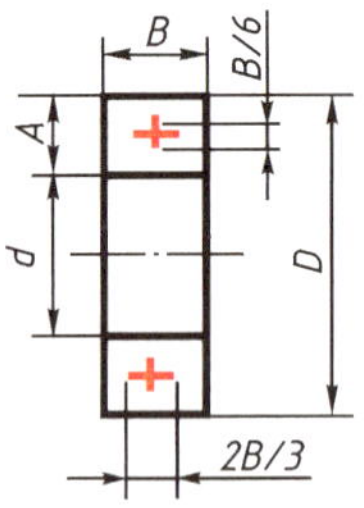	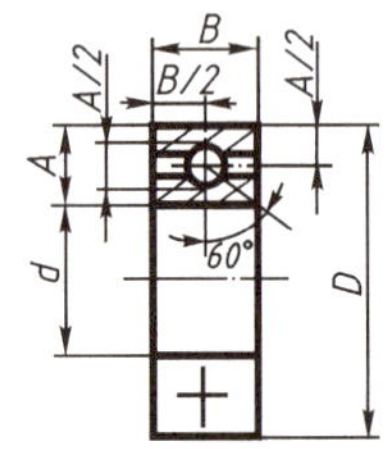
	圆柱滚子轴承 GB/T 283—1994 类型代号 N 主要参数 *D*, *d*, *B*			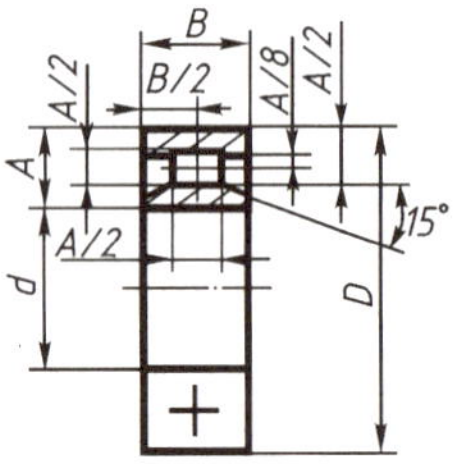
	圆锥滚子轴承 GB/T 297—1994 类型代号 3 主要参数 *D*, *d*, *B*, *T*, *C*		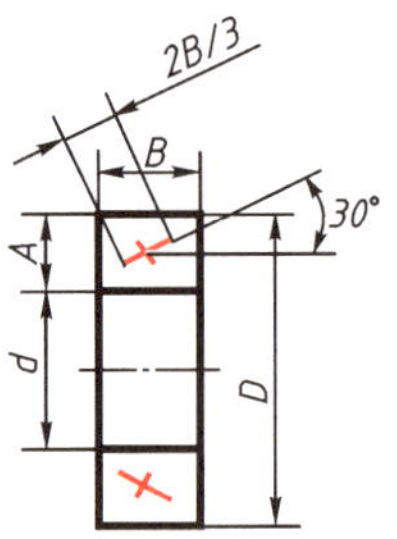	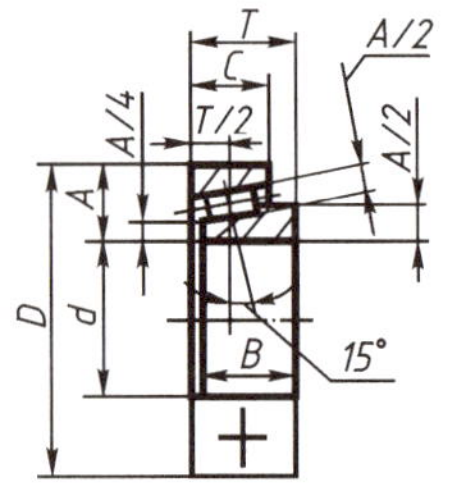

四、滚动轴承(Roller bearing)

滚动轴承是支承轴的一种部件，随滚动体的形状和受力情况等的不同而有各种滚动轴承，而且都已标准化，可根据轴径尺寸和受力情况直接在有关标准和零件手册中选用。在装配图中，都按简化画法画出。表 18－2 列出三种常用的滚动轴承的名称、标记示例和表示法。画装配图时，要先根据标记，从有关标准和零件手册中查出外径 D、内径 d 和宽度 B、T、C 等尺寸数值，按图示画法画出。

§18－4 装配图 Assembly Drawing

装配图(assembly drawing)是表达一台机器或部件的结构和各零件间的装配关系、工作原理、传动关系以及安装上的技术要求等的图样。在机器安装、检验、使用和维修时都要用到装配图。图 18－35 是一张二螺栓滑动轴承装配图。装配图应包括如下内容：

1. 表达零件间装配关系、机器(或部件)工作原理及结构特点的一组视图。

图 18－35 所示的装配图由两个视图组成，已完整地表示轴承各零件的装配关系和必要的尺寸(但未能表示出所有零件的形状)。主视图是半剖视，其中螺栓是实心件，规定不画剖面符号。螺母和油杯等已标准化了的零件也不画剖面符号。左视图是阶梯剖视，图中拆去油杯不画，并在图上方加以说明。这是装配图的一种特殊表示法，常常用以解决遮挡问题。在装配图中，相邻两零件的配合处，即具有相同的基本尺寸处，规定只画一根轮廓线。但当相邻两零件配合处应留有间隙时，即使间隙很小，也必须画出两根轮廓线。规定同一零件的剖面线在各视图中应保持方向相同，间隔一致。相邻两零件的剖面线要画成不同方向，必要时可画成同方向而不同间隔。根据这几点规定，加上零件编号和零件明细栏，可以帮助看懂装配图。

从图 18－35 可以看出各零件的装配关系如下：下面是轴承座 *01*，上面盖上轴承盖 *03*，两者中间的圆孔，分别放置下轴瓦 *02* 和上轴瓦 *04*，轴瓦固定套 *07* 穿到上轴瓦和轴承盖的小孔内，以固定它们之间的相对位置。轴承座和轴承盖由两根方头螺栓 *05* 和四个六角螺母 *06* 紧固。在轴承盖上，还装有油杯 *08*。

2. 表达机器(或部件)的外形、规格、安装和装配等的尺寸。

外形尺寸(external dimension)是指机器的外形轮廓尺寸，如图 18－35 中的 240、167 和 80 表示轴承的总长、总高和总宽。规格尺寸(norm dimension)是指选用该机器时作参考的尺寸，如轴孔的直径 $\phi50$ H8、轴孔的轴线高度 $70^{\ 0}_{-0.3}$和凸台面的高度 35(用以选定安装螺栓的长度)等。安装尺寸(installation dimension)是指把机器安装到其他机器或地基上时安装螺栓的位置尺寸，如 180。配合尺寸(fit dimension)是指两零件有配合关系的尺寸，如 $\phi50$ H8、$\phi60\ \frac{H8}{k6}$、$65\ \frac{H6}{f9}$、$90\ \frac{H8}{f9}$、$\phi10\ \frac{H8}{t7}$等。这些尺寸都是表示相邻零件的配合松紧程度。例如 $\phi50$ H8 表示这

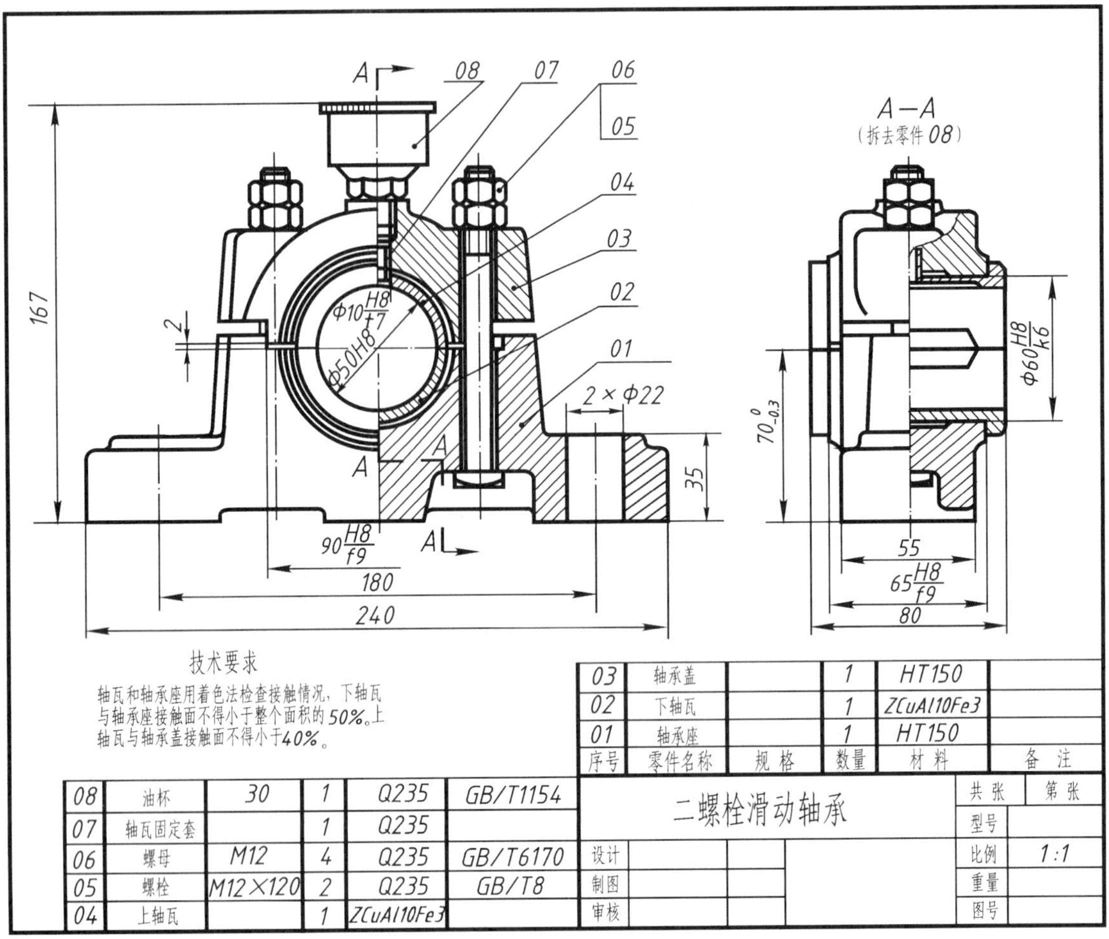

图 18－35 二螺栓滑动轴承装配图

个孔的公称直径尺寸为 φ50，H8 是对该孔的公差要求，可以在有关标准和零件手册中查出孔的极限偏差是 $^{+0.039}_{\ \ 0}$，又如 φ60 $\dfrac{H8}{k6}$表示上、下轴瓦的外径与轴承座、轴承盖的孔壁之间的配合，φ60 是它们的共同公称尺寸，分子 H8 表示对轴承座和轴承盖的圆孔内径的尺寸公差要求，分母 k6 是对上、下轴瓦外径的尺寸公差要求。从有关标准和零件手册可查得轴承座、轴承盖的孔内径的极限偏差是 $^{+0.046}_{\ \ 0}$，上、下轴瓦外径的极限偏差是 $^{+0.021}_{+0.002}$，这就是零件图上所注出的尺寸偏差。

3. 主要的装配、调整、检验、保养等技术要求。

4. 零件序号、零件明细栏和标题栏。

序号要按顺时针或反时针方向顺次编写，相同零件只编写一次。序号要排成行和列，序号下的短横线和指引线都是细实线，尽端处是一个小黑点。在明细栏中，应按序号自下往上顺次填写。表中应包括序号、零件名称、规格、数量、材料和备注等项。凡已标准化的零件，如螺栓 *05*、螺母 *06* 和油杯 *08* 等，要填上规格和标记代号(写在备注处)，不再另画零件图。

本章学习指引

Reading Guide

1. 机械图和建筑图有很多共同之处，它们都以画法几何的投影原理为理论基础，采用正投影的方法绘制，并符合各自的相关制图国家标准。但是，机械图和建筑图因表达的内容不同，有各自的专业特点，要求不一样，它们又有不少的差异。在学习本章内容时，应注意区分建筑图和机械图的异同，对照学习。

2. 一般而言，机械零件比建筑形体的形状要复杂，其制造精度要求也高许多，应注意了解机械图的特殊表达方式，掌握好尺寸基准、尺寸公差、零件的表面质量要求等概念和表达方法。

3. 为方便制造和提高互换性，机械制造业中大量采用标准件(所有结构、尺寸均由国家标准作出统一规定的零件,如螺纹连接件)和常用件(局部结构定型、部分尺寸由国家标准作出统一规定的零件,如齿轮)，因此应注意掌握常用零件的规定画法。对零件上的常见结构及其尺寸标注方式也应有所了解，以方便读图。

4. 装配图是一种重要的机械工程图样，其本身有一些规定画法和特殊表达方法，对此应有一定的了解。

复习思考题

Review Questions

1. 机械图和建筑图有何不同？在画图和读图时要注意些什么问题？

2. 什么是零件图？零件图包括哪些内容？

3. 常见的零件工艺结构有哪些？其画法、尺寸注法有什么规定？

4. 机械图和建筑图的尺寸标注有何不同？机械图中为什么不允许标注封闭的尺寸链？

5. 机械图中的剖视图和建筑图中的剖面图在图样表达和标注上有何不同？机械图和建筑图的断面图，标注时有何区别？

6. 何谓尺寸公差？零件的哪些部分需要标注尺寸公差？

7. 什么是零件的表面结构要求？如何在零件图上标注表面粗糙度？

8. 常用零件中螺纹件、齿轮、轴承各有什么规定画法？

9. 什么是装配图？装配图包含哪些内容？

第十九章 计算机绘图

CHAPTER 19 COMPUTER DRAWING

§19-1 绘图软件简介 Introduction to Drawing Software

一、AutoCAD 简介(Introduction to AutoCAD)

随着计算机技术的不断发展，使工程技术人员摆脱传统手工绘图方式的愿望得以实现。使用计算机技术来辅助绘图，不仅使成图方式发生了革命性的变化，也是设计过程的一次革命。计算机绘图(computer drawing)已成为工程技术人员的一种基本技能，手工绘图必将被取代。每一个工科学生都必须掌握计算机绘图的基本原理和基本方法，才能适应时代的要求。

计算机辅助绘图(computer aided drawing)的基本过程是：应用输入设备进行图形输入，计算机主机进行图形处理，输出设备进行图形显示和图形输出。计算机辅助绘图的常用方式之一，是使用现成的软件包内设计好的一系列绘图命令进行绘图。

目前，国内外工程上应用较为广泛的绘图软件是 AutoCAD，它是美国 Autodesk 公司开发的一个交互式图形软件系统。该系统自 1982 年问世以来，经过三十多年的应用、发展和不断完善，版本几经更新，功能不断增强，已成为目前最流行的图形软件之一。本书主要介绍 AutoCAD 2012英文版①绘图软件的使用。

(一) AutoCAD 2012 系统的启动

在 AutoCAD 2012 的全部文件安装完成后(软件安装的具体操作可参阅 AutoCAD 2012 的有关资料)，启动 AutoCAD 2012 系统主要可使用下面两个方法之一。

1. 在 Windows 桌面上直接点击② AutoCAD 2012 的图标(图 19-1)启动软件。

2. 在桌面上的任务栏中选择“开始”→“AutoCAD 2012-English”启动软件(图 19-2)。

---

① AutoCAD 2012 英文版下面简称 AutoCAD 2012。

② 图标的单击、双击可由用户按照需要设置。

图 19－1　AutoCAD 2012 图标

图 19－2　在桌面任务栏启动 AutoCAD 2012

（二）AutoCAD 2012 系统的退出

1. AutoCAD 图形的保存

在当前图形已经完成或其他原因需退出图形编辑状态时，应先将当前图形保存起来，以备后用。保存命令为 Save(Qsave)、Saveas。

（1）使用 Save(Qsave)命令

主菜单：→Save

命令格式

Command：SAVE ↵(“↵”代表回车)

注意： 如果当前图形已命名，AutoCAD 2012 将存储图形于该图形文件；如果当前图形没有命名，AutoCAD 2012 将弹出一个对话框，可输入文件名再以该文件名存储图形文件。执行 Save(Qsave)命令后不退出图形编辑状态，可以继续绘图。

（2）使用 Saveas 命令

主菜单：→Saveas

命令格式

Command：SAVEAS ↵

此时也出现一个对话框，可将当前没有命名的文件命名或更换当前图形的文件名或路径保存文件。

注意： 如果选用的路径中已存在同名文件，AutoCAD 2012 将显示报警框。如要替代已有同名文件则点击“是(Y)”，点击“否(N)”将取消 Saveas 命令，原有的文件也不会被替换。

2. AutoCAD 2012 系统的退出

AutoCAD 2012 系统的退出可使用 Quit 命令。

主菜单：→ Exit AutoCAD 2012

命令格式

Command：QUIT ↵

该命令的功能是退出 AutoCAD 2012 系统。

注意：如果自上次存储图形后，图形没有改变，Quit 命令将退出 AutoCAD 2012 系统。如果图形已有改变，则在退出时会弹出一个报警框，提示退出之前存储文件，以防丢失数据。

（三）AutoCAD 2012 系统的用户界面

AutoCAD 2012 主要提供了 4 种工作空间：三维基本空间、三维建模空间（及由 AutoCAD 2010 移植的三维建模空间）、AutoCAD 经典空间（及由 AutoCAD 2010 移植的 AutoCAD 经典空间）和二维草图与注释空间（由 AutoCAD 2010 移植的二维草图与注释空间）。在不同的工作空间中，只显示与任务相关的菜单或功能面板。

本书主要介绍在二维草图与注释空间（图 19－3）下的计算机绘图。二维草图与注释空间的用户界面各组成部分如下：

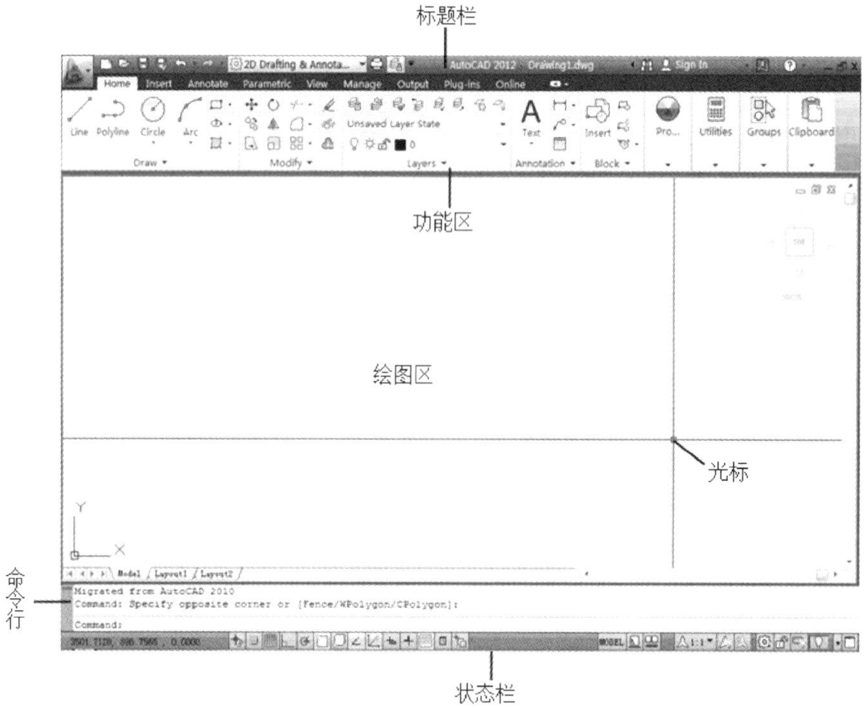

图 19－3 AutoCAD 2012 二维草图与注释空间用户界面

标题栏 标题栏上放置了快速访问工具栏，包含一些经常使用的图标按钮，如“新建”、“打开”、“保存”、“打印”、“放弃”和“重做”等，还放置了工作空间选项框。

功能区 功能区位于标题栏的下方。默认情况下，功能区由 Home、Insert、Annotate、Parametric、View、Manage、Output、Plug－ins 、Online 九个功能模块组成，每个功能模块包含一组相关的功能面板。每个功能面板均由一组功能图标按钮组成，有些图标按钮带有“▾”（下拉箭头）标志，点击此标志可打开一组功能按钮或选项。

绘图区 功能区下面的空白区域是绘图区，绘图及编辑操作都将在此区域内完成。绘图区内有一个十字光标及坐标系图标。用户所做的一切工作（如绘图、标注尺寸、输入文本和插入图像等)均在绘图区内进行。绘图区底部有三个标签：一个 Model(模型)标签和两个 Layout(布局)标签。

命令行　命令行在绘图区的下方，它是输入操作命令的地方。在输入操作命令(或点击相关功能按钮)后，命令行将显示提示信息，以引导用户正确操作。

状态栏　状态栏位于用户界面的最下方。它显示光标的坐标值、绘图工具、导航工具，用于快速查看和注释缩放工具以及当前的作图空间。

二、命令、数值的输入方式(Input modes of commands and data)

1. 鼠标的使用

常用的是三个按键的鼠标，其按键的作用分别为：

左键——拾取键，用于选择菜单项和图形、实体等；

右键——快捷菜单键，用于打开右键快捷菜单，不同位置打开的菜单有所不相同。

中心键——滚轮，用于对绘图区进行快速缩放和平移。当鼠标指针位于绘图区内时，若向前滚动滚轮，则以指针所在位置为中心将绘图区放大显示；若向后滚动滚轮，则将绘图区缩小。另外，当按下滚轮的同时移动鼠标，则对绘图区进行平移，相当于 Pan 命令。

注意：鼠标是用来控制屏幕上光标位置的。当在绘图区时，光标以十字形式显示；当在标题栏、功能区、状态栏时，光标以“↖”形式显示；当在命令行时，光标以“I”形式显示。

2. 命令的输入

AutoCAD 命令的输入方式主要有两种：图标按钮方式和键盘输入方式。

(1) 图标按钮方式。

AutoCAD 的功能面板都是以各种图标按钮组成的，利用鼠标直接点击相应的图标按钮(命令触发器)即可输入该命令。这是一种常用、简便的输入命令方式。下面在给出 AutoCAD 命令时，同时也给出相应的图标按钮。

(2) 键盘输入方式。

键盘(keyboard)是 AutoCAD 输入命令和命令选项的重要工具。当命令行出现“Command”时，可通过键盘输入 AutoCAD 的命令或命令的缩写(命令或命令的缩写采用大小写均可)即可运行该命令。

3. 命令的重复、终止和撤销

(1) 命令的重复：无论以上述哪种方式输入了最后一条命令，都可以在下一行“Command”指示下键入空格键或回车键重复该命令。

(2) 命令的终止：在执行命令的过程中，只需按下 Esc 键，即可中止该命令的执行。

(3) 命令的撤销：在图形编辑过程中，可以利用 U 命令撤销一个已执行命令或用 Undo 命令撤销若干个已执行命令。用 Redo 命令可以恢复被 U 命令或 Undo 命令撤销的命令。

4. 数值的输入方式

(1) 光标中心拾取值。

当鼠标在绘图区移动时，十字光标和状态栏的坐标值随之变化，可以通过点击鼠标拾取当前光标中心作为一个点的数值输入。

(2) 键盘输入数值。

使用光标拾取数值比较直观但准确度较差，键盘往往用于准确的数值输入。常用的键盘输入数值方式有三种：

1）绝对坐标输入：绝对坐标(absolute coordinate)是指输入的坐标值按当前的坐标系进行量度。系统默认以屏幕左下角为坐标系原点。

【例 19－1】 从点(300,200)到点(700,500)绘制一直线(图 19－4)。

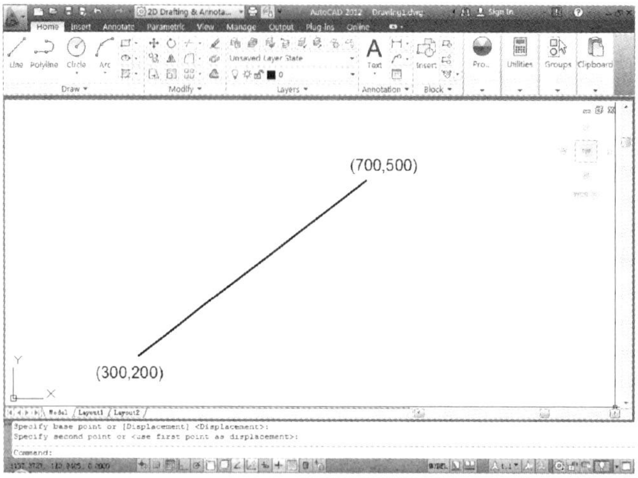

图 19－4 从(300,200)到(700,500)绘制直线

Command：LINE ↵(“直线”命令)

Specify first point：300，200 ↵(输入第一个点的坐标)

Specify next point or[Undo]:700,500 ↵(输入第二个点的坐标,方括号中为可选项)

Specify next point or[Undo]:↵(完成)

2）相对坐标输入：相对坐标(relative coordinate)是指相对于上一个输入点的坐标值而言。

【例 19－2】 使用相对坐标绘制上例直线。

Command：LINE ↵

Specify first point：300，200 ↵

Specify next point or[Undo]:@400,300 ↵(@表示之后输入的是相对坐标)

Specify next point or[Undo]:↵

3)极坐标输入：极坐标(polar coordinate)输入又分为绝对极坐标和相对极坐标两种。绝对极坐标中各点的位移(距离和角度)是相对于原点而言(较少使用)；相对极坐标的位移则是以前一输入点作为极心(pole)，即输入相对于前一点的距离和角度，使用比较方便。

【例 19－3】 使用相对极坐标绘制例 19－1 的直线。

Command：LINE ↵

Specify first point：300，200 ↵

Specify next point or[Undo]:@500<37 ↵(以“300,200”为极心、500 为极径、37°为极角取点)

Specify next point or[Undo]:↵

在下面应用 AutoCAD 绘图时,三种输入方式均可以采用,不再说明。

三、图形的擦除与恢复(Erasion and restoration of drawings)

1. 图形的擦除(erasion)

在绘图中，经常会修改图形。Erase 命令可用来擦除当前图形中的对象，作用相当于橡皮擦。

功能面板：Home → Modify → 按钮

注意：当鼠标移动到某个功能按钮上时，将会出现该按钮的简要说明(图 19－5a)，如果鼠标在该按钮上停留一会儿，将出现该按钮功能的详细说明及举例(图 19－5b)。此处仅以 Erase按钮进行说明，后面不再赘述。

命令格式

Command：ERASE ↵

Select object：(选择擦除对象)

. . .

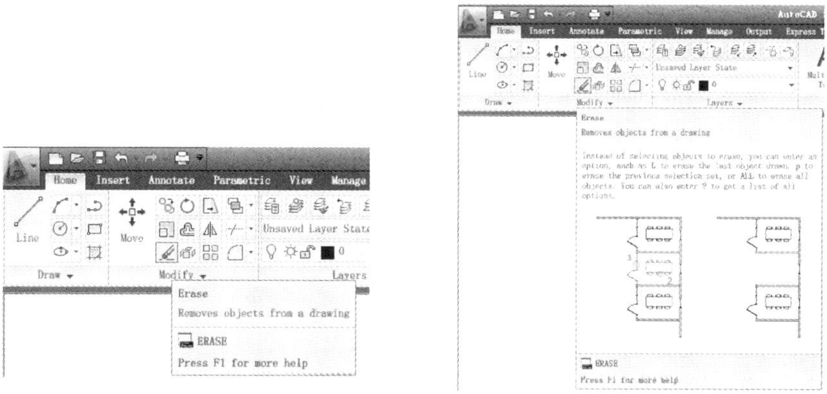

(a)　(b)

图 19－5　功能面板中的 Erase 按钮

2. 图形的恢复(restoration)

要恢复上一次擦除命令所删除的图形或图形块，可使用 Oops 命令。

命令格式

Command：OOPS ↵

. . .

四、图形的缩放和移动(Zoom and movement of drawings)

1. 图形的缩放(zoom)

在绘制图形过程中，经常需要以不同的比例来观察图形，有时需要看整图，有时又要放大以观察图形的某一个局部，这就需要一个能从视觉上缩放图形的工具。Zoom 命令可用作图形视觉上的缩放。

功能面板：View → Navigate 2D →

点击按钮右侧的下拉箭头，可以看到有 11 个缩放选项(图 19－6)。

命令格式

Command：ZOOM ↵

Specify corner of window, enter a scale factor (nX or nXP), or [All/Center/Dynamic/Extents/Previous/Scale/Window] <Realtime>:(尖括号内为缺省选项)

. . .

现介绍其中几个常用的缩放选项：

(1) Realtime 选项为实时缩放，是 Zoom 命令的缺省项。执行该项时，屏幕上的十字光标显示为放大镜图标。按住鼠标左键向上移动，屏幕上的图形放大；反之，按住鼠标左键向下移动，屏幕上的图形缩小。若单击鼠标右键，则会弹出一个快捷菜单(图 19－7)，用户可选择操作。

(2) Previous 选项为恢复上一次的视图显示。

(3) Window 选项为窗选缩放图形。在绘图区按住鼠标左键拉框，框内的图形被缩放占满屏幕。

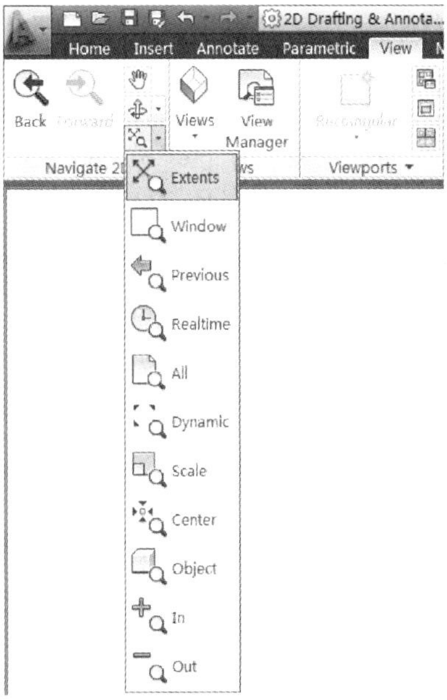

图 19－6 Zoom 按钮的子菜单选项

(4) Scale 选项允许输入一个缩放因子。若输入的是一个纯数值，则系统执行绝对缩放功能；若输入的数值后带有 X，则执行相对于当前视图的缩放；若输入的数值后带有 XP，则执行相对于当前图纸的缩放。

(5) All 选项是用当前屏幕显示所有图形(含屏幕外的图形)。

(6) Extents 选项将显示所有图形对象，并充满屏幕。

注意：也可以在绘图区内点击鼠标右键，在弹出快捷菜单中选择"Zoom"项。此时将执行 Zoom 命令的缺省项 Realtime。

2. 图形的移动(movement)

图形的移动是指在绘图过程中，为从不同角度观察当前图形而移动当前视图的位置。图形的移动使用 Pan(平移)命令(图 19－8)。

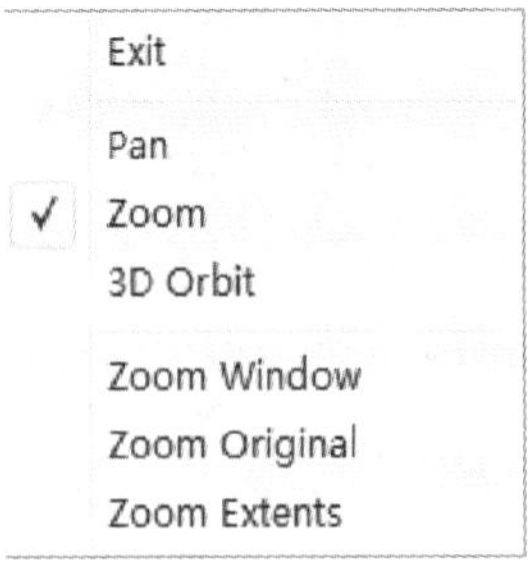

图 19－7 Zoom 快捷菜单

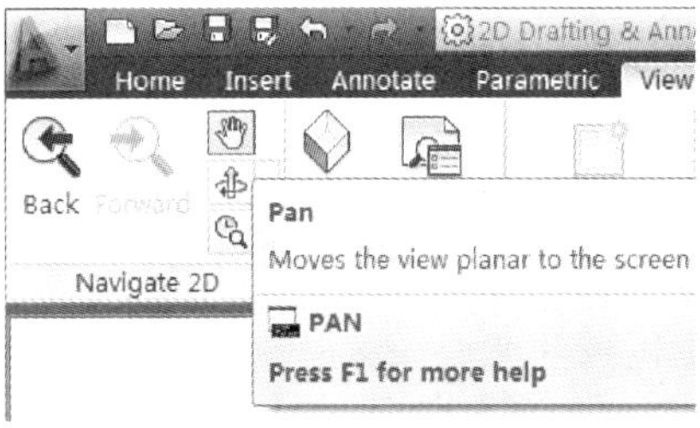

图 19－8 功能面板中的 Pan 按钮

功能面板：View → Navigate 2D → 

命令格式

Command：PAN ↵

此时屏幕光标显示为一只小手，只需按住鼠标左键向屏幕的某个方向移动，则整个图形也随之向该方向平移。

注意：也可在图 19－7 所示右键快捷菜单中选择“Pan”项。

五、图层(Layer)

1. 图层的基本概念

工程图样中既含有直线、圆、圆弧等带有形状、大小等几何属性的图形元素，又含有线型、线宽、颜色、尺寸、文字、符号等非几何属性的图形元素。在计算机绘图中，为了表达和使用上的方便，常把属性相同的图形元素绘制在同一图层上。图层就像一张张透明的薄片，每一层都有名字，并设置了线型、线宽、颜色、状态等属性信息。各层都有相同的坐标系、相同的绘图区域和相同的缩放系数，以保证各图层之间对齐。例如，把单点长画线的图形、图线绘制在名为 *A* 的图层上；虚线的图形、图线绘制在名为 *B* 的图层上；粗实线的图形、图线绘制在名为 *C* 的图层上(图 19－9a)。将它们叠加在一起，就形成了所要的图形(图 19－9b)。图层的数量不限，每一图层的图形元素的数量也不限。

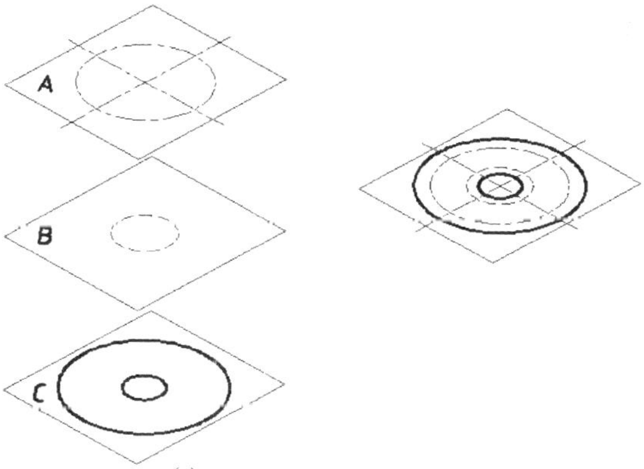

(a)　　(b)

图 19－9　图层的概念

默认图层称为 0 层，它是 AutoCAD 自动定义的。该层的颜色是白色，线型是粗实线。当没有设置其他图层时，图形就绘制在 0 层上。如果用户设置了图层，并设置某层作为当前层，那么图形就绘制在当前图层上，图形的线型、线宽、颜色、状态等就同当前层设定。

如果要修改图层的属性和状态，可以用 Layer 命令和 Change 命令。

2. 图层命令

功能面板：Home → Layers → (图 19－10)

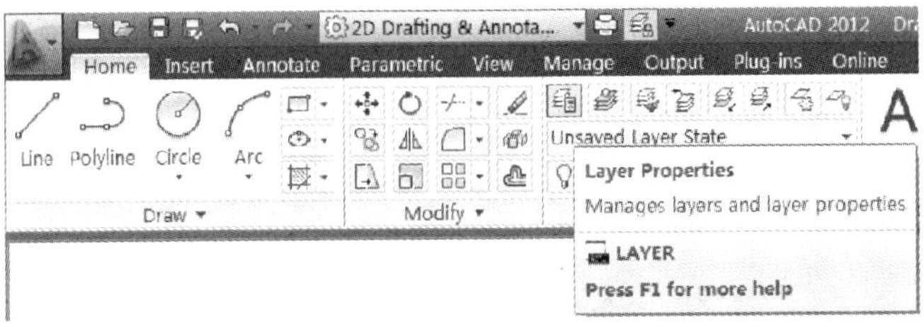

图 19－10 功能面板中的 Layer 按钮

命令格式

Command：LAYER ↵

将打开图 19－11 所示的 Layer Properties Manager(图层特性管理)对话框。该对话框有如下功能：设置图层的状态、颜色、线型和线宽等。

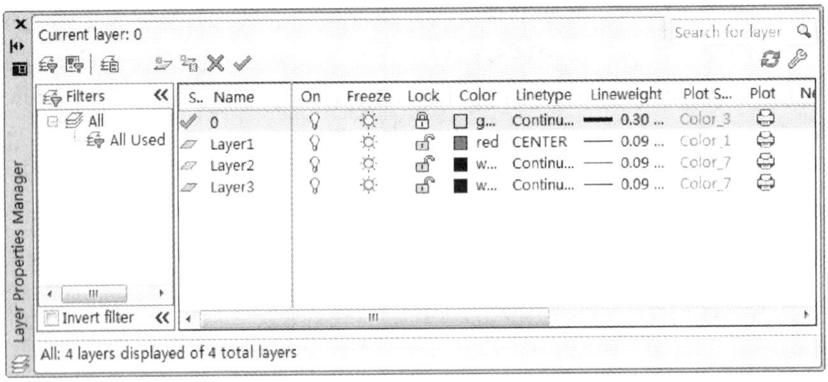

图 19－11 图层特性管理对话框

3. 图层的状态

(1) 创建新图层 在图 19－11 所示对话框中单击 New Layer 按钮“ ”，右边图层列表框中将出现一个新图层。用户可以自行定义层名，如果不定义则系统自动为层名命名为Layer*n*(*n* 为数字序号)，如图 19－11 所示的 Layer1、Layer2、Layer3。

(2) 删除图层 单击 Delete Layer 按钮“ ”，可以删除列表框中被选中的图层。

注意：图层 0、当前图层和依赖外部参照的图层不能删除。

(3) 当前图层 单击 Set Current 按钮“ ”，可以将列表框中被选中的图层作为当前图层。当前图层只能设置一个，它是用户当前进行操作的图层。

(4) 打开/关闭图层 在图 19－11 图层列表框中，“On”列可控制图层的开/关，即控制图层上对象的可见性。点击灯泡图案“ ”可打开或关闭图层。在编辑时，关闭一些与当前工作无关的图层会给工作带来很大的方便。在图形输出时，也可以关闭一些不希望此时输出的图层。

(5) 冻结/解冻图层 冻结(图标为雪花“ ”)和解冻(图标为太阳“ ”)由 Freeze 列控制。冻结图层的目的是将不想引用的图层冻结，使该层图形不可见，免除对该层的刷新运算，提高工作效率。解冻后可执行刷新操作，更新冻结层的图形。

注意：当前层不能冻结。

（6）加锁/解锁图层　加锁（图标为关闭的锁“”）和解锁（图标为打开的锁“”）由 Lock 列控制。图层被锁定后，该图层的图形不能作任何编辑，但图形仍可见和引用。绘图时，可以锁定一些当前不用的图层，避免一些不必要的修改。加锁层可作为当前层，可在上面增加图形，可用目标捕捉方式捕捉该层的图形。

4. 图层的颜色

图 19－11 线型列表框中 Color 列用来控制图层的颜色。点击某图层在该列处的颜色示例块和名称，即可弹出 Select Color 选择框（图 19－12），用以选择颜色。

每一图层可以设置一种颜色，在此层内绘制的图形就是此种颜色，除非绘图时设置颜色不“随层”（ByLayer）。图层的颜色一般应采用 GB/T 14665—1998《机械工程 CAD 制图规则》推荐使用的颜色：粗实线用绿色，细实线、波浪线、双折线用白色，虚线用黄色，细单点长画线用红色，双点长画线用粉红色，粗单点长画线用棕色，其他线型颜色可自行设定。

5. 图层的线型

图 19－11 线型列表框中 Linetype 列用来控制图层的线型。点击框内某图层在该列处的线型名称，即弹出 Select Linetype 选择框（图 19－13），可供选择线型。

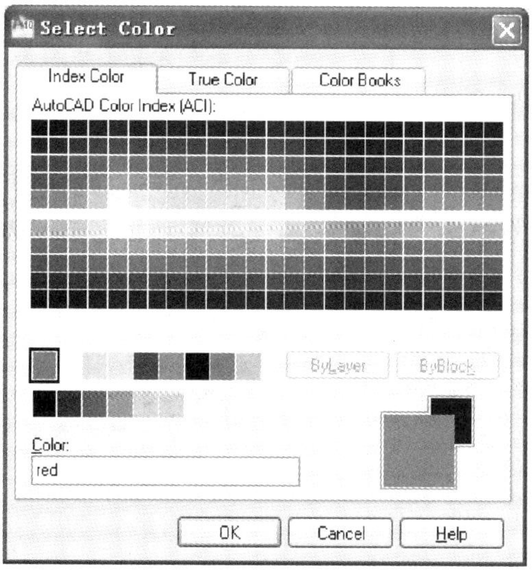

图 19－12　颜色选择框

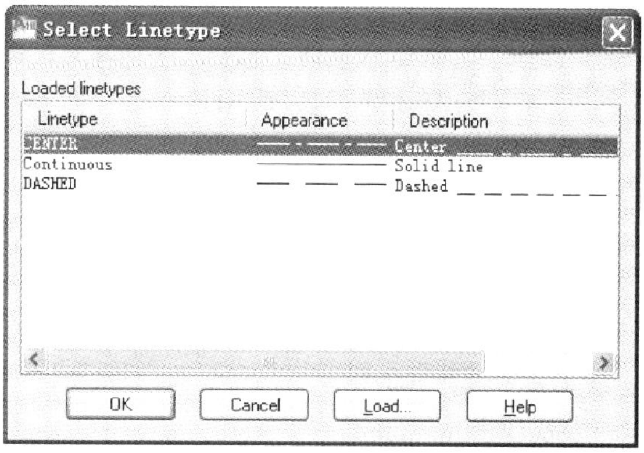

图 19－13　线型选择框

每一图层可以设置一种线型，每一种线型都有名字。如果在图 19－13 所示的线型选择框中没有用户需要的线型，则可以单击该框中的Load 按钮，在弹出的 Load or Reload Linetypes 选择框（图 19－14）中点选要装载的线型，如选择 CENTER（中心线）。也可以按下 Ctrl 键再去点选其他的所需线型，如 DASHED（虚线）等，这样就可以一次把要选用的线型一起装载，单击 OK 按钮后，装载的线型将在线型选择框内列出。

6. 图层的线宽

在绘制图形时，如果对当前图形的线宽不满意，如图线太宽或太窄，可通过图层的线宽设置来改变当前线宽。

图 19 - 11 线型列表框中 Lineweight 列用来控制图层线型的线宽。点击图层在该列处的线宽数值，即可弹出 Lineweight 选择框(图 19 - 15)，可供选择线宽。

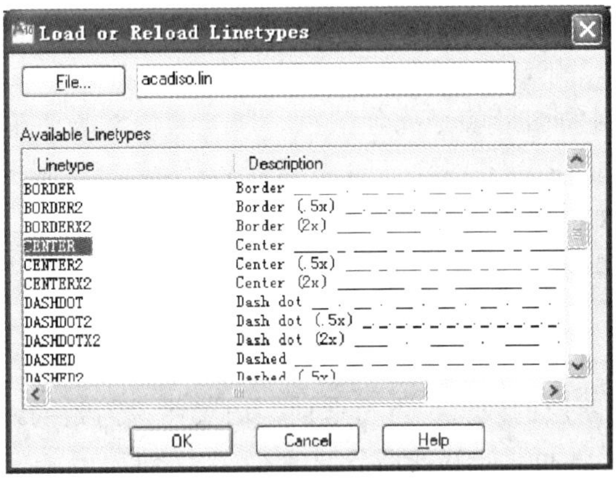

图 19 - 14 装载线型选择框

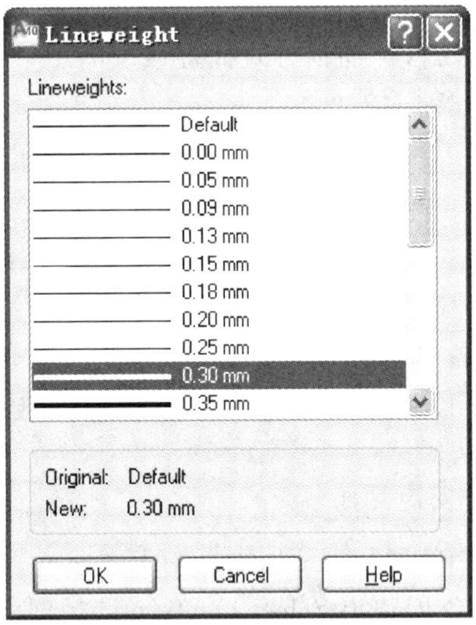

图 19 - 15 线宽选择框

六、基本绘图命令(Basic commands of drawing)

AutoCAD 的绘图命令很多。作为入门，这里仅介绍几个最基本的绘图命令：Line(直线)、Circle(圆)和 Arc(圆弧)，应用这些命令可以绘制一些简单的平面图形。

1. 直线命令

功能面板：Home → Draw → 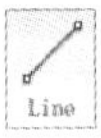(图 19 - 16)

命令格式

Command：LINE ↵

Specify first point：(输入第一点坐标)↵

Specify next point or[Undo]：(输入第二点坐标)↵

Specify next point or[Undo]：(继续输入点或回车结束)

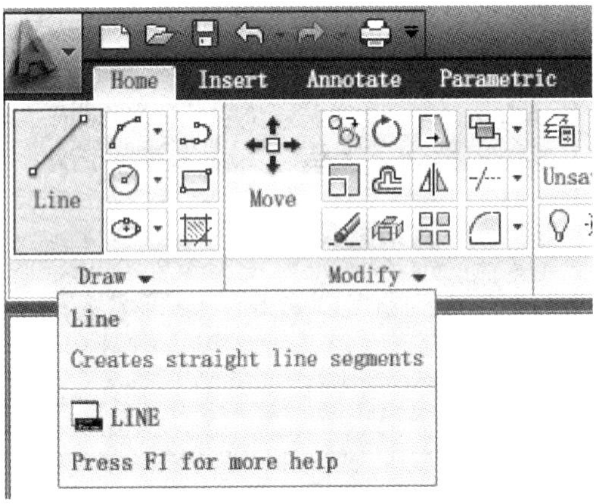

图 19 - 16 功能面板中的 Line 按钮

直线命令举例见表 19－1。

表 19－1　直线命令举例

<table>
<tr><th>举　例</th><th>说　明</th><th>图　例</th></tr>
<tr><td>【例 19－4】 用直线命令绘制矩形(图 19－17)。
Command：LINE ↵
Specify first point：50，50 ↵
Specify next point or[Undo]：150，50 ↵
Specify next point or[Undo]：150，100 ↵
Specify next point or[Close/Undo]：50，100 ↵
Specify next point or[Close/Undo]：C ↵</td>
<td rowspan="4">1. 在“Specify next Point or [Close/Undo]:”提示后输入“C”，将使最后点与起点连起为闭合折线(例 19－4、例 19－5)。
2. 画线结束，要在“Specify next point or [Close/Undo]”提示之后回车，退出画线(例 19－6)。
3. 在“Specify next Point or [Close/Undo]:”提示后输入“U”，将删除折线中最后绘制的一段。连续使用“U”命令可往前删除多段直线。
4. 在“Specify first Point:”提示后回车，则表示与上次最后绘出的直线或圆弧相切(例 19－6)。
5. 可绘制一直线与两圆(弧)相切(例 19－7)。</td>
<td rowspan="2">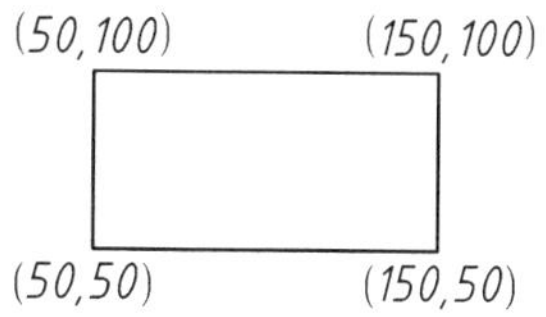

图 19－17 (例 19－4，例 19－5)</td></tr>
<tr><td>【例 19－5】 用相对坐标、极坐标绘制上例矩形。
Command：LINE ↵
Specify first point：50，50 ↵
Specify next point or[Undo]：@ 100，0 ↵
Specify next point or[Undo]：@ 50 < 90 ↵
Specify next point or[Close/Undo]：@ －100，0 ↵
Specify next point or[Close/Undo]：C ↵</td></tr>
<tr><td>【例 19－6】 如图 19－18 所示。
Command：LINE ↵
Specify first point：用鼠标捕捉①(1,0)点
Specify next point or[Undo]：2 ↵(2 为直线长度，同时用鼠标指出直线延伸方向)
Specify next point or[Undo]：@ 1 < 90 ↵
Specify next point or[Close/Undo]：↵</td>
<td>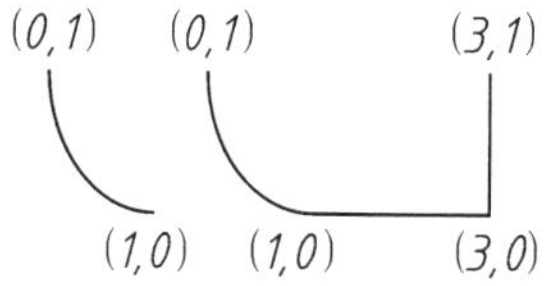

图 19－18　例 19－6</td></tr>
<tr><td>【例 19－7】 绘制两已知圆的任一切线(图 19－19)。
Command：LINE ↵
Specify first point：TAN ↵(将鼠标移至圆上任意拾取一点)
Specify next point or[Undo]：TAN ↵(将鼠标移至另一圆上，当移至切点位置附近将出现提示，此时点击鼠标将完成切线)
Specify next point or[Undo]：↵</td>
<td>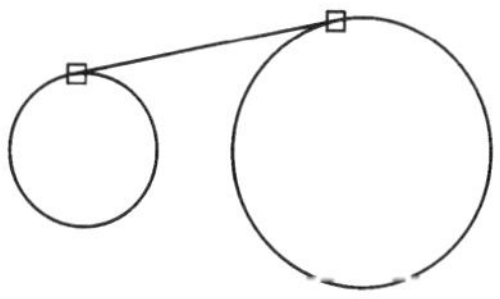
图 19－19　例 19－7</td></tr>
</table>

①例 19－6 所采用的“捕捉”(对象捕捉)是指将鼠标移动到某个特殊点附近时，能将该点的精确位置显示并确定下来。“对象捕捉”工具条如下图所示：

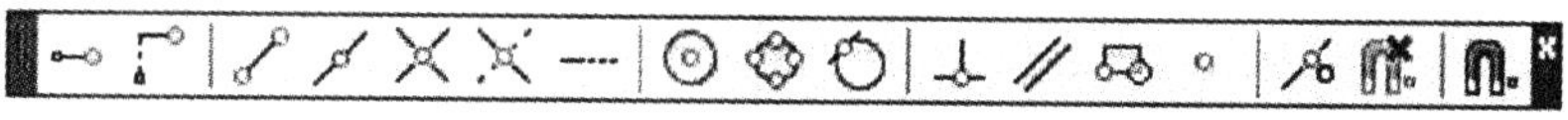

常用的捕捉对象有：端点、中点、交点、圆心、象限点、切点、垂足、平行线、插入点、节点、最近点等。具体的捕捉设置及使用请参阅 AutoCAD 2012 相关教程。

2. 圆命令

功能面板：Home → Draw → (图 19－20)

命令格式

Command：CIRCLE ↵

Specify center point for circle or[3P/2P/Ttr(tan tan radius)]：

. . .

点击按钮下面的箭头，可看到有 6 种绘圆方式(图 19－21)，举例见表 19－2。

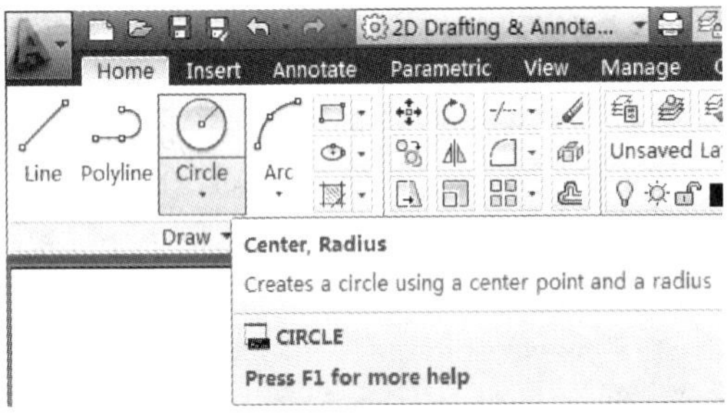

图 19－20 功能面板中的 Circle 按钮

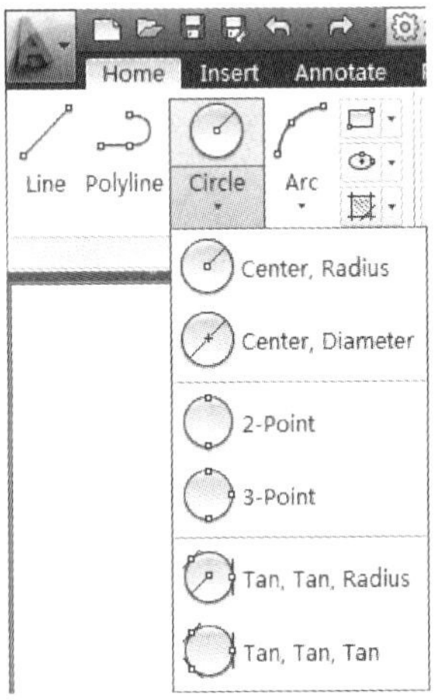

图 19－21 绘圆的 6 种方式

表 19－2 圆命令举例

举 例	说 明	图 例
【例 19－8】 已知圆心和直径绘制圆(图19－22a)。 Command：CIRCLE ↵ Specify center point for circle or[3P/2P/Ttr(tan tan radius)]：(圆心) ↵(输入坐标或鼠标拾取点) Specify radius of circle or[Diameter]：D ↵(选择输入直径,缺省项为半径) Specify diameter of circle：(输入直径数值)↵ **【例 19－9】** 已知圆心和半径绘制圆(图19－22b)。 Command：CIRCLE ↵ Specify center point for circle or[3P/2P/Ttr(tan tan radius)]：(圆心)↵ Specify radius of circle or[Diameter]：(输入半径数值)↵ **【例 19－10】** 已知圆上三点绘制圆(图 19－22c)。 Command：CIRCLE ↵ Specify center point for circle or[3P/2P/Ttr(tan tan radius)]：3P ↵	1. 6 种绘圆方式： a) 给出圆心、直径(例 19－8)； b) 给出圆心、半径(例 19－9)； c) 给出圆周上三点(例 19－10)； d) 给出直径上二点(例 19－11)； e) 作与两圆相切圆(例 19－12)； f) 作与三圆相切圆(例 19－13)。	

续表

举　　例	说　　明	图　　例
Specify first point on circle：（第一点）↵ Specify second point on circle：（第二点）↵ Specify third point on circle：（第三点）↵ **【例 19 － 11】**　已知直径两端点绘制圆（图 19－22d）。 Command：CIRCLE ↵ Specify center point for circle or［3P/2P/Ttr（tan　tan radius）］：2P ↵ Specify first end point of circle's diameter：（第一端点）↵ Specify second end point of circle's diameter：（第二端点）↵ **【例 19 － 12】**　绘制一圆与两已知圆相切（图 19－22e）。 Command：CIRCLE ↵ Specify center point for circle or［3P/2P/Ttr（tan　tan radius）］：T ↵ Specify point on object for first tangent of circle（拾取第一个相切对象）↵ Specify point on object for second tangent of circle：（拾取第二个相切对象）↵ Specify radius of circle：（输入半径数值）↵ **【例 19 － 13】**　绘制一圆与三已知圆相切（图 19－22f）。 Command：CIRCLE ↵ Specify center point for circle or［3P/2P/Ttr（tan　tan radius）］：3P ↵ Specify first point on circle：tan（拾取第一个相切对象）↵ Specify second point on circle：tan（拾取第二个相切对象）↵ Specify third point on circle：tan（拾取第三个相切对象）↵	2. 用 Ttr 命令，可实现圆与已知两圆（弧）、圆与已知两直线、圆与已知圆（弧）和已知直线的相切。 3. 使用 Ttr 命令，若用户输入的半径无效，AutoCAD 会退出该命令。选择相切对象的捕捉点位置不同，相切的结果也不同。 4. 在与三个圆相切的情况中，由系统变量 circlerad 存储圆半径的缺省值。	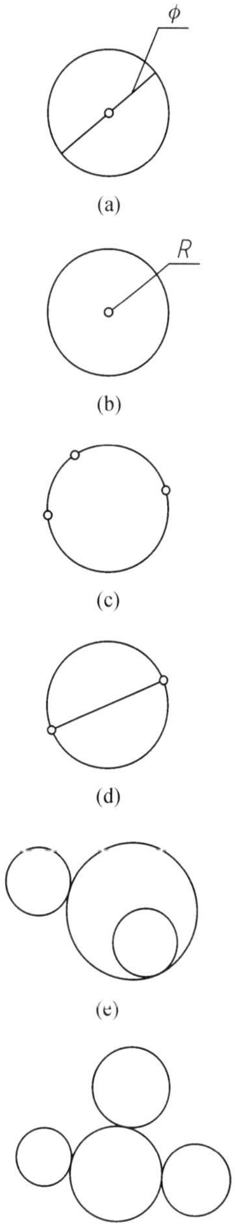 图 19－22　绘圆的 6 种方式举例

3. 圆弧命令

下拉菜单：Home → Draw → 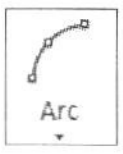（图 19－23）

命令格式

Command：ARC ↵

Specify start point of Arc or[Center]：(输入圆弧起点或中心点)↵

...

点击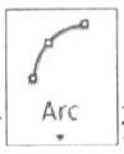按钮下面的箭头，可看到绘制圆弧的方式有 11 种(图 19－24)，表 19－3 列举了 5 种常用的绘制圆弧方式。

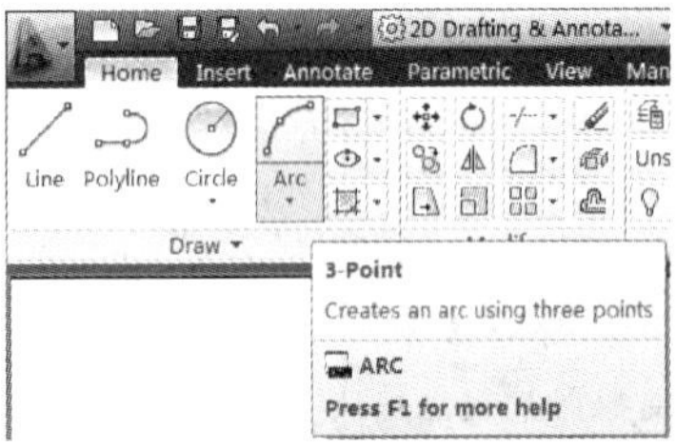

图 19－23 功能面板中的 Arc 按钮

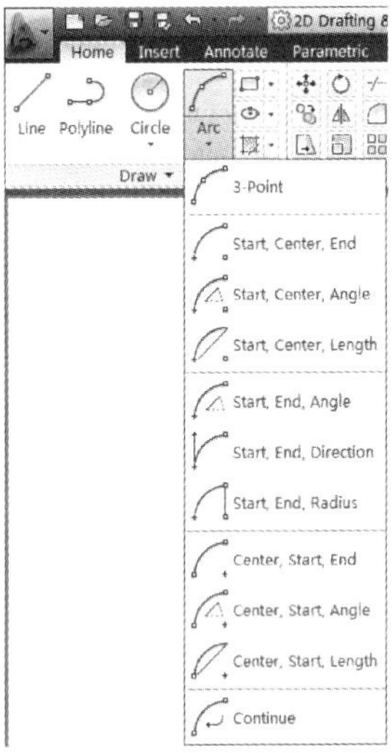

图 19－24 绘制圆弧的 11 种方式

表 19－3 圆弧命令举例

举 例	说 明	图 例
【例 19－14】 给出三点绘制圆弧(图 19－25a)。 Command：ARC ↵ Specify start point of arc or[Center]：(圆弧第一点)↵ Specify second point of arc or[Center/End]：(圆弧第二点)↵ Specify end point of arc：(圆弧第三点)↵ **【例 19－15】** 给出起点、圆心、终点绘制圆弧(图 19－25b)。 Command：ARC ↵ Specify start point of arc or[Center]：(圆弧起点)↵ Specify second point of arc or[Center/End]：C ↵(选择输入圆心) Specify center point of arc：(圆弧圆心点)↵ Specify end point of arc or[Angle/Chord Length]：(圆弧终点)↵	1. 11 种绘圆弧方式： a) 给出三点(例 19－14)； b) 给出起点、圆心、终点(例 19－15)； c) 给出起点、圆心、圆心角(例 19－16)； d) 给出起点、圆心、弦长； e) 给出起点、终点、圆心角(例 19－17)； f) 给出起点、终点、方向； g) 给出起点、终点、半径；	

续表

举　　例	说　　明	图　　例
【**例 19-16**】 给出起点、圆心、圆心角绘制圆弧(图 19-25c)。 Command: ARC ↵ Specify start point of arc or[Center]:(圆弧起点)↵ Specify second point of arc or[Center/End]: C ↵ Specify center point of arc:(圆弧圆心点)↵ Specify end point of arc or[Angle/Chord Length]: A ↵(选择输入角度) Specify included angle:(圆弧圆心角)↵ 【**例 19-17**】 给出起点、终点、圆心角绘制圆弧(图 19-25d)。 Command: ARC ↵ Specify start point of arc or[Center]:(圆弧起点)↵ Specify second point of arc or[Center/End]: E ↵(选择输入终点) Specify end point of arc:(圆弧终点)↵ Specify center point of arc or[Angle/Direction/Radius]: A ↵ Specify included angle:(圆弧圆心角)↵ 【**例 19-18**】 绘制连续圆弧(图 19-25e)。 Command: ARC ↵ Specify start point of arc or[Center]: ↵ Specify end point of arc:(圆弧终点)↵	h) 给出圆心、起点、终点; i) 给出圆心、起点、圆心角; j) 给出圆心、起点、弦长; k) 给出连续方式(例 19-18)。 2. 在给出圆心角条件时,圆心角为正值按逆时针画弧,为负值按顺时针画弧。 3. 在给出弦长条件时,逆时针画弧。弦长为正值时,得到与给定弦长对应的小圆弧;弦长为负值时,得到与给定弦长对应的大圆弧。 4. 在给出半径条件时,逆时针画弧。半径为正值时,得到起点与终点间的小圆弧;半径为负值时,得到起点与终点间的大圆弧。 5. 连续方式绘制圆弧,是在已画好的一段弧或直线终点处开始绘制圆弧。	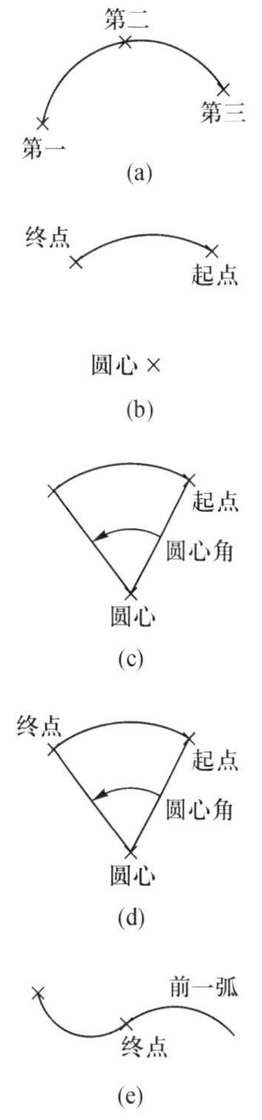 图 19-25 绘制圆弧的 5 种常用方式举例

§ 19-2 绘制平面图形 Drafting of Plane Figures

应用 AutoCAD 2012 绘制平面图形时,既要使用软件的绘图功能,也要使用软件的编辑功能。下面以实例介绍 AutoCAD 2012 绘制平面图形的方法和步骤。

一、绘制图框和标题栏(Drafting of the drawing frame and the title block)

【例 19－19】 应用 AutoCAD 2012 绘制 A3 图纸的图框和标题栏。

设 A3 图框和标题栏如图 19－26 所示,作图步骤如下:

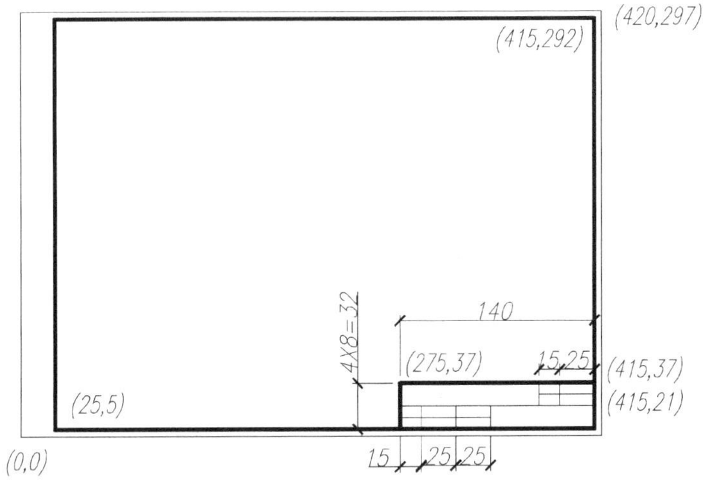

图 19－26 A3 图框和标题栏

1. 使用 Limits(图幅)命令设置绘图区域

命令格式

Command: LIMITS ↵

Reset Model space limits:

Specify lower left corner or[ON/OFF] <0.0000, 0.0000>: ↵

Specify upper right corner <297.0000, 210.0000>: 420, 297 ↵

Command: ZOOM ↵

Specify corner of window, enter a scale factor(nX or nXP), or[All/Center/Dynamic/Extents/Previous/Scale/Window] <real time>: A ↵

Regenerating model.

2. 设置四个图层

先将 AutoCAD 绘图区底色设为黑色(参见 AutoCAD 相关教程), 绘图区的底色会影响某些图层颜色的显示。

命令格式

Command: LAYER ↵

可在图 19－11 所示图层特性管理对话框中分别设置 4 个图层。

层 0: 绿色、粗实线、线宽 0.35 mm;

层 1: 红色、中心线、线宽 0.09 mm;

层 2: 白色、细实线、线宽 0.09 mm;

层 3: 白色、细实线、线宽 0.09 mm。

3. 使用 Rectang(矩形)命令、Line(直线)命令绘制图框、标题栏

(1) 设层 2 为当前图层，绘制图纸边框。

命令格式

Command：RECTANG ↵

Specify first corner point or[Chamfer/Elevation/Fillet/Thickness/Width]：0，0 ↵

Specify other corner point：420，297 ↵(完成图纸边框)

(2) 再设层 0 为当前图层，绘制图框。

命令格式

Command：RECTANG ↵

Specify first corner point or[Chamfer/Elevation/Fillet/Thickness/Width]：25，5 ↵

Specify other corner point：415，292 ↵(完成图框)

(3) 绘制标题栏框。

Command：LINE ↵

Specify first point：415，37 ↵

Specify next point or[Undo]：@ －140，0 ↵

Specify next point or[Undo]：@ 0，－32 ↵(完成标题栏外框)

Specify next point or[Close/Undo]：

...

请读者参照图 19－26 所示尺寸和线型继续完成标题栏框。

4. 使用 Text(文本)命令注写文本

在标题栏内注写文本。当前状态下，标题栏处于屏幕右下角，其空间范围较少，不易准确定位。在注写文字前，可用 Zoom 命令将标题栏所在局部图形放大(图 19－27)。设层 3 为当前层，使用 Text 命令注写文字。

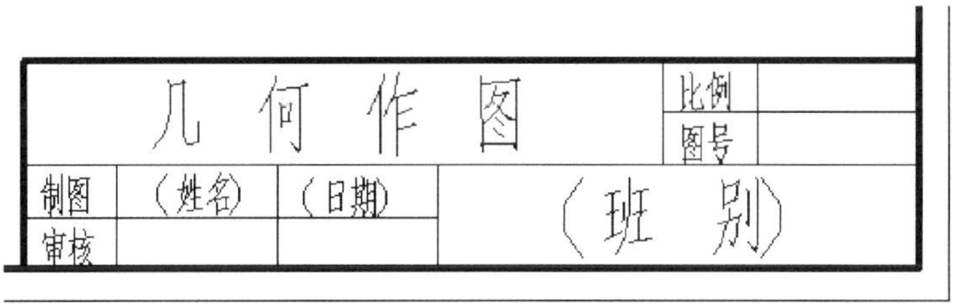

图 19－27　标题栏中注写文本

(1) 中文文本格式设置。

功能面板：Annotate → Text → Standard ▾ → Manage Text Styles... (图 19－28，图 19－29)

命令格式

Command：STYLE ↵

系统将弹出文本格式对话框(图 19－30a)。按New... 按钮创建新的文本格式 style1，在

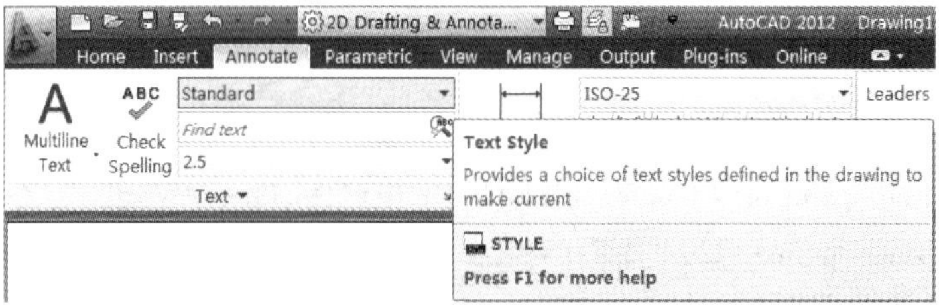

图 19－28 功能面板中的 Text Style 选项

Font Name 中选择 gbeitc. shx 字体，勾选 Use Big Font 复选框，则 Font Name 就变为 SHX Font，Font Style 就变为 Big Font，在 Big Font 中选择 gbcbig. shx（图 19－30b）。用鼠标点击 Apply 按钮，再点击 Set Current 按钮，则将选中的中文文本格式应用于当前图形。

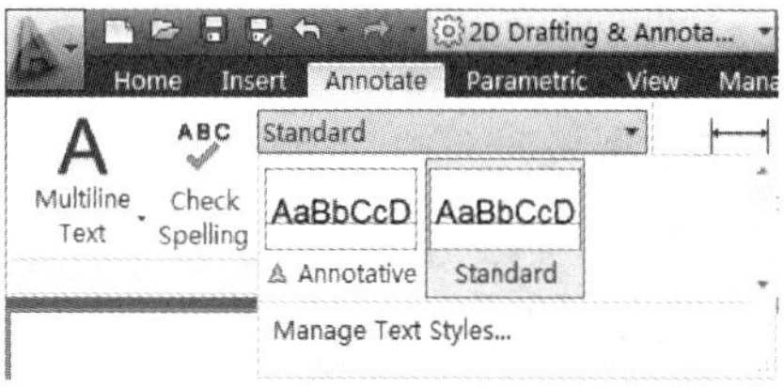

图 19－29 功能面板中的 Manage Text Styles 选项

（2）文本的注写。

功能面板：Home → （图 19－31a）

或功能面板：Annotate → Text → （图 19－31b）

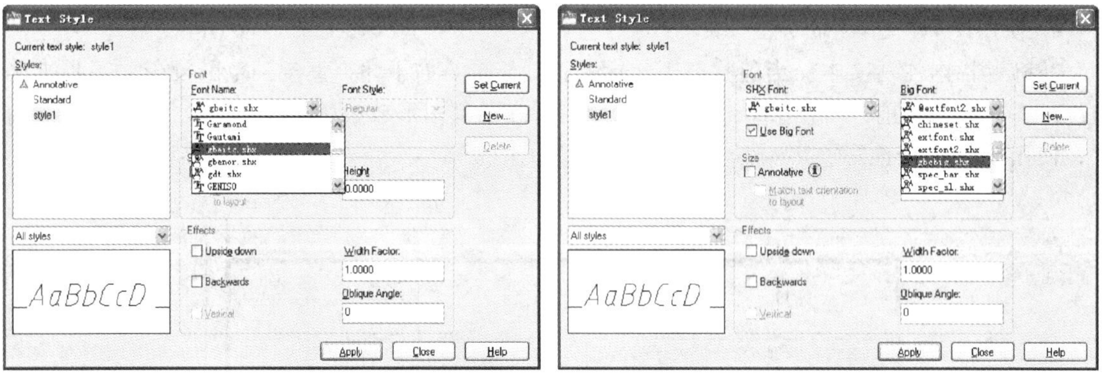

(a)　　(b)

图 19－30 文本格式对话框

该命令有两个选项：Multiline Text（多行文本）和 Single Line（单行文本），如图 19－32 所示。

如点击 Single Line，则可输入单行文本，如下例中命令行所示。

命令格式

Command：TEXT ↵

Current text style：“style1” Text height：2. 5000 Annotative：No

Specify start point of text or［Justify/Style］：（输入文本左下角坐标为定位点，也可用鼠标拾取）

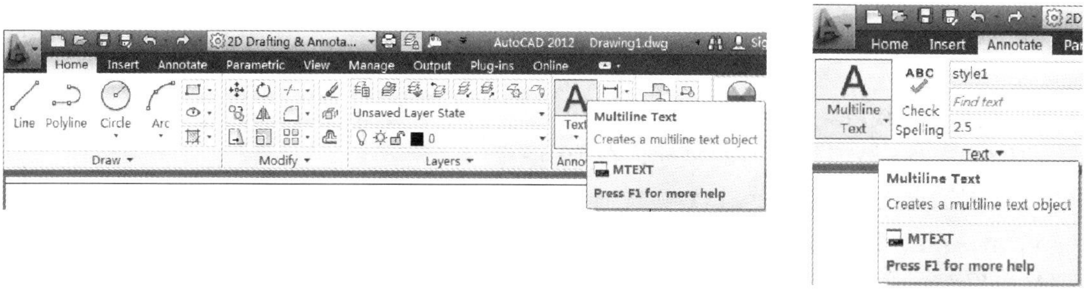

(a)　　(b)

图 19 - 31　功能面板中的 Multiline Text 选项

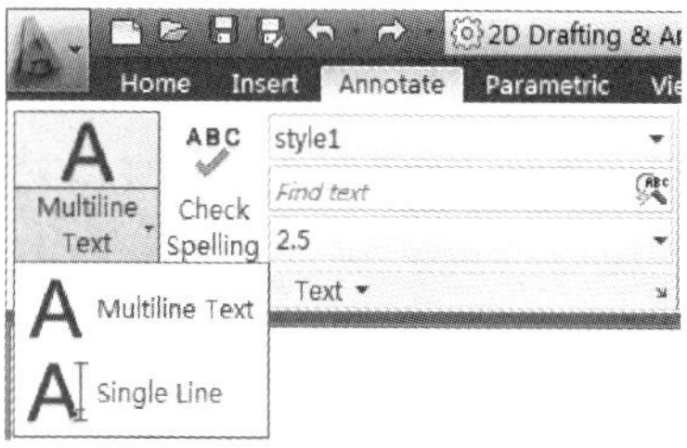

图 19 - 32　Text 子菜单

Specify height <2.5000>: 5 ↵(设置文本高度)

Specify rotation angle of text <0>: ↵(给文本旋转角度)

文本定位点处出现一文本框，键入“比例”（输入标题栏中文字“比例”）。

标题栏中其他字体的注写，请读者参照图 19 - 27 将其完成。

（3）控制码和特殊字符的输入。

有些特殊字符不能直接从键盘输入。AutoCAD 提供了控制码“%%”用以输入特殊字符：

%%d——字符“°”，如输入“45%%d”将显示为“45°”；

%%p——字符“±”，如输入“30%%p0.5”将显示为“30±0.5”；

%%c——字符“ϕ”，如输入“%%c30”将显示为“ϕ30”；

%%%——字符“%”，如输入“15%%%”将显示为“15%”。

5. 将绘制好的图框（绘图环境）储存以备后用

在 D 盘下创建新文件夹并命名为“建工 2013 级”（路径、文件夹名可自取），绘制的图形都可存放在该文件夹下，以方便文件的管理。用“Save”命令将绘制好的 A3 幅面图框以文件名“图框 3. dwg”储存起来。用同样方法可以绘制并存储其他幅面的图框，以备后用。

二、绘制平面图形（Drafting of plane figures）

【例 19 - 20】 应用 AutoCAD 2012 绘制第二章图 2 - 18 所示溢流坝断面图。

作图步骤如下：

1. 设置绘图环境和命名保存文件

点击快速访问工具栏中的按钮（图 19 - 33），在弹出的 Select File 对话框中选取“图框 3. dwg”（A3 图框）文件并打开。

点击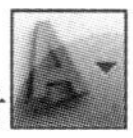 → Saveas，弹出 Save Drawing As 对话框（图19 - 34）。

在 File name 栏中将当前的“图框 3”改为“几何作图 1”，点击 Save 按钮即可在绘制好的图框中开始绘图。

2. 绘图

（1）绘制已知线段。

按照图 2 – 18a 溢流坝断面的尺寸，在 A3 图幅中选用 1∶100的比例来绘制该图。设溢流坝断面的给定点如图 19 – 35所示，则绘图步骤如下。

1）应用 Line 命令绘制各直线段：

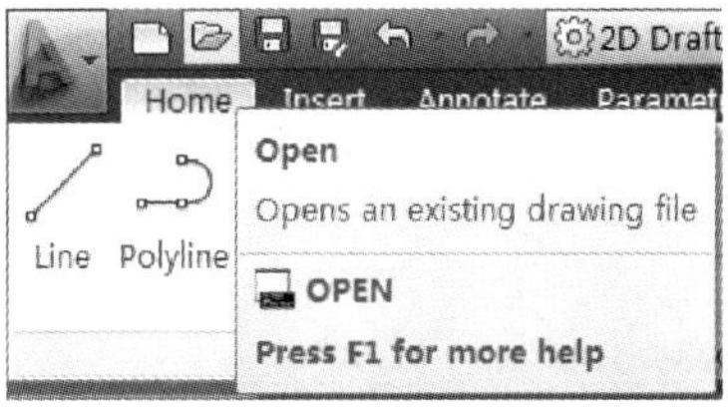

图 19 – 33　快速访问工具栏中的打开文件按钮

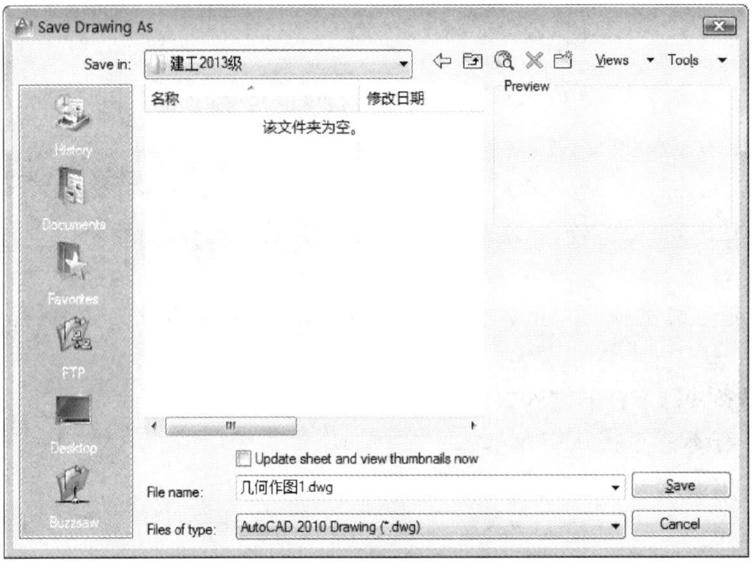

图 19 – 34　“Save Drawing As”对话框

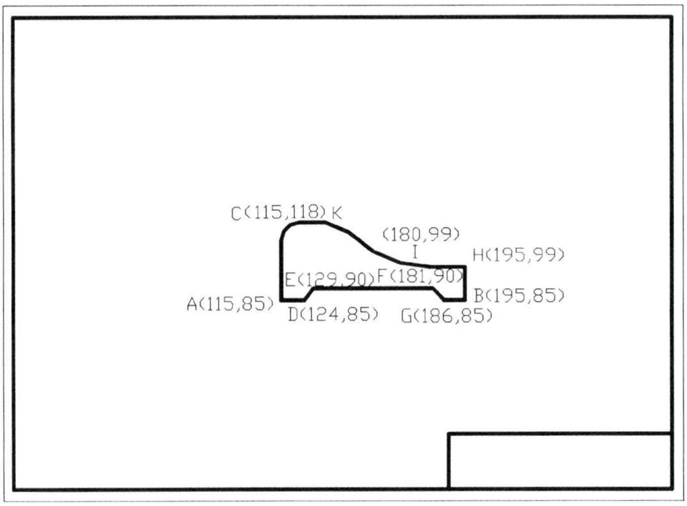

图 19 – 35　绘制溢流坝断面图

Command：LINE ↵

Specify first point：115，85 ↵（选定点 *A*）

Specify next point or[Undo]：@ 80，0 ↵（画出底线 *AB*）

Specify next point or[Undo]：@ 14 <90 ↵（画出右边竖直线 *BH*）

Specify next point or[Close/Undo]：180，99 ↵（画出右边水平线 *HI*）

Specify next point or[Close/Undo]：↵

Command：↵

同法画出溢流坝底凹位线段 *DE*、*EF*、*FG* 和溢流坝左边竖直线 *AC*。

2）应用 Arc 命令绘制 *R*5000 圆弧：

Command：ARC ↵

Specify start point of Arc or[Center]：180，99 ↵（圆弧起点 *I*）

Specify second point of Arc or[Center/End]：C ↵

Specify center point of Arc：@ 0，50 ↵（圆弧的圆心）

Specify end point of Arc or[Angle/chord Length]：A ↵（圆弧的包角）

Specify included Angle：－60 ↵（在顺时针方向 60° 处定一点 *K*）

3）应用 Offset（偏移复制）命令过点 *C* 绘制 *AB* 的平行线：

功能面板：Home→Modify→（图 19－36）

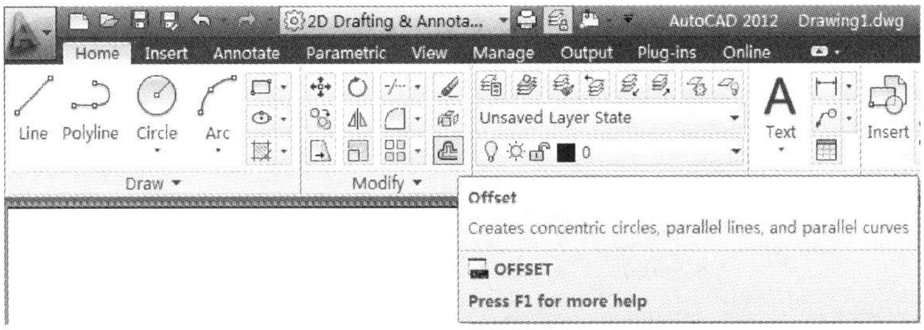

图 19－36　功能面板中的 OffseT 按钮

命令格式

Command：OFFSET ↵

Current settings：Erase source = No Layer = Source OFFSETGAPTYPE = 0

Specify offset distance or[Through/Erase/Layer] <25.0000 >：33 ↵（输入偏移距离值 33）

Select object to offset or[Exit/Undo] < Exit >：（选择偏移对象 *AB*）

Specify point on side to offset or[Exit/Multiple/Undo] < Exit >：（选择偏移方向，在 *AB* 上方任意位置点击一下，得过点 *C* 的平行线）

Select object to offset or[Exit/Undo] < Exit >：↵（回车退出）

（2）绘制连接线段及整理。

1）应用 Fillet（圆角）命令绘制连接线段：

功能面板：Home → Modify → （图 19－37），用圆弧连接两个对象最接近的端点。

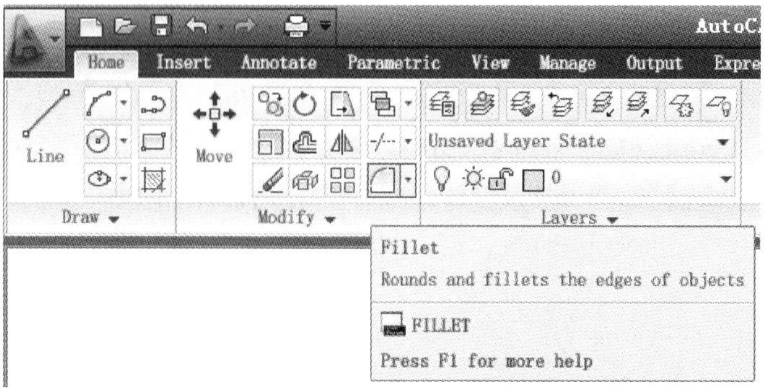

图 19 - 37　功能面板中的 FILLET 按钮

命令格式

Command：FILLET ↵

Current settings：Mode = TRIM，Radius = 10.0000(系统当前环境设置)

Select first object or[Polyline/Radius/Trim/multiple]：R ↵(定义圆角的圆弧半径)

Specify fillet radius <10.0000>：8 ↵

Select first object or[Polyline/Radius/Trim/multiple]：(拾取 *AC* 为第一圆角线段)

Select second object：(拾取过点 *C* 平行于 *AB* 的直线,完成圆角)

Command：↵

同法可绘制半径为 1500 的圆弧，连接直线 *CK* 和圆弧 *KI*。

2) 应用 Break(打断)命令切断溢流坝底直线 *AB*：

功能面板：Home → Modify → 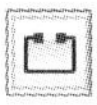(图 19 - 38)

图 19 - 38　功能面板中的 Break 按钮

命令格式

Command：BREAK ↵

Select object：(用鼠标拾取直线 *AB* 要去除部分上的一点)

Specify second break point or[First point]：(拾取直线 *AB* 要去部分上的另一点,两点间断开)

3）应用 Trim（修剪）命令修剪溢流坝底的凹槽多余线段：

功能面板：Home → Modify → 按钮（图 19 - 39）

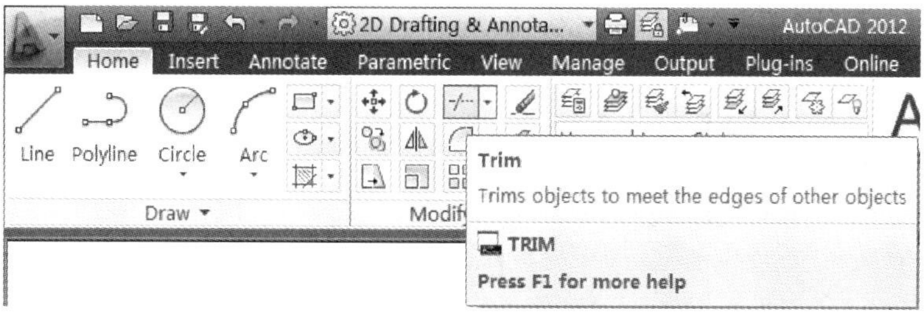

图 19 - 39　功能面板中的 Trim 按钮

命令格式

Command：TRIM ↵

Current settings：Projection = UCS，Edge = None（显示当前修剪设置）

Select cutting edges...（选择对象设置剪切边界）

Select objects：1found（拾取剪切边 *DE*）

Select objects：1found，2total（拾取剪切边 *FG*）

Select objects：↵

Select object to trim or shift-select to extend or[Project/Edge/Undo]：（选取被剪切边——*AB* 断点左侧）

Select object to trim or shift-select to extend or[Project/Edge/Undo]：（选取被剪切边——*AB* 断点右侧）

Select object to trim or shift-select to extend or[Project/Edge/Undo]：↵

（3）将所绘图形以文件名“溢流坝.dwg”存盘。

三、绘制投影图（Drafting of solid projections）

【例 19 - 21】　应用 AutoCAD 2012 绘制图 19 - 40 所示形体的各个投影。

作图步骤如下：

1. 设置绘图环境

以绘制二维平面图形方法绘制形体的投影图，应根据形体的大小选定合适的绘图比例及图幅，设置所需的图层及线型比例，设置标注样式：

（1）按图 19 - 40 所示形体的尺寸，确定图幅为 A3，绘图比例为 1∶1。

（2）设置中心线层“CENTER”、虚线层“HID”、可见轮廓线层“OUTLINE”、尺寸标注层“DIMS”，并设置各图层相应的颜色、线型、线宽等（请利用前面所讲“图层”内容完成）。

（3）设置标注样式（参阅本章 § 19 - 6）。

2. 绘图

将可见轮廓线层“OUTLINE”设为当前层，绘制长方体(四棱柱)的三个投影，如图19-41所示。具体作图步骤：

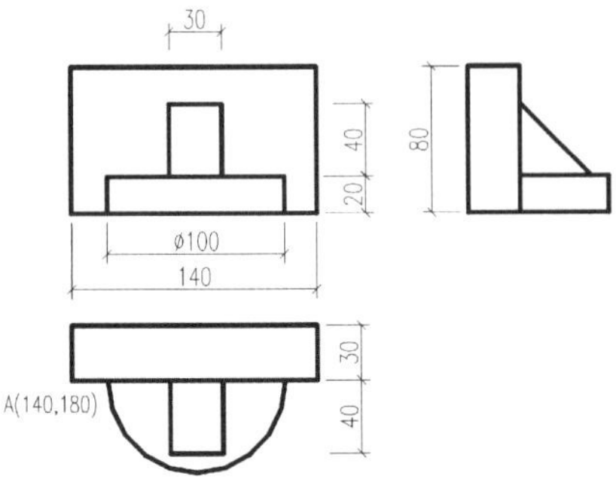

图 19-40 形体的投影图

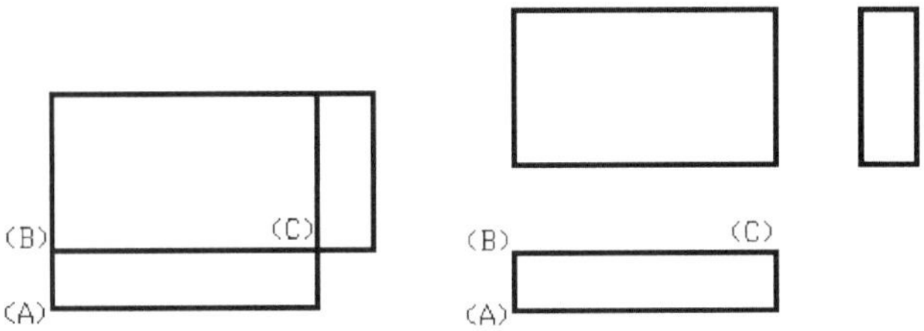

(a) (b)

图 19-41 绘制四棱柱的投影图

(1) 绘制长方体的三个投影。

1) 用矩形命令绘制长方体的投影：

功能面板：Home → Draw → 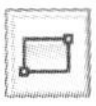(图 19-42)

命令格式

Command：RECTANG ↵(画长方体的水平投影)

Specify first corner point or[Chamfer/Elevation/Fillet/Thickness/Width]：140，180 ↵(定矩形的角点 A)

Specify other corner point：@ 140，30 ↵(完成水平投影)

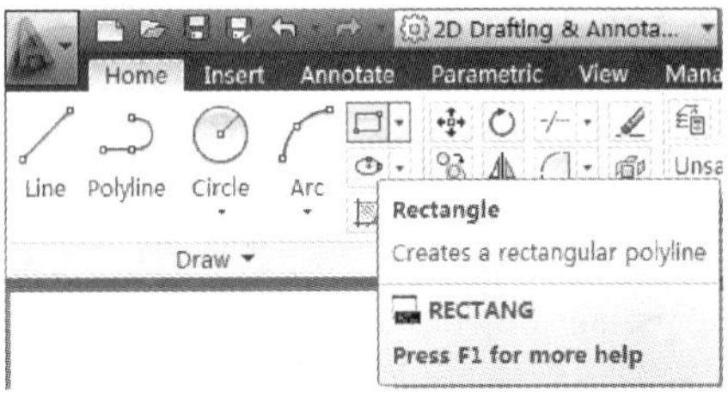

图 19-42 功能面板中的 Rectang 按钮

同法，以对象捕捉方式分别拾取长方体水平投影的点 B 和点 C 为矩形的一个角点，用Rectang命令完成长方体的正面投影和侧面投影图(图 19-41a)。

2) 用平移命令将三个投影移到合适位置：

功能面板：Home → Modify → (图 19-43)

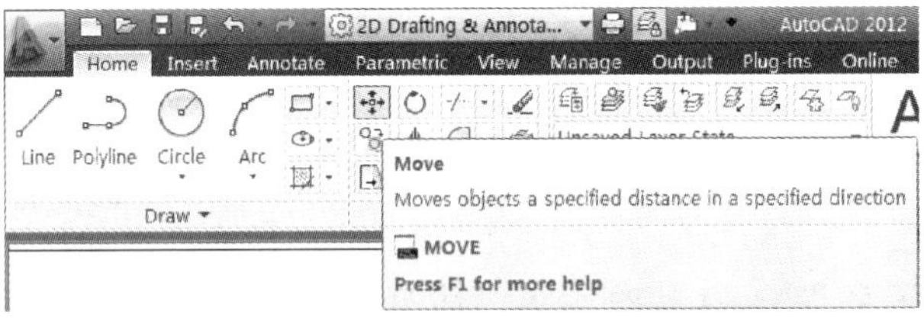

图 19-43 功能面板中的 Move 按钮

命令格式

Command：MOVE ↵

Select objects：1found(选长方体的正面投影)

Select objects：1found，2total（选长方体的侧面投影）

Select objects：↵

Specify base point or displacement：（把正面和侧面投影一同向上移动至适当位置）

同法，再选长方体的侧面投影，将其再向右平移至适当位置得图 19－41b。

（2）绘制半圆柱的三个投影，如图 19－44 所示。

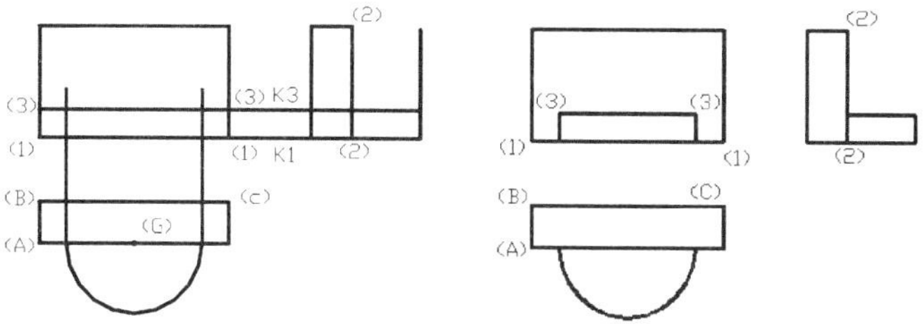

(a)　　　　(b)

图 19－44　绘制半圆柱的投影图

1）绘制半圆柱的水平投影：

Command：ARC ↵

Specify start point of Arc or[Center]；C ↵（圆弧的圆心）

Specify center point of Arc：（捕捉过点 *A* 水平线段的中点 *G* 为圆弧圆心）

Specify start point of Arc：@－50，0 ↵（圆弧的起点）

Specify end point of Arc or[Angle/chord Length]：@100，0 ↵（圆弧的终点，完成半圆柱的半圆水平投影）

2）绘制半圆柱的正面投影和侧面投影（以 Explode（分解）、Offset、Line 等命令实现）：

① 以 Explodc（分解）命令将长方体的各投影分解：

功能面板：Home → Modify → （图 19－45）

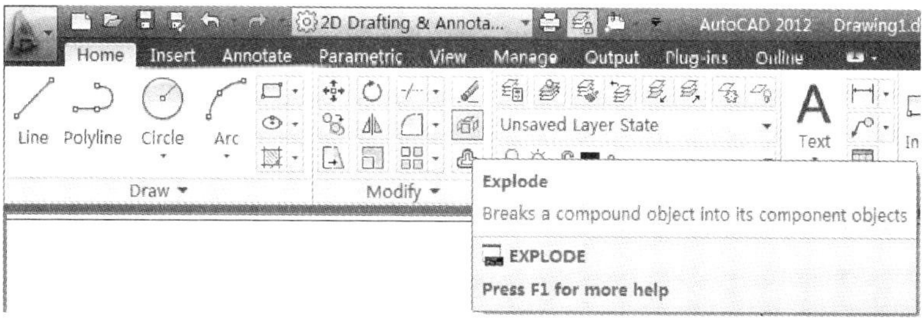

图 19－45　功能面板中的 Explode 按钮

命令格式

Command：EXPLODE ↵

Select objects：1found（选长方体的正面投影）

Select objects：1found，2total（选长方体的侧面投影）

Select objects：1found，2total（选长方体的水平投影）

Select objects：↵（将三个矩形分解为线段）

② 用 Offset 命令绘制半圆柱的正面投影、侧面投影：

命令格式

Command：OFFSET ↵

Specify offset distance or[Through]<Through>：20 ↵（半圆柱正面投影的高度）

Select object to offset or <exit>：（选长方体正面投影的直线 *1—1*）

Specify point on side to offset：（点选直线 *1—1* 的上方得直线 *3—3*）

Select object to offset or <exit>：↵

③ 用 Line 命令绘制半圆柱投影的剩余图线：

命令格式

Command：LINE ↵

Specify first point：（捕捉半圆柱水平投影的最左点）

Specify next point or[Undo]：<Ortho on>（点击屏幕下方状态栏中的按钮“ ”，打开正交模式，此时只能画水平线或竖直线，用鼠标拖出竖直线至正面投影中直线 *3—3* 上方）

Specify next point or[Undo]：

同法，用 Line 命令从半圆柱水平投影的最右点引竖直线至正面投影的直线 *3—3* 上方。再用 Line 命令在长方体侧面投影的右侧竖线之右水平距离 40 处画一竖线，即得到半圆柱侧面投影的宽度。

④ 用 Extend（延伸）命令绘制半圆柱侧面投影的高度：

功能面板：Home → Modify → → Extend（图 19－46）

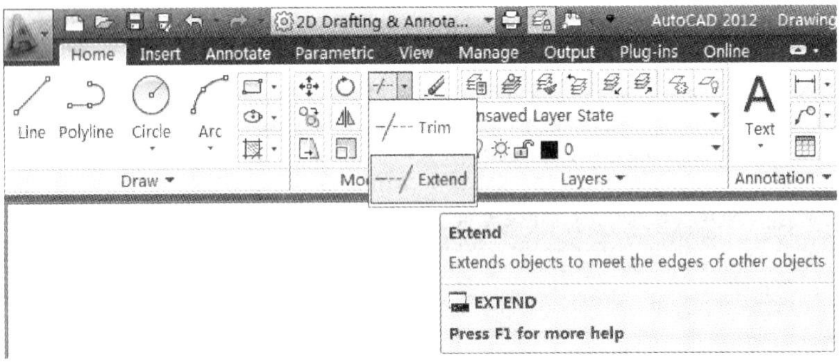

图 19－46　功能面板中的 Extend 按钮

命令格式

Command：EXTEND ↵

Current settings：Projection = UCS，Edge = None（显示当前设置）

Select boundary edges...（选择被延伸至的物体——图 19－44a 中半圆柱侧面投影的宽度线）

Select objects：1found

Select objects：↵

Select object to extend or shift-select to trim or[Project/Edge/Undo]：（选择延伸的物体——图 19－44a 中的直线 *1—1*）

Select object to extend or shift-select to trim or[Project/Edge/Undo]：（选择延伸的物体——图 19 - 44a 中的直线 *3—3*）

Select object to extend or shift-select to trim or[Project/Edge/Undo]：↵

⑤ 以 Trim、Break 命令对多余线段编辑：

命令格式

Command：TRIM ↵

Current settings：Projection = UCS Edge = None

Select cutting edges...

Select objects：1found（选直线 *1—1* 为剪切边）

Select objects：1found，2total（选直线 *3—3* 为剪切边）

Select objects：↵

Select object to trim or shift-select to extend or[Project/Edge/Undo]：（选由水平投影半圆左起点所引竖直线在直线 *3—3* 以上部分）

Select object to trim or shift-select to extend or[Project/Edge/Undo]：（选由水平投影半圆左起点所引竖直线在直线 *1—1* 以下部分）

Select object to trim or shift-select to extend or[Project/Edge/Undo]：（选由水平投影半圆右终点所引竖直线在直线 *3—3* 以上部分）

Select object to trim or shift-select to extend or[Project/Edge/Undo]：（选由水平投影半圆右终点所引竖直线在直线 *1—1* 以下部分）

Select object to trim or shift-select to extend or[Project/Edge/Undo]：↵

其余多余线段的打断和修剪请读者自己完成。结果如图 19 - 44b 所示。

（3）绘制三棱柱的三个投影，如图 19 - 47 所示。

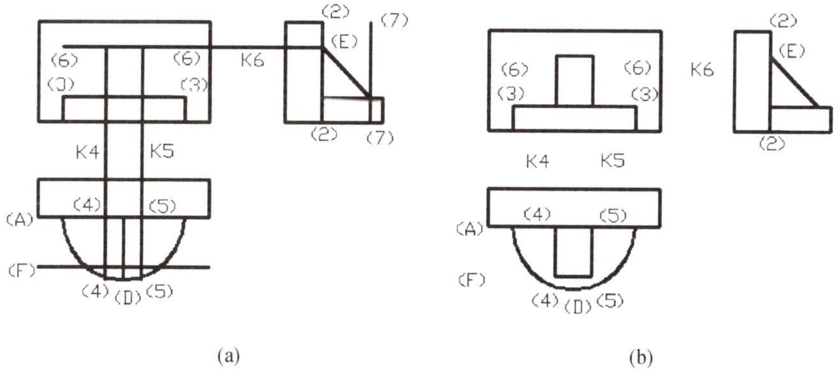

图 19 - 47　绘制三棱柱的投影图

1）用 Line 命令绘制水平投影相关直线（图 19 - 47a）：

命令格式

Command：LINE ↵

Specify first point：（捕捉过点 *A* 水平线段中点为直线的第一点）

Specify next point or[Undo]： < Ortho on >（打开正交模式，画竖直线交半圆于点 D）

Specify next point or[Undo]：↵

2）用 Offset 命令将刚画直线向两边偏移复制得三棱柱的水平投影：

命令格式

Command：OFFSET ↵

Specify offset distance or[Through] < Through > :15 ↵（偏移复制距离）

Select object to offset or < exit > :（选过点 D 的直线）

Specify point on side to offset：（点击直线的左侧）

Select object to offset or < exit > ：（选过点 D 的直线）

Specify point on side to offset：（点击直线的右侧）

Select object to offset or < exit > ：↵

同法，将直线 3—3 向上偏移复制得三棱柱正面投影的高度线，将直线 2—2 向右偏移复制得三棱柱侧面投影的宽度线 7—7，将过点 A 水平线段向下偏移复制得三棱柱的水平投影宽度线（过点 F）。

3）用 Extend 命令将直线 4—4、5—5 延伸到直线 6—6：

命令格式

Command：EXTEND ↵

Current settings：Projection = UCS Edge = None

Select boundary edges...

Select objects：1found（点选直线 6—6）

Select objects：↵

Select object to extend or shift-select to trim or[Project/Edge/Undo]：（点击直线 4—4）

Select object to extend or shift-select totrim or[Project/Edge/Undo]：（点击直线 5—5）

Select object to extend or shift-select to trim or[Project/Edge/Undo]：↵

同法，将直线 6—6 延伸到直线 2—2。

4）用 Line 命令画三棱柱侧面投影的斜线：

命令格式

Command：LINE ↵

Specify first point：（捕捉点 E）

Specify next point or[Undo]：（捕捉直线 7—7 与半圆柱侧面投影高度线的交点，画线）

Specify next point or[Undo]：↵

5）用 Trim 等命令对多余线段编辑：

命令格式

Command：TRIM ↵

Current settings：Projection = UCS Edge = None

Select cutting edges...

Select objects：1found（选直线 3—3 为剪切边）

Select objects：1found，2total（选过点 A 侧垂线为剪切边）

Select objects：↵

Select object to trim or shift-select to extend or[Project/Edge/Undo]：（剪切直线 *4—4* 在直线 *3—3* 和过点 *A* 水平线中间的一段）

Select object to trim or shift-select to extend or[Project/Edge/Undo]：（剪切直线 *5—5* 在直线 *3—3* 和过点 *A* 水平线中间的一段）

Select object to trim or shift-select to extend or[Project/Edge/Undo]：↵

同法可以剪切直线 *6—6*、*7—7*、过点 *F* 水平线，以及用 Erase 命令擦除过点 *D* 的直线等多余线段。结果如图 19 - 47b 所示。

3. 标注尺寸，保存图形

将尺寸标注层“DIMS”设为当前层，标注尺寸，如图 19 - 40 所示。将该图存盘，留待学习本章 § 19 - 6 时进行尺寸标注。

在平面图形的绘图中，要注意多运用图形编辑、对象捕捉等辅助工具，以提高绘图的效率、保证绘图的精度及各投影之间定位的准确性。

§ 19 - 3 三维图形的生成 Creation of 3D Figures

一、用视口表示形体的三维图形(3D figures of solids represented by viewports)

应用 AutoCAD 2012 绘制组合形体的图形，方法如下：

1. 以 Vports(视口)命令进行图形视口(又称视窗)的设置

在绘制形体时，往往需要同时观察形体各个不同方向的投影，这样有利于了解所创建形体的形状及各部分之间的相对位置是否准确。Vports 命令的功能是将屏幕分成若干个不重叠的视口，通过选取各视口的不同视点观察所创建形体的各投影。

功能面板：View→Viewports→(图 19 - 48)

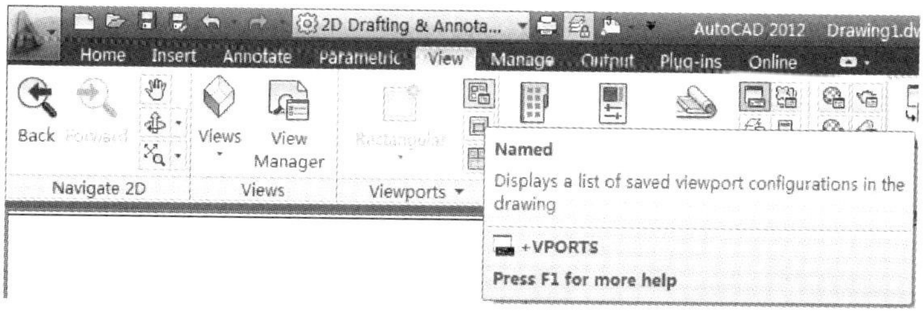

图 19 - 48　功能面板中的 Vports 按钮

命令格式

Command：VPORTS ↵

系统弹出 Viewports 对话框(图 19 - 49)，在 New Viewports 选项卡中，用户可以选择将屏幕划分为一、二、三或四个视口。图 19－49 中是将屏幕设为四个视口，点击 OK 按钮，屏幕绘图区分成四个视口，每个视口均为上面设置的观察形体的水平投影。

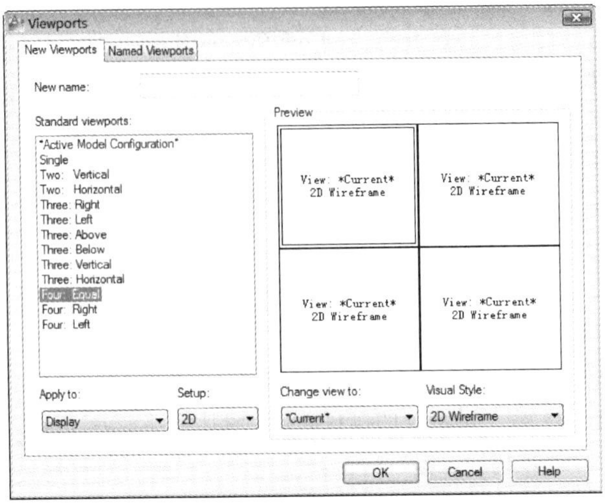

图 19－49 在 Viewports 对话框中将屏幕设为四个视口

现利用功能区的 View 模块中的 Views 按钮(图 19－50a)将四个视口分别设置为观察形体的正面投影(frontal projection)、水平投影(horizontal projection)、侧面投影(profile projection)和正等轴测图(isometric axonometry)。点击 Views 按钮的下拉箭头，可看到 10 个选项(图 19－50b)。

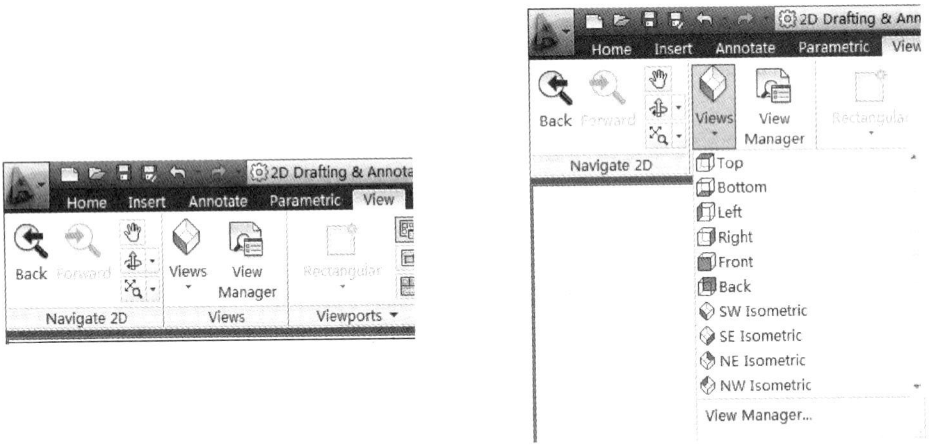

(a) (b)

图 19－50 功能面板中的 Views 按钮

移动鼠标移到左上角视口，点击激活该视口，然后点击 Views 按钮选项中的 Front，将该视口设置为观察形体的正面投影；激活左下角视口，点击 Views 按钮选项中的 Top，将该视口设置为观察形体的水平投影；激活右上角视口，点击 Views 按钮选项中的 Left，将该视口设置为观察形体的侧面投影；激活右下角视口，点击 Views 按钮选项中 SW Isometric，将该视口设置为观察形体的西南正等轴测图。设置好的四个视口如图 19－51 所示。

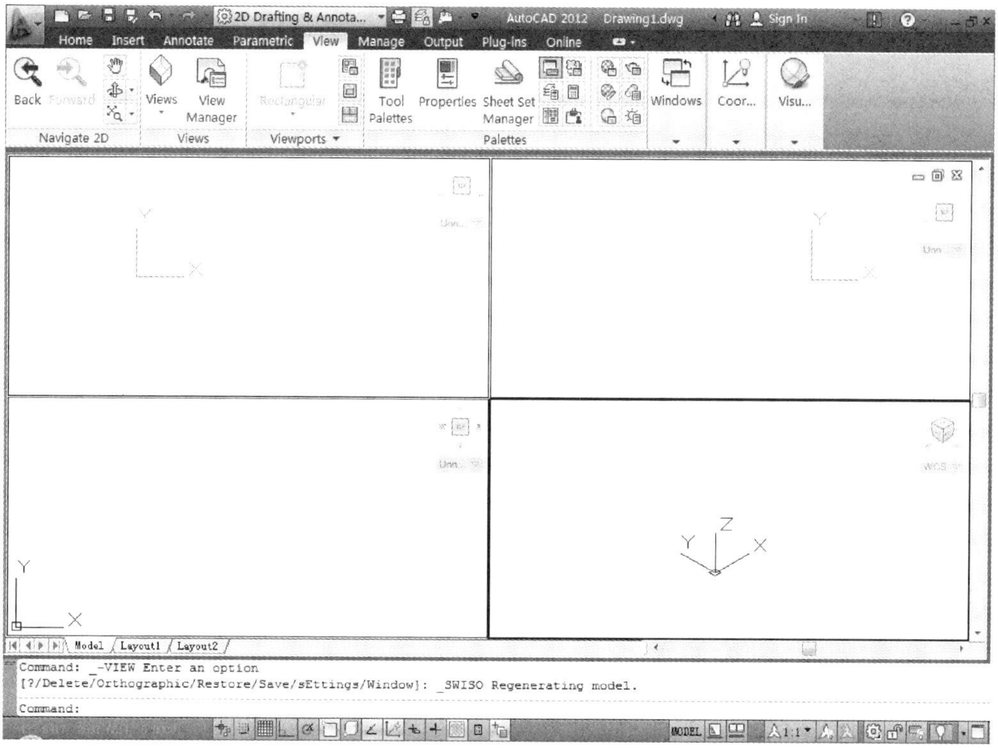

图 19－51 AutoCAD 2012 的四个视口的设置

现在只要任意激活一个视口，便可在该视口内建模，同时形体在所有的视口内都会有反映，即每个视口从不同的视点显示观察形体的结果。可以在不同的视口内进行建模。

2. 在视口中创建的三维实体

点击屏幕左上角标题栏中的工作空间选项(图 19－52)，将当前的二维草图与注释空间改为三维建模空间。修改后 AutoCAD 2012 的三维建模空间界面如图 19－53 所示。

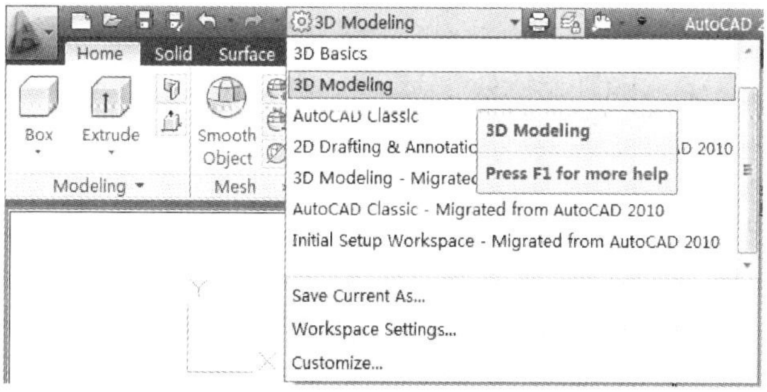

图 19－52 修改工作空间为三维建模空间

按左键激活左下角视口，创建长方体。

功能面板：Home → Modeling → (图 19－54)

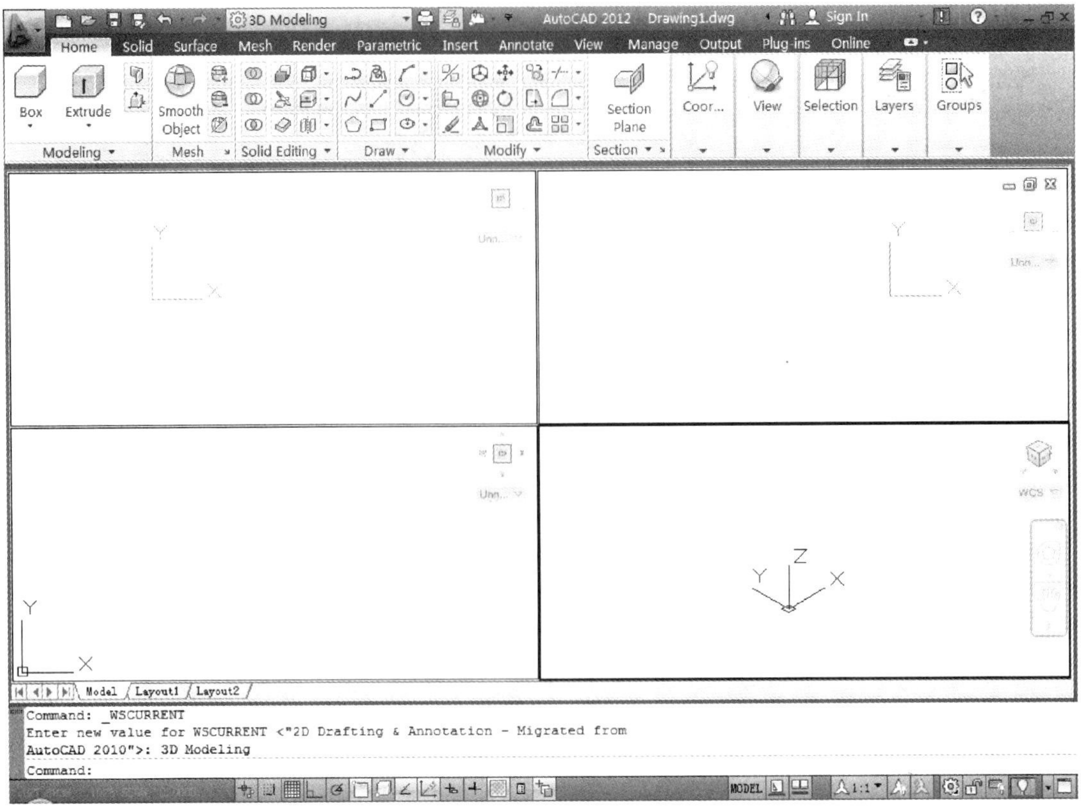

图 19－53 AutoCAD 2012 的三维建模空间界面

点击 Box 按钮下方的下拉箭头，可以选择创建其他基本形体(图 19－55)。

命令格式

Command：BOX ↵

Specify first corner or[Center]：50，30，0 ↵(长方体的一个角点)

Specify other corner or[Cube/Length]：150，80，100 ↵(长方体的另一个对角点)

创建圆柱体

功能面板：Home → Modeling → 

→ 

(图 19－55)

命令格式

Command：CYLINDER ↵

Specify center point of base or[3P/2P/Ttr/Elliptical]：100，55，100 ↵(根据视口的坐标和圆柱的大小，确定圆柱下底的中心点位置)

Specify base radius or[Diameter]：20 ↵(圆柱体的半径)

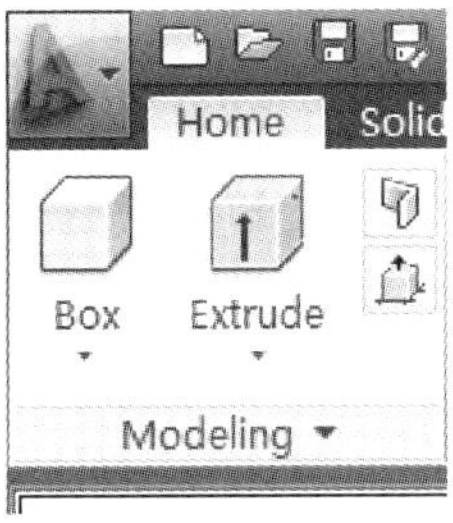

图 19－54　功能面板中的 Box 按钮

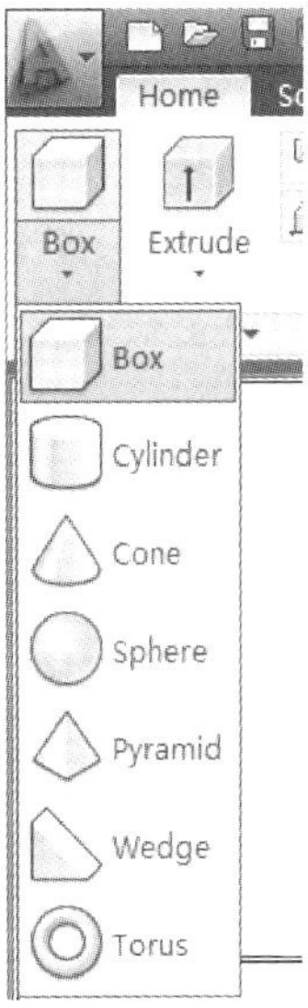

图 19－55　功能面板中绘制基本形体的按钮

Specify height or[2 Point/Axis endpoint]＜100.0000＞：50 ↵(圆柱体的高度)

由于每个视口视图的比例因子不一致，使各视口的视图大小不一，此时可用 Zoom 命令调整。为使每个视口内的视图上下、左右对齐，可用 Pan 命令调整。

为了真实地表达形体，还要对此形体的图形进行消隐。

命令格式

Command：HIDE ↵(经消隐的组合体的各视图如图 19－56 所示)

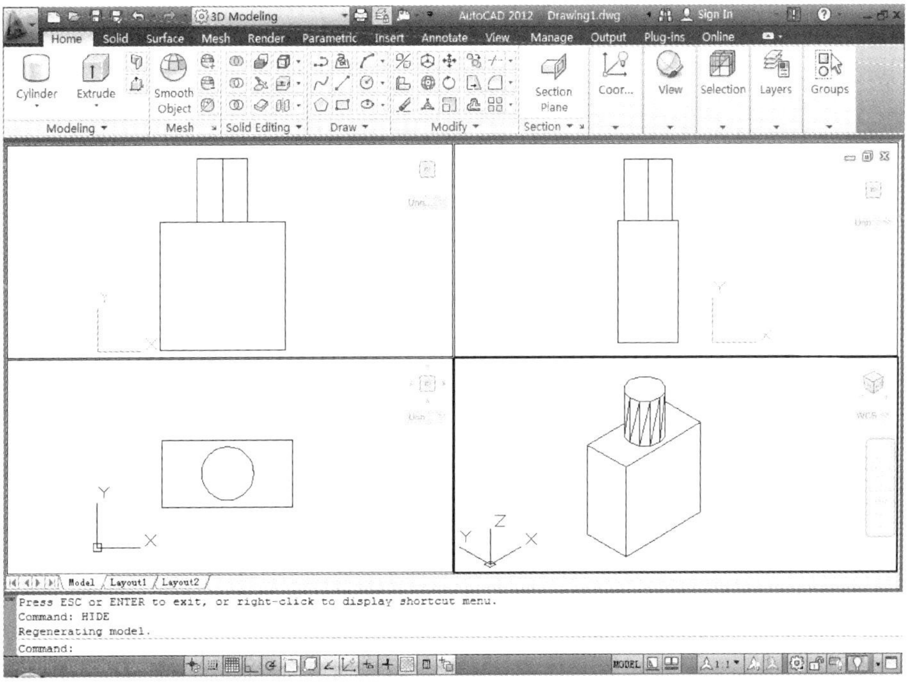

图 19－56　组合形体的三面投影图

二、UCS(用户坐标系)(User coordinate system)

通过圆柱命令创建的圆柱，其轴线是垂直于水平面(*XOY* 坐标面)的，即平行于 *Z* 轴。如果要绘制一个轴线垂直于侧立投影面的水平圆柱，如图 19－57 所示，在当前的坐标系下是比较困难的。然而 AutoCAD 可通过建立用户坐标系解决这个问题。当绘图开始时，系统缺省坐标系设定为 WCS(world coordinate system,世界坐标系)。如果坐标轴交点处有“□”，表示当前坐标系为 WCS(图 19－58a)，如果坐标轴交点处无“□”，则表示当前坐标系为 UCS(user coordinate system,用户坐标系)(图 19－58b)。

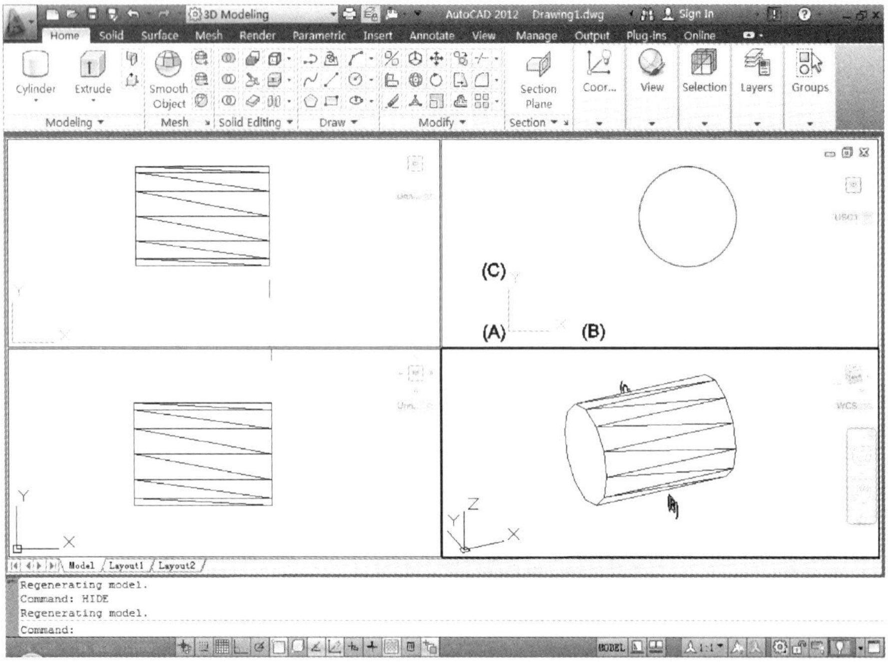

图 19－57 轴线垂直于侧面的圆柱

UCS 是根据绘图的需要另外设立的坐标系。它的坐标原点和三个坐标轴可由用户根据绘图需要而设定。建立了用户坐标系后，图 19－57 所示模型的创建将非常容易。

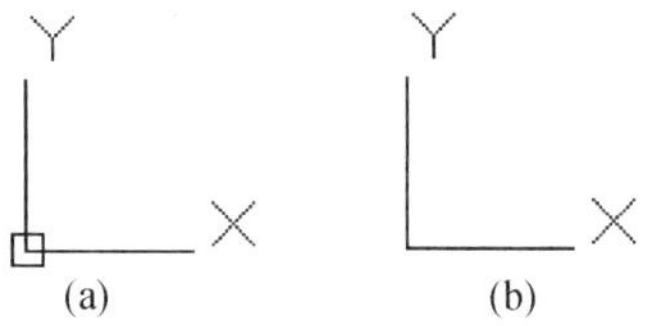

图 19－58 坐标系图标

1. 建立用户坐标系

创建水平圆柱，可先通过 UCS 命令建立用户坐标系。

功能面板：View → Coordinates → (图 19－59)

命令格式

Command：UCS ↵

Current ucs name： * WORLD *

Specify origin of UCS or [Face/NAmed/Object/Previous/View/World/X/Y/Z/ZAxis] <World>：NA ↵

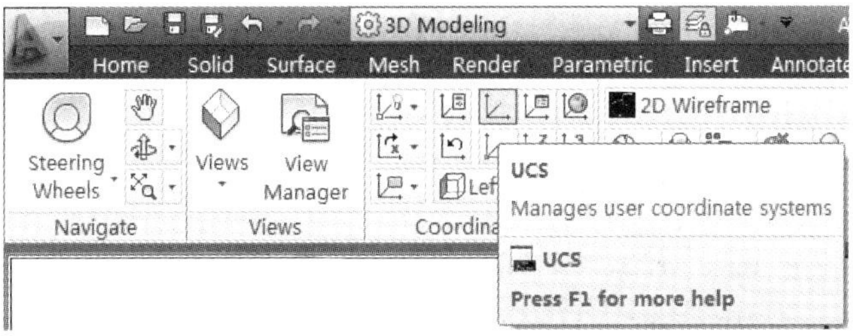

图 19 - 59　功能面板中的 UCS 按钮

Specify origin of new UCS or[ZAxis/3point/Object/Face/View/X/Y/Z] <0,0,0>:

该提示的选项分别为:

(1) ZAxis: 该选项通过定义坐标系的原点和 Z 轴正向来确定新的用户坐标系。

(2) 3point: 该选项通过定义坐标系的原点、X 轴及 Y 轴的正向(三点)来确定新的用户坐标系。这是建立一般位置 UCS 的最常用方法。

(3) Object: 该选项根据所选择的对象来确定新的用户坐标系。新坐标系的 Z 轴正向与所选三维对象的延伸方向一致。

(4) Face: 该选项把用户坐标系对准到一个实体对象上所选中的面。

(5) View: 该选项建立一个 XOY 平面垂直于观察方向的新用户坐标系。

(6) X/Y/Z: 这三个选项通过把当前的用户坐标系沿指定轴旋转得到新的用户坐标系。

(7) <0,0,0>: 给定一点的 x、y、z 坐标, 将坐标原点平移至该点。

本例中的具体操作如下:

命令格式

Command: UCS ↲

Current ucs name: * WORLD *

Specify origin of UCS or[Face/NAmed/Object/Previous/View/World/X/Y/Z/ZAxis] <World>: NA ↲(建立新的用户坐标系)

Specify origin of new UCS or[ZAxis/3point/Object/Face/View/X/Y/Z] <0,0,0>: 3 ↲(以三点确定用户坐标系)

Specify new origin point <0,0,0>: (激活右上角窗口即侧面投影,定点 A,作为 UCS 的原点,如图 19 - 57 所示)

Specify point on positive portion of X-axis <1.0000,10.0022,27.4673>: (定点 B,作为 X 轴正向上一点,保持 AB 为一根水平线,将世界坐标系下的 Y 轴变为用户坐标系下的 X 轴)

Specify point on positive-Y portion of the UCS XY plane <1.0000,10.0022,27.4673>: (定点 C,作为 Y 轴正向上一点,保持 AC 为一根竖直线,将世界坐标系下的 Z 轴变为用户坐标系下的 Y 轴)

Command: UCS ↲

Current ucs name: * NO NAME *

Specify origin of UCS or[Face/NAmed/Object/Previous/View/World/X/Y/Z/ZAxis] <World>:

S ↵(保存已定义的 UCS)

Enter name to save current UCS or[?]: UCS1 ↵(UCS 名称)

2. 创建水平圆柱(图 19－57)

命令格式

Command: CYLINDER ↵

Specify center point of base or[3P/2P/Ttr/Elliptical]: 100, 70, 0 ↵(圆柱下底的中心点)

Specify base radius or[Diameter]: 25 ↵(圆柱的半径)

Specify height or[2Point/Axis endpoint]: 70 ↵(圆柱的高度)

3. 圆柱体创建完成后返回世界坐标系

Command: UCS ↵

Current ucs name: UCS1

Specify origin of UCS or[Face/NAmed/Object/Previous/View/World/X/Y/Z/ZAxis] <World>: ↵

三、三维实体模型显示线数的设置(Line density setting of 3D solids)

三维实体模型分别由两个系统变量控制其消隐前和消隐后的显示线数，另外还可用 Dispsilh变量控制消隐后三维实体模型中的曲面是否显示其内部网线。

1. 变量 Isolines

该变量控制三维实体模型消隐前的显示线数，数值范围为 0～2047，数值越大，线数越多。该变量为全局变量(所谓全局变量是指不能为某个三维实体独立设置,对该变量改变前已绘三维实体需要执行 Regen(重新生成)命令才可看到其作用。该变量设置方法如下:

命令格式

Command: ISOLINES ↵

Enter new value for ISOLINES <4>: 20 ↵

2. 变量 Facetres

该变量控制三维实体模型消隐后的显示线数，数值范围为 0.1～10，数值越大，线数越多，表面越光滑。该变量同样为全局变量，设置方法如下:

命令格式

Command: FACETRES ↵

Enter new value for FACETRES <0.5000>: 10 ↵

3. 变量 Dispsilh

该变量的取值为 0 和 1，取值为 1 时消隐后不显示纹路和网格，仅以外形轮廓线显示曲面(注意消隐后才可观察到该变量的作用)。该变量设置方法如下:

命令格式

Command: DISPSILH ↵

Enter new value for DISPSILH <0>: 1 ↵

图 19－60 给出了对应不同变量的显示效果。

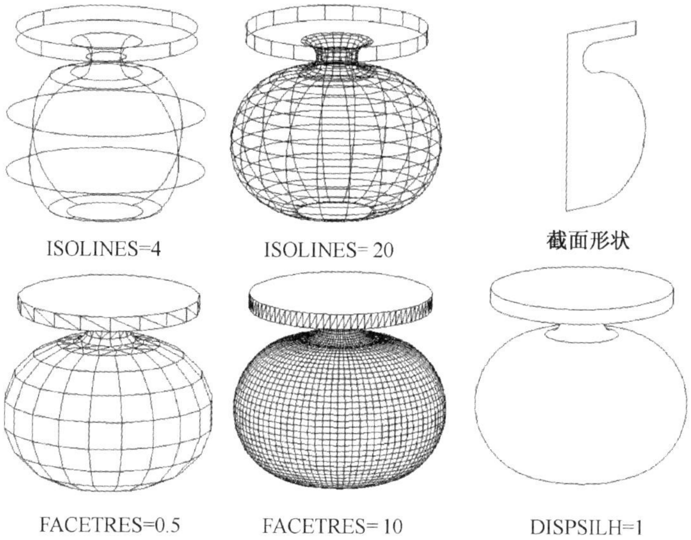

图 19 - 60　三维实体的显示

四、拉伸命令及旋转命令(Extrusion command and revolution command)

1. 拉伸命令

利用 Extrude(拉伸)命令可将圆、椭圆、封闭的多段线、面域对象等图形元素拉伸为三维实体。

功能面板：Home → Modeling → (图 19 - 61)

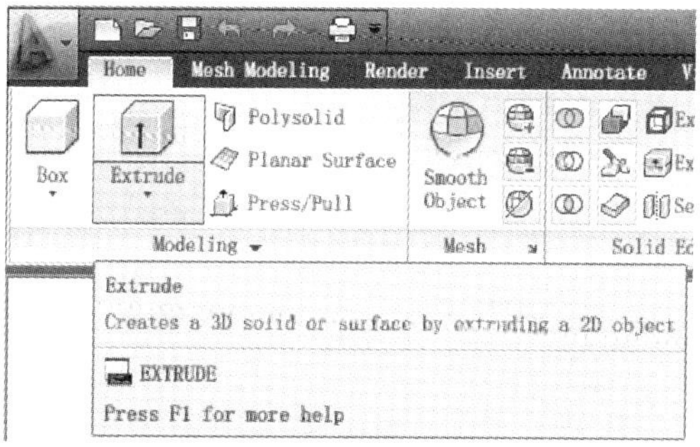

图 19 - 61　功能面板中的 Extrude 按钮

命令格式

Command：EXTRUDE ↵

Current wire frame density：ISOLINES = 4

Select objects to extrude：（选择被拉伸的图形元素）

Select objects to extrude：↵

Specify height of extrusion or[Direction/Path/Taper angle]：（给出拉伸的高度或指定拉伸路

径或给出拉伸锥度）

选择拉伸图形对象时可同时选择多个，每个图形对象拉伸后均成为独立的三维实体。在出现提示："Specify height of extrusion or[Direction/Path/Taper angle]:" 时，若输入 "P" 再按回车键，则可选择直线或曲线(图 19－62)作拉伸路径。若拉伸锥度不为 0，则拉伸出锥形实体。

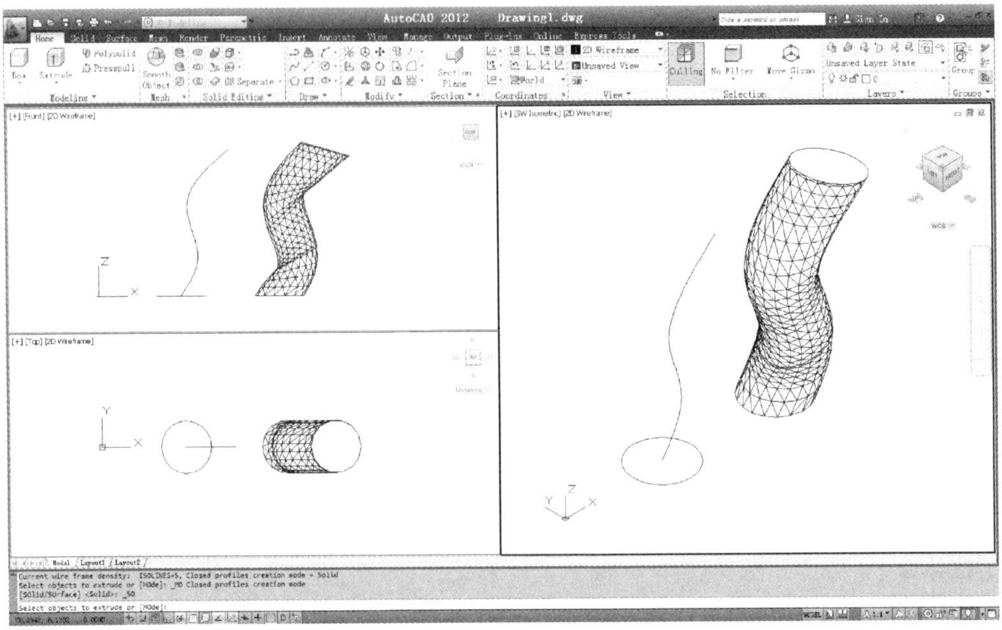

图 19－62 沿路径拉伸形体

2. 旋转命令

利用 Revolve(旋转)命令可将圆、椭圆、封闭的多段线(直线、圆弧、样条线)等面域(二维封闭区域)对象旋转，生成三维实体。

功能面板：Home → Modeling → Extrude 按钮 → Revolve (图 19－63)

命令格式

Command：REVOLVE ↵

Current wire frame density：ISOLINES＝20

Select objects to revolve：(选择要旋转的图形对象)

Select objects to revolve：↵

Specify axis start point or define axis by[Object/X/Y/Z] < Object >：(给出旋转轴的一端点或指定一直线/指定 X 轴/指定 Y 轴/指定 Z 轴为旋转轴，本例给出旋转轴的一端点)

Specify axis endpoint：(给出旋转轴的另一端点)

Specify angle of revolution or[Start angle] <360>：(给出旋转角)

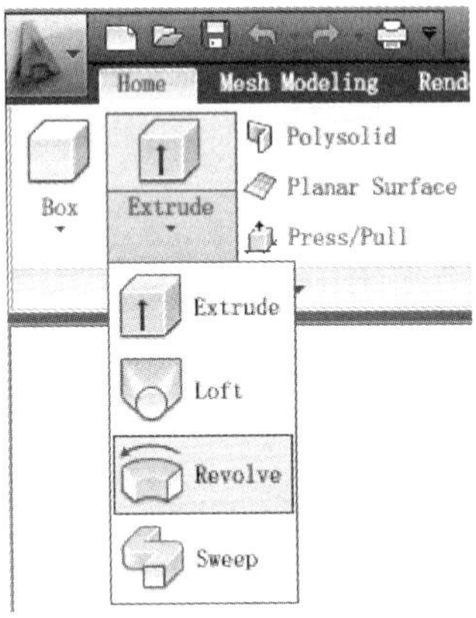

图 19－63 功能面板中的 Revolve 按钮

图 19－64 为利用旋转命令生成的三维实体，其中的平面图形为一封闭的多段线，绕平面

图形左侧的直线旋转，旋转角为 240°。

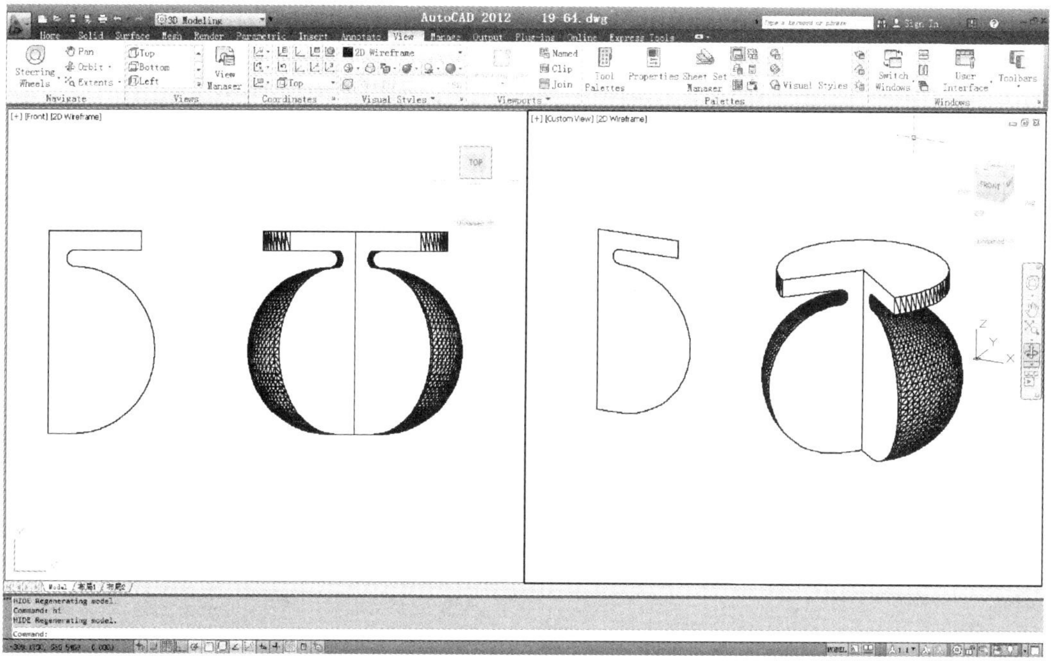

图 19-64　形体旋转命令

五、布尔运算和三维实体的剖切运算(Boolean operation and slice operation)

AutoCAD 中有长方体、圆柱体、圆锥体、球体、圆环、楔形体等基本几何形体。通过对这些基本几何形体施行并、交、差等布尔运算和剖切运算，可产生复杂的组合形体。

1. Union(并运算)

功能面板：Home → Solids Editing → (图 19-65)

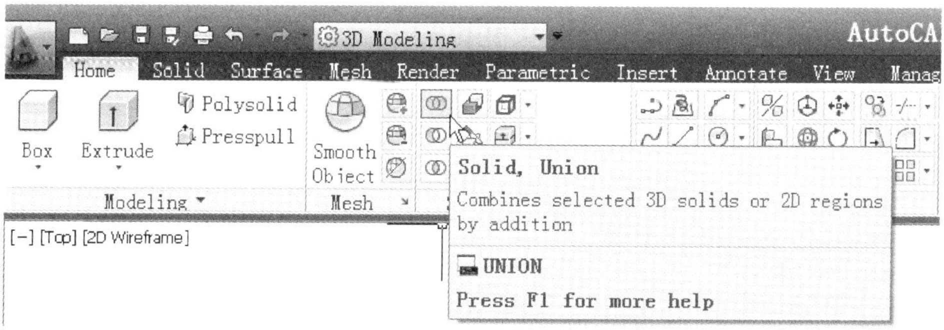

图 19-65　功能面板中的 Union 按钮

命令格式

Command：UNION ↵

通过并运算可将相交或不相交的两个以上的三维实体（或面域）并集成一个，当形体相交时，AutoCAD 能自动求出交线（相贯线）。在图 19－66 的各视口中，左边为并集前的两形体，右边为并集后的组合形体。

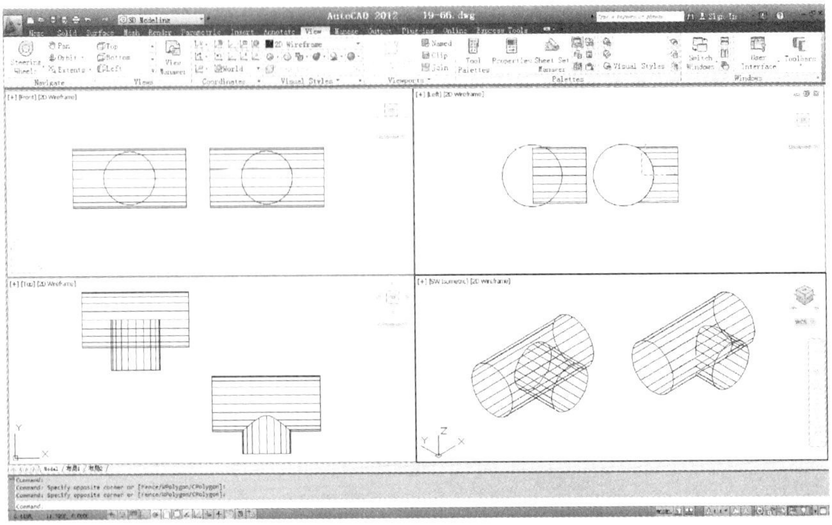

图 19－66　并运算

2. Intersect（交运算）

功能面板：Home→Solids Editing→（图 19－67）

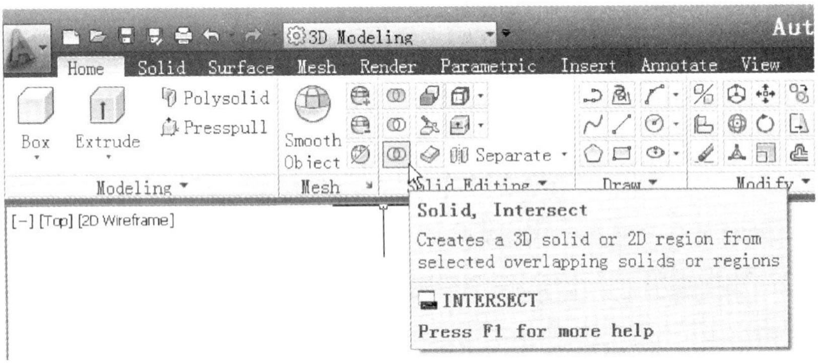

图 19－67　功能面板中的 Intersect 按钮

命令格式

Command：INTERSECT ↵

通过交运算可求出两个以上相交的三维实体（或面域）的公共部分。图 19－68 中左边是三个圆形面域，通过交运算后变为右边的图形。

3. Subtract（差运算）

功能面板：Home → Solids Editing → （图 19－69）

命令格式

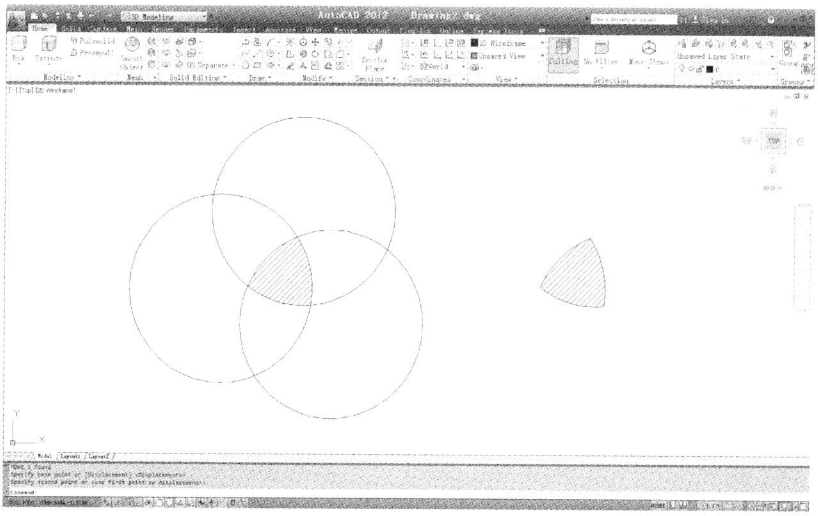

图 19－68　交运算

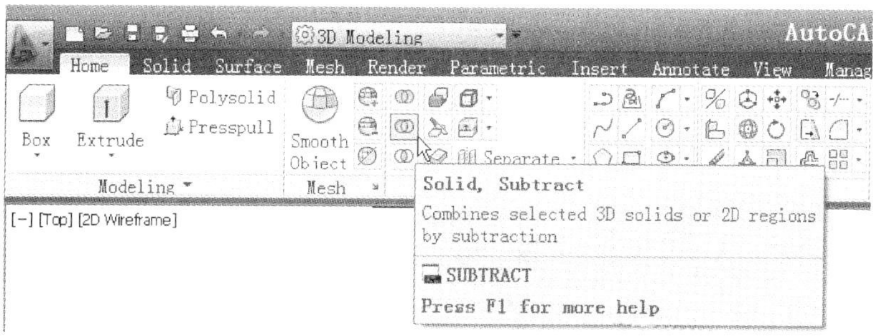

图 19－69　功能面板中的 Subtract 按钮

Command：SUBTRACT ↵

利用该命令可将三维母实体（母面域）中和三维子实体（子面域）重叠的部分切除。输入命令后，在命令区出现提示：

Select solids，surfaces，and regions to subtract from...

Select objects：（选母实体）

Select objects：↵

Select objects：Select solids，surfaces，and regions to subtract...

Select objects：（选子实体）

Select objects：↵

在图 19－70 中，若选圆锥体为母实体，圆柱体为子实体，执行 Subtract 操作后，则可在圆锥体中开出一个圆柱孔。AutoCAD 能够自动地求出两三维实体的相贯线。图中各视口左边形体为执行并运算的结果，右边形体为执行差运算的结果。

4. Slice（剖切）

用剖切可将三维实体截切成为独立的两部分，剖切平面可由不同的方法定义，如三点、平

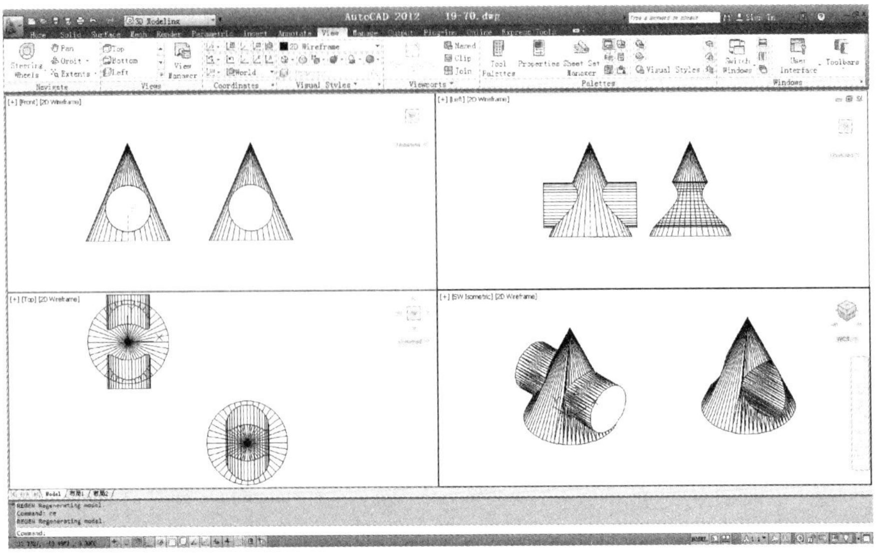

图 19－70 并运算和差运算

面图形(圆、椭圆、封闭的多段线图形、封闭的样条线图形等)、*XY* 平面、*XZ* 平面、*YZ* 平面等。通常采用不在一直线上的三点来定义剖切平面。

功能面板：Home → Solids Editing → (图 19－71)

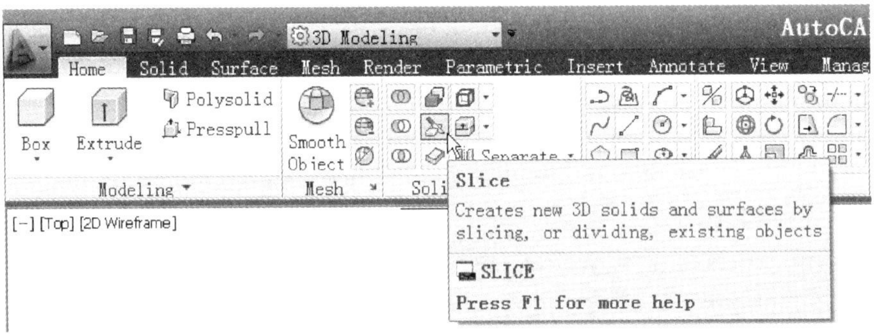

图 19－71 功能面板中的 Slice 按钮

命令格式

Command：SLICE ↵

Select objects to slice：(选择三维形体)

Select objects to slice：↵

Specify start point of slicing plane or[Planar/Object/Surface/Zaxis/View/XY/YZ/ZX/3 points]<3points>：↵

Specify first point on plane：(指定剖切平面上的第一点)

Specify second point on plane：(指定剖切平面上的第二点)

Specify third point on plane：(指定剖切平面上的第三点)

Specify a point on desired side or[keep Both sides] <Both>:(在要保留的一侧指定一点)

如图 19-72 所示，捕捉矩形上的任意三个角点来定义剖切平面，可将圆锥的一部分剖切掉。为作图方便，可在不同的视口中进行操作，如捕捉角点时可在立体视口中操作，指定保留哪一侧时可在正立面视口中操作。在“keep Both sides”提示之后输入“B”，可保留完整的三维实体，但以剖切平面为界分为两部分。

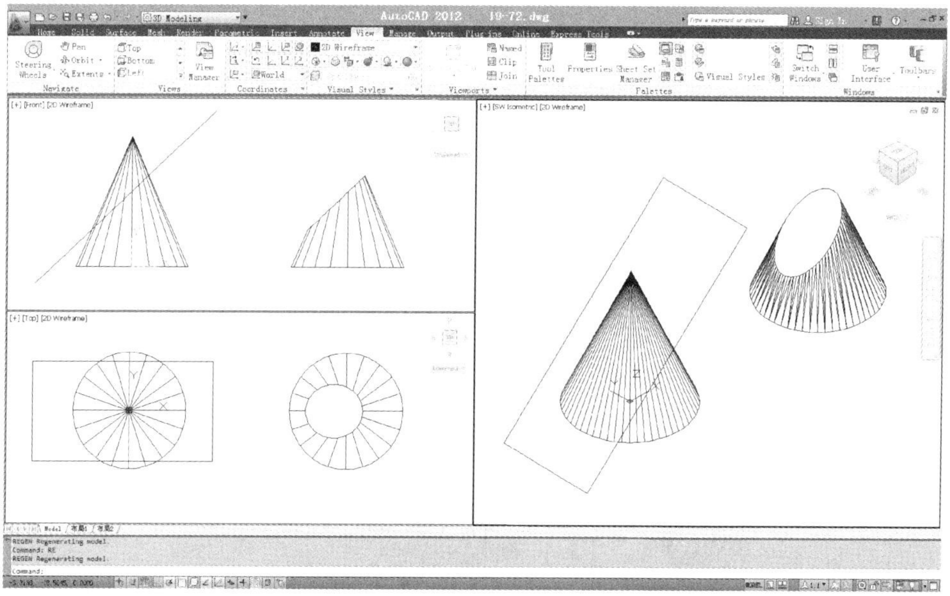

图 19-72 截切命令

六、组合形体作图示例(Drafting examples of combined solids)

由于组合形体是由基本形体通过叠加、切割组合而成的，因此作图时可先作出基本形体，再用复制、移动、布尔运算等编辑命令组建成组合形体。如图 19-73 所示，先创建三个独立的基本形体，再对半圆柱执行 Move 操作，移动时分别捕捉半圆柱底面直棱线的中点和长方体底面前棱线的中点使其准确定位。对三棱柱执行类似的操作，最后用并运算把三个基本形体结合起来，则可完成组合形体的建模(图 19-74)。

【例 19-22】 作出台阶的三维模型(图 19-75)。

作图步骤如下:

(1) 用组合线分别绘制出台阶和侧栏板的端面图形(图 19-75a);

(2) 用拉伸命令分别拉伸出台阶和侧栏板的三维实体(图 19-75b);

(3) 将侧栏板和台阶用捕捉命令定位到适当位置;

(4) 将左边侧栏板复制到右边;

(5) 用并运算把三个形体组合起来(图 19-75c)。

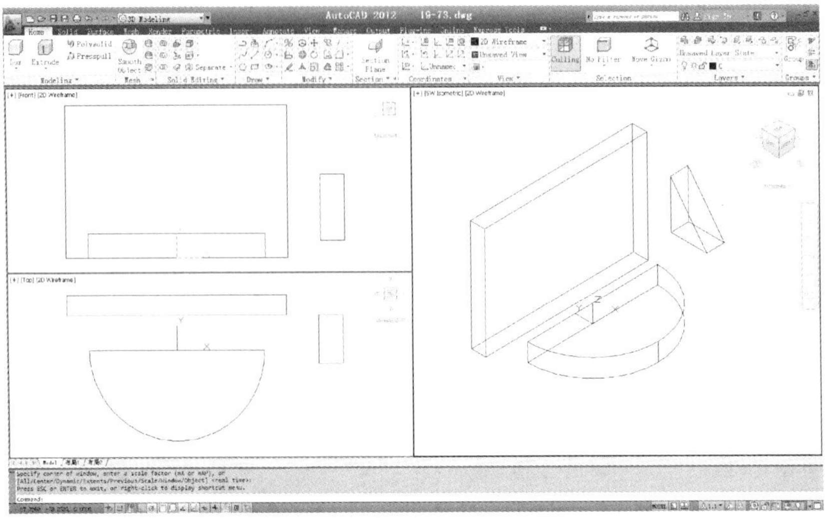

图 19－73 创建基本形体

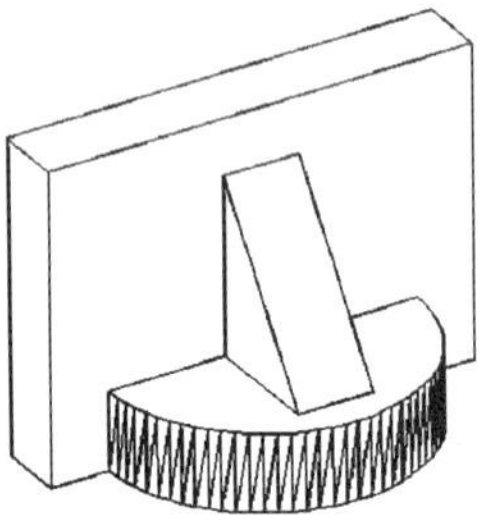

图 19－74 组合基本形体

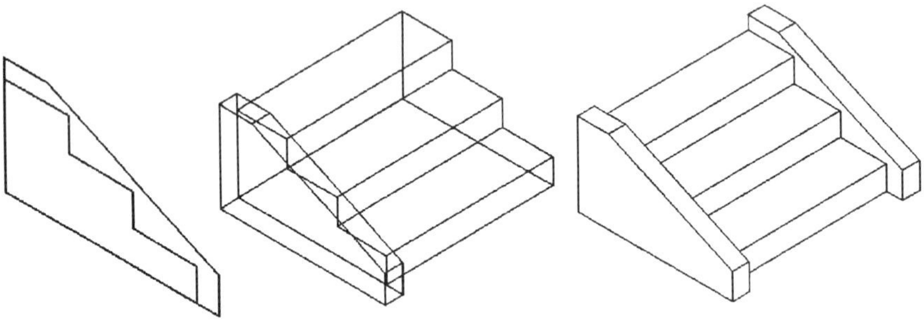

(a) (b) (c)

图 19－75 台阶的建模

§ 19 - 4 曲面的生成 Creation of Surfaces

从本节开始，AutoCAD 的操作将以经典空间界面进行介绍，会给出下拉菜单、工具条菜单、命令格式三种操作方式。

在几何造型中，几何模型被分为线框模型(frame model)、表面模型(surface model)和实体模型(solid model)三类。在 AutoCAD 中可以用不同的方式建立表面模型，并能够以消隐和渲染的方式显示，但不能参与布尔运算和进行切角、倒圆等局部操作，表面模型和实体模型可相互转换。

(一) 用预设厚度的方法生成柱面

在创建由直线、圆、弧线、组合线等图形元素为底的柱面时，应设定标高(elevation)和厚度(thickness)。例如设定标高为 10，厚度为 100，则生成底面(底边)的 Z 坐标为 10，高度为 100 的平面或柱面(图 19 - 76)。

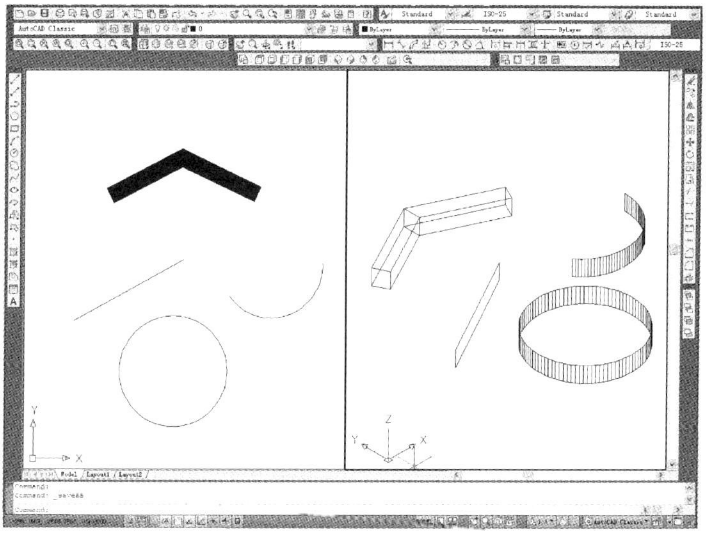

图 19 - 76　用预设标高和厚度的方法生成柱面

命令格式

Command: ELEV ↵

Specify new default elevation <0.0000>: 10 ↵(输入标高)

Specify new default thickness <0.0000>: 100 ↵(输入厚度)

要修改图形元素的标高和厚度，可按以下方法使用对象特性管理器来进行：

下拉菜单：Modify → Properties

命令格式

Command: PROPERTIES ↵

例如要修改图 19 - 76 所示圆柱的标高值，可先选择圆柱，然后调用对象特性管理器。管理器中显示出所选圆柱的有关特征(图 19 - 77)，在 Center Z(圆心高度)右边的数字栏中，用新的数值取代旧的数值，即可完成修改。其他特征也可同样进行修改。

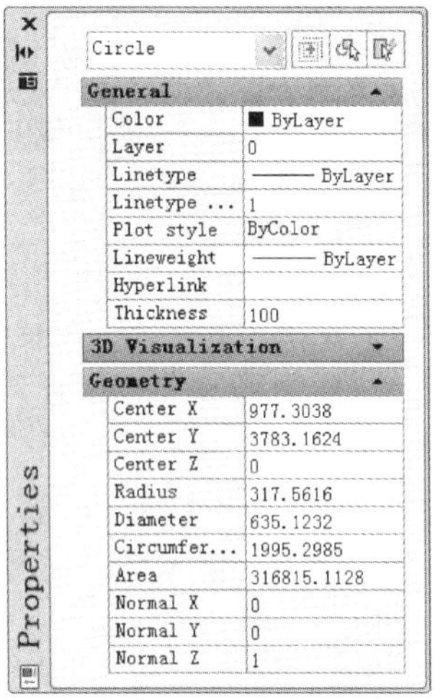

图 19 - 77　对象特性管理器

(二) 生成圆柱面和圆锥面

在 AutoCAD 中，圆柱、圆台、圆锥可用同一个命令生成(但工具条菜单中圆柱面和圆锥面的图标按钮不同)。

注意：当采用工具条菜单生成圆柱等曲面时，应先设定其显示精度，否则显示出来的是多面棱柱。在下拉菜单中选 Tools(工具)→ Options(选项)，然后在打开的对话框中选择“3D Modeling”(三维建模)选项卡，点击“Mesh Primitives”按钮，在随后弹出的对话框中可分别对各种曲面的显示精度进行设定。例如选定圆柱面，在“Tessellation Divis...”区域修改“Axis”的数量为 30，即可改变圆柱面的显示精度(图 19 - 78)。

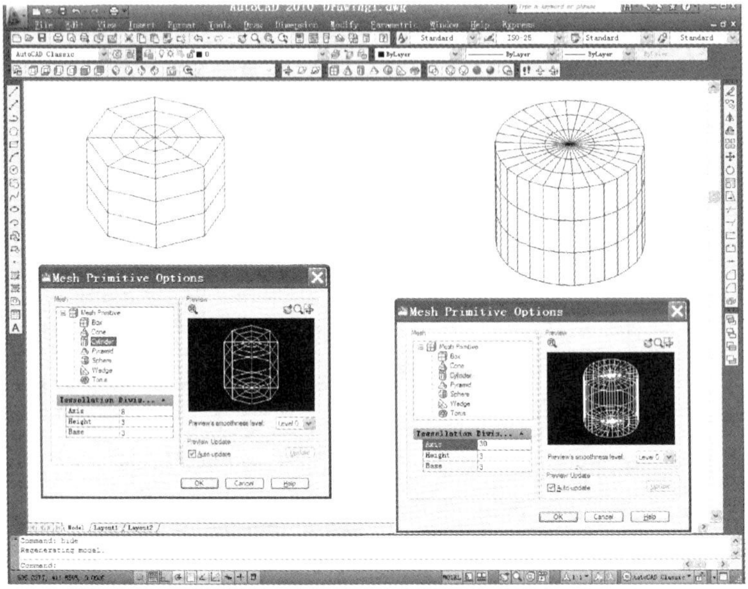

图 19 - 78　设定曲面显示精度

下拉菜单：Draw → Modeling → Meshes → Primitives → Cone

工具条菜单：

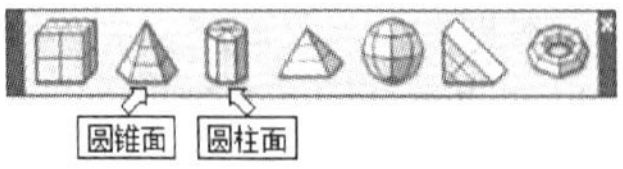

命令格式

Command：AI_ CONE ↵

例如生成圆柱的过程为(图 19 - 79)：

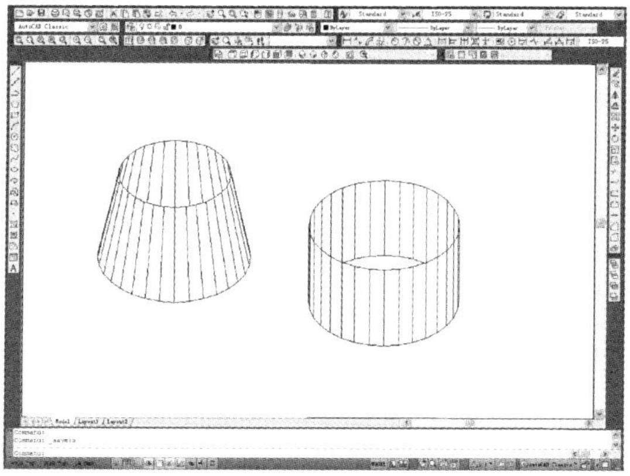

图 19 - 79　绘制圆柱面和圆台面

Specify center point for base of cone：（指定底圆中心坐标）

Specify radius for base of cone or[Diameter]：（给定底圆半径）

Specify radius for top of cone or[Diameter] <0>：（给定顶圆半径，若直接回车，即给定顶圆半径为"0"，即为圆锥）

Specify height of cone：（给定高度）

Enter number of segments for surface of cone <16>：（给出网格分段数）

若给出的顶圆半径不等于底圆半径，绘制出的便是圆台，如图 19 - 79 所示。

（三）生成球面、上、下半球面和环面

这几种曲面均用类似的方法生成，操作时注意分别设定经、纬方向的网格分段数。

下拉菜单：Draw → Modeling → Meshes → Primitives → Sphere

工具条菜单：

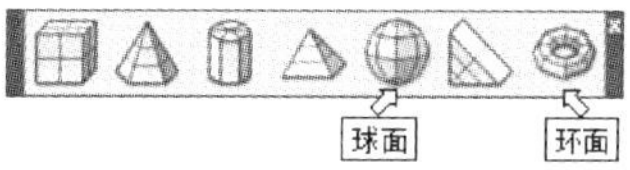

命令格式

Command：AI_ SPHERE ↵（球面）

Command：AI_ DOME ↵（上半球面）

Command：AI_ DISH ↵（下半球面）

Command：AI_ TORUS ↵（环面）

生成球面的过程如下（图 19 - 80）：

Command：AI_ SPHERE ↵

Specify center point of sphere：（指定球心坐标）

Specify radius of sphere or[Diameter]：（指定球面半径或直径）

Enter number of longitudinal segments for surface of sphere <16>：30 ↵（指定球面的经向分段数）

Enter number of latitudinal segments for surface of sphere <16>：30 ↵（指定球面的纬向分段数）

生成环面的过程如下（图 19 - 81）：

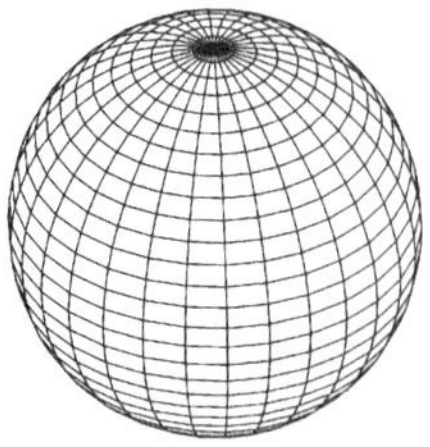

图 19－80 生成球面

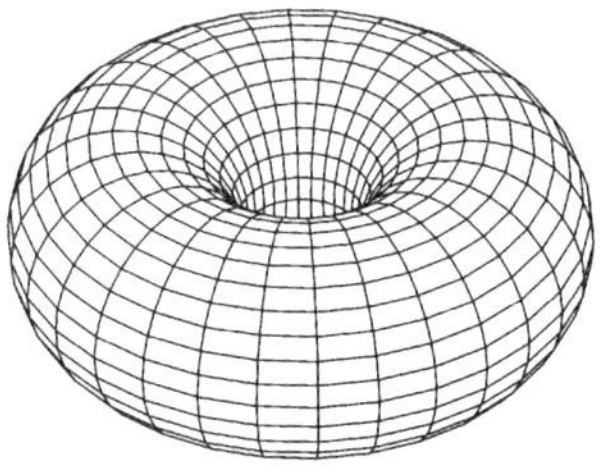

图 19－81 生成环面

Command：AI_ TORUS ↵

Specify center point of torus：（指定环面中心坐标）

Specify radius of torus or[Diameter]：（给出环面半径或直径）

Specify radius of tube or[Diameter]：（给出环管半径或直径）

Enter number of segments around tube circumference <16>：30 ↵

Enter number of segments around torus circumference <16>：30 ↵

（四）生成直纹面

AutoCAD 可以生成非回转面的一般柱面和锥面、单叶双曲回转面等直纹面。

1. 直纹面的线密度

直纹面的线密度(line density)由系统变量 SURFTAB1 控制，其缺省值为 6。

变量设定方法如下：

Command：SURFTAB 1 ↵

Enter new value for SURFTAB1 <6>：20 ↵

在上述命令中将直纹面的线密度从 6 加大到 20，数值越大，线密度越大。

2. 生成一般柱面

只要给出任一曲线和方向矢量，就可生成一般柱面。

下拉菜单：Draw → Modeling → Meshes → Tabulated Mesh

命令格式

Command：TABSURF ↵

Select object for path curve：（选择曲导线）

Select object for direction vector：（选择方向矢量）

曲导线可用样条线、圆、圆弧等画出，方向矢量用直线画出。画直线时可用相对坐标绘制，如图 19－82 中的直线第一点任选，第二点用相对坐标“@50，50，200”。

3. 生成一般锥面

给定一点和一根曲导线，可生成一般锥面。绘制点时应先定义点的显示形式，使其容易捕捉。图 19－83 中的点先在 *XOY* 平面中绘出，然后再用相对坐标移动到 200 的高度。

下拉菜单：Draw → Modeling → Meshes → Ruled Mesh

命令格式

Command：RULESURF ↵

Select first defining curve：（选择曲导线）

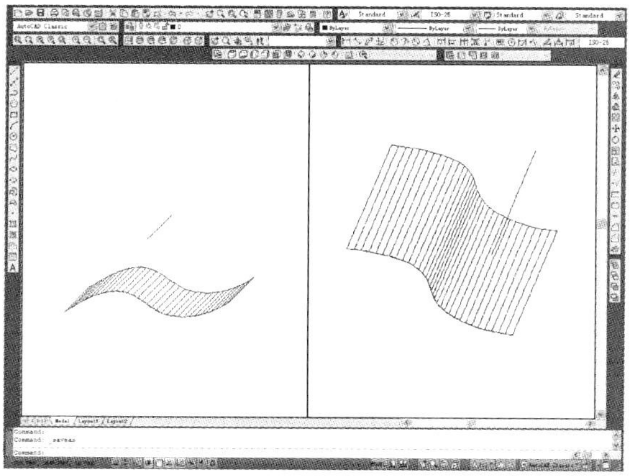

图 19－82　生成柱面

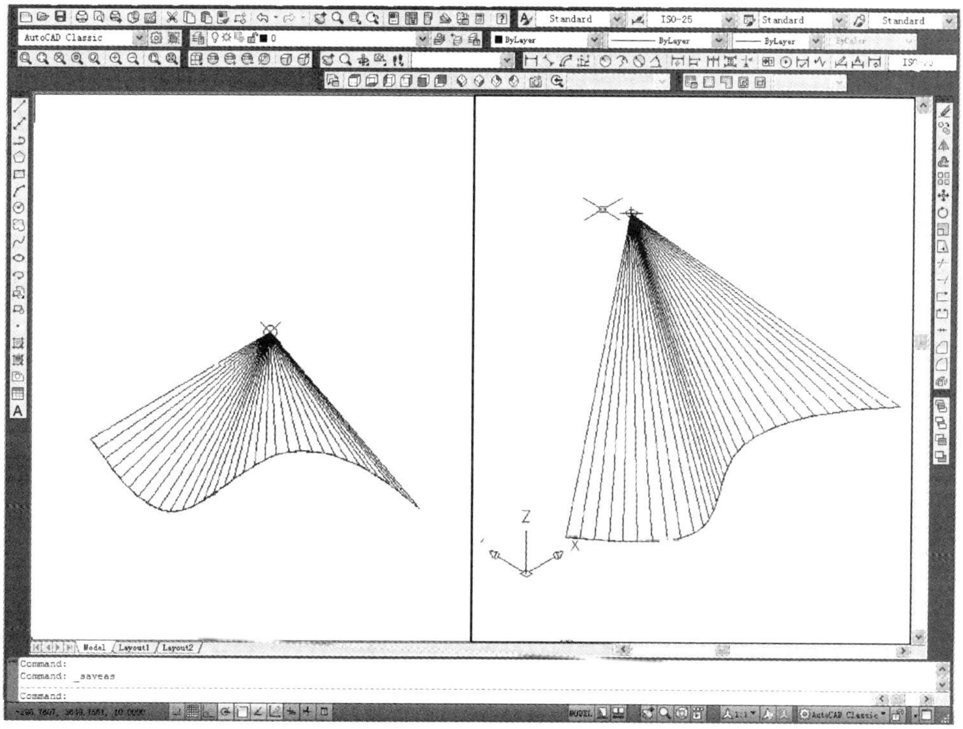

图 19－83　生成锥面

Select second defining curve：（选择点）

4. 生成其他直纹面

由于 AutoCAD 中的直纹面没有引入导平面的概念，因此很难准确地生成锥状面、柱状面、双曲抛物面等直纹面。但任意给出两根导线（直线或曲线），用 Rulesurf 命令均可生成直纹面。图 19－84 中右图利用两交叉直线为导线作出（图中两交叉直线的位置选取较特殊，因此作出的曲面为准确的双曲抛物面）；右二图利用两弧线作出；左边的两图均用同样的直线和弧线作导线，但由于选取导线时在线上点取的位置不同，生成的图形也不相同。

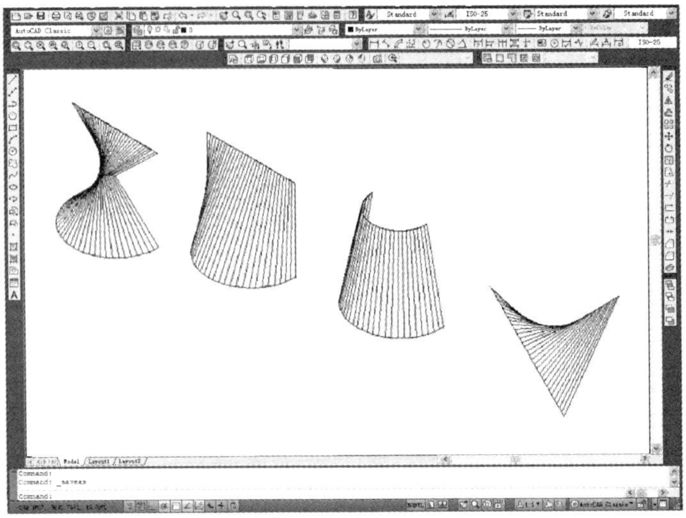

图 19－84 生成其他直纹面

5. 生成任意回转面

给定母线(直线或曲线)和回转轴后，可生成任意的回转面。

下拉菜单：Draw → Modeling → Meshes → Revolved → Mesh

命令格式

Command：REVSURF ↵

Select object to revolve：(选定母线)

Select object that defines the axis of revolution：(选定回转轴)

Specify start angle <0>：(给定起始角度)

Specify included angle(+ = ccw, - = cw) <360>：(给定包角)

系统变量 SURFTAB1 和 SURFTAB2 分别控制经、纬向的线密度。如在图 19－85 中用相同的轴线和母线，当 SURFTAB1 取值为 4 时，生成的是四方形的柱子；当 SURFTAB1 取值为 6

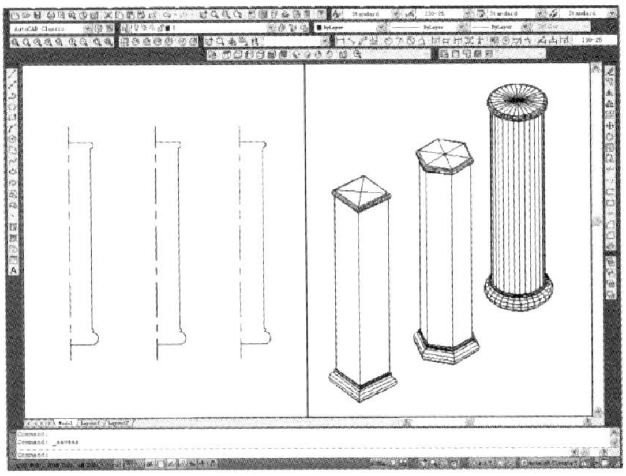

图 19－85 生成任意回转面

时，生成的是六角形的柱子；而当 SURFTAB1 取值为 30 时，生成的则为圆柱。母线可以是圆、圆弧、椭圆弧、样条线、多段线等。作图时常用 Pedit(多段线编辑)命令将复杂的线段拼合成一根多段线作母线。包角顺时针旋转时为负值、逆时针旋转时为正值。包角小于 360°时建立的曲面为一个不封闭的回转面。

单叶双曲回转面的生成方法有两种，可由一双曲线绕它的虚轴线回转一周生成，也可以由一根直线绕与其交叉的直线回转一周生成(图 19－86)。

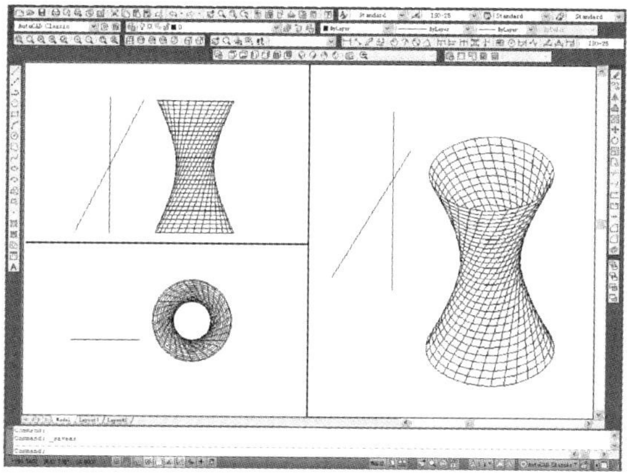

图 19－86　用回转面命令生成单叶双曲回转面

§19－5 正轴测图、透视图和阴影图的生成 Creation of Orthogonal Axonometry，Perspective Projection and Shadows

一、生成正轴测图(Creation of orthogonal axonometry)

建立几何形体的三维模型后，用 AutoCAD 2012 生成正轴测图十分方便。生成正轴测图的实质是确定视图的投射方向。AutoCAD 中确定视图方向的方法很多，下面介绍一些常用的方法。

(一) 用 View(视图)工具条菜单生成正等轴测图

下拉菜单：View → 3D Views

工具条菜单：

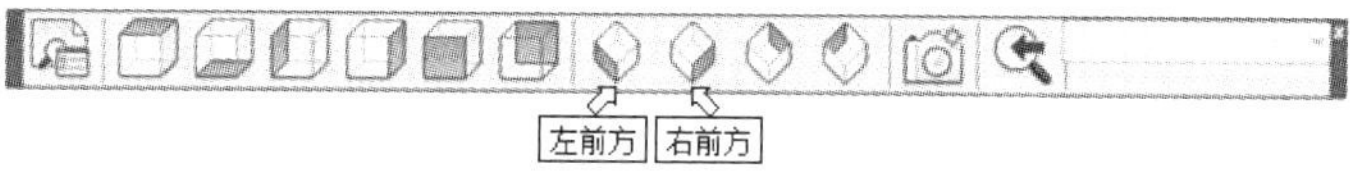

在上面的工具条菜单中，“左前方”按钮表示从左前上方向投射所得的正等轴测图，“右前方”按钮表示从右前上方向投射所得的正等轴测图。点击图标按钮，即可把当前视口改为相应的正等轴测图。例如在图 19－87 中，激活右上角的视口，并在工具条菜单中点击“右前方”按钮，即可得到右前方的正等轴测图；激活右下角的视口，并在工具条菜单中点击“左前方”按钮，即可得到左前方的正等轴测图。

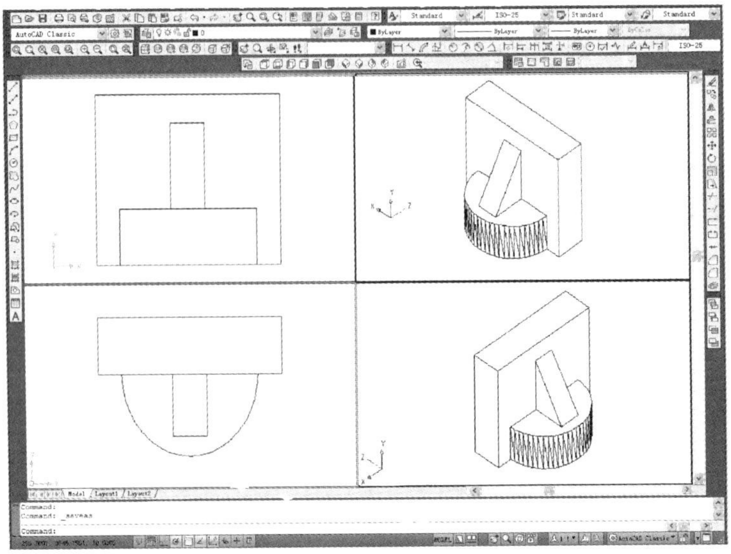

图 19－87 正等轴测图的获得

保存轴测图(或其他视图)：

下拉菜单：View → Named views...

工具条菜单：

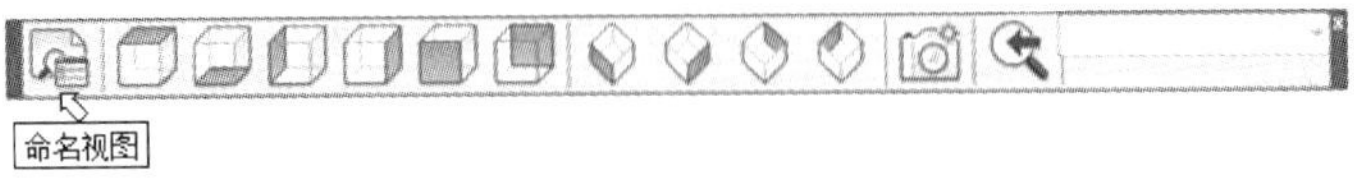

命令格式

Command：VIEW ↵

输入 View 命令后打开 View Manager(视图管理器)对话框(图 19－88)。利用该对话框可进行存储当前视图、查询已存储的视图、调出已存储的视图等操作。对该对话框中的部分按钮说明如下：

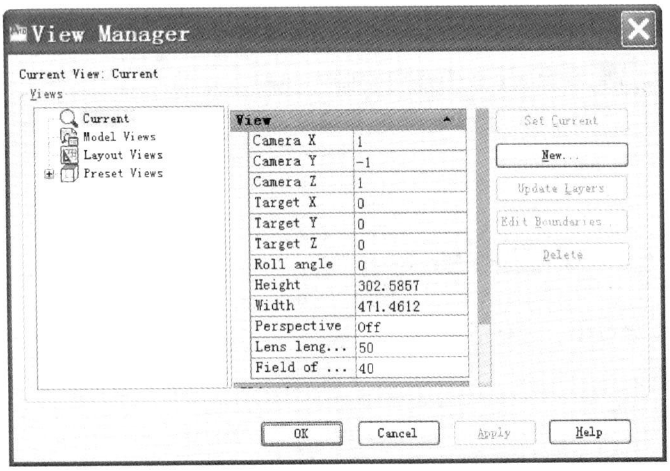

图 19－88 视图管理器对话框

- Set Current：选择已存储视图中的一个置为当前视图
- New...：打开新建视图对话框，在该对话框中可命名新建视图并存储
- Edit Boundaries...：可用窗口选定某一局部为存储对象

（二）任意投射方向正轴测图的设定

除了正等轴测图外，还可以用不同的方法设定任意投射方向的正轴测图，例如可通过 Viewpoint Presets（视点预设）、Vpoint（视点）、Dview（动态观测）、3D Orbit（三维动态观察器）等方式生成各种轴测图。

1. Viewpoint Presets（视点预设）

下拉菜单：View → 3D Viwes → Viewpoint Presets...

命令格式

Command：DDVPOINT ↵

进入命令后，显示“Viewpoint Presets”（视点预设）对话框（图 19 - 89）。在该对话框中，通过指定视线（视点与当前坐标系原点的连线）的水平投影与 *X* 轴的夹角以及视线与 *XOY* 平面的夹角，可以设定三维视图的观察方向。在 From X 右边的框中输入角度数值，可确定前、后、左、右的观测方向；在“From XY”处右边的框中输入角度数值，可确定上、下的观测方向。

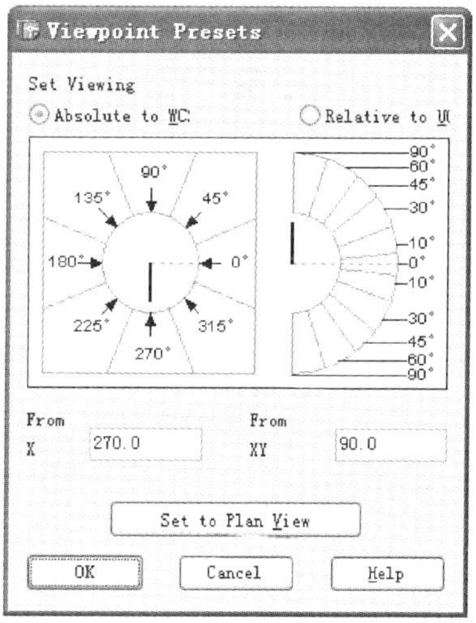

图 19 - 89　视点预设对话框

2. Vpoint（视点）

下拉菜单：View → 3D Viwes → Vpoint...

命令格式

Command：VPOINT ↵

Current view direction：VIEWDIR = 0.00，0.00，0.00 ↵

Specify a view point or [Rotate] <display compass and tripod>：

各选项说明如下：

（1）Specify a view point（指定视点）选项。

缺省选项，需要从键盘输入 *X*、*Y*、*Z* 的方向数。方向数确定了视点的位置。例如，将方向数设为(1，-1,1)，则生成正等轴测图。

注意：方向数只是一个比例数，若将方向数设为(2，-2,2)可得到同样结果；如将方向数设为(-0.253，-0.660,0.707)，则可生成正二等轴测图。

（2）Rotate（旋转）选项。

Specify a view point or [Rotate] <display compass and tripod>：R ↵

Enter angle in XY plane from X axis <315>：（输入和 *X* 轴的夹角，正等测时夹角为 225°，正二测时夹角为 249°）

Enter angle from XY plane <35>：（输入和 *XOY* 平面的夹角，正等测时夹角为 35°，正二测时夹角为 45°）

（3）display compass and tripod（显示坐标球和轴测轴）选项。

选择该选项将在屏幕上显示一个罗盘形状的标志和轴测轴(图 19－90)。利用罗盘和轴测轴也可以确定投射方向。

在图 19－90 中，位于屏幕右上方的罗盘类似于地球的二维图，“＋”显示在罗盘上，用鼠标可拖动，如果“＋”在内圆内，那么就是在三维模型上方向下观察；如果“＋”在外圆和内圆之间，那么就是在三维模型下方向上观察。移动“＋”，轴测轴随之旋转，动态地表示投射方向。当获得满意的投射方向时，回车即可生成轴测图。

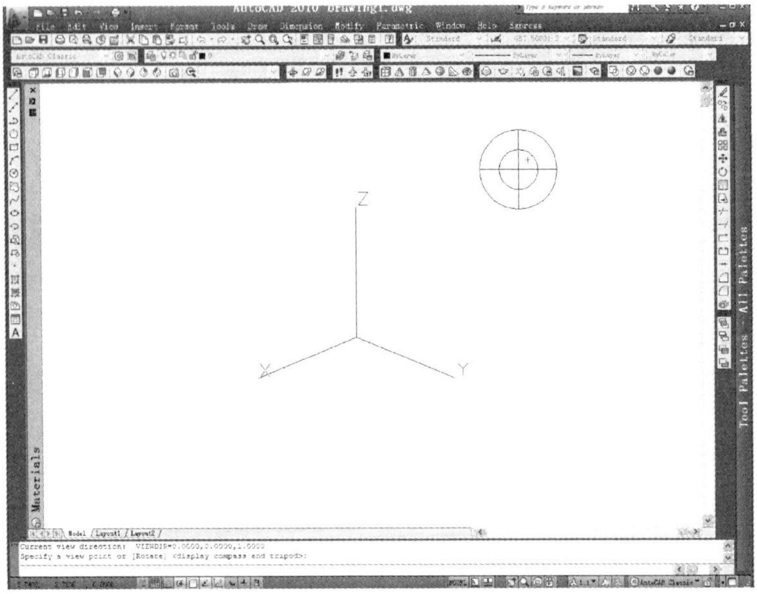

图 19－90 Vpoint 命令显示的罗盘和轴测轴

3. Dview(动态观测)

下拉菜单：View → 3D Viwes → Dview

命令格式

Command：DVIEW ↵

Select objects or < use DVIEWBLOCK >：(选择物体)↵

[CAmera/TArget/Distance/POints/PAn/Zoom/TWist/CLip/Hide/Off/Undo]：

Enter direction and magnitude angles：

选择物体后按回车键，所选的物体即可随着鼠标动态地移动，当移动到满意的位置时，回车即可确定视图(图 19－91)。

二、生成透视图(Creation of perspectives)

用 AutoCAD 生成三维透视图非常方便，可以用 Dview(动态观察)命令和 3D Orbit(三维动态观察器)命令生成。三维动态观察器更为直观易用，几乎可以取代动态观察命令，但利用三维动态观察器生成透视图时不能数值化，只能凭观察获得结果。本书只介绍三维动态观察器的使用。

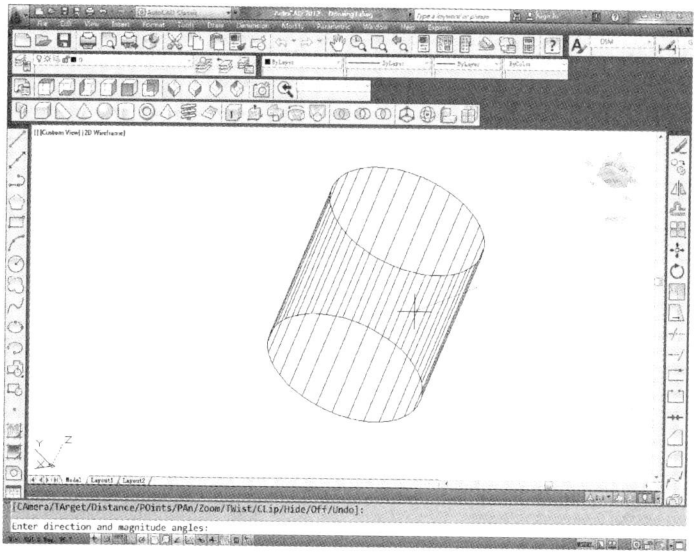

图 19－91　用“动态观察”命令确定轴测图的投射方向

图 19－92 右边的图形为台阶的正等轴测图，而左边的图形为利用三维动态观察器生成的透视图。两图形均用同一几何模型显示，因此，几何模型的建立是三维绘图和三维显示的关键所在。

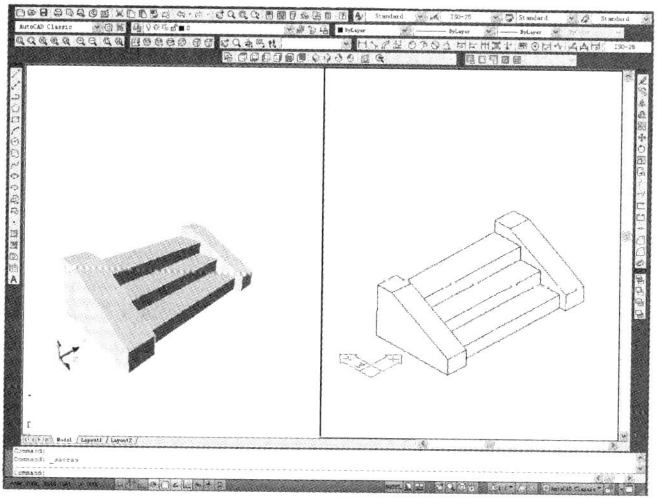

图 19－92　透视图的生成

（一）三维动态观察器

下拉菜单：View → Orbit → Constrained Orbit

工具条菜单：

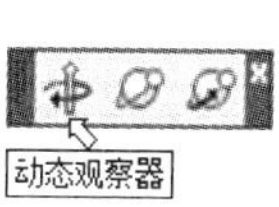

命令格式

Command：3DORBIT ↵

三维动态观察器实际上包含了一系列命令。进入三维动态观察器后，在屏幕上出现了一个三维的坐标系图标(图 19－93)，表示目前处在三维动态观察器内。要退出三维动态观察器，可单击鼠标右键，在弹出的快捷菜单(图 19－94)中选择 Exit，或按下键盘上的 Esc 键。

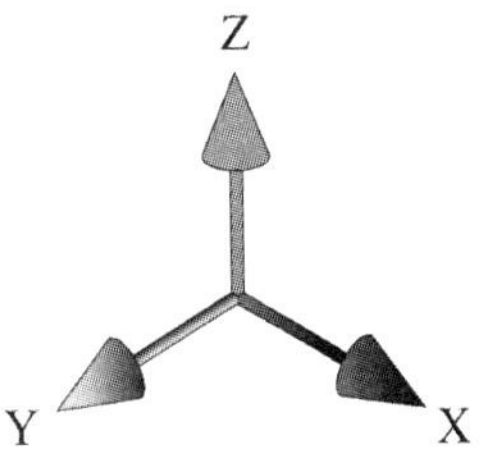

图 19－93 坐标系图标

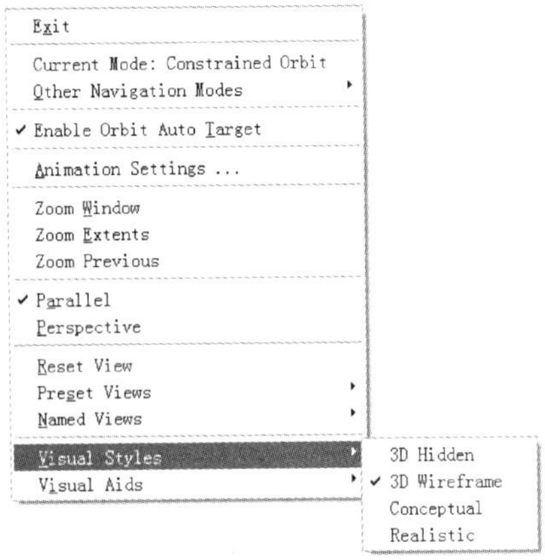

图 19－94 三维动态观察器中的快捷菜单

注意：如果选择了快捷菜单中 Visual Styles 的三维显示模式，则要退出三维显示模式才能完全退出三维动态观察器，否则很多 AutoCAD 的编辑命令将不能使用。退出三维显示模式的方法如下：

下拉菜单：View → Visual Styles → 2D Wireframe

工具条菜单：

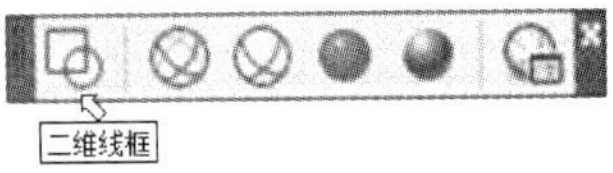

命令格式

Command：SHADEMODE ↵

Enter an option[2d wireframe/3d wireframe/3d Hidden/Realistic/Conceptual/Other]＜2d wireframe＞：＜Realistic＞：2 ↵(回到二维线框显示方式)

为了获得不同的显示效果，可在快捷菜单中选择不同的三维显示模式，勾选 Visual Styles 项下的各子项(图 19－94)，可获得不同的显示效果：

- 3D Hidden：以三维消隐模式显示模型
- 3D Wireframe：以三维线框模式显示模型
- Conceptual：以概念性渲染模式显示模型
- Realistic：以真实感渲染模式显示模型

在上述各种三维显示模式下输入 3D Orbit 命令，回车后屏幕右上角会出现一个 View Cube(辅助观察体)，如图 19－95 所示。点击 View Cube 工具，可以观察模型的前、后、上、下、左、右、轴测等各个视图；将光标放在 View Cube 上时，按住鼠标左键即可任意旋转模型。

图 19－95 View Cube 辅助观察体

（二）透视显示方式

在 3D Orbit 命令状态下，在快捷菜单中勾选：Projection → Perspective，即可进入透视显示方式。

在透视显示方式下，可采用 Walk（漫游）或 Fly（飞行）导航模式调整视点或目标点的位置。这两个命令的用法较相似，下面介绍 Walk（漫游）导航模式的应用。

下拉菜单：View → Walk and Fly → Walk

工具条菜单：

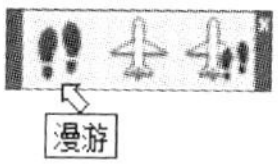

命令格式

Command：3DWALK ↵

进入命令后，在打开的对话框（图 19 – 96）上方显示出一个视角锥，将光标置于视角锥红色的顶点上，按下鼠标左键并移动可调整视点的位置；将鼠标置于视角锥底边绿色的中点上，按下左键并移动鼠标，可调整目标点的位置；将鼠标置于视角锥上，按下左键并移动鼠标，可平移视角锥。屏幕中的透视图会随视角锥位置的变化实时改变。也可在对话框下方的表中输入各个参数的数值。在键盘中用四个方向键或 W 键（向前）、A 键（向左）、S 键（向后）和 D 键（向右）可调整漫游的方向。采用 Walk 或 Fly 命令可绘出一点、两点和三点透视图（图 19 – 97）。

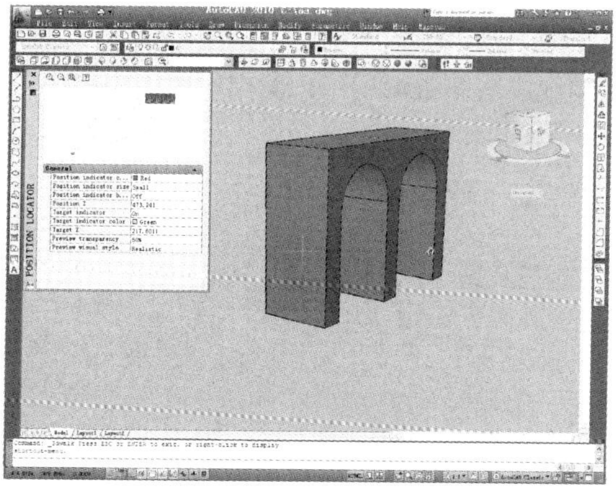

图 19 – 96　Walk 模式对话框

一点透视　　两点透视　　三点透视

图 19 – 97　拱门的透视图

三、产生阴影(Creation of shadows)

要产生阴影，可利用 AutoCAD 中的 Render(渲染)命令，图 19－98 中带阴影的正立面图就是利用 AutoCAD 的渲染功能绘制的。要获得理想的渲染效果图，需要对其进行较为复杂的设置，这里只作简要介绍。

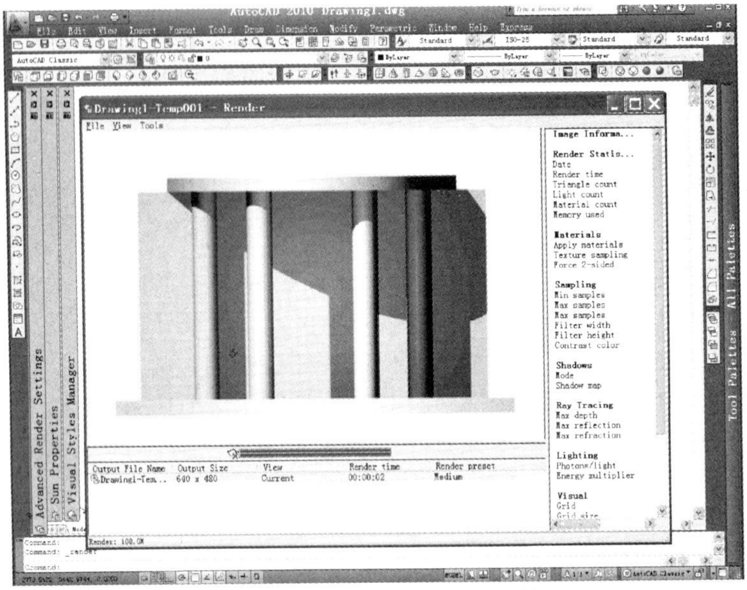

图 19－98 AutoCAD 的渲染功能

如果使用 AutoCAD 的内置参数获得渲染图，操作上十分方便。

1. 使用内置参数渲染

下拉菜单：View → render → render

工具条菜单：

命令格式

Command：RENDER ↵

输入命令后，即可在渲染窗口中完成对当前视口的渲染(图 19－99)。渲染后的图像可用渲染窗口的下拉菜单：File→Save 将其存储。从图中看出，目前的渲染效果并不理想，因此应对其中光源、渲染模式等作出调整。

2. 光源的设置

在渲染过程中，光源的应用非常重要，它由强度和颜色两个因素决定。AutoCAD 中可使用的光源有太阳光、点光源、平行光源、聚光源等。

下拉菜单：View → render → Light...

工具条菜单：

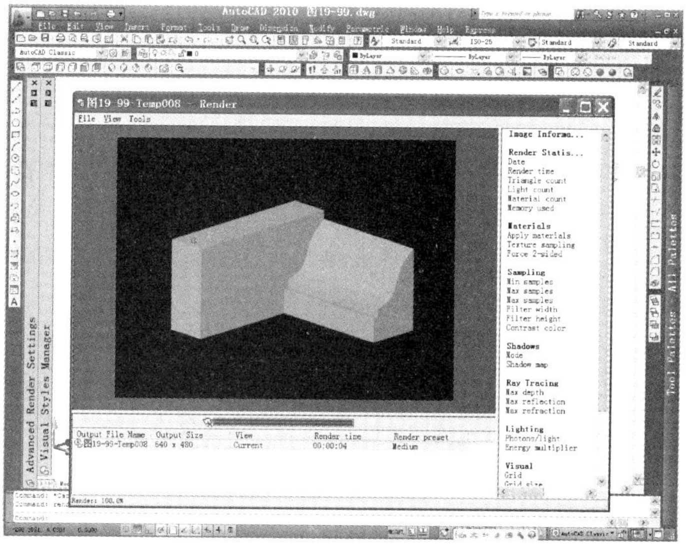

图 19 - 99　使用内置参数渲染

命令格式

Command：LIGHT ↵

输入命令后，可打开光源设置对话框，并对光源的种类、颜色、强度、方向等进行设置。

3. 设置渲染材质

在渲染对象时，使用材质可以增强模型的真实感。在 AutoCAD 中，可以为对象选择并附加材质。

下拉菜单：View → render → materials...

工具条菜单：

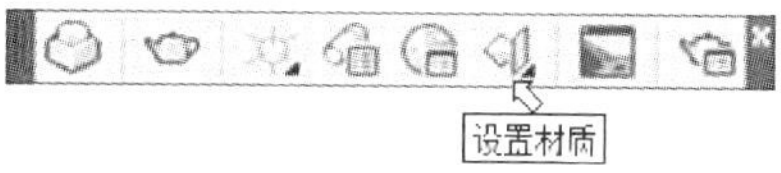

命令格式

Command：MATERIALS ↵

输入命令后，可打开材质管理器，并可对所用的材质进行各种设置。

渲染的内容较多，也较繁杂，请参阅 AutoCAD 相关教程，在此不作详细介绍。

§ 19 - 6 绘制建筑工程图 Drafting of Architectural Engineering Drawings

一、尺寸标注(Dimensioning)

(一) AutoCAD 尺寸标注的介绍

AutoCAD 中的尺寸标注采用半自动方式，绘图时可自动测量图形的数值并按设定的尺寸标注样式(dimension style)进行标注。此外，AutoCAD 还提供了功能强大的尺寸标注编辑功能。

AutoCAD 内部预设了不同的尺寸标注样式，以适应不同的使用要求。例如用直接方式建立图形文件时，预设的尺寸标注样式为 ISO－25。这种样式依据国际标准化组织 ISO 制定的标准，但不完全符合我国的《房屋建筑制图统一标准》(GB/T 50001—2010)。因此，绘图时应重新设定尺寸标注样式(存储在样板图中或存储为外部参照样式后,绘图时可直接调用)。尺寸标注样式由几十个系统变量控制，在对话框中可直观地改变这些系统变量，从而改变尺寸的外观样式，如尺寸线起止符号的形式、尺寸数字的大小、位置等。

AutoCAD 提供了多种尺寸标注类型，常用的形式包括：线性(linear)尺寸、直径(diameter)、半径(radius)、角度(angular)等。绘图时大部分尺寸都可按照给定的尺寸标注样式半自动标注，对于一些特殊的尺寸，可用 Dimedit(尺寸编辑)命令和 Dimtedit(尺寸文本编辑)命令进行修改。

(二) 尺寸标注样式的设置

AutoCAD 提供了一个尺寸标注样式管理器，用于建立新的尺寸标注样式及管理已有的尺寸标注样式。尺寸标注样式管理器的主要功能包括：

- 预览尺寸标注样式
- 建立新的尺寸标注样式
- 修改已有的尺寸标注样式
- 替代已有的尺寸标注样式
- 设置当前的尺寸标注样式
- 比较尺寸标注样式
- 重新命名尺寸标注样式
- 删除尺寸标注样式

1. 尺寸标注样式管理器

下拉菜单：Dimension → Dimension Style...

工具条菜单：

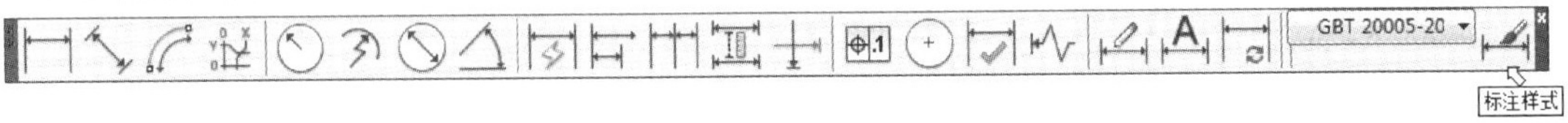

命令格式

Command：DIMSTYLE ↵

尺寸标注样式管理器对话框如图 19－100 所示。该对话框中包括一些说明区和命令按钮：

(1) Current Dimension style(当前尺寸标注样式)：图 19－100 中显示当前的尺寸标注样式为 ISO－25，如果不改变当前标注样式，AutoCAD 将把这种样式用于所有的尺寸标注。

(2) Styles(样式)区和 Preview of(预览)区：Style 区中显示设定的所有尺寸标注样式的名称；Preview of 区中显示被选中的尺寸标注样式的图例。

(3) Set Current(设置当前尺寸标注样式)按钮：该按钮将在 Styles 区中选定的尺寸标注样式设置为当前样式。

(4) New...(新建尺寸标注样式)按钮：点击该按钮将打开如图 19－101 所示的 Create

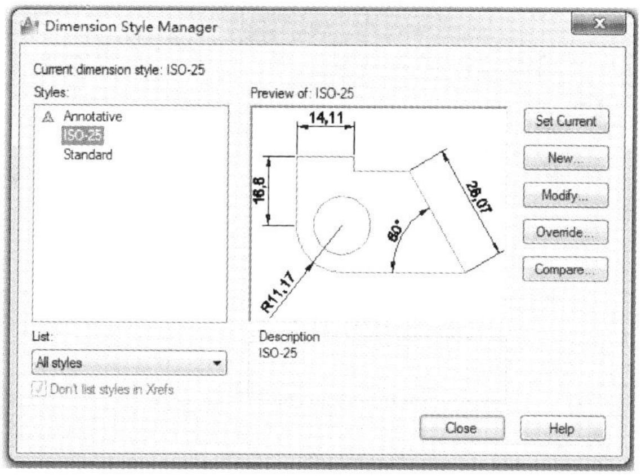

图 19－100　尺寸标注样式管理器对话框

New Dimension Style(创建新标注样式)对话框，用该对话框可创建新的尺寸标注样式。图中创建了名为“GBT 20005－2010”的尺寸标注样式，该样式是以 ISO－25 为样板(对话框中 Start With 所列样式名称)，适用于所有类型的尺寸标注。

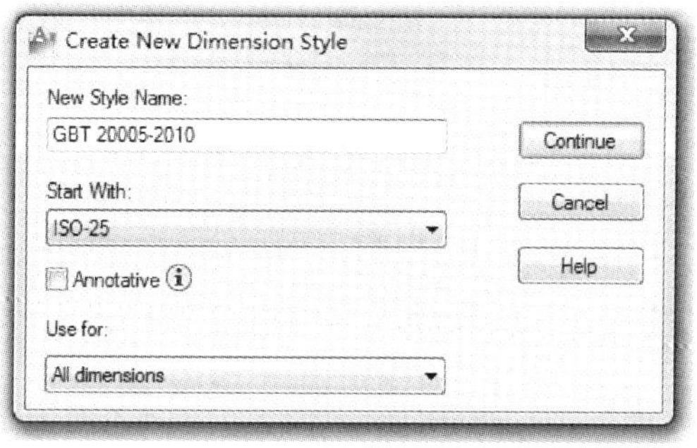

图 19－101　创建新标注样式对话框

(5) Modify...(修改尺寸标注样式)按钮：点击该按钮将打开 Modify Dimension Style(修改尺寸标注样式)对话框，用该对话框可修改当前的尺寸标注样式。

(6) Override...(替代尺寸标注样式)按钮：点击该按钮将显示打开 Override Dimension Style(替代尺寸标注样式)对话框，用该对话框可设置临时的尺寸标注样式。

(7) Compare...(比较尺寸标注样式)按钮：点击该按钮将打开 Compare Dimension Style(比较尺寸标注样式)对话框，该对话框可用于比较两个不同的尺寸标注样式或查看某个样式的特性。

2. 新建、修改和替代尺寸标注样式对话框

点击图 19－101 所示的“创建新标注样式”对话框中的 Continue(继续)按钮，即可进入“新建标注样式”对话框。(“修改标注样式”和“替代标注样式”两对话框中的选项与该对话框完全一样,在此一并说明。)

“新建标注样式”对话框包含七个选项卡，分别控制尺寸标注中的不同部分，下面将对建筑制图中常用的设置作出说明。

(1) Lines(直线)选项卡(图 19－102)：该选项卡用于设置与尺寸标注有关的直线形式。

建筑制图中常用的设置如下：

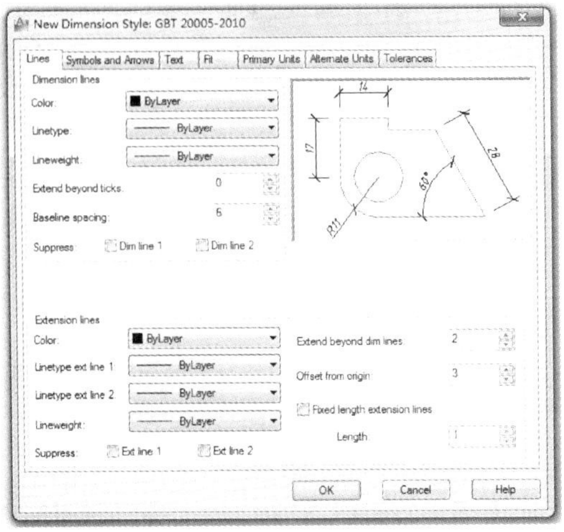

图 19－102　直线选项卡

Baseline spacing（基线间距）栏中设置数值为 6，该数值指定了在使用基线尺寸标注方式标注时两相邻尺寸线之间的距离；Extend beyond dim lines（超出尺寸线）栏中设置数值为 2，该数值指定了尺寸界线相对尺寸线的超出量；在 Offset from origin（起点偏移量）栏中设置数值为 3，该数值指定了尺寸界线起点的偏移距离；一般可将所有设定为 ByBlock（随块）的项改为 ByLayer（随层），以方便需要时进行编辑。

（2）Symbols and Arrows（符号和箭头）选项卡（图 19－103）：该选项卡用于设置尺寸起止符号和中心标记等。建筑制图中常用的设置如下：

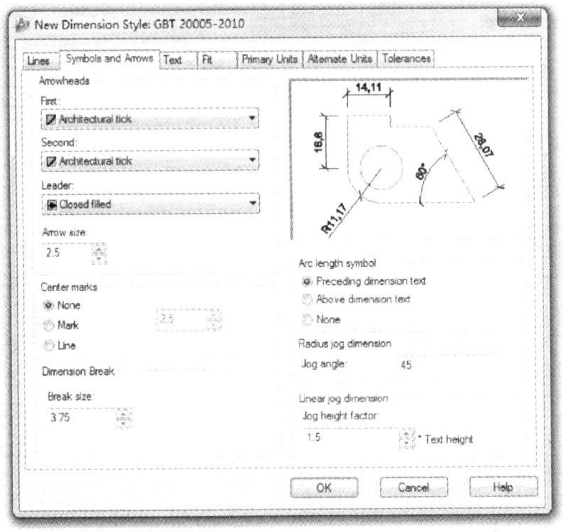

图 19－103　符号和箭头选项卡

Arrowheads（尺寸起止符号）栏中 First 和 Second 选项中均选定为 Architectural tick（建筑标记——中粗短斜线）；Arrow size（起止符号大小）设置数值为 2.5；Center marks（中心标记）栏选定为 None（不注出中心标记）。

（3） Text（文本——尺寸数字）选项卡（图 19－104）：该选项卡用于设置尺寸数字的格式、位置及对齐方式等。建筑制图中常用的设置如下：

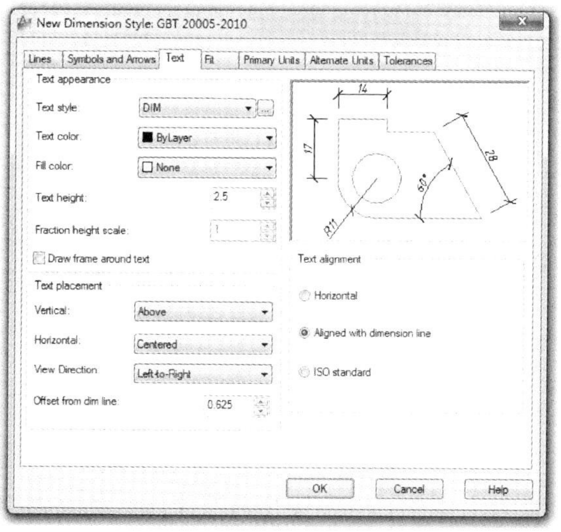

图 19－104　文本选项卡

Text height（文本高度）栏中设置数值为 2.5 或 3.5，即选用 2.5 号或 3.5 号字；Text placement（文本位置）栏中 Vertical（垂直位置）选定 Above（上方），Horizontal（水平位置）选定 Centered（中间）；Text alignment（文本对齐）栏中选 Aligned with dimension line（与尺寸线对齐）。点击 Text appearance 选项中 Text style（文本样式）栏右边的“...”按钮，即打开文本样式对话框（图 19－105），在 Font Name（字体）选定 gbeitc. shx，该字体基本符合我国《技术制图》统一标准的要求。

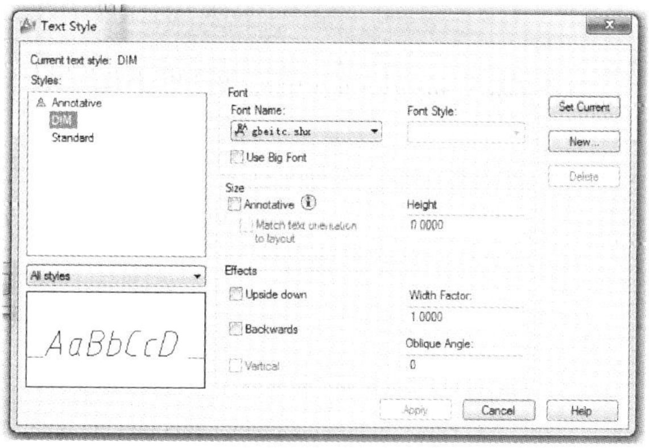

图 19－105　文本样式对话框

（4） Fit（调整）选项卡（图 19－106）：该选项卡用于调整箭头和尺寸数字的放置位置。

Fit options（调整选项）：可根据两尺寸界线间的大小，确定箭头和尺寸数字放置在两尺寸界线间还是放在尺寸界线外。如果空间够用，AutoCAD 将箭头和尺寸数字放在尺寸界线间，如果不够用，则根据在“调整选项”栏中的具体设置来放置文字和箭头的位置。

Text placement（文字位置）：可设置尺寸数字被改动位置后新的放置方式。

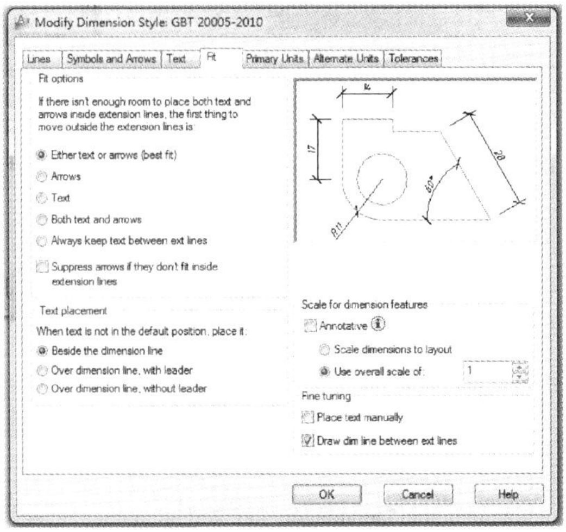

图 19－106 调整选项卡

Scale for Dimension Features(标注特征比例)：可设置全局缩放方式或图纸空间缩放方式。例如绘图时按 1∶1 的比例绘制建筑物，打印输出时按 1∶100 的比例输出，可选择全局缩放方式，比例系数取 100。

Fine tuning(优化)：一般选择 Draw dim line between ext lines(在两尺寸界线中放置尺寸)选项，可自动在两尺寸界线中放置尺寸数字；若选择 Place text manually(手动放置文字)选项，则在标注尺寸时可动态调整尺寸数字的位置。

(5) Primary Units(主单位)选项卡(图 19－107)：该选项卡可用于设置主要单位(线性尺寸和角度)的格式及精度，并可设置标注文字的前缀和后缀。

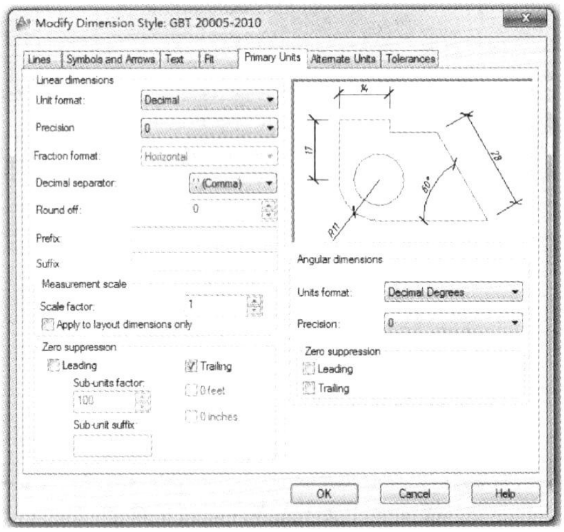

图 19－107 主单位选项卡

绘制建筑图时，Unit Format(单位格式)设置为十进制(Decimal 和 Decimal Degrees)，Precision(精度)设置为 0 即可(当尺寸单位为米时可另设精度)。

3. 附加尺寸标注方式的设置

前面我们设定了名为“GBT 20005－2010”的尺寸标注样式，这种样式可用于所有类型的尺寸标注。但在实际绘图时，不同类型的尺寸采用的标注方式会有所不同。例如在标注直径和半径时采用箭头作为尺寸起止符号，标注角度时尺寸数字字头永远朝上等。采用设置尺寸标注子样式的方法可以解决这些问题。

（1）角度标注的子样式。

在尺寸标注样式管理器对话框（图 19－100）中先点击 New...（新建标注样式）按钮，在打开的 Create New Dimension Style（创建新标注样式）对话框（图 19－108）中的 Start With 栏选 GBT 20005－2010，Use for 栏选 Angular dimensions（角度标注），即可建立附加在 GBT 20005－2010 样式下，专用于角度标注的子样式。

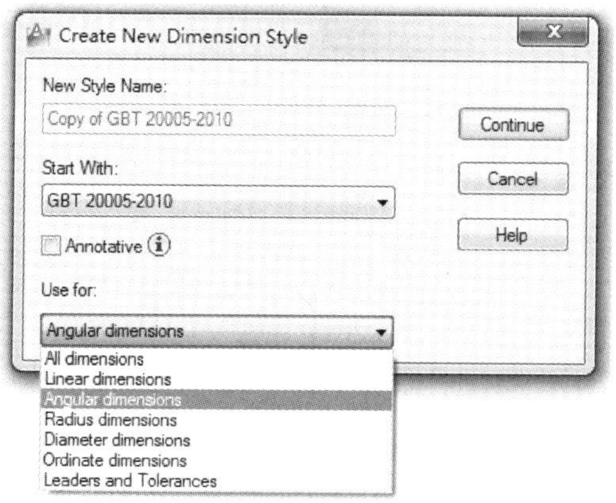

图 19－108 创建新标注样式对话框

随后在 Symbols and Arrows（符号与箭头）选项卡（图 19－103）的 Leader 栏中选 Closed filled（实心箭头）为尺寸起止符号，在 Text（尺寸数字）选项卡（图 19－104）的 Text alignment（文本对齐）栏中选 Horizontal（水平放置）方式，即可完成设置。设置完成后的尺寸标注样式管理器对话框如图 19－109 所示。

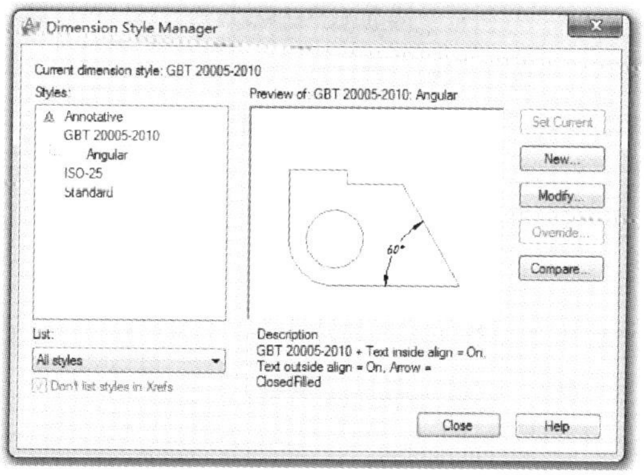

图 19－109 标注子样式的设置

（2）直径标注子样式

依照上述方法打开 Create New Dimension Style 对话框，在 Start With 栏选 GBT 20005－2010，Use for 栏选 Diameter dimensions（直径标注），即可建立附加在 GBT 20005－2010 样式下，专用于直径标注的子样式。

随后在 Symbols and Arrows 选项卡的 Leader 栏中选 Closed filled（实心箭头）为尺寸起止符号，在 Fit（调整）选项卡（图 19－106）的 Fit options 栏中选择 Both text and arrows 方式，即可完成设置。

同理可设置半径标注的子样式。

（三）尺寸标注命令的使用

1. 标注线性尺寸

下拉菜单：Dimension → linear

工具条菜单：

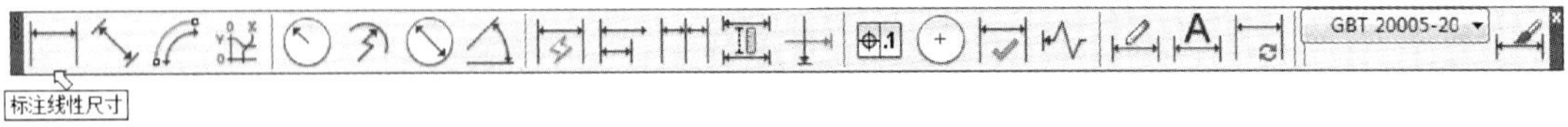

命令格式

Command：DIMLINEAR ↵

【例 19－23】 标注矩形的长度和宽度（图 19－110a）。

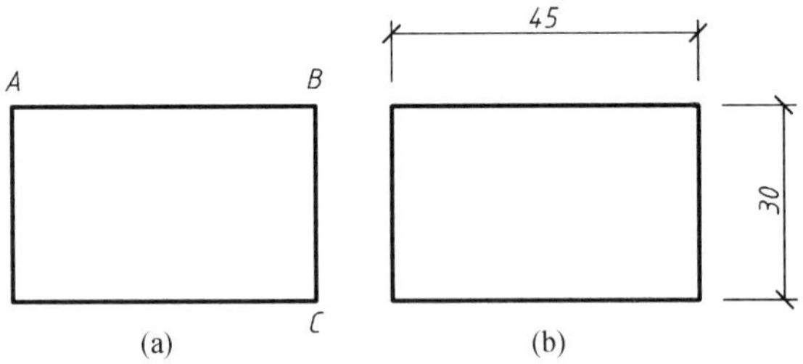

图 19－110　标注线性尺寸

Command：DIMLINEAR ↵

Specify first extension line origin or < select object >：（捕捉图中点 *A*）

Specify second extension line origin：（捕捉图中点 *B*）

Specify dimension line location or[Mtext/Text/Angle/Horizontal/Vertical/Rotated]：（移动鼠标到合适位置点击，则自动生成水平尺寸，其中的尺寸数字由 AutoCAD 自动测量得出，若需要输入其他尺寸数字，可先输入“T”，再输入所需数字）

Dimension text＝45（自动显示测量值）

Command：DIMLINEAR ↵

Specify first extension line origin or < select object >：（捕捉图中点 *C*）

Specify second extension line origin：（捕捉图中点 *B*）

Specify dimension line location or[Mtext/Text/Angle/Horizontal/Vertical/Rotated]：（移动鼠标到合适位置点击，则自动生成竖直尺寸）

Dimension text＝30

结果如图 19－110b 所示。

2. 标注连续尺寸

连续尺寸标注方式可用于标注线性尺寸和角度。

下拉菜单：Dimension → Continue

工具条菜单：

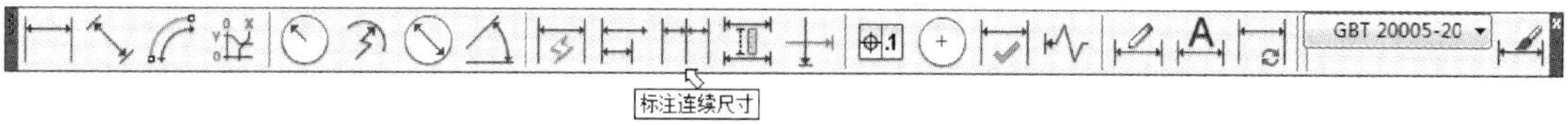

命令格式

Command：DIMCONT ↵

【例 19 - 24】　用标注连续尺寸方式标注出图形竖直方向的尺寸（图 19 - 111）。

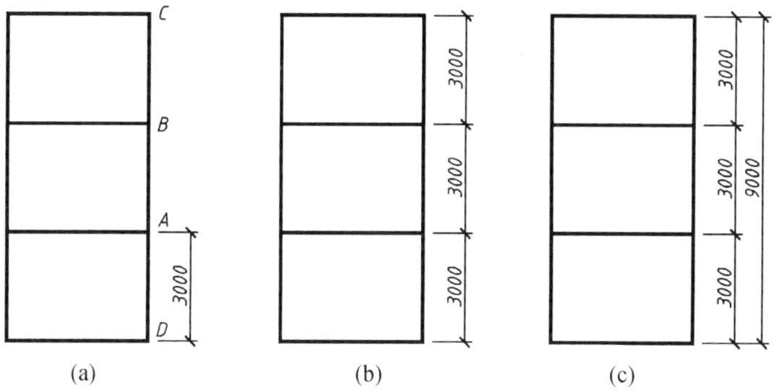

图 19 - 111　标注连续尺寸和基线尺寸

Command：DIMCONT ↵

Specify a second extension line origin or[Undo/Select] <Select>：↵（连续标注方式是在已有尺寸的基础上进行标注，如直接按下回车键，则自动选择最后一次标注的尺寸作为标注起点）

Select continued dimension：（选定图 19 - 111a 中过点 *A* 的尺寸界线）

Specify a second extension line origin or[Undo/Select] <Select>：（捕捉图 19 - 111a 中点 *B*）

Dimension text = 3000

Specify a second extension line origin or[Undo/Select] <Select>：（捕捉图 19 - 111a 中点 *C*）

Dimension text = 3000

Specify a second extension line origin or[Undo/Select] <Select>：↵（图 19 - 111b）

3. 标注基线尺寸

基线尺寸标注方式可用于标注线性尺寸和角度，标注时选定某一尺寸界线作为基准线后，可自动排列多个尺寸，尺寸线之间的距离在图 19 - 103 所示 Symbols and Arrows 选项卡中设置。

下拉菜单：Dimension → Baseline

工具条菜单：

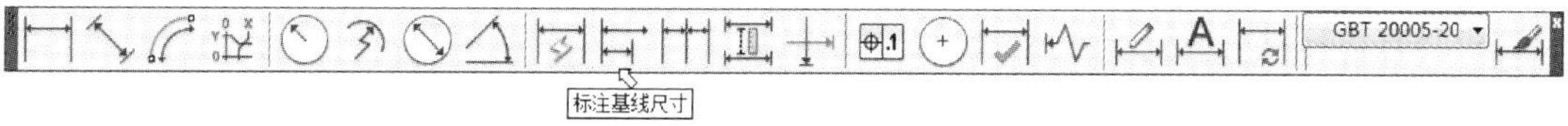

命令格式

Command：DIMBASE ↵

【例 19 - 25】　用基线标注方式注出图形竖直方向的总尺寸（图 19 - 111c）。

Command：DIMBASE ↵

Specify a second extension line origin or[Undo/Select]<Select>：↵

Select base dimension：（选定图 19－111a 中过点 D 的尺寸界线）

Specify a second extension line origin or[Undo/Select]<Select>：（捕捉图 19－111a 中点 C）

Dimension text＝9000

Specify a second extension line origin or[Undo/Select]<Select>：↵

4. 标注直径和角度

标注直径和角度时，一般在图 19－106 所示的 Fit（调整）选项卡的 Fine tuning（优化）栏中选择 Place text manually（手动放置文字）选项，以便灵活地放置尺寸数字的位置。另外还要注意，手动输入尺寸数字时，输入直径符号“ϕ”时应输入代替符号“%%c”，输入角度符号“°”时应输入代替符号“%%d”。

下拉菜单：Dimension → Diameter（直径）

下拉菜单：Dimension → Angular（角度）

工具条菜单：

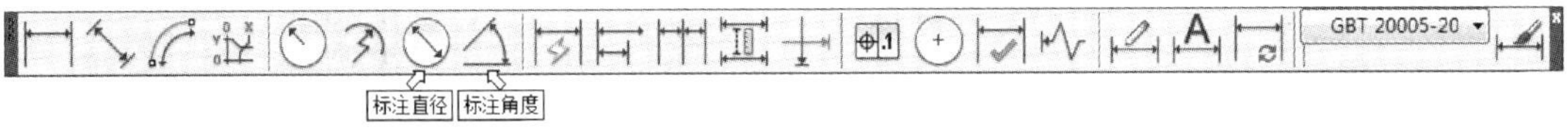

命令格式

Command：DIMDIAMETER ↵（直径）

Command：DIMANGULAR ↵（角度）

【例 19－26】 标注图中圆的直径，直径为 ϕ50（图 19－112a）。

Command：DIMDIAMETER ↵

Select arc or circle：（选择圆弧或圆）

Dimension text＝40（自动测量所得到的数值）

Specify dimension line location or[Mtext/Text/Angle]：T ↵（手动输入尺寸数值）

Enter dimension text <40>：%%C50 ↵

Specify dimension line location or[Mtext/Text/Angle]：（避开中心线，定位后按下回车键）（图19－112b）

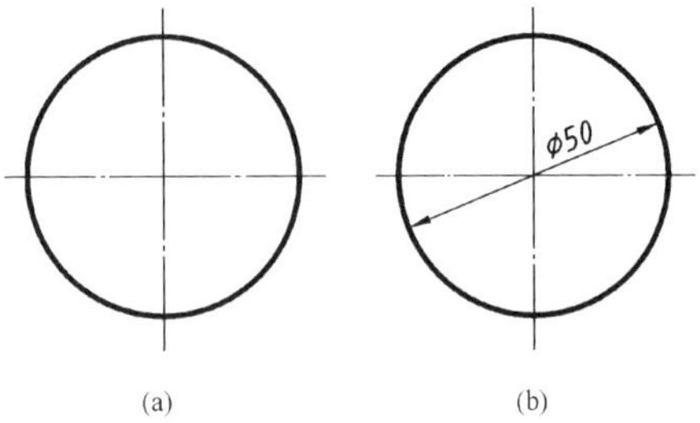

图 19－112 标注直径

5. 引线型标注

绘制建筑图时，经常需要对材料、结构等做出说明，这时候可采用引线型标注的方式。

命令格式

Command：QLEADER ↵

Specify first leader point，or[Settings]<Settings>：

看到上述命令提示后，可在屏幕上拾取点开始引线型标注。如按下回车键，则进入“引线设置”对话框（图 19－113）。“引线设置”对话框有三个选项卡：

（1）Annotation（注释）选项卡（图 19－113）：用于设置注释文字的文本区宽度以及是否重复上一个注释文字等。

（2）Leader Line & Arrow（引线和箭头）选项卡（图 19－114）：用于设置引线和箭头的格式，

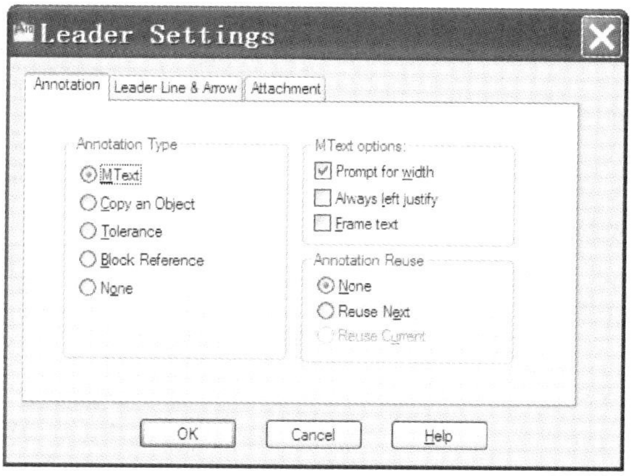

图 19 - 113　引线设置对话框

如引线的类型(直线或样条曲线)、引线的段数和角度、箭头的类型等。

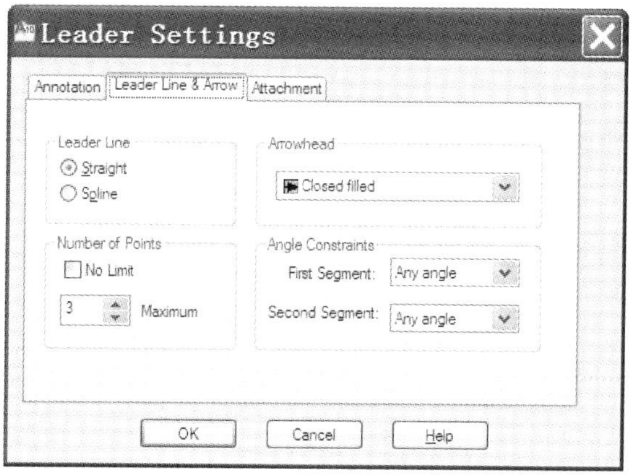

图 19 - 114　引线和箭头选项卡

注意：箭头的大小应在图 19 - 103 所示 Symbols and Arrows 选项卡中的 Arrowhead 栏设置。

(3) Attachment(注释位置)选项卡：用于设置引线与注释的位置关系，若勾选 Underline bottom line，则可将注释文字放置在引线的上方。

(四) 标注的编辑

对图中已标注的尺寸，可用 Properties(对象特性管理器)命令、Dimedit(尺寸编辑)命令以及 Dimtedit(尺寸文本编辑)命令等进行编辑，编辑的内容包括组成尺寸标注各要素(尺寸线、标注文字、尺寸界线等)的颜色、线型、位置、方向、高度等。

1. 用对象特性管理器修改尺寸特性

利用对象特性管理器可方便地修改尺寸标注的各组成要素的多种特性。对象特性管理器提供的可编辑类别特性有：基本特性、直线和箭头、文字、各组成要素的位置关系、主单位、换算单位、公差等。例如，要修改图 19 - 115 所示圆孔的直径标注，可先选择该标注，然后输入 Properites 命令打开对象特性管理器。点击 Text 栏目右的“▼”标志可展开该栏目(图 19 - 116)，在 Text override 栏目中输入“%%C80”后，点击对象特性管理器左上角的按钮“×”

退出，即可用新的尺寸数字“φ80”取代原来的“80”，完成标注的修改。

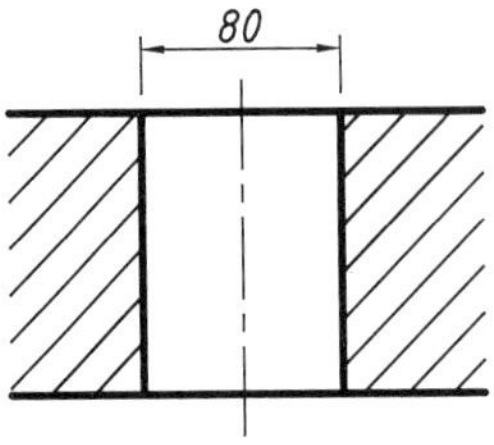

图 19－115 不正确的直径标注

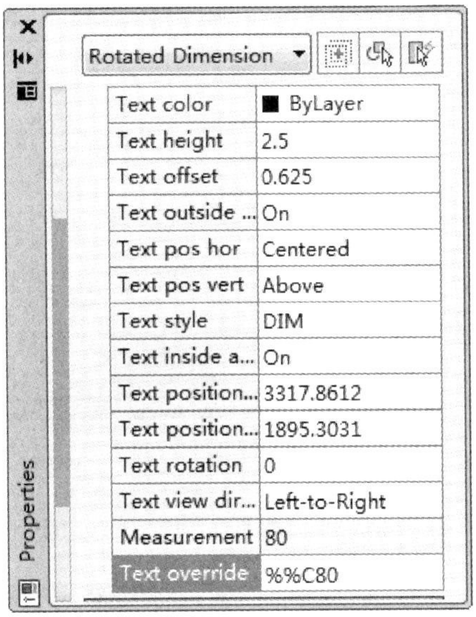

图 19－116 用对象特性管理器修改尺寸数字

2. Dimedit（尺寸编辑）命令

Dimedit 命令的作用为：用新文字替代现有的标注文字、旋转文字、将文字移动到新位置、改变尺寸线和尺寸界线的倾角等。

工具条菜单：

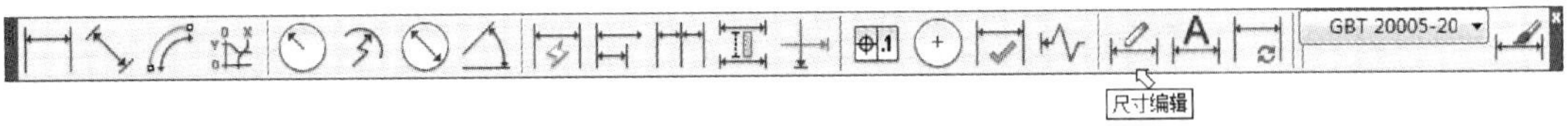

命令格式

Command：DIMEDIT ↵

Enter type of dimension editing［Home/New/Rotate/Oblique］<Home>：（提示输入需要编辑的类型）

- Home：将文字放回缺省位置
- New：显示多行文字编辑器对话框，可用于修改尺寸数字
- Rotate：将尺寸数字旋转指定的角度
- Oblique：将尺寸界线倾斜指定的角度

3. Dimtedit（尺寸文本编辑）命令

工具条菜单：

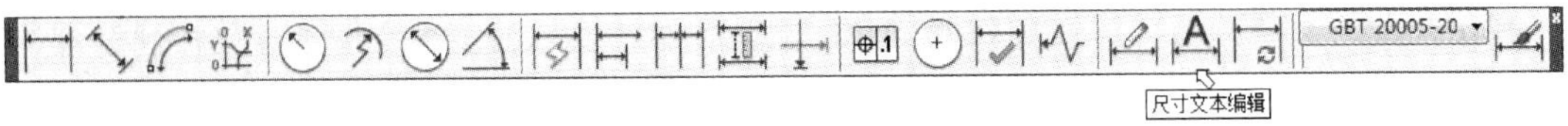

Command：DIMTEDIT ↵

Select dimension：（选择一个需要编辑的尺寸标注）

Specify new location for dimension text or［Left/Right/Center/Home/Angle］：

- Left：靠近左边尺寸界线放置文字
- Right：靠近右边尺寸界线放置文字
- Center：在中间位置放置文字
- Home：将文字放回缺省位置
- Angle：将尺寸数字倾斜成用户指定的角度

4. Dimbreak（尺寸线打断）命令

使用尺寸线打断命令可将已标注的尺寸线打断，以避免与其他图线、尺寸线相交。

下拉菜单：Dimension → Dimension Break

工具条菜单：

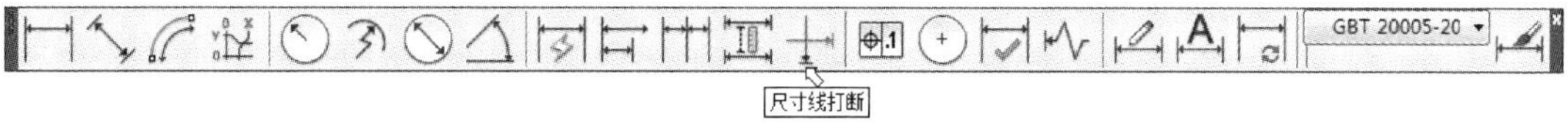

命令格式

Command：DIMBREAK ↵

Select dimension to add/remove break or[Multiple]：（选择尺寸线）

Select object to break dimension or[Auto/Manual/Remove]<Auto>：（选择需要避开的线）

Select object to break dimension：↵（图 19-117）

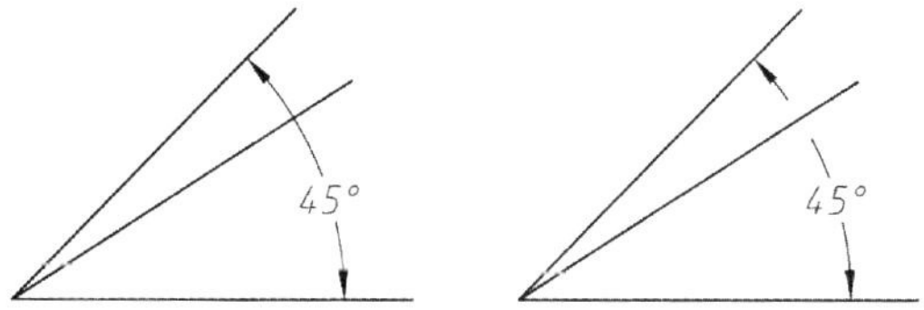

(a) 打断前　　(b) 打断后

图 19-117　尺寸线打断命令

二、绘制材料图例（Drafting of material symbols）

用 AutoCAD 2012 绘制材料图例采用的是图案填充的方法。选定某种填充图案以及选定填充的边界后，很容易就可以把材料图例绘出。AutoCAD 内部已预定义了 60 多种图案，使用时可直接选用。用户也可以定义自己所需的图案作为材料图例。

下拉菜单：Draw → hatch

工具条菜单：

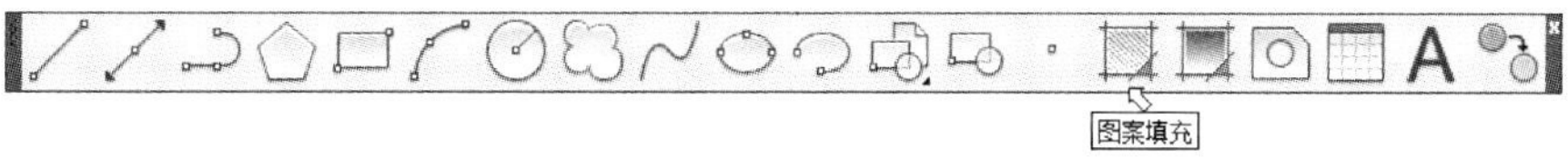

命令格式

Command：HATCH ↵

输入命令后打开 Hatch & Gradient（图案填充和渐变色填充）对话框（图 19-118）。该对话框提供了 Hatch（图案填充）和 Gradient（渐变色填充）两个选项卡。对于复杂的边界情况，可点击 Hatch 选项卡右下角的“➤”按钮，这时对话框提供更多的选项(图 19－118 最右边部分)。Gradient 选项卡提供了渐变色进行填充，工程图中较少采用这种填充方式，在此不作介绍。

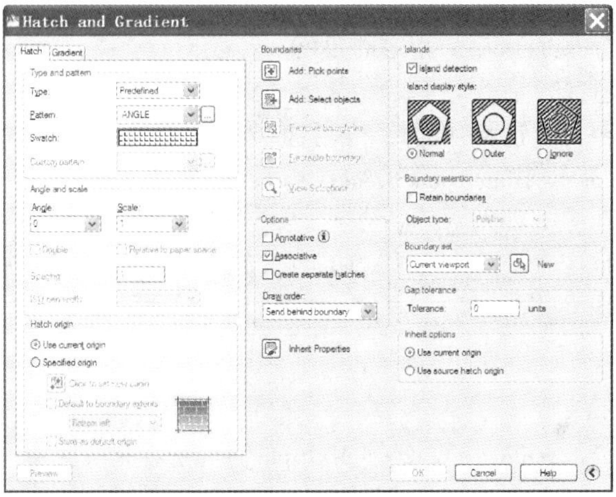

图 19－118　图案填充和渐变色填充对话框

（一）Hatch(图案填充)选项卡

在该选项卡中可以定义图案的样式和填充边界。该选项卡的主要选项：

1. Type(类型)：选择图案的来源。它包含三种类型：Predefined(预定义)、User defined(用户定义)和 Custom(自定义)。预定义选项为 AutoCAD 提供的图案；用户定义选项可用当前所用的线型定义简单的图案；自定义的图案来源于其他图案文件。

2. Pattern(图案名)：给出可选用的图案的名称。最近 6 次使用的图案列在最上面。在 Swatch 栏中给出对应的图案样式。如果点击Pattern 右边的“...”按钮，将显示 Hatch Pattern Palette(填充图案调色板)对话框，在该对话框中可直观的选用所需的图案。

3. Angle(角度)：用于设置填充图案的旋转角度。

4. Scale(比例)：用于设置填充图案的比例。

5. Spacing(间距)：用于调整用户定义类型的图案间距。(选择其他类型的图案时失效)

6. ISO pen width(ISO 笔宽)：用于设置 ISO 预定义图案的笔宽。(选择其他类型的图案时失效)

7. add：Pick Points(拾取点)按钮：通过拾取某一封闭图形内部一点的方法来确定填充边界，可连续拾取(图 19－119)。

8. add：Select Objects(选择对象)按钮：通过选取图形对象的方法来确定填充图案的边界。可连续选取不同的图形(图 19－120)。

9. Remove boundaries(删除边界)按钮：用于删除由 add：Pick Points 按钮定义的内部边界，外部边界不能被删除。

10. View Selections(查看边界)按钮：醒目显示所定义的边界。

11. Inherit Properties(继承特性)按钮：选用图中已绘出的某一种填充图案为当前的填充图案。

12. Double(双向)按钮：选用 User defined(用户定义)类型的图案时，双向画线。

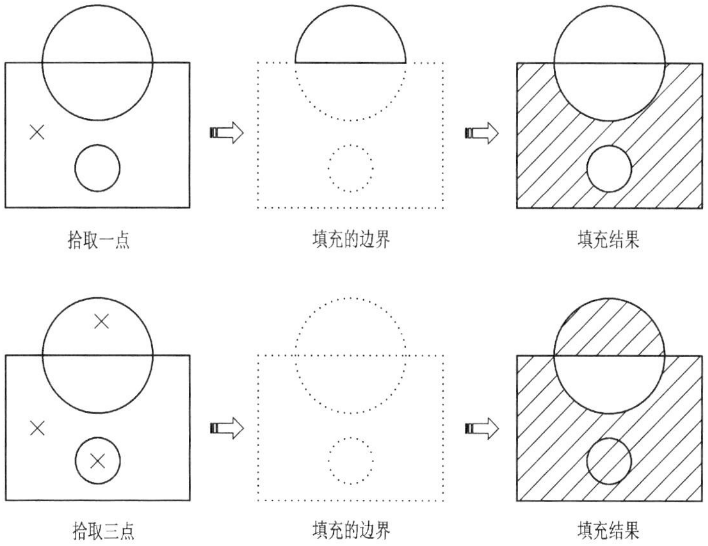

图 19 - 119　通过拾取封闭图形内部点来填充图案

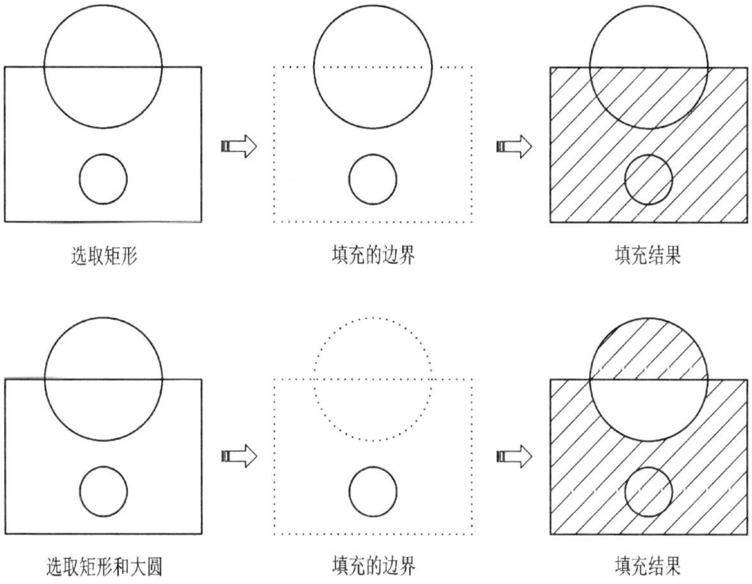

图 19 - 120　通过选取图形对象来填充图案

13. Preview（预览）按钮：点击该按钮，AutoCAD 暂时关闭对话框，使用户能预览填充的结果，如对结果不满意，可退回对话框对图案、边界进行修改。

14. Options（选项）栏：Options（选项）栏中有三个按钮：

Annotative（注释）选项，对带有附加信息的对象（如文本、尺寸、图块等）进行自动处理。

Associative（关联）选项，当边界线的位置变动时，填充图案也自动地跟着改变。如图 19 - 121 中，当修改字号后，填充图案中所留空白位置的大小也自动的跟着改变。

Create separate hatches(创建分离图案)选项，控制在多个封闭边界上填充图案时，建立独立的或分离的图案对象。

15. Draw order(绘图次序)栏：可在给出的下拉菜单中选择图案和边界的显示顺序，一般上层的图案(边界)遮挡下层图案(边界)。

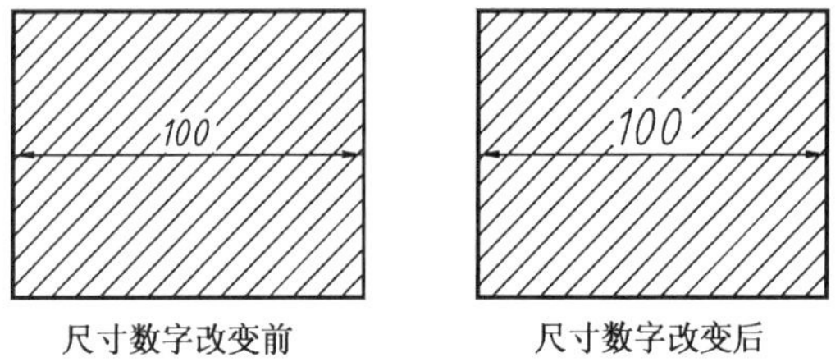

图 19-121 关联选项的作用

16. Island display style(孤岛检测类型)。用于选择不同的填充方式：Normal(正常)方式、Outer(外层)方式和 Ignore(整体)方式。

(二) 填充图案的编辑

下拉菜单：Modify → Object → Hatch

工具条菜单：

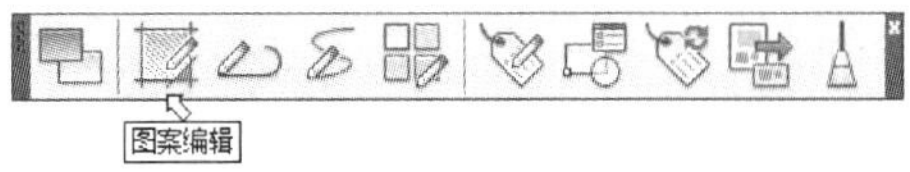

命令格式

Command：HATCHEDIT ↵

利用图案编辑命令可以方便地修改填充图案的各种参数。当然，也可以用对象特性管理器修改填充图案的参数。

(三) 色块填充及多次填充

在绘图时，当需要对某些区域填充色块时，可选用名为 SOLID 的图案进行填充，其填充色为当前所用的颜色(也可在"渐变色填充"选项卡中选择渐变色填充)。

当所需图案由已有图案组合而成时，可用多次填充的方法获得。如钢筋混凝土的材料图例，在预设的图案中无法找到，可用两次填充的方法分别填充 AR_CONC 和 ANSI31 获得。多次填充时可分别调整显示比例。例如在为 100×80 的矩形区域添加钢筋混凝土的材料图例(图 19-122a)时，可先设置图案比例为 2.0，用 ANSI31 图案(图 19-122b)进行第一次填充；再设置图案比例为 0.1，然后用 AR_CONC 图案(图 19-122c)进行第二次填充。图案比例的大小可由观察确定。

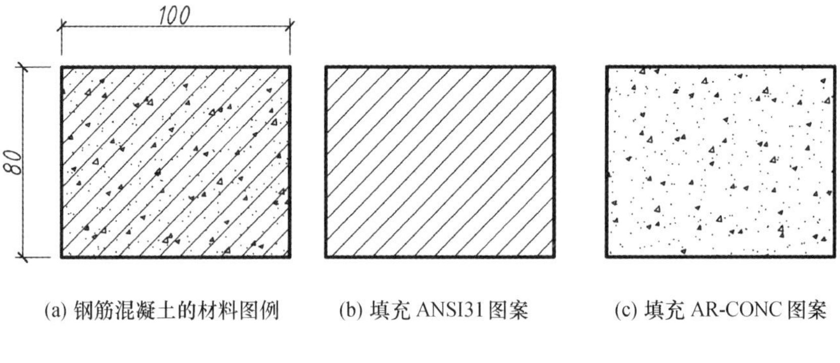

图 19-122 多次填充

(四) 填充图案的显示控制

当图中填充图案太多，影响显示速度或影响操作时，可用 Fill 命令将填充图案暂时隐藏起来，当 Fill 的模式处于“On”的状态时，图案可见；当 Fill 的模式处于“Off”的状态时，图案不可见。在改变了 Fill 的显示模式后，应再执行一次 Regen(重新生成)命令。

具体操作如下：

Command：FILL ↵

Enter mode[ON/OFF]<ON>：OFF ↵

Command：REGEN ↵

三、绘制建筑施工图(Drafting of architectural working drawing)

利用 AutoCAD 2012 绘制建筑施工图的过程和手工绘图的过程大致相同，下面以绘制图 19-123所示的首层平面图为例，简述其绘图步骤。

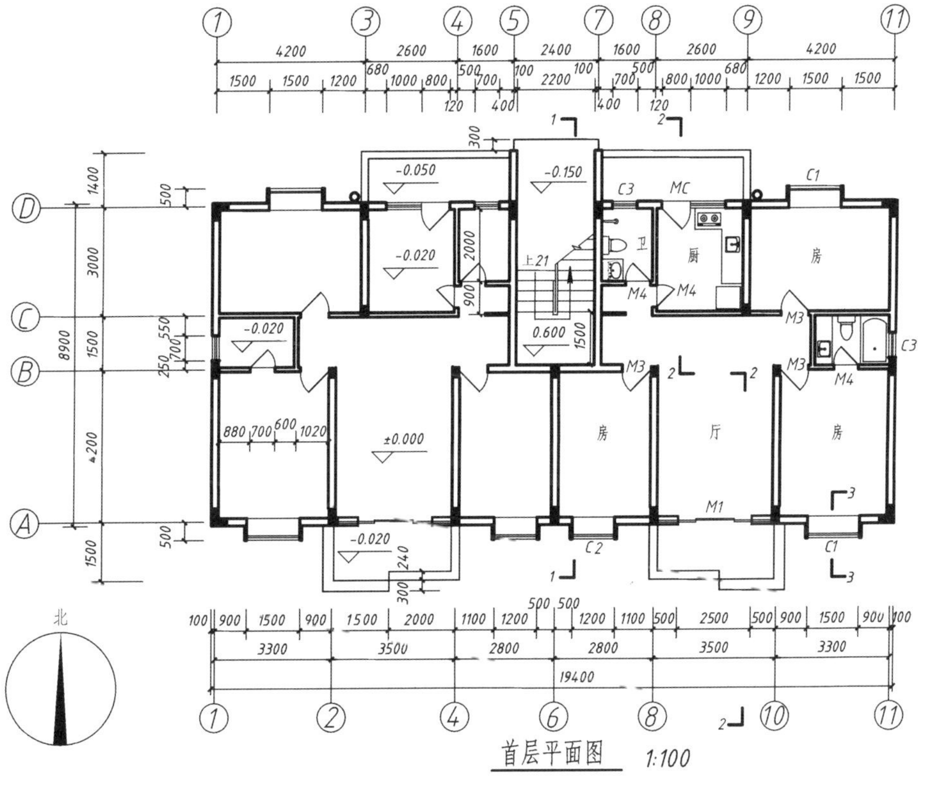

图 19-123　绘制建筑施工图

1. 绘制建筑图时常用 1∶1 的比例绘制建筑形体，但考虑到输出到图纸时一般采用不同的比例，一些图纸上的符号，如文字、尺寸、标高符号等的大小也应作出相应的调整。例如计划用 1∶100 的比例打印图形，用 5 号字注写文字，则文本的大小应调整为 5×100=500，宽度系数可取为 0.7。

注意：尺寸标注样式可按正常大小设置，然后统一调整其比例。在图 19-106 所示调整选项卡中的 Scale for Dimension Features 选区点选 Use overall scale of(使用全局比例)，并输入比例值(例如 100)即可。

2. 建立若干新图层，如轴线图层、墙线图层、梁柱图层、门窗图层、阳台图层、尺寸图层、文本图层、辅助线图层等。不同图层根据其用途给定不同的线型、线宽和颜色。

3. 使用 Limits 命令设置屏幕图纸的大小，如绘制本图时可执行以下操作：

Command：LIMITS ↵

Specify lower left corner or[ON/OFF]<0,0>：↵

Specify upper right corner <420,297>：20000，10000 ↵

Command：ZOOM ↵

Specify corner of window，enter a scale factor(nX or nXP)，or[All/Center/Dynamic/Extents/Previous/Scale/Window/Object]<real time>：A ↵

用 Ucsicon 命令将坐标系图标关闭，具体操作如下：

Command：UCSICON ↵

Enter an option[ON/OFF/All/Noorigin/Origin/Properties]<ON>：OFF ↵

4. 将轴线图层置为当前图层，用 Listscale 命令设定线型比例(20)，然后绘出最左面的竖直轴线和最下面的水平轴线；用 Offset 命令按轴线的距离在竖直和水平方向绘出所有轴线；最后用 Trim 命令把轴线修剪到所需长度，修剪时可画一辅助线作剪切边。结果如图 19－124所示。

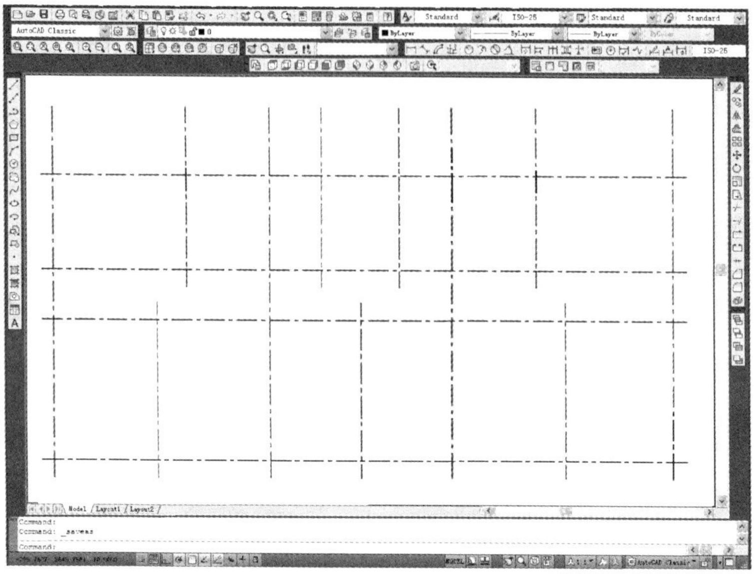

图 19－124 画轴线

5. 将辅助线图层置为当前图层，绘制出门窗边线的辅助线，绘制墙线时可把墙线画至辅助线与轴线的相交处，免去打断墙线的麻烦。

6. 用 Mlstyle 命令设定多线样式，操作如下：

下拉菜单：Format → Multiline style...

命令格式

Command：MLSTYLE ↵

输入命令后打开“多线样式”对话框(图 19－125)。可以根据需要创建多段线样式，设置其线条数目和线的拐角方式。在该对话框中点击 Modify 按钮，打开修改多线样式对话框(图

19－126)：在 Caps 区的 Line 选项勾选 Start 和 End 项，这样设置可使墙线端部闭合；在 Elements 区域可设置两条线或多条线距绘图点的偏移距离；按 Add 按钮可增加线条；选定一条线后按 Delete 按钮可删去该线；选定一条线后可在 Offset 右面的输入区内设置其偏移距离。本图的墙宽为 200，可分别设定两墙线偏移距离为 100 和－100，最后点击 OK 按钮退出。

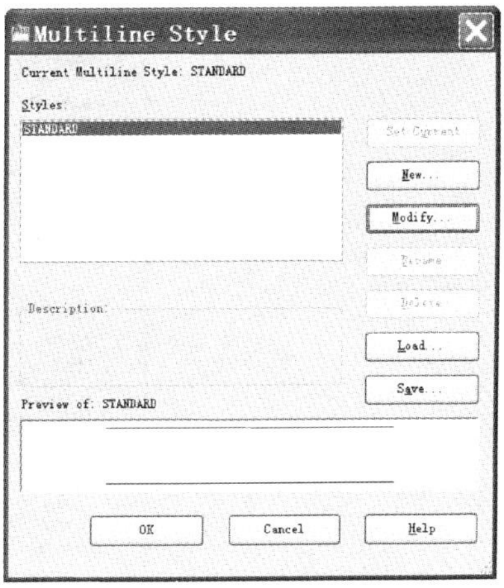

图 19－125　多线样式对话框

7. 将墙线图层设为当前层，捕捉轴线交点，用 Mline (多线)命令绘制墙线。利用 Mline 命令可一次绘制出双线表示的墙线，其操作如下：

Command：MLINE ↵

Current settings：Justification = Zero，Scale = 200.00，Style = STANDARD

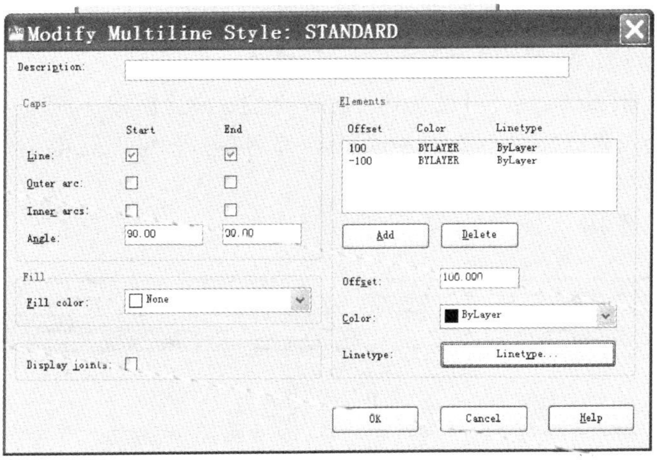

图 19－126　修改多线样式对话框

Specify start point or[Justification/Scale/STyle]：(给出第一点)

Specify next point：(给出下一点)

Specify next point or[Undo]：(给出下一点)

Specify next point or[Close/Undo]：(给出下一点,若绘制闭合墙线可在最后一点输入“C”)

墙线的交接处可使用 Mledit(多线编辑)命令进行处理，操作如下：

下拉菜单：Modify → Object → Mledit...

命令格式

Command：MLEDIT ↵

输入命令后，在屏幕显示多线编辑对话框(图 19－127)，选择交接样式后，在命令区出现提示：

Select first mline：(选择第一条墙线)

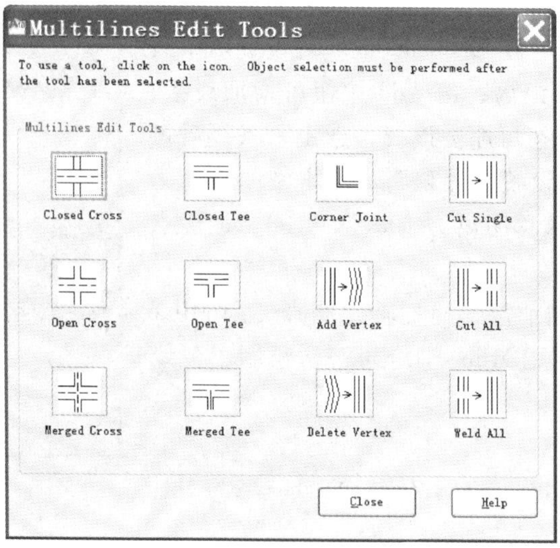

图 19－127 多线编辑对话框

Select second mline：(选择第二条墙线)

Select first mline or[Undo]：(可继续处理另一交接处或退出命令)

注意：用多线绘制出的墙线不能用 Trim 命令修剪(除非用 Explode 命令将其分解)，但可用多线编辑对话框将其切断。

绘制出的墙线如图 19－128 所示。

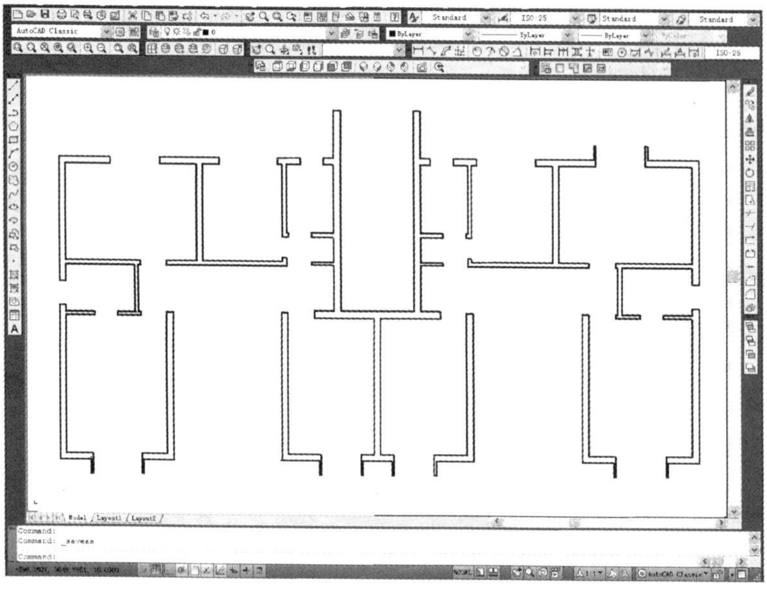

图 19－128 绘制墙线

8. 切换不同图层，分别绘制出门窗、柱、阳台、轴号等，并标注尺寸。为方便操作，应尽量采用复制、修剪、平移、镜像、等距等编辑命令，而尽可能少用绘图命令。例如图

19 - 128中的图形是左右对称的，绘图时可只绘一半，用镜像命令再绘出另一半。

四、绘制给水排水管道图(Drafting of water supply and drainage network drawing)

相对于绘制建筑施工图来说，利用 AcutoCAD 2012 绘制给水排水管道图更显示出其优越性。给水排水系统的设计往往是在建筑设计完成后进行的，因此可直接在建筑施工图上绘制管道的平面图。绘图时先关闭一些画管道图不需要的图层，建立新的图层后即可进行管道平面图的绘制。管道上的水控件形式比较固定，绘图时应采用图块插入的方式(本章未涉及图块的概念和应用,请参阅有关 AutoCAD 教程)，这样可节省绘图时间，提高效率。

在绘制给水排水管道图时，除了绘制管道平面图外，还应绘制管道轴测系统图，下面简述绘制管道轴测系统图的一般方法。

（一）管道轴测系统图的绘图特点

绘制管道轴测系统图的主要目的是为了清楚地表示管道的走向、连接情况及各种水控件的安装位置。在绘制此类轴测图时，采用三维建模的方法并不是很好的选择。我们可模拟手工绘制轴测图时所采取的方法，绘制出“假”的轴测图。所谓“假”的轴测图，是指用二维方法直接绘制在二维平面上、不能改变观察角度的轴测图。绘制管道轴测系统图常画成正面斜等测图的形式，可采用“极轴追踪”的方法进行绘制。

（二）极轴追踪的概念

当在 AutoCAD 中打开极轴追踪功能绘图时，自动地按预先设置的角度增量显示出一条辅助线，并动态地显示出极轴长度(以前一点为极坐标原点)和极角(图 19 - 129)。沿辅助线方向移动光标，极角不变，极轴长度动态地发生变化。当移动到所需长度时，点击鼠标即可绘制出所需线段。只要辅助线不消失，所绘的角度就是准确的。绘图时也可以直接输入所需长度，例如绘制长 100、角度为 45°的线段可进行以下操作：

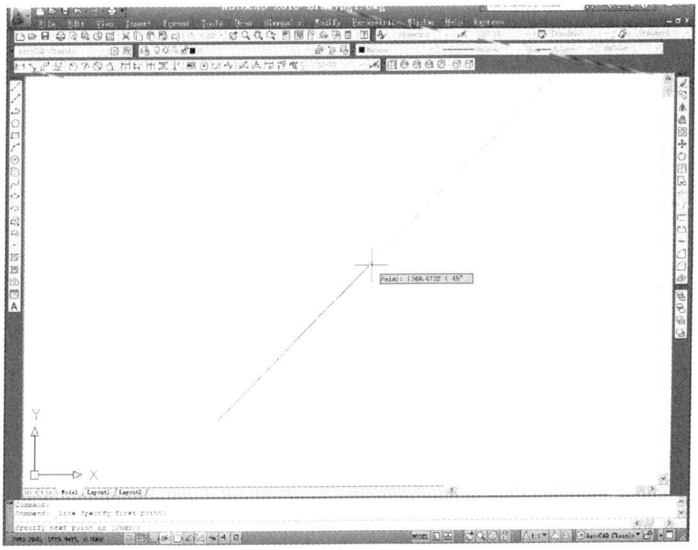

图 19 - 129　极轴追踪

(1) 用鼠标右键点击屏幕下方状态栏中的 Polar Tracking(极轴追踪)按钮，在弹出的快捷菜单中勾选 45(图 19－130)，即可设置角度增量为 45°。鼠标左键点击“极轴追踪”按钮(或按下 F10 键)，即打开或关闭极轴追踪功能。

(2) 使用 Line 命令绘制直线的起点，然后将光标移动到所需角度附近，当出现辅助线时，在命令行输入 100，回车即可。

配合极轴追踪功能，可准确绘制出一定角度并和图形对象相交的直线。如过点 *A* 画一根和 *X* 轴成 45°并交于圆周的直线，可设置角度增量为 45，并设置交点捕捉方式，即可容易方便地进行操作(图 19－131)。

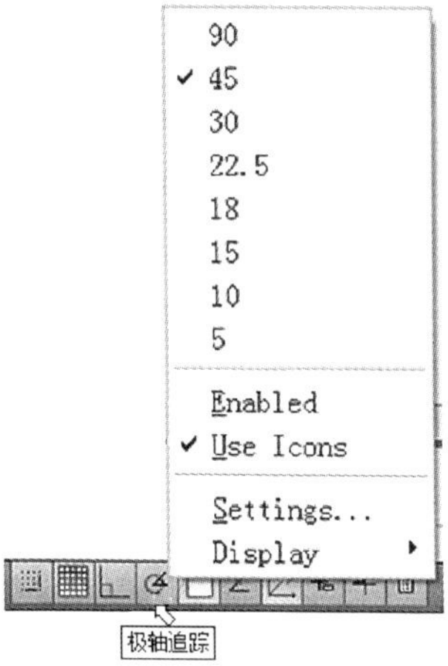

图 19－130　极轴追踪快捷菜单

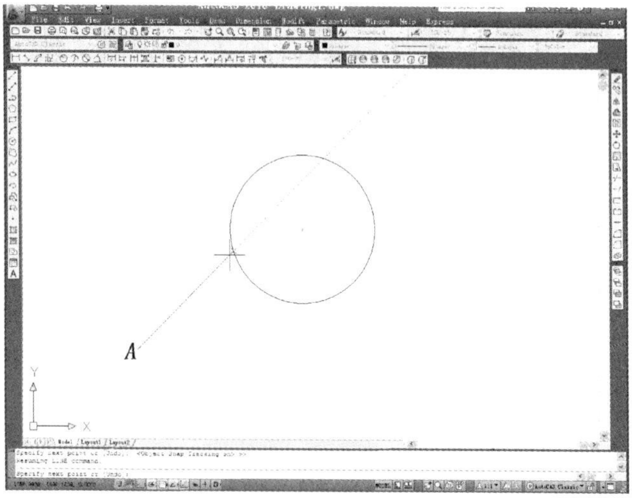

图 19－131　极轴追踪功能和交点捕捉方式的配合作图

(三) 极轴追踪的设置

命令格式

Command：DSETTINGS ↵

输入命令后打开 Drafting settings(草图设置)对话框(图 19－132)。选择Polar Tracking 选项卡，即可进行极轴追踪功能的设置(也可用鼠标右键点击状态栏中的 Polar Tracking 按钮，在快捷菜单中点击 Setting 选项打开)。

(1) 勾选 Polar Tracking On(启用极轴追踪功能)。

(2) 在 Increment angle 的下拉列表中选择某一数值为角度增量(内置的角度增量为 90°、60°、45°、30°、22.5°、18°、15°、10°、5° 等，如果要设置其他角度，则应先勾选 Additional angles，然后点击 New 按钮，再输入所需角度)。

(3) 在 Polar angle measurement 区，选择 Absolute 选项表示以当前坐标系的 *X* 轴为测量角度的基准线，选择 Relative to last segment 选项，表示以最后绘制出的直线或捕捉到的直线为测量角度的基准线。

(4) 点击 OK 按钮即可完成设置。

(四) 用极轴追踪功能绘制管道轴测系统图

绘制管道轴测系统图时，常设定如下的轴测轴方向：*X* 轴水平向左；*Z* 轴竖直向上；*Y* 轴

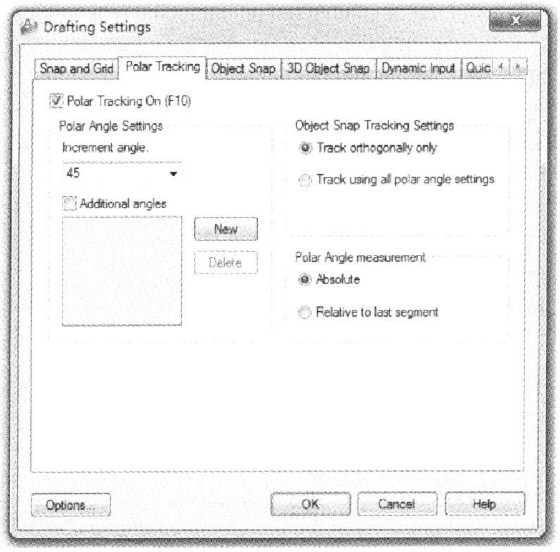

图 19 - 132　草图设置对话框

向右上方倾斜 45°，即设定 45°为角度增量。绘制轴测系统图时先绘出主要管线，再绘出次要管线，用图块插入的方式绘制管线上的水控件。另外，绘制轴测系统图时常常需要从平面图中量取数值，这时可同时打开平面图和轴测系统图，在平面图中使用 List 命令测量管线的长度、角度和其他数据后，直接绘制在轴测系统图上。

List 命令的使用方法如下：

下拉菜单：Tools → Inquiry → List

命令格式

Command：LIST ↵

Select objects：(选择要查询的图形对象)

Select objects：↵

打开文本窗口，显示被查询对象的各项数据(包括长度)。

下面简述绘制图 19 - 133 所示给水管道轴测系统图的过程：

(1) 设置不同的图层，如管道轴测系统图层、标高符号图层、文字图层等。在不同图层中设置不同的线宽和不同的颜色。管道轴测系统图层应设置较宽的线宽(如 0.5mm)并将状态栏的 Show/Hide Lineweight 按钮激活以显示线宽。

(2) 切换到管道轴测系统图层，并将状态栏的 Polar Tracking 按钮激活，以进入极轴追踪状态，设置极轴追踪的角度增量为 45°。

(3) 用极轴追踪的方式绘制管线(图 19 - 134)。

(4) 用 Trim 命令将交叉的管线在重合处断开。

(5) 绘制水嘴、阀门等水控件(插入图块)。

(6) 切换到相应的图层绘制出标高符号、标注管径等。

(7) 检查所绘图形。

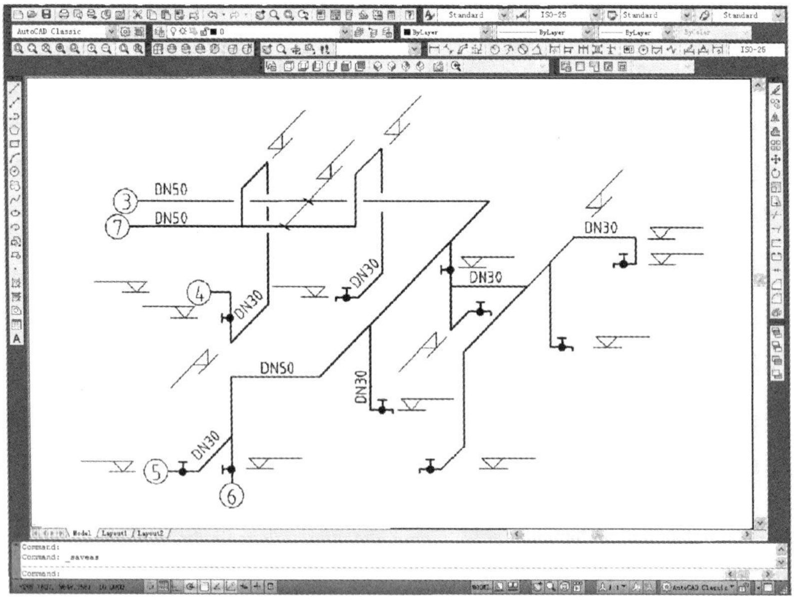

图 19－133 给水管道轴测系统图

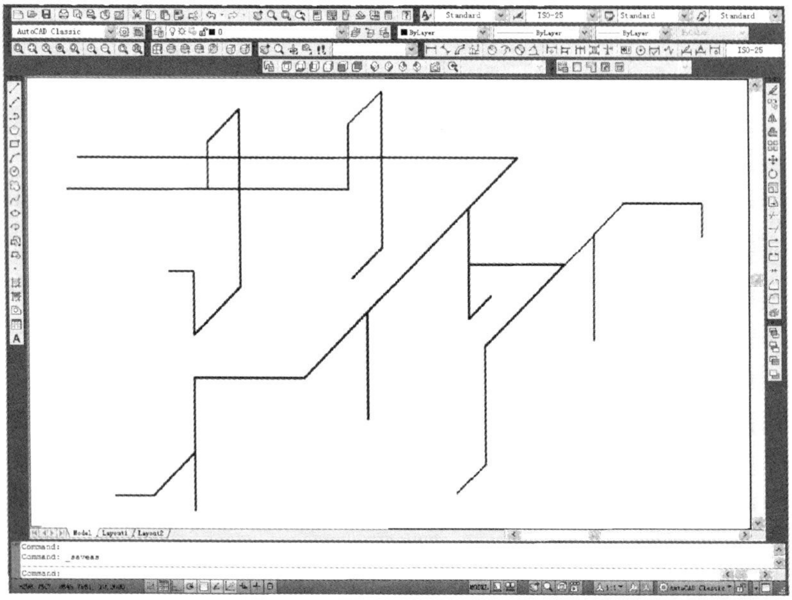

图 19－134 用极轴追踪方式绘制管道

§19－7 图形输出 Output of Figures

将屏幕上绘制的图形输出到图纸上，称为图形输出。图形输出一般使用打印机(printer)打印图形或使用绘图机(plotter)绘制图形。不同型号的打印机或绘图机只是在配置上有区别，图形输出的原理和操作均相同。图形输出的基本步骤如下。

1. 打开打印机或绘图机

确认打印机或绘图机已处于准备绘图状态。

2. 进行打印设置

快速访问工具栏：按钮(图 19－135)，或主菜单：→Print→Plot(图 19－136)。

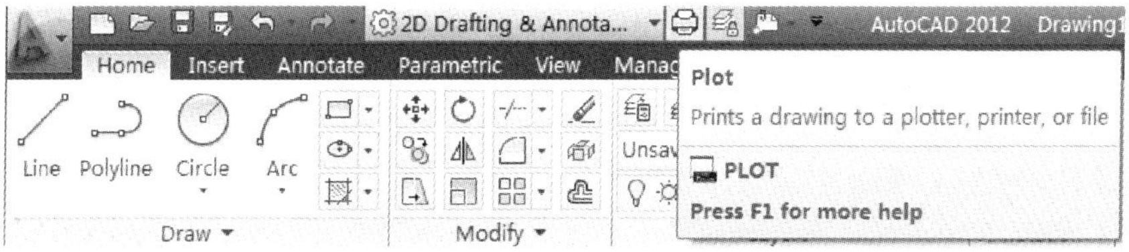

图 19－135　快速访问工具栏中的 Plot 按钮

命令格式

Command：PLOT ↵(也可以键入 Print 命令或键入 Ctrl＋P)

打开 Plot－Model 对话框(图 19－137)，点击对话框右下角的右向箭头“›”，将打开详细

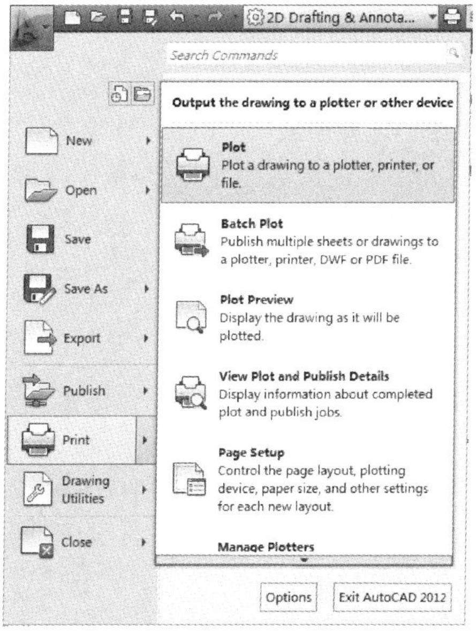

图 19－136　主菜单中的 Plot 命令

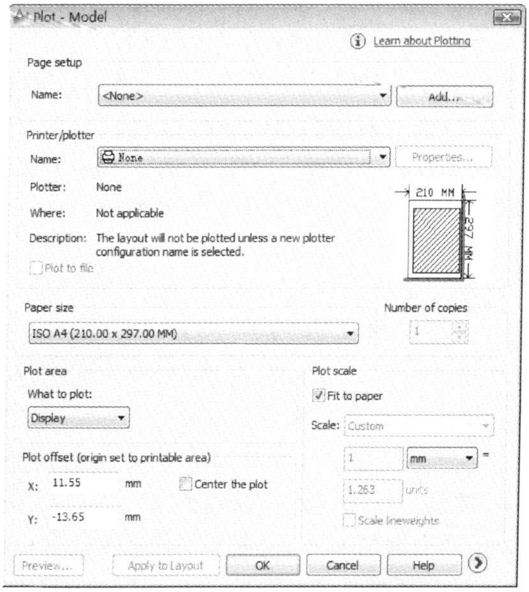

图 19－137　Plot－Model 对话框

设置面板(图 19 - 138)。

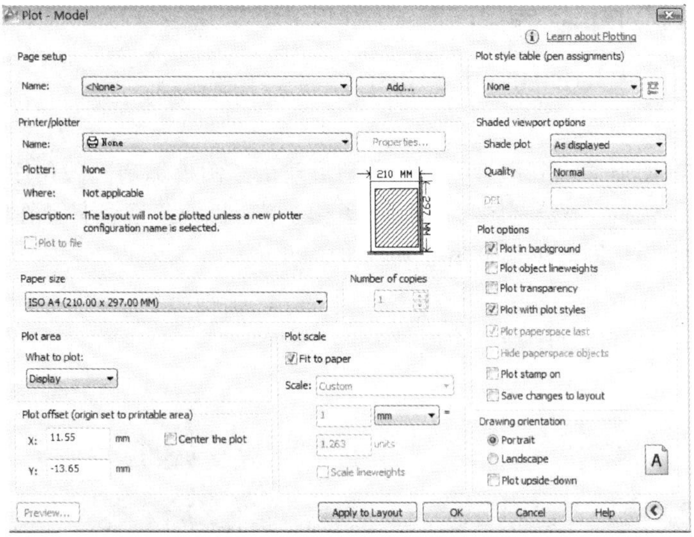

图 19 - 138 Plot - Model 对话框详细设置

(1) 选择打印机或绘图机:在 Printer/plotter 区域的 Name 右侧下拉列表中选择合适的打印机或绘图机。

(2) 选择图纸大小:在 Paper size 区域的下拉列表中选择合适的图纸大小(如 ISO A4)。

(3) 设置图形打印的方向:在 Drawing orientation 区域可设置图形打印的方向是横向或者是纵向。

3. 定义绘图区

在 Plot area 区域中可设置绘图区的大小(打印的图形范围)。此区域中有四个选项:

Limits:打印图形界限内的图形

Display:打印当前显示在屏幕区内的图形

Extents:打印全部图形,系统将图形中的所有可见图形填充图纸

Window:使用窗口来定义输出图形区域(这是四种方法中最灵活的一种,用鼠标在屏幕上拉框选择要打印的图形范围,系统将窗口区域中的图形输送至打印机)

4. 定义绘图比例

在 Plot scale 区域可设置打印图形的比例。

5. 定义绘图偏移量

在 Plot offset 区域可设置打印图形时图形在图纸上的位置。

6. 定义着色视口

在 Shaded viewport options 区域可设置着色打印形式(显示、消隐、渲染等)及打印质量。

注意:对打印环境设置好后,用户可点击 Plot - Model 对话框左上角 Page setup 区域的 Name 栏右侧的 Add... 按钮,将此次设置保存。

7. 出图预览

在 Plot - Model 对话框的左下角有个 Preview(预览)按钮。点击 Preview 按钮将在绘图屏幕

区给出图形输出预览。此时可用放大镜来观察预览图形。用户还可以在图形显示区单击鼠标右键，在弹出快捷菜单(图 19 - 139)中选择各项预览操作。其中：

Exit：退出预览状态

Plot：打印预览的图形，然后退出预览

Pan：出现 Pan 的小手图标拖动预览的图形观察

Zoom：出现 Zoom 的放大镜图标用来缩放图形

Zoom Window：使用窗口选择图形区域进行缩放预览

Zoom Original：使预览的图形恢复到最初预览状态

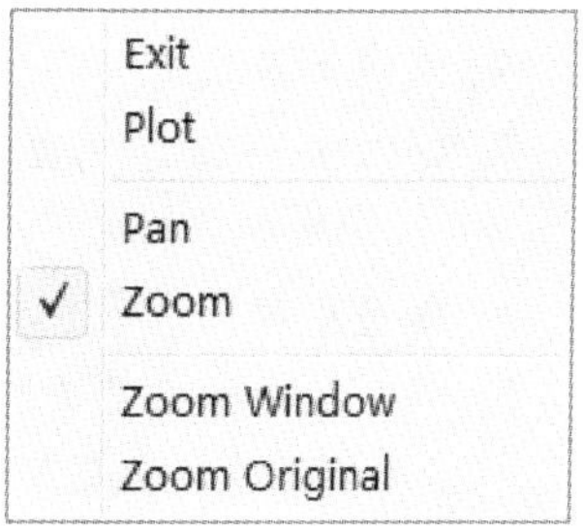

图 19 - 139 Preview 快捷菜单

预览显示的是与图纸相符合的完整图形。

注意：如果对预览效果不满意，可重复前面的操作，并再预览检查，直至结果满意为止。

8. 绘图输出

在预览图形满意后，点击 Plot - Model 对话框下方的 OK 按钮，即可驱动打印机或绘图机将指定的图形输出到图纸上。

本章学习指引
Reading Guide

1. 计算机绘图在建筑工程中已得到广泛应用，是现代建筑工程技术人员必须掌握的绘图技术。绘图软件只是一种辅助绘图的工具，只有真正掌握了建筑制图的内容，才能更好地理解计算机辅助绘图软件的功能设置，并灵活运用。本书介绍的 AutoCAD 是一个功能非常强大的通用绘图软件，这里只对涉及建筑制图的内容作出简要介绍，要深入掌握该软件，还需要参阅其他专门的应用教程。

2. 要学好计算机绘图，一定要通过上机操作。初学时可对照教材中的内容，按部就班地进行练习，熟练后再找一些同类的图形自行演练，在实践中体会和熟悉各种显示、绘图、编辑命令的功能特点和使用技巧，融会贯通。

3. 对软件熟练运用后，可使用 AutoCAD 提供的默认快捷方式进行操作，以提高绘图效率，达到事半功倍的效果。具体操作方法可参阅其他相关教程。总之，计算机绘图是当代大学生必须掌握的技能，务必尽快掌握和熟练。

复习思考题
Review Questions

1. 输入 AutoCAD 命令的常用方法有哪些？常见的数值输入方法有哪些？

2. 输错了命令或数值如何处理？怎样中断一个正在执行的命令？

3. 使用 Zoom 命令放大某一图形时，该图形的实际大小是否也被放大？如果要放大图形的真实尺寸应该使用什么命令？

4. 常用的绘图命令有哪些？Circle 命令绘圆有几种方式？

5. 常用的图形编辑命令有哪些？Erase、Break、Trim命令各有何功能？

6. 复制类命令有哪些？它们分别有何功能？Move命令与Copy命令有什么不同？

7. Layer命令的作用是什么？如何建立图层并设置颜色、线型和状态？如何装载一种新线型？

8. 如何创建三维几何形体？基本几何形体的布尔运算有几种方式，各有什么作用？

9. 如何生成轴测图？如何进行动态观察？

10. 尺寸标注样式管理器有哪些基本功能？线性尺寸标注包括哪些方式？如何修改角度、直径和半径的标注样式？

11. 如何绘制材料图例？如何用多次填充的方法绘制钢筋混凝土的材料图例？

12. 如何进行页面设置？如何利用窗口打印图形？

附录1 英文目录 Contents

附录 2 英汉词汇对照 English – Chinese Words Contrast

A

accumulation 积聚性
altitude 高程、高度
angle 角度
  axis angle 轴间角
  dihedral angle 二面角
  helix angle 螺旋升角
  slope angle 倾角
  vision angle 视角
anticlockwise 逆时针(方向)
arrowhead 箭头(尺寸起止符号)
asymptote 渐近线
attenuation (光)衰减
axis 轴线
  axonometric axis 轴测轴
  location axis 定位轴线
  major axis 长轴
  minor axis 短轴
  projection axis 投影轴
  revolution axis 旋转轴
  sloping angle of axis 轴倾角
  symmetry axis 对称轴
  virtual symmetry axis 虚对称轴
axonometric drawing 轴测图
  oblique axonometric drawing 斜轴测图
  orthographic axonometric drawing 正轴测图
azimuth 方位角

B

balcony 阳台
beam 梁
  cantilever beam 悬挑梁
  frame beam 框架梁
bearing 轴承
  roller bearing 滚动轴承
  bearing pedestal 轴承座
board (薄)板
  skirt board 踢面(板)
  tread board 踏面(板)
bolt 螺栓
  hex bolt 六角头螺栓
boss 凸台
bracket 牛腿
building 建筑
  civil building 民用建筑
  industrial building 工业建筑
  longspan building 大跨度建筑
  high rise building 高层建筑
button 按钮
  pick button 拾取键
  enter button 回车键
  pop-up button 弹出键

C

ceiling 天花
cement 水泥
centre 中心
  projection centre 投射中心
  revolution centre 旋转中心
circle 圆
  equator circle 赤道圆
  latitude circle 纬圆
  locus circle 轨迹圆
  neck circle 颈圆
  pitch circle 分度圆
  root circle 齿根圆
  top circle 齿顶圆
clockwise 顺时针(方向)
coefficient of axial deformation 轴向伸缩系数

column　柱
　rectangle column　矩形柱
　special shaped column　异型柱
compass　指北针
component　部件
concrete　混凝土
　cast-in-situ concrete　现浇的混凝土
　plain concrete　素混凝土
　precast concrete　预制的混凝土
　reinforced concrete　钢筋混凝土
　prestressed reinforced concrete　预应力钢筋混凝土
condition　条件
　constrained condition　约束条件
cone　锥面
　circular cone　圆锥面
　oblique cone　斜圆锥面
　vision cone　视锥
conic　圆锥曲线
conical offset　锥台变形接头
conicity　锥度
conoid　锥状面
constraint　约束
contour　等高线
　contour map　等值线图
coordinate　坐标
　absolute coordinate　绝对坐标
　relative coordinate　相对坐标
　polar coordinate　极坐标
counter bore　沉孔
cover　（混凝土）保护层
curve　曲线
　envelope curve　包络（曲）线
　plane curve　平面曲线
　sine curve　正弦曲线
　space curve　空间曲线
cushion　垫层
cut　断面
　broken cut　断开断面
　overlapped cut　重合断面
　removed cut　移出断面
cylinder　柱面
　circular cylinder　圆柱面
　oblique cylinder　斜圆柱面
　intersecting cylinders　叉管
cylindroid　柱状面

D

design　设计
　architectural design　建筑设计
　renovation design　装修设计
　　interior renovation design　室内装修设计
　preliminary design　初步设计
　scheme design　方案设计
　technical design　技术设计
　working drawing design　施工图设计
design synopsis　设计说明
detail　详图
　architectural detail　建筑详图
　renovation detail　装修详图
　component detail　构件详图
　foundation detail　基础详图
development　展开
deviation　偏差
　lower deviation　下极限偏差
　upper deviation　上极限偏差
dimension　向度、维，尺寸
　external dimension　外形尺寸
　exterior dimension　外部尺寸
　fit dimension　配合尺寸
　installation dimension　安装尺寸
　interior dimension　内部尺寸
　leader dimension　引线型尺寸
　linear dimension　线性尺寸
　location dimension　定位尺寸
　norm dimension　规格尺寸
　size dimension　定形尺寸
　total dimension　总尺寸
　dimension chain　尺寸链
　dimension datum　尺寸基准
dimensioning　尺寸标注
direction　方向
　projecting direction　投射方向
　axonometric projecting direction　轴测投射方向
draft　图样

drafting 仪器图
drainage 排水(工程)
drainpipe 排水管
drawing 图纸
  architectural building drawing 房屋建筑图
  assembly drawing 装配图
    component assembly drawing 部件装配图
  computer drawing 计算机绘图
  computer aided drawing 计算机辅助绘图
  decoration drawing 装饰图
  part drawing 零件图
  renovation drawing 装修图
  schematic drawing 示意图
  working drawing 施工图
    architectural working drawing 建筑施工图
    installation working drawing 设备施工图
    structural working drawing 结构施工图
    renovation working drawing 装修施工图

E

elbow joint 圆柱弯管
element 素线
elevation 标高、立面图
  absolute elevation 绝对标高
  architectural elevation 建筑立面图
  decoration elevation 装饰立面图
  front elevation 正立面图
  rear elevation 背立面图
  relative elevation 相对标高
  side elevation 侧立面图
  zero elevation 零标高
ellipse 椭圆
engineering 工程
  drainage engineering 排水工程
  water supply engineering 给水工程
erasion 擦除
escape 退刀槽
excavation 基坑
explanation 注释
  centralized explanation 集中标注
  localized explanation 原位标注
expression 表示方法

F

faucet 水嘴(放水龙头)
fillet 倒角
fire fighting equipment 消防设备
fitting 配件
floor 楼地面
font 字体
footing 底座
  spread footing 大放脚
foundation 基础
  column foundation 独立（柱）基础
  pile foundation 桩基础
  spread foundation 扩展基础
  step foundation 阶梯基础
  strip foundation 条型基础

G

gear 齿轮
gearing 啮合
generatrix 母线
gradient 坡度
groove 砂轮越程槽

H

handrail 扶手
heat treatment 热处理
helicoid 螺旋面
  right helicoid 平螺旋面
helix 螺旋线
  cylindrical helix 圆柱螺旋线
  left-handed helix 左螺旋线
  right-handed helix 右螺旋线
hole 孔
  drill hole 钻孔
hose bib 消火栓
hyperbola 双曲线
hyperbolic paraboloid 双曲抛物面

I

imitability 仿形性

index	索引
intensity	亮度
interpretation	读图

K

keyboard	键盘
key seat	键槽

L

label	标记、标注
layer	层面、图层
moisture proof layer	防潮层
layout	布局
lead	导程
leakproof wall bushing	穿墙防漏套管
legend	图例、代号
location	布局
light	光线、阳面
ambient light	环境光源
conventional light	习用光线
distant light	平行光源
parallel light	平行光线
point light	点光源
radiant light	辐射光线
spot light	聚光源
line	直线
basic line	基线
center line	中心线
common line	公有线
continous line	实线
co-planar lines	共面线
cutting line	截交线
dashed line	虚线
dimension line	尺寸线
directrix line	导线
extension line	尺寸界线
frontal line	正平线
general line	一般线
general position line	一般位置直线
grade line	最大斜度线
horizon line	视平线
horizontal line	水平线
intersecting lines	相交线
intersection line	相贯线
level contour line	等高线
median line	中线
non-planar lines	异面线
parallel lines	平行线
perpendicular lines	垂直线
profile line	侧平线
projection line	投射线
main projection line	主视线
shade line	阴线
shadow line	影线
skew lines	交叉线
straight line	直线
symmetry line	对称线
transition line	过渡线
vertical line	铅垂线
visual line	视线
line density	线密度
linetype	线型
lineweight	线宽
locus	轨迹

M

measurability	度量性
member	构件
meridian	子午线
principal meridian	主子午线
method	方法
auxiliary-plane method	辅助平面法
boxing method	装箱法
coordinate method	坐标法
element method	素线法
ending method	端面法
graphical method	图解法
intersection method	交点法
latitude method	纬圆法
line and surface method	线面分析法
measurement method	度量法
numerical method	数解法
overlying method	叠砌法

- plan method （结构表示）平法
- projection method 投影法
  - auxiliary projection method 辅助投影法
  - central projection method 中心投影法
  - oblique projection method 斜投影法
  - orthogonal projection method 正投影法
  - parallel projection method 平行投影法
- reflected ray method 反射光线法
- right triangle method 直角三角形法
- rolling method 滚翻法
- solid method 形体分析法
- turning method 转身法
- wedge method 柳叶法
- zone method 球带法

model 模式、模型
- frame model 线框模型
- solid model 实体模型
- surface model 表面模型

module 模数

mosaic 马赛克

movement 移动

N

numbering 编号

nut 螺母

O

operation 运算
- Boolean operation 布尔运算
- intersect operation 交运算
- slice operation 截切运算
- subtract operation 差运算
- union operation 并运算

origin 原点

overlap 重影

P

parabola 抛物线

parallel 平行

parallelism 平行性

part 零件
- embedded part 预埋件
- standard part 标准件

paved 铺装(图)

perspective 透视
- bird' s eye perspective 鸟瞰透视
- frog' s eye perspective 蛙眼透视
- one-point perspective 一点透视
- two-point perspective 两点透视
- perspective direction 透视方向
- perspective drawing 透视图

pipe 管
- entrance pipe 引入管
- sewer pipe 排出管
- pipe ditch 管沟
- pipe network 管网

pit 凹坑

pitch 节距
- tooth pitch 齿距

plan 平面图
- architectural plan 建筑平面图
- floor structure layout plan 楼层结构平面布置图
- foundation plan 基础平面图
- interior layout plan 室内平面布置图
- paved plan 铺装(平面)图
- roof structure layout plan 屋面结构平面布置图
- site plan 总平面图
- site layout plan 总平面布置图
- stairs plan 楼梯平面图
- structure plan 结构平面图

plane 平面
- basic plane 基面
- cutting plane 截平面、剖切平面
- datum level plane 水平基准面
- directrix plane 导平面
- frontal plane 正平面、正立投影面
- general plane 一般面
- general position plane 一般位置平面
- horizon plane 视平面
- horizontal plane 水平面、水平投影面
- locus plane 轨迹平面
- parallel plane 平行面
- perpendicular plane 垂直面

picture plane 画面
principal plane 基本投影面
profile plane 侧平面、侧立投影面
projection plane 投影面
auxiliary projection plane 辅助投影面
axonometric projection plane 轴测投影面
shadow plane 承影面
vertical plane 铅垂面
plate 板、钢板
folded plate 折板(屋面)
gusset plate 节点板
splice plate 缀板
covering plate 雨篷
plotter 绘图机
point 点
common point 公有点
general point 一般点
main point 主点
overlapping points 重影点
piercing point 贯穿点
refracted point 转折点
refracted shadow point 折影点
revolution point 旋转点
special point 特殊点
station point 站点
touch point 画面交点
vanishing point 灭点
vision point 视点
pole 极心、极点
polyhedron 平面体
precision 精度
form precision 形状精度
location precision 位置精度
size precision 尺寸精度
printer 打印机
prism 棱柱
profile 断面图
projection 投影
accumulated projection 积聚投影
auxiliary projection 辅助投影
axonometric projection 轴测投影
oblique axonometric projection 斜轴测投影
orthogonal axonometric projection 正轴测投影
central projection 中心投影
coplanar projection 同面投影
diametric projection 正二等轴测投影
first angle projection 第一角投影
frontal projection 正立投影
horizontal projection 水平投影
isometric projection 正等轴测投影
mirrored projection 镜像投影
oblique projection 斜投影
orthographic projection 正投影
multi-plane orthographic projection 多面正投影图
parallel projection 平行投影
principal projection 基本投影
profile projection 侧面投影
secondary projection 次投影
three-plane projection 三面投影图
topographical projection 标高投影
true size projection 实形投影
true length projection 实长投影
two-plane projection 两面投影图
projector 投射线
proportion 比例
proportionality 定比性
pyramid 棱锥
truncated pyramid 棱台

R

rectangle 矩形
render 渲染
representation 表示法
monolithic representation 整体表示法
restoration 恢复
revolution 旋转
revolution axis 旋转轴
revolution centre 旋转中心
revolution point 旋转点
revolution radius 旋转半径
rib 肋板
rise 高差
riveting 铆接
round 倒圆

casting round 铸造圆角
run 水平距离

S

sand 砂子
sanitary fittings 卫生设备
scale 比例尺
  gradient scale 坡度比例尺
  scale mark 刻度
  scale unit 刻度单位
screw 螺钉
seam 接口
seaming 咬口连接
secant 割线
section 剖面图
  architectural section 建筑剖面图
  broken-out section 局部剖面
    multilayer broken-out section 分层局部剖面
  full section 全剖面
  half section 半剖面
  offset section 阶梯剖面
  rotation section 旋转剖面
  side section 侧立剖面
segment 线段
shade 阴面
shadow 影
  cast shadow 落影
  virtual shadow 虚影
shaft 轴
sign 符号
  detail sign 详图符号
  index sign 索引符号
  symmetry sign 对称符号
size 尺寸
  lower limit of size 下极限尺寸
  nominal size 公称尺寸
  true size 实际尺寸
  upper limit of size 上极限尺寸
sketch 草图
slab 板
solid 形体
  architectural solid 建筑形体
  basic solid 基本形体
  combined solid 组合形体
  intersecting solid 相贯体
  curved solid 曲面体
spacing 间距
span 跨度
sphere 球面
spoke 轮辐
spring 弹簧
  compression spring 压缩弹簧
  extension spring 拉伸弹簧
stack 烟囱
  vent stack 排气管
stairs 楼梯
  helix stairs 螺旋梯
  stair flight 楼梯段
  stair landing 楼梯平台
  stair railing 楼梯栏板
steel 钢
  profile steel 型钢
  steel bar 钢筋
  steel roof-truss 钢屋架
step 踏步、梯级、台阶
structure 结构
  frame structure 框架结构
  steel structure 钢结构
  structure type 结构形式
subbordination 从属性
subgrade 地基
  subgrade bearing capacity 地基承载力
surface 曲面
  conical surface 锥面
  cylindrical surface 柱面
  double-curved surface 双曲曲面
  isoclinic surface 同斜曲面
  non-revolution surface 非回转面
  revolution surface 回转面
  ruled surface 直纹曲面
    developable ruled surface 可展直纹曲面
    non-developable ruled surface 不可展直纹曲面
  warped surface 扭面
  surface roughness 表面粗糙度

surface texture　表面结构
symbol　图例、符号、代号
system　体系
three-plane system　三投影面体系
two-plane system　两投影面体系
user coordinate system　用户坐标系
world coordinate system　世界坐标系

T

tangent　切线
text　文本
dimension text　尺寸数字
thread　螺纹
external thread　外螺纹
internal thread　内螺纹
screw thread　螺纹
thread form　牙型
title　标题
title block　标题栏
tolerance　公差
torus　环面
transition piece　变形接头
trap　存水弯
truss　屋架

U

unfolding　摊平
uniparted revolution hyperboloid　单叶回转双曲面

V

valve　阀门
view　视图
bottom view　仰视图
broken - out view　局部视图
developed view　展开图
front view　主视图
oblique view　斜视图
overhead view　（透视）俯视图
rear view　后视图
section view　剖视图
half section view　半剖视图
oblique section view　斜剖视
offset section view　阶梯剖视
rotation section view　旋转剖视
side view　侧视图
left side view　左视图
right side view　右视图
top view　俯视图
upward view　（透视）仰视图

W

wall　墙
parapet wall　女儿墙
shear wall　剪力墙
separating wall　隔墙
washer　垫圈
water　水
water bosh　水封
water chamber　水箱
water closet　大便器
water meter　水表
water pump　水泵
water supply　给水(工程)
weld symbol　焊接符号
welding　焊接
well　井
water meter well　水表井
valve well　阀门井
well chamber　检查井
wind frequency rose　风向频率玫瑰
wind rose　风玫瑰
window　窗
window opening　窗洞
window stool　窗台(板)

Z

zoom　缩放